高等学校专业教材

中国轻工业"十四五"规划教材

饮料工艺学

高彦祥 主编

中国轻工业出版社

图书在版编目(CIP)数据

饮料工艺学 / 高彦祥主编 . -- 北京：中国轻工业出版社，2024.10. --（高等学校专业教材）（中国轻工业"十四五"规划教材）. --ISBN 978-7-5184-4829-6

Ⅰ.TS27

中国国家版本馆 CIP 数据核字第 2024AQ3935 号

责任编辑：伊双双　邹婉羽

策划编辑：伊双双　　　　　　责任终审：白　洁　　　　封面设计：锋尚设计
版式设计：华　艺　　　　　　责任校对：吴大朋　　　　责任监印：张京华

出版发行：中国轻工业出版社（北京鲁谷东街5号，邮编：100040）

印　　刷：北京君升印刷有限公司

经　　销：各地新华书店

版　　次：2024年10月第1版第1次印刷

开　　本：787×1092　1/16　印张：32.25

字　　数：803千字

书　　号：ISBN 978-7-5184-4829-6　定价：78.00元

邮购电话：010-85119873

发行电话：010-85119832　010-85119912

网　　址：http://www.chlip.com.cn

Email：club@chlip.com.cn

版权所有　侵权必究

如发现图书残缺请与我社邮购联系调换

120183J1X101ZBW

本书编写人员

主　　编：高彦祥

副 主 编：许洪高　李绍振　陈金定　许朵霞　龚树立

参　　编：（以姓氏笔画为序）

卫　娇　马洪江　王　媛　王　磊　毛立科　文　剑
申　寒　刘文慧　刘锦芳　刘　颖　刘　璇　闫秋丽
江水泉　孙　茜　李灿明　李春秀　杨　伟　吴逸民
何　李　宋海燕　张　科　张　亮　陈雨露　赵菁菁
胡金保　侯占群　袁　芳　贾洋洋　钱英燕　徐兢博
高郁林　龚　英　虞丰结　蔡满意　廖文艳　樊　蕊

前言 Preface

饮料既有"寒夜客来茶当酒,竹炉汤沸火初红"的社交功能,也有"梅汤冰镇味酸甜,凉沁心脾六月寒"的解暑作用,还能让人体会"夜后邀陪明月,晨前独对朝霞"式的生活态度和情境。全球饮料的发展历程从某种程度上反映了整个人类社会进步的发展史。

品质是决定饮料产品成败的关键,色、香、味、质俱佳是消费者追求的目标。当前全球饮料业蓬勃发展,饮料的口味呈现多元化、个性化,国家在不断批准新的允许添加到饮料产品中的食品原辅料和食品添加剂;采用新原料、新工艺、新技术和新设备开发的新产品、新包装不断涌现,新法规与新标准持续颁布和实施,迫切需要对现有"饮料工艺学"教材进行更新以指导教学、科研和生产。

20世纪90年代开始,本人先后在茶饮料、果蔬汁饮料、蛋白饮料、碳酸饮料等生产企业从事研发工作30余年,同时在天津科技大学和中国农业大学从事"饮料工艺学""食品研究与开发"等相关专业课程的教学与科研工作。在教学过程中,本人深感饮料工艺学在食品科学与工程专业中的重要性,有感于国内饮料工艺学相关教材与实际生产衔接不够紧密的现状,遂萌发收集资料、编写本书的想法。经过十余年的精心准备、筹划,在系统制定编写大纲后,本人组织相关专业技术人员进行讨论,并启动本书的编写工作。同时本人将多年来研发生产茶饮料、果蔬汁类及其饮料、含气果汁饮料、蛋白饮料等不同类别饮料新产品的经验,以及主持开发的PET无菌灌装、现代饮料高速灌装加工技术及成套装备开发("十三五"国家重点研发计划,2018YFD0400900)、轻量化PET瓶、瓶坯干法灭菌等新技术均编入本书相关章节中。

新时代中国特色社会主义对我国高等教育提出了新要求。习近平总书记在2019年全国教育工作会议上指出"要提升教育服务经济社会发展能力""推进产学研协同创新,积极投身实施创新驱动发展战略,着重培养创新型、复合型、应用型人才"。党的二十大报告强调:"坚持为党育人、为国育才",这就需要新时代的高等教育要主动服务国家战略,对接行业产业需求,引领未来发展,努力培养担当民族复兴大任的时代新人。本书开篇在对饮料定义、行业发展、行业法律法规进行总体概述后,将内容分为四篇介绍。第一篇是饮料用原辅料,包括饮料用水的质量要求,还介绍了所有饮料常用的原料、食品添加剂和饮料生产中加工助剂与消毒剂。第二篇是饮料生产工艺,介绍了包装饮用水、碳酸饮料、果蔬汁类及其饮料、茶饮料、植物饮料、蛋白饮料、咖啡类饮料、特殊用途饮料和固体饮料产品的生产工艺流程及工艺要点。第三篇是饮料加工技术与设备,从生产实际出发,介绍了饮料生产所涉及的水处理,糖浆制备与碳酸化,均质乳化,制汁、澄清及分离,浓缩,杀菌,灌装,干燥等饮料加工的共性技术与设备,同时介绍了饮料生产新技术与设备。第四篇是饮料包装材料成型工艺与设备,介绍了玻璃、塑料、金属和复合包装等常见饮料包装材料、容器及其成型工艺与设备。

本书旨在为食品及相关专业学生和教师提供饮料工业所涉及的原辅料、生产工艺、生产设备、包装材料及其容器等整体概览，重点介绍饮料生产的最新加工工艺与设备，且详细列出了参考资料以便读者进行更深入的了解和研究。本书可作为高等学校食品相关专业"饮料工艺学"的教材，也非常适合饮料行业从业人员作为专业参考书。

  本书由在饮料产品研发、生产与品质管理、饮料设备制造等领域具有丰富经验的中国农业大学食品科学与营养工程学院中国轻工业健康饮品重点实验室、中国食品发酵工业研究院有限公司饮料研发中心、北京汇源食品饮料有限公司研发中心和承担国家"十三五"重点研发计划的饮料设备制造企业的技术人员等参与编写。感谢全体编者的通力合作，没有他们的努力，本书不可能完成。本书的编写得到了中国饮料工业协会程毅副理事长兼秘书长及其团队、中国轻工业出版社伊双双和邹婉羽编辑的大力支持，在此一并表示衷心感谢。

  饮料工业是多学科知识的集成，尽管主要编写人员具有多年的饮料加工相关教学、科研、生产和设备制造经验，但受能力和专业水平所限，书中难免有不妥甚至错误之处，敬请读者批评赐教。

高彦祥

2024 年 3 月 1 日

目录 Contents

绪 论 ··· 1

第一篇 饮料用原辅料

第一章 饮料用水 ·· 13
　第一节　饮料用水来源及分类 ·· 13
　第二节　饮料用水水质要求 ·· 15

第二章 饮料用原料 ·· 20
　第一节　植物源原料 ··· 20
　第二节　动物源原料 ··· 29
　第三节　微生物源原料 ·· 32
　第四节　饮料用新食品原料 ·· 36

第三章 饮料用食品添加剂、加工助剂与消毒剂 ··· 42
　第一节　饮料生产中使用的食品添加剂 ··· 42
　第二节　饮料生产中常用的加工助剂 ·· 67
　第三节　饮料生产中常用的消毒剂 ·· 72

第二篇 饮料生产工艺

第四章 包装饮用水 ·· 77
　第一节　水处理工艺 ··· 77
　第二节　包装饮用天然矿泉水 ·· 87
　第三节　包装饮用纯净水 ··· 91
　［案例］熟水饮用水 ··· 98

第五章 碳酸饮料 ·· 101
　第一节　概述 ·· 101

第二节　碳酸饮料生产工艺 ……………………………………………………… 102
　　第三节　碳酸饮料生产中质量问题及其控制措施 ……………………………… 115
　　[案例1]　含气刺梨汁饮料 ……………………………………………………… 118
　　[案例2]　含乳气泡水饮料 ……………………………………………………… 120

第六章　果蔬汁类及其饮料 …………………………………………………………… 122
　　第一节　概述 ……………………………………………………………………… 122
　　第二节　果蔬汁（浆）与浓缩果蔬汁（浆）生产工艺 ………………………… 125
　　第三节　果蔬汁及其饮料生产工艺 ……………………………………………… 138
　　[案例1]　非浓缩还原橙汁（NFC橙汁） ……………………………………… 142
　　[案例2]　橙果粒果汁饮料 ……………………………………………………… 144

第七章　茶饮料 …………………………………………………………………………… 146
　　第一节　概述 ……………………………………………………………………… 146
　　第二节　茶饮料生产工艺 ………………………………………………………… 148
　　第三节　茶饮料生产中质量问题及控制措施 …………………………………… 156
　　[案例1]　绿茶纯茶饮料 ………………………………………………………… 160
　　[案例2]　柠檬红茶饮料 ………………………………………………………… 162

第八章　植物饮料 ………………………………………………………………………… 164
　　第一节　概述 ……………………………………………………………………… 164
　　第二节　谷物饮料生产工艺 ……………………………………………………… 165
　　第三节　草本饮料生产工艺 ……………………………………………………… 174
　　第四节　其他植物饮料生产工艺 ………………………………………………… 179
　　[案例]　复合植物饮料 …………………………………………………………… 184

第九章　蛋白饮料 ………………………………………………………………………… 186
　　第一节　概述 ……………………………………………………………………… 186
　　第二节　含乳饮料生产工艺 ……………………………………………………… 189
　　第三节　植物蛋白饮料生产工艺 ………………………………………………… 197
　　第四节　复合蛋白饮料与其他蛋白饮料生产工艺 ……………………………… 209
　　[案例]　榛子植物蛋白饮料 ……………………………………………………… 210

第十章　咖啡类饮料 ……………………………………………………………………… 213
　　第一节　概述 ……………………………………………………………………… 213
　　第二节　咖啡类饮料生产工艺 …………………………………………………… 217
　　[案例1]　含乳咖啡饮料 ………………………………………………………… 220
　　[案例2]　纯美式浓咖啡饮料 …………………………………………………… 221

第十一章　特殊用途饮料 ··· 224
第一节　概述 ··· 224
第二节　特殊用途饮料配方设计 ··· 225
［案例1］运动饮料 ··· 232
［案例2］电解质饮料 ·· 233
［案例3］能量饮料 ··· 235
［案例4］营养素饮料 ·· 236

第十二章　固体饮料 ··· 238
第一节　概述 ··· 238
第二节　固体饮料生产工艺 ·· 242
第三节　固体饮料生产中质量问题及控制措施 ····························· 245
［案例1］速溶豆粉 ··· 248
［案例2］麦乳精 ·· 249
［案例3］猕猴桃晶 ··· 251

第三篇　饮料加工技术与设备

第十三章　水处理技术与设备 ·· 255
第一节　水过滤技术与设备 ·· 255
第二节　水软化技术与设备 ·· 260
第三节　水杀菌技术与设备 ·· 269
［案例］纯净水生产水处理设备流程 ·· 272

第十四章　糖浆制备、碳酸化技术与设备 ···································· 273
第一节　糖浆制备技术与设备 ··· 273
第二节　碳酸化技术与设备 ·· 280
［案例］无菌碳酸饮料生产设备流程 ·· 287

第十五章　均质乳化技术与设备 ·· 289
第一节　定转子均质乳化技术与设备 ······································· 289
第二节　高压均质技术与设备 ··· 292
第三节　其他均质乳化技术与设备 ·· 297
［案例］全豆豆奶生产设备流程 ··· 299

第十六章　制汁、澄清及分离技术与设备 ···································· 302
第一节　压榨制汁技术与设备 ··· 303
第二节　提取制汁技术与设备 ··· 317

　　　　第三节　澄清分离技术与设备 ·· 321
　　　　[案例] NFC 果汁生产设备流程 ·· 326

第十七章　浓缩技术与设备 ·· 329
　　　　第一节　真空浓缩技术与设备 ·· 329
　　　　第二节　反渗透浓缩技术与设备 ·· 337
　　　　第三节　冷冻浓缩技术与设备 ·· 338
　　　　[案例] 浓缩苹果汁生产设备流程 ·· 345

第十八章　杀菌技术与设备 ·· 348
　　　　第一节　热杀菌技术与设备 ·· 348
　　　　第二节　非热杀菌技术与设备 ·· 357
　　　　[案例] NFC 橙汁超高压杀菌 PET 瓶无菌灌装生产设备流程 ···················· 365

第十九章　灌装技术与设备 ·· 367
　　　　第一节　灌装技术及分类 ·· 367
　　　　第二节　饮料灌装系统 ·· 369
　　　　第三节　碳酸饮料灌装技术与设备 ·· 378
　　　　第四节　无菌灌装技术及设备 ·· 382
　　　　[案例] PET 瓶热灌装与常温无菌灌装生产设备流程 ···························· 390

第二十章　干燥充填技术与设备 ··· 394
　　　　第一节　干燥技术与设备 ·· 394
　　　　第二节　填充技术与设备 ·· 408
　　　　第三节　固体饮料生产技术与设备的应用 ·· 412
　　　　[案例] 固体饮料生产设备流程 ·· 414

第四篇　饮料包装材料成型工艺与设备

第二十一章　饮料包装材料 ·· 419
　　　　第一节　塑料包装材料及其制品 ·· 420
　　　　第二节　金属包装材料及其制品 ·· 428
　　　　第三节　复合包装材料及其制品 ·· 433
　　　　第四节　玻璃包装材料及其制品 ·· 438
　　　　第五节　外包装材料及其制品 ·· 440
　　　　第六节　环保包装材料及其制品 ·· 444
　　　　[案例1] 单层和多层 HDPE 瓶在果汁饮料包装中应用 ·························· 446
　　　　[案例2] 热灌装和无菌灌装 PET 瓶型及应用特性对比分析 ···················· 447

第二十二章	饮料包装容器成型工艺与设备	450
第一节	塑料包装容器成型工艺与设备	450
第二节	金属罐成型工艺与设备	462
第三节	复合包装容器成型工艺与设备	470
第四节	玻璃容器成型工艺及设备	476
[案例]	一步法和两步法 PET 吹瓶技术和产品分析	478

参考文献 …………………………………………………………………………… 481

绪　　论

> **学习目标**
>
> 1. 了解饮料工业的历史、现状和发展趋势。
> 2. 掌握常见饮料产品的归类及各自的理化特征。
> 3. 了解饮料企业需要遵守的法律法规。

一、饮料的历史

对人类而言，水是重要的物质，人的生命一刻也离不开水。很久以前，人类只能成群地聚集生活在泉水、河流及湖泊等的周围，以保证有充足的新鲜水源。纵观历史，水源既限制了人类的发展，又对人类的发展发挥着引导作用。距今1万年左右，"人造饮料"出现，这些饮料不但可以取代人类聚居地受到污染的带菌水源，而且还在人类社会中发挥着其他作用。许多饮料曾被用作货币，用于宗教仪式、红白喜事，作为政治象征，或者成为哲学及艺术灵感的源泉。有些饮料曾被用来炫耀权力及社会地位，有些则被用来控制或宽慰民众。

随着历史进程的推衍，各种饮料在不同时期、地域及文化中的流行此起彼伏。从石器时代的村落到古希腊的宴会厅，或启蒙时代的咖啡屋，为了迎合特殊需要或追赶历史潮流，饮料迅速成为大众饮品，以前所未有的方式影响着历史进程。《六个瓶子里的历史》(*A History of the World in 6 Glasses*) 一书将几千年的世界文明史划分成啤酒时代、葡萄酒时代、烈酒时代、咖啡时代、茶时代及可口可乐时代。书中所提及的饮料，3种含有酒精，3种含有咖啡因，而它们的共同特点是，不论在远古时代，还是在现代，都在历史关键时期成为界定时代特点的饮料。

农耕技术是把人类带上现代化征途的起点，谷物栽培通过剩余谷物让人们无意间发现了酿酒技术，也出现了最原始形式的黄酒和啤酒。历史发展到公元前1000年左右时，葡萄酒与古希腊文化一同繁荣。罗马帝国灭亡一个世纪之后，西方文化复兴的同时，欧洲的探险家们建立环球航海路线之后，出现了蒸馏酒饮料。

随着人们对地理范围认知的扩大，知识领域也出现更新。西方思想家们超越了长期坚守的承袭古希腊哲学理论体系的信念，建立了新的科学、政治及经济理论。咖啡给人们以清醒的思维，成为这个"理性"时代科学家、商人及哲学家的理想饮料。咖啡屋内的讨论为革命思想提供了肥沃的土壤。而在欧洲其他国家，特别是在英国，茶的兴起及流行出现了前所未有的规模。

碳酸饮料在19世纪因可口可乐的发明和流行才独立于世，可口可乐已经成为一个商业传奇，是世界最知名、消费最广泛的饮料。

除上述6种饮料外，早在1320年就有用珍珠麦调味获得大麦茶的记载；含有柠檬汁、砂糖或者蜂蜜调味的柠檬水饮料据说起源于意大利；最早有关柠檬水（Lemonade）的英文记载发表于 1663 年；而柑橘水（Orangeade）也记载于同一年代。

饮料与历史发展关系之密切程度及其对历史发展方向的影响远大于世人的认知。详细探究饮料与历史进程的关系，需要了解农耕历史、哲学、宗教、医药、技术及商业等诸多截然不同的学科领域。

现代即饮型软饮料（区分于烈酒和蒸馏酒）的历史起源于 17 世纪柠檬水（水+柠檬汁+蜂蜜）的售卖和模仿具有辅助医疗作用的天然含气矿泉水。18 世纪后期，人造天然含气矿泉水的流行为现代饮料的发展奠定了坚实基础。本书主要讨论酒精含量低于 0.5%（质量分数）饮料的原辅料、生产工艺、设备和包装材料等相关内容。

二、饮料工艺学的研究内容

通常所说的工艺设计是工艺规程设计和工艺装备设计的总称，所以饮料工艺学不仅研究饮料的工艺流程，还包括设备的选型和整体工艺设备的匹配性设计。饮料工艺学作为一门应用科学，在遵循技术上先进、经济上合理的前提下，研究饮料生产用原辅料的质量要求及半成品和成品的加工过程与方法。

饮料加工技术必须从工艺流程设计和设备选型两方面来体现。在工艺流程设计过程中，应该体现与时俱进和技术先进性，不仅需要了解和掌握工艺参数对饮料品质的影响，还需要了解新原辅料、新技术、新设备对产品创新和提升产品质量所发挥的作用，掌握饮料加工过程中原辅料发生的物理化学变化与设备技术参数控制之间的匹配性，并寻找工艺设备控制上的最佳平衡和设备对工艺参数的兼容能力和控制的匹配性。要保持饮料加工技术的先进性，不仅需要掌握物理学、化学、生物学、微生物学和营养学等基础知识，还要具备食品化学、食品物性学、食品工程原理、食品加工机械与设备等专业知识，只有这样才能为饮料加工技术的与时俱进提供可能性。而经济上的合理性，则是要求投入和产出之间有一个合理的收益，需要考虑工艺流程和生产设备的选择，它们影响固定资产投入、产品成本和投资回报率；还需要有管理学科的知识作指导，要求在权衡经济利益、社会效益的前提下选择饮料工艺及配置生产设备。

饮料工艺学的内容还包括产品的包装材料及其容器，从业者对其品质规格要求、性质和加工过程中的变化必须充分了解，才能制定技术上先进、经济上合理的工艺、设备设计方案。

三、饮料的定义和分类

（一）饮料的定义

《现代汉语词典（第 7 版）》中将饮料定义为："经过加工制造供饮用的液体，如酒、茶、汽水、果汁等。"《中国大百科全书（第二版）》将饮料定义为："经包装的乙醇含量小于 0.5%（质量比）的可饮用的食品，又称软饮料。" GB 7101—2022《食品安全国家标准　饮料》对饮料的定义为："用一种或几种食用原料，添加或不添加辅料、食品添加剂、食品营养强化剂，经加工制成定量包装的、供直接饮用或冲调饮用、乙醇含量不超过质量分数为 0.5% 的制品，也可称为饮品，如碳酸饮料、果蔬汁类及其饮料、蛋白饮料、固体饮料等。" GB/T 10789—2015《饮料通则》中对饮料 / 饮品（Beverage，Drinks）的定义为："经过定量包装的，供直接饮用或按一定比例用水冲调或冲泡饮用的，乙醇含量（质量分数）不超过 0.5% 的制品。也可为饮料浓浆或固体形态。"而乙醇含量在 0.5%（体积分数）以上的酒精饮料称为饮料酒，包括发酵酒、蒸馏酒、配制酒，也包括无醇啤酒、无醇葡萄酒（参考 GB/T 17204—2021《饮料酒分类及术语》）。

（二）饮料的分类

1. 根据原料和产品性状分类

根据 GB/T 10789—2015《饮料通则》，饮料品种根据原料和产品性状可分为包装饮用水、果蔬汁类及其饮料、蛋白饮料、碳酸饮料（汽水）、特殊用途饮料、风味饮料、茶（类）饮料、咖啡（类）饮料、植物饮料、固体饮料和其他类饮料在内的 11 大类和 65 小类（图 0-1）。

2. 根据形态分类

根据产品形态可分为液体饮料和固体饮料。

3. 根据饮用方式分类

根据饮用方式分为即饮型、冲调型及其他类型。

（1）即饮型　碳酸饮料、果汁及果味饮料、能量饮料、复合饮料等。

（2）冲调型　饮料浓浆（浓缩饮料）、固体饮料等。

（3）其他类型　瓶盖饮料、厚乳类饮料等。

4. 根据加工工艺分类

根据加工工艺可以分为采集型、提取型、配制型和发酵型 4 类。

（1）采集型　采集天然资源，不加工或有简单过滤、杀菌处理的产品，如天然矿泉水。

（2）提取型　天然水果、蔬菜或其他植物经破碎、压榨或浸提、抽提等工艺制取的饮料，如果汁、蔬菜汁或其他植物性饮料。

（3）配制型　以天然原料和添加剂配制而成的饮料，如碳酸饮料。

（4）发酵型　采用酵母菌、乳酸菌等发酵制成的饮料，包括杀菌和不杀菌的。

四、饮料工业相关法律法规

饮料作为食品众多类别的一个重要分支，有关食品的法律法规均对其适用，而针对饮料专门制定的规范更多地体现于各类技术标准，如食品安全标准、产品质量标准和其他相关标准。以下仅对我国饮料工业生产加工中涉及的重要的规范文件进行简要说明。

（一）饮料工业准入法律法规

1. 工业产品生产许可证管理条例及食品生产许可管理办法

2005 年，国务院常务会议通过的《中华人民共和国工业产品生产许可证管理条例》中明确规定对六类直接关系公共安全、人体健康、生命财产安全的重要工业产品的生产企业实行生产许可证制度，凡实施工业产品生产许可证的产品，企业必须取得生产许可证才有生产该产品的资格。食品类别中明确规定的有乳制品、肉制品、饮料、米、面、食用油、酒类等直接关系人体健康的加工食品。

2009 年 2 月 28 日，第十一届全国人民代表大会常务委员会第七次会议通过的《中华人民共和国食品安全法》（以下简称《食品安全法》）中明确规定：国家对食品生产经营实行许可制度，从事食品生产、食品流通、餐饮服务，应当依法取得食品生产许可、食品流通许可、餐饮服务许可，同时将食品添加剂纳入生产许可范围。《食品安全法》经过 2015 年、2018 年、2021 年的历次修订与修正，逐步将食品生产、食品流通、餐饮服务的许可合并为食品生产许可和食品经营许可。

图 0-1 饮料分类图

资料来源：GB/T 10789—2015《饮料通则》。

国家市场监督管理总局于2020年根据《中华人民共和国行政许可法》《中华人民共和国食品安全法》《中华人民共和国食品安全法实施条例》等法律法规制定了《食品生产许可管理办法》（国家市场监督管理总局令第24号）。从食品生产许可的申请、受理、审查、许可证管理、监督检查、法律责任等角度进行了规定。国家市场监督管理总局2020年第8号公告发布了修订后的《食品生产许可分类目录》，其中包含32类食品类别，普通食品饮料归属于第6类，保健食品饮料归属于第27类，此外还有28、30类的特殊膳食食品等食品生产许可类别。

2. 饮料生产许可审查细则

《食品生产许可审查通则（2022版）》中对申请材料、现场核查、审查结果和整改等进行了规定。《饮料生产许可审查细则（2017版）》对实施生产许可的包装饮用水类、碳酸饮料（汽水）、茶（类）饮料、果蔬汁类及其饮料、蛋白饮料、固体饮料和其他类饮料［主要包括：咖啡（类）饮料、植物饮料、风味饮料、运动饮料、营养素饮料、能量饮料、电解质饮料、饮料浓浆、其他类饮料］共7个生产许可单元进行了规定，每个生产许可单元对许可范围、生产场所核查、设备设施核查、设备布局和工艺流程审查、人员核查、管理制度审查、试制产品检验等内容进行了规定。

（二）饮料工业引导性文件

目前中国饮料工业引导性文件包括QB/T 2931—2008《饮料制造取水定额》、QB/T 4069—2010《饮料制造综合能耗限额》两项标准，这两项引导性标准通过取水定额和综合能耗限额对我国饮料工业节水技术进步、节能降耗技术开发、推广清洁生产、提高企业技术水平和经济效益具有重要意义。

1. QB/T 2931—2008《饮料制造取水定额》

QB/T 2931—2008《饮料制造取水定额》适用于除固体饮料外的其他各类饮料制造过程中取水量的管理。该标准是针对饮料制造取水核算单位制定的，以生产每吨产品所规定的合理取水量，即饮料企业在生产过程中从各种水源（市政公用水、地表水、地下水）提取的一级计量水表指示水量，用于指导饮料制造节水技术的开发和推广应用，推动节水技术进步，提高用水效率和效益，促进水资源的可持续利用。QB/T 2931—2008《饮料制造取水定额》附录中的"饮料制造企业节水规范"具有重要意义，此外，该标准中的二级取水定额代表了国内先进水平，一级取水定额代表了国际先进水平。

2. QB/T 4069—2010《饮料制造综合能耗限额》

QB/T 4069—2010《饮料制造综合能耗限额》是按照GB/T 2589—2020《综合能耗计算通则》和GB/T 12723—2013《单位产品能源消耗限额编制通则》制定的饮料综合能耗限额标准，适用于GB/T 10789—2015《饮料通则》规定的各种饮料。饮料制造综合能耗是指饮料制造消耗的各种能源，包括用于生产系统和辅助生产系统的一次能源和二次能源，以及生产中使用耗能工质折合的能源。饮料制造综合能耗限额中的限定值是评价现有企业单位产品综合能耗限额的指标，准入值是评价企业新建及扩建项目是否能通过审批的指标，先进值是评价现有企业单位产品综合能耗达到先进水平的指标。

五、饮料与"健康中国"和"两山理论"

党和国家历来将人民健康事业放在第一位，根据国情的发展演变，公共卫生政策已经从"以治病为中心"转向"以人民健康为中心"。为进一步提高人民健康水平，推进健康中国建设,《国民营养计划（2017—2030 年）》《"健康中国 2030"规划纲要》《健康中国行动（2019—2030 年）》等文件相继发布,要通过"普及健康生活、加强健康教育、塑造自主自律的健康行为、提高全民身体素质"等措施切实推进健康中国战略。习近平总书记强调："没有全民健康,就没有全面小康。"全民健康更是国家富强和人民幸福的直接体现。

实现"健康中国"战略归根到底是要实现全民健康,要从源头和基础保证合理膳食、平衡膳食。在"中国居民平衡膳食宝塔（2022）"等支持性工具的基础上,根据个人特点,进行科学、合理的搭配成为必要选项。在足量饮水、少吃糖的建议下,科学选择饮料成为合理膳食的关键之一。同时饮料企业生产符合健康指南的饮料产品也是一种践行"健康中国"的行动。

众多饮料企业都在关注可持续发展。一方面,全球环境问题日益严重,饮料行业在全球范围内规模庞大,但同时也产生了大量的环境和社会问题,例如,生产过程中产生的废水和废气、包装材料的浪费和污染等。另一方面,当下消费者对环保的认同感日渐提升,企业所塑造的生态美德很容易影响消费者的购买行为。那么饮料行业如何践行"碳中和"和"两山理论[①]"？从理论上而言,"碳中和"的实现可以走两条路：一是节能减排的"减"之路,二是碳抵消的"增"之路,一"减"一"增"使二氧化碳的排放量实现正负抵消。节水节能正是"减"之路的核心抓手之一。将减碳的举措落到实处,融入各个环节,从而能够共赴零碳未来,促进饮料行业绿色低碳高质量发展。能源消耗、水耗、温室气体排放及废弃物排放等的管理,形成了饮料行业实现"双碳"目标[②]的合理路径。

六、国内外饮料工业发展现状及趋势

（一）我国饮料工业发展现状及趋势

经过 40 余年的发展,我国饮料工业在为人们提供健康饮品、为国家贡献税收、带动相关产业发展、为社会增加就业等方面作出了重要贡献,饮料工业已成为食品行业中一颗璀璨的明珠,取得了令世人瞩目的成就,众多著名饮料企业谱写了一部催人奋进的成长史。

1. 我国饮料工业发展现状

（1）生产能力和产品质量不断提升　改革开放初期,我国饮料工业基础薄弱,技术落后,产能很小,1980 年,全国饮料产量仅为 28.8 万 t,人均一瓶汽水。随着改革开放的不断深入,各种饮料企业如雨后春笋,在全国遍地开花,给饮料市场带来了繁荣景象,我国饮料工业发展迅速。2022 年,全国饮料总产量达到 1.8 亿 t,是 1980 年的 625 倍,年均增幅为 17%。

我国饮料工业起步初期,由于饮料企业,特别是众多小型饮料企业的技术设备落后及质量意识薄弱,饮料质量合格率不高,1992 年,国家对碳酸饮料质量抽检合格率仅为 33.4%。

随着饮料工业的发展,我国饮料质量有了质的飞跃。目前,我国大多数规模以上饮料企业已经获得食品生产许可证（SC）、ISO9000 质量体系认证,同时良好操作规范（GMP）、卫生标准操作规范（SSOP）、危害分析及关键控制点（HACCP）、环境与能源管理、职业健康安全管理等管理体系已在大中型企业广泛实施。多年饮料产品食品安全监督抽检的报告显示,我国饮料产品的合格率从 2018 年的 97.01% 提高至 2022 年的 98.9%,市场占有率高的大型饮料企业的碳酸饮料、包装饮用水、果蔬汁类及其饮料全部合格。

---

① "两山理论"：绿水青山就是金山银山。
② "双碳"目标："碳达峰"和"碳中和"。

（2）品种多样，包装齐全　1982年，国家将饮料列为轻工业计划管理产品时，我国饮料品种单一，汽水就是饮料的代名词。经过40多年的发展，饮料品种不断丰富，市场引导标准不断完善。除了传统的可乐型碳酸饮料、茶饮料、果粒饮料外，复合果蔬汁、营养强化饮料、含果汁果肉的乳酸菌饮料、复合蛋白饮料、奶茶饮料、加气果汁饮料等，以及各种谷物饮料、草本饮料（如凉茶、人参饮料）、植物酸乳等新品种层出不穷。"跨界"和"混搭"饮料成为新产品研发的主要趋势，满足了市场和不同消费者的个性化需求。

饮料包装也早已摆脱了玻璃瓶单一包装的模式，发展到以聚对苯二甲酸乙二醇酯（PET）瓶包装为主，纸铝塑复合包装、易拉罐、玻璃瓶等各种包装形式共存的琳琅满目的景象。

（3）规模化生产不断扩大，知名品牌不断涌现　过去，企业数量少、产品单一、产量低是我国饮料工业的特征写照。随着改革开放政策的落地和全国工业基础、经济水平的提升，我国饮料工业规模逐渐扩大。规模化、集团化运营的大型饮料企业集团不断涌现，创建了良好的管理系统、企业形象和品牌形象，并确立了在行业中的主导地位，提升了市场竞争力。我国成长出一批全国范围内耳熟能详的自主品牌：娃哈哈、汇源、农夫山泉、椰树、露露、怡宝、东鹏、王老吉、百岁山、元气森林等，多家企业曾获得"中国名牌""中国驰名商标""中华老字号"称号。

（4）科技创新硕果累累　我国饮料工业通过产品、技术、装备等创新，自主研发与引进消化吸收相结合，奠定了我国成为饮料大国的基础。国家级、省部级、轻工行业重点实验室等一批实验室的建设和国家科技计划项目的支撑也让饮料企业的技术实力得到显著提升。食品饮料企业成本、区位优势明显，同时也存在技术落后、创新不足、企业产品单一等现象，跨越"中等技术陷阱"成为我国饮料工业面临的严峻挑战。

在工艺创新方面，我国饮料工业不断瞄准世界先进前沿技术，超临界萃取技术、膜技术、无菌灌装技术、超高压非热杀菌技术、欧姆杀菌技术、微波杀菌技术以及各种先进的检测技术都已在企业中得到具体应用。高压脉冲电场、超高压杀菌等非热加工工艺的应用研究成果频频见诸国际核心刊物。国际最先进的饮料灌装线和浓缩苹果汁生产线已在我国应用。

在饮料机械制造方面，在"请进来、走出去"的背景下，我国饮料灌装线生产能力已取得长足进步，国产PET瓶制瓶设备、三合一灌装机、四位一体机、吹灌旋一体机、超净灌装机等已在我国饮料工业中扮演相当重要的角色并出口到国际市场。

但是，饮料工业的科技创新也存在以下问题：

在科技创新的动力方面，我国企业研发机构数量较少，研发能力不足。在"产学研用"结合中，企业基本处于从属地位。企业普遍重生产轻研发，重引进轻消化吸收，重模仿轻创新，创新层次低，高端发明少。很多企业处在有"制造"无"创造"、有"产权"无"知识"的状态，一些企业甚至靠仿造和假冒生存。

在创新人才供给方面，创新人才供给不足成为现阶段阻碍饮料工业主体创新的主要原因。一是科技创新人才集聚力较弱，我国大量科技创新人才集中在高校和科研院所，企业的科技创新人才虽然数量不少，但总体水平还不够高，企业对年轻科技创新人才的吸引力不够强；二是在科技创新人才培养方面，产教融合不够深入，造成科技创新人才供需矛盾突出。企业与高校之间签署战略合作协议的不少，但有实质进展、取得显著效果的并不多。

（5）政策导向与市场环境让饮料工业短期承压　政策导向方面，一是在节能减碳政策影响下，企业在其生产和流通环节的减碳投入成本或将增加；二是为推动新兴技术与食品饮料行业的深度融合，食品饮料企业加速数字化转型进程与供应链重组，或将导致企业短期成本承压。这两方面虽然在短期内给企业带来一定的压力与挑战，但从长期来看会加速产业转型升级，提质增效步伐，激发我国饮料工业创新活力，有利于推动饮料工业走上高质量发展之路；三是我国电商平台的发展仍然面临不规范、不充分、不平衡的问题，很多电商品牌"烧钱"买流量、低价卖产品的做法极大冲击了饮料工业整体营销体系。

市场环境方面，一是饮料行业的竞争比较激烈，大企业拥有更多的资源和优势，能够更好地应对市场变化和风险，同时对中小企业提出了更加严峻的要求；二是饮料产品同质化明显，同质化引发的价格战不断上演；三是原材料成本居高不下，不利于行业整体力量提升。

2. 我国饮料工业发展趋势与展望

我国饮料产品已形成了包装饮用水、果蔬汁类及其饮料、碳酸饮料三足鼎立，茶饮料、蛋白饮料、其他类饮料等均衡发展的局面，整个饮料产业进入了一个更加多元化的新发展阶段，也面临更多的挑战和机遇。饮料如何与餐饮文化更好结合，如何与健康诉求相结合，果汁如何进入千家万户成为早餐的必需品，谷物饮料和植物蛋白饮料能否为中式早餐快捷化作出贡献，饮料行业个体（企业）在找准自身创新升级方向，贯彻创新协调、绿色开放、共兴共享的新发展理念，促进饮料行业的高质量发展方面还需要进行有效探索。

（1）健康化、高端化和多元化成为行业发展主要方向　随着消费升级和健康意识的提高，消费者对低热量、功能性或高营养、全天然等健康饮料的需求日益增长，更多新型饮料品类得以发掘。同时，越来越多的消费者愿意为更好的营养、品质、原料、口感等买单，高端产品的背后，成分和技术则是重要驱动力。

就饮料企业而言，要顺应时代发展，抓住健康消费趋势，乘势而上，自产蓝海，开发出满足消费者需求的高质量产品，实现差异化竞争。饮料行业的"大单品时代"正在成为"过去式"，对于知名度偏低的品牌来说，现如今饮料市场注重创新，新品迭出，依靠传统单品拿下市场已经变得越来越难。打造周期性流行新品，做好品牌调研，保持产品创新匹配消费端的核心需求，是品牌未来可以发力的方向。

（2）营销方式、渠道发展多元化　从营销方式来看，早期饮料行业营销主要依靠电视广告以及线下推广等方式。随着互联网等信息技术发展，营销方式逐步多元化发展。明星代言、综艺植入、跨界营销、创意互动等手段层出不穷。从渠道发展来看，以互联网为依托，直播带货等新型网络营销模式崛起带动饮料行业的发展，未来饮料行业渠道发展也呈现出多元化特征。

（3）绿色与智能制造促进行业可持续发展　近年来，绿色、智能技术与产业结合成为行业发展大势，越来越多的饮料企业主动推行绿色、低碳、可持续的生产运营模式，致力于数字化、智能化饮料生产线管理与应用，并取得了显著效果，推动了饮料行业健康可持续发展。

在数字化技术的助力下，饮料制造实现更高层次的发展。众多企业（元气森林、康师傅、可口可乐、健力宝等）的数智化工厂项目，通过执行数字化，实现节能降耗的同时提升了产品的品质保障能力。数字化转型有利于饮料生产制造环节提质、增效、降本、减存，饮料流通销售环节也正加快向数字化、智能化转型，加快布局线上渠道，搭建网络平台，围绕营销数字化、供应链数字化和建设数字化数据平台（基座）等方面开展数字化转型升级，以透明化的生产、智慧的供应链以及产业链的协同全面提升企业生产能力，优化供应链成本，提升运营水平。

越来越多的饮料企业正努力减少碳足迹，并将低碳目标纳入整个产品的生命周期。例如，2022年，整箱出售的"无瓶标"饮料以"数字标签"减少印刷油墨的使用，从而减少碳排放。低碳消费与低碳生活日渐成为人们所倡导的新生活方式，消费者对绿色、低碳饮食的需求不断增加，食品生产过程中的碳排放也越来越受到关注。对饮料行业而言，在整个供应链体系内推动可持续发展，是迎合行业发展趋势、顺应消费者需求的选择，也是提高自身竞争力的有效方式。未来，随着绿色包装、低碳工厂、零碳产品等生产端的转型，绿色低碳理念将融入饮料产品生产和供应、运输配送、产品加工和销售等供应链的各个环节。

（二）全球饮料工业发展现状及趋势

纷繁复杂的全球政治经济形势下，因日益加剧的通货膨胀、生态环境恶化、跨境贸易、不断变化和增加的监管要求，全球生产供应链面临前所未有的压力。粮食安全问题终将传导到饮料工业，劳动力短缺、运输/交付延误现象将在饮料工业的生产和运输/交付领域凸显。

尽管全球大环境不确定因素陡增，整体市场不景气，经济发展低迷，但开放、创新的需求并没有降低，"健康"成为全球饮料研发新产品的源动力。面对消费者快速变化的消费习惯，大规模吸引消费者体验将成为饮料工业数字时代的使命之一。企业必须迎合甚至超出消费者的预期，这对饮料企业在创新卓越程度方面提出了更高的要求。

1. 饮料新产品突出健康、绿色

消费者不是喝饮料简单地为了止渴，而是喜欢营养强化的、无能量的饮料。正是这些喜好趋势使饮料开发和应用面临新的挑战。最近5年，饮料新产品诉求均包括"清洁标签"、环保包装、低能量（无/低糖）等。包装水和果汁成为美容和体重控制等功能诉求的焦点，如强化维生素的风味水饮料、即饮茶、果汁比较受欢迎，而胶原蛋白、左旋肉碱、芦荟、果泥等食品原辅料的运用已得到充分的市场认可。

此外，消费者对健康的关注、公众媒体对气候变化及可持续发展的关注均使饮料产品的宣称在健康和绿色方面更加突出。

2. 饮料生产加工更加注重自动化和可持续发展

在人力短缺、人工成本越来越高的当下，为了保证全球的食品安全和食品产业链条的顺畅，越来越多的工厂拥抱自动化和智能化技术，在进行现有生产条件升级换代的同时，"透明工厂"（数据透明、生产过程可被了解和追溯的工厂）、"黑灯工厂"（智慧工厂）的理念已经变成现实。

3. 企业运营拥抱数字时代

饮料企业运营管理所使用的工具系统直接影响企业的运营业绩，业界目前主要依赖的工厂、物资、技术等领域的系统软件已经有几十年的历史，功能方面的局限性已不能满足时代发展的需求，各系统之间的兼容性也影响了决策的及时性。基于互联网技术的企业资源管理系统（云ERP）、大数据及分析、人工智能（AI）技术、增强现实/虚拟现实（AR/VR）技术、自动化技术的应用对企业管理决策、技术创新、消费者体验提升将产生显著的促进作用，从而满足饮料企业在可持续发展、保本增利、食品安全等领域的诉求。企业在运营方面的现代化创新趋势主要集中在3个方面，即更新升级现有的系统、部署/建立数字平台和应用工业云技术。

思考题

1. 简述饮料的定义和分类。
2. 牛乳属于哪一类食品？它与蛋白饮料有何区别？
3. 现有一种"大豆发酵酸乳"产品，配料表中仅含有大豆、微生物菌种和食品添加剂，营养成分表中标示有"蛋白质 2.0g/100mL、脂肪 1.5g/100mL"，参考 GB/T 10789—2015《饮料通则》对该产品进行归类，并说明理由。
4. 我国饮料工业跨越"中等技术陷阱"需要在哪些方面做出努力？

第一篇 饮料用原辅料

　　饮料工艺学的研究对象囊括从加工用原辅料到制成成品饮料的整个过程，食品原辅料与食品添加剂是饮料工业的基础，水是液体饮料生产中用量最大的原料。掌握不同原辅料的品质规格、性质和加工过程中发生的物理、化学变化是设计饮料生产工艺的前提和保证。本篇主要涉及各类饮料中使用的原辅料，现分别予以介绍。

第一章　CHAPTER 1

饮料用水

学习目标

1. 掌握城市管网供水存在的卫生（安全）隐患及其解决方案。
2. 了解饮料用水的主要来源和分类。
3. 掌握饮料用水对水质的要求。

第一节　饮料用水来源及分类

水是液体饮料的主要原料，通常达到90%（质量分数）以上，任何水质问题都会被带入饮料中，因此，用于生产饮料的水质必须符合严格的标准。

一、水源

水是地面上分布最广的物质，几乎占据地球表面3/4的面积，构成了海洋、江河、湖泊以及积雪和冰川，此外，地层中还存在大量的地下水，大气中也存在着相当量的水蒸气。

水的循环运动可分为两种类型，一种为自然循环，另一种为社会循环。水的自然循环是在自然力作用下形成的，海水在太阳能的作用下蒸发为水蒸气和云；水蒸气和云又在密度差的作用下，随气流迁移到内陆，当遇到冷空气时，液化为雨或凝华为雪；雨和雪又在重力的作用下降至地面，称为降水。一部分降水沿地面流动，形成地表径流，流入江河、湖泊和海洋；另一部分降水渗入地下，形成地下径流。地下径流或排出地表形成泉水，或渗入河流、湖泊和海洋。自然界水循环如图1-1所示。

水的社会循环是在人为因素作用下形成的。为了使天然水体满足人类生活或生产需求，人们兴建了取水、净水、供水等一系列工程设施，称为给水工程；而为了使用过的水符合排放标准，又兴建了收集、治理、排放等一系列工程设施，称为排水工程。给水工程和排水工程构成了水的社会循环。

水在上述两种循环运动中，不可避免地混进许多杂质。在水的自然循环中，由自然环境混

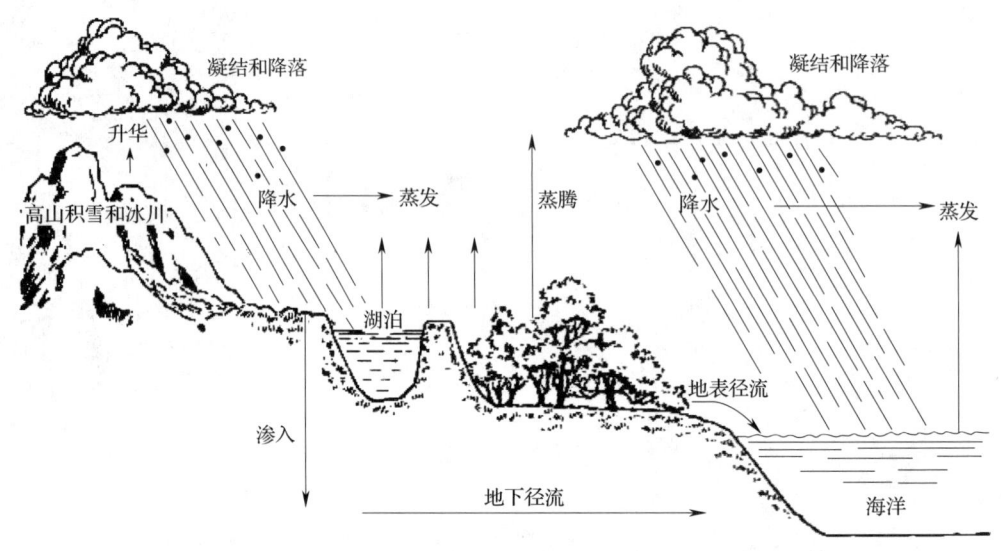

图1-1 自然界水循环示意图

入的物质称为自然杂质或本底杂质。在水的社会循环中,由环境污染混入的物质称为污染物,含有污染物的水称为废水或污水。

饮料用水一般直接取自天然水源或由城市自来水系统供给。天然水源主要分为地表水和地下水。

(一) 地表水

地表水主要指流动或静止在陆地表面的水,主要包括江河、湖泊和水库水。地表水含矿物质较少,储量丰富,取用方便,但受自然环境影响,泥沙、腐殖质、浮游生物及微生物等含量较高。其含杂质的情况因所处的自然环境及所受外界因素影响的不同而有较大差异,不同的河流所含杂质是有区别的,即使是同一条河流,在不同的河段水质也不相同。

值得重视的是,随着工业发展,含有害成分的废水排入江河湖海的量越来越大,导致地表水污染严重,增加了饮料用水前处理的难度。

(二) 地下水

地下水主要指泉水、井水、自流井和地下岩层中的水等,是由地表水通过土壤、黏土和岩层渗入地下而形成的。地下水因长时间与岩层接触溶入了较多的矿物质和盐分,如钙、镁、铁的重碳酸盐等,但由于透过地质层时形成了一个自然过滤过程,可去除地表水中的泥沙、悬浮物和细菌等,故地下水比较澄清,水质水温波动较小。

(三) 自来水

自来水是指地表水经过适当的处理工艺,水质达到一定要求后实行管网供应的水。其特点是水质好且稳定,达到饮用水标准,再处理时比较容易,一次性投资小,设备简单,但水价高,使用成本大。使用时要注意Cl^-、Fe^{3+}含量及酸、碱和微生物含量。

二、饮料用水分类

(一) 饮料生产用水

饮料生产用水主要指用于饮料生产的水,不仅要符合生活饮用水的标准,还要满足饮料品质的要求，例如需要对水进行软化，除去水中溶解的盐类等。

水中溶解的盐类不仅影响碳酸饮料的稳定性（产生沉淀）和风味，果蔬汁饮料中花色苷与钙、镁、铁、铝、锰等金属离子结合还会形成蓝色络合物，茶和咖啡提取用水的水质对提取液的色泽和风味也会产生影响。

（二）一般用水

一般用水主要指饮料生产中的辅助用水，用于饮料原料和包装容器的清洗、饮料设备及附属器具的清洗等。这种水必须符合生活饮用水标准，要求无色透明、无臭无味、安全卫生，不得含有有害离子，细菌总数要求在允许范围内。

（三）冷却用水

对冷却用水的水质要求不太严格，只要不混入饮料中，水质无需达到生活饮用水标准，没有必要除去其色泽、气味等。但需要注意的是，由于硬水容易结垢，使用前应考虑进行软化。由于冷却水用量较大，工厂多进行循环利用。

第二节 饮料用水水质要求

一、天然水中的杂质

天然水在自然界循环过程中，不断与外界接触，溶解和混入了空气中、陆地上和地下岩层中的各种物质，因此在自然界中没有绝对纯净的水，均含有各种各样的杂质，这些杂质的存在对饮料的成品质量会产生诸多影响。

（一）天然水中所含杂质及其对水质的影响

天然水中的杂质大致可分为3类，即悬浮物质、胶体物质和溶解物质，天然水中所含杂质及其对水质的影响如表1-1所示。

表1-1 天然水中所含杂质及其对水质的影响

杂质	种类1	种类2	种类3	对水质的影响
悬浮物质	细菌（包括致病菌和对人体无害的细菌）			主要造成水质浑浊和异味
	藻类及原生动物			使水质有异臭、味异常、带色、浑浊
	泥土、沙粒			使水质浑浊
	其他不溶物			使水质浑浊
胶体物质	溶胶			造成水质产生絮状沉淀及浑浊，并使水带有颜色
	高分子化合物			

续表

杂质	种类1	种类2	种类3	对水质的影响
溶解物质	盐类	钙镁盐	酸式碳酸盐	碱度、硬度
			碳酸盐	碱度、硬度
			硫酸盐	硬度
			氯化物	硬度、有腐蚀性异味
		钠盐	酸式碳酸盐	碱度
			碳酸盐	碱度
			硫酸盐	味、过量会引起腹泻
			氯化物	味
			氟化物	过量会引起氟斑牙
		铁盐及锰盐		使水有金属味，二价铁、锰氧化后会使水带有颜色
	气体	氧气		腐蚀性
		二氧化碳		腐蚀性、酸性
		二氧化硫		腐蚀性、酸性及臭味
		氯气		腐蚀性、酸性及异味
	其他有机物			味异常、带色

（二）天然水中杂质的特征

1. 悬浮物质

天然水中凡是粒径大于 $0.2\mu m$ 的杂质均统称为悬浮物质。这类杂质主要是指泥沙、动植物残屑、浮游生物及微生物等，用普通显微镜甚至肉眼即可观察到。悬浮物质在饮料产品中产生沉淀，在瓶底积垢或生成蓬松絮状沉淀微粒。其中有害的微生物不仅影响产品风味，而且还会导致产品变质。

2. 胶体物质

胶体物质颗粒的粒径为 $0.001 \sim 0.2\mu m$，水中的胶体物质杂质主要是一些黏土性无机胶体和由动植物残骸分解而成的腐殖质、腐殖酸等有机胶体，在显微镜下可见。胶体物质会造成饮料产品浑浊、带色等质量问题。

3. 溶解物质

溶解物质杂质微粒的粒径一般在 $0.001\mu m$ 以下，主要是一些溶解性盐类、小分子有机物和一些溶解性气体。这类杂质以分子或离子状态存在于水中，水体呈清澈透明。天然水中的溶解性盐类因地区不同差异很大，在水体中主要是 K^+、Na^+、Ca^{2+}、Mg^{2+}、Fe^{2+}、Fe^{3+}、Mn^{2+}、Zn^{2+}、NH_4^+、Al^{3+} 等阳离子和 Cl^-、SO_4^{2-}、NO_3^-、$H_2PO_4^-$、CO_3^{2-}、HCO_3^-、SiO_3^{2-} 等阴离子，这些离子的存在构成了水的硬度、碱度和色度。

(1）溶解性盐类　天然水体在自然循环运动中溶解了一些可溶性的矿物盐类，使水中含有的阳离子有 Ca^{2+}、Mg^{2+}、Na^+、K^+，阴离子有 HCO_3^-、SO_4^{2-}、Cl^-、NO_3^-。此外，还有大量的 H^+、OH^-、CO_3^{2-} 等，共同组成了天然水体的基本化学成分。

硅在地球元素中居第二位，因不易风化，所以能溶解于水中的并不多，其在水中的含量一般在 1～20mg SiO_2/L，且多以 H_4SiO_4 形态存在。硅含量高的地下水，活性 SiO_2 可达 60mg/L，因易聚合而呈胶体状态存在。

铝和铁在地球元素中分别居第三位、第四位，但在天然水体中的含量都不是很高，铝一般不超过 0.5mg/L，铁的含量虽然比铝高，特别是地下水中，有的地下水中铁含量高达 10mg/L 以上，但易与有机物生成络合物。

天然水体中还含有一定量的微量元素，如溴、硼、铍、锶、钡、铜、锌、镉、汞、砷、硒及氟等。其中氟化物含量可达 4.0mg/L，在有些地下水中，氟化物含量高达 30mg/L。

（2）溶解气体　天然水中常见的溶解气体有氧气（O_2）和二氧化碳（CO_2），有时还有硫化氢（H_2S）、二氧化硫（SO_2）和氨气（NH_3）等。这些气体的存在使饮料产品产生异味并且影响碳酸饮料的二氧化碳溶解量，也会对饮料中某些易氧化成分产生不利影响。

二、水质指标

水质指标指水样中除水分子外所含杂质的种类和数量（或浓度）。

（一）浊度

浊度是反映水中悬浮物和胶体含量的一个综合性指标，用于表征水中悬浮物和胶体颗粒对光散射作用的程度，即表示水浑浊的程度。浊度可以通过专用仪器测定，仪器显示的浊度是散射浊度单位（NTU）。

（二）色度

色度指除去水中悬浮物质后，水样的色泽深浅。腐殖酸、某些微生物的代谢物及水中的铁、锰等盐类都会使水产生一定的色度。

（三）污染指数

污染指数（Silting density index，SDI）也称淤泥密度指数（Fouling index，FI），是水质指标的重要参数之一。它代表了水中颗粒、胶体和其他能阻塞各种水净化设备的物质含量。通过测定 SDI，可以选定相应的水净化技术或设备。用有效直径 42.7mm、平均孔径 0.45μm 的微孔滤膜，在 0.21MPa 的压力下，测定最初 500mL 水样的过滤时间（t_0），在相同条件下继续过滤，15min 后再次测定 500mL 水样的过滤时间（t_{15}）。按照式（1-1）计算。

$$SDI=(1-t_0/t_{15}) \times 100/15 \qquad (1-1)$$

在反渗透水处理过程中，SDI 是测定反渗透系统进水的重要指标之一，是检验预处理系统出水是否达到反渗透进水要求的主要手段。它的大小对反渗透系统运行寿命至关重要。SDI 越低，水对膜的污染阻塞趋势越小。从经济和效率综合考虑，大多数水处理设备厂家推荐反渗透进水 SDI 不高于 5。

（四）硬度

硬度通常是指水中钙、镁离子总含量。硬度又分为总硬度、碳酸盐硬度和非碳酸盐硬度。碳酸盐硬度（又称暂时硬度）主要化学成分是钙、镁的重碳酸盐，其次是钙、镁的碳酸盐。由于这类盐类煮沸时 CO_2 被驱除，碳酸盐沉淀下来，硬度大部分可除去，故又称暂时硬度。反应式如下：

$$Ca(HCO_3)_2 \xrightarrow{\triangle} CaCO_3 \downarrow + CO_2 \uparrow + H_2O$$

$$Mg(HCO_3)_2 \xrightarrow{\triangle} MgCO_3 \downarrow + CO_2 \uparrow + H_2O$$

$$MgCO_3 + H_2O \xrightarrow{\triangle} Mg(OH)_2 \downarrow + CO_2 \uparrow$$

非碳酸盐硬度（又称永久硬度），是指水中钙、镁的氯化物（$CaCl_2$、$MgCl_2$）、硫酸盐（$CaSO_4$、$MgSO_4$）、硝酸盐[$Ca(NO_3)_2$、$Mg(NO_3)_2$]等盐类形成的硬度，这些盐类经加热煮沸也不会发生沉淀，水的硬度不会改变，故又称永久硬度。总硬度是暂时硬度和永久硬度之和，通常简称为硬度。我国现在不推荐使用硬度这一名称，直接用钙、镁含量[$c(Ca^{2+}+Mg^{2+})$，mmol/L]代替硬度作为水质的一个重要指标。

当水的硬度过高时，会产生碳酸钙沉淀和有机酸钙盐沉淀，对饮料产生不良影响；非碳酸盐硬度过高时，还会使饮料出现盐味。此外，洗瓶时在浸瓶槽上形成水垢，会增加氢氧化钠（烧碱）的用量。

（五）碱度

碱度是指水中能与 H^+ 结合的 OH^-、CO_3^{2-} 和 HCO_3^- 的含量，其中 OH^- 的含量称为氢氧化物碱度，CO_3^{2-} 的含量称为碳酸盐碱度，HCO_3^- 的含量称为重碳酸盐碱度，三者之和称为水的总碱度，单位为 mg/L（以 $CaCO_3$ 计）。天然水中的碱度成分主要是碳酸氢盐，有时还含有少量腐殖酸盐。

当水的碱度过高时，饮料酸度下降，饮料的风味改变，此外，在生产碳酸饮料时，CO_2 的溶解量会受到影响。

水的总碱度与总硬度的关系，存在以下3种情况。

（1）总碱度大于总硬度时，说明水中存在 OH^-、CO_3^{2-}，属于碱性水。

（2）总碱度小于总硬度时，说明水中存在 Ca^{2+}、Mg^{2+} 的氯化物，OH^-、CO_3^{2-} 基本上不存在，属于非碱性水。

（3）总碱度等于总硬度时，说明水中只含有 Ca^{2+}、Mg^{2+} 的碳酸氢盐。

（六）电导率

表示水中离子导电能力大小的指标，称作电导率。由于溶于水的盐类都能电离出具有导电能力的离子，所以电导率是表征水中溶解盐类多少的一种指标。水越纯净，含盐量越少，电导率越低。

水的电导率高低除了与水中离子含量有关外，还和离子的种类有关，仅凭电导率不能计算水的含盐量。在水中离子组成比较稳定的情况下，可以根据试验求得电导率与含盐量的关系，将测得的电导率换算成含盐量。电导率的常用单位为微西门子/厘米（μS/cm）。

三、水源水标准

水的来源分为地表水、地下水、城市管网用水，不同来源的水符合一定的标准才能作为饮料用水。

（一）GB 3838—2002《地表水环境质量标准》及地表水卫生要求

地表水根据水域环境功能和保护目标，按功能高低依次划分为5类。

（1）Ⅰ类　主要适用于源头水、国家自然保护区。

（2）Ⅱ类　主要适用于集中式生活饮用水地表水源地一级保护区、珍稀水生生物栖息地、鱼虾类产卵场、仔稚幼鱼的索饵场等。

（3）Ⅲ类　主要适用于集中式生活饮用水地表水源地二级保护区、鱼虾类越冬场、洄游通道、水产养殖区等渔业水域及游泳区。

（4）Ⅳ类　主要适用于一般工业用水区及人体非直接接触的娱乐用水区。

（5）Ⅴ类　主要适用于农业用水区及一般景观要求水域。

对应上述5类水域功能，地表水环境质量标准基本项目标准值分为5类，不同功能类别分别执行相应类别的标准值。水域功能类别高的标准值严于水域功能类别低的标准值。同一水域兼有多类使用功能的，执行最高功能类别对应的标准值，具体数值按 GB 3838—2002《地表水环境质量标准》执行。

（二）GB/T 14848—2017《地下水质量标准》

根据地下水的水质现状、人体健康基准值及地下水质量保护目标，参照生活饮用水、工业用水水质要求，我国将地下水质量划分为5类，各类地下水质量标准具体参数见 GB/T 14848—2017《地下水质量标准》。

（1）Ⅰ类　主要反映地下水化学组分的天然低背景含量，适用于各种用途。

（2）Ⅱ类　主要反映地下水化学组分的天然背景含量，适用于各种用途。

（3）Ⅲ类　以人体健康基准值为依据，主要适用于集中式生活饮用水水源及工、农业用水。

（4）Ⅳ类　以农业和工业用水要求为依据，除适用于农业和部分工业用水外，适当处理后可作为生活饮用水。

（5）Ⅴ类　不宜饮用，其他用水可根据使用目的选用。

（三）CJ/T 206—2005《城市供水水质标准》

CJ/T 206—2005《城市供水水质标准》对供水水源、水厂生产、输配水、二次供水和用户受水点水质的安全管理和监督提出了原则性要求，适用于公共集中式供水、自建设施供水和二次供水。

（四）生活饮用水水质标准

生活饮用水水质主要是指地表水和地下水Ⅰ、Ⅱ、Ⅲ类等级、符合人体健康的水源标准要求。不同国家和地区对水源水的要求不尽相同，具体可参考《国际饮用水水质标准汇编》一书，但所有标准均不是一成不变的，而是随时代的发展而改变，如欧盟对饮用水执行的标准是98/83/EC 饮用水水质指令，在2015年，欧盟发布（EU）2015/1787号法规，修订了98/83/EC 饮用水水质指令的附录Ⅱ和附录Ⅲ。

为了满足饮料生产的工艺要求，保证产品质量，饮料用水应符合 GB 5749—2022《生活饮用水卫生标准》。此外，饮料生产企业可根据自身生产的特点和产品质量标准对其中某些指标做出特别的限值规定。

思考题

1. 影响饮用水水质的因素有哪些？
2. 天然水中有哪些杂质？它们对饮料有哪些影响？
3. 天然水的水源有哪几类？不同水源需要符合哪些标准？

第二章 饮料用原料

CHAPTER 2

学习目标

1. 掌握用于饮料生产的原料的分类。
2. 掌握用于饮料生产的植物源原料的分类及其在饮料中的应用特性。
3. 了解饮料生产中使用的动物源原料的性质及特点。

第一节　植物源原料

饮料中常用的植物源原料主要包括食糖及淀粉糖、果蔬汁（浆）、植物蛋白原料及其制品以及嗜好性植物原料等。

一、食糖及淀粉糖

（一）食糖

食糖根据原料来源可分为甘蔗糖和甜菜糖，根据色泽可分为黑糖、红糖、黄糖、白糖和焦糖等（图2-1）。白糖根据漂白工艺的不同又分为碳化糖、硫化糖和磷化糖。

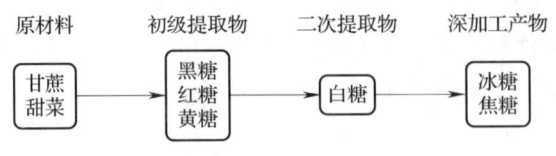

图2-1　食糖分类

根据GB 13104—2014《食品安全国家标准　食糖》，食糖包括原糖、白砂糖、绵白糖、赤砂糖、红糖、方糖和冰糖7种。原糖是以甘蔗汁经清净处理、煮炼结晶、离心分蜜制成的带有糖蜜、不作直接食用的蔗糖结晶。白砂糖是以甘蔗或甜菜为原料，经提取糖汁、清净处理、煮炼结晶和分蜜等工艺加工制成的蔗糖结晶。绵白糖是以甜菜或甘蔗为原料，经提取糖汁、清净处理、煮炼结晶、分蜜并加入适量转化糖浆等工艺制成的晶粒细小、颜色洁白、质地绵软的糖。赤砂糖是以甘蔗为原料，经提取糖汁、清净处理等工艺加工制成的带蜜的棕红色或黄褐色砂糖。红糖是以甘蔗为原料，经提取糖汁、清净处理后，直接煮制不经分蜜的棕红色或黄褐色的糖。方糖是由粒度适中的白砂糖，加入少量水或糖浆，经压铸等工艺制成的小方块的糖。冰糖是由砂糖经再溶解、清净处理、重结晶而制得的大颗粒结晶糖。

根据 GB/T 317—2018《白砂糖》、GB/T 1445—2018《绵白糖》、GB/T 35884—2018《赤砂糖》、GB/T 35883—2018《冰糖》和 GB/T 35888—2018《方糖》等标准，不同食糖产品的纯度有差别，在色值和浊度等指标方面也存在差异，实际应用时需要根据产品的需要进行合理选择。

（二）淀粉糖

1. 果葡糖浆

果葡糖浆/高果糖浆（High fructose syrup）是以淀粉或淀粉质为原料，经水解、异构化、精制、浓缩等工艺制成的主要成分为果糖、葡萄糖的淀粉糖产品。果葡糖浆为无色黏稠状液体，常温下流动性好，无臭。果葡糖浆按果糖含量一般可分为3种，即42型［F42，含果糖42%（质量分数）］、55型［F55，含果糖55%（质量分数）］及60型［F60，含果糖60%（质量分数）］，随着科技的进步，目前食品工业中应用的果葡糖浆已有90型［F90，含果糖90%（质量分数）］。果葡糖浆的甜度与果糖含量呈正相关。

2. 麦芽糊精

麦芽糊精（Maltodextrin，MD）也称水溶性糊精或酶法糊精，是以各类淀粉为原料，经酶法工艺低度水解、精制、干燥或不干燥制得的糖类聚合物。麦芽糊精生产常用的原料是含淀粉质的玉米和大米等，也可以是精制淀粉，如玉米淀粉、小麦淀粉、木薯淀粉等。GB/T 20882.6—2021《淀粉糖质量要求 第6部分：麦芽糊精》根据DE值将麦芽糊精分为3个类别：MD10（DE<11%）、MD15（11%≤DE<16%）和MD20（16%≤DE≤20%）。DE值（Dextrose equivalent），即葡萄糖当量，主要用来表示淀粉的水解程度或糖化程度，也是控制产品特性的重要指标。麦芽糊精的物理性质及水解程度与其DE值有关，一般而言，麦芽糊精的水解程度越高，DE值越大，产品的溶氧性、甜度、渗透性、发酵性、褐变反应、冰点下降越大，而组织性、黏度、色素稳定性和抗结晶性越差。了解麦芽糊精的DE值和产品物性之间的关系，有利于正确选择应用各种麦芽糊精产品。目前，麦芽糊精广泛应用于固体饮料、麦片、乳制品、保健品等领域。

二、果蔬汁（浆）

果蔬汁（浆）是果蔬汁相关产品的原料，如果蔬汁、果蔬汁饮料、含果蔬汁的蛋白饮料、果粉等，使用时主要考虑以下几个指标。

（一）糖度

果蔬的含糖量，从收获到加工会发生变化，例如苹果、梨、芒果、番茄等果蔬含有淀粉，在成熟和贮藏过程中，淀粉会分解成糖，使果蔬的含糖量增加。

果蔬汁（浆）糖度用可溶性固形物含量表示，我国不同果蔬汁（浆）的质量标准如表2-1所示。折光度即白利度（°Brix）是将可溶性固形物含量作为蔗糖浓度来测定的，如糖浆的折光度就是糖浆含糖量的占比（质量分数），70°Brix的糖浆表示100g糖浆中含糖70g。20℃时用折光计（糖度计）测得的果蔬汁（浆）的折光度，可视为糖度。但果蔬汁直接测量所得的折光度与用直接称量法测得的可溶性固形物含量有差异，这是因为果蔬汁中的酸含量影响折光计的读数。例如，2%柠檬酸溶液的折光度是1.61°Brix，差值0.39°Brix，因此可溶性固形物含量需要根据酸度加以修正，具体酸度修正值见表2-2。

表2-1　　我国果蔬汁（浆）的质量标准

果汁（浆）	复原果蔬汁（浆）	非复原果蔬汁（浆）			
	可溶性固形物（以°Brix计）	可溶性固形物（以°Brix计）	可滴定酸度/%	氨基态氮/（mg/kg）	灰分/%
菠萝	≥10.0	≥11.0	≤1.20	≥120	≥0.20
苹果	≥10.0	≥10.5	≤0.80	≥30	≥0.13
橙	≥10.0	≥10.5	≤1.20	≥200	≥0.20
葡萄	≥11.0	≥12.0	≤1.30	≥120	≥0.10
桃	≥9.0	≥11.0	≤1.00	≥150	≥0.20
梨	≥10.0	≥10.0	≤0.60	≥150	≥0.25
柠檬	≥5.0	≥7.0	≤1.00	≥150	≥0.20
（宽皮）柑	≥11.2	≥9.0	≤1.20	≥200	≥0.25

注：依据现行国家标准GB/T 31121—2014《果蔬汁类及其饮料》及相关文献整理。

表2-2　　酸度修正值

酸度/%	修正值/°Brix	酸度/%	修正值/°Brix	酸度/%	修正值/°Brix	酸度/%	修正值/°Brix	酸度/%	修正值/°Brix
0.1	0.072	1.0	0.20	1.9	0.375	3.6	0.70	5.4	1.04
0.2	0.074	1.1	0.22	2.0	0.39	3.8	0.74	5.6	1.07
0.3	0.076	1.2	0.24	2.2	0.43	4.0	0.78	5.8	1.11
0.4	0.078	1.3	0.26	2.4	0.47	4.2	0.81	6.0	1.15
0.5	0.10	1.4	0.28	2.6	0.51	4.4	0.85	6.2	1.19
0.6	0.12	1.5	0.30	2.8	0.54	4.6	0.89	6.4	1.23
0.7	0.14	1.6	0.32	3.0	0.58	4.8	0.93	6.6	1.27
0.8	0.16	1.7	0.34	3.2	0.62	5.0	0.97	6.8	1.30
0.9	0.18	1.8	0.36	3.4	0.66	5.2	1.01	7.0	1.34

果蔬汁（浆）的实际可溶性固形物含量应为检测值与修正值之和，例如浓缩苹果汁的折光度为 70°Brix，酸度为 4.2%，由表 2-2 查得酸度修正值为 0.81°Brix，则浓缩苹果汁实际可溶性固形物含量应为 70.81°Brix，对于仁果类水果的浓缩汁用酸度修正的方法可以使糖度和实际的可溶性固形物含量更接近。

（二）酸度

食品中酸的种类很多，主要包括有机酸和无机酸，且以有机酸为主，主要包括柠檬酸、苹果酸、乳酸、草酸等。总酸度是指食品中所有酸性成分的总量，一般作为表示食品酸性程度和新鲜度的指标，用氢氧化钠或氢氧化钾中和的酸性物质总量换算成特定有机酸的浓度来表示，其大小可采用碱液滴定的方式测定，故又称滴定酸度。滴定酸度除有机酸外，还有甲磷酸和酚类。

果蔬种类不同，其所含的主要酸类也有区别。同一种果蔬汁的酸度也会因原料果蔬的品种、产地和采收期不同而不同。天然果蔬汁的酸味较强，pH 为 2.0~5.0。

（三）果肉含量

果蔬汁与果蔬浆的区别就是，果蔬汁是指用机械、渗滤或者水浸提等方法从水果或蔬菜可食用部分制得的液体制品，外观浑浊或澄清透明；而果蔬浆是指用机械方法从水果或蔬菜可食用部分制得的液体制品，富含果肉和水果纤维，外观浑浊。

果蔬（浆）中果肉含量的测定可参照农业部标准 NY/T 2015—2011《柑橘果汁中离心果肉浆含量的测定》的原理，即在一定离心力下，检测沉淀占总量的百分比，可以是体积分数，也可以是质量分数。

果肉含量的测定与离心加速度的大小、离心时间以及离心半径有直接关系。NY/T 2015—2011《柑橘果汁中离心果肉浆含量的测定》对柑橘汁中果肉浆的检测参数推荐为 $370g$~$400g$ 离心加速度条件下离心 10min。

（四）氨基酸态氮/游离氨基酸

果蔬中含氮化合物含量并不高，包括游离氨基酸、生长代谢所需的酶（果胶酶、糖苷酶、多酚氧化酶等）等，并且随品种、成熟度、产地等有所区别。但含氮化合物对于果蔬汁饮料的质量、真伪判断至关重要，成为计算果蔬汁含量的一个重要指标，如柑橘汁（参见 GB/T 12143—2008《饮料通用分析方法》）。部分果汁的游离氨基酸组成见表 2-3。

三、植物蛋白原料及制品

随着消费者对于食品营养与口感的需求不断增加，植物蛋白原料在食品、饮料中的应用也更加广泛。植物蛋白不仅能够满足人体对蛋白质的需求，而且不含胆固醇和乳糖，适用于乳糖不耐和消化障碍人群。近年来，植物基食品快速崛起，用植物蛋白代替动物蛋白，不仅可以降低对人工饲养动物和宰杀动物的需求，同时能够减少动物养殖过程中产生的碳排放以及水资源消耗，更加环保和节约能源，因此植物基食品的原料——大豆蛋白、豌豆蛋白、燕麦蛋白等不断受到人们的关注。GB 20371—2016《食品安全国家标准 食品加工用植物蛋白》将植物蛋白原料分为粗提蛋白、浓缩蛋白和分离蛋白三类。不同植物蛋白原料的安全理化指标如表 2-4 所示。

表 2-3 部分果汁的游离氨基酸组成

单位：mg/L

氨基酸	苹果汁	橙汁	葡萄汁	桃汁	梨汁	橘汁	柠檬汁	菠萝汁	西柚汁	黑加仑汁	西番莲汁
天冬氨酸（Asp）	30~300	200~400	5~100	50~400	30~200	50~400	300~800	40~120	400~800	20~100	400~1600
苏氨酸（Thr）	1~20	10~50	20~200	10~140	2~10	10~50	10~30	12~45	12~36	10~80	10~30
丝氨酸（Ser）	5~60	105~210	20~100	30~350	15~40	60~220	135~370	50~200	105~210	15~115	145~525
天冬酰胺（Asn）	100~1500	225~660	≤50	1500~4500	120~2200	150~800	130~600	145~1000	240~800	30~400	≤40
谷氨酸（Glu）	10~200	75~205	20~150	15~200	20~70	60~200	160~400	20~120	80~235	40~220	300~800
谷氨酰胺（Gln）	≤25	≤75	≤800	10~200	≤20	350~1500	≤45	≤200	≤75	≤730	≤300
脯氨酸（Pro）	≤20	450~2090	150~1000	10~100	30~500	3~16	100~800	8~50	200~1400	10~100	150~1500
甘氨酸（Gly）	≤10	10~25	≤30	5~20	1~5	7~30	7~25	10~70	11~38	3~20	7~40
丙氨酸（Ala）	1~50	60~205	50~300	40~300	10~30	40~150	80~260	25~150	62~180	35~180	90~400
缬氨酸（Val）	≤40	10~30	10~100	5~50	5~20	5~30	8~35	10~50	12~35	10~60	25~100
甲硫氨酸（Met）	≤30	≤5	≤60	5~30	痕量	≤10	≤5	30~85	≤10	≤30	≤10
异亮氨酸（Ile）	≤10	3~15	10~100	5~15	5~15	3~15	3~10	5~40	1~10	6~40	13~65
亮氨酸（Leu）	≤10	3~15	10~100	1~10	1~10	3~15	3~10	5~10	1~10	3~40	13~65
酪氨酸（Tyr）	≤10	5~20	≤50	≤10	≤5	5~50	≤7	10~75	≤18	≤30	≤50
苯丙氨酸（Phe）	≤15	15~55	≤170	≤20	1~5	5~50	8~40	10~50	9~46	≤30	30~120
γ-氨基丁酸（GABA）	1~30	180~200	50~250	5~150	5~15	150~500	60~185	15~100	180~570	70~340	150~400
鸟氨酸（Orn）	≤1	3~20	≤50	≤20	痕量	10~200	≤5	≤5	1~26	≤8	≤10
赖氨酸（Lys）	≤10	20~65	≤40	≤20	≤5	15~70	5~20	15~60	12~58	1~40	15~80
组氨酸（His）	≤10	5~25	≤100	≤20	≤5	—	≤10	10~50	2~25	1~45	15~60
精氨酸（Arg）	≤10	400~1000	150~1100	≤5	≤5	400~1000	≤100	≤50	240~830	10~140	≤155

注：本表根据国际果蔬汁协会（International Fruit and Vegetable Juice Association, IFU）资料整理。

表 2-4　　　　　　　　　　　　　　不同植物蛋白的安全理化指标

项目		指标		
		粗提蛋白	浓缩蛋白	分离蛋白
蛋白质（以干基计）/（g/100g）	大豆蛋白 花生蛋白 大米蛋白 马铃薯蛋白	$45 \leqslant X < 65$	$65 \leqslant X < 90$	$X \geqslant 90$
	豌豆蛋白	$45 \leqslant X < 65$	$65 \leqslant X < 80$	$X \geqslant 80$
	其他蛋白	$X \geqslant 40$		
水分/（g/100g）	玉米蛋白	$\leqslant 12$		
	除玉米蛋白外的其他植物蛋白	$\leqslant 10$		
脲酶（尿素酶）活性		阴性/非阴性（仅适用于加热灭酶处理后方可食用的产品）		

资料来源：GB 20371—2016《食品安全国家标准　食品加工用植物蛋白》。

（一）大豆蛋白

大豆含有丰富的脂肪、蛋白质、碳水化合物和矿物质等营养成分，是重要的油料作物。大豆蛋白是大豆精深加工、综合利用的产品之一，大豆蛋白中的氨基酸种类有近 20 种，含有人体必需的 9 种氨基酸，属于优质的蛋白源，是唯一一种植物来源的完全蛋白质，广泛应用于食品工业。

大豆蛋白作为一种混合物，其组成的分类有两种方法：一种是根据酸溶解性分为清蛋白（约占 5%）和球蛋白（约占 90%）；另一种是根据离心沉降指数分为 2S、7S、11S、15S 共 4 级，其中 7S 和 11S 为主要成分，也是球蛋白的主要成分，约占总蛋白质的 70%。

大豆蛋白作为多种氨基酸组成的不同结构的复合物，其肽链骨架上的许多极性基团使其在食品加工过程中表现出不同的理化特性，如乳化性、水合性、吸油性、胶凝性或凝胶性、溶解性、起泡性、黏性、结团性、组织性、结膜性等。

（二）豌豆蛋白

豌豆蛋白是豌豆在加工淀粉后副产物综合精深加工产生的一种植物蛋白，这与大豆蛋白来源于大豆油加工副产物的综合利用并不相同。豌豆蛋白含有人体必需的 9 种氨基酸，蛋白质营养价值高，且豌豆蛋白具有低致敏性和均衡的氨基酸比例，是替代动物蛋白的优选植物蛋白。

（三）其他蛋白质

花生蛋白、核桃蛋白等与大豆蛋白类似，都是综合利用去除油脂后的副产物所制得。此外还有大米蛋白、玉米蛋白、马铃薯蛋白等产品。

（四）植物蛋白肽

多肽和蛋白质都是氨基酸的多聚缩合物，多肽是蛋白质的不完全水解产物。氨基酸以及各种氨基酸组成的二肽和三肽的吸收与单糖相似，是主动转运，且都同 Na^+ 转运耦联。当肽进入肠黏膜上皮细胞后，立即被存在于细胞内的肽酶水解为氨基酸。但肽与蛋白质在结构、过敏反应、吸收利用、生理功能等方面均存在差异。

（1）结构不同　多种氨基酸以特定顺序组成一条肽链；一条或多条多肽链折叠盘曲形成特定空间结构，即为蛋白质；氨基酸和多肽通常为平面结构，而蛋白质则更强调三维立体结构。常见的氨基酸只有 20 多种，由于多肽肽链长度、结构有多种变化，20 多种氨基酸能合成无数种多肽；蛋白质还有空间结构的变化，氨基酸数量更多，所以蛋白质种类更丰富。

（2）过敏反应不同　氨基酸和多肽一般不会产生过敏反应，而蛋白质为常见过敏原，牛乳过敏、鸡蛋过敏、海鲜过敏等都属于蛋白质过敏，食物中的蛋白质进入体内，被免疫系统当成入侵病原，免疫系统便释放出一种特异性免疫球蛋白，进一步生成许多化学物质，造成皮肤红肿、经常性腹泻、消化不良、头痛、咽喉疼痛、哮喘等过敏症状。

（3）吸收不同　蛋白质需要多种消化酶消化才能被吸收，氨基酸和多肽则无需消化而直接被吸收；氨基酸和多肽的吸收多数情况下都需要载体蛋白的参与（称为主动转运，需要消耗能量），但转运 1 分子氨基酸和转运 1 条肽链相比，效率明显不同。

（4）吸收后合成蛋白质的效能不同　氨基酸、多肽和蛋白质的最终目的是使其生成人体自身的功能蛋白。氨基酸合成蛋白质需要将氨基酸先合成多肽短链，然后再装配成蛋白质，甚至部分必需氨基酸短缺会造成功能蛋白质短缺等；而多肽是多种氨基酸组成的肽链，在人体内合成蛋白质的利用率比氨基酸高很多，属于团体作战。

（5）功能不同　氨基酸需要组合成多肽，才能表达出相应的功能，蛋白质的功能体现也是以活性多肽片段为基本单位。例如，烧烫伤的肌肉组织失去活性、鸡蛋蒸熟就凝固了，主要是因为其中功能蛋白质的空间结构被破坏。

GB 31611—2023《食品安全国家标准　食品加工用植物蛋白肽》中要求植物蛋白肽中总氮（以干基计）≥11.2g/100g，分子质量在 189~10000u 肽段的相对百分比≥60%，同时要求水分含量≤7%。

上述两种植物蛋白肽原料介绍如下。

在 2013 年以前，蛋白肽在食品中的应用需经过新资源食品（或新食品原料）认证许可。如玉米低聚肽粉，（原卫生部 2010 年第 15 号公告），小麦低聚肽（原卫计委 2012 年第 16 号公告），但 2013 年第 7 号公告规定：以可食用的动物或植物蛋白为原料，经《食品添加剂使用标准》规定允许使用的食品用酶制剂酶解制成的物质作为普通食品管理。

（1）玉米低聚肽粉　玉米低聚肽粉（Corn oligopeptides powder）为黄色或棕黄色粉末，是以玉米蛋白粉为原料，经调浆、蛋白酶酶解、分离、过滤、喷雾干燥等工艺制成的低聚肽粉。其蛋白质含量≥80%（以干基计），低聚肽含量≥75%（以干基计），丙氨酸-酪氨酸肽≥0.6%，分子质量小于 1000u 的蛋白质水解物所占比例≥90%。

（2）小麦低聚肽　小麦低聚肽（Wheat oligopeptides）为白色或浅灰色粉末，是以小麦谷朊粉为原料，经调浆、蛋白酶酶解、分离、过滤、喷雾干燥等工艺制成的低聚肽粉。其蛋白质含量≥90%（以干基计），低聚肽含量≥75%（以干基计），相对分子质量小于 1000u 的蛋白质水解物占比≥85%，总谷氨酸≥25%。

四、嗜好性植物原料

咖啡、可可与茶不仅是工业生产饮料的原料，也是目前全球范围的三大嗜好性饮料，在人类文明的进程中发挥了重要作用。

(一）咖啡

咖啡（*Coffee* spp.），茜草科，原产于东非（埃塞俄比亚），是热带地区的常绿树，适合在气温 15~30℃、年降水量 1300~2300mm 且开花期为干燥季节的地区栽培。拉丁美洲和非洲为咖啡两大产区，其中拉丁美洲的咖啡产量占世界咖啡总产量的 80%，此外我国的云南和海南两省也有种植。主要咖啡贸易品种有：小粒种咖啡［阿拉伯种咖啡（Arabica coffee），小粒咖啡（*Coffea arabica* L.）的栽培种和一些变种］、中粒种咖啡［罗巴斯塔种咖啡（Robusta coffee），中粒咖啡（*Coffea canephora* Pierre ex A. Froehner）的栽培种和一些变种］、大粒种咖啡［利比里亚种咖啡（Liberica coffee），大粒咖啡（*Coffea liberica* Hiern）］、高种咖啡［埃塞尔萨种咖啡（Excelsa coffee），*Coffea dewevrei* De Wild and Durand var. *excelsa* Chevalier］和阿拉巴斯塔咖啡（Arabusta coffee，*Coffea arbica* × *Coffea canephora* Capot and Ake ASSi）。

咖啡因是咖啡中最重要的成分之一，约占咖啡的 1.5%，咖啡因的存在使咖啡具有一定的苦味，且具有兴奋作用，对人体健康有一定益处。咖啡可作为原料用来生产咖啡饮料，此外由咖啡制备的咖啡粉、速溶咖啡粉和咖啡浓缩液等也可作为原料用于咖啡饮料（包括固体饮料）的生产。

咖啡粉是焙炒咖啡豆磨碎后的产品；咖啡提取液是采用物理方法，以水为唯一溶剂从焙炒咖啡粉中提取的产品；速溶咖啡粉是采用物理方法，以水为唯一溶剂从焙炒咖啡粉中提取经浓缩干燥的水溶性产品，根据生产工艺分为喷雾干燥速溶咖啡、冻干速溶咖啡等。

（二）可可

可可树（*Theobroma cacao* L.）是锦葵目梧桐科可可属的常绿树种，适合在高温、多湿，特别是赤道附近的热带地区生长。可可在 12—次年 1 月和 5—6 月采收两次，原产于南美洲，现广泛在非洲、东南亚和拉丁美洲种植。

可可果实包括外壳、表皮、果肉以及种子，其发酵、干燥后剥离出的种子就是可可豆（Cacoa bean）。新鲜可可豆含水分 40% 左右，干燥后含水分 6%~8%。目前世界各地区生长的可可品种很多，因气候、土壤、栽培和加工处理等条件不同而产生不同色泽、香气和滋味。

可可制品包括可可液块、可可脂和可可粉。可可豆经过焙炒，去掉外壳即成可可仁。可可仁研磨变成可可浆，可可浆在温热状态下具有液体流动性，冷却后即凝固成棕褐色、香气浓郁并带有苦涩味的块状固体，即可可液块。可可液块经压榨，部分脱脂成为可可饼，进一步粉碎后成为可可粉。

可可粉根据生产工艺分为天然可可粉和碱化可可粉，碱化可可粉按照其碱化程度分为重碱化可可粉和轻碱化可可粉。可可粉的品质与其脂肪含量有关，根据其脂肪含量可分为高脂可可［脂肪含量 ≥20%（质量分数）］、中脂可可粉［脂肪含量 14%~20%（质量分数）］和低脂可可粉［脂肪含量 10%~14%（质量分数）］。

可可含有棕榈酸、硬脂酸、亚油酸和亚麻酸等，不含咖啡因，其特殊成分是可可碱（Theobromine）。可可碱有刺激性，但可可的刺激性不及咖啡和茶。

除脂肪外，可可还含有 20%~22%（质量分数）的蛋白质和 35%~38%（质量分数）的碳水化合物，营养丰富。在饮料工业中，可可用于制造麦乳精等固体饮料和可可乳饮料。

（三）茶类及其制品

茶树［*Camellia sinensis*（L.）O. Kuntze］是山茶科山茶属的落叶灌木或小乔木。叶薄革质，椭圆状披针形至倒卵状披针形，长 5~10cm，宽 2~4cm。叶深绿色，前端尖或钝，有短锯齿，叶柄长 3~7mm。供饮料加工的鲜茶叶或干茶叶均是由茶树上采摘的新梢而来。

茶原产于我国西南云贵的山岳地带,我国及日本、印度、斯里兰卡,印度尼西亚、土耳其及肯尼亚等温暖多雨地区均有栽培。茶是含咖啡因(Caffeine)的典型饮料,以单宁的苦涩味为其基本风味。茶富含维生素 A、维生素 B_1、维生素 B_2、维生素 C 和维生素 D,同时含有茶氨酸。茶有刺激神经、引起兴奋的作用,此外还有利尿作用。

1. 茶叶

GB 31608—2023《食品安全国家标准　茶叶》对茶叶的定义是以鲜茶叶为原料,采用特定加工工艺制作,供人们饮用或食用的产品,包括绿茶、黄茶、黑茶、白茶、青茶(乌龙茶)、红茶六大类,还包括上述基本茶类经过再加工制得的花茶、紧压茶、袋泡茶和粉茶等。这里的粉茶又称茶粉(引自 NY/T 2672—2015《茶粉》),指的是以鲜茶叶或者干茶叶为原料,经加工后研磨,或者直接研磨成粉状的茶产品,其加工过程中不允许使用任何食品添加剂。我国农业行业标准 NY/T 2672—2015《茶粉》对茶粉的颗粒度要求为 90% 及以上的颗粒粒径 $\leq 75\mu m$。

绿茶是不发酵茶的总称,主要加工工序有杀青、揉捻和干燥。采摘的鲜叶经高温杀青,破坏酶的活力,抑制多酚类化合物的酶促氧化,防止红梗、红叶及散发青臭味,产生茶香。杀青时蒸发部分水分,使叶质柔软,便于揉捻成条。成品绿茶外形灰绿、乌绿或青翠碧绿,汤色及叶底呈绿色,故名绿茶。优质绿茶条索圆紧、勾直、毫心显露、色泽绿润、香气清爽,汤绿色、清澈、滋味醇厚甘浓、富有收敛性。绿茶依其杀青和干燥方式不同又可分为蒸青、炒青、烘青和晒青四种类型:以蒸汽杀青制成的称为蒸青绿茶;最终干燥用锅炒干的称为炒青绿茶;用烘笼烘干的称为烘青绿茶;日光晒干的称为晒青绿茶。

红茶是采用茶树新梢的芽、叶、嫩茎,经过萎凋、揉捻、(切碎)、发酵、干燥等工艺加工,表现红色特征的茶。在发酵过程中,茶叶中黄烷醇强烈氧化,维生素 C 在氧化中被分解,产生水杨酸甲酯、苯乙基乙醇、香茅醇、香叶醇等香气成分,具有特有的风味。成品红茶颜色乌黑或红褐,汤色及叶底均呈红色,即红汤、红叶,故名红茶。中国红茶印度红茶和斯里兰卡红茶被誉为世界三大名茶。我国红茶可分为小种红茶(条形,有熏焙工艺)、工夫红茶(条形)和红碎茶(颗粒形,有切碎工艺)三种类型。

青茶(乌龙茶)是典型的半发酵茶类,是介于不发酵茶(绿茶)和全发酵茶(红茶)之间的一类茶叶。乌龙茶叶中黄烷醇轻度氧化,其制法综合了红茶和绿茶粗制工艺的优点,鲜叶经过萎凋、摇青(做青),使叶片部分发酵,然后再经杀青、揉捻和干燥。成品茶兼有红茶之甘醇和绿茶之清香。乌龙茶的特点是条索紧结卷曲、色泽青褐油润、香气清高、滋味醇厚爽口、汤色清澈橙黄。乌龙茶经冲泡后,叶片上有红有绿,典型的乌龙茶叶片中间呈绿色,叶缘呈红色。素有绿叶红镶边之美称,这是摇青,叶缘摇碰破损红变所致。乌龙茶主产于福建、广东和我国台湾三省。乌龙茶根据茶树品种分为铁观音、黄金桂、水仙、肉桂、单枞、佛手、大红袍等产品。著名的乌龙茶有福建崇安的武夷岩茶、安溪铁观音、黄金桂,广东的水仙,台湾的冻顶乌龙和包种茶等。

2. 茶浓缩液与固态速溶茶

茶浓缩液是以茶叶或茶鲜叶为主要原料,经水提取或采用茶鲜叶榨汁,可在生产过程中加入食品添加剂和食品加工助剂,采用物理方法除去一定比例的水分,经加工制成的,作为食品、饮料等原辅料的液体产品。可根据使用的茶原料,分为红茶浓缩液、绿茶浓缩液、青茶(乌龙茶)浓缩液、白茶浓缩液、黄茶浓缩液、黑茶浓缩液、花茶浓缩液和其他茶浓缩液等几类。QB/T 4068—2010《食品工业用茶浓缩液》对各种茶浓缩液理化指标的规定见表 2-5。

表 2-5　　　　　　　　　　　　　茶浓缩液理化指标

项目	指标							
	红茶浓缩液	青茶浓缩液	绿茶浓缩液	花茶浓缩液	白茶浓缩液	黄茶浓缩液	黑茶浓缩液	其他茶浓缩液
茶多酚/（g/kg）≥	15.0	25.0	30.0	30.0	30.0	30.0	15.0	15.0
咖啡因/（g/kg）≥	5.0	4.0	4.0	5.0	4.0	4.0	5.0	5.0

注：①以上指标以茶浓缩液的可溶性固形物含量为 20% 时计，如生产不同可溶性固形物含量的茶浓缩液，指标按比例折算。

②当咖啡因含量小于或等于同类产品咖啡因最低限量的 50% 时，可声称低咖啡因产品。

资料来源：QB/T 4068—2010《食品工业用茶浓缩液》。

固态速溶茶是以茶叶或茶鲜叶为原料，经水提（或采用茶鲜叶榨汁）、过滤、浓缩、干燥制成的，可在生产过程中加入食品添加剂、食品加工助剂以及适量食品原料（如麦芽糊精）的固态速溶绿茶和固态速溶红茶产品。GB/T 31740.1—2015《茶制品　第 1 部分：固态速溶茶》对固态速溶茶理化指标的要求见表 2-6。

表 2-6　　　　　　　　　　　　　固态速溶茶理化指标

项目		指标	
		固态速溶绿茶	固态速溶红茶
茶多酚（质量分数）/%	≥	20	15
儿茶素类（质量分数）/%	≥	10	—
茶黄素（质量分数）/% ≥	热溶型	—	0.3
	冷溶型	—	—
咖啡碱（质量分数）/%	≤	15	
水分（质量分数）/%	≤	6.0	
总灰分（质量分数）/% ≤	热溶型	15	20
	冷溶型	20	35

资料来源：GB/T 31740.1—2015《茶制品　第 1 部分：固态速溶茶》。

第二节　动物源原料

一、乳与乳制品

应用于饮料工业中的动物源原料主要为乳与乳制品，且主要应用在含乳饮料中。含乳饮料，包括酸乳饮料、乳酸菌饮料、果乳饮料、咖啡乳饮料、可可乳饮料、含乳碳酸饮料以及麦乳精等，以上都含有乳成分，因此乳或乳制品的品质直接关系到这些乳饮料品质的好坏。

（一）全乳与脱脂乳

乳是营养最全面的天然食物，随着居民生活水平的提高，乳与乳制品已成为人们日常膳食中的重要组成部分。乳是哺乳动物分娩后分泌的一种白色或微黄色不透明液体，含有幼体生长发育所需的全部营养成分，在我国主要有牛乳、羊乳、马乳等，其中牛乳的生产量最大，应用最多，且在乳饮料中应用最多的为牛乳及其制品。

牛乳的营养成分因乳牛品种、饲养管理、饲料、季节、地区等不同而有所差异。一般牛乳含水量约88%，乳脂肪含量3%~5%，非脂乳固体量约8.7%，其中乳蛋白约占3.3%，GB 25190—2010《食品安全国家标准 灭菌乳》和GB 19301—2010《食品安全国家标准 生乳》对非脂乳固体含量均要求≥8.1%。乳蛋白中80%为酪蛋白、20%为乳清蛋白。牛乳中的糖与矿物质呈溶液状态，脂肪呈乳浊液状态，蛋白质呈胶体状悬浮液分散其中。去除乳脂肪后的牛乳即为脱脂乳，脱脂乳脂肪含量一般≤0.5%。未去除脂肪的牛乳称为全脂乳。

牛乳沸点100.17℃，相对密度1.0297~1.0309，pH 6.5~6.7。牛乳的酸度和pH是牛乳新鲜度和热稳定性的重要指标。牛乳酪蛋白的等电点为4.6，在此pH条件下，钙与酪蛋白分离，产生凝乳，使牛乳分为酸酪蛋白凝固物与乳清两部分。因此在含乳饮料生产过程中，需要注意等电点引起的蛋白质变性问题，此外牛乳还会产生酒精凝固、高温加热凝固、凝乳酶凝固和盐凝固等现象。

（二）乳粉

乳粉是指以新鲜牛乳为原料，经过标准化、杀菌、浓缩、干燥制得的粉末状制品，一般为白色或淡黄色粉末，包括全脂乳粉、脱脂乳粉、加糖乳粉、调制乳粉等。其中以脱脂乳为原料加工制成的乳粉为脱脂乳粉；按照规定标准在乳粉加工过程中添加了蔗糖的乳粉为加糖乳粉；将乳中的某些成分进行调整，并按照要求添加某些营养素制成的乳粉为调制乳粉。全脂乳粉及脱脂乳粉的标准成分含量见表2-7。乳粉粒子具有流动性和复原性，复原性包括溶解性、分散性、渗透性和湿润性。

表2-7　全脂乳粉与脱脂乳粉的标准成分含量（每100g乳粉）

名称	水分含量/g	蛋白质/g	脂肪/g	乳糖/g	灰分/g	矿物质/mg 钙	矿物质/mg 磷	矿物质/mg 铁	维生素/mg 维生素A	维生素/mg 维生素B_1	维生素/mg 维生素B_2	维生素/mg 维生素C	酸度/%
全脂乳粉	2.50	25.90	26.50	39.10	6.0	890	730	1.0	700	0.25	1.30	5.0	1.31
脱脂乳粉	4.20	34.80	1.00	52.20	7.8	1200	980	1.0	20	0.30	1.60	5.0	1.62

（三）炼乳

炼乳是浓缩乳制品，分为淡炼乳（无糖炼乳）、甜炼乳（加糖炼乳）和脱脂炼乳等。

1. 淡炼乳

原乳浓缩至原体积的 40%~45% 得到淡炼乳，全乳固形物含量 26%~30%、脂肪 8%~9%、蛋白质 6.7%~8.0%、乳糖 9.5%~12%。

2. 甜炼乳

原乳加 16%~18% 的砂糖，浓缩至原体积的 40%~50% 得到甜炼乳，非脂乳固形物含量 20% 以上、乳脂肪 8%、总糖 55%~60%（包括乳糖）、水分 27% 以下。

（四）乳清及其制品

乳清是生产干酪或干酪素时的副产物，即以生乳为原料，采用凝乳酶、酸化或膜过滤等方式生产干酪、酪蛋白及其他类似制品时，将凝乳块分离后而得到的液体，再经过干燥，可得到乳清粉。乳清中含有水溶性维生素、乳糖和蛋白质。乳清中的蛋白质主要包括 α-乳白蛋白、β-乳球蛋白、血清白蛋白、免疫球蛋白和胨脒，分别占乳清蛋白总质量的 20%、50%、6%、12% 和 12%。乳清制品包括干酪乳清、乳清粉、浓缩乳清等。以干酪乳清为原料，经杀菌、浓缩、喷雾干燥可生产乳清粉，乳清粉为白色，稍有甜味，有吸湿性，易褐变。乳清的主要成分见表 2-8。

表 2-8　　　　　　　　　　　乳清的主要成分　　　　　　　　单位：%（质量分数）

项目	水分	蛋白质	脂肪	乳糖	乳酸	灰分
干酪乳清	93.0	0.9	0.2	4.8	1.6	0.5
浓缩乳清	5.6	8.0	1.5	28.0	1.5	0.5
乳清粉	6.0	12.0	2.7	65.8	2.9	10.4

二、蛋白质及肽

（一）乳蛋白

乳制品根据乳原料的来源分为牛乳、羊乳、骆驼乳等。除全脂乳粉和脱脂乳粉外，乳制品还有浓缩牛乳蛋白（MPC）、浓缩乳清蛋白（WPC）、分离乳清蛋白（WPI）等原料，也有进一步细分的 β-乳球蛋白和水解酪蛋白等产品。

1. 浓缩牛乳蛋白

浓缩牛乳蛋白（Milk protein concentrate，MPC）是含有 40%~90% 牛乳蛋白的浓缩乳制品，一般由牛乳经净乳、巴氏杀菌、脱脂、超滤浓缩，除去其中的部分水分、脂肪、乳糖和矿物质后，再经干燥制备而成。除超滤浓缩外，MPC 还包括其他工艺制成的浓缩物，例如将脱脂乳粉与酪蛋白等高浓度蛋白质混合等。由于直接采用牛乳进行浓缩等工艺制备，MPC 中的蛋白质包括酪蛋白和乳清蛋白。

2. 浓缩乳清蛋白及分离乳清蛋白

浓缩乳清蛋白（Whey protein concentrate，WPC）是指以乳清为原料经过分离、浓缩、干燥等工艺制成的蛋白质含量不低于 25% 的粉末状产品。根据其蛋白质含量，浓缩乳清蛋白可分为 WPC-34、WPC-50、WPC-75 及 WPC-80 等。

分离乳清蛋白（Whey protein isolate，WPI）是指在浓缩乳清蛋白的基础上再进一步分离纯化制备的高纯度乳清蛋白，其蛋白质含量一般在 90% 以上。浓缩乳清蛋白及分离乳清蛋白浓缩了牛乳中大部分营养物质，含有高含量的优质蛋白质，广泛应用于食品、饮料工业中，生产企业可根据其产品特性及成本预算选择合适型号的浓缩乳清蛋白或分离乳清蛋白。

（二）水解胶原蛋白

水解胶原蛋白是以动物的鳞、皮、骨等制得的明胶为原料，经酶解、脱色、过滤、浓缩、干燥等工艺制成的产品，水解胶原蛋白根据产品的形态分为水解胶原蛋白粉和水解胶原蛋白液两种。

水解胶原蛋白粉为白色或淡黄色粉末，水解胶原蛋白液为透明或淡黄色液体。水解胶原蛋白的分子质量为 500~20000u。研究表明，胶原蛋白对面部皮肤衰老有明显的改善作用，且对骨骼健康也有显著的促进作用，因此，水解胶原蛋白广泛应用于食品饮料以及保健食品领域，如用于解决由年龄增长等引起的皮肤衰老问题或用于改善骨骼健康及提高免疫力等。水解胶原蛋白执行的标准为 QB 2732—2005《水解胶原蛋白》。

（三）低聚肽

海洋鱼低聚肽粉（Oligopeptides powder of marine fish）是以海洋鱼皮、鱼骨或鱼肉为原料，用酶解法生产的，分子质量低于 1000u 的低聚肽（短肽）为主要成分的粉末状产品，呈白色或淡黄色。海洋鱼低聚肽粉属于水解胶原蛋白的一种，由于其分子质量更小、更易于吸收等特点，目前已广泛应用于口服美容领域。其产品执行 GB/T 22729—2008《海洋鱼低聚肽粉》和 GB 31645—2018《食品安全国家标准 胶原蛋白肽》。

第三节 微生物源原料

日常生活中所用的调味品（如醋、酱油、腐乳、料酒、味精、甜面酱等）多数采用微生物发酵工艺生产，馒头、面包、酸乳、泡菜等也是采用发酵法制得，所采用的菌种包括细菌、酵母菌、霉菌等几类，卫生部办公厅于 2010 年 4 月发布了《可用于食品的菌种名单》(卫办监督发〔2010〕65 号)，国家卫生健康委员会于 2022 年 8 月对其进行了更新（2022 年第 4 号），并发布了更新的《可用于食品的菌种名单》(表 2-9)。饮料中常用的微生物源原料主要是微生物菌种及微生物代谢产物两大类。微生物菌种主要包括酸乳饮料使用的细菌（乳酸菌）、果醋饮料中使用的细菌［醋酸杆菌（Ace to bacterium balch）］、格瓦斯饮料中使用的酵母菌（面包酵母）等几类。微生物代谢产物主要包括食用着色剂（β-胡萝卜素、红曲红等）、防腐剂（乳酸链球菌素、纳他霉素等）和增稠剂（黄原胶、结冷胶等）等。本节主要对微生物菌种进行介绍，而微生物代谢产物特别是已经批准为食品添加剂的品种在第三章中介绍。

表 2-9　　　　　　　　　　可用于食品的菌种名单

编号	菌种	拉丁学名
一	双歧杆菌属	*Bifidobacterium*
1	青春双歧杆菌	*Bifidobacterium adolescentis*
2	动物双歧杆菌动物亚种	*Bifidobacterium animalis* subsp. *animalis*

续表

编号	菌种	拉丁学名
3	动物双歧杆菌乳亚种	*Bifidobacterium animalis* subsp. *lactis*
4	两歧双歧杆菌	*Bifidobacterium bifidum*
5	短双歧杆菌	*Bifidobacterium breve*
6	长双歧杆菌长亚种	*Bifidobacterium longum* subsp. *longum*
7	长双歧杆菌婴儿亚种	*Bifidobacterium longum* subsp. *infantis*
二	乳杆菌属	*Lactobacillus*
1	嗜酸乳杆菌	*Lactobacillus acidophilus*
2	卷曲乳杆菌	*Lactobacillus crispatus*
3	德氏乳杆菌保加利亚亚种	*Lactobacillus delbrueckii* subsp. *bulgaricus*
4	德氏乳杆菌乳亚种	*Lactobacillus delbrueckii* subsp. *lactis*
5	格氏乳杆菌	*Lactobacillus gasseri*
6	瑞士乳杆菌	*Lactobacillus helveticus*
7	约氏乳杆菌	*Lactobacillus johnsonii*
8	马乳酒样乳杆菌马乳酒样亚种	*Lactobacillus kefiranofaciens* subsp. *kefiranofaciens*
三	乳酪杆菌属	*Lacticaseibacillus*
1	干酪乳酪杆菌	*Lacticaseibacillus casei*
2	副干酪乳酪杆菌	*Lacticaseibacillus paracasei*
3	鼠李糖乳酪杆菌	*Lacticaseibacillus rhamnosus*
四	粘液乳杆菌属	*Limosilactobacillus*
1	发酵粘液乳杆菌	*Limosilactobacillus fermentum*
2	罗伊氏粘液乳杆菌	*Limosilactobacillus reuteri*
五	乳植杆菌属	*Lactiplantibacillus*
1	植物乳植杆菌	*Lactiplantibacillus plantarum*
六	联合乳杆菌属	*Ligilactobacillus*
1	唾液联合乳杆菌	*Ligilactobacillus salivarius*
七	广布乳杆菌属	*Latilactobacillus*
1	弯曲广布乳杆菌	*Latilactobacillus curvatus*
2	清酒广布乳杆菌	*Latilactobacillus sakei*

续表

编号	菌种	拉丁学名
八	链球菌属	*Streptococcus*
1	唾液链球菌嗜热亚种	*Streptococcus salivarius* subsp. *thermophilus*
九	乳球菌属	*Lactococcus*
1	乳酸乳球菌乳亚种	*Lactococcus lactis* subsp. *lactis*
2	乳酸乳球菌乳亚种（双乙酰型）	*Lactococcus lactis* subsp. *lactis* biovar diacetylactis
3	乳脂乳球菌	*Lactococcus cremoris*
十	丙酸杆菌属	*Propionibacterium*
1	费氏丙酸杆菌谢氏亚种	*Propionibacterium freudenreichii* subsp. *shermanii*
十一	丙酸菌属	*Acidipropionibacterium*
1	产丙酸丙酸菌	*Acidipropionibacterium acidipropionici*
十二	明串珠菌属	*Leuconostoc*
1	肠膜明串珠菌肠膜亚种	*Leuconostoc mesenteroides* subsp. *mesenteroides*
十三	片球菌属	*Pediococcus*
1	乳酸片球菌	*Pediococcus acidilactici*
2	戊糖片球菌	*Pediococcus pentosaceus*
十四	魏茨曼氏菌属	*Weizmannia*
1	凝结魏茨曼氏菌	*Weizmannia coagulans*
十五	动物球菌属	*Mammaliicoccus*
1	小牛动物球菌	*Mammaliicoccus vitulinus*
十六	葡萄球菌属	*Staphylococcus*
1	木糖葡萄球菌	*Staphylococcus xylosus*
2	肉葡萄球菌	*Staphylococcus carnosus*
十七	克鲁维酵母属	*Kluyveromyces*
1	马克斯克鲁维酵母	*Kluyveromyces marxianus*

注：①传统上用于食品生产加工的菌种允许继续使用。名单以外的菌种、新菌种按照《新食品原料安全性审查管理办法》执行。

②用于婴幼儿食品的菌种按《可用于婴幼儿食品的菌种名单》执行。

③2010年后公告、增补入《可用于食品的菌种名单》的菌种，使用范围应符合原公告内容。

微生物原料更多地被用于发酵乳和发酵食品（醋饮料、植物酵素饮料）的生产，由于醋饮料和植物酵素饮料更多采用传统发酵的方式进行生产及后续的调配，专用微生物制剂较少，所以此处主要集中于对饮料制作中所使用的发酵乳涉及的微生物菌种进行介绍。

发酵乳饮料与乳酸菌饮料都是牛乳经过乳酸菌发酵而成的液体或固体乳制品。乳酸菌属革兰阳性菌，不形成孢子。发酵乳的酸味、芳香等风味的生成以及组织状态与所选择乳酸菌的菌种、培养条件等有关。乳酸菌根据形态分为乳球菌科（Streptococcaceae）和乳杆菌科（Lactobacillus）。乳球菌包括链球菌属（*Streptococcus*）和明串珠菌属（*Leuconostoc*）。乳酸菌根据发酵产物还分为同型发酵乳酸菌（干酪乳酪杆菌、德氏乳杆菌保加利亚亚种、嗜酸乳杆菌等）和异型发酵乳酸菌（明串珠菌等）。乳酸发酵乳使用的主要乳酸菌见表2-10。

表2-10　　　　　　　　　　乳酸发酵乳使用的主要乳酸菌

菌种名称		培养温度/℃	最高滴定酸度/%	功能
乳球菌	乳酸链球菌	21~30	0.9~1.0	乳酸发酵，分解蛋白质，生成酸及风味物质
	嗜热链球菌	37~42	0.9~1.1	乳酸发酵，生成酸
	丁二酮乳酸链球菌	21~30	0.7~0.9	乳酸发酵，生成酸和风味物质
	噬柠檬酸明串珠菌	20~27	0.1~0.3	产气，生成双乙酰及风味物质
乳杆菌	德氏乳杆菌保加利亚亚种（保加利亚乳杆菌）	38~47	2.0~4.0	生成酸及风味物质
	嗜酸乳杆菌	38~45	1.2~2.0	生成酸

一、乳酸链球菌

乳酸链球菌在牛乳中发酵能迅速产生乳酸，使牛乳发生酸凝固。菌型有双球、短链和长链，使牛乳长时间放置而凝固的乳酸菌几乎全都是乳酸链球菌。乳酸链球菌产酸的温度为10~40℃，最适温度为30℃，乳酸最高生成量0.9%~1.0%。耐热性差，在65℃、30min左右条件下大部分死亡。

二、嗜热链球菌

嗜热链球菌在高温中生长生成乳酸，最适培养温度37~42℃，最适pH6.8，耐热性比乳酸链球菌高，为高温菌，是发酵乳中的主要菌株。嗜热链球菌常与德氏乳杆菌保加利亚亚种以1:1比例混合培养，培养温度42℃，可使乙醛生成量达25mg/L（单独培养时，乳酸链球菌与德氏乳杆菌保加利亚亚种乙醛生成量分别为4.0mg/L和8.0mg/L）。嗜热链球菌的生长繁殖快，酸化活力高，发酵性能稳定，可以缩短发酵乳的凝乳时间，改善产品质地。同时，嗜热链球菌是发酵乳中风味物质的产生菌，在发酵过程中能够产生己酸、乙偶姻、双乙酰和乙醛等挥发性化合物，赋予制品优良的风味。

三、德氏乳杆菌保加利亚亚种

德氏乳杆菌保加利亚亚种是圆端棒状的长大杆菌，是乳酸菌中产酸量最高的菌种，产酸量可达 2.0%~4.0%，最适培养温度 44~47℃。德氏乳杆菌保加利亚亚种除产酸、生成乙醛外，还能分解蛋白质，生成缬氨酸、甘氨酸和组氨酸等氨基酸。此外，德氏乳杆菌保加利亚亚种的苏氨酸醛缩酶可将苏氨酸变为乙醛和甘氨酸。德氏乳杆菌保加利亚亚种的耐酸性极强，也是导致发酵乳过度发酵和后酸化的主要菌株，因此大多数发酵乳中，德氏乳杆菌保加利亚亚种通常与嗜热链球菌配合使用，球菌和杆菌的比例为 1:1 或 2:1，以防止酸度太高。

四、嗜酸乳杆菌

嗜酸乳杆菌为短棒状菌，多为单链，也有 2~3 链段。同型发酵生产乳酸，耐酸性强，对牛乳的凝固能力比德氏乳杆菌保加利亚亚种差。培养温度 38~45℃，产酸量达 1.2%~2.0%，用于乳酸发酵乳的制造。据报道，嗜酸乳杆菌能改变肠道中的菌落状况。

五、后生元

实际生产过程中，除了微生物菌种和发酵的产品作为原料外，还有与菌种培养物在一起且经过灭活的产品原料——后生元。后生元中既包括益生菌菌体成分（脂壁酸、磷壁酸、肽聚糖、细胞表面蛋白、多糖、膜蛋白），也包括益生菌分泌物（维生素、脂质、蛋白质、低聚肽、有机酸、短链脂肪酸、细胞多糖等）。国际益生菌和益生元科学协会（ISAPP）有关后生元的专家共识声明指出：后生元是指对宿主健康有益的无生命微生物和/或其成分的制剂。后生元是人为灭活的微生物细胞，可添加已被证明有益健康的代谢物或细胞成分，也可不添加。后生元不包括纯化后的微生物代谢物和疫苗，但也不限于灭活益生菌。由于后生元原料已经过灭活，不同于益生菌存在容易受温度影响导致活菌数量减少的问题，后生元可直接用于常温乳品、饮料及烘焙等，高温杀菌等工序对其无影响。

第四节　饮料用新食品原料

一、新食品原料的定义及分类

新食品原料是指在我国无传统食用习惯的物品，包括：①动物、植物和微生物；②从动物、植物和微生物中分离的成分；③原有结构发生改变的食品成分；④其他新研制的食品原料（见《新食品原料安全性审查管理办法》，2013 年颁布，2017 年修订）。传统食用习惯是指某种食品在省辖区域内有 30 年以上作为定型或者非定型包装食品生产经营的历史，并且未载入《中华人民共和国药典》。截至 2023 年 12 月，原卫生部和原国家卫生和计划生育委员会（简称国家卫计委）公告批准的新食品原料（新资源食品）计 122 种（同名不同工艺、调整工艺/用量的均未重复统计），微生物菌株 20 株；原卫生部和原国家卫计委以公告、批复、复函形式同意作为食品原料计 42 种；可用于食品的菌种 31 种；可用于婴幼儿食品的菌种 5 种（7 个菌株）。

新食品原料可以根据来源及化学结构分为上述4个部分，也可以根据溶解性分为水溶性和油溶性两类。

本节仅对可应用于饮料中的新食品原料进行汇总，未包含不允许应用于饮料的新食品原料，也不包括允许使用的微生物菌株，食用方式约定为冲泡的新食品原料也未列出。

二、饮料用水溶性新食品原料

饮料用水溶性新食品原料包括糖/糖醇、低聚糖、蛋白质、氨基酸、提取物、多糖等几类，具体见表2-11。

表2-11　　　　　　　　　　　饮料用水溶性新食品原料

序号	新食品原料	公告号	关键内容及注意事项
1	低聚木糖	2008年第12号 2014年第20号	食用量：≤3.0g/d（以木二糖-木七糖计）
2	L-阿拉伯糖	2008年第12号	食用量：—
3	低聚半乳糖	2008年第20号	食用量：≤15g/d
4	异麦芽酮糖醇	2008年第20号	食用量：≤100g/d
5	γ-氨基丁酸	2009年第12号	纯度>20%，食用量：≤500mg/d
6	棉籽低聚糖	2010年第3号	食用量：≤5g/d
7	β-葡聚糖	2010年第9号（酵母） 2014年第20号（燕麦）	食用量：≤250mg/d（酵母）、≤5g/d（燕麦）
8	低聚甘露糖	2013年第10号	食用量：≤1.5g/d
9	1,6-二磷酸果糖三钠盐	2013年第10号	食用量：≤300mg/d（仅限运动饮料）
10	壳寡糖	2014年第6号	食用量：≤0.5g/d
11	塔格糖	2014年第10号	食用量：—
12	茶叶茶氨酸	2014年第15号	食用量：≤0.4g/d
13	库拉索芦荟凝胶	2008年第12号	食用量：≤30g/d
14	水解蛋黄粉	2008年第20号	食用量：≤1g/d
15	初乳碱性蛋白粉	2009年第12号	食用量：≤100mg/d
16	盐藻及提取物	2009年第18号	食用量：≤15mg/d（以β-胡萝卜素计）
17	地龙蛋白	2009年第18号	食用量：≤10g/d
18	乳矿物盐	2009年第18号	食用量：≤200mg/d

续表

序号	新食品原料	公告号	关键内容及注意事项
19	牛乳碱性蛋白	2009 年第 18 号	食用量：≤200mg/d
20	诺丽果浆	2010 年第 9 号	食用量：—
21	雪莲培养物	2010 年第 9 号	食用量：鲜品≤80g/d、干品≤4g/d
22	蚌肉多糖	2012 年第 12 号	食用量：≤2.5g/d
23	阿拉伯半乳聚糖	2014 年第 20 号	食用量：≤15g/d
24	N-乙酰神经氨酸	2017 年第 7 号	食用量：≤500mg/d
25	西兰花种子水提取物	2017 年第 7 号	食用量：≤1.8g/d
26	β-羟基-β-甲基丁酸钙	2017 年第 7 号	食用量：≤3g/d
27	透明质酸钠	2020 年第 9 号	食用量：≤200mg/d，饮料最大添加量：液体饮料≤50mL 包装 2.0g/kg，51～500mL 包装 0.20g/kg，固体饮料按照冲调后液体体积折算
28	二氢槲皮素	2021 年第 5 号	食用量：≤100mg/d，饮料最大添加量：20mg/L
29	β-1,3/α-1,3-葡聚糖	2021 年第 5 号	食用量：≤3g/d
30	甘蔗多酚	2022 年第 2 号	食用量：≤1g/d（粉体）、≤10g/d（液体）（总多酚含量为 200g/kg 的粉体推荐食用量为 1g/d，总多酚含量为 14.8g/kg 的液体推荐食用量为 10g/d，超过上述含量的按照实际含量折算）
31	蓝莓花色苷	2023 年第 3 号	食用量：≤800mg/d，饮料最大添加量：0.8g/kg（固体饮料按冲调后液体质量折算）
32	吡咯并喹啉醌二钠盐	2023 年第 1 号（合成法） 2023 年第 8 号（发酵法）	食用量：≤20mg/d，饮料最大添加量：40mg/kg（固体饮料按冲调后液体质量折算）
33	桃胶	2023 年第 8 号	食用量：≤30g/d
34	酵母蛋白	2023 年第 10 号	食用量：—
35	儿茶素	2023 年第 10 号	食用量：≤300mg/d（以儿茶素总量计），饮料最大添加量：0.6g/kg（固体饮料按冲调后液体质量折算）

三、饮料用油溶性新食品原料

油溶性新食品原料可以通过水包油（O/W）型乳液或微胶囊制剂应用于饮料中，包括油脂、甾醇酯、油提取物等几类，具体见表2-12。

表2-12　　　　　　　　　　　饮料用油溶性新食品原料

序号	新食品原料	公告号	关键内容及注意事项
1	叶黄素酯	2008年第12号	食用量：≤12mg/d
2	植物甾醇酯	2010年第3号	食用量：≤3.9g/d
3	植物甾烷醇酯	2008年第20号	食用量：<5g/d
4	共轭亚油酸甘油酯	2009年第12号	食用量：<6g/d
5	花生四烯酸油脂	2010年第3号	食用量：≤600mg/d（以纯花生四烯酸计）
6	磷脂酰丝氨酸	2010年第15号	食用量：≤600mg/d
7	杜仲籽油	2009年第12号	食用量：≤3mL/d
8	茶叶籽油	2009年第18号	食用量：≤15g/d
9	鱼油及提取物	2009年第18号	食用量：≤3g/d
10	甘油二酯油	2009年第18号	食用量：≤30g/d
11	翅果油	2011年第1号	食用量：≤15g/d
12	元宝枫籽油	2011年第9号	食用量：≤3g/d
13	牡丹籽油	2011年第9号	压榨工艺，食用量：≤1g/d
14	DHA藻油	2010年第3号	食用量：≤300mg/d（以纯DHA计）
15	美藤果油	2013年第1号	食用量：—
16	盐地碱蓬籽油	2013年第1号	食用量：—
17	盐肤木果油	2013年第1号	食用量：—
18	长柄扁桃油	2013年第10号	食用量：—
19	光皮梾木果油	2013年第10号	食用量：—
20	磷虾油	2013年第16号	食用量：鲜品≤80g/d、干品≤4g/d
21	水飞蓟籽油	2014年第6号	食用量：—
22	番茄籽油	2014年第20号	食用量：≤15g/d
23	（3R,3'R）-二羟基-β-胡萝卜素（玉米黄质）	2017年第7号	食用量：≤4mg/d（以（3R,3'R）-二羟基-β-胡萝卜素计）

续表

序号	新食品原料	公告号	关键内容及注意事项
24	顺-15-二十四碳烯酸	2017年第7号	食用量：≤300mg/d
25	米糠脂肪烷醇	2017年第7号	食用量：≤300mg/d
26	γ-亚麻酸油脂	2017年第7号	来自刺孢小克银汉霉，食用量：≤6g/d

注：DHA，二十二碳六烯酸。

四、饮料用其他新食品原料

还有一些新食品原料未强调食用方式，溶解性不能归于上述两类，但可以通过水浸提、微胶囊包埋等技术处理后作为原料应用于饮料产品，见表2-13。

表2-13　　　　　　　　饮料用其他新食品原料

序号	新食品原料	公告号	关键内容及注意事项
1	短梗五加	2008年第12号	食用量：≤4.5g/d
2	植物甾醇	2010年第3号	食用量：≤2.4g/d
3	蛹虫草	2009年第3号	食用量：—
4	玛咖粉	2011年第13号	食用量：≤25g/d
5	人参（人工种植）	2012年第17号	食用部位：根及根茎，食用量：<3g/d
6	白子菜	2010年第3号	食用部位：叶、茎，食用量：—
7	金花茶	2010年第9号	食用部位：叶，食用量：≤20g/d
8	辣木叶	2012年第19号	食用部位：带柄的羽状复叶，食用量：—
9	乌药叶	2012年第19号	食用量：≤5g/d
10	蛋白核小球藻	2012年第19号	食用量：≤20g/d
11	茶藨子叶状层菌发酵菌丝体	2013年第1号	食用量：≤50g/d
12	阿萨伊果	2013年第1号	食用量：—
13	广东虫草子实体	2013年第1号	食用量：≤3g/d
14	茶树花	2013年第1号	食用部位：花，食用量：—
15	狭基线纹香茶菜	2013年第10号	食用量：≤8g/d
16	圆苞车前子壳	2014年第10号	食用部位：种子外壳，食用量：—
17	裸藻	2013年第10号	食用量：—

续表

序号	新食品原料	公告号	关键内容及注意事项
18	丹凤牡丹花	2013 年第 10 号	食用部位：花，食用量：—
19	杜仲雄花	2014 年第 6 号	食用部位：雄花，食用量：≤6g/d
20	奇亚籽	2014 年第 10 号	食用部位：种子，食用量：—
21	枇杷叶	2014 年第 20 号	食用量：≤10g/d
22	竹叶黄酮	2014 年第 20 号	食用量：≤2g/d
23	宝乐果粉	2017 年第 7 号	食用量：≤30g/d
24	黑果腺肋花楸果	2018 年第 10 号	食用量：≤10g/d（以鲜品计）
25	球状念珠藻（葛仙米）	2018 年第 10 号	食用量：≤3g/d（以干品计）
26	明日叶	2019 年第 2 号	食用部位：茎和叶，食用量：≤50g/d（以鲜品计）
27	枇杷花	2019 年第 2 号	食用量：≤8g/d（以干品计）
28	拟微球藻	2021 年第 5 号	食用量：≤2g/d（以干品计）
29	蝉花子实体	2020 年第 9 号	食用量：≤3g/d（以干品计）
30	食叶草	2021 年第 9 号	食用部位：茎和叶，食用量：—
31	黑麦花粉	2023 年第 3 号	食用量：≤1.5g/d
32	莱茵衣藻	2022 年第 2 号	食用量：—

思考题

1. 常见的用于饮料的植物源原料有哪些？
2. 什么是药食同源物质和新食品原料？
3. 什么是 MPC、WPC 和 WPI，它们有哪些区别？

第三章

饮料用食品添加剂、加工助剂与消毒剂

学习目标

1. 掌握 GB 2760—2024《食品安全国家标准 食品添加剂使用标准》及 GB 14880—2012《食品安全国家标准 营养强化剂使用标准》中各种食品添加剂和营养强化剂的使用方法。
2. 了解饮料中常用的食品添加剂和加工助剂的种类。
3. 了解饮料中添加的营养强化剂种类、来源以及使用量。
4. 了解饮料加工过程中可以使用的加工助剂的种类及其主要用途。

饮料中除了常用的原料外，还使用了多种辅料和添加剂，为了保证生产的顺利进行及产品的安全性，生产过程中还使用一些加工助剂和食品相关产品（洗涤剂、消毒剂）等。

第一节　饮料生产中使用的食品添加剂

根据 GB 2760—2024《食品安全国家标准　食品添加剂使用标准》中附录 D 食品添加剂功能类别，食品添加剂分为 23 类，但并不是每类添加剂都可以或者必须在饮料中使用。饮料生产中常用的食品添加剂类别（不包括食品用香精）见表 3-1。饮料中按生产需要适量使用的食品添加剂见表 3-2。有关各种食品添加剂的理化特性、应用注意事项等内容可参考食品添加剂相关书籍或手册。

为了增加饮料的营养成分，还可以使用营养强化剂（表 3-3）。具体营养强化剂品种可参考 GB 14880—2012《食品安全国家标准　营养强化剂使用标准》附录 B。

表 3–1　　饮料生产中常用的食品添加剂

序号	添加剂类别与品种	CNS号	INS号	食品分类号	食品名称	最大使用量/(g/kg)
	一．着色剂					
1	β-阿朴-8′-胡萝卜素醛（β-apo-8′ carotenal）	08.018	160e	14.0	饮料类[14.01包装饮用水、14.02.01果蔬汁（浆）、14.02.02浓缩果蔬汁（浆）除外]	0.01
2	赤藓红及其铝色淀（erythosine, erythosine aluminum lake）	08.003	127	14.02.03	果蔬汁（浆）类饮料	0.05
				14.04	碳酸饮料	0.05
				14.08	风味饮料（仅限果味饮料）	0.05
3	靛蓝及其铝色淀（indigotine, indigotine aluminum lake）	08.008	132	14.02.03	果蔬汁（浆）类饮料	0.10
				14.04	碳酸饮料	0.10
				14.08	风味饮料（仅限果味饮料）	0.10
4	二氧化钛（titanium dioxide）	08.011	171	14.06	固体饮料	按生产需要适量使用
5	番茄红（tomato red）	08.150	—	14.0	饮料类[14.01包装饮用水、14.02.01果蔬汁（浆）、14.02.02浓缩果蔬汁（浆）除外]	0.006
6	黑豆红（black bean red）	08.114	—	14.02.03	果蔬汁（浆）类饮料	0.80
				14.08	风味饮料（仅限果味饮料）	0.80
7	黑加仑红（black currant red）	08.122	—	14.04	碳酸饮料	0.30
8	红花黄（carthamins yellow）	08.103	—	14.02.03	果蔬汁（浆）类饮料	0.20
				14.04	碳酸饮料	0.20
				14.08	风味饮料（仅限果味饮料）	0.20
9	红米红（red rice red）	08.111	—	14.03.01	含乳饮料	按生产需要适量使用

续表

序号	添加剂类别与品种	CNS 号	INS 号	食品分类号	食品名称	最大使用量/（g/kg）
10	红曲黄色素（monascus yellow pigment）	08.152	—	14.02.03	果蔬汁（浆）类饮料	按生产需要适量使用
				14.03	蛋白饮料	按生产需要适量使用
				14.04	碳酸饮料	按生产需要适量使用
				14.06	固体饮料	按生产需要适量使用
				14.08	风味饮料	按生产需要适量使用
11	红曲米、红曲红（red kojic rice, monascus red）	08.119, 08.120	—	14.02.03	果蔬汁（浆）类饮料	按生产需要适量使用
				14.03	蛋白饮料	按生产需要适量使用
				14.04	碳酸饮料	按生产需要适量使用
				14.06	固体饮料	按生产需要适量使用
				14.08	风味饮料（仅限果叶饮料）	按生产需要适量使用
12	β-胡萝卜素（beta-carotene）	08.010	160（a）	14.02.03	果蔬汁（浆）类饮料	2.00
				14.03	蛋白饮料类	2.00
				14.04	碳酸饮料	2.00
				14.05.01	茶（类）饮料	2.00
				14.05.02	咖啡（类）饮料	2.00
				14.05.03	植物饮料	1.00
				14.07	特殊用途饮料	2.00
				14.08	风味饮料	2.00
13	花生衣红（peanut skin red）	08.134	—	14.04	碳酸饮料	0.10

续表

序号	添加剂类别与品种	CNS号	INS号	食品分类号	食品名称	最大使用量/(g/kg)
14	姜黄（turmeric）	08.102	100ii	14.0	饮料类［14.01包装饮用水、14.02.01果蔬汁（浆）、14.02.02浓缩果蔬汁（浆）除外］	按生产需要适量使用
15	姜黄素（curcumin）	08.132	100i	14.04	碳酸饮料	0.01
16	焦糖色（加氨生产）(caramel colour class Ⅲ-ammonia process）	08.110	150c	14.02.03	果蔬汁（浆）类饮料	按生产需要适量使用
				14.03.01	含乳饮料	2.00
				14.08	风味饮料（仅限果味饮料）	5.00
17	焦糖色（普通法）(caramel colour class Ⅰ-plain）	08.108	150a	14.02.03	果蔬汁（浆）类饮料	按生产需要适量使用
				14.03.01	含乳饮料	按生产需要适量使用
				14.03.04	其他蛋白饮料	按生产需要适量使用
				14.08	风味饮料（仅限果味饮料）	按生产需要适量使用
18	焦糖色（亚硫酸铵法）(caramel colour class Ⅳ-ammonia sulphite process）	08.109	150d	14.02.03	果蔬汁（浆）类饮料	按生产需要适量使用
				14.03.01	含乳饮料	2.00
				14.04	碳酸饮料	按生产需要适量使用
				14.05.01	茶（类）饮料	10.00
				14.05.02	咖啡（类）饮料	0.10
				14.05.03	植物饮料	0.10
				14.06	固体饮料	按生产需要适量使用
				14.08	风味饮料（仅限果味饮料）	按生产需要适量使用

续表

序号	添加剂类别与品种	CNS号	INS号	食品分类号	食品名称	最大使用量/（g/kg）
19	金樱子棕（rosa laevigata michx brown）	08.131	—	14.04	碳酸饮料	1.00
20	菊花黄浸膏（corepsis yellow）	08.113	—	14.02.03	果蔬汁（浆）类饮料	0.30
				14.08	风味饮料（仅限果味饮料）	0.30
21	可可壳色（cocan husk pigment）	08.118	—	14.03.02	植物蛋白饮料	0.25
				14.04	碳酸饮料	2.00
22	辣椒红（paprika red）	08.106	—	14.02.03	果蔬汁（浆）类饮料	按生产需要适量使用
				14.03	蛋白饮料	按生产需要适量使用
23	蓝锭果红（uguisukagura red）	08.136	—	14.02.03	果蔬汁（浆）类饮料	1.00
				14.08	风味饮料	1.00
24	亮蓝及其铝色淀（brilliant blue，brilliant blue aluminum lake）	08.007	133	14.0	饮料类［14.01 包装饮用水、14.02.01 果蔬汁（浆）、14.02.02 浓缩果蔬汁（浆）除外］	0.02
				14.02.03	果蔬汁（浆）类饮料	0.025
				14.03.01	含乳饮料	0.025
				14.04	碳酸饮料	0.025
				14.06	固体饮料	0.20
				14.08	风味饮料（仅限果味饮料）	0.025
25	萝卜红（radish red）	08.117	—	14.02.03	果蔬汁（浆）类饮料	按生产需要适量使用
				14.08	风味饮料（仅限果味饮料）	按生产需要适量使用
26	玫瑰茄红（roselle red）	08.125	—	14.02.03	果蔬汁（浆）类饮料	按生产需要适量使用
				14.08	风味饮料（仅限果味饮料）	按生产需要适量使用

续表

序号	添加剂类别与品种	CNS号	INS号	食品分类号	食品名称	最大使用量/(g/kg)
27	柠檬黄及其铝色淀（tartrazine, tartrazine aluminum lake）	08.005	102	14.0	饮料类［14.01包装饮用水、14.02.01果蔬汁（浆）、14.02.02浓缩果蔬汁（浆）除外］	0.10
28	葡萄皮红（grape skin extract）	08.135	163ii	14.0	饮料类［14.01包装饮用水、14.02.01果蔬汁（浆）、14.02.02浓缩果蔬汁（浆）除外］	2.50
29	日落黄及其铝色淀（sunset yellow, sunset yellow aluminum lake）	08.006	110	14.02.03	果蔬汁（浆）类饮料	0.10
				14.03.01	含乳饮料	0.05
				14.03.01.03	乳酸菌饮料	0.10
				14.03.02	植物蛋白饮料	0.10
				14.04	碳酸饮料	0.10
				14.06	固体饮料	0.60
				14.07	特殊用途饮料	0.10
				14.08	风味饮料	0.10
30	桑椹红（mulberry red）	08.129	—	14.02.03	果蔬汁（浆）类饮料	1.50
				14.08	风味饮料	1.50
31	天然苋菜红（natural amaranthus red）	08.130	—	14.02.03	果蔬汁（浆）类饮料	0.25
				14.04	碳酸饮料	0.25
				14.08	风味饮料（仅限果味饮料）	0.25
32	苋菜红及其铝色淀（amaranth, amaranth aluminum lake）	08.001	123	14.02.03	果蔬汁（浆）类饮料	0.05
				14.04	碳酸饮料	0.05
				14.06	固体饮料	0.05
				14.08	风味饮料（仅限果味饮料）	0.05
33	橡子壳棕（acron shell brown）	08.126	—	14.04.01	可乐型碳酸饮料	1.00

续表

序号	添加剂类别与品种	CNS号	INS号	食品分类号	食品名称	最大使用量/(g/kg)
34	新红及其铝色淀（new red, new red aluminum lake）	08.004	—	14.02.03	果蔬汁（浆）类饮料	0.05
				14.04	碳酸饮料	0.05
				14.08	风味饮料（仅限果味饮料）	0.05
35	胭脂虫红及其铝色淀（carmine cochineal, carmine cochineal aluminum lake）	08.145	120	14.0	饮料类［14.01 包装饮用水、14.02.01 果蔬汁（浆）、14.02.02 浓缩果蔬汁（浆）除外］	0.60
36	胭脂红及其铝色淀（ponceau 4R, ponceau 4R aluminum lake）	08.002	124	14.02.03	果蔬汁（浆）类饮料	0.05
				14.03.01	含乳饮料	0.05
				14.03.02	植物蛋白饮料	0.025
				14.04	碳酸饮料	0.05
				14.08	风味饮料（仅限果味饮料）	0.05
37	胭脂树橙（又名红木素，降红木素）（annatto extract）	08.144	160b	14.0	饮料类［14.01 包装饮用水、14.02.01 果蔬汁（浆）、14.02.02 浓缩果蔬汁（浆）除外］	0.60
38	杨梅红（mynica red）	08.149	—	14.0	饮料类［14.01 包装饮用水、14.02.01 果蔬汁（浆）、14.02.02 浓缩果蔬汁（浆）除外］	0.10
39	叶黄素（lutein）	08.146	161b	14.0	饮料类［14.01 包装饮用水、14.02.01 果蔬汁（浆）、14.02.02 浓缩果蔬汁（浆）除外］	0.05
40	叶绿素铜钠盐，叶绿素铜钾盐（chlorophyllin copper complex, sodium and potassium salts）	08.009 08.155	141ii	14.0	饮料类［14.01 包装饮用水、14.02.01 果蔬汁（浆）、14.02.02 浓缩果蔬汁（浆）除外］	0.50
				14.02.03	果蔬汁（浆）类饮料	按生产需要适量使用

续表

序号	添加剂类别与品种	CNS号	INS号	食品分类号	食品名称	最大使用量/（g/kg）
41	诱惑红及其铝色淀（allura red，allura aluminum lake）	08.012	129	14.0	饮料类［14.01包装饮用水、14.02.01果蔬汁（浆）、14.02.02浓缩果蔬汁（浆）除外］	0.10
42	越橘红（cowberry red）	08.105	—	14.02.03	果蔬汁（浆）类饮料	按生产需要适量使用
				14.08	风味饮料（仅限果味饮料）	按生产需要适量使用
43	藻蓝（spir-ulina blue）	08.137	—	14.02.03	果蔬汁（浆）类饮料	0.8
				14.08	风味饮料	0.8
44	栀子黄（gardenia yellow）	08.112	—	14.02.03	果蔬汁（浆）类饮料	0.30
				14.06	固体饮料	1.50
				14.08	风味饮料（仅限果味饮料）	0.30
45	栀子蓝（gardenia blue）	08.123	—	14.02	果蔬汁（浆）类饮料	0.50
				14.03	蛋白饮料	0.50
				14.06	固体饮料	0.50
				14.08	风味饮料（仅限果味饮料）	0.20
46	紫草红（gromwell red）	08.140	—	14.02.03	果蔬汁（浆）类饮料	0.10
				14.08	风味饮料（仅限果味饮料）	0.10
47	紫甘薯色素（purple sweet potato colour）	08.154	—	14.02.03	果蔬汁（浆）类饮料	0.10
48	紫胶红（又名虫胶红）［lac dye red（lac red）］	08.104	—	14.02.03	果蔬汁（浆）类饮料	0.50
				14.04	碳酸饮料	0.50
				14.08	风味饮料（仅限果味饮料）	0.50

续表

序号	添加剂类别与品种	CNS号	INS号	食品分类号	食品名称	最大使用量/(g/kg)
	二. 防腐剂					
49	苯甲酸及其钠盐（benzoic acid, sodium benzoate）	17.001, 17.002	210, 211	14.02.02	浓缩果蔬汁（浆）（仅限食品工业用）	2.00
				14.02.03	果蔬汁（浆）类饮料	1.00
				14.03	蛋白饮料	1.00
				14.04	碳酸饮料	0.20
				14.05	茶、咖啡、植物（类）饮料	1.00
				14.07	特殊用途饮料	0.20
				14.08	风味饮料	1.00
50	对羟基苯甲酸酯类及其钠盐（对羟基苯甲酸甲酯钠，对羟基苯甲酸乙酯及其钠盐）[p-hydroxy benzoate and its salts (sodium methyl p-hydroxy benzoate, ethyl p-hydroxy benzoate, sodium ethal p-hydroxy benzoate)]	17.032, 17.007, 17.036	219, 214, 215	14.02.03	果蔬汁（浆）类饮料	0.25
				14.04	碳酸饮料	0.20
				14.08	风味饮料（仅限果味饮料）	0.25
51	二甲基二碳酸盐（又名维果灵）（dimethyl dicarbonate）	17.033	242	14.02.03	果蔬汁（浆）类饮料	0.25
				14.04	碳酸饮料	0.25
				14.05.01	茶（类）饮料	0.25
				14.08	风味饮料	0.25
				14.07	特殊用途饮料	0.25
				14.09	其他饮料类（仅限麦芽汁发酵的非酒精饮料）	0.25
52	ε-聚赖氨酸（ε-poly-lysine）	17.037	—	14.02.03	果蔬汁（浆）类饮料	0.2
53	ε-聚赖氨酸盐酸盐（ε-ploylysine hydrochloride）	17.038	—	14.0	饮料类［14.01 包装饮用水、14.02.01 果蔬汁（浆）、14.02.02 浓缩果蔬汁（浆）除外］	0.20

续表

序号	添加剂类别与品种	CNS 号	INS 号	食品分类号	食品名称	最大使用量/（g/kg）
54	乳酸链球菌素（nisin）	17.019	234	14.0	饮料类［14.01 包装饮用水、14.02.01 果蔬汁（浆）、14.02.02 浓缩果蔬汁（浆）除外］	0.20
55	山梨酸及其钾盐（sorbic acid, potassium sorbate）	17.003, 17.004	200, 202	14.0	饮料类［14.01 包装饮用水、14.02.01 果蔬汁（浆）除外］	0.50
				14.02.02	浓缩果蔬汁（浆）（仅限食品工业）	2.00
				14.03.01.03	乳酸菌饮料	1.00
56	液体二氧化碳（煤气化法）（carbon dioxide）	17.034	—	14.04	碳酸饮料	按生产需要适量使用
三. 抗氧化剂						
57	茶多酚（tea polyphenol, TP）	04.005	—	14.03.02	植物蛋白饮料	0.10
				14.06.02	蛋白固体饮料	0.80
58	抗坏血酸钠（又名维生素 C）（ascorbic acid, vitamin C）及其钠盐（Sodium ascorbate）	04.014 04.015	300 301	14.02.02	浓缩果蔬汁（浆）	按生产需要适量使用
59	抗坏血酸钙（calcium ascorbate）	04.009	302	14.02.02	浓缩果蔬汁（浆）	按生产需要适量使用
60	维生素 E（vitamine E），dl-α-生育酚（dl-α-tocopherol）d-α-生育酚（d-α-tocopherol）混合生育酚浓缩物（Mixed tocopherol concentrate）	04.016	307	14.02.03	果蔬汁（浆）类饮料	0.20
				14.03	蛋白饮料	0.20
				14.04.02	其他型碳酸饮料	0.20
				14.05	茶、咖啡、植物（类）饮料	0.20
				14.06.02	蛋白固体饮料	0.20
				14.07	特殊用途饮料	0.20
				14.08	风味饮料	0.20

续表

序号	添加剂类别与品种	CNS号	INS号	食品分类号	食品名称	最大使用量/（g/kg）
61	d-异抗坏血酸及其钠盐［d-isoascorbic acid（erythorbic acid），sodium d-isoascorbate］	04.004, 04.018	315, 316	14.0	饮料类［14.01包装饮用水、14.02.01果蔬汁（浆）除外］	按生产需要适量使用
62	植酸（又名肌醇六磷酸），植酸钠［phytic acid（inositol hexaphosphoric acid），sodium phytate］	04.006, 04.025	391 —	14.02.03	果蔬汁（浆）类饮料	0.20
63	竹叶抗氧化物（antioxidant of bamboo leaves）	04.019	—	14.02.03	果蔬汁（浆）类饮料	0.50
				14.05.01	茶（类）饮料	0.50
	四．增稠剂					
64	刺云实胶（tara gum）	20.041	417	14.0	饮料类［14.01包装饮用水、14.02.01果蔬汁（浆）、14.02.02浓缩果蔬汁（浆）除外］	2.50
65	淀粉磷酸酯钠（sodium starch phosphate）	20.013	—	14.0	饮料类［14.01包装饮用水、14.02.01果蔬汁（浆）、14.02.02浓缩果蔬汁（浆）除外］	按生产需要适量使用
66	果胶（pectins）	20.006	440	14.02.01	果蔬汁（浆）	3.00
67	海藻酸丙二醇酯（propylene glycol alginate）	20.010	405	14.0	饮料类［14.01包装饮用水、14.02.01果蔬汁（浆）、14.02.02浓缩果蔬汁（浆）除外］	0.30
				14.02.03	果蔬汁（浆）类饮料	3.00
				14.03.01	含乳饮料	4.00
				14.03.02	植物蛋白饮料	5.00
				14.05.02	咖啡（类）饮料	3.00
68	海藻酸钠（sodium alginate）	20.004	401	14.02.01	果蔬汁（浆）	按生产需要适量使用

续表

序号	添加剂类别与品种	CNS号	INS号	食品分类号	食品名称	最大使用量/（g/kg）
69	β-环状糊精（beta-cyclodextrin）	20.024	459	14.02.03	果蔬汁（浆）类饮料	0.50
				14.03.02	植物蛋白饮料	0.50
				14.03.03	复合蛋白饮料	0.50
				14.03.04	其他蛋白饮料	0.50
				14.04	碳酸饮料	0.50
				14.05	茶、咖啡、植物（类）饮料	0.50
				14.07	特殊用途饮料	0.50
				14.08	风味饮料	0.50
70	黄原胶（又名汉生胶，xanthan gum）	20.009	415	14.02.01	果蔬汁（浆）	按生产需要适量使用
71	甲壳素（又名几丁质，chitin）	20.108	—	14.03.01.03	乳酸菌饮料	2.50
72	聚葡萄糖（polydextrose）	20.022	1200	14.0	饮料类[14.01包装饮用水、14.02.01果蔬汁（浆）、14.02.02浓缩果蔬汁（浆）除外]	按生产需要适量使用
73	决明胶（cassia gum）	14.010	427	14.03.01.03	乳酸菌饮料	2.50
74	卡拉胶（carrageenan）	20.007	407	14.02.01	果蔬汁（浆）	按生产需要适量使用
75	可溶性大豆多糖（soluble soybean polysaccharide）	20.144	—	14.0	饮料类[14.01包装饮用水、14.02.01果蔬汁（浆）、14.02.02浓缩果蔬汁（浆）除外]	10.00
76	磷酸化二淀粉磷酸酯（phosphated distarch phosphate）	20.017	1413	14.06	固体饮料	0.5
77	普鲁兰多糖（pullulan）	14.011	1204	14.02.03	果蔬汁（浆）类饮料	3.00
				14.06.02	蛋白固体饮料	50.00
78	田菁胶（sesbania gum）	20.021	—	14.03.02	植物蛋白饮料	1.00
79	亚麻籽胶（又名富兰克胶，linseed gum）	20.020	—	14.0	饮料类[14.01包装饮用水、14.02.01果蔬汁（浆）、14.02.02浓缩果蔬汁（浆）除外]	5.00

续表

序号	添加剂类别与品种	CNS 号	INS 号	食品分类号	食品名称	最大使用量/（g/kg）
80	皂荚糖胶（gleditsia sinenis lam gum）	20.029	—	14.0	饮料类［14.01 包装饮用水、14.02.01 果蔬汁（浆）、14.02.02 浓缩果蔬汁（浆）除外］	4.00
81	三赞胶（sanzan gum）	20.047	—	14.02.03	果蔬汁（浆）饮料	1.4
				14.03.02	植物蛋白饮料	1.3

五．甜味剂

序号	添加剂类别与品种	CNS 号	INS 号	食品分类号	食品名称	最大使用量/（g/kg）
82	纽甜（又名 N-[N-(3,3-二甲基丁基)]-L-α-天冬氨酸-L-苯丙氨酸-1-甲酯，neotame）	19.019	961	14.02.03	果蔬汁（浆）类饮料	0.033
				14.03.01	含乳饮料	0.02
				14.03.02	植物蛋白饮料	0.033
				14.03.03	复合蛋白饮料	0.033
				14.04	碳酸饮料	0.033
				14.05	茶、咖啡、植物（类）饮料	0.05
				14.05.03	植物饮料	0.02
				14.07	特殊用途饮料	0.033
				14.08	风味饮料	0.033
83	甘草酸铵，甘草酸一钾及三钾（ammonium glycyrrhizinate, monopotassium and tripotassium glycyrrhizinate）	19.012, 19.010	958	14.0	饮料类［14.01 包装饮用水、14.02.01 果蔬汁（浆）、14.02.02 浓缩果蔬汁（浆）除外］	按生产需要适量使用
84	甜蜜素（又名环己基氨基磺酸钠）、环己基氨基磺酸钙（sodium cyclamate, calcium cyclamate）	19.002, 19.024	952（iv）, 952（ii）	14.0	饮料类［14.01 包装饮用水、14.02.01 果蔬汁（浆）、14.02.02 浓缩果蔬汁（浆）除外］	0.65
85	麦芽糖醇和麦芽糖醇液（maltitol and maltitol syrup）	19.005, 19.022	965（i）, 965（ii）	14.0	饮料类［14.01 包装饮用水、14.02.01 果蔬汁（浆）、14.02.02 浓缩果蔬汁（浆）除外］	按生产需要适量使用
86	三氯蔗糖（又名蔗糖素，sucralose）	19.016	955	14.0	饮料类［14.01 包装饮用水、14.02.01 果蔬汁（浆）、14.02.02 浓缩果蔬汁（浆）除外］	0.25

续表

序号	添加剂类别与品种	CNS号	INS号	食品分类号	食品名称	最大使用量/（g/kg）
87	山梨糖醇和山梨糖醇液（sorbitol and sorbitol syrup）	19.006, 19.023	420（i）, 420（ii）	14.0	饮料类［14.01 包装饮用水、14.02.01 果蔬汁（浆）、14.02.02 浓缩果蔬汁（浆）除外］	按生产需要适量使用
88	索马甜（thaumatin）	19.020	957	14.0	饮料类［14.01 包装饮用水、14.02.01 果蔬汁（浆）、14.02.02 浓缩果蔬汁（浆）除外］	0.025
89	阿力甜（又名L-α-天冬氨酸-N-（2,2,4,4-四甲基-3-硫化三亚甲基）-D-丙氨酰胺, alitame）	19.013	956	14.0	饮料类［14.01 包装饮用水、14.02.01 果蔬汁（浆）、14.02.02 浓缩果蔬汁（浆）除外］	0.10
90	阿斯巴甜（又名天门冬酰苯丙酸甲酯, aspartame）	19.004	951	14.02.03	果蔬汁（浆）类饮料	0.60
				14.03	蛋白饮料	0.60
				14.04	碳酸饮料	0.60
				14.05	茶、咖啡、植物（类）饮料	0.60
				14.07	特殊用途饮料	0.60
				14.08	风味饮料	0.60
91	天门冬酰苯丙酸甲酯乙酰磺胺酸（aspartame-acesulfame salt）	19.021	962	14.0	饮料类［14.01 包装饮用水、14.02.01 果蔬汁（浆）、14.02.02 浓缩果蔬汁（浆）除外］	0.68
92	甜菊糖苷（steviol glycosides）	19.008	960	14.0	饮料类［14.01 包装饮用水、14.02.01 果蔬汁（浆）、14.02.02 浓缩果蔬汁（浆）除外］	0.20
93	安赛蜜（又名乙酰磺胺酸钾, acesulfame potassium）	19.011	950	14.0	饮料类［14.01 包装饮用水、14.02.01 果蔬汁（浆）、14.02.02 浓缩果蔬汁（浆）除外］	0.30
				14.05.01	茶（类）饮料	0.58
94	氨基乙酸（glycine）	12.007	640	14.02.03	果蔬汁（浆）类饮料	1.00
				14.03.02	植物蛋白饮料	1.00

续表

序号	添加剂类别与品种	CNS号	INS号	食品分类号	食品名称	最大使用量/（g/kg）
95	爱德万甜（又名 N-{N-[3-（3-羟基-4-甲氧基苯基）丙基]-L-α-天冬氨酰}-L-苯丙氯酸-1-甲酯，advantame，N-{N-[3-（3-hydroxy-4-methoxyphenyl）propyl]-L-α-aspartyl}-L-phenylalanine-1-methyl ester）	19.026	969	14.04	碳酸饮料	0.006
				14.05	茶、咖啡、植物（类）饮料	0.003
				14.06	固体饮料	0.004
	六．漂白剂					
96	二氧化硫（sulfur dioxide），焦亚硫酸钾（potassium metabisulphite），焦亚硫酸钠（sodium metabisulphite），亚硫酸钠（sodium sulfite），亚硫酸氢钠（sodium hydrogen sulfite），低亚硫酸钠（sodium hyposulfite）	05.001，05.002，05.003，05.004，05.005，05.006	220，224，223，221，222，—	14.02.01	果蔬汁	0.05（以SO_2残留量计）
				14.02.03	果蔬汁（浆）类饮料	0.05
	七．酸度调节剂					
97	富马酸（fumaric acid）	01.110	297	14.02.03	果蔬汁（浆）类饮料	0.60
				14.04	碳酸饮料	0.30
98	富马酸一钠（monosodium fumarate）	01.311	365	14.0	饮料类［14.01 包装饮用水、14.02.01 果蔬汁（浆）、14.02.02 浓缩果蔬汁（浆）除外］	按生产需要适量使用
99	己二酸（adipic acid）	01.109	355	14.06	固体饮料	0.01
				14.02.03	果蔬汁（浆）类饮料	5.0
				14.03.02	植物蛋白饮料	5.0
				14.03.03	复合蛋白饮料	5.0
100	l（+）-酒石酸，dl-酒石酸［l（+）-tartaric acid，dl-tartaric acid］	01.111，01.313	334，—	14.04	碳酸饮料	5.00
				14.05	茶、咖啡、植物（类）饮料	5.00
				14.07	特殊用途饮料	5.00
				14.08	风味饮料	5.00

续表

序号	添加剂类别与品种	CNS号	INS号	食品分类号	食品名称	最大使用量/（g/kg）
101	磷酸（phosphoric acid）、焦磷酸二氢二钠（disodium dihydrogen pyrophosphate）、焦磷酸二钠（tetrasodium pyrophosphate）、磷酸二氢钙（calium dihydrogen phosphate）、磷酸二氢钾（potassium dihydrogen phosphate）、磷酸氢二铵（diammonium hydrogen phosphate）、磷酸氢二钾（dipotassium hydrogen phosphate）、磷酸氢钙（calcium hydrogen phosphate, dicalcium orthophosphate）、磷酸三钙（tricalcium orthophosphate, calcium phosphate）、磷酸三钾（tripotassium orthophosphate phosphate）、磷酸三钠（trisodium orthophosphate）、六偏磷酸钠（sodium polyphosphate）、三聚磷酸钠（sodium tripolyphosphate）、磷酸二氢钠（sodium dihydrogen phosphate）、磷酸氢二钠（sodium phosphatedibasic）、焦磷酸四钾（tetrapotassium pyrophosphate）、焦磷酸一氢三钠（trisodium monohydrogen diphosphate）、聚偏磷酸钾（potassium polymetaphosphate）、酸式焦磷酸钙（calcium acid pyrophosphate）	01.106,15.008,15.004,15.007,15.010,06.008,15.009,06.006,02.003,01.308,15.001,15.002,15.003,15.005,15.006,15.017,15.013,15.015,15.016	338,450a,450iii,341i,340i,342ii,340ii,341ii,341iii,340iii,339iii,452i,451i,339i,339ii,450（v）,450（ii）,452（ii）,450（vii）	14.0	饮料类［14.01 包装饮用水、14.02.01 果蔬汁（浆）、14.02.02 浓缩果蔬汁（浆）除外］	5.00

续表

序号	添加剂类别与品种	CNS号	INS号	食品分类号	食品名称	最大使用量/（g/kg）
102	柠檬酸及其钠盐、钾盐（citric acid, trisodium citrate, tripotassium citrate）及柠檬酸一钠（sodium dihydrogen citrate）	01.101, 01.303, 01.304	330, 331（iii）, 332（ii）	14.02.02	浓缩果蔬汁（浆）	按生产需要适量使用
103	乳酸钙（calcium lactate）	01.310	327	14.06	固体饮料	21.60
	八．抗结剂					
104	二氧化硅（silicon dioxide）	02.004	551	14.06	固体饮料	15.00
105	硅酸钙（calcium silicon）	02.009	552	14.06	固体饮料	按生产需要适量使用
106	碳酸镁（magnesium carbonate）	13.005	504（i）	14.06	固体饮料	10.00
	九．乳化剂					
107	琥珀酸单甘油酯（succinylated monoglycerides）	10.038	472（g）	14.02.03	果蔬汁（浆）类饮料	2.00
				14.03	蛋白饮料	2.00
				14.03.01	含乳饮料	5.00
				14.05	茶、咖啡、植物（类）饮料	2.00
				14.06	固体饮料	20.00
108	聚甘油脂肪酸酯［polyglycerol esters of fatty acids（polyglycerol fatty acid esters）］	10.022	475	14.0	饮料类［14.01 包装饮用水、14.02.01 果蔬汁（浆）、14.02.02 浓缩果蔬汁（浆）除外］	10.00
109	聚氧乙烯（20）山梨醇酐单月桂酸酯［又名吐温-20, polyoxyethlene（20）sorbitan monolarurate］，聚氧乙烯（20）山梨醇酐单棕榈酸酯［又名吐温-40, polyoxyethlene（20）sorbitan monopalmitate］，聚氧乙烯（20）山梨醇酐单硬脂酸酯［又名吐温-60,	10.025, 10.026, 10.015, 10.016	432, 434, 435, 433	14.0	饮料类（14.01 包装饮用水、14.02.01 果蔬汁（浆）、14.02.02 浓缩果蔬汁（浆）、14.06 固体饮料除外）	0.50

续表

序号	添加剂类别与品种	CNS号	INS号	食品分类号	食品名称	最大使用量/(g/kg)
109	polyoxyethlene（20）sorbitan monostearate］，聚氧乙烯（20）山梨醇酐单油酸酯［又名吐温-80, polyoxyethlene（20）sorbitan monooleate］	10.025, 10.026, 10.015, 10.016	432, 434, 435, 433	14.02.03	果蔬汁（浆）类饮料	0.75
				14.03.01	含乳饮料	2.00
				14.03.02	植物蛋白饮料	2.00
110	氢化松香甘油酯（glycerol ester of hydrogenated rosin）	10.013	—	14.02.03	果蔬汁（浆）类饮料	0.10
				14.08	风味饮料（仅限果味饮料）	0.10
111	山梨醇酐单月桂酸酯（又名司盘-20, sorbitan monolaurate），山梨醇酐单棕榈酸酯（又名司盘-40, sorbitan monopalmitate），山梨醇酐单硬脂酸酯（又名司盘-60, sorbitan monostearate），山梨醇酐三硬脂酸酯（又名司盘-65, sorbitan tristerate），山梨醇酐单油酸酯（又名司盘-80）（sorbitan monooleate）	10.024, 10.008, 10.003, 10.004, 10.005	493, 495, 491, 492, 494	14.02.03	果蔬汁（浆）类饮料	3.00
				14.03.02	植物蛋白饮料	6.00
				14.06	固体饮料	3.00
				14.06.03	速溶咖啡	10.00
				14.08	风味饮料（仅限果味饮料）	0.50
112	双乙酰酒石酸单双甘油酯［diacetyal tartaric acid ester of mono（di）glycerides, DATEM］	10.010	472e	14.02.03	果蔬汁（浆）类饮料	5.00
				14.03	蛋白饮料	5.00
				14.04	碳酸饮料	5.00
				14.05	茶、咖啡、植物（类）饮料	5.00
				14.07	特殊用途饮料	5.00
				14.08	风味饮料	5.00
113	辛，癸酸甘油酯（octyl and decyl glycerate）	10.018	—	14.0	饮料类［14.01包装饮用水、14.02.01果蔬汁（浆）、14.02.02浓缩果蔬汁（浆）除外］	按生产需要适量使用

续表

序号	添加剂类别与品种	CNS号	INS号	食品分类号	食品名称	最大使用量/（g/kg）
114	蔗糖脂肪酸酯（sucrose esters of fatty acid）	10.001	473	14.0	饮料类［14.01 包装饮用水、14.02.01 果蔬汁（浆）、14.02.02 浓缩果蔬汁（浆）除外］	1.50
115	硬脂酰乳酸钠，硬脂酰乳酸钙（sodium stearoyl lactylate，calcium stearoyl lactylate）	10.011, 10.009	481（i），482（i）	14.03	蛋白饮料	2.00
	十．其他					
116	咖啡因（caffeine）	00.007	—	14.04.01	可乐型碳酸饮料	0.15
117	硫酸镁（magnesium sulfate）	00.021	518	14.01.03	其他类饮用水（自然来源饮用水除外）	0.05
118	硫酸锌（zinc sulfate）	00.018	—	14.01.03	其他类饮用水（自然来源饮用水除外）	0.006
119	氯化钾（potassium chloride）	00.008	508	14.01.03	其他类饮用水（自然来源饮用水除外）	按生产需要适量使用
120	异构化乳糖（isomeri-zed lactose）	00.003	—	14.0	饮料类［14.01 包装饮用水、14.02.01 果蔬汁（浆）、14.02.02 浓缩果蔬汁（浆）除外］	1.50
121	氯化钙（calcium chloride）	18.002	509	14.01.03	其他类饮用水（自然来源饮用水除外）	0.1
122	乙二胺四乙酸二钠（disodium ethylene-diamine-tetra-acetate）	18.005	386	14.0	饮料类［14.01 包装饮用水、14.02.01 果蔬汁（浆）、14.02.02 浓缩果蔬汁（浆）除外］	0.03

注：不包括食品用香精香料。

资料来源：GB 2760—2024《食品安全国家标准　食品添加剂使用标准》。

表 3-2　　饮料中按生产需要适量使用的食品添加剂[①]

序号	添加剂名称	CNS 号	INS 号	功能
1	5′-呈味核苷酸二钠（又名呈味核苷酸二钠，disodium 5′-ribonucleotide）	12.004	635	增味剂
2	5′-肌苷酸二钠（disodium 5′-inosinate）	12.003	631	增味剂
3	5′-鸟苷酸二钠（disodium 5′-guanylate）	12.002	627	增味剂
4	dl-苹果酸钠（dl-disodium malate）	01.309	—	酸度调节剂
5	l-苹果酸（l-malic acid）	01.104	—	酸度调节剂
6	l-苹果酸钠	01.315	—	酸度调节剂
7	dl-苹果酸（dl-malic acid）	01.309	—	酸度调节剂
8	α-环状糊精（alpha-cyclodextrin）	18.011	457	稳定剂、增稠剂
9	γ-环状糊精（gamma-cyclodextrin）	18.012	458	稳定剂、增稠剂
10	阿拉伯胶（arabic gum）	20.008	414	增稠剂
11	半乳甘露聚糖（galactomannan）	00.014	—	其他
12	冰乙酸（又名冰醋酸，acetic acid）	01.107	260	酸度调节剂
13	冰乙酸（低压羰基化法）（acetic acid）	01.112	—	酸度调节剂
14	赤藓糖醇（erythritol）[②]	19.018	968	甜味剂
15	醋酸酯淀粉（starch acetate）	20.039	1420	增稠剂
16	单，双甘油脂肪酸酯（mono-and diglycerides of fatty acids）	10.006	471	乳化剂
17	改性大豆磷脂（modified soybean phospholipid）	10.019	—	乳化剂
18	柑橘黄（orange yellow）	08.143	—	着色剂
19	甘油（又名丙三醇，glycerine/ glycerol）	15.014	422	水分保持剂、乳化剂
20	高粱红（sorghum red）	08.115	—	着色剂
21	谷氨酸钠（monosodium glutamate）	12.001	621	增味剂
22	瓜尔胶（guar gum）	20.025	412	增稠剂
23	果胶（pectins）	20.006	440	增稠剂
24	海藻酸钾（又名褐藻酸钾，potassium alginate）	20.005	402	增稠剂
25	海藻酸钠（又名褐藻酸钠，sodium alginate）	20.004	401	增稠剂

续表

序号	添加剂名称	CNS 号	INS 号	功能
26	槐豆胶（又名刺槐豆胶，carob bean gum）	20.023	410	增稠剂
27	黄原胶（又名汉生胶，xanthan gum）	20.009	415	增稠剂
28	甲基纤维素（methyl cellulose）	20.043	461	增稠剂
29	结冷胶（gellan gum）	20.027	418	增稠剂
30	聚丙烯酸钠（sodium polyacrylate）	20.036	—	增稠剂
31	卡拉胶（carrageenan）	20.007	407	增稠剂
32	抗坏血酸（又名维生素 C，ascorbic acid）	04.014	300	抗氧化剂
33	抗坏血酸钠（sodium ascorbate）	04.015	301	抗氧化剂
34	抗坏血酸钙（calcium ascorbate）	04.009	302	抗氧化剂
35	酪蛋白酸钠（又名酪朊酸钠，sodium caseinate）	10.002	—	乳化剂
36	磷酸酯双淀粉（distarch phosphate）	20.034	1412	增稠剂
37	磷脂（phospholipid）	04.010	322	抗氧化剂、乳化剂
38	氯化钾（potassium chloride）	00.008	508	其他
39	罗汉果甜苷（lo-han-kuo extract）	19.015	—	甜味剂
40	酶解大豆磷脂（enzymatically decomposed soybean phospholipid）	10.040	—	乳化剂
41	明胶（gelatin）	20.002	—	增稠剂
42	木糖醇（xylitol）	19.007	967	甜味剂
43	柠檬酸（citric acid）	01.101	330	酸度调节剂
44	柠檬酸钾（potassium citrate）	01.304	332ii	酸度调节剂
45	柠檬酸钠（sodium citrate）	01.303	331iii	酸度调节剂、稳定剂
46	柠檬酸一钠（sodium dihydrogen citrate）	01.306	331i	酸度调节剂
47	柠檬酸脂肪酸甘油酯（citric and fatty acid esters of glycerol）	10.032	472c	乳化剂
48	葡萄糖酸-δ-内酯（glucono delta-lactone）	18.007	575	稳定和凝固剂
49	葡萄糖酸钠（sodium gluconate）	01.312	576	酸度调节剂

续表

序号	添加剂名称	CNS 号	INS 号	功能
50	羟丙基淀粉（hydroxypropyl starch）	20.014	1440	增稠剂、膨松剂、乳化剂、稳定剂
51	羟丙基二淀粉磷酸酯（hydroxypropyl distarch phosphate）	20.016	1442	增稠剂
52	羟丙基甲基纤维素（hydroxypropyl methyl cellulose, HPMC）	20.028	464	增稠剂
53	琼脂（agar）	20.001	406	增稠剂
54	乳酸（lactic acid）	01.102	270	酸度调节剂
55	乳酸钾（potassium lactate）	15.011	326	水分保持剂
56	乳酸钠（sodium lactate）	15.012	325	水分保持剂、酸度调节剂、抗氧化剂、膨松剂、增稠剂、稳定剂
57	乳酸脂肪酸甘油酯（lactic and fatty acid esters of glycerol）	10.031	472（b）	乳化剂
58	乳糖醇（4-β-D-吡喃半乳糖-d-山梨醇，lactitol）	19.014	966	甜味剂
59	酸处理淀粉（acid treated starch）	20.032	1401	增稠剂
60	羧甲基纤维素钠（sodium carboxy methyl cellulose）	20.003	466	增稠剂
61	碳酸钙（包括轻质和重质碳酸钙）（calcium carbonate, light and heavy）	13.006	170i	膨松剂、面粉处理剂
62	碳酸钾（potassium carbonate）	01.301	501（i）	酸度调节剂
63	碳酸钠（sodium carbonate）	01.302	500（ii）	酸度调节剂
64	碳酸氢铵（ammonium hydrogen carbonate）	06.002	503（ii）	膨松剂
65	碳酸氢钾（potassium hydrogen carbonate）	01.307	501（ii）	酸度调节剂
66	碳酸氢钠（sodium hydrogen carbonate）	06.001	500（ii）	膨松剂、酸度调节剂
67	天然胡萝卜素（natural carotene）	08.147	160a（ii）	着色剂
68	甜菜红（beet red）	08.101	162	着色剂
69	微晶纤维素（microcrystallin cellulose）	02.005	460（i）	抗结剂、增稠剂、稳定剂

续表

序号	添加剂名称	CNS 号	INS 号	功能
70	辛烯基琥珀酸淀粉钠（dodium starch ocentyl succinate）	10.030	1450	乳化剂
71	氧化淀粉（oxidized starch）	20.030	1404	增稠剂
72	氧化羟丙基淀粉（oxidized hydroxypropyl starch）	20.033	—	增稠剂
73	乙酰化单、双甘油脂肪酸酯（acetylated mono- and diglyceride, acetic and fatty acid esters of glycerol）	10.027	472a	乳化剂
74	乙酰化二淀粉磷酸酯（acetylated distarch phosphate）	20.015	1414	增稠剂
75	乙酰化双淀粉己二酸酯（acetylated distarch adipate）	20.031	1422	增稠剂

注：①按生产需要适量使用的食品添加剂不包括应用于 14.01.01 饮用天然矿泉水、14.01.02 饮用纯净水、14.01.03 其他类饮用水、14.02.01 果蔬汁（浆）、14.02.02 浓缩果蔬汁（浆）等几类饮料。

②生产菌株分别为丛梗孢酵母（*Moniliella pollinis*）、类丝孢酵母（*Trichosporonoides megachiliensis*）和解脂假丝酵母（*Candida lipolytica*）。

表 3-3　　饮料中允许使用的食品营养强化剂

序号	营养强化剂	饮料类别号	饮料类别	使用量
1	维生素 A	14.03.01	含乳饮料	300~1000μg/kg
		14.06	固体饮料类	400~17000μg/kg
2	β-胡萝卜素	14.06	固体饮料类	3~6mg/kg
3	维生素 D	14.02.03	果蔬汁（肉）饮料（包括发酵型产品等）	2~10μg/kg
		14.03.01	含乳饮料	10~40μg/kg
		14.04.02.02	风味饮料	2~10μg/kg
		14.06	固体饮料类	10~20μg/kg
4	维生素 E	14.0	饮料类（14.01，14.06 涉及品种除外）	10~40mg/kg
		14.06	固体饮料类	76~180mg/kg
5	维生素 B_1	14.03.01	含乳饮料	1~2mg/kg
		14.04.02.02	风味饮料	2~3mg/kg
		14.06	固体饮料类	9~22mg/kg
6	维生素 B_2	14.03.01	含乳饮料	1~2mg/kg
		14.06	固体饮料类	9~22mg/kg

续表

序号	营养强化剂	饮料类别号	饮料类别	使用量
7	维生素 B_6	14.0	饮料类（14.01，14.06涉及品种除外）	0.4~1.6mg/kg
		14.06	固体饮料类	7~22mg/kg
8	维生素 B_{12}	14.0	饮料类（14.01，14.06涉及品种除外）	0.6~1.8μg/kg
		14.06	固体饮料类	10~66μg/kg
9	维生素 C	14.02.03	果蔬汁（肉）饮料（包括发酵型产品等）	250~500mg/kg
		14.03.01	含乳饮料	120~240mg/kg
		14.04	水基调味饮料类	250~500mg/kg
		14.06	固体饮料类	1000~2250mg/kg
10	烟酸（尼克酸）	14.0	饮料类（14.01，14.06涉及品种除外）	3~18mg/kg
		14.06	固体饮料类	110~330mg/kg
11	叶酸	14.02.03	果蔬汁（肉）饮料（包括发酵型产品等）	157~313μg/kg
		14.06	固体饮料类	600~6000μg/kg
12	泛酸	14.04.01	碳酸饮料	1.1~2.2mg/kg
		14.04.02.02	风味饮料	1.1~2.2mg/kg
		14.05.01	茶饮料类	1.1~2.2mg/kg
		14.06	固体饮料类	22~80mg/kg
13	肌醇	14.02.03	果蔬汁（肉）饮料（包括发酵型产品等）	60~120mg/kg
		14.04.02.02	风味饮料	60~120mg/kg
14	铁	14.0	饮料类（14.01，14.06涉及品种除外）	10~20mg/kg
		14.06	固体饮料类	95~220mg/kg
15	钙	14.0	饮料类（14.01，14.06涉及品种除外）	160~1350mg/kg
		14.02.03	果蔬汁（肉）饮料（包括发酵型产品等）	1000~1800mg/kg
		14.06	固体饮料类	2500~10000mg/kg

续表

序号	营养强化剂	饮料类别号	饮料类别	使用量
16	锌	14.0	饮料类（14.01，14.06 涉及品种除外）	3~20mg/kg
		14.06	固体饮料类	60~180mg/kg
17	硒	14.03.01	含乳饮料	50~200μg/kg
18	镁	14.0	饮料类（14.01，14.06 涉及品种除外）	30~60mg/kg
		14.06	固体饮料类	1300~2100mg/kg
19	磷	14.06	固体饮料类	1960~7040mg/kg
20	牛磺酸	14.03.01	含乳饮料	0.1~0.5g/kg
		14.04.02.01	特殊用途饮料	0.1~0.5g/kg
		14.04.02.02	风味饮料	0.4~0.6g/kg
		14.06	固体饮料类	1.1~1.4g/kg
21	左旋肉碱（l-肉碱）	14.02.03	果蔬汁（肉）饮料（包括发酵型产品等）	600~3000mg/kg
		14.03.01	含乳饮料	600~3000mg/kg
		14.04.02.01	特殊用途饮料（仅限运动饮料）	100~1000mg/kg
		14.04.02.02	风味饮料	600~3000mg/kg
		14.06	固体饮料类	6000~30000mg/kg
22	γ-亚麻酸	14.0	饮料类（14.01，14.06 涉及品种除外）	20~50g/kg
23	乳铁蛋白	14.03.01	含乳饮料	≤1.0g/kg
24	酪蛋白钙肽	14.0	饮料类（14.01 涉及品种除外）	≤1.6g/kg（固体饮料按冲调倍数增加使用量）
25	酪蛋白磷酸肽	14.0	饮料类（14.01 涉及品种除外）	≤1.6g/kg（固体饮料按冲调倍数增加使用量）

资料来源：GB 14880—2012《食品安全国家标准 营养强化剂使用标准》。

不同类别的食品添加剂在饮料中的作用如下。

（1）防腐剂 防止饮料产品在生产过程中微生物繁殖所导致的产品腐败变质，保证饮料产品的质量。碳酸饮料中的二氧化碳尽管归属于防腐剂类别，但同时也能为饮料带来特有的刹口感。

（2）抗氧化剂　防止或延缓饮料产品中脂溶性成分的氧化分解、变质，提高饮料产品的氧化稳定性。

（3）着色剂　赋予饮料色泽和改善饮料产品的色泽。胡萝卜素类的叶黄素、花色苷类的矢车菊素等着色剂不仅能够影响色泽还具有一定的生理健康功能。

（4）甜味剂　赋予饮料甜味或取代传统饮料中的部分食糖，降低饮料产品的能量。

（5）酸度调节剂　赋予饮料产品一定的酸度，或者改进饮料产品的酸度和在口腔中的酸感，同时可以螯合饮料体系中的金属离子，提升产品的稳定性，降低饮料产品的杀菌强度。

（6）增稠剂　提高饮料产品的黏稠度，赋予饮料产品黏润、适宜的口感，促使饮料保持物理稳定性。部分增稠剂也属于可溶性膳食纤维，起到调节肠道菌群健康的作用。

（7）乳化剂　增加脂肪或脂溶性营养物质在饮料中形成均一的稳定体系；蔗糖脂肪酸酯类乳化剂还具有抑制腐败菌增殖的功能。

（8）营养强化剂　提高饮料产品的营养价值。

（9）食用香精香料　赋予、增强或改进饮料产品的香味和滋味。

第二节　饮料生产中常用的加工助剂

为了保证饮料生产的顺利进行和安全生产，生产过程中还需要使用一些加工助剂，如冷却剂、助滤剂、消泡剂、顶隙充填用气、絮凝/澄清剂、酶制剂等。

一、酶制剂

饮料生产中经常需要使用一些酶制剂，如生产澄清果汁时常需要使用淀粉酶和果胶甲酯酶，降低引起浑浊的淀粉和果胶类物质的影响。饮料工业常用的酶制剂见表3-4。

表3-4　　　　　　　　　　饮料工业常用的酶制剂

序号	酶制剂	来源[1]	供体[2]
1	α-淀粉酶（Alpha-amylase）	地衣芽孢杆菌（Bacillus licheniformis）	—
		地衣芽孢杆菌（Bacillus licheniformis）	地衣芽孢杆菌（Bacillus licheniformis）
		地衣芽孢杆菌（Bacillus licheniformis） 枯草芽孢杆菌（Bacillus subtilis）	嗜热脂解地芽孢杆菌（Geobacillus stearothermophilus）[原名为嗜热脂解芽孢杆菌（Bacillus stearothermophilus）]
		黑曲霉（Aspergillus niger）	—

续表

序号	酶制剂	来源[1]	供体[2]
1	α-淀粉酶（Alpha-amylase）	解淀粉芽孢杆菌（*Bacillus amyloliquefaciens*）	—
		米根霉（*Rhizopus oryzae*）	—
		米曲霉（*Aspergillus oryzae*）	
		嗜热脂解地芽孢杆菌（*Geobacillus stearothermophilus*）[原名为嗜热脂解芽孢杆菌（*Bacillus stearothermophilus*）]	
		猪或牛的胰腺（hog or bovine pancreas）	—
2	果胶酶（Pectinase）	黑曲霉（*Aspergillus niger*）	
		米根霉（*Rhizopus oryzae*）	
3	果胶裂解酶（Pectinlyase）	黑曲霉（*Aspergillus niger*）	
		黑曲霉（*Aspergillus niger*）	黑曲霉（*Aspergillus niger*）
4	果胶酯酶（果胶甲基酯酶）（Pectinesterase, Pectin methylesterase）	黑曲霉（*Aspergillus niger*）	
		黑曲霉（*Aspergillus niger*）	黑曲霉（*Aspergillus niger*）
		米曲霉（*Aspergillus oryzae*）	针尾曲霉（*Aspergillus aculeatus*）
5	半纤维素酶（Hemicellulase）	黑曲霉（*Aspergillus niger*）	—
6	纤维素酶（Cellulase）	黑曲霉（*Aspergillus niger*）	—
		李氏木霉（*Trichoderma reesei*）	—
		绿色木霉（*Trichoderma viride*）	—
7	单宁酶（Tannase）	米曲霉（*Aspergillus oryzae*）	
8	菠萝蛋白酶（Bromelain）	菠萝（*Ananas* spp.）	—
9	木瓜蛋白酶（Papain）	木瓜（*Carica papaya*）	
10	无花果蛋白酶（Ficin）	无花果（*Ficus* spp.）	
11	蛋白酶（包括乳凝块酶）（Protease, including milk clotting enzymes）	寄生内座壳（栗疫菌）（*Cryphonectria parasitica*）（*Endothia parasitica*）	寄生内座壳（栗疫菌）（*Cryphonectria parasitica*）（*Endothia parasitica*）
		地衣芽孢杆菌（*Bacillus licheniformis*）	—

续表

序号	酶制剂	来源[1]	供体[2]
11	蛋白酶（包括乳凝块酶）（Protease, including milk clotting enzymes）	黑曲霉（*Aspergillus niger*）	—
		黑曲霉（*Aspergillus niger*）	黑曲霉（*Aspergillus niger*）
		解淀粉芽孢杆菌（*Bacillus amyloliquefaciens*）	—
		解淀粉芽孢杆菌（*Bacillus amyloliquefaciens*）	解淀粉芽孢杆菌（*Bacillus amyloliquefaciens*）
		枯草芽孢杆菌（*Bacillus subtilis*）	—
		寄生内座壳（栗疫菌）（*Cryphonectria parasitica*）（*Endothia parasitica*）	—
		米黑根毛霉（*Rhizomucor miehei*）	—
		米曲霉（*Aspergillus oryzae*）	—
		乳酸克鲁维酵母（*Kluyveromyces lactis*）	小牛胃（Calf stomach）
		微小毛霉（*Mucor pusillus*）	—
		蜂蜜曲霉（*Aspergillus melleus*）	—
		嗜热脂解地芽孢杆菌（*Geobacillus stearothermophilus*）[原名为嗜热脂解芽孢杆菌（*Bacillus stearothermophilus*）]	—

注：①指用于提取酶制剂的动物、植物或微生物。

②指为酶制剂的生物技术来源提供基因片段的动物、植物或微生物。

资料来源：GB 2760—2024《食品安全国家标准 食品添加剂使用标准》。

二、其他加工助剂

除了前面所介绍的酶制剂，饮料工业还需要使用其他食品加工助剂，如过滤澄清用的活性炭、消除饮料产品顶隙空气所用的液氮和气氮、饮料产品加工过程中的消泡剂等。可在各类饮料生产过程中使用，残留量不需要限定的加工助剂见表3–5，规定功能和使用范围的饮料加工助剂见表3–6。

表3–5　可在各类饮料生产过程中使用，残留量不需要限定的加工助剂

序号	助剂名称	CAS 号	序号	助剂名称	CAS 号
1	氨水（包括液氨，ammonia）	1336-21-6	3	丙酮（Acetone）	67-64-1
2	甘油（又名丙三醇，Glycerine/glycerol）	56-81-5	4	丙烷（Propane）	74-98-6

续表

序号	助剂名称	CAS 号	序号	助剂名称	CAS 号
5	单,双甘油脂肪酸酯（Mono-and diglycerides of fatty acids）		22	氢氧化钠（Sodium hydroxide）	1310-73-2
6	氮气（Nitrogen）	7727-37-9	23	乳酸（Lactic acid）	50-21-5
7	二氧化硅（Silicon dioxide）	7631-86-9	24	硅酸镁（Magnesium silicate）	1343-88-0
8	二氧化碳（Carbon dioxide）	124-38-9	25	碳酸钙（包括轻质和重质碳酸钙，Calcium carbonate, light and heavy）	10101-39-0
9	硅藻土（Diatomaceous earth）	68855-54-9	26	碳酸钾（Potassium carbonate）	584-08-7
10	活性炭（Activated carbon）	64365-11-3	27	碳酸镁（Magnesium carbonate）	13717-00-5
11	磷脂（Phospholipid）	8002-43-5	28	碳酸钠（Sodium carbonate）	497-19-8
12	硫酸钙（Calcium sulfate）	10101-41-4	29	碳酸氢钾（Potassium hydrogen carbonate）	298-14-6
13	硫酸镁（Magnesium sulfate）	1034-99-8	30	碳酸氢钠（Sodium hydrogen carbonate）	144-55-8
14	硫酸钠（Sodium sulfate）	7757-82-6	31	纤维素（Cellulose）	9004-34-6
15	氯化铵（Ammonium chloride）	12125-02-9	32	盐酸（Hydrochloric acid）	7647-01-0
16	氯化钙（Calcium chloride）	10043-52-4	33	氧化钙（Calcium oxide）	1305-78-8
17	氯化钾（Potassium chloride）	7747-40-7	34	氧化镁（包括轻质和重质）（Magnesium oxide, light and heavy）	1309-48-4
18	柠檬酸（Citric acid）	77-92-9	35	乙醇（Ethanol）	64-17-5
19	氢气（Hydrogen）	1333-74-0	36	冰乙酸（又名冰醋酸）（Acetic acid）	64-19-7
20	氢氧化钙（Calcium hydroxide）	1305-62-0	37	植物活性炭（Vegetable carbon, activated）	
21	氢氧化钾（Potassium hydroxide）	1310-58-3			

资料来源：GB 2760—2024《食品安全国家标准 食品添加剂使用标准》。

表 3-6　　　　　　　　　规定功能和使用范围的饮料加工助剂

序号	助剂名称	CAS 号	功能	使用范围
1	不溶性聚乙烯聚吡咯烷酮（Insoluble polyvinyl polypyrrolidone, PVPP）	84057-81-8	吸附剂	茶（类）饮料加工工艺
2	活性白土	68515-07-1	澄清剂、吸附剂	水处理工艺
3	聚丙烯酰胺	25085-02-3	助滤剂、絮凝剂	饮料加工工艺的水处理工艺
4	聚二甲基硅氧烷及其乳液	9006-65-9	消泡剂、脱模剂	果汁、浓缩果汁粉、饮料加工工艺（最大使用量 0.05g/kg，以聚二甲基硅氧烷计）
5	聚氧乙烯（20）山梨醇酐单月桂酸酯［又名吐温-20, Polyoxyethlene（20）sorbitan monolaurate］，聚氧乙烯（20）山梨醇酐单棕榈酸酯［又名吐温-40, Polyoxyethlene（20）sorbitan monopalmitate］，聚氧乙烯（20）山梨醇酐单硬脂酸酯［又名吐温-60, Polyoxyethlene（20）sorbitan monostearate］，聚氧乙烯（20）山梨醇酐单油酸酯［又名吐温-80, Polyoxyethlene（20）sorbitan monooleate］	9005-64-5 9005-66-7 9005-67-8 9005-65-6	消泡剂	果蔬汁（浆）饮料（最大使用量为 0.75g/kg）、植物蛋白饮料（最大使用量为 2.0g/kg）
6	离子交换树脂		脱色剂、吸附剂	水处理工艺
7	磷酸氢二钠	7558-79-4	絮凝剂	饮料加工工艺的水处理工艺
8	磷酸三钠	7601-54-9	絮凝剂	饮料加工工艺的水处理工艺
9	硫酸亚铁	7720-78-7	絮凝剂	饮料加工工艺的水处理工艺
10	膨润土	1302-78-9	吸附剂、助滤剂、澄清剂、脱色剂	果蔬汁、茶饮料、固体饮料加工工艺

续表

序号	助剂名称	CAS 号	功能	使用范围
11	脱乙酰甲壳素		澄清剂	果蔬汁类、植物饮料类、麦芽饮料类的加工工艺
12	乙二胺四乙酸二钠	139-33-3	吸附剂、螯合剂	饮料加工工艺
13	月桂酸	143-07-7	脱皮剂	果蔬脱皮

资料来源：GB 2760—2024《食品安全国家标准　食品添加剂使用标准》。

第三节　饮料生产中常用的消毒剂

根据饮料生产工艺的设计，部分饮料生产过程中直接接触饮料的包装容器以及包装设备需要保持无菌状态，因此需要采用消毒剂提前将包装容器消毒杀菌至无菌状态后，在无菌环境中进行灌装和密封。饮料工业中用于包装容器的消毒剂主要有过氧乙酸和过氧化氢（双氧水）。

一、过氧乙酸

由于具有强氧化性，过氧乙酸可将菌体蛋白质氧化而使微生物死亡，从而杀灭肠道致病菌、化脓性球菌等致病菌，过氧乙酸对多种微生物，包括芽孢及病毒均有高效、快速的杀菌作用。

过氧乙酸的杀菌原理：①依靠极强的氧化作用使酶失去活性，导致微生物死亡；②通过改变细胞内的 pH，致死微生物。

过氧乙酸的优点：①高效广谱，能杀灭所有微生物、杀菌效果可靠；②杀菌快速、彻底；③可用于低温消毒；④毒性低、消毒后物品上无残余毒性，分解产物对人体无害；⑤合成工艺简单，价格低廉，便于推广应用。过氧乙酸的缺点：①易挥发，不稳定，贮存过程中易分解，遇有机物、强碱、金属离子或加热分解快；②高浓度稳定但浓度超过 450g/L 时，剧烈振荡或加热可引起爆炸；③有腐蚀和漂白作用；④有强烈酸味，对皮肤黏膜有明显刺激。

过氧乙酸消毒液的使用方法有：①浸泡法，将被消毒或灭菌物品放入过氧乙酸溶液中加盖，细菌繁殖体用 1g/L 浓度浸泡 15min；②擦拭法，用于大件物品，用法同浸泡法；③喷洒法，对一般污染表面的消毒用 2~4g/L（2000~4000mg/L）浓度喷洒作用 30~60min。

在饮料加工过程中，过氧乙酸常用于包装容器的杀菌，包括瓶子及瓶盖，又称"湿法杀菌"，是指采用 1800~2200mg/kg 的过氧乙酸溶液对饮料瓶子进行喷淋杀菌，并对瓶盖进行浸泡杀菌的方式。经过过氧乙酸溶液杀菌的瓶子及瓶盖还需要采用无菌水进行冲洗，除去残留的过氧乙酸，要求瓶子和瓶盖上残留的过氧乙酸浓度≤0.5mg/kg。

二、过氧化氢（双氧水）

过氧化氢消毒液也是一种高效广谱消毒、杀菌剂，广泛用于啤酒、饮料、乳制品等生产企业的设备、容器、工具及环境等的消毒。

过氧化氢具有非常强的氧化性，可形成具有强氧化能力的羟自由基以及活性衍生物，通过破坏微生物外部结构，使微生物细胞渗透压改变而死亡，同时通过破坏微生物细胞内部DNA使其死亡而达到杀菌作用。过氧化氢可分为液体过氧化氢和气态过氧化氢，均可用于饮料包装材料的杀菌。

采用液体过氧化氢进行杀菌时，其浓度在10～100g/L才能达到杀菌目的。一般用于食品接触设备及工具浸泡消毒时，需要较高浓度和较长接触时间才能杀死微生物，要求过氧化氢浓度为80～100g/L，才能达到杀菌的目的。气态过氧化氢具有更高的杀菌效率，在较低浓度下就可以杀灭微生物，目前已广泛应用于饮料无菌罐装生产线中包装容器的杀菌。食品中过氧化氢残留量的检测参考GB 5009.226《食品安全国家标准 食品中过氧化氢残留量的测定》。有关过氧化氢残留的问题，美国FDA 21CFR 178.1005规定，过氧化氢灭菌后的食品包装容器立即装蒸馏水，要求蒸馏水中的过氧化氢浓度不得高于0.5mg/kg。

> **思考题**
>
> 1. 食品添加剂应用于饮料生产时，有哪些使用原则和注意事项？
> 2. 饮料产品中常用的食品着色剂有哪些？应用时需注意哪些方面？
> 3. 哪些饮料中可以添加钙？添加量需要参考哪个标准？
> 4. 什么是食品加工助剂？饮料生产过程中常用的加工助剂有哪些？

第二篇
饮料生产工艺

　　饮料生产工艺是根据技术上先进、经济上合理的原则，使用食品原辅料以及在饮料中允许添加的其他物质制成饮料产品的加工过程与方法。同一种饮料可以有不同的生产工艺。饮料生产工艺与生产设备的选型、生产线的设计密切相关，关系着饮料产品的成本与品质。

　　饮料生产工艺是本书的重点，本篇主要介绍各类饮料生产工艺流程及技术要点，对同类饮料相同生产工艺进行重点介绍，对不同工艺进行简要说明，对饮料生产过程中常见的质量问题及解决方案进行归纳总结，最后介绍各类饮料的典型加工案例。本篇借鉴GB/T 10789—2015《饮料通则》中对饮料的分类，分九章分别介绍包装饮用水（含饮料用水）、碳酸饮料、果蔬汁类及其饮料、茶饮料、植物饮料、蛋白饮料、咖啡类饮料、特殊用途饮料和固体饮料的生产工艺。

第四章 包装饮用水

学习目标

1. 了解饮料用水的处理工艺，掌握关键控制点。
2. 了解包装饮用水的种类及特点，掌握不同包装饮用水的生产工艺。
3. 掌握天然矿泉水的分类及生产工艺。

水是生命之本、健康之源。水不仅是构成人体的主要成分，还是人体内一切生命活动有序进行的必要条件。人体内部的营养输送、血液循环、废物排泄、体温调节均离不开水，没有水的介质作用，一切代谢活动均会停止。我国居民的饮用水主要分为两类：一类是通过公共供水系统提供的生活饮用水（自来水）；另一类是各种包装饮用水。GB 19298—2014《食品安全国家标准 包装饮用水》定义包装饮用水为"密封于符合食品安全标准和相关规定的包装容器中，可供直接饮用的水"。随着消费者对日常饮用水安全性关注度的增加，包装饮用水行业得到了蓬勃发展。近年来，我国包装饮用水行业成长迅速，消费包装饮用水的人口已占总人口的30%以上，部分人群开始以包装饮用水作为唯一饮水来源。2022年，中国包装饮用水的产量达到1.81亿t，包装饮用水作为便捷、安全的饮用水，是饮料行业中的主力军，在家庭生活、办公场所中发挥了不可替代的作用。2020年数据显示，包装饮用水销售额在饮料销售中占比最高，为37.64%。

第一节 水处理工艺

饮料企业离不开水，既包括液体饮料的配料用水，又包括饮料企业日常运营过程中设备清洗等生产用水、厂区环境景观用水以及生活用水等。饮料用水执行的是城市饮用水标准。然而，饮料用水有地表、地下、城市管网等诸多来源，如何根据生产企业实际情况将水源水处理成合格的饮料用水是本节主要讨论的内容。

一、地表水处理工艺

从水源角度考虑，湖泊、河流等绝大多数地表水体内含有悬浮物（藻类、固体废弃物等）、胶体、溶解物三类杂质。随着现代工农业和城市化的快速发展，我国很多地区的水资源受到了较为严重的污染。除处于人烟稀少地区的部分湖泊外，大型淡水湖泊如太湖、巢湖、滇池等的富营养化问题已十分突出，且呈现较快发展的趋势。GB 5749—2022《生活饮用水卫生标准》中规定了微囊藻毒素 MC-LR 的安全限值为 $1\mu g/L$，对应的藻密度为 1.2×10^6 个/L。多份研究报告显示，夏季（4—10月）许多水源水中的微囊藻毒素 MC-LR 超过 $1\mu g/L$ 的安全限值，有的甚至高达 $34\mu g/L$。

在很多水体中，有机污染物也成为重点控制的一类物质。常见的有机污染物包括农药、多环芳烃、卤代脂肪烃、多氯联苯、酚类等有机化合物。这些微量有机污染物具有以下共性：①浓度低，仅毫克级或微克级，甚至更低，对总有机碳（TOC）和化学需氧量（COD）等综合性指标影响小；②难降解，多为持久性污染物；③具有生物累积效应，可以通过食物链富集放大成百上千倍；④毒性大，大多具有"三致"（致畸、致癌和致突变）作用。将地表水处理成可以满足生活饮用水标准的水就是去除原水体中的悬浮物质、胶体物质、细菌及其他有害成分。

（一）传统处理工艺

传统地表水的处理工艺包括混合、反应、沉淀、过滤及消毒等工序，如图 4-1 所示。

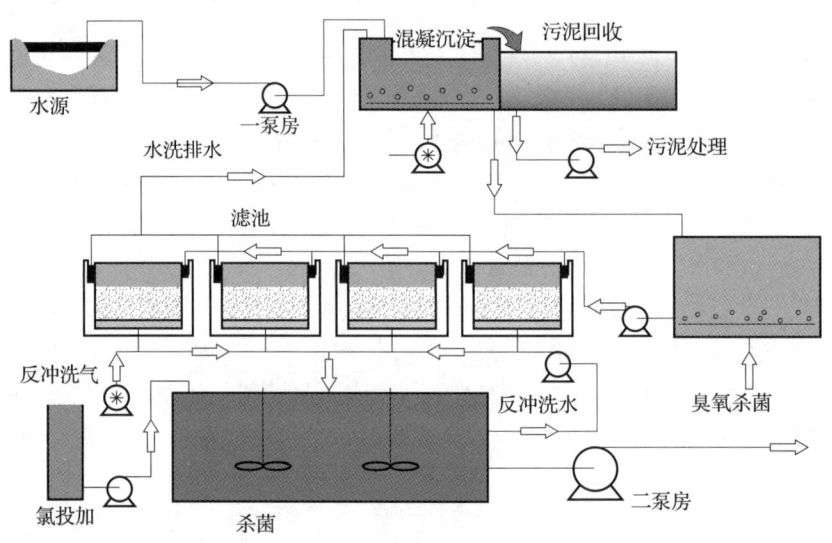

图 4-1 传统地表水处理工艺流程

1. 机械混合、混凝反应处理

从水源地取水（原水）后，首先经过机械混合、混凝工艺处理，即：

原水 + 水处理剂（药剂） → 均匀混合 → 反应

自药剂与原水均匀混合开始直到大颗粒絮凝体形成为止，称为混凝过程。常用的水处理剂有聚合氯化铝、硫酸铝、三氯化铁等。以碱式氯化铝为例，投入药剂后水中存在电离产生的铝离子，它与水分子存在以下可逆反应：

$$Al^{3+} + 3H_2O \longleftrightarrow Al(OH)_3 + 3H^+$$

氢氧化铝具有吸附作用，可把水中不易沉淀的胶粒及微小悬浮物脱稳、相互聚集，再被吸附架桥，从而形成较大的颗粒，以利于从水中分离、沉降。机械混合过程要求在加药后迅速完成。混合的目的是通过水力、机械的剧烈搅拌，使药剂迅速均匀地分散于水中。经混凝反应处理过的水通过管道流入沉降池，进入净水第二阶段。

2. 絮凝沉淀处理

絮凝阶段形成的絮状体依靠重力作用从水中分离的过程称为絮凝沉淀，这个过程在絮凝沉降池中进行。水流入沉降区后，沿水区整个截面进行分配，进入沉降区，然后缓慢地流向出口区，水中颗粒沉于池底。絮凝沉降的污泥经不断堆积并沉积，定期排出沉降池外。

3. 过滤处理

过滤一般是指以石英砂等有空隙的粒状滤料层通过黏附作用截留水中悬浮颗粒使水体澄清的过程。过滤会进一步除去水中细小悬浮杂质、有机物、细菌、病毒等，整个过滤处理在过滤池中进行。目前国内普遍采用的是 V 型滤池，因进水槽形状呈 V 字形而得名，又称均粒滤料滤池（其滤料采用均一粒径滤料）、六阀滤池（各种管路上有 6 个主要阀门），是快滤池的一种形式。该项技术是我国于 20 世纪 80 年代末从法国得利满（Degremont）公司引进。整个过程分为过滤和反冲洗两个部分。

4. 滤后消毒处理

水经过滤后，浊度进一步降低，同时也使残留细菌、病毒等失去浑浊物保护或依附，为滤后消毒创造良好条件。消毒并非把微生物全部消灭，只要求杀死致病微生物。虽然水经混凝、沉淀和过滤，可以除去大多数细菌和病毒，但消毒可以保证饮用水细菌学指标要求，同时使城市水管末梢保持一定余氯量，以控制细菌繁殖和预防污染。消毒的加氯量（液氯）在 $1.0 \sim 2.5 g/m^3$。消毒处理主要是通过氯与水反应生成的次氯酸对细菌内部发生氧化作用，破坏细菌的酶系统而使其死亡。

（二）现代处理新工艺

水体中微囊藻毒素和微量有机污染物的存在常导致传统工艺处理后水的高锰酸盐指数（COD_{Mn}）升高、臭味不达标、部分消毒副产物（如三氯甲烷）超标。在饮用水传统处理工艺的基础上，研究人员针对水源的不同污染类型开发了新工艺和新技术，主要有强化传统处理、原水预处理和深度处理技术。

1. 强化传统处理

强化传统处理即是对"混凝、沉淀、过滤、消毒"等传统工艺进一步强化，可分为强化混凝、强化沉淀、强化过滤和强化消毒。强化混凝的方法通过增加混凝剂用量、调整 pH、使用添加高锰酸钾的复合药剂、添加粉末活性炭等；强化沉淀是基于高效新型高分子絮凝剂的应用（强化和增加了絮凝体的净化特性），改善沉淀水流状态（缩小沉降距离，大幅提高沉降效率），提高絮凝颗粒的有效浓度（促进絮凝体整体网状结构的快速形成）；强化过滤技术可通过使用新型滤池，用多层滤料代替单层滤料以及添加助滤剂等对滤速进行控制；而强化消毒主要是替换消毒剂，但强氧化消毒剂在显示其优点的同时也暴露了其缺点，加氯消毒在一定时间内仍是最佳选择。

2. 原水预处理

原水预处理作为其他工艺的辅助措施，先期对于超标较多、指标较高的物质进行减量或改变其性质，便于后续工艺中污染物的去除。根据污染物的分布，介绍两种预处理工艺——除藻预处理工艺和除有机物预处理工艺。

（1）除藻预处理工艺　除藻预处理工艺包括气浮法和化学杀藻法：①气浮法是通过使用水中气泡黏附水中藻类，使其浮于池面，用刮渣机刮除。气浮工艺需增加回流压力水和溶气系统，投资及运行费用有所增加，操作管理难度较大；该工艺是通过物理方法将藻从水中上浮分离，除藻效果良好，但不彻底，必须结合其他工艺来保证出水水质。②化学杀藻法是采用消毒剂杀灭水中藻类，并由后续沉淀、过滤工艺去除，该方法简单易行，操作简便，但加大液氯之类的消毒剂用量将产生"三致"物质，同时也存在藻毒素超标风险；臭氧预氧化对除藻有较好的辅助作用，在采用臭氧－活性炭深度处理工艺时常用臭氧替代液氯除藻，臭氧可以迅速与藻类细胞中的蛋白质、脂类和核酸等重要生物分子发生氧化反应，从而破坏藻类细胞的结构和功能；藻体被破坏后释放的微囊藻毒素也能部分被臭氧继续分解去除，同时臭氧对藻类分泌物产生的异臭味有一定去除作用。

（2）除有机物预处理工艺　除有机物预处理工艺包括生物预处理技术和化学预处理技术两种：①生物预处理技术实际上是生物膜技术，在生物预处理单元的填料上附着细菌、原生动物[①]、后生动物[②]等微生物形成的生物膜，初步去除水中溶解性的有机污染物、氨氮、亚硝酸盐及铁、锰等无机污染物，改善混凝沉淀性能；微污染水源的生物预处理技术在国内外的研究和应用已有30多年历史，得到了普遍认同。生物预处理技术的主要优点是对去除有机物、色度、臭味、总有机碳、浊度等有一定效果，缺点是占地面积大，处理效果受水源水质和水温影响较大。②化学预处理技术主要是指强氧化预处理技术，主要采用预氯化、臭氧预氧化技术、高锰酸盐预氧化技术及二氧化氯预氧化技术。

预氯化在国内已得到普遍使用，用于除藻和降解有机物，费用低廉，但氯与水中有机物生成的消毒副产物对人体有害，已经逐步取消该方法在微污染水源中作为预处理方法使用。

臭氧预氧化技术主要用于消除地下水中铁、锰和去除色度、臭味以及降解水中的高分子有机物，还用于改善絮凝和澄清。臭氧预氧化的主要目的是助凝，必要时考虑强化去除藻类、色度和有机污染物。臭氧的添加量一般为 0.2~2.0mg/L。

有研究表明，臭氧预氧化控制消毒副产物的效果比较稳定，在臭氧添加量约 1.0mg/L（0.23mgO$_3$/mgDOC[③]）的情况下，三卤甲烷（THM）前体物去除率约为23%，高藻期时藻类去除率高达47%。在臭氧预氧化处理过程中，臭氧不是通过降低水中有机物含量，而主要是通过氧化攻击分子质量较大的疏水性有机物达到控制消毒副产物的目的。这些有机物多数具有芳香族结构或者不饱和双键，易受攻击而断裂变小，转化为亲水性物质。臭氧预处理通过改变水中有机物的物理化学性质，降低水中有机物的氯化活性，从而达到控制消毒副产物生成量的目的。但值得注意的是，当原水中含有较高浓度的溴离子或臭氧投放过量时，臭氧预氧化使溴离子转变为溴酸根离子，并使水中溴代三卤甲烷、溴乙酸等浓度升高。

臭氧预氧化工艺占地面积少，工艺不受季节、气温等因素影响，效果稳定。但臭氧需要现场制备，且运行成本较高。

高锰酸盐预氧化技术目前已经得到实际应用，它是一种强氧化剂，能够选择性地与水中有

---

① 原生动物：以体型微小、单细胞、细胞器高度特化等为等点的异养真核生物。
② 后生动物：动物界除原生动物以外所有动物的总称。
③ DOC：溶解性有机碳。

机污染物作用，破坏有机物的不饱和官能团。采用高锰酸钾预氧化工艺，在去除有机污染物、降低水的致突变活性、控制氯化消毒副产物、氧化助凝、助滤、除浊、除藻、除臭味、除铁、除锰等方面效果明显优于传统的氧化技术，且具有氧化性强、不生成卤代有机物等优点。该技术在20世纪60年代就被用于去除水中臭味、色度等，效果良好。近年来又研制出高锰酸盐复合药剂，对地表水有显著的氧化助凝、除藻、除臭味、除微量有机污染物等功效，还可降低三卤甲烷生成量。高锰酸盐复合药剂在氧化过程中产生的物质可强化去除水中微量有机污染物。此外，二氧化锰对水中多种微量有机与无机污染物有吸附作用，可提高对水中多种有机污染物和重金属的去除效果。

二氧化氯预氧化技术的应用还比较少，但二氧化氯预氧化工艺对芳香烃类化合物有比较好的去除效果，可以控制三卤甲烷的形成，减少总有机卤的生成，对水中有色物质有很好的脱色作用。采用二氧化氯预氧化工艺，形成的有机副产物较少且毒害作用较轻，无机副产物主要有亚氯酸盐、氯酸盐。有研究报道，亚氯酸盐和氯酸盐的不利影响主要在于其强氧化性和对人体神经系统的毒害作用，长期饮用会导致贫血症等。

二氧化氯用于氧化去除有机物、铁及锰时，其投放量为 1~1.5mg/L，具体用量需要根据水质情况确定。投放浓度需控制在防爆浓度以下，且必须设置安全防爆措施。凡与二氧化氯接触处的部分应使用惰性材料，每种药剂的存放应设置单独的房间，并要有排除和容纳遗留或渗漏药剂的措施。

3. 深度处理技术

深度处理技术指常规水处理技术处理后的水质达不到饮用水水质要求，在常规工艺后增加处理工序的技术。深度处理工艺一般设置在常规处理工艺之后，主要目的是进一步去除水中的有机污染物或者增强常规处理工艺的去除效果，如图4-2所示。常用的深度处理技术包括活性炭吸附、离子交换、臭氧-生物活性炭联用、膜分离、深度氧化等。

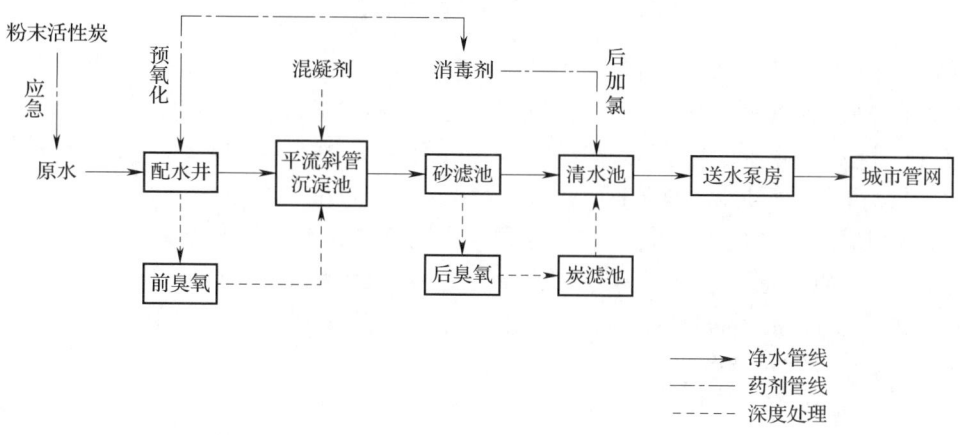

图4-2 深度处理工艺流程

（1）活性炭吸附技术　活性炭吸附技术是在常规处理基础上去除水中有机污染物最有效、最成熟的深度处理技术。活性炭具有良好的吸附和过滤功能，对水中致癌物与致突变物有良好的去除效果。其对分子质量在 500~3000u 的有机物有明显的去除效果，去除率一般在 70%~87%。但活性炭对水中氯化产生的"三致"物质不能有效去除，特别是对卤代烃前驱物和分子质量大于3000u的物质去除效果更差。

生物活性炭吸附技术是在活性炭技术的基础上发展起来的，利用活性炭的高比表面积和良好的孔隙结构吸附溶解氧和有机物，从而富集微生物于活性炭表面以形成生物活性炭。生物活性炭能有效去除水中痕量有机污染物、消毒副产物及前驱物、臭氧化副产物等，提高了饮用水的化学安全性；有效降低了可同化有机碳①（AOC）浓度，提高了生物稳定性和饮用水的安全性。但生物活性炭吸附技术也存在着影响饮用水安全性的因素，如菌落总数和生成的新化学物质安全性问题等。

（2）臭氧-生物活性炭联用技术　如图4-3所示，臭氧-生物活性炭（O_3-BAC）联用技术是在活性炭池之前投加臭氧，在臭氧接触反应池中进行臭氧接触氧化反应，使水中有机污染物氧化降解，将大分子有机物分解为小分子的中间产物，这些中间产物被活性炭吸附的同时，活性炭表面的生物膜或者微生物菌落通过生物吸附和氧化降解等作用，显著提高了活性炭去除有机物的能力，延长活性炭使用寿命。臭氧-生物活性炭联用技术目前在日本、欧洲、美国广泛应用，在我国的部分水厂也有应用。但生物活性炭表面生物膜的老化脱落造成的生物泄露问题需要引起关注。

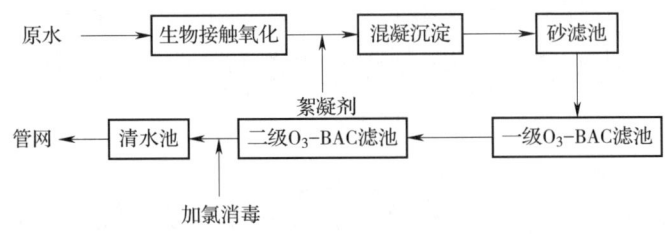

图4-3　臭氧-生物活性炭深度处理工艺

二、地下水处理工艺

随着工业进程的不断加快，环境污染日益严重，地下水也不可避免地遭到污染。从污染程度上看，北方城市污染普遍比南方城市严重，污染元素多且超标率高，特别是华北地区，污染最为突出。从污染元素看，"三氮"污染②在全国较为突出；矿化度污染③和总硬度污染④主要分布在东北、华北、西北和西南地区；铁和锰污染主要分布在南方地区。

地下水根据地域、深浅等来源不同，主要含有铁锰、氨氮、泥沙、水垢等杂质。除泥沙、水垢可采用多介质过滤及离子软化装置等，除铁锰主要采用曝气（将空气中的氧气强度溶解到液体中）加过滤，过滤用的介质通常有石英砂、锰砂，再经活性炭和精密过滤器过滤。

（一）地下水除铁、锰

地下水一般水质较好，作为生活、生产用水水源，具有很多优点，因此优先考虑。我国很多地区地下水中铁、锰含量超标，水中铁、锰含量高除了影响生活用水的色、味、嗅等感官指标，在用具、洗涤物上产生斑渍外，还会影响食品工业用水。因此，当以含铁、锰的地下水作

---

① 可同化有机碳：最容易被微生物利用并合成为菌体自身成分的有机碳。
② "三氮"污染：水中过量的氨氮（NH_4^+）、硝酸盐氮（NO_3^-）、亚硝酸盐氮（NO_2^-）造成的污染。
③ 矿化度污染：水中溶解固体含量过高。
④ 总硬度污染：水中溶解的钙、镁等金属离子的总量过高。

为水源时,必须进行除铁、锰处理。

地下水中铁含量一般为 5~10mg/L,主要是 Fe^{2+},有的地区还有 Fe^{3+}。Fe^{2+} 以 $FeOH^+$、$Fe(OH)_3^-$、$Fe(HCO_3)_2$ 或无机、有机络合的形式存在,Fe^{3+} 则只以无机、有机络合的形式存在。地下水含锰量一般为 0.5~2.0mg/L,一般以 Mn^{2+} 形式存在。

1. 地下水除铁

Fe^{2+} 在水中极不稳定,如果 Fe^{2+} 以 $FeOH^+$、$Fe(OH)_3^-$、$Fe(HCO_3)_2$ 形式存在,向水中加入氧化剂后,Fe^{2+} 能迅速被氧化成 Fe^{3+},Fe^{3+} 在水中的溶解度很低,很快由离子状态转化为絮凝胶体 $Fe(OH)_3$ 状态,很容易从水中分离。当 Fe^{2+} 以无机、有机络合的形式存在时,氧化速率将明显降低。

地下水除铁就是基于上述原理,常用的氧化剂有空气中的氧和化学药剂(如 Cl_2、$KMnO_4$ 等),因此,除铁方法可分为空气氧化法和药剂氧化法两类,空气氧化法又分为自然氧化法和接触氧化法两种(表 4–1)。其中接触氧化法最为经济,流程简单,应用广泛。

表 4–1　　　　　　　　　　　　地下水除铁方法

除铁方法	工艺流程	特点	适用条件
空气氧化法			
自然氧化法	原水→曝气→反应→过滤 原水→曝气→反应→沉淀→过滤	除铁效果好,构筑物体积大,投资和运行费用高,应用较少	原水含铁量较高时;含有其他悬浮杂质需混凝处理时
接触氧化法	原水→曝气→过滤	流程简单,处理费用低,可进行压力过滤,应用较多	原水含铁量不高时
药剂氧化法	原水→加药混合→反应→过滤 原水→加药混合→反应→沉淀→过滤	除铁效果好,运行费用高,应用较少	原水中铁以络合形式存在,用空气中的氧难以氧化时

实践证明,提高 pH 可使氧化速率提高,如果 pH 降低,氧化速率则明显变慢。Fe^{2+} 的氧化需要一定时间才能完成,但如果有催化剂存在,可显著缩短氧化时间。接触氧化法就是含铁地下水经曝气后,立即进入滤池,在滤料表面活性滤膜的催化作用下,将二价铁氧化成三价铁,并附着在滤料表面上。关于活性滤膜已有大量研究,经过曝气的含铁水流经新滤料时,初期出水含铁量较高,随着过滤的进行,在滤料表面逐渐生成深褐色的氢氧化铁覆盖膜,即具有催化作用的活性滤膜,出水含铁量也逐渐降低,一段时间后达到最低。从过滤开始到出水达到处理要求的这段时间,称为滤料的成熟期。

2. 地下水除锰

锰常与铁共存于地下水中,其化学性质与铁相近,但在 pH 中性范围内,几乎不能为溶解氧所氧化,必须在催化剂的作用下才能被氧化,不能依靠自然氧化法去除,因此地下水除锰要比除铁困难。在过滤过程中，滤料表面逐渐生成活性膜，在活性膜的催化作用下发生氧化反应：

$$2Mn^{2+}+O_2+2H_2O=2MnO_2+4H^+$$

水中溶解氧在滤料表面将 Mn^{2+} 氧化成 Mn^{4+}，并附着在滤料表面上，也会使水 pH 下降。

对成熟期的滤料进行研究发现，在滤料表面有高价铁锰化合物和大量的细菌，优先吸附 Fe^{2+}、Mn^{2+} 离子，然后再进行催化氧化。

3. 接触氧化法除铁、锰工艺

接触氧化法除铁、锰工艺包括曝气和过滤两个单元。

曝气的目的就是向水中溶入氧，以满足氧化 Fe^{2+} 的需要，有时也有去除水中 CO_2 以提高 pH 的作用。

除铁理论需氧量可根据方程式计算，即每氧化 1mg/L 的 Fe^{2+}，需要氧 0.14mg/L，考虑到水中其他杂质耗氧及氧在水中扩散的因素，实际需氧量按理论需氧量的 3~5 倍计算。除锰理论需氧量可根据方程计算，每氧化 1mg/L 的 Mn^{2+}，需氧 0.29mg/L，实际需氧量应比理论值高。

曝气装置有多种形式，常用的有跌水曝气、射流曝气、莲蓬头曝气、曝气塔曝气等。

（二）地下水除氟

氟在自然界中分布极为广泛，水源不同程度地含有氟离子。一般认为，微量的氟是人体所必需的，有利于骨骼的坚固性，有一定的防龋齿作用。但过量的氟对人体有害，主要损害牙齿的釉质、骨骼健康，并影响全身各组织器官，轻者出现氟斑牙和全身各个骨骼及关节部位疼痛等症状，较重者出现关节僵硬及运动功能障碍，严重者出现躯干变形和瘫痪，造成终生残疾。

地下水除氟方法主要有吸附过滤法、混凝法、离子交换法、电渗析法等，其中应用较多的是吸附过滤法，作为滤料的吸附剂主要是活性氧化铝和骨炭。

1. 活性氧化铝吸附过滤法

活性氧化铝是两性物质，对氟有极高的选择性，水的 pH<9.5 时可吸附阴离子，pH>9.5 时可吸附阳离子。除氟用的活性氧化铝为白色颗粒状多孔吸附剂，有较大的比表面积。

活性氧化铝在使用前进行活化，活化反应为：

$$(Al_2O_3)_n \cdot 2H_2O+SO_4^{2-} \rightarrow (Al_2O_3)_n \cdot H_2SO_4+2OH^-$$

除氟时的反应为：

$$(Al_2O_3)_n \cdot H_2SO_4+2F^- \rightarrow (Al_2O_3)_n \cdot 2HF+SO_4^{2-}$$

活性氧化铝失去除氟能力后，可用 10~20g/L 硫酸铝溶液再生，再生反应为：

$$(Al_2O_3)_n \cdot 2HF+SO_4^{2-} \rightarrow (Al_2O_3)_n \cdot H_2SO_4+2F^-$$

吸附容量是指每 1g 活性氧化铝所能吸附氟的质量，一般为 1.2~4.5mg/g。吸附容量与原水氟浓度、pH、活性氧化铝的颗粒大小、接触时间等因素有关。原水氟浓度高，则吸附容量大；原水 pH 在 5~8 吸附容量大，在 5.5 最佳；我国多将原水 pH 控制在 6.5~7.0；颗粒小，吸附容量大，且再生容易，考虑到反洗时小颗粒易流失，一般选用粒径为 1~3mm；接触时间长，吸附容量大，一般接触时间在 15min 以上。

固定床是指在操作过程中吸附剂固定填放在吸附设备中，是水处理吸附工艺中最常用的一种方式。

活性氧化铝过滤法除氟工艺比较简单，一般采用固定床，滤层厚度为 1.1~1.5m，滤速为

3~6m/h，当运行至滤料失效，即进行反洗，使滤层膨胀率为30%~50%，去除滤层中的悬浮物后，进行再生。再生剂可用硫酸铝或NaOH溶液，其浓度和用量应通过试验确定，再生时间一般为1.0~1.5h，再生后须用除氟水反洗，然后进水除氟至出水合格，正式运行开始。

2. 骨炭吸附过滤法

骨炭是兽骨燃烧去掉有机质所得的产品，主要成分是磷酸三钙和炭，发挥除氟作用的是磷酸三钙，因此又称磷酸三钙过滤法。氟与水中钙生成氟化钙被骨炭中的羟基磷酸三钙所吸附，从而达到除氟的目的。粒径为0.8~1.6mm的颗粒状骨炭，其比表面积大，有很好的吸附性能。关于骨炭中磷酸三钙的分子式，国外认为是$Ca_3(PO_4)_2 \cdot CaCO_3$，国内认为是$Ca_{10}(PO_4)_6(OH)_2$。骨炭除氟反应式为：

$$Ca_{10}(PO_4)_6(OH)_2 + 2F^- = Ca_{10}(PO_4)_6 \cdot 2F + 2OH^-$$

当原水含氟量高时，反应向右进行，氟被去除。

骨炭吸附过滤法已被推荐用于饮用水除氟。但由于骨炭易溶于酸，只能在pH7左右时运行，而且消耗较大，美国从1971年起停止使用。我国目前应用骨炭除氟剂的量仅次于活性氧化铝。由于动物骨骼的来源及加工方法不同，各种骨炭对氟的吸收特性有很大差异。对比黑色、灰色和白色骨炭的除氟效果，以黑色骨炭最为有效。

骨炭吸附一定时间后需再生，再生时间间隔需根据骨炭填充量进行核算，再生利用50g/L的NaOH溶液浸泡24h。骨炭再生后的含氟碱性废液通过调整pH，加入$CaCl_2$沉淀去除氟。

三、城市管网供水处理工艺

城市管网供水水质不仅决定了广大居民的饮水安全和身体健康，同时也关系到其他行业的发展以及使用城市管网供水的饮料企业，一般仍需对城市管网供水进行相关处理后才可达到饮料用水的要求。具体的处理工艺见图4-4，虚线部分根据实际水质选择性配置。

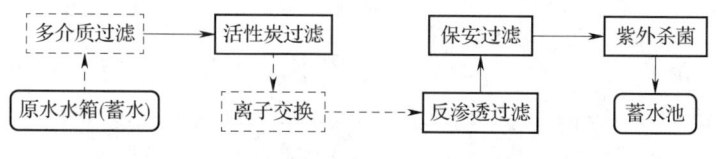

图4-4 城市管网供水处理工艺

以市政配套的城市管网供水为水源时，并不能直接用于饮料的调配生产，这既与管网供水的水质不能与饮料用水的质量相一致有关，也与饮用水经过供水管网被输送到用户终端时，在管网中所发生的物理、化学和生物变化导致饮用水水质发生变化有关，这些变化就是所谓的管网水质二次污染。我国36个城市的调查显示，管网水浊度比出厂水增加0.38NTU，色度增加0.45CU，铁浓度增加0.04mg/L，锰浓度增加0.02mg/L，细菌总数增加18CFU/L，大肠菌群增加0.4MPN/L。管网水质二次污染的问题是多因素共同作用的结果，可以归结为微生物污染、物理化学污染和感官污染三个方面：微生物污染包括微生物再生长（尤其是附着生物膜的生长）、硝化作用和介水传染病等；物理化学污染包括消毒副产物、铅、铜、铁、锌、温度、腐蚀、pH稳定性与结垢、管道涂层与衬里渗出物、消毒物残留浓度的维持和管道沉积物；感官污染包括味道、气味、浊度和色度的变化。此外，饮用水的二次污染还包括因管道渗漏和其他因素带来的外源性污染。

（一）腐蚀、结垢和沉积物对水质的污染

金属管道、配件、水箱和水塔等输配水设施本身含有杂质，金属与杂质之间存在不同的电极电位，在水的作用下会形成无数微腐蚀原电池，由于化学和电化学作用往往会对管道内壁造成较严重腐蚀，产生大量铁、锰、铅、锌等金属锈蚀物。其过程为：首先，由于电化学的作用，在管壁附近形成氢氧化亚铁，然后被水中溶解氧氧化，生成氢氧化铁，形成钝化保护膜。氢氧化铁一般地疏松，一方面对金属表面有一定的保护作用，另一方面部分氢氧化铁脱水形成铁锈三氧化二铁，沉积于管道的内表面，形成结垢。由于氢氧化铁质地疏松，当供水管网运行状态发生改变，如检修阀门、更换管道或当流速突然增大时，氢氧化铁就会从管道内壁脱落而进入水中，产生红色的锈水，从而使水质恶化。

研究表明，防腐处理较弱的金属管道3~5年就开始出现腐蚀现象；未做防腐处理的金属管道，当使用年限超过5年时，污垢就已达到了恶化水质的程度。管道使用年限越长，腐蚀越严重，水质状况越差。

腐蚀物和水垢是管网中新的污染源，沉积物是潜在的污染源。当供水系统内水流速度、方向或水压发生波动或突变时，就会将上述污染物带入水中，造成短时间的水质恶化，出现色度、浊度、铁、锰等多项指标超标。腐蚀物及水垢对水质的危害程度与系统投入使用年限有关，年限越长水质污染越严重。研究显示，水中添加磷酸盐，不仅可以减少铁管中三氧化二铁的释放，而且还间接抑制了厌氧菌生长和繁殖。

（二）微生物再生长对水质的污染

饮用水中鉴定出的细菌包括气单胞菌属（*Aeromonas*）、节杆菌属（*Aerobacter*）、芽孢杆菌属（*Bacillus*）、柄杆菌属（*Caulobacter*）、黄杆菌属（*Flavobacterium*）、假单胞菌属（*Pseudomonas*）、螺旋菌属（*Heliobacillus*）等。尽管出厂水通过加氯消毒，大量微生物已经被杀死，甚至维持管网水含有一定余氯以保持消毒作用，用水终端还是会出现细菌学指标合格率明显下降的现象。

（三）防腐衬里渗出物对水质的污染

目前我国城市供水管道主要采用钢筋混凝土管或铸铁管，铸铁管道一般采取水泥砂浆衬里或沥青涂料外防腐。居住区和住宅供水管多为沥青防腐处理的铸铁管和冷镀锌钢管。金属水箱通常使用沥青防腐或者采用镀锌钢板，也有少量采用防锈漆。上述防腐措施尽管对防止金属腐蚀起到了良好作用，但相应也带来了渗出物对水质二次污染的问题。冷镀锌防腐锌层薄且附着力差，极易造成局部脱落使水中锌浓度升高，防锈漆附着力差，极易脱落，造成水中铅浓度升高。使用水泥砂浆衬里的供水管道由于砂浆衬里的腐蚀或软化、水的碱化作用，不仅降低了管径的有效过水断面，而且对水质也会产生不良影响。多份研究报告指出，水泥砂浆衬里不仅会导致水的pH、Ca^{2+}和碱度增加，还会渗出钡、铬、镉等金属污染物。

（四）氯化消毒副产物对水质的污染

加氯消毒是城市管网供水主要消毒方式，但在加氯过程中，有机物与氯发生氧化反应生成对人体有害的消毒副产物。1974年，人们首次发现饮用水中存在三氯甲烷和其他卤代物。三氯甲烷与总消毒副产物相关性较好，且卤乙酸浓度是三氯甲烷浓度的一半。一般认为，影响消毒副产物浓度的主要因素有氯化反应时间、水中有机物浓度（一般以DOC表示）、加氯量、pH和温度。夏季消毒副产物的平均生成量明显比冬季高，原因可能是夏季温度高，有机物在水体中溶解度大，水源中消毒副产物前驱物含量高。

（五）外源性因素对水质的污染

有时供水系统受到外源性因素的影响会造成水质周期性或间断性恶化。外源性因素包括：管网系统的渗漏；用水点外部污水虹吸倒流；分质供水系统、不同供水系统和不同用途供水系统的相互连通导致污水串入或倒流；用水点水箱等蓄水池的外源性污染等。

第二节　包装饮用天然矿泉水

GB 8537—2018《食品安全国家标准　饮用天然矿泉水》对饮用天然矿泉水的定义为："从地下深处自然涌出的或经钻井采集的，含有一定量的矿物质、微量元素或其他成分，在一定区域未受污染并采取预防措施避免污染的水"。在通常情况下，其化学成分、流量、水温等动态指标在天然周期波动范围内相对稳定。饮用天然矿泉水因其富含人体所需的微量元素，具有无污染、形成周期长等特点，是天然营养、卫生安全的理想饮品。

饮用天然矿泉水与普通饮用水有如下几点区别：①具有以矿物质含量、微量元素或其他成分为特征的性质；②保持原有的纯度，即不受任何类型的污染；③性质保持不变；④"有益于健康"。矿泉水对相关特殊矿物质离子有限量规定，例如"含硒矿泉水"中硒的含量≥0.05mg/L，矿泉水中硒的含量≥0.01mg/L。

一、包装饮用天然矿泉水的分类

（一）根据二氧化碳含量及来源分类

GB 8537—2018《食品安全国家标准　饮用天然矿泉水》根据产品中是否含二氧化碳及其来源，将天然矿泉水分为含气天然矿泉水、充气天然矿泉水、无气天然矿泉水和脱气天然矿泉水。

（1）含气天然矿泉水　是指"在不改变饮用天然矿泉水水源水基本特性和主要成分含量的前提下，在加工工艺上，允许通过曝气、倾析、过滤等方法去除不稳定组分，允许回收和填充同源二氧化碳，包装后，在正常温度和压力下有可见同源二氧化碳自然释放起泡的天然矿泉水"。

（2）充气天然矿泉水　是指"在不改变饮用天然矿泉水水源水基本特性和主要成分含量的前提下，在加工工艺上，允许通过曝气、倾析、过滤等方法去除不稳定组分，充入食品添加剂二氧化碳而起泡的天然矿泉水"。

（3）无气天然矿泉水　是指"在不改变饮用天然矿泉水水源水基本特性和主要成分含量的前提下，在加工工艺上，允许通过曝气、倾析、过滤等方法去除不稳定组分，包装后，其游离二氧化碳含量不超过为保持溶解在水中的碳酸氢盐所必需的二氧化碳含量的天然矿泉水"。

（4）脱气天然矿泉水　是指"在不改变饮用天然矿泉水水源水基本特性和主要成分含量的前提下，在加工工艺上，允许通过曝气、倾析、过滤等方法去除不稳定组分、水中的二氧化碳，包装后，在正常的温度和压力下无可见的二氧化碳自然释放的天然矿泉水"。

（二）根据化学成分分类

矿泉水按特征组分达到国家标准的主要类型分为含气矿泉水、偏硅酸矿泉水、锶矿泉水、锌矿泉水、锂矿泉水、硒矿泉水、溴矿泉水和碘矿泉水八类。我国矿泉水的种类及分布如图 4-5 所示。

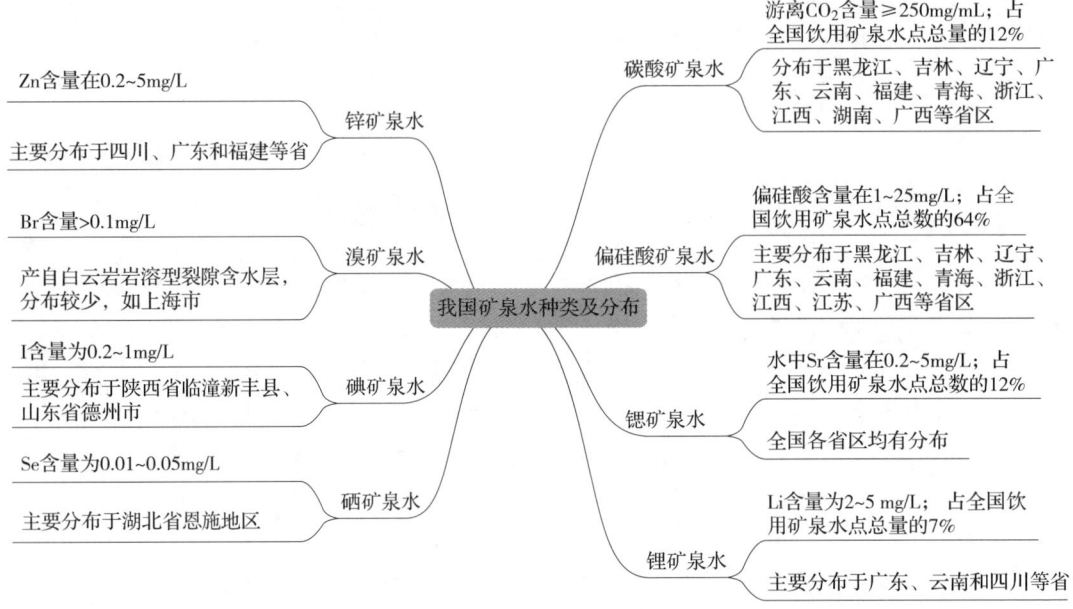

图 4-5 我国矿泉水的种类及分布

含气矿泉水（又称碳酸矿泉水）以含大量游离二氧化碳为主要特征，多产于火山、地热活动地区。我国五大连池、长白山和腾冲等地均有分布。偏硅酸型矿泉水是我国开发最多的一种饮用天然矿泉水，其中偏硅酸主要来源于地层中铝硅酸盐（如长石）的风化与水解，与二氧化硅含量多少无关，多为埋藏较浅的第四系松散岩类孔隙水、花岗岩和变质岩水。锶矿泉水在我国各省区都有分布，主要产于岩浆岩和石灰岩地区。其中，岩浆岩水锶含量较高，为 0.6~5mg/mL，其特点是矿化度①较低，一般为 150~500mg/mL，以低矿化、低钠、低钙水为主；石灰岩等沉积岩水，锶含量较低，一般为 0.3~0.6mg/mL，矿化度较高，多为 500~1000mg/mL。锂矿泉水主要分布于酸性岩浆岩和近代火山活动地区，由于锂十分容易迁移，因此该类矿泉水比较少见，我国广东、云南和四川等省有分布。硒矿泉水主要分布于火山岩、富硒地层地区，是较稀少的矿泉水类型。赋存于沉积盆地内矿泉水的成分是从盆地边缘由重碳酸钠型逐步过渡为重碳酸氯化钠型和氯化钠型。该类多属于温泉，矿化度 >500mg/L，以含溴、碘为主要特征，陕西大荔、云南昆明、安徽古井等地的矿泉水属于此类。

（三）根据矿化度分类

按照矿化度对矿泉水分类，可将其分为：低矿化度矿泉水（矿化度 <500mg/L）、中矿化度矿泉水（矿化度 500~1500mg/L）、高矿化度矿泉水（矿化度 >1500mg/L）；或淡矿泉水（矿化度 <1000mg/L）和盐类矿泉水（矿化度 >1000mg/L）。

---

① 矿化度：单位体积中所含离子、分子及化合物的总量。

(四)根据 pH 分类

根据 pH 可将矿泉水分为如表 4-2 所示几类。

表 4-2　　　　　　　　按照 pH 对矿泉水进行分类

pH	<2	2~4	4~6	6~7.5	7.5~8.5	8.5~10	>10
类型	强酸性水	酸性水	弱酸性水	中性水	弱碱性水	碱性水	强碱性水

(五)其他分类方式

各国还有其他矿泉水分类方式,例如按照泉水温度、用途、渗透压等分类。

二、生产工艺

(一)工艺流程

不含气矿泉水在生产工艺上与含气矿泉水略有不同,两种工艺流程分别如图 4-6 和图 4-7 所示。

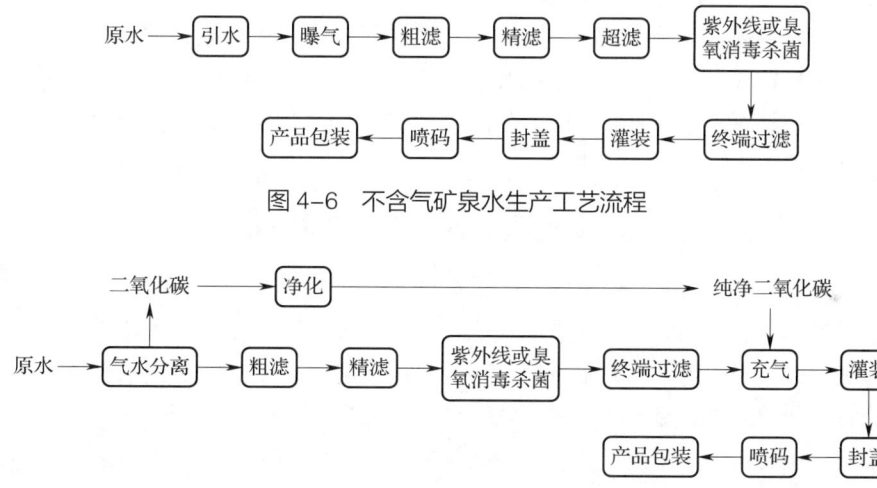

图 4-6　不含气矿泉水生产工艺流程

图 4-7　含气矿泉水生产工艺流程

(二)工艺要点

饮用瓶装矿泉水生产工艺流程主要是将原水经过粗滤、精密过滤器的过滤后,进入杀菌水箱,通过紫外线或臭氧杀菌处理后进入成品水箱,等待灌装机灌装入包装瓶内。流程中的几个主要工艺有:①原水处理,主要是将原水与空气充分接触,去除原水中有害气体和氧化活跃的金属离子,使其沉淀去除;原水来自地下深处,地壳中的岩石经过碳酸盐的侵蚀、有机物对铁质的溶解作用,以及三价铁的氧化物在厌氧条件下被还原,使得大量铁质物质进入地下水中,导致原水中的铁、锰含量相对较高,铁、锰超标不但对人体有害,还因为其稳定性差,极易被氧化而形成有色沉淀,尤其是使用臭氧消毒后,会导致产品的感官品质降低;原水中还会混杂有二氧化碳、硫化氢等气体,带来异味,所以经过原水的处理过程,初步去除或降低了有毒有害物质,被截留后的物质通过反冲洗排出。②过滤,目的是去除水中存在的微生物和悬浮物,使水质清澈卫生。主要分为粗滤、精密过滤和超滤等方式,粗滤是去除水中较大的固体颗粒物，一般采用以石英砂或锰砂为主的过滤材料，分层散布在机械过滤设备中，完成原水的初步处理，经过机械过滤后的水质浊度在3度以上，并不能保证能够满足高质量矿泉水直接灌装的要求，因此，继续引入精密过滤步骤；在外部增压作用下，原水经过滤芯和密封容器组成的精密过滤器截留水中绝大部分有机物和细菌，过滤后的水基本无菌，但对病毒无效，只是为超滤做前期准备；超滤是一种去除杂质的膜分离技术，通过截留矿泉水中有机大分子、藻类、细菌、病毒等，确保矿泉水矿物质成分。③消毒、灭菌，国内主要的消毒方法是臭氧消毒法，作为一种强氧化剂，臭氧具有较强的杀菌作用，能够在整个矿泉水的生产过程中对水、输送管道及储水容器等生产设备起到杀菌作用，其不稳定性决定了其会在一段时间后自动还原成氧气，不会在水中长期驻留。

（三）关键控制环节

生产过程的关键在于水源、管道及设备的维护和清洗消毒，如果某一点出现问题，就会导致整个系统遭到污染，整批产品报废，损失金钱，耽误时间，其中，瓶装矿泉水中的包装容器及瓶盖清洗、消毒、无菌保存是最重要的控制环节；杀菌设施的选用、杀菌参数的设定和杀菌效果的监测是保证消杀效果的重要过程，要定期对水质微生物及设备内环境进行监测，保证设备稳定运行、产品质量可控、效果稳定；包装容器及盖的质量控制，应把好质量关，降低残次品产出率；厂内消毒剂的选择和使用，要确保厂区内卫生，减少二次污染概率；加强车间及厂区内人员的卫生管理等。原水、管道、水处理设备、生产环境、原辅材料、包装材料、工作人员等环节都要做到管控到位、监管严格，否则将存在潜在的污染风险，易造成产品卫生指标不合格，导致直接和间接损失。

三、常见质量问题及控制措施

对于矿泉水生产，GB 19304—2018《食品安全国家标准 包装饮用水生产卫生规范》中有相关指标要求。其中对饮用天然矿泉水的水源及卫生防护、建筑设计与设施、卫生管理、生产过程、贮存和运输等方面的卫生要求做了较为详细的规定。

饮用矿泉水有时会出现变色、沉淀和微生物污染等质量问题。引起质量缺陷的主要原因可能是原水质量、藻类污染、设备条件（如存在锈蚀点）和车间的卫生消毒问题等。

（一）溴酸盐控制

世界卫生组织将溴酸盐列为2B级潜在致癌物质，许多发达国家已规定其限量。对于矿泉水中溴酸盐限值，欧盟规定为0.003mg/L，美国规定为0.01mg/L。我国现行的GB 8537—2018《食品安全国家标准 饮用天然矿泉水》规定为0.01mg/L。常见的溴酸盐包括溴酸钾和溴酸钠，溴酸盐的中毒症状包括：反胃（呕心）、呕吐、腹痛、无尿症、腹泻、不同程度的中枢神经压迫、溶血性贫血和肺水肿等。所有这些症状是可逆的，不可逆的毒性作用包括肾衰竭和耳聋，发生肾衰竭和耳聋的溴酸钾剂量为240~500mg/kg体重（相当于溴酸根185~385mg/kg体重）。

水中溴酸盐的产生是由于水中溴化物与臭氧反应，经氧化后生成溴酸盐。导致水中溴酸盐含量升高的原因为：原水中溴化物含量水平，即原水中溴化物含量越高，可能产生溴酸盐的含量就会越高；臭氧消毒工艺中臭氧使用浓度和接触时间，即臭氧使用浓度越高，接触时间越长，溴酸盐含量越高。因此降低溴酸盐含量的方法为选用溴化物含量低的水源、降低臭氧使用浓度和接触时间、用二氧化碳对水进行酸化处理（但不适用于高碱度含溴化物的原水处理）。

（二）藻类控制

藻类广泛存在于大自然中，属于光能自养型生物。矿泉水中富含适宜藻类生长的矿物质和微量元素，且水源位于阴暗潮湿的环境中，生产过程中极易混入藻类，导致矿泉水产品发生藻类污染。藻类污染会导致矿泉水中出现胶冻样或絮状沉淀，从而影响瓶装矿泉水的色、味、嗅等感官性状。藻类的代谢物还能促使有害的异养微生物生长，产生危害人身安全的毒素。因此控制藻类污染是矿泉水生产加工过程中必要的。常见的控制措施有：①保证水处理车间的封闭性，控制藻类孢子生存环境；②定期对生产车间、防尘设施、原水箱、过滤设备进行全面消杀，防止交叉污染；③成品的储存运输应尽量在避光的环境下进行。

（三）霉菌控制

霉菌具有超强的繁殖能力，其繁殖过程中产生的菌丝导致成品矿泉水中出现白色絮状物。霉菌污染的可能途径为：①管路设备中过滤装置的滤芯、储水和输水系统清理不及时，导致霉菌滋生；②矿泉水的瓶和瓶盖在加工、运输和储存过程中受到霉菌污染；③灌装设备消毒不彻底，工厂车间环境卫生不合格，员工的卫生情况不符合要求等。

霉菌传播主要是通过空气进行传播。保证生产区内干燥、阻断空气传播途径、按时检查空气净化效果可有效防止霉菌滋生与繁殖，必要情况下可对生产车间进行紫外线杀菌处理，或定时使用二氧化氯、次氯酸钠杀菌液进行消杀。同时也要避免灌装时霉菌污染，外购的瓶、盖，应监控采购、运输及仓储过程，灌装前瓶和盖应消杀。

（四）沉淀控制

矿泉水产品中有时会出现红、黄、褐、白色沉淀，低温时白色絮状沉淀是矿物质引起的，红、黄、褐色沉淀一般是 Fe^{2+}、Mn^{2+} 含量过高引起的，如果二氧化碳逸出，还会形成碳酸盐沉淀。这类沉淀的产生会引起质量问题，影响矿泉水的感官指标。为避免此类沉淀的发生，应去除水中的二氧化碳，提升瓶装水的密闭性。

第三节　包装饮用纯净水

纯净水是指以符合生活饮用水标准的水为生产用原水，采用蒸馏法、电渗析法、离子交换法、反渗透法或其他适当的净化工艺加工制成的包装饮用水。要求尽量去除水中的阴离子和阳离子，对水的功能特性没有要求，但不得含有对人体有害的成分，纯净水的电导率≤10μS/cm（25℃）。我国纯净水的质量标准主要遵循 GB 19298—2014《食品安全国家标准　包装饮用水》及 GB 17323—1998《瓶桶装饮用纯净水》。由于去除了水中的离子，纯净水会不断使人体细胞内的离子浓度降低，长此以往会产生微量元素缺乏的不良后果，因此不适合长期饮用。

一、工艺流程

纯净水生产用水源水可以是保护的地下、地表水，也可以是市政供水，在实际生产中，由于原水水质的不同，采用设备不同及生产厂家对终端水压的要求不同，工艺也不尽相同，但常见的工艺流程大同小异，如图 4-8 所示。

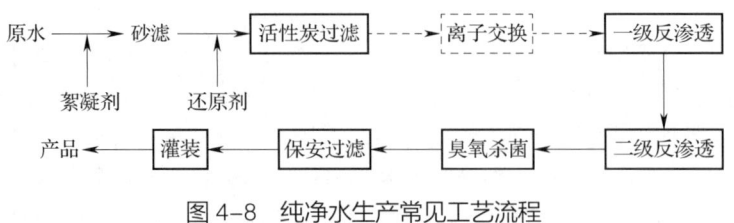

图 4-8 纯净水生产常见工艺流程

二、包装饮用纯净水生产工艺要点

（一）粗滤

粗滤包括絮凝剂投加、砂滤和活性炭过滤。絮凝剂投加用于使水中的胶体、颗粒等杂质形成絮凝体，提高过滤效果。砂过滤能有效过滤掉水中已成为絮凝体的杂质，使出水浊度≤1NTU。活性炭过滤能有效吸附水中余氯和部分有机物及截留进水中的杂质，使水质得到进一步改善。

1. 砂滤

砂滤在实际生产中通常指砂滤棒过滤，可去除水中悬浮物。原水可通过砂滤棒外壁进入棒内，从而达到净化的目的。该过滤器设备简单，操作管理方便，但工作压力不应大于0.2MPa，否则易影响出水水质。水中杂质的去除效果与过滤介质的形状和粒度有关，过滤速度与滤层的厚度有关。使用过程中，当水的净化效果变差或出水量变小时，需要定期将水反向流动或清洗。在实际生产中也有使用砂滤罐过滤的，过滤介质为石英砂，砂滤层可以是细砂、中砂、粗砂，相对砂滤棒过滤器，其体积大，操作相对难度大。

2. 活性炭过滤

实际操作中，大中型活性炭过滤器是将颗粒活性炭装在过滤器中进行过滤，小型活性炭过滤器是采用一根或多根活性炭滤芯装在过滤器中进行过滤。应根据水的洁净程度选择2~3组粗、细过滤，以减轻终端过滤的负担。终端过滤器的过滤孔径应达到0.2μm，以除去水中的微生物。水中常见的微生物种类及其大小如表4-3所示。

表 4-3　　　　　　　　　水中常见的微生物种类及其大小

微生物	大小/μm	微生物	大小/μm
真菌	0.5~60	中型杆菌	0.3~3.0
球菌	0.4~1.0	小型杆菌	0.2~1.0
支原体	0.4~2.0	细菌芽孢	1.0~2.0

活性炭有粉末状和粒状两种。粉末活性炭可直接投入水中，经混合吸附后分离出来；粒状活性炭以吸附柱的形式使用，当吸附能力饱和后，通过再生恢复其吸附能力。活性炭对某一物质的吸附能力与活性炭的性质、碳化及活化的整个过程、吸附的环境因素以及再生过程均有密切关系。

（二）软化和脱盐

为满足饮用纯净水的水质要求，不仅需要去除悬浮或其他不溶性杂质，还要去除水中的溶解性杂质，从而降低水的硬度和碱度，这主要包括两个过程：软化和脱盐。该工序根据原水的矿物质浓度选择性安排。

水的软化是单指降低水中 Ca^{2+}、Mg^{2+} 含量的过程。一般称 Ca^{2+}、Mg^{2+} 含量较高的水为硬水，它不仅不满足纯净水的指标要求，而且在生产中还会导致管道结垢而引起管道损毁，因此在纯净水生产中，必须利用物理或化学方法去除 Ca^{2+}、Mg^{2+}。常用的软化方法有石灰软化法、离子交换法等。

1. 石灰软化法

向水中加入石灰，将溶解在水中的 Ca^{2+}、Mg^{2+} 转化为 $CaCO_3$ 和 $Mg(OH)_2$ 等不溶于水的物质，去除水中的 Ca^{2+}、Mg^{2+}，同时可去除部分含铁和硅的化合物。石灰软化法适合碳酸盐硬度较高、非碳酸盐硬度较低、不要求高度软化的水，也可将石灰软化作为离子交换处理的预处理。石灰软化法有三种类型。

（1）间歇式　将需要软化的水注入圆柱锥底的容器内，加入所需的石灰乳溶液，同时通入压缩空气并充分搅拌 10~20min，静置沉淀 4~5h，之后将沉淀从锥底排出。此法简单易操作，但处理效率较低，适用于小批量操作。

（2）涡流反应器　在类似涡流反应池的设备内，原水和石灰乳从锥底沿切线方向进入，两个进口方向形成最大的力矩，使水和石灰乳混合后，水流以螺旋式上升，通过一层悬浮粉砂或大理石粉粒填料吸附软化后产生的 $CaCO_3$ 和 $Mg(OH)_2$，使水得到软化。

（3）连续式　连续石灰软化法工艺流程如图 4-9 所示，此法处理效果好，水质清净，沉淀排除干净，但要求原水的水量及水质较稳定。

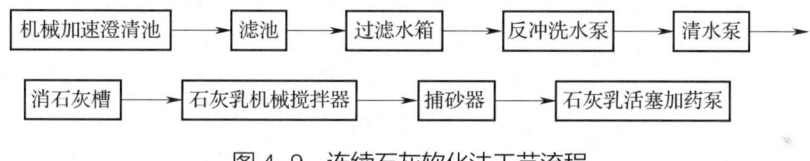

图 4-9　连续石灰软化法工艺流程

经过石灰软化处理后，水中暂时硬度[①]大部分被除掉，残余暂时硬度可降至 8~16mg/L（以 Ca^{2+} 计），残余碱度降至 16~24mg/L（以 Ca^{2+} 计）；有机物除去 25%；硅酸化合物降低至 30% 左右，铁残留量 <0.1mg/L。

2. 离子交换法

离子交换法是利用离子交换剂，将原水中不需要的离子吸附，从而使原水得到软化。一般常用的离子交换树脂，按照其所带功能基团的性质分为阳离子交换树脂和阴离子交换树脂。离子交换树脂在水中一般都是解离的，原水中含有的阳离子和阴离子通过阳树脂层时，阳离子被树脂吸附，树脂上的阳离子 H^+ 被置换到水中，水中阴离子被阴离子树脂层所吸附，树脂上的阴离子 OH^- 置换到水中，也就是水中溶解的阴阳离子被树脂吸附，离子交换树脂中的 H^+ 和 OH^- 进入水中，从而达到水质软化的目的。

阳离子交换树脂（阳树脂）是本体带有酸性交换基团的树脂，能与阳离子进行交换。按照其交换基团的强弱（即交换基团在水中解离能力的强弱），又可分为强酸性、中酸性和弱酸性三类；阴离子交换树脂（阴树脂）就是本体中带有碱性交换基团的树脂，同样，按照其交换基

---

① 暂时硬度：水中与碳酸氢根和少量碳酸根结合的钙、镁离子所形成的硬度。

团的碱性强弱,可分为强碱性和弱碱性两类。此外,还有螯合、两性、氧化还原树脂等。

离子交换树脂的主要技术指标有密度、含水率、溶胀性、机械强度、耐热性、酸性、碱性、选择性和交换容量。

(1) 离子交换树脂的选择原则

①选择交换容量大、强度高的树脂:交换容量是离子交换树脂的一项极为重要的指标,交换容量越大,同体积的树脂所能交换吸附的离子越多,处理的水量也就越大。一般同类型树脂中,弱型比强型交换容量大,可是机械强度一般较差。此外,同类型的树脂,由于树脂的交联度不同,交换容量也不同。交联度小的树脂,交换容量大;交联度大的树脂,交换容量小。

②根据原水中需要除去的离子种类选择:如果只除去水中吸附性较强的离子(如 Ca^{2+}、Mg^{2+}),可选用弱酸性或弱碱性树脂。例如,对原水进行软化处理时,如果原水的碳酸盐硬度比较大(特别是碱性水),选择弱酸性树脂进行软化处理就要经济得多;但是,当必须除去原水中吸附性能比较弱的阳离子(如 K^+、Na^+)或阴离子(如 HCO_3^-、$HSiO_3^-$)时,用弱酸性或弱碱性树脂就较为困难,甚至不能进行交换反应,此时必须选用弱酸性或强碱性树脂。所以,在处理高硬度或高盐分的水质时,先进行弱酸性树脂处理,再用强酸性树脂处理,或先进行弱碱性树脂处理,再用强碱性树脂处理,在生产中是较为经济合理的。

(2) 离子交换树脂的处理、转型和再生

①离子交换树脂的处理和转型:新树脂往往混有可溶性的低聚物及夹杂在树脂中间的悬浮物,影响树脂的交换反应。因此,新树脂在使用前必须进行预处理。市售的阳树脂一般为 Na^+ 型,阴树脂一般为 Cl^- 型,需分别用酸碱处理,将阳树脂转为 H^+ 型,阴树脂转为 OH^- 型。新的阳树脂用自来水浸泡 1~2d,使它充分吸水膨胀,并反复用自来水冲洗,去除水中可溶物,直至洗出水无色为止,并沥干水,加等质量 70g/L HCl 溶液搅拌并浸泡 1h 左右,去除酸液。用自来水洗至洗出水 pH 3.0~4.0 为止。倾除余水,加入等体积 80g/L NaOH 溶液浸泡 1h 左右,去除碱液,再用水洗至洗出水 pH 8.0~9.0,倾除余水。最后加入 3~5 倍 70g/L HCl 溶液浸泡 2h 左右,使阳离子转为 H^+ 型,倾去酸液,用去离子水洗至 pH 3.0~4.0 即可应用。新的阴树脂用自来水浸泡,反复洗涤,洗至无色、无臭。加入等量 80g/L NaOH 溶液浸泡并随时搅拌,处理 1h 后去除碱液。倾去余水,加入等量的 70g/L HCl 溶液浸泡 1h 左右。然后用自来水洗涤至 pH 3.0~4.0,再通过 H^+ 型阳树脂处理的水洗至 pH 8.0~9.0,最后加入 3~5 倍质量的 80g/L NaOH 溶液浸泡 2h 左右,并加搅拌,使阴树脂转为 OH^- 型,倾去碱液,用去离子水洗至 pH 8.0~9.0 即可。处理后的阳、阴树脂进行装柱,要求树脂间没有气泡,树脂量一般为柱容量的 3/4。

②离子交换树脂的再生:离子交换树脂处理一定水量后,交换能力下降,称为树脂"失效"或"老化"。须进行再生,其机制是水处理的逆反应。用树脂 2~3 倍的 50~70g/L HCl 处理阳树脂,50~80g/L NaOH 溶液处理阴树脂。然后用去离子水洗至 pH 分别为 3.0~4.0 和 8.0~9.0,使树脂重新转变成 H^+ 型和 OH^- 型。再生液应适当加温(不超过 50℃),再生效果更好。树脂再生前应先进行反洗,冲洗至松动无结块为止。其目的是除去停留在树脂上的杂质,并排除树脂中的气泡,便于再生。

上述再生方法称为顺流再生,即再生液由交换器上部进入,下部流出,其流向和运行时水的流向相同。这种再生方法的优点是装置简单、操作方便;缺点是再生效果不理想。另一种是逆流再生,即再生液的流向和运行水的流向相反。出水的水质比较好,但工艺稍复杂。

新型树脂可用热水再生,成本较低。但离子交换法处理的原水含盐量过高时,须常再生,物力投入较大，水质也不稳定。这时在离子交换前应作相应预处理，如凝聚、过滤、吸附或电渗析等。

（三）精滤

精滤是介于粗滤与超滤之间的一种过滤，过滤精度一般在 0.1~50μm。基本原理是在压力作用下，使原液通过滤材，滤渣留在管壁上，滤液透过滤芯流出，从而达到过滤的目的。精滤主要包括梯级精滤器和阻垢剂投加设备。梯级精滤器外层精度为 10μm，内层精度为 3μm，可将进水中大部分的杂质滤掉，使出水电导率达到 250μS/cm。阻垢剂投加设备是为了保护下道工序的反渗透膜表面不结垢。

（四）反渗透

绝大多数纯净水的生产离不开反渗透。所谓反渗透，就是将压差作为动力，将溶液中的溶剂分离的一种膜分离操作，由于该技术与自然渗透方向刚好相反，故称为反渗透。

水分子透过半透膜从纯水（低浓度溶液）迁移到盐水（高浓度溶液）中的现象称作渗透现象，渗透过程是自然界经常遇到的一种现象。使用只有水分子才能透过的隔膜将水池分成两等分，分别向两侧注入盐水和纯水，过一段时间后，发现纯水的液面降低而盐水液面升高，出现渗透现象，两者液面的高度差是由两种介质的压差（即渗透压）导致的，渗透压的大小与盐水浓度直接相关。

盐水和纯水达到平衡后，如果在盐水端施加一定的压力，水分子就会由高浓度溶液向低浓度溶液迁移。如果在盐水的一端施加超过该盐水渗透压的压力，在另一端就可以得到纯水，这就是反渗透纯净水的制备原理（图 4-10）。

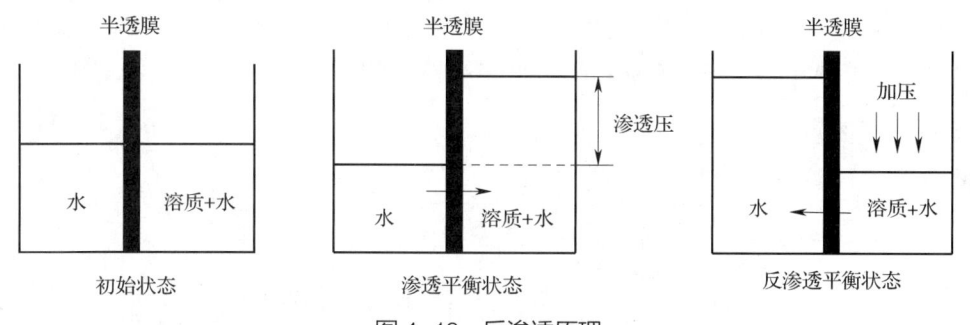

图 4-10 反渗透原理

反渗透纯净水的生产需要具备两个关键因素：选择性膜（即半透膜）和一定的压力。反渗透膜上有许多小孔，其大小与水分子相当，因此能拦截水中细菌、病毒、大部分有机污染物和水合离子，但溶解性盐仍然较难除去。因此经常用除盐率的高低来衡量反渗透净水的效果，目前较高选择性的反渗透膜的除盐率高达 99.7%。

根据进水经过加压反渗透的次数，可将反渗透过程分为一级流程与多级流程。

1. 一级流程

（1）一级一段连续式（直流式） 如图 4-11 所示，进水一次经过膜组件，透过液和浓缩液分别被连续引出系统。此法能耗少，操作简单，但由此制备纯水（或称去离子水）的回收率和浓水（反渗透净水过程中产生的废水）溶质浓度均不高。

（2）一级一段循环式 如图 4-12 所示，进水经过膜组件后，部分浓水返回水槽中与原来的进水混合后再次通过膜组件进行分离，提高了纯水的回收率，但由于浓水浓度比进水浓度高，所以透过的水质有所下降。

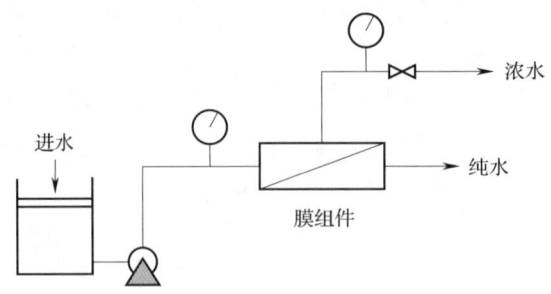

图 4-11　一级一段连续式反渗透流程示意图

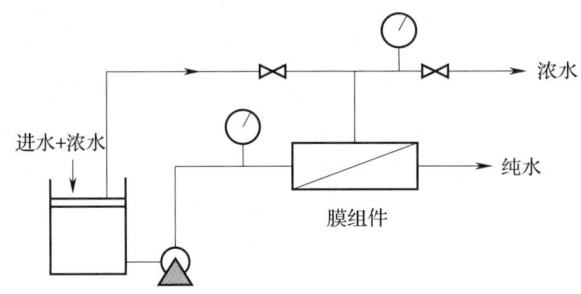

图 4-12　一级一段循环式反渗透流程示意图

（3）一级多段连续式　如图 4-13 所示，每一段浓水作为下一段进水，各级透过水分别依次连续排出。这种方式水的回收率高，浓水量减少，且浓度提高。

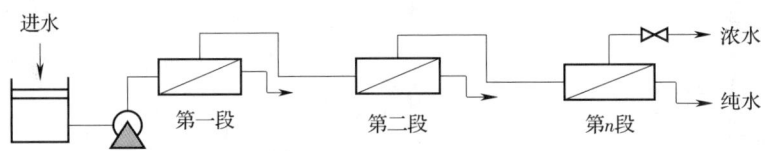

图 4-13　一级多段连续式反渗透流程示意图

2. 多级流程

（1）多级连续式　如图 4-14 所示，每个进水的出口均会经过增压泵再进入下一级，采用此连续式流程的水质明显提高，但水的回收率低。

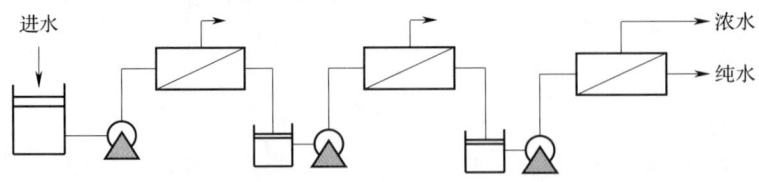

图 4-14　多级连续式反渗透流程示意图

（2）多级多段循环式　如图 4-15 所示，将上一级的透过水作为下一级的进水，采用此方式，直至最后一级纯水引出系统，浓水从后级向前级返回并与前一级的进水混合后，再进行分离。这种工艺既提高了水的回收率，也提高了纯水的水质，但其设备成本相对较高。

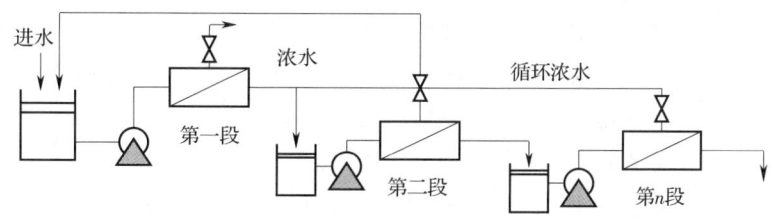

图 4-15　多级多段循环式反渗透流程示意图

（五）杀菌

1. 臭氧杀菌

臭氧（O_3）是极强的氧化剂，其瞬时灭菌优势比氯明显，目前已经广泛用于纯净水杀菌，同时用于除去水臭、水色以及铁和锰。

臭氧是一种在常温下略带暗蓝色的气体或液体，比氧更容易溶于水，但由于只能得到分压低的臭氧，所以浓度都比较低。臭氧的氧化能力很强，能轻易氧化水中的无机物和有机物（包括微生物）。其杀菌速率比氯快 15~30 倍。由于臭氧的不稳定性，因此要求随时制取并当场应用。一般都是用干燥空气或较高纯度的氧气进行高压放电制成臭氧：

$$3O_2 \rightarrow 2O_3 \text{（通过高压放电或紫外线引发）}$$

$1m^2$ 的放电面积 1h 可产生 50g 臭氧。一般采用喷射法以增加臭氧和水的接触时间，使臭氧得到充分利用。臭氧杀菌设备的主要部分是臭氧发生器和臭氧氧化塔。臭氧发生器是生成臭氧的专用设备，由发生器主体、无油空气压缩机、储罐、干燥器、过滤器及电器系统组成。臭氧氧化塔是水与臭氧的混合装置，塔内有可拆式微孔扩散器，采取气液逆向接触，使臭氧能有效地扩散到水中。

臭氧在水中的接触方式一般来说有静压（也称常压）或封压（也称串联式）两种。静压接触一般用于自动化灌装设备，封压接触一般用于小型厂家。

（1）臭氧静压接触　用于饮用水生产的典型的臭氧静压接触包括压力系统，在 10~30MPa 的压力下，臭氧产生能力为 2~2500g/h。在这个系统中，最关键的因素是发散器所产生的臭氧气泡的大小，它的大小应该在 100~300μm。气泡的大小和接触塔的高度直接影响到水和臭氧相互接触后臭氧进入水中的速率。

（2）臭氧封压接触　臭氧封压接触是利用一个水泵将水从贮罐中抽出，打入一个臭氧注入器及臭氧水接触塔，然后经过滤器送至灌装间或返回纯净水贮罐。这种系统使用了臭氧发生器和封闭的臭氧接触塔，且臭氧的注入由文丘里喷射器（一种利用文丘里效应进行物料输送的设备）控制，因此安全性和臭氧接触性较好。

2. 紫外线杀菌

（1）紫外线（UV）杀菌技术原理　紫外线杀菌也是纯净水生产过程中常用的杀菌方式。紫外线属于太阳光的不可见光部分，是波长为 100~400nm 的光线，根据波长不同，紫外线又分为 UVA（315~400nm）、UVB（280~315nm）、UVC（100~280nm）3 个波段。其中，UVC 高频短波紫外线波长较短，能量较高。波长在 200~280nm 的紫外线照射微生物，能够破坏微生物细胞中的脱氧核糖核酸（DNA）或核糖核酸（RNA）的分子键，使其生产蛋白质和繁殖的能力丧失，因细菌、病毒一般生命周期很短，不能繁殖的它们就会死亡，进而达到杀菌消毒的作用，该方法称为紫外线消毒。

紫外线消毒在"水物空"（水消毒、物表消毒、空气消毒）三大领域的应用十分广泛。UVC消毒是一个物理过程，非常环保，它不是化学消毒剂，不涉及有毒有害或腐蚀性化学品的产生、搬运、运输或存储，与化学杀菌方法相比，具有运行成本低、杀菌迅速的优点，尤其在饮用水消毒方面，无需添加任何化学物质进入水中，不会产生二次污染，不改变水的气味、口味、pH。此外，UVC还可以杀灭隐孢子虫（*Cryptospor idiumparvum*）、贾蓝氏第鞭毛虫（*Giardia lamblia*）、军团菌（*Legionella* spp.）、溶血不动杆菌（*Acinetobacter haemolyticus*）等抗氯性的病原体。

（2）装置安装点选择　根据紫外线杀灭细菌的原理，紫外线杀菌仪适用于采出水水处理流程后段，即对净化后的采出水杀菌。三塘湖污水站设计安装时，将紫外线物理杀菌装置安装在改性纤维球过滤器与压紧式改性纤维球过滤器之间，既可以保证滤料不受细菌侵蚀，保全滤罐、滤料完好性，又能杀灭生化系统残留的细菌及有害细菌，通过压紧式纤维球过滤器的精细过滤作用阻隔部分大分子细菌所带来的残留物。

（六）灌装

生产瓶装纯净水设备的灌装系统同天然矿泉水的生产。如果是生产桶装纯净水，灌装系统有自动桶外清洗机、自动桶内消毒、清洗、灌装、封盖机、瓶盖消毒机、自动上盖机、灯检箱、百级净化无菌车间等。整个生产过程只有拔盖、桶外清洗、灯检、套标、包装工序在无菌车间外能与空气和人体接触，其他如碱水冲洗、消毒液冲洗、纯净水冲洗、灌装、封盖等工序必须在百级无菌车间内完成，并且不得与人体接触。这是防止产品在灌装过程中物料被二次污染的强制要求，是确保产品质量的关键。

［案例］　熟水饮用水

GB/T 10789—2015《饮料通则》中将其他饮用水分为饮用天然泉水、饮用天然水和其他饮用水三类。饮用天然泉水是以地下自然涌出的泉水或经钻井采集的地下泉水，且未经过公共供水系统的自然来源的水为水源制成的制品。饮用天然水是以水井、山泉、水库、湖泊或高山冰川等，且未经过公共供水系统的自然来源的水为水源制成的制品。其他饮用水是指除天然泉水和天然水之外，以符合 GB 5749—2022《生活饮用水卫生标准》的水为水源，经适当加工方法，为调整口感加入一定量矿物质或其他食品配料制成的制品。

熟水饮用水是指以符合 GB 19298—2014《食品安全国家标准　包装饮用水》中原料要求的水为生产用原水，采用超滤、纳滤、反渗透等膜过滤技术，并经过不低于100℃加热杀菌等工序制成的包装饮用水。其执行标准除需要符合 GB 19298—2014《食品安全国家标准　包装饮用水》的要求外，还需符合 T/CBIA 007—2021《熟水饮用水》的相关要求。

熟水饮用水的工艺强调的是经过不低于100℃加热杀菌工序，取代反渗透后的臭氧、紫外线杀菌等工序，生成一种可以直接饮用的纯净水。高温短时杀菌（HTST）熟水饮用水生产工艺流程如图4-16所示。

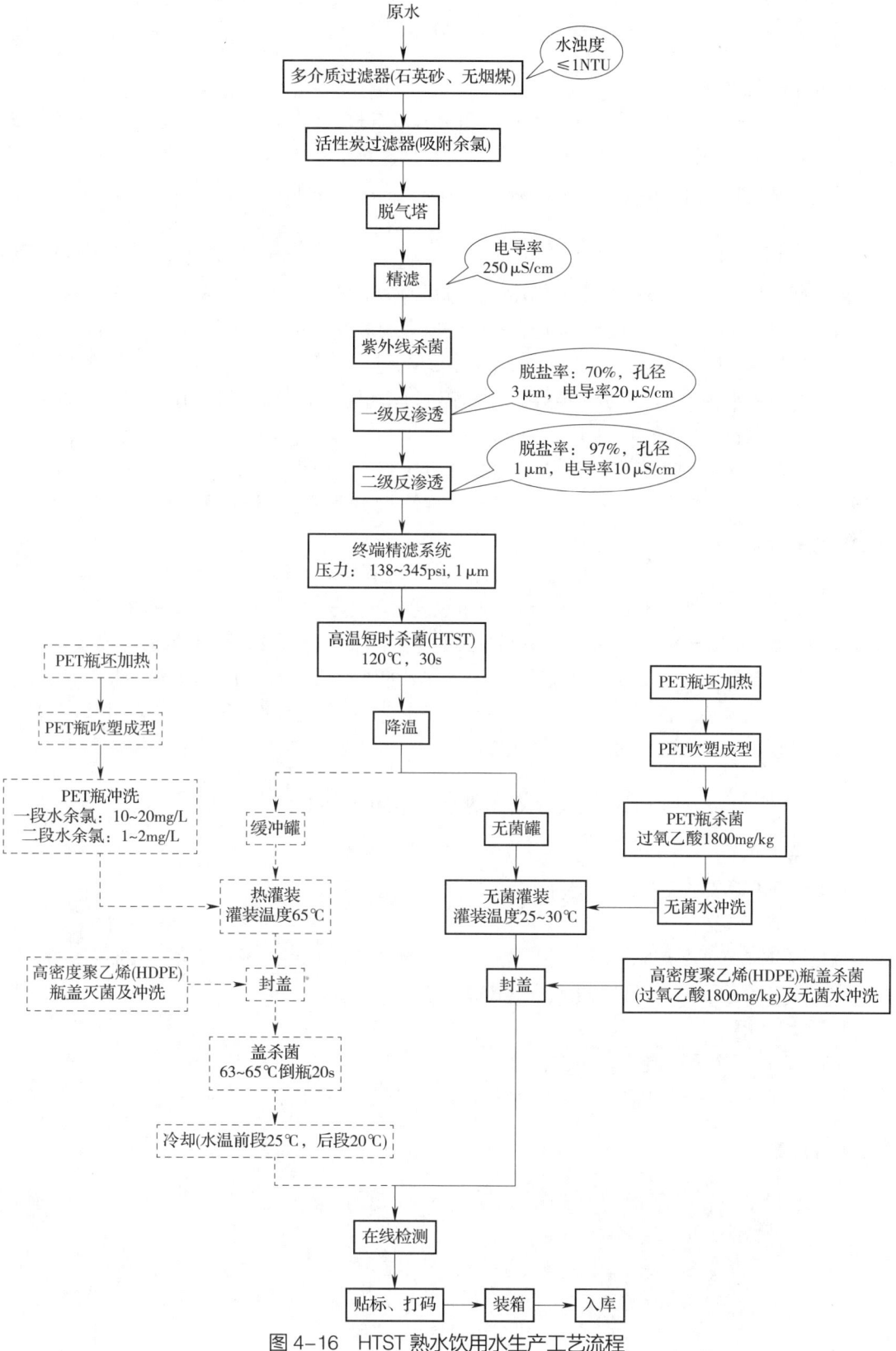

图 4-16　HTST 熟水饮用水生产工艺流程

一、工艺要点

1. 原水净化处理工艺

（1）一级预处理　采用石英砂多介质过滤器对原水进行过滤，除去水中的泥沙、铁锈、胶体物质、悬浮物等颗粒粒径在 20μm 以上的对人体有害的物质，过滤后水的浊度≤1NTU。

（2）二级预处理　采用活性炭过滤器，除去水中色素、异味及大部分有机物，降低水的余氯值以及其他污染物。

（3）三级预处理　采用阳离子树脂对水进行软化，除去水中的部分钙离子、镁离子等，降低水的硬度，保护反渗透膜，避免其结垢，处理后水的电导率≤250μS/cm。

（4）反渗透处理　两级反渗透处理，可除去有害的溶解性固体以及细菌、病毒等，经二级反渗透膜处理后，脱盐率达到97%，电导率≤10μS/cm。

（5）终端精滤系统　进一步对反渗透后的水进行精滤，过滤后粒径≤1μm。

2. 纯净水杀菌

纯净水采用高温瞬时杀菌（HTST），杀菌温度120℃，杀菌时间30s，杀菌后降温至65℃，打到缓冲罐，进行热灌装；杀菌后降温至25~30℃，打到无菌罐，进行无菌冷灌装。

3. 灌装工艺

（1）热灌装（流程图中虚线框为热灌装工艺）纯净水65℃条件下进行热灌装，封盖后倒瓶20s对瓶盖进行杀菌，倒瓶过程中瓶内纯净水温度不低于63℃。杀菌后进行冷却，前段冷却温度25℃，后段冷却温度20℃。冷却后的产品经检测、贴标、打码及装箱后入库。

（2）无菌灌装　瓶子及瓶盖预先采用1800mg/kg的过氧乙酸溶液进行杀菌，并用无菌水冲洗，纯净水经杀菌后，冷却至25~30℃，打入无菌罐，在无菌环境下进行灌装及封盖，灌装后的产品经检测、贴标、打码及装箱后入库。

二、成品规格与质量指标

1. 规格

500mL PET 瓶装。

2. 理化指标

色度≤5CU，浊度≤1NTU，余氯（游离氯）≤0.01mg/L，三氯甲烷≤0.018mg/L，溴酸盐≤0.005mg/L，总硬度（以 $CaCO_3$ 计）≤75mg/L。

3. 微生物指标

大肠杆菌、铜绿假单胞菌等不得检出。

> 思考题
>
> 1. 阐述水处理工艺中的关键步骤。
> 2. 列举去除水中各种金属离子的方法。
> 3. 阐述纯净水加工过程中反渗透处理工艺流程。

第五章 碳酸饮料

学习目标

1. 了解碳酸饮料的定义、分类及特点。
2. 了解碳酸饮料一次灌装和二次灌装工艺流程及其优劣势。
3. 熟悉碳酸饮料传统灌装和无菌灌装工艺流程及其优劣势。
4. 掌握二氧化碳净化和糖浆制备对碳酸饮料品质的影响。

第一节 概述

一、碳酸饮料发展概况

世界上第一款碳酸饮料是17世纪瑞士开发的含气矿泉水,而碳酸饮料的工业化生产则可以追溯到18世纪末19世纪初。19世纪80年代,美国药剂师彭博顿(Pemberton)调配了具有提神功效的饮料,造就了后来大名鼎鼎的"可口可乐",到19世纪90年代,可乐饮料已经成为美国最流行的饮料之一。我国的饮料工业起步较晚,20世纪初,碳酸饮料生产技术开始进入我国,天津、上海等地相继建立了一些小型汽水厂,据统计,1949年我国饮料总产量仅5000t。20世纪80年代初期,我国饮料工业进入了快速发展期,当时饮料品种单一,"汽水"几乎就是饮料的代名词。此后相当长一段时间,碳酸饮料的产销量占据着同行业榜首的位置。进入21世纪,随着我国饮料工业的快速发展,含乳饮料、茶饮料、果汁饮料等新产品崛起,我国饮料种类越来越丰富,碳酸饮料的市场份额有所减少,但它的生产和消费在饮料市场仍有不可替代的地位。近几年,随着消费者健康意识的逐渐增强和各国政府机构不断发布"限糖令",减糖风潮兴起,低糖(低热量)、无糖碳酸饮料快速发展,风靡大江南北的无糖气泡水就是其中的一个成功案例。与此同时,各种新型碳酸饮料,尤其是不同饮料与气泡水的"混搭"产品,包括气泡茶、气泡果汁、气泡咖啡、气泡凉茶、气泡含乳饮料、气泡功能饮料等,以及添加益生菌、纤维素、维生素、功能肽等功能成分的产品,不断推向市场并受到消费者的喜爱。更加创新的口味、健康化、功能化，成为碳酸饮料发展的新趋势，并且极大丰富了碳酸饮料品类，助力碳酸饮料市场占比提升。据国家统计局数据显示，2022年我国碳酸饮料的产量为2270万t，占饮料总产量的12.5%。

二、碳酸饮料的定义、分类及特点

GB/T 10792—2008《碳酸饮料（汽水）》将碳酸饮料（汽水）定义为："在一定条件下充入二氧化碳气的饮料，不包括由发酵法自身产生二氧化碳气的饮料"。一般用水、甜味剂、酸度调节剂、食用香精、色素、二氧化碳及其他原辅料生产而成，成品中二氧化碳气容量不低于1.5倍（20℃时的体积倍数）。

根据国家标准规定，碳酸饮料分为以下四类。

（1）果汁型碳酸饮料 指含有一定量果汁的碳酸饮料，如橘汁汽水、橙汁汽水、菠萝汁汽水或混合果汁汽水等。其中原果汁含量不低于2.5%（质量分数）。具有相应水果特有的色、香、味，一般可溶性固形物含量为8%~10%，总酸含量为0.2%~0.3%。市场上的果汁型碳酸饮料二氧化碳气容量一般为2.0倍（20℃时的体积倍数）。

（2）果味型碳酸饮料 指以果味香精为主要香气成分，含有少量果汁或不含果汁的碳酸饮料，如橘子味汽水、柠檬味汽水等。这类碳酸饮料由白砂糖及其他甜味剂、柠檬酸、色素以及食用香精配制而成，风味与相应的水果相似。市场上的果味型碳酸饮料二氧化碳气容量一般为2.0~2.5倍（20℃时的体积倍数）。

（3）可乐型碳酸饮料 指以可乐香精或类似可乐果香型的香精为主要香气成分的碳酸饮料。这类碳酸饮料在制作中还会添加某些植物种子、根茎的提取物，如可乐果、桂皮等，并添加色素等添加剂。此类型碳酸饮料一般含有咖啡因，具有提神作用。市场上的可乐型碳酸饮料气容量一般为3.0倍（20℃时的体积倍数）。

（4）其他类型碳酸饮料 指上述三类以外的碳酸饮料，如苏打水、盐汽水、姜汁汽水、沙士汽水等。这类碳酸饮料包括含有植物提取物、电解质等的饮料。

GB/T 10789—2015《饮料通则》指出，除固体饮料以外的所有饮料均可添加或本身含有二氧化碳，含有二氧化碳的饮料可声称"含气"或"含气××饮料"，但是二氧化碳的含量需达到GB/T 10792—2008《碳酸饮料（汽水）》的要求。近年来，饮料市场出现的含气乳饮料、含气蛋白饮料、含气茶饮料等新产品均属于此类。

第二节 碳酸饮料生产工艺

按照灌装工艺的不同，碳酸饮料生产可分为传统灌装工艺，包括一次灌装、二次灌装工艺，以及新兴的无菌灌装工艺。工艺流程主要包括糖浆制备、碳酸化、灌装等。

一、糖浆制备工艺

糖浆是碳酸饮料的主要原料之一，糖浆制备是碳酸饮料生产过程中极为重要的工序。糖浆的好坏，直接影响碳酸饮料产品质量的稳定性。将白砂糖预先调制成一定浓度的溶液，称为原糖浆，与由食用香精、酸度调节剂、色素和防腐剂等制成的饮料主剂，充分混匀后得到调和糖浆。调和糖浆是碳酸饮料的主要成分，与碳酸水混合后即成碳酸饮料。

（一）原糖浆制备

将定量的白砂糖加入定量的水中溶解，即可制得原糖浆或前糖浆。原糖浆制备工艺流程如图 5-1 所示。

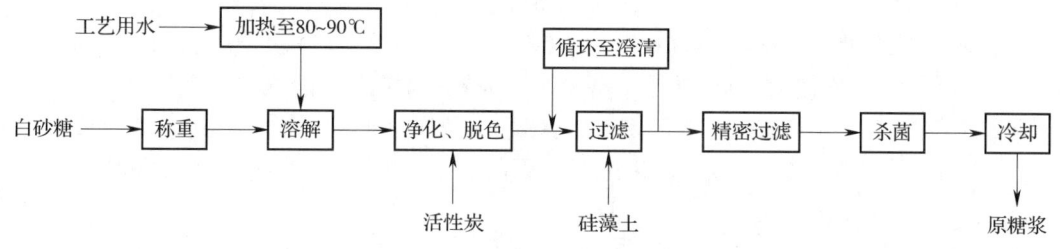

图 5-1 原糖浆制备工艺流程

1. 白砂糖的溶解

白砂糖的溶解方式分为冷溶法和热溶法。冷溶法是在室温条件下，不经加热，将白砂糖加入水中搅拌溶解的方法。该工艺对设备要求简单，能耗低，产品口感较好。但是溶糖时间较长，设备利用率低；糖浆在制备过程中极易受微生物污染，因此对车间和管路的卫生要求高；且溶糖过程中搅拌速率不宜过快，以防止因过度搅拌而混入过多的空气，加速糖浆的变质。冷溶法获得的糖浆浓度在 45~65°Brix，一般适用于配置短期内饮用的饮料，如现调饮料。传统碳酸饮料生产工艺没有后杀菌过程，要求各组分在碳酸化之前必须进行杀菌处理，因此冷溶法不适用于碳酸饮料的传统生产工艺。采用热溶法溶糖，溶解迅速，可在短时间内生产大量的糖浆，同时在溶糖锅（罐）中可杀灭白砂糖中的微生物，因此比较适合传统碳酸饮料的生产。糖浆温度不同，砂糖的溶解度也各不相同（表 5-1）。采用热熔法获得的糖浆浓度一般在 60~65°Brix，其较高的渗透压也限制了微生物的生长。但是，糖浆浓度过高会导致冷却时部分糖分析出，实际生产中以配制 65°Brix 的糖浆为宜。热熔法常见的加热方式有蒸汽加热和热水加热。

表 5-1　　　　　　　　　不同温度下白砂糖的溶解度（质量分数）

温度/℃	溶解度/%	温度/℃	溶解度/%	温度/℃	溶解度/%
0	64.18	35	69.55	70	76.22
5	64.87	40	70.42	75	77.27
10	65.58	45	71.32	80	78.36
15	66.23	50	72.25	85	79.46
20	67.09	55	73.2	90	80.61
25	67.89	60	74.18	95	81.77
30	68.7	65	75.18	100	82.97

蒸汽加热是将白砂糖和水按配比加入溶糖锅（罐）内，通入蒸汽加热至沸点并不断搅拌，保持糖浆煮沸 10~15min，以杀灭糖浆中的微生物。此法的优点是溶解速率快，能量消耗相对较小，但是直接将蒸汽通入溶糖锅（罐）内会带入冷凝水，使糖浆浓度和质量受到影响，并且蒸汽的洁净度也是需要关注的重点。若使用夹层锅加热，则会因锅壁温度较高，搅拌出现死角时容易结垢，影响传热效果和糖浆质量。目前应用较广泛的是热水加热溶解糖浆。

热水加热又可根据投料的方式分为批次式溶糖和连续式溶糖。

（1）批次式溶糖　又称间歇式溶糖。批次式溶糖通过热水系统将工艺水升温至所需要的温度，按照预定的加水量将热水直接泵入溶糖罐，加入定量白砂糖，搅拌直至完全溶解，根据原料质量，加入定量活性炭，升温至85℃，保温15~30min，之后进行硅藻土过滤和冷却水冷却。注意加热时间不宜过长，防止发生焦糖化反应使糖浆的颜色加重并产生焦糖味。该过程的主要缺点是工人劳动强度大、效率低、能耗大。

（2）连续式溶糖　连续式溶糖是指白砂糖和水从供给到溶解、杀菌、浓度控制和糖浆冷却都是连续进行。连续式溶糖系统一般包括自吸泵和剪切泵，自吸泵产生吸力使进口产生文丘里效应，白砂糖通过在线方式与水流混合，经过剪切泵进行溶解，实现在线连续溶糖的功能。该方法生产效率高，全封闭，微生物污染少，全自动操作，糖浆质量好，多用于自动化程度较高的大型饮料生产企业。具体流程如图5-2所示。

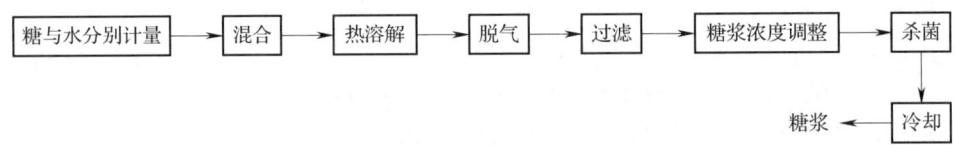

图 5-2　连续式溶糖工艺流程

操作要点：①计量、混合，白砂糖和水计量后经送料进入搅拌器，调整糖浆浓度稍高于要求，溶解罐内还可以设计筛网，以防止溶解过程中大颗粒物质进入溶液；②热溶解，通过板式热交换器进行加热，使白砂糖充分溶解；③脱气、过滤，将糖浆脱气并经硅藻土过滤去除杂质；④糖度调整，使用糖度控制装置控制水的流入量，使糖浆浓度符合最终要求；⑤杀菌、冷却，将糖浆升温杀菌并经热交换器冷却，泵入糖浆储罐。可以用热溶解用水来参与冷却过程，从而实现热量回收、降低能耗。为防止糖浆高温导致产品色泽加深，影响产品感官，储存温度应控制在20℃以下。

2. 糖浆活性炭净化、脱色及过滤

白砂糖中可能含有多种杂质，如灰尘、砂砾、纤维、色素、淀粉、蛋白质、多糖类及皂苷、二氧化硅等，这些杂质与饮料中其他成分会发生相互作用，从而产生絮状物、沉淀、异味或变色。此外，部分特殊的碳酸饮料，如无色透明的气泡水，对糖浆的色度要求很高。因此，从溶糖罐泵出的糖浆需加入活性炭（一般用量为白砂糖质量的0.5%~1.0%）进行物理净化吸附，再经过滤工序（可以采用不锈钢丝网、帆布、绢布、棉花、硅藻土为介质，多采用硅藻土）除去糖浆中的活性炭，最后泵送至具有冷却功能的储罐中保存。过滤过程中需定时监测糖浆浊度，若浊度上升，需在硅藻土添加罐中适当加入细土，以降低糖浆浊度。

3. 糖浆浓度测定

糖浆浓度的准确测定对产品品质至关重要。由于白砂糖的溶解需要一定的时间，因此相同批量的白砂糖在不同时间溶解的程度存在差异，从而无法通过理论计算确定水和糖的用量来获得准确、稳定的糖浆浓度。因此，需要采用糖度稳定系统根据在线糖度监测数据实时调控水的流量才能输出稳定浓度的糖浆。一般情况下，以目标输出糖度为参考，在溶糖罐中适当增加白砂糖量（糖度高于目标糖度），以便后续通过加水的方法调节获得目标输出糖度。

（1）糖浆浓度的表示和测定方法　我国饮料行业所用的糖浆浓度单位有三种，即相对密度、波美度（°Bé）和白利度（°Brix，°Bx）。

相对密度采用密度计进行测定，该方法操作简便、快速、准确性较高。将糖浆盛放于玻璃量筒内静置，使气体逸出；选择合适量程的密度计，使密度计能够悬浮于糖浆中（注意切勿使密度计与量筒壁接触），密度计与糖浆凹液面交叉处所显示的读数即为糖浆浓度。测量时应尽量避免密度计上粘连糖浆而影响读数准确性。测定糖浆浓度时，需同时测量糖浆的温度，液体的浓度因温度不同而异，温度变化，则液体的体积也随之变化。

波美度采用波美计进行测定。将波美计浸入所测溶液中，得到的度数就称为波美度（°Bé）。

白利度采用糖度计或折光计进行，结果用白利度（°Brix）表示。白利度是指糖浆中糖的质量分数，如白利度 60°Brix 表示 100kg 糖浆中含糖 60kg。白利度随糖浆温度的变化而变化，在分析化验时需要以标准温度 20℃为基准进行校正，以便进行比较分析。

（2）不同测定方法之间的换算　密度计、波美计和糖度计都可用于测定糖浆的浓度，三种方法测定的结果有如下关系：

$$白利度 \approx 1.8 \times 波美度$$

糖浆波美度与 15℃时的相对密度的换算关系式：

$$15℃时的相对密度 = \frac{144.3}{144.3 - °Bé}$$

（3）糖浆配制　糖浆经净化处理后，应按生产要求配制到一定浓度。一般碳酸饮料的含糖量为 10%（质量分数）左右，糖浆用量为灌装量的 15%~20%。配制糖浆时，糖浆浓度过高，则黏度大，容易造成糖浆注入量的不稳定，还会影响糖浆与其他配料的混合，若搅拌过度，因空气大量混入而影响碳酸饮料的质量；但如果糖浆浓度过低，容易发生微生物污染，发酵变质。一般将糖浆浓度控制在 65°Brix 左右。根据糖浆的浓度和体积可求出糖和水的用量（表 5-2），从而配制所需浓度的原糖浆。

表 5-2　　糖浆配制中糖和水的用量

糖浆浓度/°Brix	白砂糖/kg	水/kg	糖浆浓度/°Brix	白砂糖/kg	水/kg
50	616	616	60	774	516
52	646	597	62	804	494
54	677	577	64	840	473
56	709	557	65	857	462
58	741	537	67	892	439

（二）调和糖浆配制

将原糖浆与果汁、酸度调节剂、食用香精等食品原料和食品添加剂按一定比例调配制成可以直接灌装用的调和糖浆。其配制过程是将已过滤的原糖浆泵入配料罐中，在不断搅拌的条件下，将所需原辅料按顺序加入（通过流量计实现准确添加）。固体原辅料要事先经过过筛、溶解、过滤等工序后再添加，边添加边搅拌混匀，但不能过分搅拌，以免混入过多的空气，增加脱气工序的负担。糖浆调和过程中，一般都设置有在线品质监测，实时测定糖度、酸度等参数以及口味、色泽等感官品质，确保调和糖浆品质达到要求方可送入下一工序。对于低糖型、无糖型碳酸饮料，原糖浆的作用被弱化，而调和糖浆对最终产品品质则起着至关重要的作用。

1. 配制原则

调和糖浆配制一般应遵循以下原则：①含量高的原辅料先添加，如糖浆；②容易发生化学反应的配料与食品添加剂应分开添加，如山梨酸钾在酸性溶液中会产生不溶物，失去防腐作用，因此一定要在加入酸味剂之前加入；③黏度大、易起泡原料在相对较后的顺序添加，如乳化剂、稳定剂；④挥发性配料与添加剂最后添加，如食用香精；⑤部分原料，如蛋白质、多糖等配料，有时需要单独分散溶解后再与原糖浆混合。

2. 常用加料顺序

（1）原糖浆　测定浓度后加入，并预先计算所需原糖浆的量。

（2）防腐剂　称量后用温水溶解、过滤，配成一定浓度的溶液后添加。

（3）甜味剂　如安赛蜜、阿斯巴甜、三氯蔗糖等，用温水溶解成一定浓度溶液、过滤后加入。

（4）酸度调节剂　如柠檬酸、磷酸等，用温水溶解（一般配制成500g/L溶液）并过滤后加入。

（5）果汁　常用柑橘类、苹果、桃子、葡萄等天然果汁。

（6）色素　用热水溶解后制成50g/L的水溶液经过滤后使用。色素稳定性较差，需避光保存，最好随配随用。

（7）乳浊剂　稀释、过滤后加入。

（8）食用香精香料　称量后直接加入，也可稀释后加入。

（9）水　加水到规定体积或质量为止。

调和糖浆中各原辅料的加料顺序十分重要，顺序不当可能会使原料间发生物理化学反应，进而失去各物料应起的作用。例如，糖精钠和苯甲酸钠容易在酸性环境下析出（很难再次溶解），因此这两种添加剂应先于酸度调节剂添加。对于香精，若在高温时加入，容易导致过量挥发而失去作用。对于油溶性香精需要事先添加乳化剂，才能实现香精的均匀分散。在低糖型、无糖型碳酸饮料中会广泛添加甜味剂，因此调和糖浆中甜味剂的溶解至关重要。例如，可以带来清凉感的赤藓糖醇，溶解度较低，20℃时在水中的溶解度为370g/L，易于结晶；阿斯巴甜在25℃时的溶解度为102.0g/L，在其等电点（pH 5.2）的溶解度最小，其溶解度随温度升高而增大。在等电点下，温度与溶解度之间呈直线关系。在低于等电点的情况下，阿斯巴甜有形成盐溶液的趋势，有助于改善溶解速率与溶解程度，这可以通过先往系统中溶解一种食用酸（柠檬酸、苹果酸等），然后再加入阿斯巴甜，或者同时加入两者而得以实现。

3. 调和工艺

调和糖浆的制备可采用间歇式糖浆调和工艺和连续式糖浆调和工艺。间歇式糖浆调和工艺,指的是糖浆调和完成后进入储罐,然后再输出到灌装车间。根据产品特点,可以选择热调和或冷调和。热调和时,各种配料在高温下混合,同时完成溶解、调和与杀菌等工艺,工艺简单,但容易导致产品风味变差以及热敏性营养物质的损失。采用间歇式调和工艺时,配制好的糖浆应立即装瓶,配制好的糖浆应在24h之内灌装完毕,尤其是乳浊型饮料。糖浆长时间储存可能会发生分层,因此装瓶时应定时搅拌糖浆。连续式糖浆调和工艺,指的是各物料通过定量比例泵入混合器混合,经水调节浓度后直接输出到灌装车间。连续式工艺糖浆浓度精度高($\pm 0.05°Bé$),可大幅降低糖原料的损耗,并且全封闭操作,卫生状况好,但设备一次投入成本较高。

4. 调和糖浆的浓度测定

调和好的糖浆须测定浓度,控制糖浆浓度在 50~65°Brix。由于糖浆量占碳酸饮料的比例较高(一般为20%),因此糖浆浓度定量的准确性和稳定性关系到产品质量、产量和生产成本。为使定量准确,应经常校正糖浆定量器并认真做好生产作业记录。可在测定糖浆浓度的同时取少量糖浆样品,添加碳酸水,观察色泽,品评风味,检查是否与标准样符合。

(三)碳酸饮料的主剂

主剂是碳酸饮料的主要呈味和呈色部分,通常由食用香精、酸度调节剂、色素、防腐剂和其他组分组成,如植物提取物、果汁等。可口可乐、百事可乐公司均为统一生产主剂,然后供给不同的灌装厂与糖浆混合后再与碳酸水混合生产终产品。

主剂生产历史悠久,100多年前可口可乐公司就开始使用主剂法生产可口可乐,其优点在于既可以对配方保密,又便于在不同地区扩大生产。现在,"集中生产主剂,分散灌装饮料"的方式已成为碳酸饮料生产的主流方式,可口可乐、百事可乐公司都是成功的例子。采用这种生产方式有以下特点。

(1)产品质量稳定统一 主剂是饮料的主要成分,虽然在原料中所占比例极小,却是饮料质量的决定因素。主剂生产厂采用统一的标准对所有原辅材料进行采购、检验、贮存、加工,保证主剂的质量稳定,从而保证了饮料产品的质量稳定。

(2)简化灌装厂生产流程 各灌装厂使用主剂生产碳酸饮料,只需将主剂加入糖浆中,再经混比器加入定量碳酸水,就可以进行生产灌装。该方法可以使灌装厂省去采购、检验、贮藏、保管原料等许多工作,简化了生产过程。

二、碳酸化工艺

碳酸化的核心是气液混合,因此碳酸化系统又称二氧化碳混合系统,其主要目的是将配方所需二氧化碳添加到物料当中,实现产品的碳酸化。

(一)碳酸化系统的组成

二氧化碳混合系统的核心装置是气液混合机,同时还包括真空脱气系统、冷却系统、二氧化碳注入系统、在线检测系统和其他辅助系统,完成糖浆和水的脱气、冷却和按比例混合以及碳酸化过程。目前,比较先进的脱气系统为真空及二氧化碳置换联用的二次真空脱气系统,比单独的真空脱气或二氧化碳置换方法更有效。水在4℃时最容易吸收二氧化碳,因此在碳酸饮料生产中,为了达到碳酸化目的,需要将糖浆、混合液或水的温度降至10℃以下,以减小气液混合机、灌装机的操作压力,在保证二氧化碳含量的同时使操作稳定、产品质量均一。冷却方式有三种:水与糖浆混合前,先将水冷却;水与糖浆混合液一起冷却;水冷却后与糖浆混合后再最终冷却。

气液混合机的主要作用是将一定体积的调和糖浆与定量的水混合,并注入二氧化碳完成碳酸化。由于二氧化碳的溶解过程需要时间,因此增大气液界面对于缩短碳酸化过程具有重要作用。混合过程在碳酸化罐内进行,在混合前必须事先注入二氧化碳以排除罐中的残余空气,减小其对灌装过程的影响。根据不同的灌装工艺,碳酸化过程可以在糖浆与水混合后进行,也可以先将水碳酸化后再与糖浆混合。

(二)碳酸化原理

碳酸化是指二氧化碳和水在压力作用下生成碳酸的过程,其反应式为:

$$CO_2 + H_2O \xrightleftharpoons{\text{压力}} H_2CO_3$$

碳酸化过程遵循亨利(Henry)定律和道尔顿(Dalton)定律,所使用的设备称为气液混合机。

亨利定律指在等温等压下,某种气体在溶液中的溶解度与液面上该气体的平衡压力成正比:

$$V = H \cdot P \tag{5-1}$$

式中　V——气体溶解量(体积分数);

　　　H——亨利常数(与溶质、溶剂、温度有关),%/atm;

　　　P——平衡压力(大气压),atm(1atm=0.1MPa)。

不同温度下二氧化碳的亨利常数见表5-3。

表5-3　　　　　　　　　不同温度下二氧化碳的亨利常数

温度/℃	H/(%/atm)	温度/℃	H/(%/atm)
0	1.713	35	0.592
5	1.424	40	0.530
10	1.194	50	0.436
15	1.019	60	0.359
20	0.878	80	0.234
25	0.759	100	0.145
30	0.665		

道尔顿定律指混合气体的总压等于其各组成气体的分压之和,即:

$$P = \sum_{i=1}^{n} P_i \tag{5-2}$$

式中　P_i——分压,Pa;$i=1, 2, \cdots n$,各组分气体在温度不变时,单独占据混合气体所占全部体积时对容器壁施加的压力;

　　　P——总压,Pa。

(三)二氧化碳在水中的溶解度

在一定压力和温度下,二氧化碳在水中的最大溶解量称为溶解度。这时气体从溶液中的逸出速率和气体进入液体的速率达到平衡，即达到饱和状态，此时的溶液称为饱和溶液。反之，未达到最大溶解量的溶液称为不饱和溶液。

在 0.1MPa 下，温度为 60° F（15.56℃）时，1 体积的水可以溶解 1 体积的二氧化碳。

碳酸饮料中二氧化碳气体的含量通常用容积倍数来衡量，常用计量单位为"气容量"，即在一定压力和温度下，溶于 1 单位体积液体内的二氧化碳的体积。

（四）影响二氧化碳溶解度的因素

1. 气液体系的绝对压力和液体的温度

一定温度下，二氧化碳的溶解度与其分压成正比；一定压力下，二氧化碳的溶解度与温度成反比。因此，碳酸化过程应在低温、高压的状态下进行。

碳酸化时，水温越高，达到所需含气量使用的压力就越高，但压力较高时，实际溶解度偏离亨利定律，其值小于理论值。亨利常数是压力函数，可以引入常数 α、β 加以修正（表 5-4）。即：

$$H = \alpha - \beta P_i \tag{5-3}$$

表 5-4　　　　　　　不同温度下修正二氧化碳亨利常数的 α、β 常数

温度 /℃	α	β
10	1.84	0.025
25	0.755	0.0042
50	0.425	0.00156
75	0.308	0.000963
100	0.231	0.000322

2. 接触面积与接触时间

在一定的温度和压力下，二氧化碳在水中的溶解度与接触面积和接触时间成正比。但是，接触时间过长，会影响设备利用率，不适合连续化生产，因此，碳酸化应选用水与二氧化碳接触面积大的设备，一般可使用水喷雾形成水膜或者雾滴，以增大与二氧化碳的接触面积，同时能保证一定的接触时间。

3. 空气

空气混入也是影响碳酸化的主要因素，空气不仅使二氧化碳在水中的溶解度降低，还会促进好氧微生物的生长繁殖，使饮料变质。而香精在有氧环境中易氧化使风味受到影响。此外，空气还会造成灌装时泡沫喷涌现象，影响定量的准确性。

根据计算，二氧化碳在液体中的溶解度是空气的 50 倍，液体中 1 体积空气会挤出 50 体积的二氧化碳。因此，在生产中一般要求料液、水的含氧量在 2mg/L 以下，二氧化碳纯度在 99.98% 以上。

在碳酸饮料加工过程中空气的来源有几个途径：二氧化碳气体中带入、糖浆和水中的气泡、二氧化碳管路泄漏混入空气、输水管道泄漏、气液混合机内混有空气、糖浆管道以及配比器管道中存有空气。

减少空气混入的措施有：生产时通过脱气机脱除水中空气；做好气液混合机排空操作，严

格检查各管道密闭性；糖浆配制时避免过度搅拌，同时可采用静置的方法除去糖浆中的气泡，减少空气混入，确保二氧化碳的溶解度。

4. 水中的溶质

二氧化碳在纯水中的溶解度比在含糖水或含盐水中更高，因水中钙、镁离子与二氧化碳结合易生成沉淀，从而使二氧化碳在水中的含量减少。料液中含有悬浮杂质也不利于二氧化碳的溶解。但是，糖浆的存在使体系黏度增加，有助于包裹住更多气泡。在含蛋白质的碳酸饮料中，大部分水分参与形成水合蛋白当中，使得二氧化碳气容量下降。此外，添加 α-环糊精有助于降低充气过程中气泡程度、提高体系的持气量。

以上影响因素中，水中溶质、空气以及液体的温度等一般属于气液混合机之外的因素；接触表面积、接触时间和压力三个可变因素，由气液混合机本身的结构和性能决定。

（五）二氧化碳理论需求量

根据气体常数1mol气体在0.1MPa、0℃时体积为22.41L，因此1mol二氧化碳在 T（℃）时的体积 V_{mol}（L）为：

$$V_{mol} = \frac{(273+T)}{273} \times 22.41 \quad (5-4)$$

则：

$$G_{理} = \frac{V_{汽} \times N}{V_{mol}} \times 44.01 \quad (5-5)$$

式中 V_{mol}——T（℃）下1mol二氧化碳的体积，L；

$G_{理}$——CO_2 理论需要量，L；

$V_{汽}$——碳酸饮料的体积（忽略了碳酸饮料中其他成分对二氧化碳溶解度的影响以及瓶颈空隙部分的影响），L；

N——气体吸收率，即碳酸饮料含二氧化碳的体积倍数；

44.01——CO_2 的摩尔质量，g/mol。

实际生产中二氧化碳的消耗量比理论值大，因为生产过程中存在二氧化碳损耗。灌装过程中 CO_2 的损耗为 40%~60%，即实际上二氧化碳的用量为瓶内含气量的 2.2~2.5 倍，二次灌装法比一次灌装法的二氧化碳消耗量更大。提高二氧化碳利用率的方法有：选用性能优良的灌装设备，在不影响操作和检修的前提下，缩短灌装与封口之间的距离，即缩短灌装后饮料在空气中的暴露时间，以减少二氧化碳逸出；提高灌装、封口速率，减少灌装封口时的破损率；使用密封性能良好的瓶盖，减少漏气等。

（六）饮料中二氧化碳气体容积的测定方法

碳酸饮料最为重要的特性是发泡程度，发泡程度由饮料中溶解的二氧化碳的量决定。测定饮料中二氧化碳的气体容积，需掌握测定时的温度和容器内压力。测定容器内压力可以通过汽水专用二氧化碳测定仪实现。二氧化碳测定仪由压力表、机架、钻孔器和排气阀组成，结构如图5-3所示，检测按GB/T 10792—2008《碳酸饮料（汽水）》中的附录A方法执行。

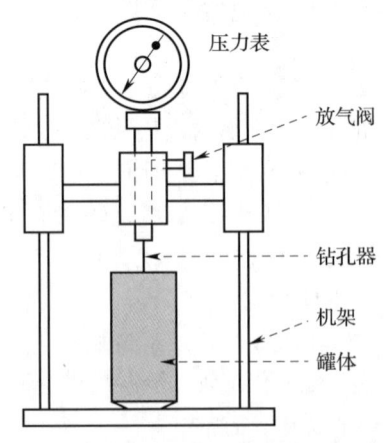

图 5-3 二氧化碳测定仪

(七)碳酸化过程注意事项

为了保证有效和一致的碳酸化水平,在实际生产中需要注意以下事项。

1. 合理的碳酸化水平

任何配方的碳酸饮料都有一个较佳的二氧化碳含量,当二氧化碳含量过少时,饮料会失去特有的刹口感,但二氧化碳的含量也绝非越高越好,过高的二氧化碳含量反而会减弱饮料的甜、酸味,使风味变淡而失去原有的品质。此外,从二氧化碳的消耗量来说,过度碳酸化并不经济。

2. 灌装机应保持充分的过压力程度

气液混合机和灌装机一般采用直接连接法,由于饱和溶液从混合机流向灌装机时压力降低,温度可能升高,这时饱和溶液立即变成过饱和溶液,饮料中的二氧化碳迅速涌出。尤其在灌装压力降低时,造成泡沫过多而使灌装量不足。因此灌装机需要保持过压力状态,即保持高于在灌装机内饱和溶液所需的压力。过压力可以保持碳酸饮料的稳定,在灌装完毕泄压时,虽然大量的压力气体迅速从瓶中排出,但首先排出的是过压力,而饮料中溶解的二氧化碳不会迅速从饮料中分离而产生反喷。合适的过压力需要由经验决定,一般气液混合机的压力比灌装机的压力高 19.6kPa,而灌装机的压力又比产品最高含气量所需的压力高 98kPa。通常将气液混合机安装在高位以提供过压力,也可在气液混合机与灌装机之间安装过压力泵(或称为去沫泵)产生过压力。

3. 防止混入空气

定期向气液混合机内灌注液体(水或消毒剂),然后用二氧化碳排出积存的空气。隔夜时,气液混合罐要保持一定的压力,防止空气进入。

4. 保证水或产品中无杂质

当产品中有杂质存在时,在排气过程和排气后会促使二氧化碳过度逸出。最常见的杂质是空气、二氧化碳中的油或其他杂质、瓶中的碱液残留或小片的碎标签、水中杂质以及糖浆中未被溶解的糖粒等。

5. 保证恒定灌装压力

气液混合机和灌装机的压力产生波动会影响产品最终的碳酸化程度,同时过压力下降会引起喷涌,导致碳酸化控制失灵。灌装机贮液槽液面升高时会淹没反压阀,而液面降低时则不能灌装产品。如果贮液槽液面异常升高,一般应打开气液混合机和灌装机之间的气管阀门。

三、灌装工艺

灌装是碳酸饮料生产的重要工序之一,可分为传统灌装工艺(一次灌装工艺和二次灌装工艺)和无菌灌装工艺。

(一)传统灌装工艺

1. 一次灌装工艺

一次灌装工艺是指将调味糖浆与水预先按一定比例泵入混合机内,进行定量混合,再冷却,并使该混合物吸收二氧化碳,达到设定的二氧化碳气容量后立即灌装。这种将饮料预先调配并碳酸化后进行灌装的方式又称前混合法、预调法或成品灌装法。一般又有两种形式:一是将各种原辅料按配方和工艺要求配制成调和糖浆,然后与充有二氧化碳的水在混合机内按一定比例进行混合,进入灌装机一次灌装,即先碳酸化后混合(图5-4);二是将调和糖浆(基料)

和水预先按一定比例打入气液混合机内,进行定量混合后再冷却,然后将该混合物进行碳酸化后再装入容器,即先混合后碳酸化(图5-5)。

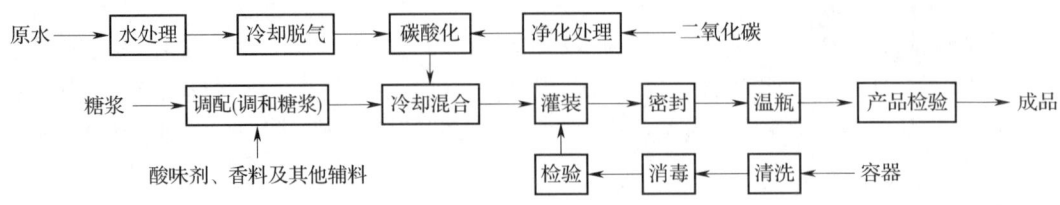

图5-4 先碳酸化后混合一次灌装工艺流程

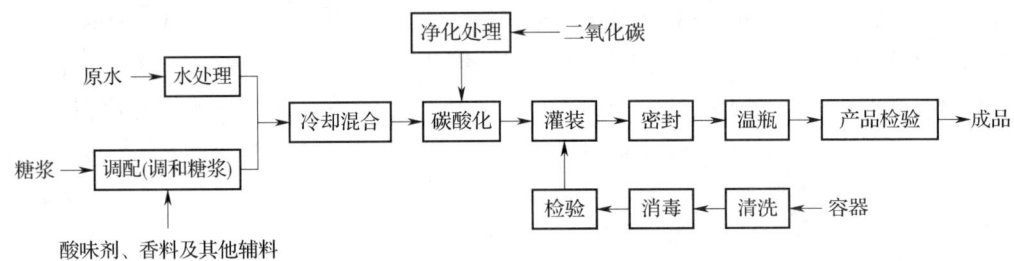

图5-5 先混合后碳酸化一次灌装工艺流程

在一次灌装的混合机内常配置冷却机,因此又称碳酸化冷却机或冷却碳酸化机。这种灌装方法使水和糖浆都得到冷却和碳酸化,冷却效果和碳酸化效果均比较好,工艺简单,适合高速灌装。一次灌装工艺的优点是灌装时容易准确控制糖浆和水的混合比例,灌装容量容易控制,当灌装容量发生变化时,不需要改变比例,产品质量稳定;其次,糖浆和水温度一致,不易起泡;再次,在灌装时产品只需一次就灌装到包装容器中,整个生产过程的密闭性相对较高,产品的标准化和安全性均得到保证。这种灌装工艺的缺点是不适用于带果肉/颗粒物料碳酸饮料的灌装;此外,该工艺设备较复杂,气液混合机与糖浆接触,对清洗与消毒要求较苛刻等。对于含果肉碳酸饮料,可以在一次灌装的基础上做适当改进,例如在气液混合机上装一个旁通,采用注射式添加物料,再与水混合并进行碳酸化。

在一次灌装法碳酸饮料生产线中,聚对苯二甲酸乙二醇酯(PET)瓶装产品可选用冲洗、灌装、封盖一体机组完成灌装工序,玻璃瓶装产品则需增加洗瓶工序。碳酸饮料由于是含气饮料,通常在0.3~0.4MPa压力下灌装。如果在常温下灌装碳酸饮料,灌装压力有时可达0.6MPa。

2. 二次灌装工艺

二次灌装工艺又称现调式灌装法、预加糖浆法或后混合法。该工艺将水经处理并脱气后,预先冷却至4℃左右,在0.441MPa下进行碳酸化,然后将冷却脱气后的调和糖浆定量灌装到包装容器中,再加入碳酸水至设定量,密封后再混合均匀。所谓二次灌装工艺,即一次灌装糖浆,一次灌装碳酸水,从而实现饮料的碳酸化,其工艺流程如图5-6所示。

对于含有果肉的碳酸饮料,采用二次灌装工艺较为有利。因为果肉颗粒通过气液混合机时容易堵塞喷嘴,不易清洗。二次灌装系统较为简单,但二次灌装只有水被碳酸化,糖浆没有被碳酸气饱和,两者接触时间短,气泡不够细腻,与碳酸水混合后的成品含气量下降,所以采用这种方式时,必须提高碳酸水的含气量,以便调和后达到设定的成品含气量。大型二次灌装生产企业在灌装密封设备后设置翻转混匀工艺,使糖浆和碳酸水充分混合。此外,需要将调味

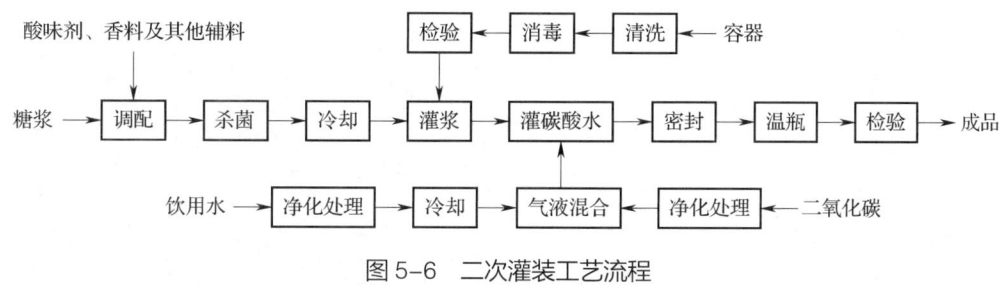

图 5-6 二次灌装工艺流程

糖浆冷却至接近碳酸水的温度，否则调味糖浆与碳酸水温度不一致，在灌装碳酸水时容易产生大量泡沫，灌装难度增大。二次灌装工艺由于糖浆是预先定量灌装的，碳酸水的灌装量会因瓶子容量不一致而导致成品饮料质量的差异。此外，由于该工艺的生产环境相对开放，灌装工序较多，增加了微生物污染的风险。

（二）无菌灌装工艺

无菌灌装工艺是指在无菌环境下，将无菌物料灌装到无菌包装容器中的生产工艺。由于近年来加气产品创新品类不断涌现，已经出现了"无品类不碳酸"的市场局面，这满足了消费者对加气产品的需求，但也对传统碳酸饮料生产方式提出了挑战，为保证能生产出高质量富有营养的加气产品，国内饮料生产企业与设备生产商经过技术创新，将果蔬汁生产中已成熟的无菌灌装技术成功应用到碳酸饮料的生产中。2010 年，北京某饮料企业首次将 PET 无菌灌装生产技术应用到碳酸饮料生产中，并成功生产出果汁含量大于 10%（质量分数）的加气果汁饮料产品，且成功上市。由该企业与中国农业大学一起合作，创新完成的"加气果汁饮料产品开发及生产工艺技术研究"科研成果，也于 2011 年被中国轻工业联合会认定为"国际领先技术"。相比于传统灌装工艺，无菌加工采用了料液杀菌后无菌混合和混合后料液带气杀菌两种工艺，与包装容器杀菌工艺相结合，产品品质与风味受影响小，能适应更多品类含气产品生产，在无外源防腐剂添加的情况下，可使产品保质期达到 6~12 个月。

碳酸饮料的无菌灌装工艺也属于一次灌装技术，如图 5-7 所示，其特点在于料液碳酸化后进行杀菌处理，再转移至无菌罐储存。然后，在无菌灌装设备中，饮料灌装至无菌瓶（一般为 PET 瓶）中，利用无菌盖旋盖密封，最后完成包装与产品检验。在产品生产过程中，也可以采用料液杀菌后（转移至无菌罐）再进行气液混合（碳酸化），该过程也称为无菌混合。无菌灌装过程中，PET 瓶和盖子、灌装设备和灌装空间的无菌化保持至关重要，除了传统过氧乙酸、双氧水（液态）杀菌，气态双氧水杀菌、电子束杀菌、紫外线杀菌、辐照杀菌等多种干法杀菌技术不断应用到包装容器的杀菌工序，进一步提高了产品品质。与此同时，灌装阀、气液混合机、在线监测系统需要进行特殊设计，以满足无菌工艺要求。

（三）灌装工艺技术要点

灌装是碳酸饮料生产的关键工序，无论选择何种包装形式（玻璃瓶、金属罐、PET 瓶等），也无论采用何种灌装方式和灌装系统，都应保证符合碳酸饮料的质量要求。

（1）保持合理的碳酸化水平　碳酸饮料的碳酸化应保持在一个合理的水平，二氧化碳含量必须符合设定要求。碳酸化程度过高，会在放气或放气以后出现气体逸出，不仅浪费二氧化碳，而且可能带走部分香气物质，影响产品品质。成品含气量不仅与气液混合机有关，灌装系统也是主要的影响因素之一。

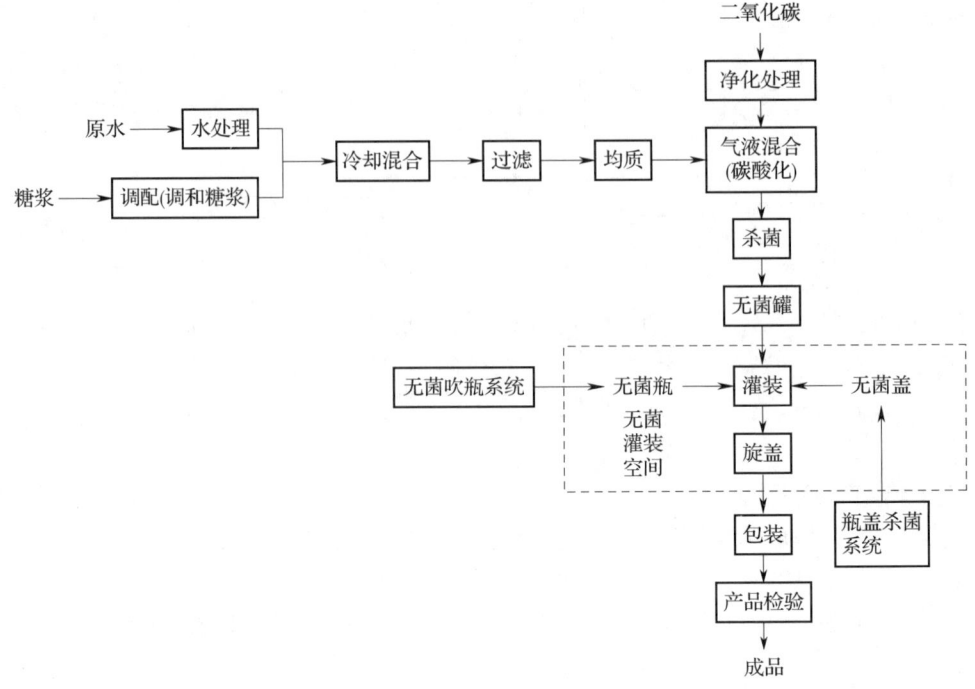

图 5-7　无菌灌装工艺流程

（2）灌装过程保持一定的过压力程度　灌装压力降低时，会因泡沫过多而导致灌装量不足。保持过压力状态，可以在灌装结束卸压时先排除过压力，进而延缓溶解的二氧化碳逸出，从而保障产品的二氧化碳含量水平。

（3）保持合理和一致的灌装高度　灌装高度的精确度会影响内容物与设定标准的符合程度、商品价值、饮料与容器膨胀比例的适应性。如采用二次灌装工艺，灌装高度直接影响糖浆和水的比例，若灌装太满，顶隙小，当饮料温度升高而膨胀时，就会导致压力增加，从而产生漏气和爆瓶等现象。

（4）保证容器顶隙的空气含量最低　如顶隙部分的空气含量高，饮料中的香气或其他成分易发生氧化而导致饮料风味发生劣变。

（5）保证容器密封严密　密封是保护和保持饮料质量的关键因素，瓶装饮料不论是用皇冠盖还是用螺旋盖封口，都应保证密封严密。封盖时不应造成容器有任何损坏，金属罐卷边质量应符合规定的要求。

（6）保持产品的稳定性　不稳定的产品开盖后会发生喷涌和泡沫外溢现象。造成碳酸饮料产品不稳定的主要因素有：过度碳酸化、存在杂质、存在空气以及灌装温度高或温差大等。任何碳酸饮料在大气压力下均是不稳定的（过饱和），且这种不稳定性随碳酸化水平和温度升高而增加，因此冷瓶子（容器）、冷糖浆、冷水（冷饮料），即"三冷"对灌装极为有利。

（7）无菌灌装的技术要点　饮料无菌灌装工艺的关键在于正确实现产品的灭菌和灌装设备、灌装环境、包装材料等的无菌处理，整个灌装过程在无菌仓内操作。因此，无菌环境的保持是该工艺核心的技术要点。①产品、包装材料和密封容器、灌装设备都要经过杀菌过程达到无菌状态。②彻底清洗是有效消毒的基础，是建立无菌环境的前提条件。任何有机会跟物料直接或间接接触的部位都必须清洗干净。清洗结束后，采用微生物培养法或腺嘌呤核苷三磷酸（ATP）荧光快速检测法等检测清洗效果。③无菌区内的零部件须尽可能干燥，因为过多的水分残留不仅容易使微生物快速繁殖，还会降低杀菌剂的杀菌能力。④无菌空气经过管路进入无菌区呈层流状态，保持正压。在生产过程中，操作人员应时刻注意无菌区的无菌风压力，确保无菌灌装环境不受破坏。可以在灌装设备的重要位置安装风压表、流量计，及时测量反馈正压风的状态。⑤饮料无菌罐顶无菌气体需保持一定正压来防止产品受到外界空气污染，罐顶无菌气体压力低于安全限值可能会导致罐内产品带菌风险。⑥碳酸饮料灌装后应立即进行封盖操作，其间隔时间一般不超过10s，以避免二氧化碳逸散，保证饮料的质量。封盖要做到密封不漏气，又不能太紧而损坏瓶口或使罐变形。封盖前，首先应对瓶盖进行消毒。

第三节　碳酸饮料生产中质量问题及其控制措施

碳酸饮料生产中出现的质量问题主要表现在杂质、浑浊沉淀、含气不足或爆瓶、产生胶状物、变味和变色等。

一、碳酸饮料产品质量要求

GB/T 10792—2008《碳酸饮料（汽水）》对碳酸饮料的产品质量要求作出了明确规定：感官要求为"应具有反映该类产品特点的外观滋味，不得有异味、异臭和外来杂物"；理化指标应符合表5-5的规定；食品添加剂和食品营养强化剂使用量及使用范围应符合GB 2760—2024《食品安全国家标准　食品添加剂使用标准》和GB 14880—2012《食品安全国家标准　食品营养强化剂使用标准》的规定；卫生要求应符合GB 7101—2022《食品安全国家标准　饮料》的规定。

表5-5　碳酸饮料理化指标

项目	果汁型	果味型、可乐型及其他型
二氧化碳气容量（20℃）/倍　≥	1.5	
果汁含量（质量分数）/%	2.5	—

资料来源：GB 10792—2008《碳酸饮料（汽水）》。

此外，果汁型碳酸饮料应标明果汁含量。可溶性固形物含量低于5%的产品可声称"低糖"。

二、碳酸饮料生产中的质量问题

（一）杂质

杂质主要指肉眼可见、有一定形状的非化学反应产物，对产品质量影响很大。杂质可分为不明显杂质、明显杂质和使人厌恶的杂质。

不明显杂质包括数量较少且体积较小的灰尘、小白点、小黑点等；明显杂质包括数量较多的小体积杂质；使人厌恶的杂质是指刷毛、大片商标纸、蚊虫、苍蝇及其他昆虫等。

出现杂质最主要的原因是容器未清洗干净，以及水、白砂糖及其他辅料中带入的杂质。管道与设备或工具未冲洗干净、操作人员责任心不强等都会导致杂质的出现。

（二）浑浊沉淀

碳酸饮料产生浑浊沉淀的原因主要是由于原料处理过程中产生的物理性变化、化学性变化及微生物繁殖等。

1. 物理性变化

有的碳酸饮料生产 1 周后即出现浑浊、不透明或瓶底有一层雾，或有微小颗粒沉积瓶底，其原因是水过滤不彻底，未使其中的矿物质脱除干净；瓶子未洗涤干净，附着于瓶壁的杂质被水浸泡后形成沉淀；水质不达标也会出现浑浊或不透明的现象。

2. 化学性变化

白砂糖中存在胶体物质，在一定时间内可以凝聚形成沉淀；水质硬度过高，水中 Ca^{2+}、Mg^{2+} 离子与柠檬酸反应，生成不溶性沉淀；配料工序处理不当，如使用的苯甲酸钠/山梨酸钾和香精量过大、乳化香精的乳化体系破坏、色素使用不当等均会使产品出现浑浊不透明的现象。

3. 微生物繁殖

饮料中的白砂糖、柠檬酸在微生物作用下，可能形成丝状或白色云状沉淀。这是由于封盖不严，二氧化碳逸出，侵入的空气中带有细菌，从而使产品发生腐败，或由于设备未清洗干净或生产中没有及时将糖浆冷却装瓶，导致污染杂菌产生酸败味。碳酸饮料因为其是一种厌氧体系，最容易受到厌氧菌如乳酸菌的感染，加强生产过程控制、加强厌氧菌检测是保证产品质量的重要手段。

（三）含气不足或爆瓶

含气不足实际就是二氧化碳含量太少或根本无气，产品开盖无声，没有气泡冒出。如生产时卫生条件差，产品不仅无气，还带有一股馊味。这是因为二氧化碳溶于水后呈酸性，对微生物有一定的抑制作用，所以二氧化碳含量低或无气易引起产品变质。

造成二氧化碳含量不足的原因有：二氧化碳纯度低；水或混合糖浆温度过高；气液混合机混合效果不好，有空气混入；混合机或管道漏气；灌装机空气排除不彻底；灌装机胶嘴漏气，或瓶托位置太低，或自动灌装机位置偏低，导致边灌装边漏气。

爆瓶的原因有两方面：①由于二氧化碳含量过高，容器内压太大，当贮藏温度高时内压升高，超过了容器的耐压能力；②由于容器质量差，强度不足难以耐受正常的内压而爆瓶。

（四）产生胶状物

饮料生产后，放置数天就呈现白色胶体状态，开盖后产品倒出呈糊状。造成糊状的原因主要有：①白砂糖原料含有较多的胶体物质和蛋白质；②二氧化碳含量太少或混入空气太多，使一些好气性微生物生长繁殖；③瓶子未彻底消毒，瓶内残留的细菌利用饮料中的营养成分产生胶状物。

（五）变味和变色

变味一般是由微生物生长繁殖引起的。在果汁类碳酸饮料中，肠膜明串珠菌（*Leuconostoc mesenteroides*）和乳酸杆菌（*Lactopacillus*）可产生不良气味。在温度适宜微生物繁殖的情况下，由于糖浆罐、管道及设备清洗不净，成品也可能产生酸败味。

二氧化碳不纯，掺杂过量的其他气味和硫化氢、二氧化硫等，也会给产品带来异味。回收的玻璃瓶，如有个别盛过其他具有强烈异味的物质，未清洗干净，也会造成产品变味。

碳酸饮料在储存过程中会出现变色、褪色等现象，特别是在阳光下长时间照射更容易发生上述问题。其原因是当饮料受到阳光照射时，其中的色素在水、二氧化碳、少量空气和日光中紫外线的作用下发生氧化作用。此外，色素在受热或在氧化酶作用下发生分解。饮料储存时间太长，也会产生色素分解而失去颜色。在酸性条件下可能形成色素沉淀，饮料原有的色泽也会发生变化。

三、碳酸饮料生产中质量控制措施

质量控制应以质量标准为依据，制定相应的原辅料标准、生产工艺标准、工艺流程图、操作规程及质量控制关键点等，对生产过程进行严格管理和控制，以确保生产出合格的产品。

（一）糖浆控制

在糖浆制备操作中，必须做到糖和水的准确定量；所用的称重设备必须进行定期校准。在用流量计或装料槽对水进行定量时，若再用量杆或标准的玻璃液位管作为最终体积的测定工具更为合适。应在加糖时不断搅拌，防止糖在桶底结块。糖浆中经常含有由糖带入的非糖成分小颗粒，应通过过滤除去，需选用性能良好的过滤器以保证糖浆澄清、透明。

糖浆中各配料的添加顺序应由其化学性质决定。例如，采用山梨酸钾作为防腐剂，必须在加酸之前添加并溶解，否则容易导致沉淀析出。所有配料最好经水溶解或稀释过滤后再使用。

在糖浆配制的溶解或混合过程中，空气会溶入糖浆中，如果不除去溶入的空气，会影响碳酸化，在灌装时还会引起喷涌。因此，在糖浆配制过程中应尽量避免不必要的搅拌。含果汁的糖浆，尽可能轻微地连续搅拌，避免溶入空气。糖浆制好后应静置2h左右，使溶入的空气逸出。

糖浆脱气后应立即使用。若糖浆经储存后使用，应确认其质量合格后再使用，并在灌装前用密度计或折光仪测定可溶性固形物含量，以确保饮料成品达到规定的质量要求。

（二）碳酸化控制

影响碳酸化的主要因素有：①气液体系的绝对压力和液体的温度；②二氧化碳的纯度和液体中溶质的性质；③气体和液体的接触面积和接触时间。碳酸化过程需要控制压力和温度，使用气液混合机时，应注意排除机内积存的空气，还要定期对气液混合机排空。

（三）灌装控制

通过灌装系统保证碳酸饮料质量标准，包括以下五个方面：①精确控制糖浆和水的比例；②达到预期的二氧化碳含量；③保持合理和一致的灌装高度；④保持最低顶隙空气量；⑤保持产品的稳定。

（四）包材控制

对于外包装完好的金属罐、PET瓶等一次性容器，一般不需要提前消毒。使用玻璃瓶作为包装容器时，特别是回收的玻璃瓶，必须加强清洗管理，瓶盖、罐盖应进行消毒处理。为防止灰尘污染，应对料斗和送盖滑槽进行定时消毒。

(五)无菌验证

针对无菌灌装工艺,适时进行无菌验证非常有必要,确保各个工序保持在无菌状态,进而保障产品的品质。团体标准 T/CFPMA 0020—2020《PET 瓶无菌灌装生产线无菌性验证规范》指出,出现以下情况时必须进行无菌验证:①新安装生产线正式投产前;②生产线与无菌环境相关联部位进行改造、更换时;③生产线出现严重质量问题时;④生产线大修后。

开展无菌验证时,主要对洁净区、包材(PET 瓶及瓶盖)、无菌线设备及无菌水和气进行验证测试。PET 包装无菌灌装饮料生产线无菌验证操作程序如图 5-8 所示。

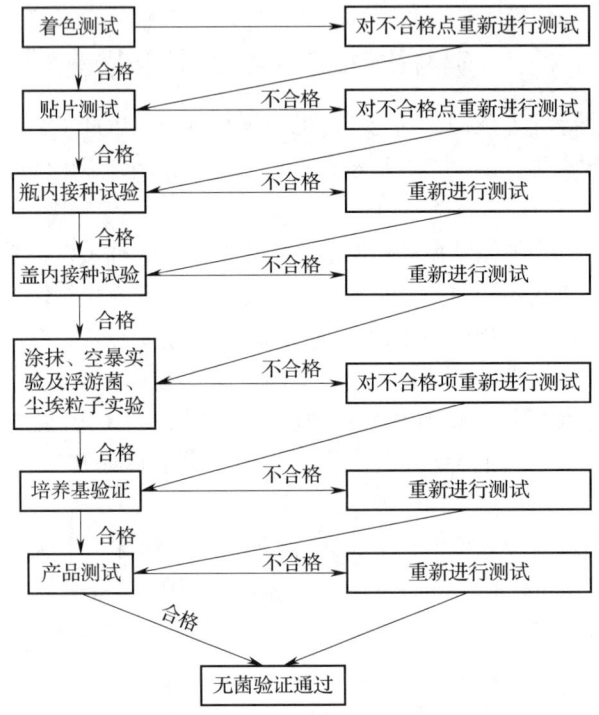

图 5-8 PET 包装无菌灌装饮料生产线无菌验证操作程序

[案例1] 含气刺梨汁饮料

刺梨酸、涩、平,浑身是宝,《本草纲目拾遗》中记载其花、果、叶、籽皆可入药。刺梨果实肉脆、甜酸,营养丰富,富含刺梨多糖、维生素 C、超氧化物歧化酶(SOD)、黄酮及多种微量元素。其中,刺梨果实中维生素 C 含量是柠檬的约 40 倍,是猕猴桃的约 10 倍,被誉为"维生素 C 之王"。有研究表明刺梨果有助于预防癌症,具有抗氧化、调节机体免疫功能等作用。刺梨汁风味独特,其香气轮廓主要由酯类、醇类、醛酮类、枯烯类和芳香族类化合物构成,其中酯类为刺梨带来浓郁的果香、花香和甜香。

1. 配料

水、刺梨浓缩汁、白砂糖、赤藓糖醇、二氧化碳、柠檬酸、刺梨香精、山梨酸钾、安赛蜜。

2. 工艺流程

含气刺梨汁饮料以刺梨浓缩汁（清汁）为原料，采用一次灌装工艺生产，其工艺流程如图 5-9 所示。

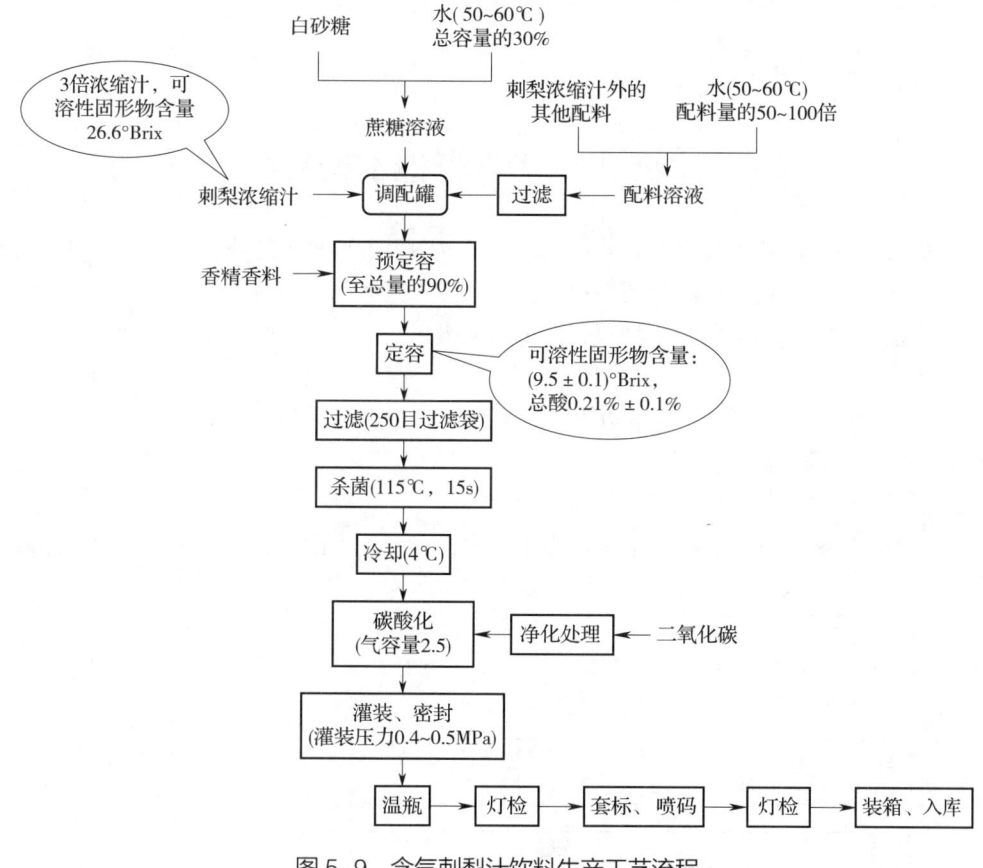

图 5-9　含气刺梨汁饮料生产工艺流程

3. 工艺要点

（1）刺梨浓缩汁准备　刺梨汁富含多酚黄酮类物质，容易在储藏过程中形成胶体颗粒并最终出现沉淀。果胶酶处理、过滤、低温储存等工艺有助于减少沉淀物的产生，但可能改变刺梨汁的组分及风味。

（2）溶糖　取定量白砂糖用温水溶解后形成糖液；赤藓糖醇、山梨酸钾、安赛蜜、柠檬酸等配料用水溶解，混合均匀。

（3）调配　刺梨浓缩汁、糖液、配料溶液在调配罐混合均匀，添加香精后预定容至总量的90%。

（4）杀菌、冷却　将物料加热至115℃，保持15s，然后立即冷却至4℃。

（5）碳酸化、灌装　将上述料液按比例与水混合，进入碳酸化设备，在4℃下，采用0.4～0.5MPa的压力使二氧化碳气体饱和，再经混合装置混合均匀，进入灌装机完成灌装，密封后形成产品。

4. 成品规格及质量指标

（1）规格　550mL PET 瓶装。

（2）理化指标　可溶性固形物含量（9.5±0.1）°Brix；总酸 0.21%±0.01%；二氧化碳气容量（20℃）≥2.5 倍；果汁含量≥10%（质量分数）。

（3）微生物指标　应符合 GB 7101—2022《食品安全国家标准　饮料》要求。

[案例 2]　含乳气泡水饮料

气泡水饮料口感清新，具有细腻的气泡，还可以融合各种水果口味，是当前饮料市场非常受欢迎的产品。含乳气泡水饮料创新性地将乳蛋白引入气泡水，还可以添加益生菌、益生元等健康原料，使气泡水饮料的风味、健康属性更加突出。

1. 配料

水、聚葡萄糖、赤藓糖醇、脱脂乳粉、二氧化碳、浓缩苹果汁、乳清蛋白粉、果胶、三氯蔗糖、柠檬酸、柠檬酸钠、食用香精。

2. 工艺流程

含乳气泡水饮料以乳粉、浓缩苹果汁为主要原料，采用无菌灌装工艺生产，其工艺流程如图 5-10 所示。

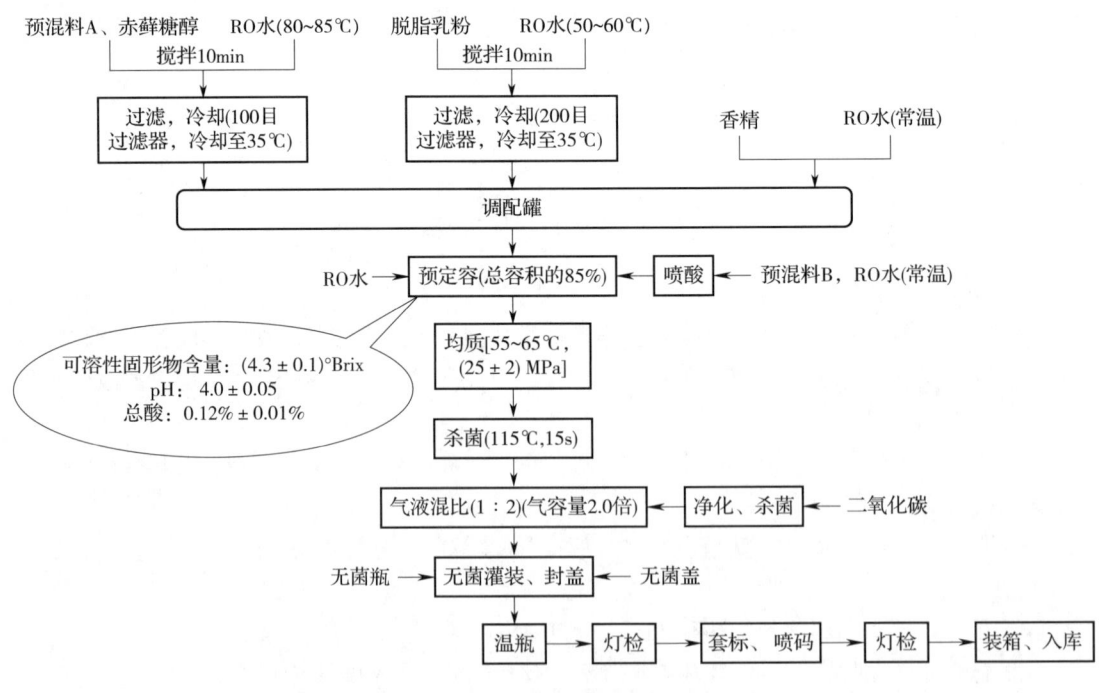

图 5-10　含乳气泡水饮料生产工艺流程

注：RO 水，反渗透水。其中预混料 A 包含赤藓糖醇、果胶、三氯蔗糖；预混料 B 包含柠檬酸、柠檬酸钠。

3. 工艺要点

（1）乳粉预溶解　脱脂乳粉应保证充分溶解，经200目过滤器过滤，板式换热器降温至30℃以下打入调配缸。

（2）溶糖化胶　将果胶和部分聚葡萄糖混合均匀，剪切罐中加入适量75~85℃热水，开启搅拌后将果胶及赤藓糖醇干拌粉缓慢倒入，继续搅拌5~10min，然后将剩余的赤藓糖醇、聚葡萄糖依次倒入罐内，继续搅拌3~5min后降温到30℃以下，经200目过滤器过滤后打入调配罐内，常温水冲顶料2~3次确保全部赶入调配罐。

（3）预定容　所有物料添加并搅拌均匀后，加水预定容到目标液位的85%，确定料液温度低于30℃，关闭搅拌，进行调酸。

（4）喷酸　喷酸工艺中，调配缸内利用喷头加入酸液，开始时查看喷酸效果，确保喷头无堵塞，时间控制在15min内。

（5）定容、调香　预定容至需要的浓浆液位位置，定容前将称量好的香精投入。

（6）升温均质、杀菌　升温到55~65℃均质，均质压力（25±2）MPa（根据杀菌机需要的温度适当修偏温度要求，理想均质温度60℃）；均质后再次升温至115℃，杀菌时间15s。出口温度在20~25℃，执行降温工艺，温度降至10~15℃并观察状态是否均匀。

（7）混合、灌装　含气量在（2.0±0.2）倍即可，灌装时观察是否翻浆（瓶口有料液溢出的现象），若有翻浆不得灌装，翻浆产品必须挑出报废。灌装前应取样检测可溶性固形物含量、pH、感官及二氧化碳含量等指标，符合要求后才允许开始灌装；灌装时要取首瓶产品进行理化和二氧化碳检测［气容量（2.0±0.2）倍］；灌装温度≤4℃。

（8）温瓶　暖瓶后温度高于露点[①]1~2℃，以不影响套标为原则。

4. 成品规格及质量指标

（1）规格　550mL PET瓶装。

（2）理化指标　可溶性固形物（4.3±0.1）°Brix，pH 4.0±0.05，总酸0.12%±0.01%，气容量（2.0±0.2）倍。

（3）微生物指标　应符合GB 7101—2022《食品安全国家标准　饮料》要求。

思考题

1. 连续式溶糖的优缺点是什么？
2. 糖浆净化与过滤的意义是什么？
3. 主剂法生产碳酸饮料的优点有哪些？
4. 影响二氧化碳在水中溶解度的因素有哪些？
5. 制备碳酸饮料时，各种配料和添加剂的加料顺序应遵循什么原则，理由是什么？
6. 无菌灌装过程中的无菌保持涉及哪几个方面，如何实现？
7. 为什么在灌装过程中保持恒定灌装压力？
8. 分析碳酸饮料生产中可能出现的质量问题并提出预防措施。

---

① 露点：在固定气压下，空气中所含的气态水达到饱和而凝结成液态水所需降至的温度。

第六章 果蔬汁类及其饮料

学习目标

1. 了解果蔬汁及其饮料的定义及主要分类。
2. 掌握果蔬汁加工工艺类型、工艺流程及工艺要点。
3. 掌握果蔬汁加工过程中存在的常见问题及其解决办法。

第一节 概述

一、果蔬汁类及其饮料发展概况

果蔬汁有着悠久的历史,最早的文字记载可以追溯到 14 世纪初。按人类营养所需的宏量营养素和微量营养素来看,果蔬汁是营养物质的丰富来源,可以提供更好的免疫力和各种其他健康益处,在人类膳食中发挥着重要作用。各国居民膳食指南也不断强调果蔬摄入的重要性,果蔬汁作为鲜食果蔬和菜肴之外的补充和替代,为现代人快节奏和多元的生活方式提供了多种饮食体验。近年来,消费者对营养健康越发重视,更倾向于选择营养健康的饮料。果蔬汁类及其饮料因其原料天然,成为消费者热衷的选择。

二、果蔬汁类及其饮料的定义及分类

GB/T 10789—2015《饮料通则》中将果蔬汁类及其饮料定义为:"以水果和(或)蔬菜(包括可食的根、茎、叶、花、果实)等为原料,经加工或发酵制成的液体饮料",其分类详见图 6-1。

在该标准中,果蔬汁(浆)的定义为:"以水果或蔬菜为原料,采用物理方法(机械方法、水浸提等)制成的可发酵但未发酵的汁液、浆液制品;或在浓缩果蔬汁(浆)中加入其加工过程中除去的等量水分复原制成的汁液、浆液制品,如原榨果汁(非复原果汁)、果汁(复原果汁)、蔬菜汁、果浆/蔬菜浆、复合果蔬汁(浆)等"。

浓缩果蔬汁(浆)的定义为:"以水果或蔬菜为原料,从采用物理方法榨取的果汁(浆)或蔬菜汁(浆)中除去一定量的水分制成的,加入其加工过程中除去的等量水分复原后具有

果汁（浆）或蔬菜汁（浆）应有特征的制品。含有不少于两种浓缩果汁（浆），或浓缩蔬菜汁（浆），或浓缩果汁（浆）和浓缩蔬菜汁（浆）的制品为浓缩复合果蔬汁（浆）"。

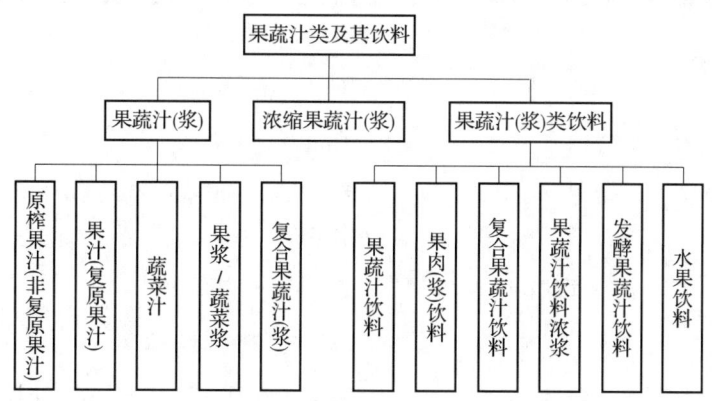

图6-1 果蔬汁类及其饮料分类

果蔬汁（浆）类饮料的定义为："以果蔬汁（浆）、浓缩果蔬汁（浆）为原料，添加或不添加其他食品原辅料和（或）食品添加剂，经加工制成的制品，如果蔬汁饮料、果肉（浆）饮料、复合果蔬汁饮料、果蔬汁饮料浓浆、发酵果蔬汁饮料、水果饮料等"。

果蔬汁类及其饮料在实际生产加工时，应根据水果和蔬菜的品种、形态、组织结构及成分等选择相应的生产工艺和配置合理的加工设备，例如苹果、梨都属于仁果类水果，可以采用相同的生产线和工艺，柠檬和橙都属于柑橘类水果，可以采用相同的生产工艺，共用同一条生产线。常用于果蔬汁类及其饮料加工的水果和蔬菜的分类分别见表6-1和表6-2。

表6-1　　　　　　　　常用于果蔬汁类及其饮料加工的水果分类

序号	大类	类别	举例
1	柑橘类	—	橙、橘、柠檬、柚、柑、佛手柑、金橘等
2	仁果类	—	苹果、梨、山楂、枇杷、榅桲等
3	核果类	—	桃、油桃、杏、枣、李子、樱桃等
4	浆果和其他小型水果	藤蔓、灌木和乔木类	枸杞、黑莓、蓝莓、树莓、越橘、穗醋栗、悬钩子、醋栗、桑椹、柿子、桤叶唐棣等
		小型攀缘类	皮可食：葡萄、草莓、树番茄、五味子等
			皮不可食：猕猴桃、西番莲等
5	热带和亚热带水果	皮可食	杨梅、橄榄、无花果、杨桃、莲雾等
		皮不可食	小型果：荔枝、龙眼、红毛丹等
			中型果：芒果、石榴、鳄梨（牛油果）、番荔枝、番石榴、西榴莲、黄皮、山竹等
			大型果：香蕉、木瓜、椰子等
			带刺果：菠萝、菠萝蜜、榴莲、火龙果等
6	瓜果类	西瓜	西瓜
		甜瓜类	薄皮甜瓜、网纹甜瓜、哈密瓜、白兰瓜、香瓜等

表 6-2 常用于果蔬汁加工的蔬菜分类

序号	类别	类别	举例
1	鳞茎类	鳞茎葱类	大蒜、洋葱、薤等
		绿叶葱类	韭菜、葱、青蒜、蒜薹、韭葱等
		百合	百合
2	芸薹属	结球芸薹属	结球甘蓝、球茎甘蓝、抱子甘蓝、赤球甘蓝、羽衣甘蓝等
		头状花序芸薹属	西蓝花（花椰菜）等
		茎类芸薹属	芥蓝、菜薹、茎芥菜等
3	叶菜类	绿叶类	菠菜、普通白菜（小白菜、小油菜、青菜）、苋菜、蕹菜、茼蒿、大叶茼蒿、叶用莴苣、结球莴苣、莴笋、苦苣、落葵、油麦菜、叶芥菜、萝卜叶、芜菁叶、菊苣等
		叶柄类	芹菜、小茴香、球茎茴香等
		大白菜	大白菜
4	茄果类	番茄类	番茄、樱桃番茄等
		其他茄果类	茄子、辣椒、甜椒、黄秋葵、酸浆等
5	瓜类	黄瓜	黄瓜、腌制用小黄瓜
		小型瓜类	西葫芦、节瓜、苦瓜、丝瓜、线瓜、瓠瓜等
		大型瓜类	冬瓜、南瓜、笋瓜等
6	豆类	荚可食类	豇豆、菜豆、食荚豌豆、四棱豆、扁豆、刀豆、利马豆等
		荚不可食类	菜用大豆、蚕豆、豌豆、莱豆等
7	茎类	茎类	芦笋、朝鲜蓟、大黄等
8	根茎类	根茎类	萝卜、胡萝卜、根甜菜、根芹菜、根芥菜、姜、辣根、芜菁、桔梗等
9	水生类	茎叶类	水芹、豆瓣菜、茭白、蒲菜等
		果实类	菱角、芡实等
		根类	莲藕、荸荠、慈姑等
10	芽菜类	—	绿豆芽、黄豆芽、萝卜芽、苜蓿芽、花椒芽、香椿芽等
11	其他类	—	黄花菜、竹笋、仙人掌、玉米笋等

第二节　果蔬汁（浆）与浓缩果蔬汁（浆）生产工艺

从果蔬原料到加工成果蔬汁产品［果蔬汁（浆）、浓缩果蔬汁（浆）等］需要经过一系列的加工工序，根据原料特性不同，应选择不同的加工工艺。一般仁果类、核果类、浆果和其他小型水果、热带和亚热带水果、瓜果类和蔬菜类选择破碎制浆制汁工艺，柑橘类选择单果榨汁工艺。

一、工艺流程

果蔬汁生产工艺流程如图6-2所示。

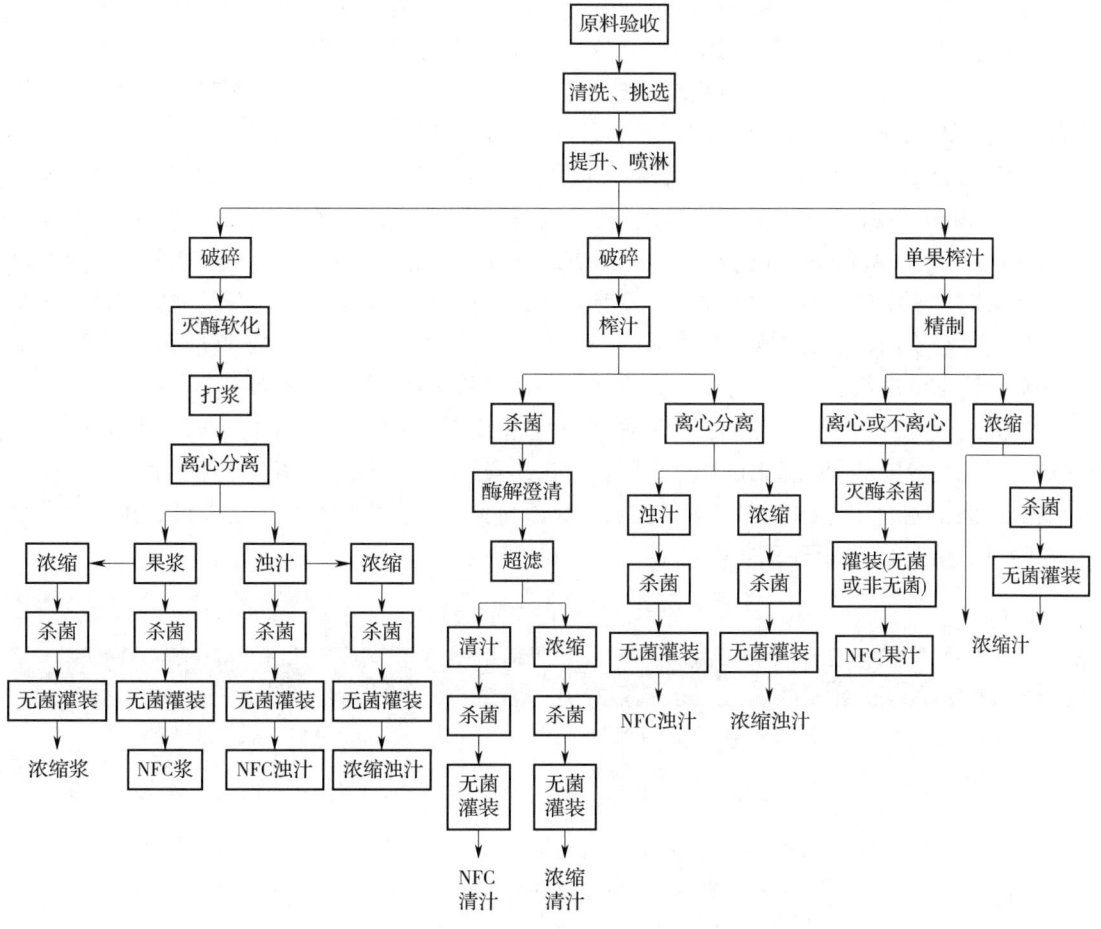

图6-2　果蔬汁生产工艺流程

NFC：非浓缩还原。

二、工艺要点

（一）原料验收

用于果蔬汁加工的原料须选择适宜制汁的果蔬品种。加工用原料要求糖酸比、成熟度适宜，香气浓郁，色泽好，营养丰富等。原料需根据验收标准检测合格后方可用于果蔬汁的生产。原料验收标准包含食品安全指标和质量指标。食品安全指标主要包含原料中的农药残留、污染物和真菌毒素等相关食品安全国家标准的限量要求，质量指标指原料成熟度、糖酸比、色泽、腐烂果率、残次果率等影响最终产品品质的因素。

（二）原料清洗、挑选

原料清洗和挑选是生产优质果蔬汁的重要措施和必要工序。少量的腐烂果蔬原料或夹杂的树叶、杂草等杂质不仅会影响果蔬汁产品的色泽、香气和滋味，还会给果蔬汁产品带来真菌毒素（如霉烂苹果、山楂中的展青霉素）等危害，影响果蔬汁质量。

1. 原料清洗

果蔬在生长、采摘、运输和贮存过程中受外界环境的影响，导致果蔬表面存在微生物、残留农药、黏附泥土、夹杂枝叶等。通过对果蔬原料有效清洗，可以去除或降低果蔬表面的泥土、杂质、微生物、农残等污染物。实验证明，通过有效清洗，可以去除果蔬表面95%以上的微生物和大部分的残留农药，对保证果蔬汁产品质量安全具有重要意义。

果蔬原料清洗一般采用物理方法和（或）化学方法进行，物理清洗方法有浸泡、鼓风（泡）、摩擦、搅动、喷淋、刷洗、振动等。工业上应用最广泛的物理清洗方法为浸泡、喷淋、刷洗、鼓风（泡）清洗，其他物理清洗方法有超声波、冲击和机械摩擦作用，去除果蔬原料表面的污染物，不添加任何化学清洗剂，具有安全、高效和环保等优点。化学清洗方法是在水中添加适量的清洗剂、表面活性剂等对果蔬进行清洗。工业上应用最广泛的化学清洗剂是二氧化氯，其他化学清洗剂还有过氧乙酸、臭氧水、电解水和等离子体活化水等。

清洗时，应根据果蔬原料的自身特性尽可能选用与清洗要求相对应的方式（表6–3），使果蔬原料在充分浸泡和机械力的作用下，黏附在其表面的污垢松动脱落，果蔬表面各个侧面都能受到清洗而符合工艺的要求。同时注意果蔬原料免受机械损伤，特别是浆果类和核果类水果，尽可能用较低的水压喷淋清洗。

表6–3　不同果蔬原料可选用的清洗方式

果蔬类别	特性	清洗方式	举例
小型水果	皮可食用	浸泡＋喷淋	苹果、梨、桃
浆果	籽不可食用	鼓风（泡）＋喷淋	葡萄、蓝莓、草莓、桑椹、沙棘等
大型瓜果	—	浸泡＋刷洗＋喷淋	南瓜、哈密瓜等
小型根茎类蔬菜	皮可食用	浸泡＋摩擦＋喷淋（毛刷选用）	红薯、马铃薯、胡萝卜等
叶类蔬菜	—	鼓风（泡）＋刷洗＋喷淋	卷心菜、生菜、菠菜、青菜等

2. 原料挑选

挑选的目的是剔除霉烂的、带有病虫害的、机械损伤的和未成熟的果蔬原料以及混杂于果蔬原料中的异物。一般在拣选输送带上通过手工或自动色选机进行。对浆果类水果应增设磁选装置以除去带磁的杂物，避免损害破碎机。

（三）原料破碎

果蔬原料经适宜的破碎可以提高出汁率，特别是皮、肉致密的果实更要进行破碎，采用榨汁法制汁的果蔬的破碎粒度要适当，应有利于压榨过程中果蔬浆内部具有适当的颗粒间隙，以形成果蔬汁液排出的通道。如破碎过度，易造成压榨时，外层果汁很快榨出，形成一层厚皮，使内层果汁流出困难，反而会造成出汁率下降，榨汁时间延长，混浊物含量增加，使澄清处理工序负荷加大等。果蔬原料一般常用机械方法进行破碎，包括挤压、剪切、冲击、劈裂、摩擦等，还有采用热力破碎法、冷冻破碎法、超声破碎法等。不同原料要求采用不同的破碎方法，破碎粒度也不同，一般要求果浆的粒度在 3~9mm。核果类在破碎后还会进行洗核处理，将果核上黏附的果肉取出以增加出汁（浆）率。原料破碎时，可通入二氧化碳、氮气等惰性气体或适量加入抗坏血酸作为抗氧化剂，以防止果蔬在加工过程中氧化褐变。

对于葡萄等带梗的水果原料，为防止果梗中的单宁类物质进到果汁中影响果汁口感，需要先进行脱粒除梗后再进行破碎处理。胡萝卜表皮会降低胡萝卜汁（浆）感官品质，通常需要对胡萝卜进行热烫去皮处理后再进行破碎处理。对于绿色的茎、叶菜类蔬菜原料，为防止青草味等不良气味的产生，一般也要进行漂烫处理后再进行破碎。

（四）灭酶软化

采用打浆工艺制汁时，果蔬原料经破碎后，通常需要加热处理，一方面钝化果蔬中本身含有的果胶酶和多酚氧化酶，防止果胶分解和酶促褐变引起的果蔬汁的变色；另一方面使果蔬组织软化，便于打浆处理工序，提高出汁率。破碎后的果蔬组织被破坏，各种酶从破碎的细胞组织中渗出，活性明显增强，同时表面积显著扩大，大量吸收氧，致使产生各种氧化反应，引起风味和色泽的劣变。此外，果蔬破碎后又为来自原料、空气、设备的微生物生长繁殖提供了良好的营养条件，极易腐败变质。因此，必须对果浆及时采取措施，钝化果蔬原料自身含有的酶，抑制微生物繁殖，保证品质，提高出浆率。

果蔬破碎后采用热处理，可以使细胞质中的蛋白质凝固，改变细胞的通透性，同时软化果肉，有利于打浆，提高出浆率，还有利于色素溶解和风味物质的溶出，并能杀死大部分微生物。一般热处理条件为 90~95℃、30s。

加热还能使果蔬中本身的果胶分解酶失去活性，防止果胶分解，使果浆中保留更多的水溶性果胶，提高果蔬汁（浆）的黏度，这对于榨汁工艺不利，如果是生产澄清果蔬汁还会增加澄清处理和超滤工序的负荷，因此采用榨汁工艺制汁时一般不采用灭酶软化工序，但蓝莓、红葡萄等水果榨汁时，为使水果中含有的天然色素能更好地溶解出来，也会进行热处理后再去榨汁。

（五）打浆

打浆指通过打浆机将破碎灭酶软化后的果蔬原料刮磨粉碎并分离出籽、皮等不可食部分而获得果蔬汁（浆）。果蔬汁（浆）的粒径可通过选用不同孔径筛网来控制，筛网孔径大小还会影响出浆率，筛网孔径大则出浆率高，但果蔬汁（浆）产品颗粒粗、杂质含量高；筛网孔径小则果蔬汁（浆）产品颗粒细腻，但出浆率低。生产中一般采用两道打浆，根据原料的特性及终产品要求选取筛网的孔径。第一道打浆机选用网孔稍大的筛网，先除去大部分果蔬不可食部分和杂质，经第一道打浆的果蔬汁（浆）接着进入第二道打浆机。第二道打浆机选用网孔更小的筛网，经过第二道打浆后果肉颗粒变小。如果采用单道打浆，筛网孔径不能太小，否则容易堵塞网眼。打浆工序会使原浆中保留果蔬中大部分果肉。

（六）制汁

制汁是果蔬汁生产的关键环节，由于果蔬原料种类繁多，品质性状各异，需要依据果蔬结构、汁液存在的部位和组织性状，以及成品的品质要求选用相应的制汁工艺和设备。目前大部分果蔬可采用压榨法制汁，而对于一些难以用压榨方法制汁的果蔬原料如山楂、枣等，可采用浸提法制汁。

果蔬原料出汁率受原料种类、品种、质构、成熟度、新鲜度、加工季节、榨汁工艺和设备性能的影响。从某种意义上讲，它既能反映果蔬原料本身的加工性状，也能体现加工设备的榨汁性能。采用不同工艺，果蔬汁出汁率的计算方法也并不相同，压榨法出汁率按式（6-1）计算：

$$出汁率/\% = \frac{榨出的汁液质量}{被加工水果的质量} \times 100\% \qquad (6-1)$$

浸提法出汁率按式（6-2）计算：

$$出汁率/\% = \frac{提取的汁液质量 \times 提取的汁液可溶性固形物含量}{被加工水果的质量 \times 被加工水果的可溶性固形物含量} \times 100\% \qquad (6-2)$$

1. 压榨法

压榨取汁是生产中最常用的制汁方式，利用外部机械挤压力，将果蔬汁从经处理的果蔬中挤出。根据生产过程中压榨次数不同，可分为一次压榨和二次压榨。实际生产中广泛应用一次压榨。二次压榨的主要目的是提高出汁率。第一次压榨后，果蔬渣中还含有一定量的可溶性固形物，为了将果蔬渣中的可溶性固形物尽可能多地提取出来，根据果蔬渣的状态，添加适量水后再进行一次榨汁，此方法在生产中也称为水洗压榨法；有些果蔬原料，为了提高出汁率，第一次榨汁后的果蔬渣添加适量的水或不添加水，加酶进行酶解处理后，再进行二次压榨。采用二次压榨工艺，需评估二次压榨出的果蔬汁如何应用，如果是生产浓缩果汁（如生产苹果浓缩汁），一般会将两次榨取的汁混合后再去灭酶及澄清处理。压榨法根据榨汁时原料温度不同可分为冷压榨和热压榨，目前生产常用的为冷压榨。冷压榨是指果蔬原料破碎后不进行热处理直接榨汁；热压榨是指果蔬原料破碎后进行热处理，再进行榨汁。

在实际生产中，为提高出汁率，会在果蔬破碎后加入果浆酶处理后再进行榨汁，这样可以显著提高出汁率。据报道，用苹果，特别是用贮藏果进行榨汁时，先用果浆酶进行处理，出汁率最高可达到95%（以苹果原料和榨取果汁的可溶性固形物含量换算）；通过果浆酶处理，果浆的黏度降低，榨汁时预排汁更容易，可以提高榨汁机的生产能力。但这种处理方式会增加超滤时膜的污染强度，可能会缩短膜的过滤周期，增加膜的清洗次数；同时需要注意，在采用果浆酶处理时，需要根据酶的种类和活性通过实验来确定酶的用量，一般用量为50~150g/t果浆，采用常温处理45~60min，并且尽量采用破碎时定量添加的方式加入酶制剂。在处理过程中尽量不要搅拌，以减轻果蔬汁的氧化及褐变。

2. 浸提法

浸提法是将果蔬细胞内的汁液转移到液态提取介质中的过程。一些汁液含量较少、难以用压榨方法取汁的水果原料（如山楂、梅、酸枣等）或干制果蔬原料，一般采用浸提工艺制汁。浸提工艺受加水量、浓度差、浸提温度、浸提时间和果实破碎程度等因素的影响。传统浸提工艺存在浸提温度高、时间长、果汁品质差等缺陷。可采用低温（40~60℃）浸提，氧化程度低，微生物含量低，且易于澄清处理，浸提汁色泽明亮，芳香成分含量高。

在工业化生产中，也有采用浸提+果浆酶处理+压榨取汁相结合的生产工艺，用水果干生产浓缩果汁的方式。例如，用西梅干生产西梅浓缩汁时，先将西梅干清洗后加入其质量3~4倍的水一起破碎，破碎的同时定量加入100~200g/t的果浆酶，加热到25~40℃或不加热（视酶的种类、活性和适宜温度来定），处理45~60min后再用榨汁机进行榨汁，经粗过滤、离心分离、浓缩等工序生产西梅浓缩汁。酶处理的过程同时具有浸提的作用，因此，如果加水量太少、温度太低，可能会影响西梅干的出汁率，当然，在榨汁过程中可以采用多次水洗榨汁的方式提高出汁率，但这样会增加后续浓缩的负荷。

柑橘类水果多采用单果榨汁的生产工艺，其榨汁机专用性很强，主要有两种，一种是杯式榨汁机，采用整果榨汁，由上下榨杯、上下环切刀、过滤管和集汁器等组成。上下榨杯在整个循环中托住柑橘外部以防破裂。上环切刀将柑橘顶部的果皮切一圆孔，便于橘皮和果实内部分离。下环切刀将柑橘底部果皮切一圆孔，使果皮内部的果肉及籽等进入过滤管，并使果汁与果肉和籽等进行分离。在榨汁过程中，由于易对果汁造成不利风味的果皮和种子在过滤管内分离出来，且是在与大气隔绝的状态下榨汁的，因此能保持柑橘的香气成分，果汁黏度低。榨汁机的后过滤管及其输送管道也是封闭式的，因此是在卫生易于控制的条件下生产，可保证果汁的质量。另一种是滚筒式榨汁机，柑橘通过进料口经原料投入导向辊喂入，经旋转切刀切半后进入转动的圆锥盘和筛网中间，靠圆锥盘和筛网间隙的变化进行榨汁。柑橘汁由筛网的孔眼流出，通过浆液料斗收集起来，橘皮、橘渣等由排渣口排出。

（七）酶解澄清

生产澄清果蔬汁，须经澄清工序处理，以去除制汁过程中带入的不溶性固形物或易引起浑浊的各种物质。这些引起浑浊的物质主要来源于榨汁时直接进入果蔬汁中的细胞碎片和其他不溶于水的果蔬成分，以及在后道工序浓缩和贮存过程中易引起果蔬汁产生浑浊物或分离出沉淀物的细小固体颗粒。一些较大的固体颗粒可直接通过过滤去除，而对于那些非常细小却能够导致果蔬汁生产后浑浊的聚合物和固体颗粒，如果胶、淀粉，以及其他多糖类物质、蛋白质、多酚类物质及金属离子等，需要用酶法和（或）澄清助剂进行澄清处理。常用的酶制剂有果胶甲酯酶、淀粉酶等；澄清助剂有明胶、硅胶、膨润土、单宁等。它们在果蔬汁中主要存在三种物理化学变化：①高分子成分，如果胶和淀粉的酶法分解；②具有相反电荷的胶体粒子相互絮凝；③蛋白质、多酚类物质和其他成分被膨润土、聚酰胺和其他物质吸附。

果蔬汁在澄清处理之前一般先进行粗滤，以除去分散在果蔬汁中的较大颗粒或悬浮粒。粗滤可在榨汁过程中进行，也可用筛滤设备单独进行。

酶法处理已大规模用于果蔬汁澄清并取得明显的效果。用于果蔬汁澄清处理的酶制剂一般是果胶酶和淀粉酶，榨汁后的果蔬汁一般是经过85~90℃灭菌处理，冷却到50~55℃后加入25~30mg/kg的果胶酶、10~15mg/kg的淀粉酶，并在不断搅拌情况下酶反应50~60min后取样过滤，进行果胶和淀粉检测，呈阴性后进行超滤处理，即可得到澄清度较好的果蔬汁，现在苹果浓缩汁一般采用这种澄清处理方式与超滤设备过滤相结合的生产方式。如果采用其他过滤方式，如硅藻土过滤机，则需要酶处理与加澄清助剂相结合的澄清处理方式，但由于添加澄清助剂需要根据苹果的品种、成熟度等进行用量和种类的调整，操作难度大；有些澄清助剂会影响酶的活性，需要等果胶、淀粉充分分解后才可加入澄清助剂，搅拌均匀后需静止一定时间，使颗粒沉淀到罐底后取上清液进行过滤，澄清处理时间长；同时，产生的固体废弃物多，环境污染重。因此，大型苹果浓缩汁生产企业基本不再采用这种澄清过滤方式。

（八）超滤

果蔬汁经澄清处理后，通过过滤将沉淀、细小浑浊物或悬浮物分离除去。传统的过滤主要采用压滤法，常用的压滤机有板框式过滤机、硅藻土过滤机、超滤机三种。随着膜分离技术的发展及在果蔬汁生产中应用，超滤已成为果蔬清汁生产的主要过滤方法。

超滤的过滤范围一般在 0.002~0.200μm，是以压力或浓度为驱动力，依据功能半透膜的物理化学性能，进行固液分离或将大分子溶质与小分子溶质进行分离。超滤通常用于溶液中大小分子、胶体、悬浮液、蛋白质、微粒、有机物、细菌和其他微生物等与溶剂的分离。

超滤在果蔬汁生产中不仅能起到澄清作用，还能起到除菌作用。20 世纪 80 年代，苹果汁、梨汁、葡萄汁、柠檬汁等果蔬汁的生产加工中开始采用超滤等膜分离技术，现在已成为果蔬清汁生产的主要过滤方法。与传统工艺相比，超滤工艺的特点是：能够降低操作和劳动强度；保留果蔬汁中的芳香和脂溶性成分，使其口感接近鲜食风味从而提高产品质量；能去除微生物和过量的酶，有助于产品的长期贮存而不会出现沉淀。

（九）离心分离

离心法是利用离心力实现果蔬汁与果肉的分离。果蔬汁原料打浆后得到的果蔬浆中果肉含量较高，并含有少量杂质，通过离心法可以将部分果肉和杂质分离除去。根据离心分离去除的果肉量不同，可制成果蔬浆或果蔬浊汁。生产过程中常用的离心机是卧式螺旋离心机、蝶片式离心机和管式离心机。

（十）浓缩

浓缩是生产浓缩果蔬汁的关键工艺，也是最重要的工序。浓缩可以把果蔬汁的可溶性固形物含量从 5%~20% 提高到 60%~70%，提高糖度和酸度，增加产品稳定性，抑制微生物繁殖，缩小体积，显著节约贮存容器和空间，减少包装运输成本，增加产品的保藏性，有利于果蔬汁产品的全球性贸易，并可以满足各种含有果蔬汁饮料产品的加工需要。理想的浓缩果蔬汁应具有新鲜水果、蔬菜的天然风味和营养价值，在稀释和复原后，具有与原果蔬汁相似的品质。因此，从 20 世纪 20 年代初蒸发浓缩工艺问世以来，已开发了各种果蔬汁浓缩工艺，可以满足不同果蔬汁浓缩加工的需要。

果蔬汁的浓缩程度可以用可溶性固形物含量即白利度（°Brix）表示，也可以用浓缩倍数表示。浓缩倍数可以按式（6-3）计算：

$$浓缩倍数 = \frac{浓缩汁的可溶性固形物含量}{果蔬原料平均可溶性固形物含量} \tag{6-3}$$

浓缩本质上是一个分离过程。浓缩方法的选择应从保证果蔬汁品质和减少能耗两方面进行。果蔬汁浓缩过程的复杂性源于其复杂的成分组成，有些重要成分很容易在浓缩过程中损失或因化学或者生物学变化而被破坏。在确定浓缩工艺时，必须首先考虑浓缩汁成品的质量，使其在稀释加工成果蔬汁及其饮料时能保持与原果蔬汁相似的品质，保持原果蔬的色泽、风味和营养成分。因此，果蔬汁的浓缩过程必须在短时间内并且较低温度下进行。果蔬汁的浓缩方法主要有以下三种。

1. 真空浓缩

真空浓缩是采用真空浓缩设备在减压条件下降低果蔬汁沸点，在较低温度下，使果蔬汁中的水分迅速蒸发，这样既可以缩短浓缩时间，又能较好地保持果蔬汁品质。果蔬汁在真空浓缩过程中会有芳香物质损失，需要在浓缩过程中进行芳香物质的回收，因此果蔬汁浓缩设备一般都配有芳香物质回收系统。真空浓缩已成为现在各种果蔬浓缩汁生产最重要、应用最广泛的浓缩工艺。

真空浓缩工艺按蒸汽利用次数可分为单效浓缩和多效浓缩；按蒸发器中加热器的结构特征可分为管式蒸发器、板式蒸发器、薄膜式蒸发器和离心薄膜蒸发器等。

2. 冷冻浓缩

冷冻浓缩是利用冰与水溶液之间的固液相平衡原理，将果蔬汁冷却到与其浓度相应的冰点温度时，果蔬汁中水即形成冰晶，将冰晶分离，果蔬汁中可溶性固形物含量提高而使果蔬汁浓缩的一种浓缩方法。冷冻浓缩工艺包括冷却、晶析、分离以及从冰晶中洗涤和回收浓缩液等工序；主要可分为两个阶段，首先是部分水从果蔬汁中结晶析出，然后将冰晶与浓缩液分离。为了有效分离冰晶和果蔬浓缩汁，减少被分离冰晶中浓缩汁残留，在冰晶生成阶段控制冰晶的大小和形状至关重要。为了控制成分损失，提高分离效率，在晶析工序，应尽可能生成纯且比表面积小的冰晶。一般要求：①冰晶尽可能大；②晶粒大致均匀；③冰晶形状接近球形。

冷冻浓缩工艺特别适用于热敏性果蔬汁的浓缩。果蔬汁中水的排除是靠从果蔬汁到冰晶的相间传递，避免了芳香物质因加热造成的挥发性损失，在冷冻温度下，果蔬汁中各种化学反应受到抑制，不会产生非酶褐变反应和维生素损失等。理论上冷冻浓缩工艺能耗仅是三效蒸发浓缩工艺的30%左右。冷冻浓缩可获得色泽和风味好、品质优良的果蔬浓缩汁，是目前最理想的一种果蔬汁浓缩工艺。但是，冷冻浓缩工艺也存在一些缺点：①在浓缩过程中，细菌和酶的活性无法得到抑制，浓缩汁还必须再经过热处理或冷冻保藏；②采用冷冻浓缩方法，不仅受到果蔬汁浓度的限制，而且还受限于冰晶与浓缩液分离的程度，一般果蔬汁黏度越高，分离就越困难，分离冰晶时，不可避免地造成一部分浓缩汁的损失，并且回收相当困难；③冷冻设备昂贵，生产成本高，生产能力小，产品浓缩度低。这些缺点使冷冻浓缩工艺的推广应用受到一定的限制，目前冷冻浓缩一般用于热敏性高和芳香物质含量丰富的果蔬汁，而对热较稳定的果蔬汁，如苹果汁等直接采用真空浓缩工艺更为经济。

3. 反渗透浓缩

反渗透浓缩是在常温下选择性地从果蔬汁中脱除水的工艺，其关键取决于半透膜的选择性和脱除水的渗透速率，目前果蔬汁加工采用的主要是陶瓷膜。渗透速度依施加压力、温度和果蔬汁黏度而定，所需压力由泵或通过其他方法提供。

果蔬汁是一种由糖、酸、芳香物质和果胶等复杂化学成分组成的水溶液，其中糖和有机酸是果汁产生渗透压的主要成分，在反渗透浓缩时较易控制，可以在高渗透速率下得到浓缩。果蔬汁中的果胶，虽然不会明显增加渗透压，但果胶的存在会增加果汁的黏度，从而影响泵的性能、果蔬浓缩汁的流动性和膜表面沉淀物的排除等。反渗透浓缩工艺生产的果蔬汁一般糖度只能达到25° Brix左右，现在主要作为果蔬汁的预浓缩工艺。

（十一）杀菌

果蔬汁的杀菌工艺适宜与否，不仅影响产品的保质期，而且影响产品的品质。目前，杀菌方法有热杀菌和非热杀菌（也称冷杀菌）两类。由于热杀菌具有可靠、简便和投资小等特点，在现代果蔬汁加工中仍是应用最普遍的杀菌方法。

1. 热杀菌

热杀菌可分为巴氏杀菌（又称低温杀菌）、高温短时杀菌（HTST）和超高温瞬时杀菌（UHT）。

巴氏杀菌是低于水的沸点100℃的加热处理，是以杀灭食品中所有致病菌为目的的杀菌方式。pH4.5以下的酸性食品常采用巴氏杀菌。绝大部分果蔬汁pH<4.5，属于酸性食品，果蔬汁（浆）、浓缩果蔬汁（浆）和非浓缩还原果蔬汁（NFC果蔬汁）的生产一般采用巴氏杀菌，常用的杀菌条件为（95±2）℃保温15~30s。杀菌条件根据果蔬特性不同会有调整。

高温短时杀菌是指高于水的沸点100℃的加热处理，可以杀灭各种致病菌、芽孢菌、产毒菌及其他腐败菌，特别是肉毒梭状芽孢杆菌，使产品达到商业无菌。目前果蔬汁类及其饮料几乎都采用了高温短时杀菌工艺，常用的杀菌条件为（105±2）℃保温15~30s，根据产品特性、包材和灌装设备不同，杀菌条件会有调整。

1966年，英国把热处理温度不低于132℃、保温时间不少于1s的牛乳称为超高温瞬时杀菌乳。习惯上将135~150℃保温2~8s的工艺称为超高温瞬时杀菌工艺。大多数超高温瞬时杀菌产品既无活的微生物，也无活的孢子，一般pH≥4.5的低酸性食品采用超高温瞬时杀菌工艺。果蔬汁类及其饮料由于绝大多数pH<4.5，因此很少采用此杀菌方式。

2. 非热杀菌

非热杀菌技术是在物理方法基础上衍生发展起来的一类新技术，能有效抑制有害微生物的生长繁殖，大多采用声光电等高能光波或射线对微生物进行杀灭，主要包括超高压杀菌技术、脉冲电场杀菌技术、脉冲强光杀菌技术、低温等离子体杀菌技术、高压二氧化碳杀菌技术等。

由于扩大化生产技术及配套设备的限制，非热杀菌技术在饮料工业中的规模化应用仍较少，相较于其他非热杀菌技术，目前在实际生产中应用较多的为超高压杀菌技术。

超高压或高静水压（HPP）技术是将食品密封于柔性包装中，以水或其他液体作为传压介质，在常温或稍高于常温（20~60℃）下进行100~1000MPa加压处理，维持一定时间后达到杀菌、钝酶、改性、提取等目的。超高压杀菌主要通过破坏微生物形态结构、细胞膜及重要蛋白质实现杀菌。目前研究表明，超高压能有效杀灭细菌营养体、霉菌、酵母及孢子、病毒，但不能杀灭细菌芽孢。因此，超高压通常与冷链结合，通过低温抑制芽孢萌发生长从而保证产品安全性。

与传统热杀菌技术相比，超高压杀菌技术应用在果蔬汁类及其饮料中，可以在常温或较低温度下达到杀菌的效果，能够最大限度地保留果蔬汁的新鲜度、风味、色泽和营养成分。果蔬汁在常温或较低温度下杀菌，对于果蔬汁中的生物酶起不到抑制作用，为了提高产品的稳定性，采用与其他因素耦合。如与温度耦合，可有效解决产品稳定性问题，也可提高对芽孢的灭活效果，同时考虑温度对果蔬汁生产的影响，温度一般选择50~60℃。

影响超高压杀菌的因素主要有压力、温度、pH、作用时间和微生物种类等，见表6-4。

超高压技术一次性设备投资比较高，受设备的密封性、强度和寿命的限制，产业化难度较大，并且目前存在单台设备容积较小、批处理量小、且大多数属于间歇式加工等问题，因此开发耐高压且价格较低廉的超高压容器，实现连续化生产，提高生产效率是未来的发展方向。

表 6-4　　　　　　　　　　　　　影响超高压杀菌效果的因素

影响因素	对杀菌效果的影响
压力	在一定范围内，压力越高，杀菌效果越好
加压时间	在一定范围内，加压时间越长，杀菌效果越好
加压温度	升温对杀菌效果有促进作用
pH	低 pH 提高超高压微生物灭活效率
包装容器内顶隙	顶隙越小，杀菌效果越好
水分活度	低水分活度会使细胞耐压，不利于杀菌
食品成分	高糖、盐、蛋白质、油脂会使杀菌效果减弱
微生物生长阶段	指数期，微生物对压力最敏感，此时杀菌效果最好
微生物种类	革兰阴性菌对压力敏感，革兰阳性菌耐压
	300～600MPa 非芽孢菌全部失活，1000MPa 芽孢菌仍存活

（十二）灌装

果蔬汁生产一般采用热灌装（含二次灭菌法）、冷灌装和无菌灌装三种灌装方式。

1. 热灌装

热灌装是果蔬汁在经过热杀菌后，不冷却或适当进行冷却，在料液温度相对较高的情况下灌装，利用料液余温对包装容器进行灭菌，从而实现产品达到商业无菌要求的饮料生产方式。对于酸性饮料产品，一般灌装温度在 85～95℃，完成密封、倒瓶对包装容器杀菌 30～45s，然后冷却。包装容器采用耐热 PET 瓶、金属罐、玻璃瓶、纸铝塑复合包装容器等，在灌装前包装容器及盖子只经过清洗，不进行杀菌。

（1）热灌装工艺必备条件　①产品经过热杀菌，果（蔬）汁及其饮料一般采用高温短时杀菌方式；②包装容器及其盖子必须是由耐热材料制成，其耐热程度不能低于产品的灌装温度；③包装容器必须能抵抗产品冷却所造成的真空度的影响，不发生包装容器及其盖子的形变。

（2）对于含有聚酯类材料（如 PET）包装容器质量的控制　①提高瓶口机械强度和抗应变能力：当灌装温度达到 90℃时，瓶口的抗应变能力需要适应灌装温度，对于 PET 瓶而言，需要提高瓶口结晶度至 35% 以上；90℃以下灌装时可以通过增加 PET 瓶口的厚度来提高其耐热性；②控制包装容器的吸湿率，防止耐热性下降：对于玻璃瓶、铝罐等容器的吸湿率可以忽略，但对于复合包装内层聚乙烯（PE）和 PET 层，当其含水量在 1500mg/kg 时，灌装温度可达到 90℃，当含水量在 4000mg/kg 时，其允许的灌装温度只有 88℃。

（3）包装容器及其盖子的清洗　在生产过程中，包装容器及其盖子一般采用热水冲洗，达到清洗和减少初始微生物数量的效果。

包装容器也可采用含氯消毒剂的水溶液进行消毒，一般氯离子浓度控制在 1～2mg/kg。使用含氯消毒剂对包装容器消毒，可能会给产品带来不良气味，在实际生产中较少使用。

包装容器的盖子也可采用紫外线杀菌，但是紫外线是以直线传播，可被不同的表面反射或吸收，穿透力微弱，属于表面杀菌，照射到的部分可起到杀菌作用，照射不到的部分起不到杀菌作用，因此在实际生产中也很少使用。

（4）包装容器及其盖的杀菌　控制灌装温度，对包装容器内部杀菌，热灌装工艺一般要求灌装温度在 85~95℃，利用灌装后料液的温度对容器内部进行杀菌。灌装后倒瓶（瓶、罐、盒、袋）30~45s，利用料液温度对容器的盖或容器顶隙的内壁进行杀菌。

（5）冷却　倒瓶（瓶、罐、盒、袋）后容器直立进入冷却隧道，其一般分为 3~5 段（部分），形成温度梯度，使产品缓慢降温到 40℃ 及以下。冷却水要求氯离子浓度在 2~3mg/kg，如冷却水中氯离子浓度低或降温时温度梯度不合理，可能会因产品内外压差产生的虹吸效应而造成产品二次污染。

（6）冲瓶－灌装－旋盖三位一体机的环境控制　①洁净室的建立：热灌装工艺的三位一体机一般被安装在千级或百级洁净室中，以减少微生物污染；三位一体机有着较严格的清洗程序［原位清洗（CIP）和设备表面清洗（COP）］，但没有严格的消毒灭菌程序［原位杀菌（SIP）和设备表面杀菌（SOP）］，设备出现故障维修时常污染灌装区而影响产品质量，因此，生产中要严格按照洁净室要求进行控制，生产前及设备维修后均需检测其洁净度，达标后方可进行灌装生产；②产品品质控制：产品经杀菌后在非无菌系统贮运，无法避免污染，需要防范耐热菌的污染；并且要注意杀菌机和灌装机的产能匹配，一般热灌装产品的回流量最好控制在 10% 以内，避免重复杀菌而影响产品的香气、色泽和营养成分含量等品质。

2. 冷灌装

目前冷链销售及采用冷冻方式储存销售的工业用果蔬汁产品，有的采用冷灌装的方式进行灌装。冷灌装一般是果蔬汁经杀菌后立即冷却到 0~10℃，然后无菌灌装到无菌包装容器中，在 10℃ 以下的环境中（适合消费者的小包装容器，如 300mL 的 PET 瓶，或适合工业用的 200L 无菌大袋及榨汁企业贮存用的无菌大罐）进行贮存和销售。例如，巴西在生产 NFC 橙汁时，将灭菌后的橙汁冷却到稍高于冰点的温度，在无菌条件下灌装到 100~2000m³ 的无菌不锈钢大罐中，这种大罐通常自身有制冷降温系统或放在冷库中，以保持果汁一直在稍高于冰点的温度下，待有客户需要时再用无菌方式灌装到 200L 无菌袋中，如果控制得好，果汁在 1 年内品质不会发生变化。但大罐贮存方式技术要求较高、风险性比较大，在国内还没有企业使用。也有一些生产企业将果蔬制汁（浆）后，经过热处理以达到灭酶和灭菌的双重作用，然后冷却到 10℃ 以下（也有不经过热处理，而是直接将精制后的果汁冷却到此温度），用非无菌的方式灌装到包装容器中，后迅速冷冻并且在贮存运输过程中保持冷冻状态。包装容器一般为 20L 复合袋，外为纸箱（Bag in box，即 BIB 包装）。现在国内果蔬汁（浆）生产企业多采用这种非无菌 20L 包装方式为工业或现调门店提供冷冻的果蔬汁（浆）产品。

3. 无菌灌装

无菌灌装是指在无菌环境下，将无菌料液灌装到无菌包装容器中的生产工艺。2001 年，北京某企业首次将 PET 无菌灌装生产线引入中国饮料行业，在此之后的 20 多年时间里，无菌灌装工艺在中国饮料行业得到了普遍应用。国家"十三五"重点研发计划项目"现代饮料高速灌装加工技术及成套装备开发"（项目编号：2018YFD0400900）联合国内 25 家高校、研究所、饮料企业和装备企业开展技术攻关，突破一系列关键技术和装备研发，助力无菌灌装设备国产化支撑。相比于传统灌装工艺，无菌灌装工艺采用超高温瞬时杀菌或高温短时杀菌后常温灌装，产品品质与风味受影响小，在无外源防腐剂添加的情况下可以常温储藏与运输，保质期可达 6~12 个月。其特点在于料液需进行杀菌处理，之后转移至无菌罐储存，随后，在无菌灌装间，无菌饮料被灌装至无菌瓶（一般为 PET 瓶）中，并利用无菌盖密封，最后完成包装与产品检验。在无菌灌装过程中，包装材料（包括包装容器和盖子）、灌装设备和灌装空间的无菌化保持至关重要，除了传统过氧乙酸、双氧水（液态）杀菌，气态双氧水杀菌、电子束杀菌、紫外线杀菌、辐照杀菌等多种干法杀菌技术也被不断应用到包装材料杀菌工序，进一步提高产品品质。无菌灌装生产线通过严格的无菌验证程序来保证饮料生产过程的无菌工艺要求。相比于传统热灌装工艺，无菌灌装技术工艺要求复杂，对操作人员的要求较高，生产线投资成本高，但是其产品在营养与风味方面具有热灌装无法比拟的优势，正逐渐成为饮料行业的主流灌装技术。

果蔬汁经过加热杀菌后，冷却至25℃以下，而包装容器经过杀菌（化学杀菌或物理杀菌）后，在无菌环境条件下进行灌装和密封。包装容器采用纸铝塑复合包、PET瓶和铝箔无菌袋。一般果蔬汁类及其饮料灌装采用纸铝塑复合包装和PET瓶，果蔬汁（浆）和浓缩果蔬汁（浆）采用无菌袋，可在常温下贮存运输。

三、典型果蔬汁（浆）和浓缩果蔬汁（浆）生产工艺

由于果蔬原料种类繁多，各自具有特殊的物理、化学、微生物和生物化学性质，且不同果蔬汁（浆）产品的组织状态、质量要求也有较大差异，为了保证果蔬汁（浆）产品的质量，不同果蔬汁（浆）的生产工艺并不相同，甚至相差甚远。以下选择具有典型特点的浆果类（草莓）、仁果类（苹果）和柑橘类（橙子）原料，介绍果蔬汁（浆）和浓缩果蔬汁（浆）生产工艺及工艺要点。

1. 草莓原浆和浓缩浆生产工艺

（1）工艺流程　草莓原浆和浓缩浆生产工艺流程如图6-3所示。

（2）工艺要点　将通过验收的草莓均匀地倒在拣选输送带上，去除腐烂、不良果及杂物后，进入清洗池进行鼓风清洗和挑选，经过两道清洗和喷淋清洗（清洗用水应符合GB 5749—2022《生活饮用水卫生标准》的要求）。清洗后对草莓进行破碎，此工序根据原料的特性可定量添加抗坏血酸以防止氧化，抗坏血酸的使用范围及用量应符合GB 2760—2024《食品安全国家标准　食品添加剂使用标准》的规定。破碎的草莓经热处理达到灭酶及软化的目的。灭酶有利于产品颜色和组织状态的保持，软化有利于打浆，打浆一般采用双级打浆，可根据对不溶性固形物的要求选择适宜孔径筛网。草莓打浆后进行离心分离，将草莓浆中的花萼、籽和其他杂质分离除去。草莓浆离心一般采用卧式螺旋离心机。草莓原浆经脱气、杀菌及冷却后进行无菌灌装，浓缩后的草莓浓缩浆也经脱气、杀菌及冷却后进行无菌灌装，灌装温度一般在15～40℃。

草莓浓缩浆的可溶性固形物含量应不低于草莓原浆可溶性固形物含量的2倍，浓缩时通过控制进料量和检测产品可溶性固形物含量来控制产品浓缩终点，做到不断料，同时也要避免料液在浓缩机内长时间循环，影响产品质量。

草莓原浆可溶性固形物含量≥6.3°Brix，不溶性固形物含量≤20%，草莓浓缩浆可溶性固形物含量不低于13°Brix，不溶性固形物含量（稀释至可溶性固形物含量为6.3°Brix时检测）≤20%。草莓原浆的安全指标应符合GB 7101—2022《食品安全国家标准　饮料》的要求，草莓浓缩浆的安全指标应符合GB 17325—2015《食品安全国家标准　食品工业用浓缩液（汁、浆）》的要求。

核果类原料（如桃等）生产工艺与浆果类相似，生产线可通用，需要注意的是核果类原料在破碎后需进行洗核处理，将果核上的果肉充分提取以提高出浆率。

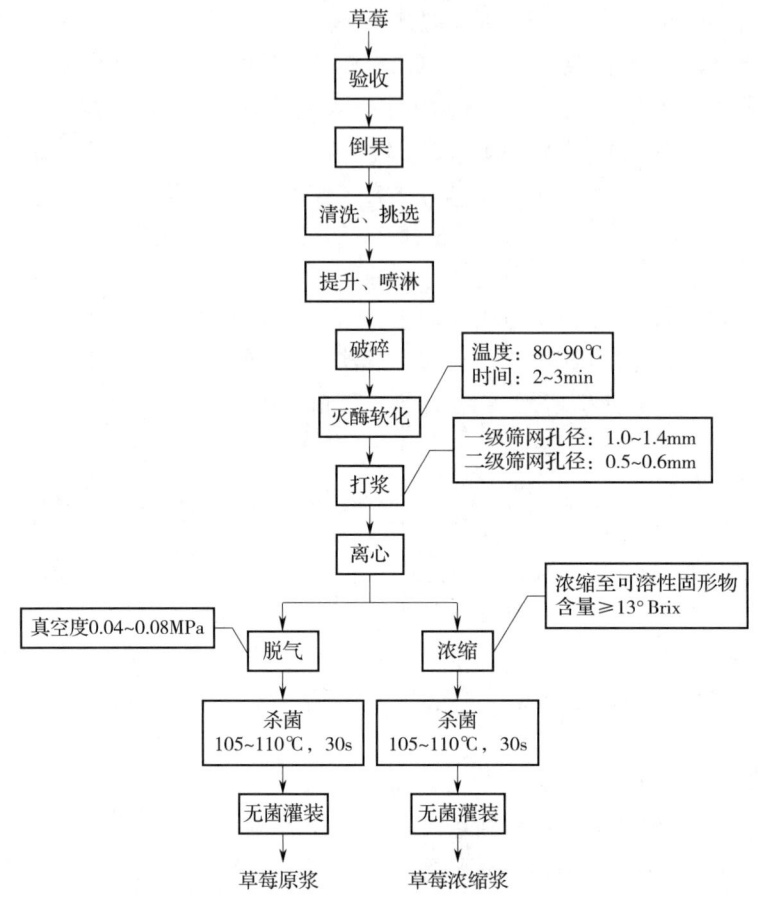

图 6-3 草莓原浆和浓缩浆生产工艺流程

2. 苹果浓缩汁生产工艺

（1）工艺流程　苹果浓缩汁生产工艺流程如图 6-4 所示。

（2）工艺要点　通过验收的苹果进入果仓利用循环水进行输送，输送用水应符合 GB 5749—2022《生活饮用水卫生标准》的要求，循环水池需根据水的污染程度及时更换；再用鼓泡清洗机进行清洗，送到原料拣选台，人工剔除不良果和杂物等，提升时采用高压喷淋进一步清洗苹果。根据苹果成熟度确定苹果破碎粒度，并通过调节破碎机的间隙来控制，对成熟度低的苹果要求破碎细些。破碎后的苹果经榨汁机压榨成果汁进入收集罐，罐内果汁的可溶性固形物控制在 8~13°Brix。为了防止果汁在生产过程中发生变化，榨汁后进行一次杀菌。杀菌一般采用板式换热器，杀菌后立即冷却至 50~55℃，进入酶解罐进行酶解澄清处理。根据苹果的成熟度和酶活力，确定果胶酶和淀粉酶的添加量，酶解 60min 后定性检测果胶和淀粉，呈阴性后进行超滤。超滤是利用膜孔选择性筛分作用，在压力驱动下，将苹果汁中的微粒、悬浮物、胶体和高分子等物质分离除去。对超滤后的苹果清汁进行浓缩、杀菌和无菌灌装，便得到了苹果浓缩汁。对于对苹果浓缩汁色度和酸度有特殊要求的产品，则使超滤后的苹果清汁流经装有特定树脂的罐，进行吸附，脱去颜色和酸，树脂吸附过程中注意检测苹果清汁的透光率、色度和总酸，确定树脂达到吸附终点时需进行再生、清洗等处理，之后进入下一个生产周期。

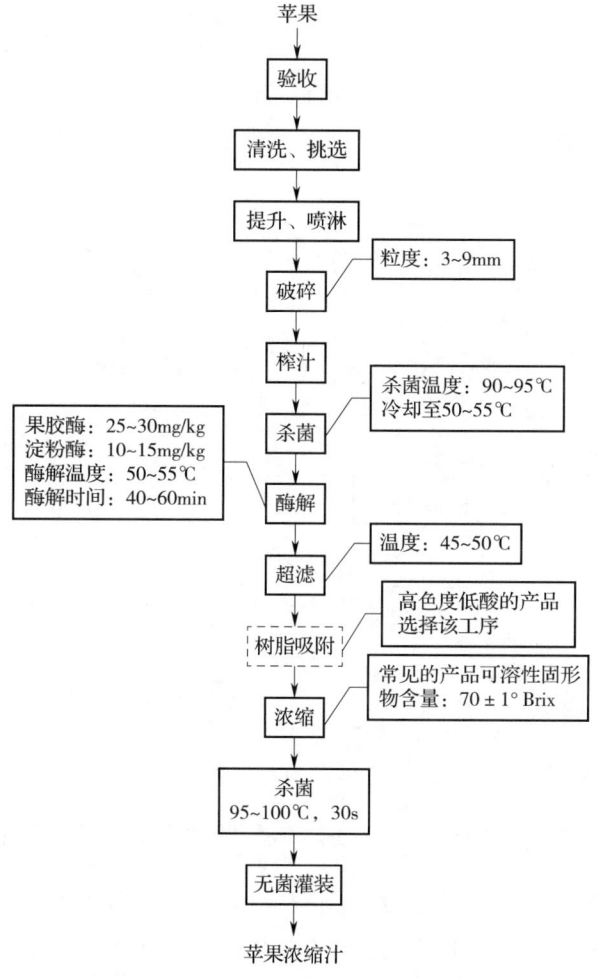

图 6-4 苹果浓缩汁生产工艺流程

目前常用的苹果浓缩汁的可溶性固形物含量为（70±1）°Brix，透光率（稀释至可溶性固形物为 11.5°Brix，在 625nm 波长下测定）≥95%，浊度（稀释至可溶性固形物为 11.5°Brix 时测定）≤3.0NTU。苹果浓缩汁生产要注意控制原料和生产过程，避免霉菌污染、产生毒素，苹果浓缩汁中展青霉素限量为 5μg/kg（稀释至可溶性固形物为 11.5°Brix 时测定）。

3. 橙浓缩汁生产工艺

（1）工艺流程　橙浓缩汁生产工艺流程（以整果榨汁工艺为例）如图 6-5 所示。

（2）工艺要点　橙浓缩汁生产以单果榨汁工艺为主，由于生产过程中选用的榨汁机不同，生产工艺不同，现以整果（杯式）榨汁为例，介绍橙浓缩汁生产工艺。

经过验收的橙子进入果池，经输送、提升、刷洗（刷洗用水应符合 GB 5749—2022《生活饮用水卫生标准》的要求）和挑选，人工剔除不良果和杂物等后，进行分级。橙子依据果径分级，不同级别的橙子通过不同的通道进入适宜直径的榨杯中进行榨汁。榨出的橙汁经精制分离出橙果肉纤维后，进行浓缩、灌装后冷冻贮存，或浓缩后经杀菌、无菌灌装后冷藏。由于橙浓缩汁热敏性物质（如抗坏血酸和萜烯类香气成分）含量较高，如采用无菌灌装工艺，需要控制橙浓缩汁的杀菌温度和时间，若杀菌条件控制不好，容易影响橙浓缩汁质量。也正是由于此原

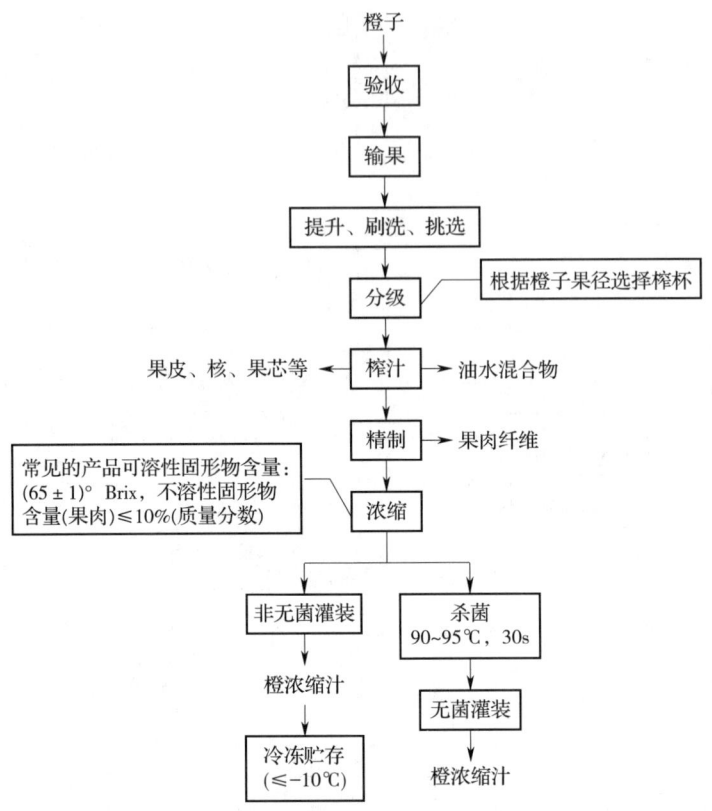

图 6-5 橙浓缩汁生产工艺流程（以整果榨汁工艺为例）

因，目前橙浓缩汁生产企业一般采用浓缩后不杀菌，直接用非无菌方式灌装到内套两层塑料袋的 200L 大桶或是 1000m³ 以上的不锈钢大罐中，在 –10℃ 以下进行贮存。目前常用的橙浓缩汁可溶性固形物含量为 65±1°Brix，不溶性固形物含量（果肉）≤10%。

此工艺榨汁过程中分离出的油水混合物通过碟式离心机进行离心分离，得到橙皮油。橙汁精制过程中得到的橙果肉纤维是目前果粒果汁饮料中常用的原料。

第三节 果蔬汁及其饮料生产工艺

本节内容主要针对即饮型果蔬汁及其饮料的生产工艺进行介绍。

一、工艺流程

果蔬汁及其饮料生产主要以果蔬汁（浆）、浓缩果蔬汁（浆）为原料，添加或不添加其他食品原辅料和（或）食品添加剂进行调配、杀菌和灌装。其中灌装是较为重要的环节，一般可分为无菌冷灌装、热灌装及二次杀菌的生产方式，目前最常用的是无菌冷灌装和热灌装生产工艺，二次杀菌生产工艺由于对产品的风味和营养成分破坏较为严重，已经较少使用。果（蔬）汁及其饮料生产工艺流程如图 6-6 所示。

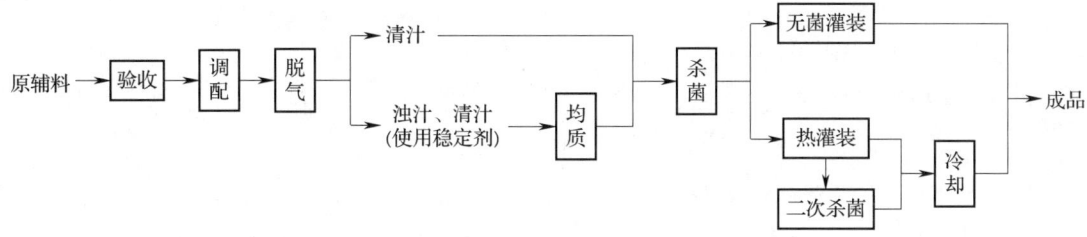

图 6-6 果蔬汁及其饮料生产工艺流程

二、工艺要点

（一）原辅料验收

根据原辅料验收标准进行检测验收，原辅料验收标准包含食品安全指标和质量指标，原辅料检测合格后，方可生产使用。

（二）调配

为了使果蔬汁及其饮料符合产品规格要求且满足消费者的嗜好习惯，需要进行适当调整或混合，俗称调配。调配的基本目的是：一方面实现产品的标准化，使不同批次产品保持一致性；另一方面提高果蔬汁饮料产品的风味、色泽和营养等特征指标的稳定性。

果蔬汁含量为100%的果蔬汁在生产过程中不添加其他物质。由果蔬汁的定义可知，生产果蔬汁有两种方法，一种是以水果、蔬菜为原料采用物理方法直接得汁液，这种方法制得的果蔬汁称为非复原果蔬汁；另一种是在浓缩果蔬汁（浆）中加入其加工过程中失去的等量水分复原制成汁液，称为复原果蔬汁。生产复原果蔬汁时需要根据浓缩果蔬汁（浆）的浓缩倍数计算出分别添加的浓缩果蔬汁（浆）和水的质量，可按式（6-4）计算（以1000kg料液计算）：

$$m_{果} = \frac{1000}{浓缩倍数} \tag{6-4}$$

式中　$m_{果}$——添加的浓缩果蔬汁（浆）质量，kg；

　　　$m_{水}$——添加的水的质量，$m_{水}=1000-m_{果}$，kg。

果蔬汁饮料和复合果蔬汁（浆）饮料要求果蔬汁含量≥10%，蔬菜汁饮料要求蔬菜汁含量≥5%，由于果蔬汁（浆）添加量少，果蔬汁原有的香气变淡、色泽变浅、可溶性固形物含量与酸度降低，需要通过添加香精、糖、酸和色素来进行弥补，使产品的色香味达到理想的效果。果蔬汁调整时需要添加的糖按式（6-5）计算（糖以白砂糖计，使用糖液调整可按糖液与白砂糖的比例换算）：

$$m = c_{后}m_{后} - c_{前}m_{前} \tag{6-5}$$

式中　m——需补加白砂糖的量，kg；

　　　$c_{后}$——设定的终产品料液可溶性固形物含量，°Brix；

　　　$m_{后}$——调整后料液的质量，kg；

　　　$c_{前}$——调整前料液可溶性固形物含量，°Brix；

　　　$m_{前}$——调整前料液的质量，kg。

添加酸按式（6-6）计算（酸以柠檬酸计，香精、色素的添加量根据试验确定）：

$$t = t_{后}m_{后} - t_{前}m_{前} \tag{6-6}$$

式中　t——需补加柠檬酸的量，kg；

　　　$t_后$——设定的终产品料液可滴定酸的含量，%；

　　　$m_后$——调整后料液的质量，kg；

　　　$t_前$——设定的终产品料液可滴定酸的含量，%；

　　　$m_前$——调整前料液的质量，kg。

（三）脱气

脱气，即除去果蔬汁及其饮料中的空气，以及料液调配过程中混入的空气；其主要作用是去除氧气，防止或减轻果蔬汁中色素、维生素C、芳香成分和其他物质的氧化而导致质量下降，去除附着于悬浮微粒上的气体，降低果肉颗粒与汁液的密度差。为避免挥发性芳香物质在脱气环节的损失，必要时可进行芳香物质回收。同时脱气除去果蔬汁中的空气，有利于均质压力和杀菌温度的稳定。常用脱气方法有真空脱气法、气体交换法、酶法脱气和抗氧化剂法等，目前果蔬汁及其饮料工业生产中基本采用真空脱气法。

真空脱气法是利用气体在液体内的溶解度与该气体在液面的分压成正比的原理进行真空脱气，液面上压力逐渐减低，溶解在果蔬汁中气体不断逸出，直至达到平衡状态，这时所有气体被脱除。达到平衡状态所需的时间取决于溶解的气体的逸出速度和气体排至大气的速度。

真空脱气采用脱气设备进行。真空度维持在 $-0.07 \sim -0.04$ MPa，果蔬汁及饮料的脱气温度 $50 \sim 60$ ℃，采用离心喷雾、压力喷雾和薄膜流方法使果蔬汁分散成薄膜或雾状，以扩大果蔬汁表面积有利于气体脱除。脱气时间取决于果蔬汁的性状、温度和果汁在脱气罐内的状态。对于黏稠的果蔬原浆应适当延长脱气时间。在确定果蔬汁脱气温度与真空度时，需防止物料出现沸腾，真空脱气一般与热交换器、均质机相连，以保证连续化生产。

（四）均质

均质是浑浊型果蔬汁或使用稳定剂的清汁在生产过程中的特有工序。均质的目的是使果蔬汁中不同粒度、不同相对密度的果肉颗粒进一步破碎并使之在果汁中分布均匀，促进果胶渗出，增加果汁与果胶的亲和力，减缓或抑制果蔬汁分层、沉淀现象的发生，从而保持果蔬汁外观状态的均匀稳定性。若想使果肉颗粒能够均匀地分布在混浊果蔬汁饮料中，必须使果肉颗粒在饮料中的沉降速率尽可能地接近于零。根据斯托克斯定律，为了使果肉颗粒的沉降速率接近于零，应尽可能地减小果肉颗粒的粒度，使浑浊果蔬汁饮料具有一定的黏度，并尽可能减少果肉颗粒与汁液之间的密度差。目前果蔬汁的均质普遍采用高压均质机，果肉颗粒在 $15 \sim 20$ MPa 高压下通过极狭小的均质阀间隙。压力急速降低产生的膨胀和冲击作用可以使果蔬汁中所含悬浮粒子破碎且均匀分散在果蔬汁中。

（五）二次杀菌

在实际生产中，如一次杀菌灌装后，包装内不能达到商业无菌状态，果蔬汁饮料常发生微生物败坏现象，造成极大损失。因此在灌装密封后仍需进行杀菌，又称二次杀菌。二次杀菌的温度和时间根据容器的材质和容量而定，杀菌后应及时冷却。

三、果蔬汁及其饮料生产中的质量问题及其控制措施

（一）微生物污染

（1）细菌引起的败坏　由于果蔬汁及其饮料的pH低，污染的细菌通常是嗜酸性细菌，如乳酸菌、醋酸菌及丁酸菌等。乳酸菌能在pH3.5以上的果蔬汁中生长。它能利用果蔬汁中的有

机酸，并产生乳酸、二氧化碳等，在厌氧条件下也能迅速繁殖。某些乳酸菌能使果蔬汁中的糖类发生黏稠状变质。醋酸菌的耐酸性极强，在pH4.3以下时繁殖，并多在液面成膜，生成挥发性酸臭。醋酸菌的生长发育需要有氧气参与，故应避免果蔬汁与氧气接触。丁酸菌也是一类嗜酸性细菌，pH 4.0左右时能生长发育，其产物丁酸具有异味。

（2）酵母菌引起的败坏　酵母菌在低pH、有氧和厌氧条件下均能生长、繁殖，将糖分解成乙醇和二氧化碳，果汁发生沉淀，呈浑浊状，有时因二氧化碳积累过高而使容器破裂。

（3）霉菌引起的败坏　果蔬汁中的霉菌以青霉属（*Penicillium*）和曲霉属（*Aspergillus*）为主，生长繁殖时产生霉味，并能分解果胶使浑浊果蔬汁变得澄清。青霉属中的棒青霉（*Penicillium claviforme*）、扩张青霉（*Penicillium expansum*）、展开青霉（*Penicillium patulum*）和曲霉属中棒曲霉（*Aspergillus clavatus*）、土曲霉（*Aspergillus Terreus*）以及丝衣霉属（*Byssochlaamys*）中的雪白丝衣霉（*Byssochlaamys nivea*）、纯黄丝衣霉（*Byssochlaamys fulva*）等能产生展青霉素（棒曲霉素，Patulin），是一种能致癌和致畸的霉菌毒素。GB 2761—2017《食品安全标准　食品中真菌毒素限量》规定以苹果或山楂为原料的果蔬汁类及其饮料展青霉素限量为50μg/kg。

防止果蔬汁被微生物污染的措施有：①对所使用的设备、容器严格消毒；②剔除原料中的病果、烂果；③将原料洗涤干净；④尽量避免破碎的原料与氧气接触，避免醋酸菌的污染；可在成品中加入防腐剂；⑤采用高温杀菌，能杀灭酵母菌、霉菌，一些耐高温产芽孢杆菌在果蔬酸度下不会萌发繁殖。

（二）色泽变化

果蔬汁出现变色的主要原因有三个：酶促褐变、非酶褐变及果蔬汁本身所含色素的变化。

果蔬汁本身所含色素引起的变色很普遍，常见的有绿色蔬菜汁中的叶绿素在酸性条件下脱色，橙黄色饮料中类胡萝卜素在光照作用下褪色，以及含花青素饮料的褪色。需要根据果蔬汁中主要呈色物质的理化特性有针对性地采用相应的护色、保色措施。

酶促褐变主要发生在破碎、取汁、粗滤、输送等工序中。由于果蔬组织破碎，酶与底物的区域化被打破，在有氧条件下，果蔬中的氧化酶如多酚氧化酶（Poly-phenol oxidase，PPO）催化酚类物质氧化变色。主要防止措施为：①加热处理钝化酶的活力；②破碎时添加抗氧化剂（如抗坏血酸）消耗环境中的氧气，还原酚类物质的氧化产物；③添加有机酸（如柠檬酸）抑制酶的活力（多酚氧化酶的最适pH在6.8左右，当pH降到2.5~2.7时就基本失活）；④隔绝氧气，破碎时充入惰性气体（如氮气）创造无氧环境和采用密闭连续化管道生产。

非酶褐变主要发生在果蔬汁贮藏过程中，浓缩汁更加严重，这类变色主要由还原糖和氨基酸之间的美拉德反应以及维生素C氧化引起，而还原糖和氨基酸都是果蔬汁本身所含有的成分，因此较难控制，主要防止措施为：①避免过度的热处理，防止羟甲基糠醛（Hydroxymethylfurfural，HMF）的形成，在生产中可根据HMF含量的大小判断果蔬汁是否加热过度；②控制pH在3.2以下；③低温贮存或冷冻贮存。

（三）风味变化

果蔬汁及饮料的风味变化如产生酸味、酒精味、臭味、霉味等主要是由微生物生长繁殖引起腐败所造成，在变味的同时经常伴随果蔬汁及其饮料出现澄清、浑浊、黏稠、胀罐、长霉等现象，可以通过控制加工原料和生产环境以及采用合理的杀菌工艺来解决。此外，使用3片罐包装的果蔬汁及其饮料有时有金属味，主要是由于罐内壁的氧化腐蚀或酸腐蚀，采用脱气工序和选用适宜的内涂层金属罐就能避免这种情况发生。

生产过程中工艺参数设置或控制出现问题会导致果蔬汁及其饮料出现焦糖味、蒸煮味等异味。焦糖味是由浓缩温度较高或浓缩时间较长造成；蒸煮味是由加热温度较高或加热时间较长造成。

（四）掺假

掺假是指生产企业为了降低生产成本，果蔬汁及其饮料中的果蔬汁含量没有达到规定的标准，为了弥补其中各种成分的不足而添加一些相应的物质使其达到含量标准，或使用低价值的果蔬汁冒充高价值的果蔬汁。常见的掺假行为有：掺水（低果蔬汁含量标示为高果蔬汁含量）、掺糖（掺加白砂糖、果葡糖浆等）、掺酸（掺加苹果酸、柠檬酸等）、掺加低价水果（苹果汁中掺梨汁，橙汁中掺葡萄柚汁等）、掺加果渣提取液（猕猴桃汁中添加其果渣提取液等）、掺加胶体溶液（掺加果胶、瓜尔豆胶、黄原胶等）、果汁产地掺假及以复原汁冒充非复原汁（标签虚假标注）等。国内外对果蔬汁的掺假问题进行了多年研究，目前国际上还没有统一的果汁含量测定方法。很多发达国家根据各自的国情和水果资源的品种差异等因素制定自己的果汁含量测定方法。德国研究者在经过大量的样品测试、研究后制订了一个统一的果汁有效组分分析方法，并规定了苹果汁、橙汁、梨汁、葡萄汁、杏汁等 11 种水果原果汁参数标准值及允许误差范围（RSK 值），建立了较系统的监控手段。荷兰、以色列、西班牙等国家参照德国的 RSK 值中公布的有关参数项制定了本国的标准值以测定果汁含量。我国在此基础上制定了 GB/T 19416—2003《山楂汁及其饮料中果汁含量的测定》和 GB/T 12143—2008《饮料通用分析方法》，分别规定了山楂汁和橙、柑、橘汁果汁含量的检测指标、检测方法及判定规则。

随着科技的发展，果汁的掺假手段现已经发展到根据各种果汁的组成而进行非常精细的添加，甚至将食品鉴伪专家建立的果汁组成数据库作为掺假的"配方"，令果蔬汁的鉴伪检测变得越来越困难。

果汁掺假鉴伪技术经历了从单一性状、常见组分、常规分析到多性状、特异组分、专门分析及数理统计方法运用的过程。同时，随着现代生物技术的发展，分子生物学方法也被用于进行果汁鉴伪检测研究。新型的果汁鉴伪检测技术有：色谱技术、质谱技术、光谱技术、人工神经网络和分子生物学检测技术等。

［案例 1］ 非浓缩还原橙汁（NFC 橙汁）

非浓缩还原（Not from concentrate，NFC）橙汁，指利用新鲜橙子经过清洗拣选、分级、榨汁、精制及杀菌，最后通过无菌灌装技术加工而成的橙汁，中间没有浓缩环节，从鲜果到果汁不添加任何其他成分，属于纯果汁。

目前，NFC 橙汁在 NFC 果汁中产销量最大，也是标准比较健全的产品，GB/T 21731—2008《橙汁及橙汁饮料》中有对非浓缩还原橙汁的要求。随着 NFC 橙汁的迅速发展，2019 年，中国饮料工业协会牵头制定了团体标准 T/CBIA 006—2019《非浓缩还原果汁　橙汁》。随后《非浓缩还原果汁　橙汁》标准通过轻工行业标准立项。2021 年，行业标准 QB/T 5627—2021《非浓缩还原果汁　橙汁》发布。2019 年，某饮料公司牵头制定了江西省地方标准 DB36/T 1221—

2019《100%非浓缩还原（NFC）橙汁生产技术规范》，为NFC橙汁的生产和质量控制提供了技术支撑。

1. 配料

100%NFC橙汁。

2. 工艺流程

以整果榨汁工艺为例，非浓缩还原橙汁生产工艺流程如图6-7所示。

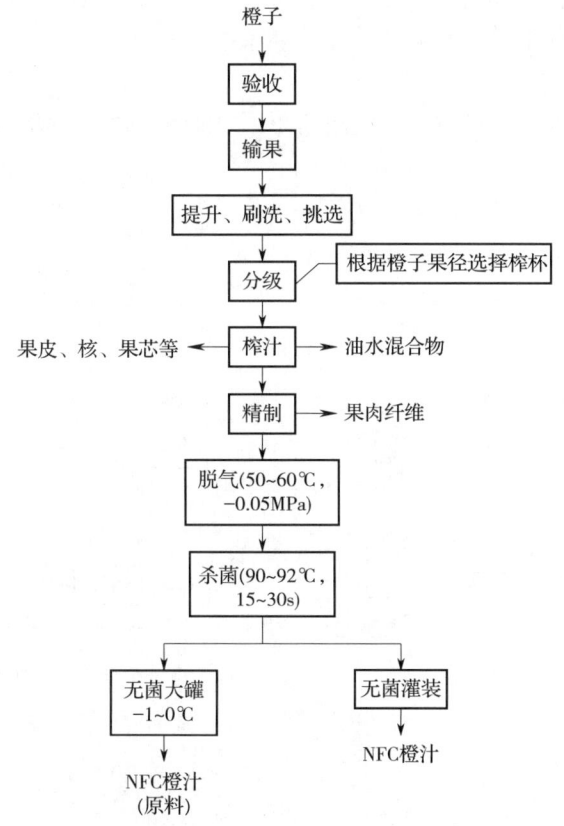

图6-7 NFC橙汁生产工艺流程

3. 工艺要点

NFC橙汁生产工艺中从橙子原料验收到精制工序与橙浓缩汁生产相同，脱气、杀菌和无菌灌装在本章已经介绍，此处不再赘述。NFC橙汁生产时若作为原料贮存，杀菌后可贮存在无菌大罐中，贮存温度略高于橙汁冰点温度，一般为-1~0℃，使用时根据生产配置条件可再进行杀菌灌装，或直接无菌灌装。

4. 成品规格及质量指标

（1）规格　300mL的PET瓶。

（2）理化指标　可溶性固形物含量（10.5±0.1）°Brix、固酸比≥15、橙皮苷含量≥250mg/L、l-抗坏血酸含量≥200mg/L、羟甲基糠醛含量≤2.0mg/L、乙醇含量≤3.0mg/L。其中固酸比指可溶性固形物含量（%）/总酸（以柠檬酸计，g/100g）。

（3）微生物指标　应符合GB 7101—2022《食品安全国家标准　饮料》要求。

[案例2] 橙果粒果汁饮料

果粒果汁饮料是以果汁(浆)、浓缩果汁(浆)为原料,添加其他食品原辅料和食品添加剂,添加通过物理方法从水果中获得的纤维、囊胞(来源于柑橘属水果)、果粒,加工制成的制品。橙果粒果汁饮料是指添加橙粒或(和)橙茸的果汁饮料。

1. 配料

水、白砂糖、果葡糖浆、橙果肉、橙浓缩汁、柠檬酸、柠檬酸钠、维生素C、结冷胶、黄原胶、食用香精。

2. 工艺流程

橙果粒果汁饮料生产工艺流程如图6-8所示。

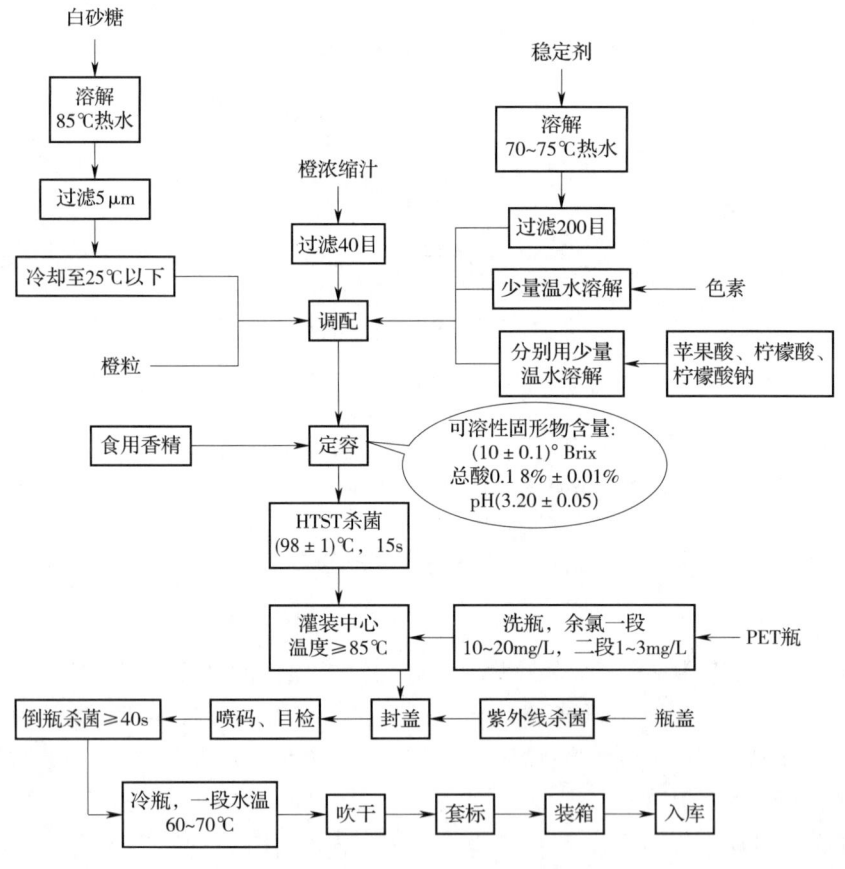

图6-8 橙果粒果汁饮料生产工艺流程

3. 工艺要点

(1) 溶糖 白砂糖采用一定量85℃热水高速搅拌溶解,然后经5μm过滤器过滤,冷却至25℃以下,正常生产保持糖浆可溶性固形物为50° Brix以上,存贮时间不超过24h。

（2）饮料稳定剂的溶解 用70~75℃热水于高速搅拌桶内搅拌充分溶解饮料稳定剂，然后经过200目滤网过滤再加入调配罐内。

（3）调配 冷冻的橙浓缩汁需完全解冻后，经40目过滤器过滤后加入调配罐；其他各种配料分别加少量温水溶解后经过100目过滤器过滤后加入调配罐；高速搅拌15min后，加入橙粒，低速搅拌10min，最后加入食用香精并定容。

（4）杀菌 杀菌条件为（98±1）℃，15s。

（5）灌装及密封 将杀菌后的饮料冷却至85~87℃后进行灌装，要求灌装时中心温度≥85℃。灌装及密封前PET瓶需洗瓶，瓶盖需经紫外线杀菌后使用。封盖后进行倒瓶杀菌，借助饮料的高温对PET瓶及瓶盖进行杀菌，倒瓶时间≥40s。

（6）冷却 灌装及密封后的饮料需分段冷却，一段冷却水温60~70℃，防止爆冷导致饮料分层。

4. 成品规格及质量指标

（1）规格 420mL PET瓶装。

（2）理化指标 可溶性固形物含量（10.0±0.1）°Brix，总酸0.18%±0.01%，pH 3.20±0.05，果汁总含量25%（其中橙粒添加量≥5%）。

（3）微生物指标 应符合GB 7101—2022《食品安全国家标准 饮料》要求。

> 思考题
>
> 1. 简述果蔬汁类及其饮料的定义及分类。
> 2. 简述果蔬汁加工对原料的基本要求。
> 3. 简述果蔬汁加工的工艺流程。
> 4. 简述澄清果汁和浑浊果汁在工艺上有何异同点？
> 5. 简述果蔬汁浓缩的主要方式及原理。
> 6. 简述果蔬汁杀菌的主要方式及特点。
> 7. 果蔬汁加工常见的质量问题及解决途径有哪些？
> 8. 针对1~2种典型果蔬原料，简述果蔬汁加工工艺过程及其操作要点。

第七章 茶饮料

CHAPTER 7

学习目标

1. 了解茶饮料的分类。
2. 掌握茶饮料生产工艺。
3. 了解影响茶饮料品质的因素及其改善措施。

第一节 概述

茶，起源于我国，有着悠久的饮用历史，是人们生活中不可缺少的物质。茶具有多种健康功能，早在神农时代就有"神农尝百草，日遇七十二毒，得茶而解之"的记载。茶被誉为"万病之药"。茶叶中不仅含有丰富的维生素和矿物质，而且含有茶多酚、茶氨酸、咖啡碱、茶叶皂苷、γ-氨基丁酸、茶色素等多种生物活性物质。现代科学研究证实，茶叶成分具有抗氧化、防辐射、抗肿瘤、提高免疫力以及预防高血压、糖尿病、高脂血症等多种医疗和保健功能。

一、茶饮料发展概况

我国是发现和利用茶叶最早的国家，茶学从唐朝陆羽专著《茶经》算起，至今已有1200多年。在中国人传统的饮食文化中，茶必热饮，且沸水杯沏，慢饮细品。随着人们生活节奏的加快，现泡现饮的传统茶文化已然无法满足人们的需求，便捷的即饮茶饮料便应运而生。最早的灌装茶饮料诞生于美国，而后相继在日本以及我国台湾兴起。纵观全球茶饮料发展过程，经历了传统冲泡、固体速溶茶、果汁茶饮料、纯茶汤、保健茶饮料等发展阶段。

（一）国外茶饮料发展概况

现代即饮茶饮料在1972年诞生于美国斯奈普饮料公司（Snapple），并在1992年达到了2.32亿美元的销售额。此后，可口可乐及百事可乐等公司也开始开发茶饮料，推动了茶饮料的快速发展。目前，美国市场以冰茶为主要产品，占即饮茶饮料市场的75%~80%。根据美国茶叶协会统计，美国人一年消费的瓶装和罐装冰茶目前已达到18亿gal，约68亿L。冰茶的原料主要为红茶、绿茶或乌龙茶，另配以柠檬、桃子、草莓和覆盆子等调整风味。受美国茶饮料发展的影响及对茶健康功效进一步的认识，欧洲茶饮料的发展也相当迅速，且也以冰茶为主。茶饮料的包装形式随着生产工艺及包装材料的发展而不断更新升级。在美国市场上，玻璃瓶包装居首位，其次是PET瓶，还有纸铝塑复合包装及易拉罐包装等多种包装形式。

亚太地区的瓶装茶饮料起源于日本。20世纪80年代初，伊藤园相继推出即饮乌龙茶及即饮绿茶，带动了日本即饮茶饮料的快速发展。1986年，PET瓶装绿茶饮料上市后，使得茶饮料的销售进入大街小巷，受到广大消费者的喜爱。据日本软饮料协会统计，2022年，日本茶饮料的产量达到558.8万t，占软饮料总产量的24.5%，人均茶饮料年消费量达44.7L。目前，日本茶饮料的种类主要有乌龙茶、绿茶、红茶、大麦茶及混合茶；其包装形式也逐渐多样化，除PET瓶外，还有铝罐、马口铁罐、纸铝塑复合包装等，但仍以PET瓶为主。

随着社会的发展及经济水平的提高，茶饮料在全球的市场规模也快速增长，据欧睿国际（Euromonitor）统计，2016—2019年，全球茶饮料市场规模整体呈现扩张趋势；2020年受新冠肺炎疫情影响，规模有所下降；2021年，全球茶饮料市场规模有所恢复，为492.23亿美元。

（二）国内茶饮料发展概况

我国茶饮料研究起步于20世纪80年代中后期，主要产品有茶汽水、茶可乐、凉茶等。但由于多方面的原因，并未形成气候。直到20世纪90年代中期，河北某饮料企业向全国推出了冰茶、暖茶，凭借强大的广告宣传，消费者逐渐认识了冰茶，也真正开始接受茶饮料。随后，一些大型食品企业也纷纷参与茶饮料的开发与生产，使得茶饮料异常火爆，茶饮料产品类型也逐渐丰富，诞生了冰茶、纯茶、复合饮料、果茶、奶茶等几十个品种。据相关统计报道，1997年，我国的茶饮料产量为20万t，1998年为40万t，1999年为80万t，2000年达150万t，这样逐年成倍增长的速度使茶饮料快速成为继碳酸饮料、包装饮用水之后的第三大软饮料。到2021年，我国茶饮料产量为1250万t，市场规模达1080.73亿元。

茶饮料从开发品种来看，主要有三种，即调味茶饮料、纯茶饮料（又称无糖茶饮料）和混合茶饮料。茶饮料流行之初，市场以含气调味茶饮料、低糖乌龙茶饮料为主导产品，随后不含气的柠檬红茶饮料逐步取代了含气调味茶饮料，而低糖乌龙茶饮料也逐渐让位给低糖绿茶饮料。在这一变化过程中，柠檬绿茶饮料和各种果汁、果味茶饮料也有一定的市场份额，奶茶饮料也受到一定的重视。随着茶饮料市场的逐渐成熟，国内茶饮料的市场规模增速逐步放缓，色泽明亮、茶韵充足，且具有健康属性的纯茶饮料增速不断攀升，在茶饮料市场中的占比逐步扩大，逐渐成为茶饮料市场的新宠。此外，具有健康功能的复合保健茶饮料也日益受到人们的关注。

二、茶饮料的定义及分类

GB/T 10789—2015《饮料通则》规定，茶（类）饮料是指"以茶叶或茶叶的水提取液或其浓缩液、茶粉（包括速溶茶粉、研磨茶粉）或直接以茶的鲜叶为原料，添加或不添加食品原辅料和（或）食品添加剂，经加工制成的液体饮料，如原茶汁（茶汤）/纯茶饮料、茶浓缩液、茶饮料、果汁茶饮料、奶茶饮料、复（混）合茶饮料、其他茶饮料等"。

GB/T 21733—2008《茶饮料》给出了以下茶饮料相关的定义。

1. 茶饮料（茶汤）

茶饮料是"以茶叶的水提取液或其浓缩液、茶粉等为原料，经加工制成的，保持原茶汁应有风味的液体饮料，可添加少量的食糖和（或）食用甜味剂"。

2. 茶浓缩液

茶浓缩液是"采用物理方法从茶叶水提取液中除去一定比例的水分经加工制成，加水复原后具有原茶汁应有风味的液态制品"。

3. 调味茶饮料

调味茶饮料又分为果汁茶饮料和果味茶饮料、奶茶饮料和奶味茶饮料、碳酸茶饮料及其他调味茶饮料。

（1）果汁茶饮料和果味茶饮料 "以茶叶的水提取液或其浓缩液、茶粉等为原料，加入果汁、食糖和（或）甜味剂、食用果味香精等的一种或几种调制而成的液体饮料"。

（2）奶茶饮料和奶味茶饮料 "以茶叶的水提取液或其浓缩液、茶粉等为原料，加入乳或乳制品、食糖和（或）甜味剂、食用奶味香精等的一种或几种调制而成的液体饮料"。

（3）碳酸茶饮料 "以茶叶的水提取液或其浓缩液、茶粉等为原料，加入二氧化碳气、食糖和（或）甜味剂、食用香精等调制而成的液体饮料"。

（4）其他调味茶饮料 其他调味茶饮料是"以茶叶的水提取液或其浓缩液、茶粉等为原料，加入除果汁和乳之外其他可食用的配料、食糖和（或）甜味剂、食用酸味剂、食用香精等的一种或几种调制而成的液体饮料"。

4. 复（混）合茶饮料

复（混）合茶饮料是"以茶叶和植（谷）物的水提取液或其浓缩液、干燥粉为原料，加工制成的，具有茶与植（谷）物混合风味的液体饮料"。

第二节　茶饮料生产工艺

从全球范围来看，茶饮料的生产方式按原料不同可分为两种：一种是以速溶茶粉或茶浓缩液为原料的生产方式；另一种是以茶叶为原料直接提取的生产方式。美国及欧洲的茶饮料生产大多采用以速溶茶粉为原料的生产方式，这是因为美国是最早开发生产茶饮料但无茶叶资源的国家，并且美国及欧洲的茶饮料以调味茶饮料为主，速溶茶粉即可满足产品的需求。由于具有丰富的茶叶资源，以及悠久的饮茶历史，日本及我国消费者对于茶饮料的品质要求较高，采用真空浓缩和喷雾干燥技术生产的速溶茶粉难以满足消费者的需求，因此日本和我国多采用茶叶直接提取的方式生产茶饮料。

近年来，虽然茶饮料的市场规模飞速发展，但在茶饮料的加工、贮藏、运输及销售过程中，色泽的变化、香气的衰减以及沉淀的出现等问题严重影响了茶饮料的感官品质及保质期，这也是茶饮料精深加工过程中的三大技术难题，仍制约着茶饮料的发展和壮大。茶叶成分复杂，大分子物质较多，在茶饮料加工过程中极易发生反应，而且茶饮料的品质随茶汤中的物质浓度、茶汤温度、pH等不同而发生变化，难以控制。解决茶饮料生产中的技术瓶颈需要对茶饮料生产加工的各个工艺环节进行有效控制，主要包括原料选择、提取、过滤、调配、杀菌、灌装和贮藏等工艺。

茶饮料的生产可以以茶浓缩液、速溶茶粉或以茶叶在线提取制备的茶汤为原料。纯茶饮料对茶的风味、香气等要求较高，一般采用茶叶直接在线提取。而调味茶饮料在生产过程中需要添加白砂糖或甜味剂、香精或果汁等其他原辅料，对于茶的风味、香气等指标要求相对较低，因此茶浓缩液或茶粉一般用于生产调味茶饮料。无论是茶浓缩液、速溶茶粉还是茶汤，都是以茶叶为原料，经过提取制备所得，以下将茶饮料的生产工艺分为茶叶提取浓缩干燥和茶饮料的制备两部分介绍。

一、茶叶提取浓缩干燥工艺

（一）工艺流程

以茶叶为原料，经过提取、过滤、澄清等工艺，可制备茶汤，茶汤进一步浓缩及过滤分离得到茶浓缩液。茶浓缩液在茶饮料生产过程中，一般作为原浆或主剂使用，茶浓缩液经过干燥（喷雾干燥、冷冻干燥等）及调配得到速溶茶粉（图7-1）。

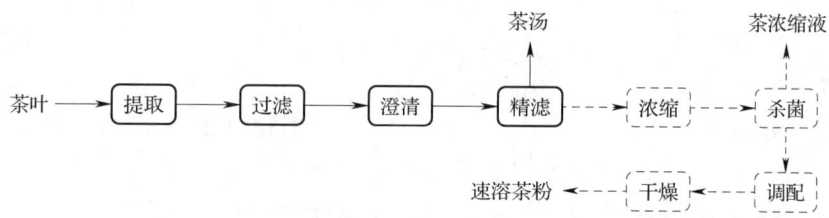

图 7-1　茶汤、茶浓缩液及速溶茶粉生产工艺流程

（二）工艺要点

1. 原料选择

应根据产品的特性有针对性地筛选茶叶原料及水质。茶叶的筛选对于茶饮料的品质至关重要。用于茶饮料的茶叶原料主要是绿茶、乌龙茶和红茶。茶叶品种、产地（土壤和气候）、采摘时间等不同，茶饮料的品质和风味也有差异。研究表明，春茶较夏、秋茶好，高山茶较平原茶风味好。此外，为了保证产品的品质及风味一致性，同一产品的不同批次应尽量选取同产地同种类的茶叶原料。

水是生产茶饮料的重要原料，水质对茶饮料的品质至关重要。水中含有多种金属离子或其他杂质，而大部分金属离子对茶汤色泽和滋味有不利影响，有些金属离子还容易与多酚类物质发生聚合而使茶汤变浑浊，如含 0.1mg/L 铁离子的水所提取的茶汤色泽会变深，而当提取用水的铁离子浓度达到 5mg/L 时，茶汤色泽就会变黑；提取用水中的钙离子浓度达 4mg/L 时，茶饮料会发苦；镁离子浓度达 2mg/L 时，茶汤变淡。也有研究发现，绿茶浓缩液储藏过程所形成的沉淀中含有大量的金属离子。因此，茶饮料用水除需要符合 GB 5749—2022《生活饮用水卫生标准》外，还需要经过进一步净化处理，除去水中的大部分金属离子后方可使用。一般茶饮料生产过程中会有配套的水处理装置，通常采用反渗透膜（RO 膜）过滤。此外，应尽量降低提取用水中的溶解氧量。

2. 提取

提取是茶饮料加工过程中的关键环节之一，茶叶的提取方式、提取温度、提取时间、茶水比例等直接影响茶叶中有效成分的提取率以及提取液的品质，进而影响茶饮料的风味、滋味、色泽、茶多酚含量等质量指标。如提取温度越高，提取时间越长，对应的提取率越高，茶多酚含量越高，但温度过高，时间过长，会导致提取液的色泽加深、香气挥发、苦涩味加重以及生物活性成分损失等从而影响茶饮料的品质。不同茶叶品种，也需要优化合适的茶水比，才能突显茶的风味与特性，太稀的茶汤无法体现茶的滋味和香气，而太浓的茶汤苦涩味太强，而且还容易发生褐变或产生沉淀。因此，在茶饮料的加工过程中，需要通过对提取的关键工艺进行优化，使茶叶中的有效成分被最大限度提取，同时尽量减少提取过程中香气挥发和茶汤品质劣变，使其具有良好的饮用品质。目前，茶饮料生产大多采用茶汤提取后再稀释的方法，并非直接采用提取液调配灌装。有研究表明，即饮茶饮料的提取茶水比以 1：(30～50) 较合适，而茶浓缩液和速溶茶粉的提取所用茶水比以 1：(10～20) 为宜。

此外，提取用水的 pH 对于茶汤的品质也有很大影响，提取时的 pH 过高，即碱性条件下，茶中的酚类物质更易发生不可逆氧化，使茶汤的色泽及滋味发生改变。研究表明，当 pH>5 时，茶汤中的儿茶素开始降解，pH 6～8 时儿茶素类物质更容易发生异构化。

对于红茶的提取，当 pH≤5 时，色泽变化不明显；但 pH>5 时，茶汤色泽会相应加深；当 pH 7 时，茶黄质及茶红质等自动氧化使茶汤色泽进一步加深，呈现红褐色。同样，绿茶饮料宜采用较低的 pH 以保护儿茶素类物质。乌龙茶饮料宜采用 pH 5.8～6.5，pH 4 时最容易产生浑浊，pH 5.5 以下会有酸感，而 pH 6.5 以上提取液容易产生褐变。

茶叶的提取工艺可根据提取温度、茶叶与提取用水流动方向等分类如下。

（1）高温提取及低温提取工艺　按照提取温度，茶叶提取可分为高温提取和低温提取两种工艺。

高温提取是用热水对茶叶进行浸提，这是一种传统的提取方式，因设备简单且提取效率较高，也是最常用的提取方式，但在提取过程中，温度过高，茶黄质及茶红质分解，类胡萝卜素和叶绿素等色素结构发生变化，极易造成茶提取液的褐变。同时，高温提取也会造成茶叶中香气成分散逸，影响茶汤风味，且能耗较高。此外，长时间高温提取还会造成茶汤中茶多酚、咖啡碱等成分氧化。有研究报道，多元酚类和咖啡因在 80℃ 提取即可达到较高的提取率，温度太低时呈色物质未被提取而使茶汤色泽太浅。据报道，不同茶叶品种需要不同的提取温度，绿茶和花茶的提取温度以 50～80℃ 为宜；乌龙茶、红茶的提取温度以 75～90℃ 为宜。在 70～100℃ 的提取中，无论任何温度，提取时间达到 20min 后，提取率达到最大值，因此，提取应尽可能在 20min 内完成。

高温提取的工艺流程如图 7-2 所示。一般茶叶的提取采用吊篮浸泡式，即首先将茶叶在一定温度的热水中提取一定时间后，提起吊篮，将提取液转移走，再按照同样的步骤进行二次提取，合并两次所得提取液，过滤后即得茶汤。

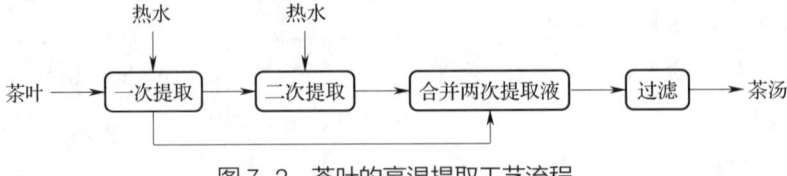

图 7-2　茶叶的高温提取工艺流程

同高温提取方法相比，低温提取能够显著减少因高温引起的茶汤色泽褐变、茶多酚等活性成分损失。此外，低温提取工艺减少了茶叶中果胶及蛋白质的溶出，降低了其与茶多酚络合形成"茶凝乳"的概率，进而减少了茶饮料浑浊与沉淀等现象。但低温提取效率较低、提取时间较长，茶水比也较热水提取高，且不利于茶风味物质的提取。如绿茶的低温提取温度一般为20~35℃，提取时间为3~6h，茶水比为1：（40~90）。

（2）单级浸泡和逆流连续提取工艺　茶叶提取方式也影响茶叶有效成分的提取率及茶汤的品质。单级浸泡是传统常用的提取方式，该方法操作简单，成本较低，但作业时间较长，茶汤风味受损，出料较慢，无法实现连续生产。逆流连续提取能够实现连续化生产，且自动化和智能化程度较高，茶叶内有效成分提取率高，茶汤风味较佳，可用于提取高浓度的茶汤。单级浸泡相对工艺比较简单，这里重点介绍一下逆流连续提取工艺。

逆流连续提取又称动态连续逆流提取，指在提取过程中，茶叶和水做连续逆向流动，以达到提取的目的。茶叶在流动过程中不断改变与水的接触情况，有效改善提取状态，显著提高提取效率。即在茶叶的逆流连续提取过程中，新投入的茶叶与即将排出的浓茶汁接触，利用两相之间的浓度差进行提取，而经过连续提取的茶叶会与新加入的水接触，进一步提取茶叶中残余的有效成分。

逆流连续提取根据其传动机构不同可分为罐组式逆流连续提取和螺旋推进式逆流连续提取，罐组式逆流连续提取主要通过泵实现提取液在不同提取罐中的输送，其提取工艺流程如图7-3所示。螺旋推进式逆流连续提取主要通过电机带动螺旋将茶叶从设备一端推向另一端，水从茶叶出口端向茶叶进口端流动，使茶叶与水充分接触并完成提取过程，提取液从茶叶进口端流出，同时在茶叶出口端不断加入新的提取用水，水在流动过程中不断提取茶叶的有效成分，浓度不断提高，从而实现有效提取。螺旋推进式逆流连续萃取料与液流向如图7-4所示。低温提取的茶汤品质较高，但提取效率低，可将逆流提取与低温提取相结合，来兼顾茶汤品质及提取效率，但也存在设备复杂、成本高的问题。

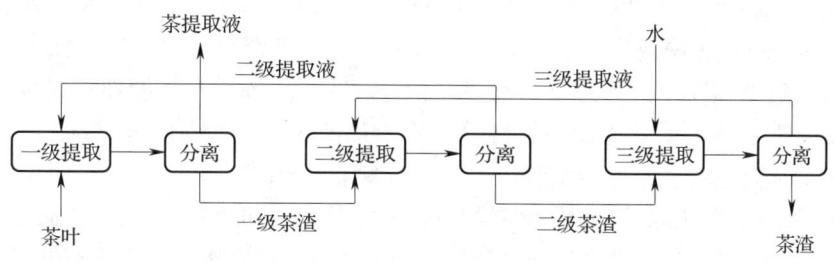

图7-3　罐组式逆流连续提取工艺流程

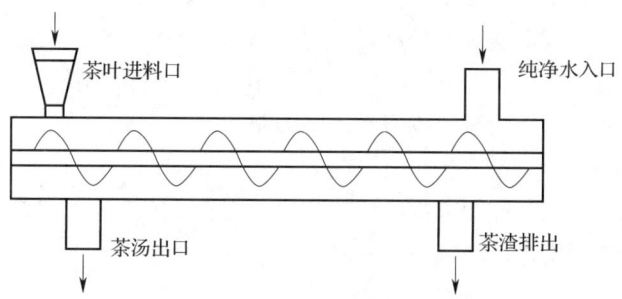

图7-4　螺旋推进式逆流连续萃取料与液流向

（3）其他提取工艺　随着茶饮料加工技术的不断进步，微波辅助提取、超声波辅助提取以及高压脉冲电场辅助提取等快速高效的提取技术已成为研究热点，并逐渐应用于茶叶的提取中。

微波辅助提取是利用原料中的不同成分对微波场中微波吸收能力的差异，使基体物质的某些区域或提取体系中的某些组分被选择性加热，从而使得被萃取物质从物料中分离。微波加热能够穿透提取溶剂和物料使整个系统均匀加热，使提取体系快速升温，因此可以有效缩短提取时间，提高提取效率。

超声波辅助提取则是利用超声波的热效应、空化效应及机械传质效应，使原料中的有效物质溶出的提取技术。超声波的热效应能够使原料快速升温，空化效应[①]产生冲击波，同时机械传质效应产生剪切力及摩擦力，能够使物料细胞破碎，加速茶汤中有效成分的溶出，缩短提取时间，提高提取效率。在茶饮料的生产过程中，超声波辅助提取一般作为热水提取的辅助手段，即一般采用超声辅助热水提取的方式生产茶汤。研究表明，将超声波辅助热水提取与电渗析脱盐处理相结合，制备的绿茶茶汤不仅提取率高于传统热水提取，而且其品质也明显优于传统热水提取，在超声功率为390W进行辅助提取时，茶汤中茶多酚及咖啡碱含量达到最大值，分别为5903.14mg/kg、1091.87mg/kg，且未出现降解。

高压脉冲电场辅助提取是指在电脉冲的作用下，细胞膜上形成瞬时的纳米级微孔，使其内容物溶出的过程，具有效率高、无残余毒性、参数易于控制等优点，且提取过程中无需加热，常温条件下即可进行。研究表明，采用高压脉冲电场辅助提取技术，绿茶中的多糖、多酚、咖啡碱和核酸等物质的提取率分别是水提取的1.91倍、1.10倍、1.05和1.32倍。

3. 过滤及澄清

茶饮料在提取后随着温度的降低，沉淀物逐渐形成，色泽也会发生变化。过滤是将茶汤中已经形成的沉淀物和杂质去除的方法，有粗滤和精滤两种工艺。

粗滤是指将提取的茶汤和茶渣分离，同时除去一部分较粗的非茶杂质的过程。粗滤一般采用80~100目的金属网或尼龙、帆布、绢布、无纺布等作为过滤介质，在生产中常采用振动筛和双联过滤器联用进行过滤。茶汤经粗滤后仍呈浑浊状态，冷却静置后出现明显的沉淀物，需要进一步澄清处理，一般将粗滤后的茶汤在暂存桶中静置20min以上进行澄清处理。

精滤的目的主要是去除沉淀物及细微颗粒，避免影响茶汤的色泽和亮度。通常采用精密度较高、孔径细小的过滤介质去除茶汤中粒径>0.05μm的微粒，使茶汤澄清透明。根据产品澄清度的要求，可采用碟片离心机去除茶汤中的固体颗粒和悬浮物，其中高速离心机可以去除粒径>10μm的粒子和悬浮物。在茶饮料生产中，一般将茶汤冷却至15℃以下，静置20~30min后进行高速离心处理。常规低速离心处理可达到粗滤的效果，而高速离心处理的效果可接近精密过滤。目前大型茶饮料生产企业的茶汤澄清均采用粗滤、冷却、静置、高速离心（如高速碟片离心机，7500r/min）等工艺处理，以得到澄清的茶汤。

4. 茶汤浓缩

浓缩是茶浓缩液生产过程中的关键工艺，主要采用真空浓缩、反渗透浓缩、冷冻浓缩、纳滤（Nanofiltration）浓缩等浓缩技术。

---

① 空化效应：液体中形成微小的气泡，这些气泡随后在高压下迅速坍塌，产生强烈的冲击波。

（1）真空浓缩　真空浓缩是食品工业中应用最广泛的浓缩方式，其原理是利用真空条件下溶液沸点降低、蒸发速率加快的特点，将溶液中的溶剂或水分蒸发掉，以达到对溶液中目标物质进行浓缩的目的。茶汤的浓缩过程为：茶汤在真空设备中加热后，在低温状态下保持沸腾，水分蒸发，茶汤的可溶性固形物浓度升高。

真空浓缩在工业生产中可以分为升膜浓缩、降膜浓缩、升降膜浓缩、刮膜浓缩等形式，其浓缩时间短，可以连续化大规模运行，是市场中的主流技术，但也存在物料香气损失、过程耗能高的问题。

低温真空浓缩技术可以在能够实现浓缩的前提下，降低浓缩温度，一般是将过滤冷却后的茶汤在 −0.03MPa、40℃左右的条件下进行浓缩。

（2）反渗透浓缩　反渗透浓缩是指采用反渗透膜，使水分子在压力条件下渗出，从而实现浓缩目的的技术。反渗透浓缩技术最早应用于海水淡化等领域，现已广泛应用于食品工业。

反渗透浓缩法制备茶浓缩液的生产工艺流程如图7-5所示。茶叶经过提取后，经过一系列的粗滤、澄清及精滤得到茶汤，再经过超滤，采用高压泵泵入反渗透浓缩装置进行浓缩至一定浓度，杀菌后即得到茶浓缩液。茶汤在进行反渗透浓缩前，一般需要通过超滤除去其中的细小杂质以及果胶、蛋白质等大分子物质，以延长反渗透膜的使用时间。

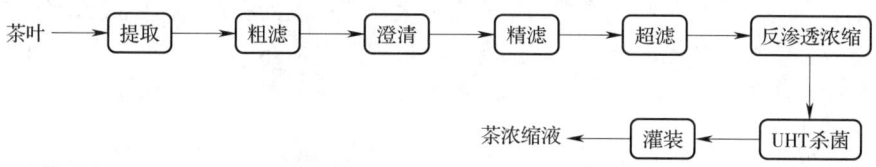

图7-5　反渗透浓缩法制备茶浓缩液的生产工艺流程

超滤膜孔径的选择直接影响其膜通量、生产效率及过滤效果，一般绿茶、乌龙茶采用8万~10万相对分子质量孔径的超滤膜，红茶则宜采用10万及以上相对分子质量孔径的超滤膜。此外过滤的温度及压力对于膜通量影响也较大，温度越高、压力越大，膜通量也越大，但同时也需考虑能耗以及温度、压力对茶汤品质的影响，因此红茶的超滤温度一般≤40℃，绿茶≤35℃，操作压力一般控制在0.1~0.3MPa。

反渗透膜的膜孔径一般为0.1~1nm，其浓缩时的温度及压力同样影响膜通量和生产效率，研究表明，在30℃以下时，反渗透膜的膜通量随着温度的升高显著增加，浓缩速率也随之增加；操作压力越高，膜通量也越高，浓缩速率越快，且随着浓缩液浓度的增加，操作压力也需要提高。目前适用于茶汤浓缩的反渗透膜操作压力一般为1.5~3.0MPa。

茶汤反渗透浓缩过程中一般需要加入5~10g/L的纤维素粉，以保持一定的体积通量，然后和茶汤一起进入反渗透浓缩系统。由于纤维素粉会吸附茶汤中的部分香味物质，影响茶汤的风味，因此可以先用部分茶汤浸渍待使用的纤维素，并反复使用。

由于不涉及高温处理，采用反渗透技术对茶汤进行浓缩，能够避免由于高温造成的茶汤色泽褐变、风味改变等问题，此外超滤过程还可以改善由于沉淀引起的"冷后浑"问题，因此，反渗透浓缩技术可以较好地保持茶汤的品质。而且反渗透浓缩过程中不发生相变，故其能耗较低，但膜的价格相对较昂贵，且使用过程中损耗较高。

虽然反渗透浓缩技术制备茶浓缩液非常有利于其品质的保持，但也存在一些问题，如通过该方法制备的茶浓缩液可溶性固形物含量一般为20°Brix左右，随着茶汤浓度的增加，物料黏度也不断增加，反渗透膜的浓差极化与堵塞现象越来越严重，膜通量越来越小，最终生产效率降低且无法提高茶浓缩液的浓度。这一缺点很大程度上阻碍了反渗透浓缩技术在茶饮料工业生产中的推广及应用。

（3）冷冻浓缩　冷冻浓缩是将水溶液中的一部分水以冰的形式析出，并将其从液相中分离，进而使溶液浓缩的方法。冷冻浓缩可分为冷却过程、冰晶生成和冰晶体分离过程。由于冷冻浓缩在低温条件下进行，气液界面小，微生物的增殖、茶汤中热敏性营养成分及香气成分的损失均可控制在极低水平，因此，茶汤采用冷冻浓缩方式，虽有少量的茶多酚损失，但能最大限度地保留茶的色、香、味。在浓缩时，需要重点关注冷冻浓缩温度与结冰速率，有研究表明，冷冻温度高于-8℃、结冰速率低于2.3kg/（h·m^2）时，茶多酚损失率不会超过7%，可保留茶的芳香成分。但冷冻浓缩存在能耗高的缺点。

（4）纳滤（Nanofiltration）浓缩　纳滤浓缩技术是20世纪80年代末发展起来的介于反渗透和超滤之间的一种新型压力驱动膜分离技术。纳滤膜的孔径介于反渗透膜和超滤膜之间，一般为1~5nm，纳滤膜又称为超低压反渗透膜或选择性反渗透膜。

据报道，在纳滤膜浓缩绿茶提取液实验中发现纳滤时将温度控制在（35±0.5）℃，用全循环方式测定在不同操作压力下，将绿茶汤超滤液的可溶性固形物含量由1.8°Brix浓缩到20°Brix，随着压力的增大，膜的渗透通量明显增大，对茶多酚和咖啡碱的截留率也有所增加，纳滤膜能有效地浓缩绿茶提取液。并且纳滤分离过程无需加热，无相变，不会破坏生物活性，不改变被分离物的风味。

5. 干燥

干燥是速溶茶粉生产过程中的重要环节之一，对于茶粉的品质及溶解性等具有重要影响，茶粉的干燥一般采用真空冷冻干燥或喷雾干燥。真空冷冻干燥不涉及高温处理，能够更好地保存茶的香气及风味，且制备的茶粉冷溶性更好，但设备较为昂贵，且能耗高、生产效率相对较低。喷雾干燥是茶粉生产中应用最广泛的干燥方式，通过压缩空气使料液雾化后，与热空气接触，水分快速汽化得到干燥产品。一般喷雾干燥得到的颗粒粒径在200~500μm，具有较好的外观及溶解性。

二、茶饮料生产工艺

（一）工艺流程

茶饮料生产工艺流程如图7-6所示。

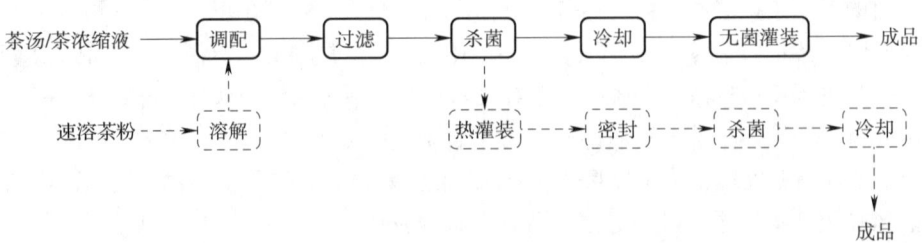

图7-6　茶饮料生产工艺流程

（二）工艺要点

1. 调配

茶饮料调配是指将精滤茶汤或茶浓缩液（速溶茶粉）用水稀释（溶解），加入或不加入其他食品原料和食品添加剂，使其可溶性固形物含量、pH 和茶多酚含量达到设定值，并符合国家相关标准。

由于茶汤极易氧化褐变，影响茶饮料的风味及色泽，因此在茶饮料调配过程中需要添加抗氧化剂来防止其氧化，常用的抗氧化剂有抗坏血酸及其钠盐和异抗坏血酸及其钠盐。

无糖茶饮料一般需要添加碳酸氢钠将其 pH 调整至 6.0～6.5；含糖茶饮料或风味茶饮料需要添加白砂糖或果葡糖浆、酸味剂、香精和果汁等。

奶茶饮料的调配可按以下顺序进行：①在茶汤中加入糖浆；②调整 pH；③加入溶解好的乳化剂；④加入牛乳或溶解水合后的乳粉；⑤加入香精。为了防止脂肪分离，奶茶饮料需要添加乳化剂和增稠剂，并进行均质处理。典型的乳化剂为蔗糖脂肪酸酯，不仅有乳化作用，还可以防止耐热芽孢杆菌导致的腐败现象。调配完成后，将奶茶饮料加热到 65℃ 左右，在 15～30MPa 压力下进行均质处理。

2. 杀菌

根据产品包装方式不同，目前茶饮料杀菌主要有高温杀菌釜杀菌、超高温瞬时杀菌等技术。近年来，随着科技水平的不断发展，膜过滤除菌、超高压杀菌等非热杀菌技术也开始受到关注。

（1）高温杀菌釜杀菌　传统的茶饮料包装后采用高温杀菌釜进行杀菌，一般温度为 121℃，时间为 15～30min。这种杀菌方法的温度高、持续时间长，对茶饮料的感官品质影响较大，主要用于茶多酚含量较低、受温度影响较小的调味茶饮料的生产。传统热杀菌后，茶饮料尤其是绿茶饮料的色香味均发生显著变化，茶饮料的色泽加深，明度下降，其中，绿茶饮料由翠绿色变为黄绿色或橙黄色；乌龙茶饮料由橙黄色变为褐色；红茶饮料由亮红色变为红褐色甚至黑褐色。同时，高温处理后，茶饮料的香气成分挥发，香气减弱，还会产生蒸煮味等。此外，茶饮料的滋味也会发生改变，绿茶饮料的滋味由新鲜醇爽变为熟汤味；乌龙茶饮料的滋味由清新醇厚变为焦熟味；红茶饮料的滋味由鲜爽强烈变为平淡熟汤味。此外，高温杀菌釜杀菌技术对容器的抗热性和抗压性要求较高，多用于金属罐和玻璃瓶装茶饮料的生产。

（2）超高温瞬时杀菌　该方法是目前茶饮料生产中最常用的杀菌方法，杀菌温度一般采用温度为 135～140℃，时间为 5～30s。由于杀菌时间短，茶饮料品质较高温杀菌釜杀菌有较大的提高，适用于各类茶饮料，特别是结合热灌装或无菌冷灌装方式进行生产的 PET 瓶或纸铝塑复合包装（如利乐包）茶饮料多采用这种灭菌方式。

（3）膜过滤除菌　膜过滤除菌方法是指通过膜截留的方法，将不能通过膜孔隙的微生物过滤除去，使茶饮料达到商业无菌的新型除菌方法。一般认为膜孔径 $3\mu m$ 能截留霉菌，$1.2\mu m$ 能截留酵母，$0.45\mu m$ 能截留大肠杆菌等各类细菌。膜过滤除菌技术不仅能够截留微生物，同时还能够除去茶饮料中的悬浮颗粒以及部分胶体等杂质。此外，由于膜过滤除菌技术全程不涉及高温处理，因此又称"冷除菌"，可避免高温杀菌引起的茶饮料褐变及不良风味的产生。但该技术由于对环境卫生和管理的要求极高，目前主要在啤酒酿造等行业应用，在茶饮料生产中的应用还停留在实验室阶段，工业化应用鲜有报道。采用孔径为 $0.2\mu m$ 的膜对茶饮料进行除菌处理后，除菌率可达到 99.994%～100%，对茶多酚的截留率为 2.7%，对氨基酸、咖啡碱的影响很小，而且能够最大限度地保持茶饮料原有的感官品质，非常适合高品质纯茶饮料加工。

（4）超高压杀菌　超高压杀菌技术是一种新型食品杀菌技术，一般采用高于200MPa的压力。在超高压条件下，微生物细胞被破坏，胞内物质流出导致微生物死亡，从而实现杀菌的目的。超高压杀菌可以明显减少茶饮料中化学成分的变化和感官品质的劣变，与pH、温度等因素具有协同作用。一般绿茶饮料中细菌经400MPa、25℃、30min超高压处理后就全部死亡。但杀灭耐热性孢子需要更高的压力或温度。

3. 灌装

目前茶饮料主要采用易拉罐、纸铝塑复合包装和PET瓶包装。在茶饮料的商品化初期，该类产品主要以易拉罐包装形式出现。易拉罐具有良好的密封性和遮光性，其保质期一般都在1年以上，但由于可视性差，且成本高，应用逐渐减少。茶饮料的纸铝塑复合包装克服了包装物成本较高的缺陷，使得茶饮料以物美价廉的形象很快赢得消费者的认同，其保质期一般在半年以上，但同样由于可视性差且饮用后不便于携带的原因，其在同其他饮料包装的竞争中处于劣势。PET瓶由于透明度高，阻气性强，便于携带同时造型更加多样化等优点而成为现代茶饮料的主要包装形式。

茶饮料的灌装方式可分为高温灌装和常温无菌灌装。

（1）高温灌装　又称热灌装，是指饮料在85~95℃的温度下进行灌装，并快速封口的灌装方式。高温灌装的方式一般适用于易拉罐及玻璃瓶包装的茶饮料，低酸性茶饮料如低糖绿茶饮料需要二次杀菌或添加防腐剂，高酸性茶饮料（pH<4.5）如柠檬红茶热灌装后进行倒瓶处理，通过热的产品对瓶子和瓶盖进行杀菌后冷却即可。PET瓶，也可采用高温灌装的方式，但对于瓶子耐热性要求较高，灌装后不能使瓶子变形，在洁净的灌装环境下生产的茶饮料不需要二次杀菌。

（2）常温无菌灌装　又称无菌冷灌装，是指经超高温瞬时杀菌后的茶饮料冷却到常温后在无菌条件下灌装至预先杀菌的包装容器中，并在无菌条件下密封的灌装方式，适用于纸铝塑复合包装及PET瓶等包装形式的茶饮料生产。常温无菌灌装过程需要满足以下基本要求：产品经过超高温瞬时杀菌达到商业无菌状态；包装材料和容器以及灌装设备达到无菌状态；在无菌环境下进行灌装和密封。

由于杀菌时间短，且灌装过程在常温无菌条件下进行，常温无菌灌装的茶饮料无需添加防腐剂即可保证其保质期的品质安全，同时茶饮料的茶多酚、咖啡碱等成分的损失少，感官品质更好，因此常温无菌灌装现在已经广泛应用于茶饮料的生产过程中。

第三节　茶饮料生产中质量问题及控制措施

茶饮料的品质主要包括茶汤色泽、澄清度、滋味、香气等方面，在茶饮料加工过程中，茶叶中含有的茶氨酸、茶多酚、咖啡碱等成分以及加工时使用的水质和加工工艺等促进了液体茶饮料一系列优良品质的形成。但是茶汤中的这些成分很不稳定，在茶饮料的加工、运输和贮藏过程中很容易出现产生沉淀、色泽褐变、风味损失等问题，影响茶饮料的品质。

GB/T 21733—2008《茶饮料》对不同茶饮料的理化指标也有明确规定，其具体要求如表7-1所示。

表 7-1　　　　　　　　　　　　　　茶饮料理化指标

项目		茶饮料（茶汤）	调味茶饮料						复（混）合茶饮料
			果汁	果味	奶	奶味	碳酸	其他	
茶多酚/(mg/kg)≥	红茶	300	200	200	200	200	100	150	150
	绿茶	500							
	乌龙茶	400							
	花茶	300							
	其他茶	300							
咖啡因/(mg/kg)≥	红茶	40	35	35	35	35	20	25	25
	绿茶	60							
	乌龙茶	50							
	花茶	40							
	其他茶	40							
果汁含量（质量分数）/%		—	≥5.0	—					
蛋白质含量（质量分数）/%		—			≥0.5	—			
二氧化碳气体含量（20℃容积倍数）							≥1.5		—

资料来源：GB/T 21733—2008《茶饮料》。

一、产生沉淀

"冷后浑"是指茶汤在冷却后浑浊的现象，是茶饮料生产及贮藏过程中常见的一个技术问题，严重影响茶饮料的品质。"冷后浑"产生的沉淀又称茶乳酪、茶凝乳。解决茶饮料沉淀问题的关键是抑制茶汤中茶乳酪的产生。研究表明，茶多酚是形成茶乳酪的关键因素，沉淀的形成主要与茶饮料中的蛋白质、多酚、咖啡碱、游离氨基酸、糖类、脂类物质、有机酸以及金属离子等有关。目前关于沉淀形成的影响因素及机制等已有大量研究。

根据茶汤中沉淀形成的影响因素，可以通过除去沉淀（物理法）、促进不溶物溶解即转溶法、降低茶多酚或咖啡碱的浓度，或添加助溶剂、改变颗粒电荷特性、除去茶汤中金属离子等方式来解决茶汤的沉淀问题。

（一）物理法

物理法指采用过滤技术去除茶汤中部分酯型儿茶素和易形成沉淀的果胶、中性多糖、可溶性蛋白质等大分子物质，减少其相互结合形成茶乳酪，从而抑制其沉淀的形成。或者通过低温处理方法促进沉淀形成，然后高速离心分离除去沉淀物。

（二）转溶法

转溶法（Solubilization reaction）是指将茶汤中的低温不溶物转变成低温可溶物的方法，通过切断或除去茶叶中的多酚类及其氧化产物与咖啡碱的络合，达到冷溶性好、汤色清澈明亮无沉淀物的要求。转溶法分为化学转溶法、添加法、酶促转溶法等。

1. 化学转溶法

化学转溶法是指在碱性条件下，解离的羟基带有明显的极性，使茶乳酪的氢键打开，与茶红质等竞争咖啡碱，使其变为小分子可溶物，这是茶饮料工业采用较多的去除沉淀的方法。具体操作是：在茶汤中添加 50~100g/L 的碱液，将 pH 调至 10~11，搅拌使茶乳酪溶解后，再加酸中和，使茶汤的 pH 调至 5~6，即可达到转溶的目的。采用碱液进行转溶会导致茶汤的色泽发暗、香气降低及滋味变差等，影响其最终品质，可分别采用通氧、臭氧、过氧化氢脱色，用酸调节 pH 和调香、调味等手段改善品质。

2. 添加法

在茶汤中加入 β-环状糊精、离子螯合剂及亲水胶体，可降低茶乳酪生成量，从而实现转溶的目的。β-环糊精可包埋茶多酚、咖啡碱、蛋白质等形成茶乳酪的主要物质，切断其相互间的络合，防止冷后浑的形成，其最佳用量为 10g/L，且在提取过程中加入比在提取后加入效果更好；海藻酸钠、阿拉伯胶等亲水胶体可改善茶汤分散性，增加茶汤的黏度，从而减少其"冷后浑"现象的产生；复合磷酸盐和乙二胺四乙酸（EDTA）等与金属离子螯合也可产生转溶作用；也可在茶汤中添加明胶、壳寡糖等沉淀剂促进茶乳酪的形成，静置后通过过滤或离心的方式除去。

3. 酶促转溶法

通过酶处理改变茶汤原有的化学成分可以有效抑制茶汤中茶乳酪的形成，实现转溶的目的。常用的酶制剂主要有单宁酶、蛋白酶、纤维素酶及果胶酶等。

单宁酶可水解苦涩味的酯型儿茶素，切断儿茶酚和没食子酸间的酯键，释放没食子酸，没食子酸与茶红质、茶黄质等竞争咖啡碱，与咖啡碱作用后形成溶于水的短链分子，从而减少茶乳酪的产生。有研究表明，绿茶浓缩液经过单宁酶处理后可以减少 80% 的沉淀。

蛋白酶可以将蛋白质水解为氨基酸，改善茶汤的滋味，也可以作为沉淀剂与单宁作用产生沉淀，再通过过滤或离心的方式除去沉淀，实现改善茶汤澄清度的目的；纤维素酶和果胶酶不仅可用于提高茶叶萃取率，还可以促进茶汤中纤维素、果胶等分解为单糖，从而减少茶汤中果胶等大分子物质与茶多酚、咖啡碱或金属离子等发生反应形成茶乳酪的概率，进而减少沉淀的产生。

4. 降低茶多酚或咖啡碱的浓度

由于茶多酚及咖啡碱是影响茶汤中沉淀形成的主要因素，因此可通过脱除茶汤中部分茶多酚及咖啡碱的方式来减少沉淀的产生，如聚乙烯聚吡咯烷酮（PVPP）可有效地吸附茶饮料中的茶多酚，降低茶汤中茶多酚含量。但需要注意的是，茶多酚和咖啡碱是茶饮料中重要的有效成分，而且国家标准 GB/T 21773—2008《茶饮料》中规定了不同茶饮料中的茶多酚及咖啡碱的最低含量，因此采用该方法进行转溶时，需要注意茶多酚、咖啡碱的脱除率及含量。

（三）其他方法

茶汤中的金属离子与茶乳酪的形成也有关系，能够加速沉淀的产生，因此可以通过脱除茶汤中的金属离子来减少茶汤中沉淀的产生。对茶汤进行电渗析，降低高价金属离子浓度，可减少其与茶多酚、蛋白质等螯合形成絮凝物，产生沉淀。采用 Al_2O_3 非对称滤膜对红茶提取液进行电渗析处理，能够减少高价金属离子的浓度，从而减少红茶茶汤中沉淀的产生。陈金定等采用超声辅助热水提取的方式制备茶汤，利用超声波使茶汤中处于螯合状态的金属离子解离，并通过电渗析处理除去解离的金属离子改善绿茶茶汤的"冷后浑"，结果表明，电渗析处理能够显著降低茶汤浊度，且能够有效脱除茶汤中金属离子，520W超声功率提取的茶汤经电渗析处理后，在4℃冷却18h，浊度仅升高至冷却前的1.13倍，说明超声提取及电渗析处理对绿茶茶汤的"冷后浑"具有明显的抑制作用。

此外，也可在茶饮料调配过程中添加稳定剂，既可以保持茶汁原有的风味，又可以有效抑制沉淀的形成。但该方法不适用于纯茶饮料。

二、色泽褐变

茶饮料的色泽根据茶叶原料品种的不同有所不同，如优质的绿茶饮料应呈黄绿明亮；优质的红茶饮料应呈明亮的红色；乌龙茶的色泽介于绿茶和红茶之间，呈明亮的金黄/橙黄。茶饮料的色泽是由茶汤中儿茶素类物质和黄酮醇及其苷类等主要成分呈现。此外，花青素、叶绿素和类胡萝卜素等对茶汤色泽也有一定程度的影响。当茶饮料受到温度、光照、氧气等环境因素的影响，汤色会逐渐变黄、变红甚至变褐，因此，在茶饮料加工及贮藏过程中，茶饮料极易发生褐变，影响其感官品质，这一现象在绿茶饮料中尤为突出。绿茶饮料中叶绿素的分解与茶褐素等深色物质的形成也是绿茶饮料色泽不断变深的一个原因。

影响茶饮料色泽的主要因素有原料种类、水质、温度及光照等，因此，目前茶饮料褐变的防控措施主要从原料、加工及储运三方面进行。其中加工是控制茶饮料色泽褐变的关键过程，因为原料及储运方面的影响可通过严格控制原料品质、避免光照及高温等方法就可减少。

（一）优化加工工艺

由于茶饮料在高温条件下极易氧化褐变，故在茶饮料的加工过程中，影响茶饮料色泽的工艺过程主要是提取及杀菌这两道工序。可通过采用低温提取工艺以及常温无菌灌装工艺来减少加工过程中茶饮料色泽褐变的发生。

（二）添加护色剂

可通过添加抗坏血酸及其钠盐、金属离子螯合剂、β-环糊精等护色剂来减少茶饮料的褐变。抗坏血酸及其钠盐是茶饮料中最常用的护色剂，具有极强的抗氧化活性，可保护儿茶素不被氧化从而减少褐变；金属离子螯合剂，如焦磷酸钠、三聚磷酸钠、六偏磷酸钠等，能够消除金属离子对茶汤色泽的不利影响；β-环状糊精可将茶汤中的内容物进行包埋，减少环境中的光、热、氧等对其的影响，从而实现护色的目的。

（三）酶处理

茶饮料加工过程中常用的酶制剂为单宁酶、纤维素酶、蛋白酶及果胶酶等，这些酶制剂的添加不仅可以改善茶饮料的"冷后浑"现象，还可以有效缓解茶饮料的褐变问题。此外，葡萄糖氧化酶也可使茶汤中茶多酚、维生素、芳香成分等对氧敏感的物质变得稳定，从而起到护色作用。

三、香气损失

茶叶的香气成分种类繁多，目前被提取解析的有700多种，主要包括醇、醛、酮、酸、酯、酚以及杂环类化合物，这些香气成分极不稳定，在高温条件下极易挥发。在茶饮料加工中，提取、过滤、调配、杀菌及灌装等工序均会造成茶饮料中香气成分不同程度的损失，特别是杀菌和灌装的高温作用对香气成分损失或破坏较严重，失去现泡茶的香气。关于茶饮料的保香增香，除选用低温工艺，如低温提取、常温无菌灌装、膜过滤杀菌等措施外，还可以采用香气回收技术、包埋技术、加入食用香精或香料、酶处理等。

（一）香气回收技术

香气回收技术指在茶叶提取、茶汤浓缩过程中，增加香气回收装置，将蒸发的茶提取液/汤中的香气成分回收，并回添到茶饮料或茶浓缩液中的技术。茶叶中香气成分回收的方法主要分为冷凝富集和吸附富集两种方法，专业的茶叶香气的富集有水蒸气蒸馏法、同时蒸馏提取法（SDE）、超临界流体提取法、旋转锥体柱提取法（SCC）等。早在2004年，深圳某公司就已经开发了一种茶叶香气萃取装置，简称"ARS"，用来捕集并储存挥发性化合物，其原理是在茶叶提取的同时，利用"ARS"装置，从茶汤中连续提取和分离香气化合物，萃取及分离出的茶叶芳香物质被冷凝后冷藏，以保持最好的香气品质。而被提取香气后的茶汤，可按常规的工艺进一步分离、过滤、浓缩成茶浓缩液或调配后制成茶饮料；提取的香气成分可回添至茶饮料中，经UHT杀菌后制成茶饮料。此外，为避免高温杀菌造成茶香气的二次损失，也可采用将制备好的香气成分富集后经膜过滤杀菌，无菌条件下在线添加到杀菌后的茶饮料中。无菌添加技术已经在乳品工业得到产业化应用，在茶饮料领域的工业化应用指日可待。

（二）包埋技术

在茶饮料制备过程中，添加 β-环糊精可将香气物质进行包埋，减少热、氧气等不利因素对芳香物质的破坏，减轻茶饮料加工过程中香气损失，并可包埋异味物质，有效遮蔽杀菌产生的不良气味。研究表明，β-环糊精添加量为茶饮料质量的0.05%时便可掩盖杀菌后产生的不良气味。

（三）加入食用香精或香料

为了弥补茶饮料加工中的香气损失，也可采用添加香精、香料或风味修饰剂的方法。

（四）酶处理

酶技术作为生物工程技术一个极为重要的组成部分，已广泛应用于食品工业的加工制造、保鲜、杀菌、改进风味和产品质量等各个方面。研究表明，在绿茶提取过程中，添加茶叶质量0.3%的果胶酶、0.1%的纤维素酶和0.5%的蛋白酶，不仅可以提高提取率，还能够改善茶汤的香气；此外，用果胶甲酯酶处理绿茶提取液可以增加其挥发性化合物。

[案例1] 绿茶纯茶饮料

纯茶饮料是指以茶叶或茶浓缩液为原料，仅添加碳酸氢钠、抗坏血酸钠等食品添加剂用以调整产品的pH或护色，而不添加其他原辅料制备的茶饮料，由于配料表纯净且能较好地保持原茶叶的香气和风味而受到广大消费者的喜爱。纯茶饮料的原料一般以红茶、绿茶、乌龙茶为主。以下以绿茶为原料，采用传统提取工艺为例，对纯茶饮料的加工进行介绍。

1. 配料

水、绿茶、d-异抗坏血酸钠、维生素C、碳酸氢钠。

2. 工艺流程

绿茶纯茶饮料生产工艺流程如图7-7所示。

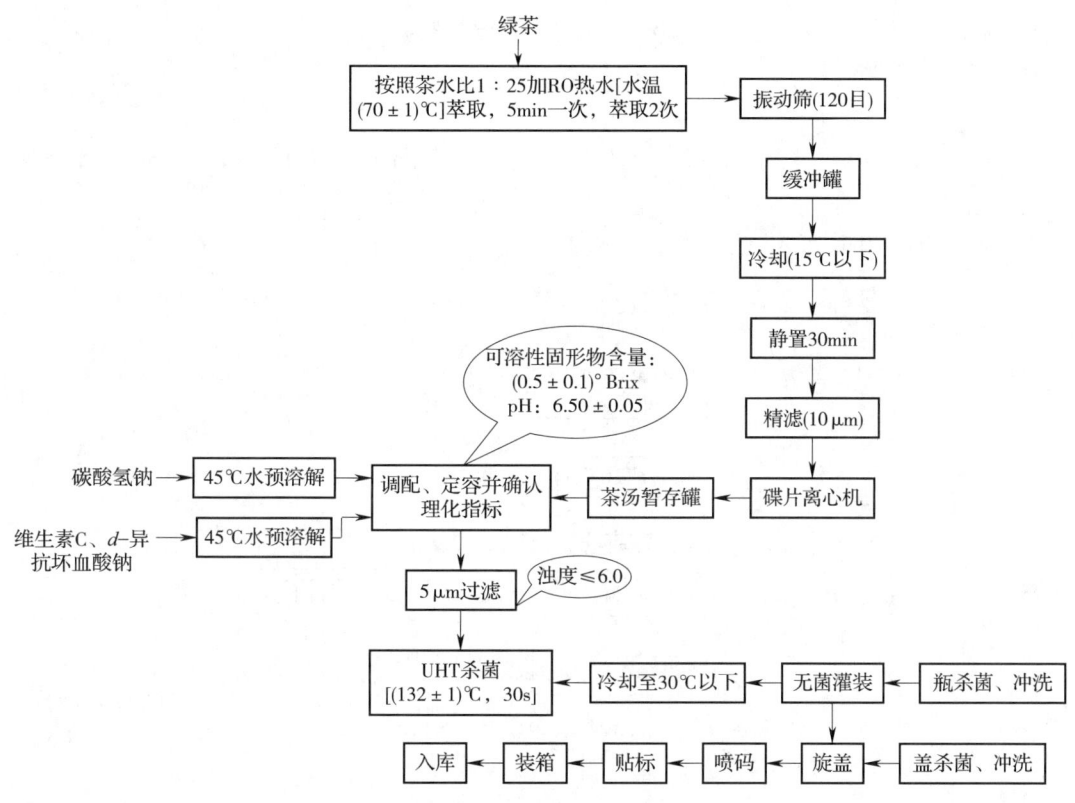

图 7-7 绿茶纯茶饮料生产工艺流程

3. 工艺要点

（1）提取　将配比好的绿茶（标准化绿茶）按照 1:25 的茶水比加入（70±1）℃的热水进行提取，提取时间 5min。提取结束后，提起吊篮，将提取液转移走，再按照同样的步骤进行二次提取。合并两次所得浸液，过滤后即得茶汤。

（2）过滤及澄清　将提取出的茶汤通过 120 目振动筛，除去茶汤中的茶渣及细小微粒，冷却至 15℃，静置 30min，促使茶汤中茶乳酪沉降。通过 10μm 精滤及离心机离心除去茶乳酪，得到澄清的绿茶茶汤，检测其可溶性固形物含量、pH 及浊度等指标。

（3）调配　将澄清后的绿茶茶汤泵入调配罐，加入碳酸氢钠调整至所需 pH，并加入维生素 C、d- 异抗坏血酸钠等抗氧化剂用以护色，其添加量一般为 0.15～0.30g/L。根据茶汤的可溶性固形物含量计算配比，加水定容。

（4）杀菌及灌装　将调配后的茶饮料经 1μm 过滤器过滤后，进行 UHT 杀菌，温度（132±1）℃，时间 30s。降温至 30℃以下，在无菌环境下进行灌装、旋盖密封及后续包装。

4. 成品规格及质量指标

（1）规格　500mL PET 瓶装。

（2）理化指标　可溶性固形物含量（0.5±0.1）°Brix，pH 6.50±0.05，浊度≤6.0。

（3）微生物指标　应符合 GB 7101—2022《食品安全国家标准　饮料》要求。

[案例2] 柠檬红茶饮料

1. 配料

水、白砂糖、速溶红茶粉、浓缩柠檬汁、柠檬酸、柠檬酸钠、抗坏血酸棕榈酸酯、食用香精。

2. 工艺流程

柠檬红茶饮料生产工艺流程如图7-8所示。

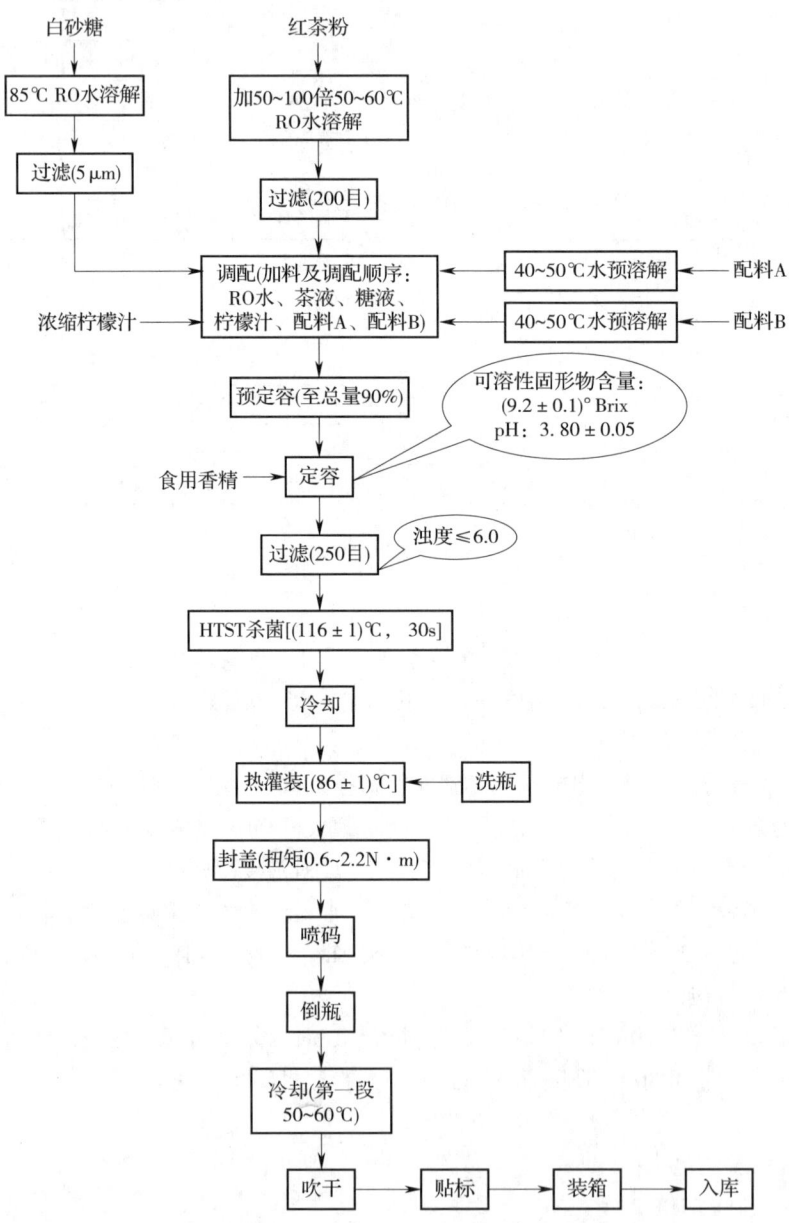

图7-8 柠檬红茶饮料生产工艺流程

注：配料A是酸度调节剂；配料B是抗氧化剂。

3. 工艺要点

（1）速溶红茶粉的溶解　将速溶红茶粉加入茶粉质量50~100倍、50~60℃温水中搅拌溶解，经200目过滤器过滤后泵入调配罐。

（2）调配　白砂糖用85℃热水溶解后，经5μm过滤器过滤后泵入调配罐，浓缩柠檬汁、柠檬酸等其他辅料用少量40~45℃温水溶解后加入调配罐，再加水预定容至总容量的90%，加入食用香精后定容。检验其理化指标合格后，经250目过滤器过滤除去细小杂质。

（3）杀菌及热灌装　柠檬红茶为酸性饮料，pH<4.5，可采用热灌装或无菌冷灌装工艺。将调配后的柠檬红茶饮料在（110±1）℃条件下加热30s杀菌后进行热灌装/无菌冷灌装，热灌装要求灌装后产品中心温度不低于85℃，旋盖后倒瓶处理，时间≥45s，利用高温的饮料对瓶子及瓶盖进行杀菌，然后冷却至室温。一般采用分段冷却法，第一段冷却水温可控制在50~60℃，防止快速冷却导致茶饮料出现沉淀现象。无菌冷灌装要求灌装温度<25℃，然后进行后续的旋盖密封和后续包装。

4. 成品规格及指标

（1）规格　500mL的PET瓶装。

（2）理化指标　可溶性固形物含量：（9.2±0.1）°Brix，pH 3.80±0.05，浊度：≤6.0。

（3）微生物指标　应符合GB 7101—2022《食品安全国家标准　饮料》要求。

> **思考题**
>
> 1. 茶叶的提取方式主要有哪几种？各有哪些优缺点？
> 2. 简述茶饮料生产过程中面临的技术问题。
> 3. 简述茶饮料产生"冷后浑"的原因。
> 4. 思考适用于酸性茶饮料和中性茶饮料的杀菌方式及原因。
> 5. 简述纯茶饮料的生产工艺及操作要点。

第八章 植物饮料

学习目标

1. 了解植物饮料的分类。
2. 掌握常见谷物饮料的生产工艺。
3. 掌握影响谷物饮料稳定性的主要因素。
4. 掌握草本饮料的生产工艺，了解植物饮料未来的发展方向。

第一节 概述

一、植物饮料发展概况

提起"植物饮料"，消费者最普遍的认知是凉茶。植物饮料在我国有着悠久的历史，因饮用方式比较传统而被认为是"老一辈喝的茶"。2006年，随着凉茶被列为首批国家非物质文化遗产，凉茶市场迎来了爆发式增长，"怕上火，喝王老吉"的广告语将凉茶与"清热降火"的功能属性、火锅/烧烤场景深度绑定。近两年，消费者健康意识增强，大健康背景驱动"药食同源""轻养生"无糖草本饮料产品快速增长。同时，在全球低碳减排和大健康热潮的推动下，2020年，植物基食品快速崛起，以燕麦饮料、青稞饮料等为代表的植物乳饮料也有了快速发展。

纵观整个植物饮料市场，目前仍由传统凉茶饮料品牌主导，但年轻品牌正在以更现代的包装形式、便捷的线上购买途径、无糖自然的口味、养生滋润的功能等迅速抢占市场。目前，消费者饮用植物饮料的主要诉求是清热降火、解油腻；但消费者也期望植物饮料具备提高免疫力、缓解疲劳、促进消化、改善睡眠等功能。

植物饮料的原料种类较多，其中金银花、菊花、陈皮和薄荷是目前应用较广泛的原料；除了这些热门原料外，薏苡仁、玉米须、决明子等也受到消费者的青睐。伴随着人们健康、养生意识的崛起，饮料的选择也逐渐趋向健康、功能、个性化方向发展，植物饮料有着巨大的市场潜力。

二、植物饮料的定义及分类

GB/T 10789—2015《饮料通则》中的规定植物饮料是指"以植物或植物提取物为原料,添加或不添加其他食品原辅料和(或)食品添加剂,经加工或发酵制成的液体饮料。如可可饮料、谷物类饮料、草本(本草)饮料、食用菌饮料、藻类饮料、其他植物饮料,不包括果蔬汁类及其饮料、茶(类)饮料和咖啡(类)饮料"。根据GB/T 31326—2014《植物饮料》,植物饮料分类如下。

1. 可可饮料

可可饮料是以可可豆、可可粉为原料,添加或不添加其他食品原辅料和(或)食品添加剂,经加工制成的饮料。

2. 谷物类饮料

谷物类饮料是以谷物为主要原料,添加或不添加其他食品原辅料和(或)食品添加剂,经加工制成的饮料。

3. 草本(本草)饮料

草本(本草)饮料是以国家允许使用的植物(包括可食的根、茎、叶、花、果、种子)或其提取物的一种或几种为原料,添加或不添加其他食品原辅料和(或)食品添加剂,经加工制成的饮料,如凉茶、花卉饮料等。

4. 食用菌饮料

食用菌饮料是以食用菌和(或)食用菌子实体的浸取液或浸取液制品为原料,或以食用菌的发酵液为原料,添加或不添加其他食品原辅料和(或)食品添加剂,经加工制成的饮料。

5. 藻类饮料

藻类饮料是以海藻为原料,添加或不添加其他食品原辅料和(或)食品添加剂,经加工制成的饮料,如螺旋藻饮料。

6. 其他植物饮料

以上几类之外的植物饮料。

当前市场上较为多见的植物饮料主要有以燕麦饮料等为代表的谷物饮料和以凉茶为代表的草本饮料等。

第二节 谷物饮料生产工艺

谷物作为中国的传统食物,是人体获取能量和营养物质的主要来源,谷物饮料是指以谷物为原料,利用谷物中的碳水化合物、膳食纤维、蛋白质、微量营养素等成分,通过不同的加工技术制成的饮料。将谷物通过现代食品加工技术制成即饮饮料,不仅能够保留谷物中的营养成分,而且可以使其口感更好,食用也更加便捷。从市场方面来讲,谷物饮料更加健康,同时还具有饱腹的功能,深受我国消费者的喜爱。从政策层面上讲,谷物饮料产业曾被列入食品行业发展规划,是国家鼓励发展的产业。

对谷物饮料的研究自20世纪80年代就已经开始,并在20世纪90年代进行了规模化生产,主要产品是"大米乳""玉米乳"等具有粮食特征风味的产品。随着科技的进步以及产品多样化需求的增加,具有"早餐"属性的谷物饮料也快速发展起来,种类也越来越多。除了传统代餐饱腹的谷物饮料外,以"植物基食品"身份崛起的燕麦饮料、青稞饮料等,代替牛乳与茶、咖啡等搭配饮用,应用场景更加多元化,受到年轻消费群体的追捧。

谷物原料主要划分为禾谷类和豆类。禾谷类有稻米、小麦、玉米、高粱、粟(俗称谷子)、黍(俗称糜子)、大麦、燕麦、薏米(薏苡仁)、青稞、荞麦等;豆类有大豆、蚕豆、绿豆、赤豆(红小豆)、豌豆、扁豆、菜豆(四季豆)、兵豆(俗称小扁豆、滨豆)、鹰嘴豆等。谷物饮料常用的原料为大米、玉米、燕麦、青稞、红豆、薏米等。

一、典型谷物饮料生产工艺

(一)工艺流程

谷物饮料一般以玉米、大米、小麦、红豆、绿豆等为主要原料,经预处理、研磨、酶解或发酵、调配、均质、杀菌等工艺制成,其生产工艺流程如图8-1所示。

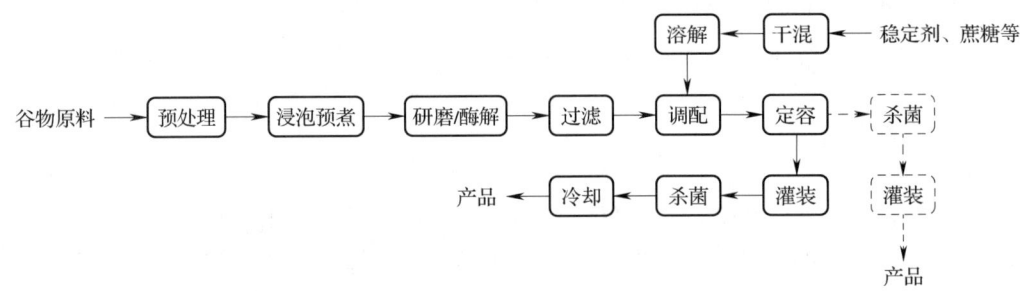

图8-1 谷物饮料生产工艺流程

(二)工艺要点

不同原料或原料配比不同,生产工艺也有所差异,此处就谷物饮料生产过程中的关键工艺进行介绍。

1. 原料预处理

原料预处理包括对原料进行清洗、浸泡、预煮、烘烤、膨化等。浸泡和预煮可使谷物吸水软化,以缩短磨浆时间,便于后续调配及均质操作,适用于红豆、绿豆、薏米等硬度较大的谷物;烘烤过程能够增强饮料的感官品质,谷物经烘烤或膨化处理,在高温作用下发生美拉德反应,形成谷物特有的色泽及风味,烘烤的温度一般为100~200℃,甚至更高,烘烤时间根据原料的种类以及颗粒的大小确定,一般在30~90min;膨化分为挤压膨化和气流膨化,适用于玉米、大米、薏米、小麦、燕麦等谷物,在加热、加压的条件下突然减压使其膨胀。一方面高温条件发生美拉德反应,使制备的谷物饮料风味及色泽更好;另一方面膨化过程中谷物中的淀粉进一步熟化,且结构变成多孔状,更有利于后续的研磨及酶解工序,可提高研磨效率及酶解率。

2. 研磨、酶解

预处理后的谷物原料经研磨后可进一步酶解或直接进行过滤、调配,再进行后续加工。

(1)研磨 谷物饮料加工过程中需要将原料研磨成细小颗粒,使产品口感更加细腻,原料中的香味物质释放,也使产品体系更加稳定,更利于后续加工。常用的研磨方法有干法研磨和湿法研磨。干法研磨是指将谷物不加水或加少量的水进行研磨，一般适用于谷物粉或固体饮料；湿法研磨指将谷物按照一定料液比加水后进行研磨，目前应用较为成熟的湿法研磨设备主要有胶体磨和打浆机，经胶体磨研磨后的物料颗粒粒径一般可达 $100\mu m$ 以下。近年来，随着科技水平的提高，研磨技术快速发展，研磨设备不断升级，超微研磨、纳米研磨等新型研磨技术逐渐在食品加工中广泛应用，新型的湿法研磨采用研磨机或射流磨等装备，可将物料粒径研磨至 $50\mu m$ 以下，甚至纳米级别，研磨后粒径大小也根据谷物种类不同有所差异。用高压射流磨研磨制备燕麦全谷物饮料，经高压射流磨研磨后，燕麦浆的粒径达到 $21.3\sim34.6\mu m$，燕麦浆的可溶性物质含量更高，稳定性更好。虽然研磨方法较为成熟，但由于研磨过程中机械破碎作用，以及研磨时物料与物料之间，以及物料与设备之间的摩擦产热，很容易造成谷物中营养成分的损失。因此，谷物饮料生产过程中通常配合使用酶解或者发酵等技术，以减少营养损失，最大程度地发挥谷物原料的价值。

（2）酶解　酶解是指在特定条件下，添加一定量的淀粉酶、纤维素酶、蛋白酶等对谷物进行酶解处理。在酶解前可经过烘烤、浸泡、研磨等处理工序。目前较常用的酶为液化淀粉酶、糖化淀粉酶、木瓜蛋白酶、菠萝蛋白酶、纤维素酶等。淀粉和蛋白质经过酶解之后，变成可溶性糖、氨基酸、多肽等小分子化合物，不仅增加了谷物的营养价值，使其更容易消化吸收，提升其风味及口感，同时也提高了产品的稳定性，减少了分层、析水、淀粉老化等问题的发生。

3. 过滤

经研磨或酶解后的谷物浆中含有不易研磨或未酶解的纤维等成分，一般采用 $50\sim200$ 目滤网过滤除渣，使饮料的口感更加细腻。

4. 调配

饮料的调配主要是指将磨浆或酶解后的谷物浆添加所需的原辅料，如白砂糖、甜味剂、食用香精、稳定剂等，以改善其口感、风味及稳定性。谷物饮料的调配对产品口感、风味及稳定性的影响至关重要，谷物原料种类不同，所选的稳定剂种类和组成也有所不同。

5. 均质

均质是在高压下产生强烈的剪切、撞击和空穴作用，从而使液态物质或以液体为载体的固体颗粒得到超微细化，形成新的界面，实现快速乳化的过程，能够提高饮料体系的稳定性。因此，均质对防止谷物饮料析水和沉淀具有重要作用。均质效果取决于均质压力、均质次数及均质时料液的温度，均质压力越高、均质次数越多、均质时料液温度越高，均质效果越好。但考虑到设备性能、生产能耗、加工过程中活性成分的损失等因素，一般将均质压力控制在 $20\sim40MPa$，均质2次，均质时物料温度 $60\sim80℃$。

6. 杀菌与灌装

谷物饮料一般含糖量比较高，极易被微生物利用，使产品腐败变质，故谷物饮料生产过程中必须采用杀菌工艺，使产品达到商业无菌要求。谷物饮料的杀菌方式主要有高温高压杀菌以及超高温瞬时杀菌。高温高压杀菌指先将饮料加热灌装至容器中，然后置于杀菌釜中进行杀菌，一般杀菌条件为 $121℃$，$20\sim30min$，适用于玻璃瓶、金属罐等耐热型包装的谷物饮料。谷物饮料的超高温瞬时杀菌指先将饮料进行杀菌，在无菌环境中灌装至已预先杀菌的包装容器中，杀菌条件一般为 $135\sim140℃$，$3\sim15s$，适用于各种包装的谷物饮料，但以更加便携的 PET 瓶及纸铝塑复合包装为主。谷物饮料的传统杀菌方式以高温高压杀菌为主，图 8-1 所示谷物饮料生产工艺流程中采用的是先灌装后杀菌的传统高温高压杀菌工艺。但传统高温高压杀菌时间过长、温度过高，极易导致饮料中热敏性活性物质损失，饮料颜色加深、风味改变（极易产生蒸煮味），严重影响产品感官品质。因此，随着杀菌技术的不断进步，谷物饮料的杀菌方式逐步发展为 UHT 杀菌方式，杀菌过程中受热时间短，对饮料的风味、色泽等感官品质影响小，而且能够较好地保持其热敏性营养成分。

二、大米饮料生产工艺

（一）工艺流程

大米饮料是以大米为主要原料，经烘焙、浸泡、酶解、调配、均质、杀菌等工序制成的一种谷物饮料。因其保留了大米的风味和口感，备受消费者青睐。大米饮料生产工艺流程如图 8-2 所示。

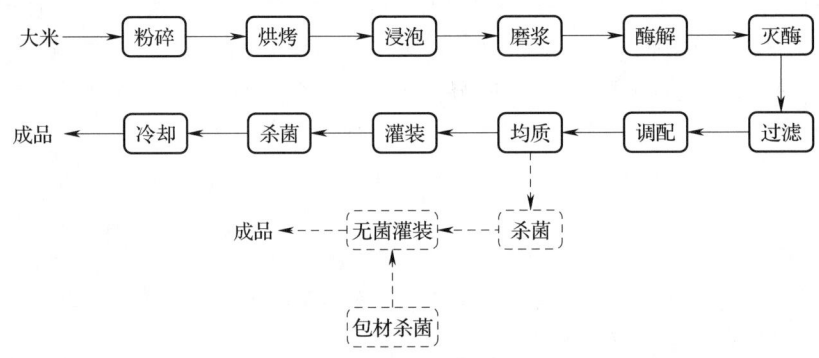

图 8-2　大米饮料生产工艺流程

（二）工艺要点

1. 原料选取

选取无霉变的大米，清洗去除杂质后烘干。

2. 粉碎

用打粉机将原料粉碎至 20~40 目。

3. 烘烤

将原料在烤箱中烘烤至产生浓郁的香气，同时注意在烘烤过程中温度不宜过高，过高的温度会使大米颜色加深，且产生焦糊味，一般烘烤温度选择 180~200℃，时间为 10~30min。

4. 浸泡磨浆

将粉碎烘焙后的碎米按照所需料水比加水浸泡后进行磨浆，料水比一般为（1:10）~（1:5），磨浆时采用粗磨与精磨相结合，尽量使颗粒变细，以提高原料利用率。

5. 糊化

加热糊化，并不断搅拌以防止浆液受热不均，至糊化完全。

6. 酶解

将米浆用小苏打等添加剂调整至所需酶解 pH，同时调整至最适酶解温度，将液化淀粉酶、糖化淀粉酶等按照所需加入米浆中。研究人员通过响应面实验确定大米乳最佳酶解工艺为：液化酶添加量 20U/g，温度 80℃，时间 60min；糖化淀粉酶添加量 200U/g，温度 60℃，时间

4.5h；蛋白酶添加量500U/g，温度55℃，时间4.5h。

7. 灭酶、过滤

酶解完成后将酶解液加热至95~98℃，保持5~10min，进行灭酶。冷却后过滤，采用二次过滤，粗滤过80目筛，精滤过200目筛。

8. 调配

滤液直接用于调配，将稳定剂和白砂糖混匀后用热水溶解，热水水温控制在50~80℃，加入调配液中，其他辅料如食用香精等直接加入调配液中，加水定容至配方所需量。稳定剂的选择对于大米饮料的品质影响明显，添加6g/L果胶、1.56g/L黄原胶和6g/L甘油单酯时，大米饮料稳定性最好。

9. 均质

均质温度为45~55℃，采用二次均质，均质压力为20~40MPa。

10. 灌装及杀菌

大米饮料经过均质，加热灌装后进行高温高压杀菌（图8-2中实线部分），或先经UHT杀菌后再进行无菌灌装（图8-2中虚线部分）。高温高压杀菌的流程为：先将均质后的大米饮料加热至70~85℃，通过热灌装排出容器内空气，灌装后在121℃温度下杀菌15min，杀菌后用冷却水快速冷却至室温。UHT杀菌的流程为：将均质后的大米饮料加热至135℃，杀菌时间3~15s，杀菌后冷却至室温，在无菌环境下完成灌装及密封后得到无菌灌装的大米饮料产品。

三、红豆薏米饮料生产工艺

薏米（薏苡仁）为药食两用的功能性食品原料，被誉为"世界禾本科植物之王"，具有健脾、祛湿、利尿等功能，还含有少量维生素以及薏苡素、薏苡酯、三萜化合物等活性成分，具有辅助抗肿瘤、降血压、降血糖以及提高免疫力等作用。

将红豆（赤小豆）和薏米搭配食用是一种常见的祛湿方法，在我国已有悠久的食用历史，且在《本草纲目》与《神农百草经》中均有记载。薏米虽然具有很高的营养价值，但由于薏米淀粉难以糊化，需要长时间蒸煮才能食用，加上薏米本身具有特殊的风味，红豆也需要长时间蒸煮才能食用，这些因素均限制了其在食品饮料中的应用。将薏米、红豆经过烘烤或膨化、蒸煮、糊化、酶解并添加白砂糖或甜味剂、食用香精等调整口感，制成即饮的红豆薏米饮料，便可解决食用不方便、口感不好等问题。

（一）工艺流程

红豆薏米饮料生产工艺流程如图8-3所示。

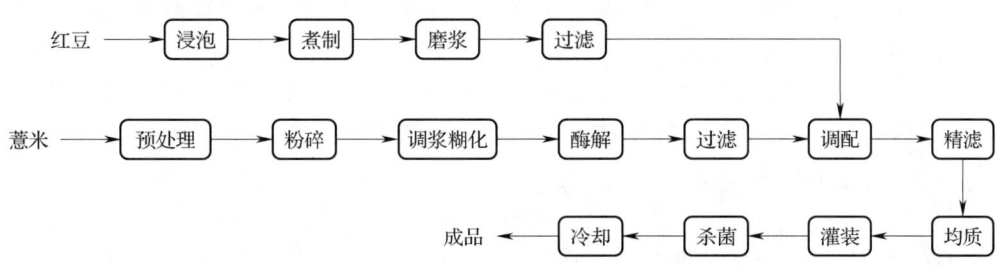

图8-3 红豆薏米饮料生产工艺流程

（二）工艺要点

1. 红豆浆制备

红豆加水浸泡2h后，加水煮制30min，使红豆充分软化后，用胶体磨进行磨浆，过80~120目筛进行粗滤除去粗纤维，得到红豆浆。

2. 薏米浆制备

（1）薏米预处理　薏米的预处理指将薏米进行烘烤或膨化等处理。一方面，在高温下发生美拉德反应，能够改善薏米浆的色泽及风味；另一方面，膨化处理后的薏米结构呈多孔状，增加酶解过程中酶和淀粉的接触面积，提高酶解效率。

薏米烘烤需先将薏米粉碎成颗粒后进行烘烤，温度为120~180℃，烘烤时间30~60min；薏米在进行挤压膨化前需要先打粉，并添加适量的水进行拌粉，之后才能够投料进行挤压。影响挤压膨化效果的因素主要有挤压温度、加水量以及螺杆转速。挤压温度一般为130~190℃，加水量一般在10%~20%，加水量和螺杆转速根据双螺杆挤压膨化机的性能不同也有所改变。

（2）薏米调浆糊化、酶解　薏米经过烘烤或膨化后，用打粉机粉碎至80目以下的细度，按照1:8~1:5的料水比添加80℃以上热水进行调浆，并保持20~30min，使淀粉预糊化，然后加入耐高温淀粉液化酶进行酶解。淀粉液化酶添加量为10~20U/g薏米，酶解温度85℃，酶解时间20~40min。

（3）过滤　酶解后的薏米浆过80~120目筛粗滤除去粗纤维。

3. 调配

将红豆浆、薏米浆按照配方比例进行混合，稳定剂及糖类（白砂糖、甜味剂、低聚糖等）混合均匀后加热水溶解，其他辅料如食用香精等直接添加，搅拌均匀后得到调配液，并过100~200目筛网进行精滤。

4. 均质

均质温度为45~65℃，采用二次均质，均质压力为20~40MPa。

5. 灌装及杀菌

灌装温度控制在70~85℃，通过热灌装排出容器内空气。采用高温杀菌釜对灌装后的产品进行杀菌，杀菌温度121℃，时间15~20min，灭菌后用冷却水快速冷却至室温。

四、燕麦饮料生产工艺

传统的燕麦饮料是指以燕麦为原料，经过磨浆、酶解，并添加白砂糖及甜味剂、食用香精等辅料调配后均质、杀菌等工艺制成的谷物饮料，也可与其他谷物或果汁等混合制成混合饮料，生产工艺与大米饮料、薏米饮料相似，且需要添加稳定剂来保证保质期内体系的稳定性。应用场景主要为代餐饱腹。近年来，随着植物基食品的快速崛起，燕麦饮料逐渐被人们关注。这里说的燕麦饮料并不是指燕麦与牛乳混合制成的饮料，而是燕麦经过多种酶的酶解，使其中的淀粉、纤维素等酶解为可溶性糖类，制成的新型燕麦饮料，采用该工艺制备的燕麦饮料可将燕麦中$\beta-$葡聚糖、蛋白质和谷物的自然风味得到最大程度的保留，且无需添加稳定剂即可保证体系的稳定性，口感细腻顺滑，与牛乳口感相似，因此又叫燕麦饮料。此外，由于加工过程中将燕麦中的淀粉等酶解为可溶性糖，使燕麦饮料微甜口感，无需添加白砂糖或甜味剂，更加符合消费者对于健康食品的期望。燕麦饮料不仅可直接饮用，还可以代替牛乳与咖啡混合或代替牛乳制备奶茶等产品，且目前已在该领域广泛应用。

(一)传统燕麦饮料生产工艺

1. 工艺流程

燕麦饮料加工的关键工艺有:通过淀粉液化酶、糖化酶等酶解处理,使燕麦中淀粉水解为糊精和还原糖,降低燕麦饮料中淀粉含量以及黏度,提高其稳定性,同时为燕麦饮料提供一定的甜度;蛋白酶将燕麦中的蛋白质分解为多肽及氨基酸,提高燕麦饮料的营养价值,同时增强饮料的风味;添加菜籽油、葵花籽油等能够使燕麦饮料口感更加细腻顺滑,传统燕麦饮料生产工艺流程如图8-4所示。

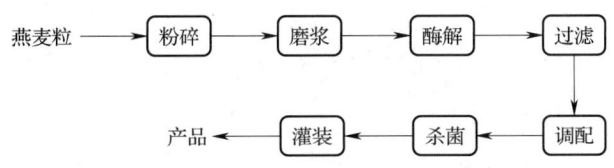

图8-4 传统燕麦饮料生产工艺流程

2. 工艺要点

(1)研磨 将燕麦粒用粉碎机粉碎后,按照一定料水比[一般为(1:20)~(1:8)],加水浸泡10~30min,使其充分吸水,软化后进行磨浆。常规磨浆工艺是采用胶体磨,也可以采用精细研磨,如高压射流磨研磨。高压射流磨处理能够使燕麦浆的粒径、表观黏度逐渐减小,并能减缓淀粉的老化和颗粒的聚集,同时还能乳化蛋白质和油脂,破坏细胞壁组织纤维,使更多可溶性物质溶出,并在颗粒内部产生孔隙,增加水合能力,提高体系总体稳定性。

(2)酶解 将磨浆后的燕麦浆加热至所需酶解温度,并用小苏打或柠檬酸调节至酶解最适pH,加酶进行酶解。酶解是燕麦饮料生产过程中的关键步骤,酶的种类及酶解条件对于燕麦饮料的口感、风味及稳定性具有决定性作用。燕麦饮料加工过程中所用的酶主要有淀粉液化酶、谷氨酰胺酶、纤维素酶、蛋白酶等。当添加燕麦质量1%的淀粉液化酶、0.8%的淀粉糖化酶、0.1%的普鲁兰酶、0.7%的半纤维素酶、0.15%的碱性蛋白酶时,制备的燕麦饮料稳定性最好,有利于延长保质期。

(3)调配 酶解后的燕麦浆经100~200目筛网过滤后,加热至70~75℃,添加植物油、食盐、磷酸盐等进行调配。植物油具有一定的乳化作用,一方面可提高饮料的稳定性,另一方面能够使饮料的口感更加浓厚,一般可选择菜籽油、芥花籽油等;添加食盐主要为了改善口感,提升风味,具体添加量需根据实验来确定。

(4)均质 均质温度为60~65℃,采用二次均质,均质压力为30~40MPa。

(5)杀菌及灌装 超高温瞬时杀菌,杀菌温度135℃,杀菌时间15s,杀菌后进行无菌灌装及封盖,得到燕麦饮料产品。

(二)全组分燕麦饮料生产工艺

燕麦麸皮是燕麦中含有膳食纤维最多的部分,特别是β-葡聚糖含量丰富,此外,麸皮脂类含量可达6.9%~18.1%(质量分数),是良好的油脂来源。而目前燕麦饮料的生产工艺受到研磨技术的限制,为了提高产品的口感及稳定性,采用脱皮或离心过滤等工艺,除去麸皮等不溶性成分,造成了膳食纤维等多种营养成分的损失,同时香气成分也受到一定程度的影响。因此,寻求一种新型高效的全组分超细加工方式对于燕麦饮料的升级十分必要。

应用高压射流工艺可以实现多种谷物成分的混合加工及发酵燕麦饮料的生产。糙米、燕麦、黄豆、花生、核桃、芝麻烘烤后，按照一定比例混合，采用高压射流工艺可以制成全谷物浓浆饮料。

1. 工艺流程

高压射流工艺生产全组分燕麦饮料工艺流程如图 8-5 所示。

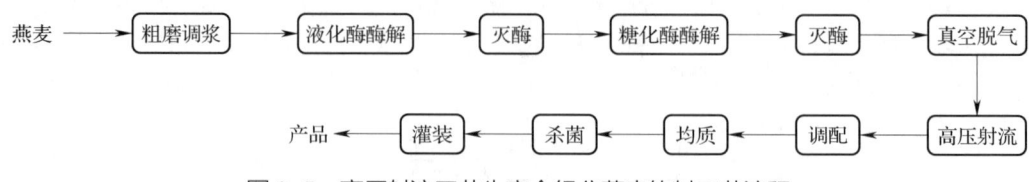

图 8-5　高压射流工艺生产全组分燕麦饮料工艺流程

2. 工艺要点

（1）燕麦粗磨及调浆　按照料水比 1∶6～1∶4 的比例加入 10℃以下冰水（避免研磨过程中局部产热导致燕麦糊化）进行研磨，制成燕麦粗浆。

（2）淀粉液化酶酶解及灭酶　按照燕麦质量的 0.1%～0.2% 加入淀粉液化酶，将浆料加热至 65～70℃，酶解 15min 后加热至 95～100℃，保温 5min 灭酶。

（3）淀粉糖化酶酶解及灭酶　浆料冷却至 50～70℃，按照燕麦质量的 0.15% 加入淀粉糖化酶，保温 40～60min 后，加热至 95～100℃，保温 5min 灭酶。

（4）真空脱气　浆料进行真空脱气以除去其中空气，避免其对高压射流磨产生不良影响。

（5）高压射流超微研磨　真空脱气后的浆料冷却至 25℃以下，进入高压射流磨，在 100～120MPa 压力下进行超微粉碎，出料温度在 50℃左右。经高压射流超微研磨后，燕麦浆的粒径 $D_{90}=60\mu m$。

（6）均质　经超微研磨后的燕麦浆添加所需辅料调配后，加热至 60～65℃，进行均质，均质压力 30～40MPa。

（7）杀菌及灌装　均质后的燕麦饮料进行 UHT 杀菌，135℃，3～15s，然后进行无菌灌装，即得到全燕麦饮料产品。

五、影响谷物饮料品质的主要因素

（一）原料

淀粉是谷物的主要成分，由于淀粉在水溶液中不稳定，极易导致饮料成品在储存过程中出现析水、分层等现象，严重影响谷物饮料的感官品质。不同谷物原料的淀粉含量及淀粉种类不同，其糊化特性也有所差异。研究表明，谷物饮料的稳定性与其直链淀粉含量有关，直链淀粉含量越高，稳定性越差，越容易出现分层及沉淀的现象。在燕麦淀粉、小麦淀粉、玉米淀粉和土豆淀粉的凝沉性中，燕麦淀粉的凝沉性最差，即形成凝胶的能力较差，稳定性相对较好。苦荞淀粉、甜荞淀粉和大米淀粉、小麦淀粉、绿豆淀粉中，荞麦淀粉糊化后于室温静置，48h 内无上清液析出，而其他 3 种淀粉在 30h 内均有上清液析出，说明荞麦淀粉糊化后不易沉降，凝沉稳定性优于小麦、大米和绿豆淀粉。

除淀粉外，谷物中含有的特殊成分也会影响谷物饮料的稳定性，如燕麦中含有大量的燕麦 β-葡聚糖。作为一种黏性多糖，燕麦 β-葡聚糖具有一定的增稠特性，且具有良好的热稳定性和剪切稀化特性，理论上可以作为天然增稠剂及稳定剂使用，提高谷物饮料的稳定性，减少分层及沉淀现象的产生。但燕麦 β-葡聚糖作为以 β-1,3 糖苷键和 β-1,4 糖苷键连接 β-D-吡喃葡萄糖形成的一种高分子、无分支、线性黏多糖，柔顺性的高分子在保质期内容易发生缠绕聚集而沉淀。此外，谷物的脂肪含量也会影响饮料的稳定性，脂肪含量高或未充分乳化，会造成谷物饮料的脂肪上浮即分层现象，对产品品质造成不良影响。但谷物饮料中脂肪含量一般相对较少，故脂肪上浮引起的分层现象较少。

（二）谷物浆粒径

饮料体系中粒径的大小是影响其稳定性的重要因素，根据斯托克斯定律，球颗粒在流体中低速运动时，其运动速度与粒子半径的平方成正比，体系中粒子粒径越小，粒子上浮或沉降速度越慢，即体系中粒子粒径越小，体系稳定性越好。

（三）加工工艺

1. 淀粉的糊化及酶解

谷物饮料中含有大量的淀粉，是影响其稳定性的重要因素。饮料生产过程中一般先对谷物原料进行烘烤或膨化等预处理，使淀粉熟化后再进行后续加工，此法在提高淀粉糊化度的同时促进谷物风味物质的形成。也可在谷物饮料生产过程中将谷物原料粉碎调浆后再进行糊化，糊化温度一般为 55~80℃。糊化过程中淀粉颗粒溶胀分裂，内部分子之间氢键断裂，分散成无序状态，结果表现为淀粉结晶束破坏，淀粉分子发生水合和分散。淀粉糊化后，吸水性增大，更易被消化吸收，而且此时的谷物浓浆持水性强，状态均一，口感更加细腻，具有谷物天然的浓郁香味。

然而，随着温度的降低和保质期的延长，分子热运动能量不足，体系处于热力学非平衡状态，分子链间借氢键相互吸引与排列，使体系自由焓降低，最终形成结晶束。结晶实质是淀粉分子由无序变成有序排列的结果，这种现象称为"淀粉老化"。淀粉老化后，饮料极易出现析水分层现象，底部黏度增加形成凝胶块，上层析出清水，且口感粗糙，风味劣变。由于淀粉老化的过程是不可逆的，因此，谷物饮料中淀粉一旦老化，就会出现凝胶、结团、析水、口感变粗糙的现象，且难以复原。因此，谷物饮料在生产过程中常采用酶解技术防止淀粉老化，延长产品的保质期。研究表明，在燕麦饮料中加入液化酶，可内切淀粉分子中的 α-1,4 糖苷键，将淀粉水解成小分子物质。在酶解过程中，燕麦饮料的相对黏度降低，可溶性固形物含量增大，可溶性蛋白质含量增大，离心沉淀率降低，浊度降低，平均粒径减小，粒径分布范围较小，表明酶解能够改善燕麦饮料的稳定性。

2. 均质

由于谷物颗粒中粗纤维和淀粉含量比较高，且不易粉碎，同时淀粉颗粒很容易聚集，因此采用胶体磨研磨很难达到饮料所需要的细腻度，且在储存过程中极易发生絮凝沉淀。均质是进一步的微细化处理，是改善产品感官品质、增加产品均一性及稳定性的必要手段。均质能够使物料的颗粒破碎，使物料更加均匀地在液体中分散，从而实现快速乳化，得到更均一、口感更细腻的产品。此外，均质过程的破碎作用能够降低体系中粒子的粒径，减小粒径分布，使体系更加稳定。谷物饮料的均质压力一般为 15~40MPa，且普遍采用分段均质。均质能够使燕麦饮料中的蛋白质和脂质更加细微化，可显著提高燕麦饮料的稳定性，并选择均质压力为 40MPa，均质 3 次作为最佳工艺条件。采用高压射流工艺，制备燕麦含量为 60g/L 的全燕麦饮料，结果显示，90MPa 及 120MPa 射流压力下，燕麦细胞壁受到有效破坏，蛋白质颗粒破裂，游离脂肪颗粒消失，均匀地分散在燕麦浆中，制备的燕麦浆粒径小，粒径分布更均匀，体系稳定性更好。除了提高体系的稳定性，均质工艺对于谷物饮料的口感等感官品质也具有改善作用，均质处理后的谷物饮料颗粒更细，口感也更加细腻醇厚。

3. 杀菌

谷物饮料的杀菌一般采用高温高压杀菌及超高温瞬时杀菌。

高温高压杀菌采用先灌装、后杀菌的方式，杀菌温度高，且热处理时间长，谷物饮料中的蛋白质在高温作用下会发生变性，使其疏水作用增强，造成蛋白质聚集，进而导致饮料的絮凝及沉淀，同时长时间的高温作用还会使谷物饮料产生蒸煮味，严重影响谷物饮料的稳定性及感官品质。因此，一般需要添加稳定剂及乳化剂提高谷物饮料的热稳定性，减少杀菌后絮凝及沉淀的产生，蒸煮味则一般需要通过添加食用香精来改善。

超高温瞬时杀菌采用先杀菌，再在无菌环境中进行灌装的方式。虽然杀菌温度高，但热处理时间短，仅需要 3~15s，对谷物饮料的稳定性及感官品质影响较小。先杀菌后灌装的无菌灌装方式对于谷物饮料包装容器的要求较低，适用于各种包装形式，因此超高温瞬时杀菌及无菌灌装技术已逐渐发展为谷物饮料的主要生产方式。

（四）增稠剂及乳化剂的选用

增稠剂及乳化剂的选用也是谷物饮料生产中的关键技术，对产品的保质期至关重要。常用的增稠剂有结冷胶、黄原胶、阿拉伯胶、羧甲基纤维素等；常用的乳化剂有聚甘油酯类、蔗糖酯等。由于谷物饮料的体系较为复杂，单一增稠剂或乳化剂无法使产品达到长期稳定的状态，因此在谷物饮料加工过程中需要将不同作用的增稠剂及乳化剂进行复配使用才能够保证其保质期的稳定性。

添加 43.7g/L 苦荞及 18.8g/L 燕麦，并加入 1.5g/L 复配增稠剂（结冷胶与羧甲基纤维素钠质量比 9∶1）、1.5g/L 乳化剂（蔗糖酯与三聚甘油单硬脂酸酯质量比 1∶9）以及 0.3g/L 抗老化剂（三聚磷酸钠），可制备出稳定性及组织状态好且口感佳的苦荞浓浆饮料。蒋边等制备红豆薏米复合饮料，发现添加 1g/L 黄原胶、1g/L 瓜尔豆胶及 0.5g/L 羧甲基纤维素钠作为复配稳定剂，制备的饮料具有最佳的稳定性。

第三节 草本饮料生产工艺

现在市场上所见到的草本饮料，主要是选用国家批准药食两用的植物或其制品加工而成的一种饮料制品。

中国饮食有药食同源的传统，随着对健康、天然等理念的关注度的提高，消费者在饮料选择上更趋于健康。因此，以药食两用植物提取物或其成分生产的草本/本草植物性功能饮料具有天然、绿色、健康、环保的属性，已成为饮料行业中的"新宠儿"。预计到2028年，全球草本饮料市场将以 5.1% 的复合年均增长率增长到 24.5 亿美元。《中国饮料产业市场调查报告》显示，2018 年，草本饮料占据了全国饮料 10% 的市场份额，预计到 2025 年，中国草本饮料行业市场规模将突破 1500 亿元。

我国拥有种类繁多的植物资源，开发独具特色的药食两用植物饮料，是我国饮料行业发展的重要选择。目前，草本饮料主要延续了功能饮料的概念，并在此基础上根据消费者的潜在需求做了一定的细分，其中主打清热去火功能的凉茶类草本饮料在草本饮料市场中占据主要地位，其他草本饮料则主要致力于缓解精神压力、缓解疲劳、增强免疫力、减脂纤体等功能，如决明子饮料、黄精饮料、玉米须饮料、姜黄饮料等。

一、典型草本饮料生产工艺

（一）工艺流程

我国目前已经开发或适宜开发成饮料的药食两用植物有近百种，其中对部分植物原料的有效成分及保健功能已经有了较深入研究，为其合理开发利用提供了理论依据。

在草本饮料的生产过程中，一般需要先将草本植物中的功能成分如多糖、多酚、黄酮等提取，并经过滤分离等方式除去杂质，得到提取液或浓缩液后再进行调配制成饮料，且草本饮料一般为多种原料复合调配，使用单一原料的较少。草本饮料生产工艺流程如图8-6所示。

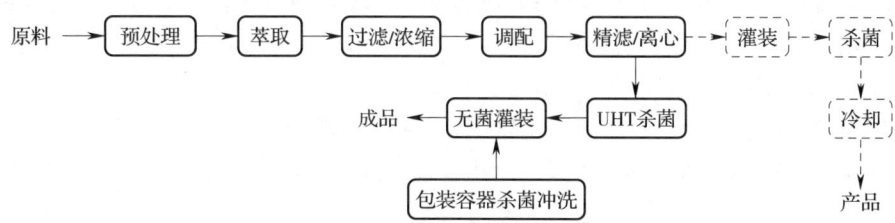

图8-6 草本饮料生产工艺流程

（二）工艺要点

1. 预处理

草本原料一般需要经过清洗、烘干、切段或粉碎等预处理，有利于后续提取过程中有效成分的充分溶出。

2. 提取

（1）水提法 草本植物原料的提取主要是将其中的功能性成分浸提出来，水提法因安全性高、操作简单，被广泛应用于草本饮料生产中。一般水提有热水浸提和熬煮等方式，热水浸提的温度一般在70℃以上，浸提时间一般较长，具体时间依原料特性而定。据报道，在玉米须绞股蓝复合饮料的生产过程中，绞股蓝切段清洗后，用70℃热水提取2h，玉米须煮沸后90℃浸提2h。

（2）新型提取技术 传统水提方式需要温度高，时间长，不仅能耗高，且极易造成热敏性营养成分损失。新型提取技术能够将植物中的功能性成分浸出，同时还能够保留植物的天然风味及热敏性成分，如连续动态逆流提取、压力溶剂萃取、微波辅助提取、超声波辅助提取等，目前最常用的新型提取技术有微波提取、超临界流体提取。

3. 粗滤/浓缩

粗滤主要是去除浸提液中较大的颗粒和悬浮物。粗滤一般采用袋式过滤器，选用100~300目的尼龙网袋。粗滤后无法使饮料达到完全澄清的状态，仍会存在较小的颗粒或杂质，或静置后产生沉淀。但该过程成本低，且可保护后续的精滤装置，延长精滤设备的使用寿命。

过滤后的植物提取液浓度一般较低，可以直接在线进行调配，也可浓缩后用植物浓缩液为原料调制成饮料。浓缩技术有蒸发浓缩、冷冻浓缩、膜浓缩、离心浓缩和高真空热泵双效浓缩等。

4. 精滤

后浑浊是植物饮料加工过程中常见的现象，为了保证饮料的感官品质，精滤成为植物饮料加工中的重要环节，主要是去除 0.1μm 以上的微小粒子。精滤一般采用微孔滤膜芯式过滤器、硅藻土过滤器。精滤后产品即可澄清透明。也可采用碟片离心机通过离心分离除去饮料中残留的微小杂质。对于一般的植物饮料，精滤或离心分离即可满足保质期内对澄清度的要求。但有些植物饮料中的多酚类物质极易与蛋白质反应，或与金属离子螯合，产生微小絮状物，影响产品质量，可以采用超滤技术等实现。

5. 调配

药食同源草本植物一般有较重的苦涩味或酸涩味，因此需要调整其口感，如添加白砂糖、甜味剂、食用香精等。此外，为提高植物饮料口感的饱满度，还需添加麦芽糊精、山梨糖醇、聚葡萄糖等增加饮料的固形物含量，使其口感更加饱满。再次，天然植物饮料在保质期内极易出现浑浊和沉淀现象，需要进行精滤或离心除去极易引起沉淀的成分，或添加稳定剂来保证饮料在保质期内的稳定性。

草本饮料的调配过程为：将白砂糖、甜味剂、麦芽糊精或山梨糖醇等溶解后，与植物提取液混合（可为单一植物提取液或两种及以上植物提取液），再加入食用香精等辅料，定容至所需体积，充分混匀。

6. 灌装与杀菌

草本饮料的杀菌方式有高温高压杀菌、超高温瞬时杀菌。首先将饮料加热至 85℃ 进行热灌装，用高温杀菌釜在 121℃ 条件下杀菌 20min（如图 8-6 中虚线部分）。或将饮料在 135℃ 下杀菌 15s，经超高温瞬时杀菌后，降温到 25~30℃ 进行无菌灌装。近年来，快速高效且对饮料中热敏性成分影响较小的无菌冷灌装技术已广泛应用于各大饮料生产工厂。

二、玉米须及其复合饮料生产工艺

玉米须是禾本科作物玉米的干燥花柱和柱头，不仅具有一定食疗价值，同时还具有明显的药理特征。玉米须中含有黄酮、多糖类化合物、甾醇以及有机酸等多种功能性成分，现代药理研究证实玉米须具有消肿、泄热、降血压、利尿、疏肝利胆等作用。

（一）玉米须饮料生产工艺

1. 工艺流程

玉米须饮料生产工艺流程如图 8-7 所示。

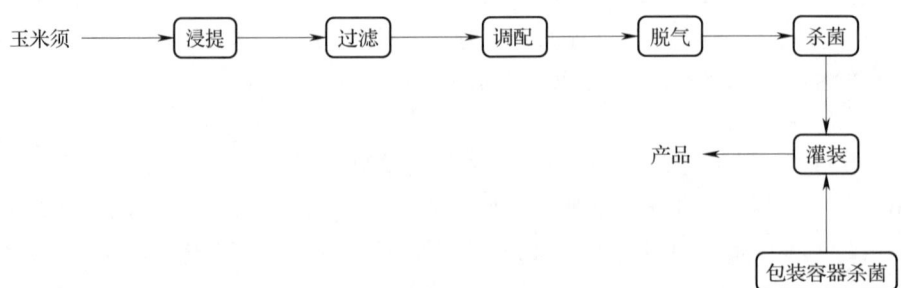

图 8-7 玉米须饮料生产工艺流程

2. 工艺要点

（1）玉米须提取　选用无霉变的干玉米须，切碎后过60目筛备用，按照所需料水比加入纯化水，浸泡过夜，在90℃温度下提取1h，一次提取后，滤渣重新进行二次提取，除去滤渣后，合并滤液，粗滤，并将滤液浓缩至原体积的1/5，精滤，得到玉米须提取液。

（2）饮料调配　将所需原辅料与玉米须提取液混合调配均匀，在温度38℃、真空度–0.06MPa条件下脱气。

（3）杀菌　采用135℃、4~6s超高温瞬间杀菌后进行无菌灌装。

（二）玉米须桔梗复合饮料生产工艺

1. 工艺流程

玉米须桔梗复合饮料生产工艺流程如图8-8所示。

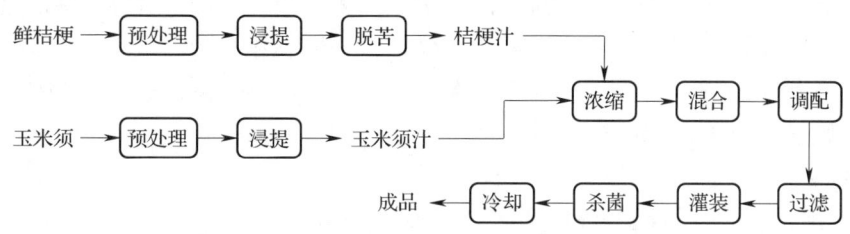

图8-8　玉米须桔梗复合饮料生产工艺流程

2. 工艺要点

（1）桔梗提取　桔梗根除去杂质后粉碎至1~3mm大小，按照1∶20料水比加水后，在80℃下浸提60min，浸提结束后过滤除去粗渣，得到桔梗汁。

（2）桔梗汁苦味遮蔽　加入适量的β-环糊精进行苦味掩盖，但适当保留微苦味，使产品保留桔梗的特殊风味。

（3）玉米须提取　玉米须提取工艺同玉米须饮料。

（4）浓缩　粗提得到的桔梗汁和玉米须汁浓度较低，可采用真空蒸发浓缩的方式进行浓缩。

（5）混合调配　将浓缩后的玉米须汁、桔梗汁、白砂糖或甜味剂、食用香精等其他原辅料按配方所需比例进行调配，调配前白砂糖等辅料需要先用热水溶解并过滤。

（6）灌装及杀菌　调配后的饮料加热至85℃，灌装至玻璃瓶或金属罐，密封后在121℃下杀菌20min，快速冷却至室温。也可采用超高温瞬时杀菌及无菌灌装。

三、人参复合植物饮料生产工艺

人参是珍贵的药用植物，具有抗休克、抗缺氧、保护心肌、抗疲劳、抗炎、提高免疫力等功效，被誉为"百草之王"。在我国，人参长期被视为传统中药材。

2012年，人工种植时间5年及5年以下的人参被批准为新食品原料，不仅扩大了人参的使用范围，同时开辟了人参市场的新渠道，尤其是拓宽了其在国内饮料市场的应用。由于我国居民消费观念的转变，对饮料健康、安全越发重视，人参类饮料的开发极大提高了人参在食品饮料中的利用价值，同时满足了市场需求。

（一）工艺流程

人参枸杞黄精复合饮料生产工艺流程如图8-9所示。

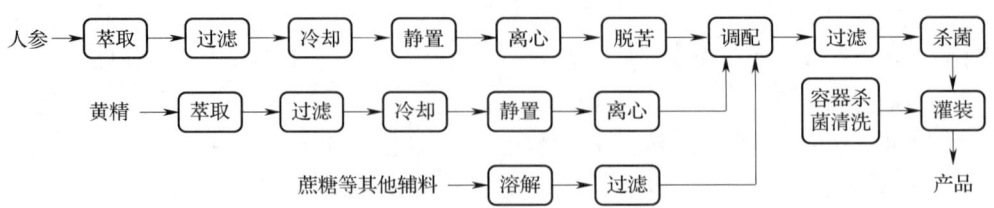

图8-9 人参枸杞黄精复合饮料生产工艺流程

(二) 工艺要点

1. 人参提取液的制备

(1) 萃取 取人参，切片后，按照1:25的料水比加水在微沸状态下提取1h，粗滤后在相同条件下进行二次提取。合并两次提取液，100目过滤后冷却至室温，静置30min使提取液中残存的细小颗粒沉降后，使用碟片离心机进行离心得到人参提取液。

(2) 人参提取液苦味遮蔽 人参中含有人参皂苷，味苦，影响人参饮料的口感，故需要进行脱苦或苦味遮蔽处理，可通过添加适量的β-环糊精进行掩盖。

2. 黄精提取液的制备

取黄精，切小段/片后，按照1:20料水比加水后在微沸状态下熬煮提取1h，粗滤后进行二次提取，合并两次提取液，进行过滤、冷却、静置、离心（工艺同人参提取液的制备）后得黄精提取液。

3. 调配

将制备的人参提取液、黄精提取液以及配方所需量的枸杞原汁泵入调配罐，白砂糖等辅料加热水溶解，过滤后泵入调配罐，加水定容。

4. 灌装与杀菌

调配液经过1μm精滤后进行超高温瞬时杀菌，杀菌条件为135℃、15s，杀菌后冷却至30℃以下，进行无菌灌装。

四、影响草本饮料品质的主要因素

(一) 原料

不同草本植物原料含有的活性成分不同，即使是同一种原料，产地、气候及土壤等对其活性成分含量及口感的影响也很大。例如，对38批不同产地西洋参样品的浸出物中9种人参皂苷、多糖、还原糖进行主成分分析，结果显示汉中留坝、莱芜茶叶口镇和文登侯家镇的样品得分较高，文登汪疃镇的样品得分最低；就文登的10批西洋参样品的得分情况分析后发现，其质量也存在差异性，说明各产地西洋参的品质差异性非常明显。此外，不同草本原料具有不同的生理功效及风味特点，如人参补气安神、味苦，甘草补脾益气、味甘，薄荷疏散风热、味辛凉等，在草本饮料的开发时，可根据其功能特性以及风味特点进行搭配，对于味道苦涩的原料，可适当选取味甘的原料进行调和。因此，在草本饮料的生产过程中，不同原料的配比以及其原料产地的选取等对于饮料的品质具有重要影响，需要进行合理搭配，并尽可能保持不同批次产品选用同产地、同品质的原料。

(二) 加工工艺

提取及浓缩工艺是草本饮料加工过程中的关键步骤，提取温度及时间、浓缩方式等直接影响着草本植物的提取率及饮料产品的口感、色泽等品质指标。例如在桑叶的提取工艺中，乙醇体积分数为70%，超声功率为200W，提取温度为60℃，提取时间为2h，在此条件下桑叶乙醇浸提物中总黄酮、总多酚、总多糖含量分别为7.641mg/g、4.738mg/g、16.486mg/g。

（三）pH

草本饮料的pH对其口感具有一定的影响，在中性及偏碱性的环境下的美拉德反应较酸性条件下更加剧烈，而美拉德反应直接影响植物饮料的风味及色泽。研究表明，当凉茶的pH在5~6时，较不易受到美拉德反应的影响，风味更加清爽，且偏酸的情况有助于降低微生物污染风险；当凉茶的pH为6~7时，灌装灭菌后更易产生似熬煮草药的风味，且饮料颜色相对更深，因此在凉茶饮料的生产过程中，可根据风味需求调整饮料的pH。

（四）矫味剂的选用

药食同源类草本植物多具有苦味、酸味及涩味等令人不愉悦的风味，严重影响着草本饮料的感官品质，同时也制约着草本饮料的发展。矫味剂包括酸味剂、甜味剂等，已广泛应用在药食两用草本饮料的生产中，尤其是甜味剂，可以有效掩盖中药材的苦味及酸味。常用的甜味剂有三氯蔗糖、阿斯巴甜、安赛蜜以及罗汉果苷、甜菊糖苷等。实际应用中可根据甜味剂对饮料风味、口感的影响来选择合适的甜味剂。此外，对于一些苦涩味重的饮料，也可选用合适的食用香精进行掩盖调和。

不同的草本植物原料、不同的搭配比例以及提取方法等，对于最终产品的品质至关重要，因此，规范化、流程化生产是关键。在草本饮料的生产过程中，不同原料的配比、提取工艺及浓缩工艺等的关键参数都需要进行严格控制及管理。

第四节 其他植物饮料生产工艺

一、可可饮料生产工艺

可可果实包括外壳、果肉和种子三部分。可可果实发酵、干燥后剥离的种子即可可豆。新鲜的可可豆含水量40%左右，干燥后含水量为6%~8%。可可豆经过焙烤、脱壳后进行研磨得到可可浆，可可浆在温热状态下具有液体流动性，冷却后即凝固成棕褐色、香气浓郁并带有苦涩味的块状固体，即可可液块。可可液块经压榨，部分脱脂成为可可饼，进一步粉碎后成可可粉，压榨出的油脂即为可可脂。可可液块、可可脂、可可粉均是制备巧克力的主要原料，除巧克力外，可可饮料也是可可粉的一种重要应用。可可饮料具有相当长的历史，是当今世界上三大嗜好饮料之一，可可饮料的种类主要有以下几类。

（1）可可风味饮料 用提取等方法提取可可风味物质，添加到饮料中制取的可可风味饮料。

（2）可可乳饮料 部分可可粉与鲜乳或乳制品混合制成可可乳。可可乳是乳饮料的一种，含乳30%（质量分数）以上，并加入适量可可粉和白砂糖等配料，经调配、均质和杀菌后制成，具有相应风味的液体乳饮料。

（3）可可粉固体饮料 主要是将可可粉和糖类等物质混合，并通过一定的加工工艺使其溶解性提高，通过冲调方式即可饮用的可可饮料。

可可饮料中存在的主要技术瓶颈包括沉淀和油脂上浮。沉淀原因有：①可可粉不溶于水，且粒径较大,无法稳定地悬浮在水溶液中,在重力作用下发生沉淀;②可可饮料在杀菌过程中,各种成分发生反应,出现絮凝等现象。油脂上浮是由于可可粉中一般含有10%~14%(质量分数)可可脂,由于独特的熔化性质,可可脂在高温下呈液态,但在低温下成固态,而在可可饮料的加工过程中,尤其是杀菌等加热处理过程中,可可脂会加剧溶出,冷却后凝固在饮料上面。此外,在可可饮料储存过程中,乳液的破乳也会导致可可脂再次上浮。

可可饮料沉淀及油脂上浮等稳定性问题主要通过添加稳定剂(包括乳化剂、增稠剂等)来解决,且单一稳定剂无法有效解决,需要多种稳定剂进行复配使用。也有研究发现,通过酶解的方式可以降低可可粉的粒径,从而改善可可粉的溶解性,同时通过研究不同胶体对可可饮料稳定性的作用,筛选出能有效控制可可饮料浮油和沉淀的稳定剂。由于可可饮料一般需要添加牛乳或乳粉等原料,故其加工工艺可参考蛋白饮料部分中的可可乳饮料加工工艺。

二、食用菌饮料生产工艺

食用菌可分为野生食用菌和栽培食用菌两种类型。野生食用菌有松蘑、玉蕈等;栽培食用菌有香菇、金针菇、蘑菇、平菇、珍珠菇、草菇、竹荪、木耳、银耳、灵芝等。新鲜食用菌一般含水分88.3%~95.2%、蛋白质1.4%~4.0%、脂肪0.2%~0.7%、糖2.4%~6.7%、纤维0.3%~1.8%、灰分0.3%~0.9%(质量分数)。除营养价值外,食用菌的药用保健价值更为突出,现代药理研究证明,食用菌具有抗肿瘤、降血压、降血脂、提高免疫力、抗炎等功能。食用菌因其天然、安全及其药用价值受到越来越多消费者的青睐。目前,全球食用菌市场需求也不断增加,食用菌产业已成为粮、棉、油、菜、果之后的中国第六大种植产业。

食用菌饮料含有三萜类、多糖、氨基酸等多种营养物质。目前,市场上的食用菌饮料如银耳枸杞、银耳燕窝等产品相对较多,其他种类相对较少,如虫草饮料、黑木耳饮料、灵芝氨基酸口服液、猴头菇保健口服液、猴头菇丁香沙棘茶等产品,均有一定的保健功效。美国和日本等发达国家食用菌保健品发展迅速,已经有多种食用菌饮料进入市场,如猴头菇白桦茸咖啡、蘑菇抹茶、蘑菇热可可、灵芝饮料和黑木耳露等产品深受消费者喜爱。

(一)食用菌饮料生产工艺

1. 工艺流程

根据食用菌饮料采用的原料不同,其生产工艺可分为发酵方式和提取方式,其工艺流程如图8-10和图8-11所示,由于采取发酵方式工艺流程复杂、对设备要求高,生产成本高,故一般企业生产食用菌饮料多采用提取方式。

2. 工艺要点

(1)原料筛选及预处理 生产食用菌饮料时,可以选择新鲜的食用菌子实体,也可以选择干的食用菌子实体,还可以搭配水果或蔬菜汁等制备复合饮料。原料经筛选及清洗后,可进行切片或破碎等预处理,以利于后续提取。

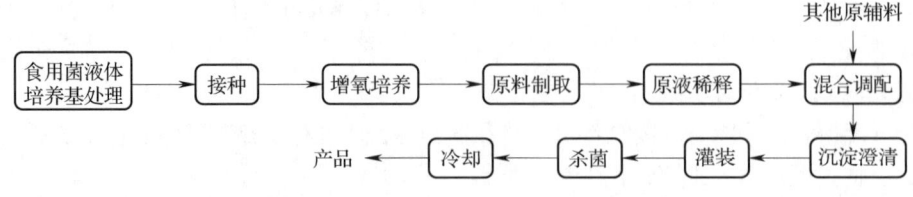

图8-10 食用菌饮料发酵方式生产工艺流程

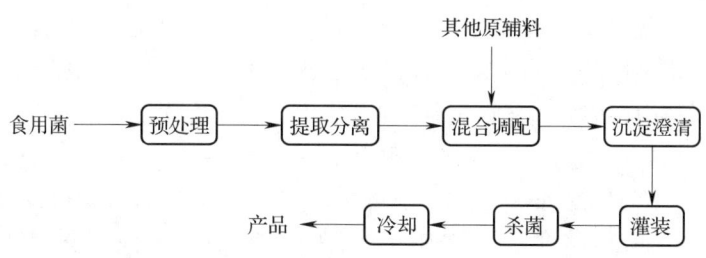

图 8-11 食用菌饮料提取方式生产工艺流程

（2）提取分离　食用菌一般采用浸泡方式进行提取，浸泡温度一般为 80～100℃，浸泡时间及次数视原料种类、状态及浸泡温度而定。也可采用食品加工过程中允许使用的有机溶剂进行提取，但需要用蒸馏等方式脱除溶剂。提取后过滤或离心分离除去残渣，得到食用菌提取液。提取液的可溶性固形物含量一般为 0.5%～2%，可根据生产需要进行浓缩或直接进行调配。

（3）澄清　食用菌提取液中含有果胶等成分，一般需要进行澄清除去以防产生沉淀，澄清方法有自然澄清、加热澄清和离心澄清等。

（4）杀菌　澄清后的食用菌首先加热至 85℃进行热灌装，再在 121℃条件下杀菌 20min。

（二）香菇木耳复合饮料生产工艺

1. 工艺流程

香菇木耳复合饮料生产工艺流程如图 8-12 所示。

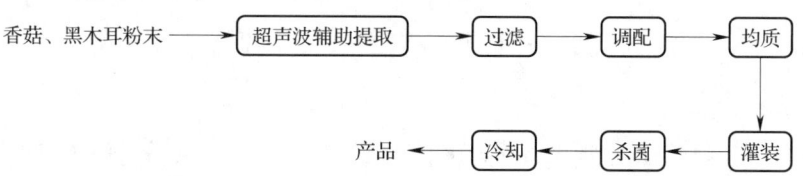

图 8-12　香菇木耳复合饮料生产工艺流程

2. 工艺要点

（1）提取　将干香菇和干木耳按质量比 1∶1 混合后粉碎，按料液比 1∶30 加入纯净水进行超声提取，提取参数为：超声功率 400W，超声温度 50℃，超声时间 60min，提取后体积浓缩至原体积的 1/2，得到香菇木耳复合提取液。

（2）调配　将香菇木耳复合提取液按照试验设定的比例，加入白砂糖、食用香精等辅料进行调配，并充分搅拌均匀，定容。

（3）均质　将调配好的料液加热至 65℃，然后在 30MPa 压力下均质 2 次，使料液更加均匀、细腻，口感好。

（4）灌装、杀菌、冷却　将均质后的料液加热至 85℃，热灌装入玻璃瓶，灌装后在 121℃下杀菌 15～20min，杀菌后迅速冷却至室温，得到香菇木耳复合饮料成品。

三、藻类饮料生产工艺

海洋中藻类有 1000 多种，海藻按颜色分为褐藻、红藻和绿藻；我国沿海可供食用的海藻约有50余种，食用最多的是紫菜、海带、裙带菜等。由于海藻特殊的生长环境，所含的营养成分与陆生植物有较大区别，除含有丰富的蛋白质、纤维素、微量元素、维生素和矿物质外，还含有海藻多糖、多不饱和脂肪酸等特殊营养成分，再加上海藻具有生长速度快、适应能力强等特点，且其味道鲜美，因此海藻在食品工业中具有较好的应用前景。

螺旋藻含有蛋白质、β-胡萝卜素、亚麻酸、维生素以及钾、镁、碘、硒等矿物质，还含有叶绿素、藻蓝素、多糖等。其中所含氨基酸种类齐全，符合联合国粮食及农业组织（FAO）标准模式，具有较高的营养价值，被FAO誉为"人类21世纪最理想的保健食品"。

目前市场上藻类饮料产品相对较少，且多数为蓝藻门的螺旋藻和绿藻门的小球藻，如具有提高免疫力功能的螺旋藻固体饮料、可口可乐的Suja小球藻果蔬汁、山姆的螺旋藻果蔬汁饮料等。

藻类饮料是以海藻为原料，通过清洗、切分、破碎、打浆、研磨、均质等处理，可加工混浊型海藻汁，经过调味或与其他果蔬原料复配，制成海藻汁饮料，如紫菜汁、海带汁等产品。如海带可以制作澄清海带汁，去除其中不溶性残渣得到清澈透明的饮料，保留海带中绝大部分可溶性成分，经过调整风味后可作为一种很好的营养饮料。

（一）螺旋藻饮料生产工艺

1. 工艺流程

螺旋藻饮料生产工艺流程如图8-13所示。

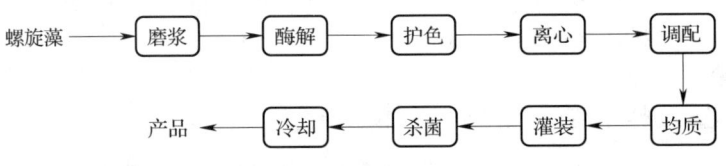

图8-13 螺旋藻饮料生产工艺流程

2. 工艺要点

（1）磨浆　称取一定量的螺旋藻粉，按照所需料液比加水，搅拌分散后，投入研磨装置如胶体磨中进行磨浆，得到螺旋藻浆液。

（2）酶解　调节螺旋藻浆液的pH至6.5左右，按螺旋藻质量的0.1%加入木瓜蛋白酶，55~60℃下酶解2h，升温至95℃灭酶10min，再降温至40℃左右。酶解处理后，约有15%的蛋白质被降解，藻腥味明显降低，又保留了螺旋藻的特有风味，并且避免了螺旋藻蛋白质过度降解可能带来的苦味。

（3）护色　螺旋藻在高温处理和贮藏过程中很容易褪色，影响饮料的感官特性，因此可加入一定的护色剂进行护色处理。用乙酸锌对螺旋藻进行护色，当螺旋藻液pH为6.4时，添加7.5mg/kg（以藻液质量为基准）的乙酸锌，在36℃条件下护色126min，能够最大程度地保护螺旋藻不褪色。

（4）调配　加入白砂糖或甜味剂、稳定剂、食用香精或其他辅料，混合均匀后，加热至55~60℃。

（5）均质　将调配好的料液在25~30MPa压力下进行均质处理，可以使物料进一步细化、乳化，提高其均匀性，增加其乳化效果。

（6）灌装、杀菌　将调配好的饮料加热至80~85℃后，进行热灌装，在121℃下杀菌处理20min，然后快速冷却至室温。

（二）茯苓螺旋藻保健饮料生产工艺

1. 工艺流程

茯苓螺旋藻保健饮料生产工艺流程如图8-14所示。

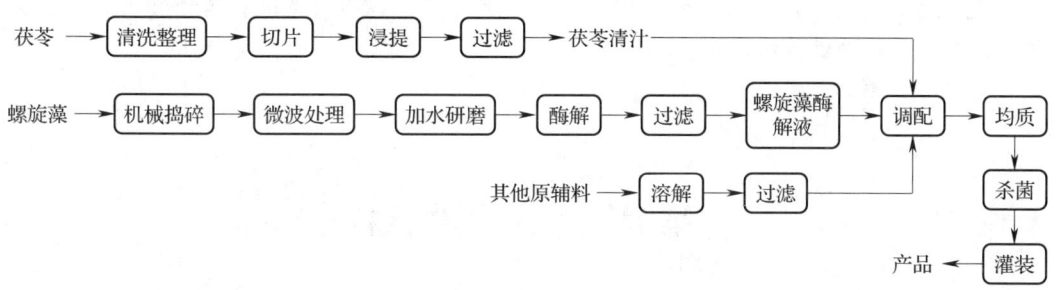

图8-14 茯苓螺旋藻保健饮料生产工艺流程

2. 工艺要点

（1）茯苓提取 ①茯苓整理切片：按配方称取鲜茯苓，浸泡清洗后，切成厚度为1mm左右的薄片；②提取：按料液比1∶10加入纯化水，在80℃条件下搅拌提取3h；③过滤：将提取的茯苓汁通过120目筛过滤，滤液再经双联过滤器精滤，得到茯苓清汁。

（2）螺旋藻酶解液制备 将螺旋藻粉按料液比1∶300加水，胶体磨磨浆后，调节pH至6.5，加入螺旋藻质量0.2%的复合蛋白酶，在50℃条件下酶解5h，加热至85℃灭酶，过滤得到螺旋藻酶解液。

（3）复合饮料调配 将所需的其他原辅料加水溶解过滤，与茯苓清汁、螺旋藻酶解液加入调配罐，定容后搅拌混合均匀；将调配好的混合液加热至65~70℃，在20~25MPa条件下均质；将均质后的调配液泵入超高温瞬时杀菌设备，在135℃条件下杀菌10~15s，冷却后进行无菌灌装。

（三）藻类饮料加工过程中的常见问题

海藻中挥发性成分包括烃类、酚类、醛类、烷基苯、萜类、醇类、酮类、酸类、酯类以及含氮、卤素元素的有机化合物，这些挥发性成分构成了海藻腥味的物质基础，脂肪酸氧化、酶催化、类胡萝卜素降解是海藻形成挥发性物质的重要途径，不同海藻的腥味因其种类、加工方式等不同有所差异。藻类的腥味对以其为原料制成的饮料风味具有重要影响，也制约着藻类饮料进一步推广与发展，因此藻类饮料的脱腥对于其加工过程至关重要。

藻类脱腥技术包括化学脱腥、物理脱腥和生物脱腥，化学脱腥因其安全问题较少使用，因此目前常用的有物理脱腥和生物脱腥。物理脱腥包括掩盖法（如环糊精包埋、添加香精掩盖）、吸附法等，如将植物酵素与薄荷提取物以30∶1的质量比进行复配，制备成固形物含量为2%（质量分数）的脱腥剂，掩盖裙带菜的腥味，当脱腥剂和裙带菜质量比为12∶1时，在30℃条件下脱腥3h，能够达到最佳的脱腥效果。生物脱腥法不仅可以脱除藻类植物的腥味，还可以改善风味，提高产品的营养价值。

生物脱腥法最常用的是发酵和酶解，藻类植物经过微生物发酵后，能够将腥味物质转化为碳源，产生代谢产物，形成特殊风味，掩盖原有腥味，如利用植物乳植杆菌（*Lactiplantibacillus plantarum*）HSCC-LP121在39℃条件下对海带浆发酵85min，能够有效地脱除海带的腥味。以酿酒酵母（*Saccharomyces cerevisiae*）J4和副干酪乳酪杆菌（*Lacticasei bacillus paracasei*）R37按照2∶1混合，接种量为9.0%时，在30℃下发酵7.5d对海带的脱腥效果最好。

我国拥有种类繁多的植物资源，除常见的食用菌饮料、藻类饮料外，还有很多不常见的植物也可作为原料制备饮料，如以桦树汁为原料制备的桦树汁饮料。桦树汁，又名白桦树液或是白桦树汁，是白桦树中流出的一种无色或微带淡黄色的透明液体，因其蕴含着人体所需要的多种营养物质，被称为"神奇的树水"。桦树汁添加或不添加糖类、食用香精经过调配、灌装及杀菌工艺可生产桦树汁饮料。

[案例] 复合植物饮料

1. 配料

水、聚葡萄糖、甘草、薄荷、桑叶、陈皮、罗汉果、决明子。

2. 工艺流程

复合植物饮料生产工艺流程如图 8-15 所示。

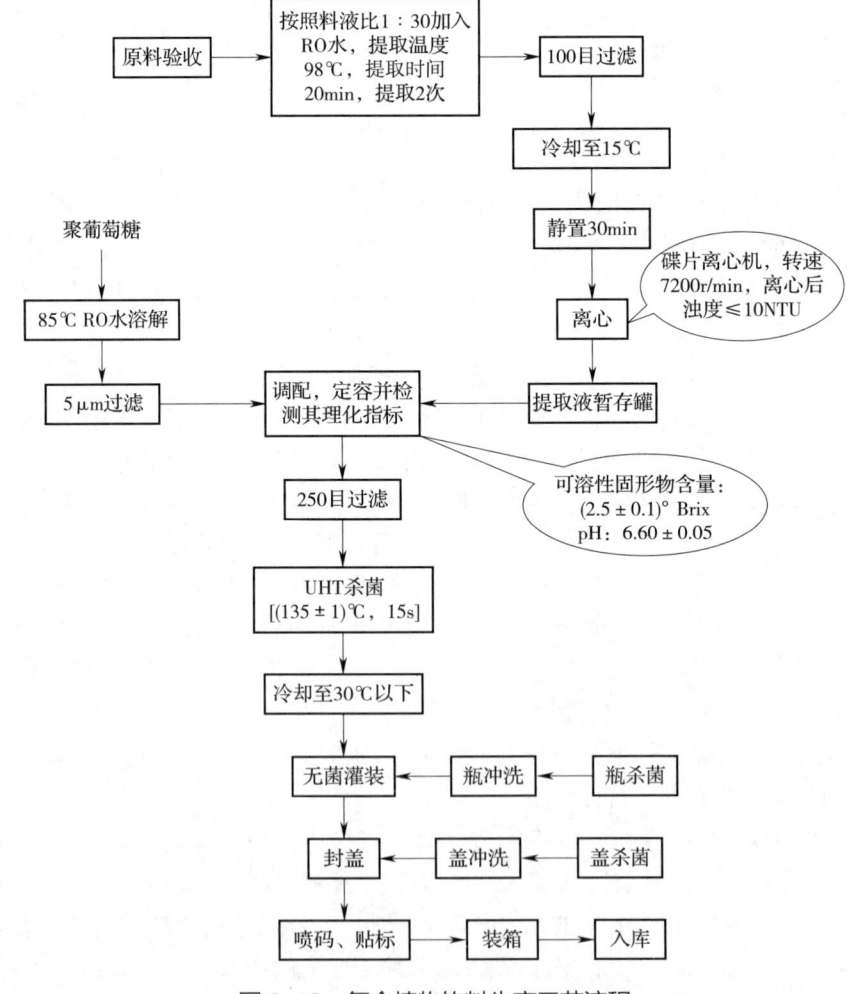

图 8-15　复合植物饮料生产工艺流程

3. 工艺要点

（1）提取　将验收合格的甘草、薄荷、桑叶、罗汉果、陈皮按照配方所需质量称重后，投入提取罐中，加入98℃热水，保持搅拌在98℃下提取20min，提取液经100目过滤后，泵入缓冲罐。提取罐中重新加入98℃热水在相同条件下二次提取。提取结束后，提取液经100目过滤后泵入缓冲罐，与一次提取液合并。

（2）静置及离心　缓冲罐中的提取液冷却到15℃，并静置30min，促使提取液中的悬浮性颗粒沉降。静置后离心，除去提取液中的悬浮及细小杂质。离心后将提取液泵入提取液暂存罐，检测提取液的可溶性固形物含量、pH及浊度，待调配使用。

（3）调配　根据植物提取液的可溶性固形物含量计算调配所需量，并将其泵入调配罐；聚葡萄糖加入85℃热水溶解，经5μm过滤器过滤后泵入调配罐；其他辅料如甜味剂、香精等加少量温水溶解后，投入调配罐中，加水定容，过1μm过滤器过滤后进入下一道工序。

（4）杀菌　调配过滤后的料液在135℃±1℃、15s条件下进行灭菌。

（5）瓶、盖杀菌　吹制成型的瓶子及瓶盖采用过氧乙酸杀菌，并用无菌水冲洗干净后，进入饮料的无菌灌装及旋盖系统。

（6）灌装　将杀菌后的料液冷却至30℃以下，在无菌环境下进行灌装及旋盖。灌装后的产品经喷码、套标装箱后入库。

4. 成品规格及质量指标

（1）规格　500mL PET瓶装。

（2）理化指标　可溶性固形物含量：（2.5±0.1）°Brix，pH 6.60±0.05，浊度：≤10.0NTU。

（3）微生物指标　应符合GB 7101—2022《食品安全国家标准　饮料》要求。

思考题

1. 简述谷物饮料贮藏过程中产生分层的原因。
2. 常见草本饮料中的活性成分有哪些？
3. 藻类饮料的脱腥方式有哪几种？
4. 简述植物饮料生产过程中的技术难题。
5. 阐述植物饮料未来的发展趋势。

第九章 蛋白饮料

学习目标

1. 掌握蛋白饮料的定义及分类。
2. 了解蛋白饮料对加工原料的基本要求。
3. 掌握不同类型蛋白饮料加工工艺流程及其关键技术。

第一节 概述

蛋白质是骨骼、肌肉、软骨、皮肤与血液的重要组成成分,人体需要适量的蛋白质以保持正常的生理功能。富含蛋白质的蛋白饮料满足了消费者的功能诉求。在我国,可用于生产蛋白饮料的原料很丰富,乳蛋白以及富含蛋白质的植物果仁、果肉,如大豆、花生仁、核桃仁、杏仁、葵花籽仁等均可以用于生产蛋白饮料。

一、蛋白饮料的定义及分类

根据 GB/T 10789—2015《饮料通则》,蛋白饮料是指"以乳或乳制品,或其他动物来源的可食用蛋白,或含有一定蛋白质的植物果实、种子或种仁等为原料,添加或不添加其他食品原辅料和(或)食品添加剂,经加工或发酵制成的液体饮料"。蛋白饮料分为含乳饮料、植物蛋白饮料、复合蛋白饮料和其他蛋白饮料四大类。不同蛋白饮料之间存在着原料、加工工艺和质量标准等方面的显著差别。表 9-1 列出了蛋白饮料的分类及其基本技术要求。

表 9-1　　　　　　　　　　蛋白饮料的分类及其基本技术要求

分类	项目	指标或要求
配制型含乳饮料	乳蛋白质含量 /%(质量分数)	≥1.0
发酵型含乳饮料	乳蛋白质含量 /%(质量分数)	≥1.0
	未杀菌(活菌)型,出厂检验乳酸菌活菌数量 /(CFU/mL)	$\geqslant 1 \times 10^{6}$

续表

分类	项目	指标或要求
乳酸菌饮料	乳蛋白质含量/%（质量分数）	≥0.7
	未杀菌（活菌）型，出厂检验乳酸菌活菌数量/（CFU/mL）	≥1×10^6
植物蛋白饮料	蛋白质含量/%（质量分数）	≥0.5
复合蛋白饮料	蛋白质含量/%（质量分数）	≥0.7
其他蛋白饮料	蛋白质含量/%（质量分数）	≥0.5

二、影响蛋白饮料品质的主要因素

蛋白饮料富含蛋白质，蛋白质分子是一种生物大分子，相对分子质量从几百到数百万。蛋白质具有复杂的空间结构，因此决定了蛋白饮料的生产不同于一般饮料，也决定了蛋白饮料生产的特点和难度。

蛋白饮料是热力学不稳定的系统，水是分散介质，蛋白质和脂肪是主要分散相。该系统包括由蛋白质组成的胶体溶液、由脂肪乳剂组成的乳液和由糖组成的真溶液。蛋白饮料在加热杀菌或储存过程中容易发生脂肪上浮、蛋白质絮凝、沉淀等现象，严重影响产品的感官质量，有时还会出现饮料变质等问题，因此保持均匀稳定性、延长保质期是蛋白饮料的共性挑战。这些问题必须从配方、工艺及生产过程控制方面加以解决。

影响蛋白饮料稳定性的因素较多，主要有原料质量、黏度、浓度、电解质、粒径、pH、微生物、工艺条件、质量控制、包装方式和储存温度等。

（一）原料质量

在蛋白饮料中，单位体积的蛋白质粒子越多，浓度越大，粒子之间的相对距离越小；相反，蛋白质粒子之间的相对距离越大。蛋白质粒子之间的相互作用主要是范德瓦耳斯力（范德华引力）与具有相同电荷的双电层之间的静电斥力。当两个蛋白质粒子相互靠近时，若距离小于粒子半径，则双电层开始重叠，产生较大的排斥力，有助于维持蛋白质胶体溶液的稳定性。范德华引力和双电层斥力的总和决定了蛋白质胶体溶液稳定性的总位能。在一定浓度下，当蛋白质粒子的斥力位能大于引力位能时，胶体溶液稳定。当双电层斥力小于范德华引力时，蛋白质粒子相互靠近，发生凝聚，出现絮状沉淀。在蛋白饮料中，单位体积的蛋白质分子数（即溶液的浓度）是决定范德华引力和双电层斥力的关键因素。不同原料制成的蛋白饮料，有其不同的最佳浓度。因此，在生产蛋白饮料时，应根据产品的定位，结合国家相关标准和工艺来确定原料的用量，不能为强调口感而多使用原料，否则一方面成本过高，在市场上没有竞争力，另一方面产品质量不稳定，容易出现质量问题。当然，也不可能为了增加稳定性而减少添加量，使蛋白质含量不达标，原料添加量的多少直接影响到产品风味。

为了生产高品质的蛋白饮料，原料质量是至关重要的。如生产植物蛋白饮料时，一定要选用新鲜、籽粒饱满均匀、无虫蛀、无霉变的优质原料。使用贮藏时间过长、脂肪部分氧化的劣质原料，产品会有哈败味，同时也影响产品的乳化稳定性；蛋白质部分变性，经高温处理后易絮凝分层；若有霉变的则可能含有黄曲霉毒素，影响消费者健康。总之，使用劣质原料，不但产品的口味差，而且稳定性差，蛋白质易变性，油脂易析出。所以在生产时应严把原辅料关。

（二）微细化处理

根据粒子沉降理论（斯托克斯定律）可知，粒子自然沉降或上浮速度与粒子半径的平方、两相间密度差成正比，与液体的黏度成反比。粒子沉降或上浮的速度越小，悬浮的动力稳定性越高。粒子微细化处理可减小蛋白质、脂肪颗粒粒径，提高蛋白饮料的稳定性。

蛋白饮料生产中微细化处理设备通常采用磨浆机、胶体磨和均质机。磨浆机、胶体磨处理是将大颗粒原料粉碎变小，便于后续均质处理；均质处理则可使体系中各组分颗粒微细化从而达到其稳定性要求。均质工艺对于蛋白饮料体系的稳定非常重要，均质温度、均质压力和均质次数需要根据产品配方和蛋白质来源而定。均质参数不合理，不利于体系稳定。如果蛋白质来源于植物，一般在生产中采用二次均质，一次均质压力为 20~25MPa，二次均质压力为 30~40MPa，均质温度为 50~70℃，不同品种的蛋白饮料，均质要求也各不相同，应选择最适合的均质条件，确保饮料在保质期内组织状态稳定。

（三）pH

蛋白饮料稳定性与体系 pH 和所含蛋白质等电点密切相关。蛋白质分子中绝大多数的氨基和羧基相互结合成肽键，但仍然存在一些未结合的氨基和羧基，还有一些极性基团在一定条件下能与酸或碱作用，因此蛋白与氨基酸类似，是一种两性电解质，可以发生两性解离。

$$P\begin{matrix}COOH\\NH_3^+\end{matrix} \underset{H^+}{\overset{OH^-}{\rightleftharpoons}} P\begin{matrix}COO^-\\NH_3^+\end{matrix} \underset{H^+}{\overset{OH^-}{\rightleftharpoons}} P\begin{matrix}COO^-\\NH_2\end{matrix}$$

阳离子（pH<pI）　　两性离子（pH=pI）　　阴离子（pH>pI）

当体系的 pH 在等电点时，整个蛋白质分子呈电中性，水化作用最弱，蛋白质溶解度最小，不能吸引水分子，水化层被破坏，容易使体系中的蛋白质分子或其他组分相互聚集、沉淀或浮起。当体系的 pH 小于等电点时，蛋白质呈阳离子态；当体系的 pH 大于等电点时，蛋白质呈阴离子态。离子态下的蛋白质粒子可与其他异性离子结合，形成复杂的蛋白质盐。pH 的变化会导致蛋白质多肽链中某些基团的解离程度发生变化，pH 与蛋白质等电点的差越大，蛋白质分子的解离越多，蛋白质盐的亲水胶体越容易形成，乳液越稳定，蛋白质分子的水化作用越强，溶液越稳定。

大多数蛋白质的等电点在 pH 4~6，不同原料来源的蛋白质等电点不同。当体系的 pH 低于蛋白质的等电点时，即处于微酸性环境时，大多数增稠剂的保护作用因 pH 低而明显下降，蛋白质在低 pH 环境下容易受热变性，不利于蛋白质饮料的稳定性。当体系的 pH 大于蛋白质的等电点时，蛋白质的溶解度和乳化性得到改善，加入体系的各种增稠剂也会在这种环境下发挥其原有的保护作用，有利于蛋白饮料的稳定性。因此，为了维持蛋白饮料的稳定性，在不影响风味和口感的前提下，饮料 pH 应远离蛋白质的等电点。但 pH 太高，会使产品带有碱味，并使产品的色泽变暗，一般低酸性蛋白饮料的 pH 控制在 6.8~7.0 较好。

对于酸性蛋白饮料，pH 一般控制在 3.8~4.2，即低于蛋白质的等电点。在生产过程中，一方面配料时要先加增稠剂和经预定容后再调酸，另一方面调酸过程中要快速通过蛋白质的等电点，并将拟加入的酸味剂配成尽可能低浓度的溶液，并在不断搅拌的情况下将酸溶液喷洒加入。

（四）电解质

二价盐容易造成蛋白质沉淀而一价盐能促进蛋白质溶解。一方面，一价离子可以使蛋白质胶束表面电荷增加，水化层增厚，提高胶体稳定性；另一方面，酸根离子又能与饮料中的 Ca^{2+}、Mg^{2+} 等离子螯合，防止电解质引起蛋白质聚集沉淀。因此，配方中常添加柠檬酸钠、多聚磷酸钠、乙二胺四乙酸二钠等络合剂，增加蛋白质的稳定性。

（五）微生物及灭菌强度

蛋白饮料中丰富的营养、充足的水分是微生物生长和繁殖的理想条件，特别是耐热细菌，如蜡样芽孢杆菌（*Bacillus cereus*）、热解糖梭菌（*Clostridium thermosaccharolyticum*）、致黑梭菌（*Clostridium nigrificans*）及其孢子。若灭菌不完全，微生物容易生长和繁殖，导致蛋白质饮料变质沉淀；若灭菌过度，如灭菌温度过高或时间过长，蛋白质会变性絮凝，不利于体系稳定，同时可能引起饮料褐变，导致产品色泽变深，影响产品风味。因此需要设定合理的杀菌强度。

（六）添加乳化剂和增稠剂提高蛋白饮料稳定性

添加乳化剂和增稠剂能有效地稳定蛋白质和脂肪，防止蛋白质沉淀和脂肪上浮，提高蛋白饮料的稳定性。常用的乳化剂和增稠剂有蔗糖脂肪酸酯、单双甘油脂肪酸酯、海藻酸丙二醇酯（PGA）、磷脂、黄原胶、海藻酸钠、羧甲基纤维素钠（CMC-Na）、阿拉伯胶、卡拉胶、瓜尔豆胶、微晶纤维素等。蛋白饮料生产中常采用多种乳化剂、酸度调节剂，再与多种具有协同增效作用的增稠剂按一定比例混合使用。选择乳化剂时，要考虑乳化剂亲水亲油平衡值（HLB值）的高值与低值相差不要大于5，否则得不到最佳的稳定效果。在配方设计时，不仅需考虑乳化剂的乳化性能，还需要注意乳化剂使用量。

（七）利用蛋白质改性技术提高植物蛋白饮料稳定性

在植物蛋白质深加工中对其进行适当改性提高植物来源蛋白质溶解和乳化性能已有大量资料报道。有用热、电、机械能量形式的物理改性；有采用亲核试剂、氧化剂、芳香环取代剂的化学改性；有利用酶法尤其是碱性蛋白酶、木瓜蛋白酶水解植物蛋白，以提高植物蛋白质深度利用的酶改性。

由于原料和工艺的不同，提高产品稳定性的措施也不同。即使是相同的蛋白质原料，由于产地不同其成分也会有所不同。因此，生产的产品质量不尽相同，需根据原料特性进行配方和工艺的调整。

第二节 含乳饮料生产工艺

GB/T 21732—2008《含乳饮料》将含乳饮料分为配制型含乳饮料、发酵型含乳饮料、乳酸菌饮料3种类型。下面分别介绍这3种饮料的生产工艺。

一、配制型含乳饮料生产工艺

配制型含乳饮料是指以乳或乳制品为原料，加入水、白砂糖和（或）食品甜味剂、酸味剂、果汁、茶、咖啡、植物提取物等的一种或几种调配而成的饮料。配制型含乳饮料要求100g饮料中蛋白质含量不低于1.0g。市场上这类饮料的品种很多，最常见的有含果汁（果粒）的乳饮料，含咖啡提取物的咖啡乳饮料，含可可粉的可可乳饮料，含巧克力的巧克力乳饮料，含水果颗粒的果粒乳饮料等，生产工艺有相似之处。

（一）含果汁（果粒）的乳饮料生产工艺

含果汁（果粒）乳饮料是指以乳或乳粉为原料，添加果汁（果粒）、白砂糖或食品甜味剂、有机酸和增稠剂等原辅料，调配而成的含乳饮料。此类饮料酸甜适口，具有奶香、果香的复合香气，集乳与果汁的特点于一体，具有营养丰富，口味多样等特点。

1. 工艺流程

含果汁（果粒）的乳饮料生产工艺流程如图9-1所示。

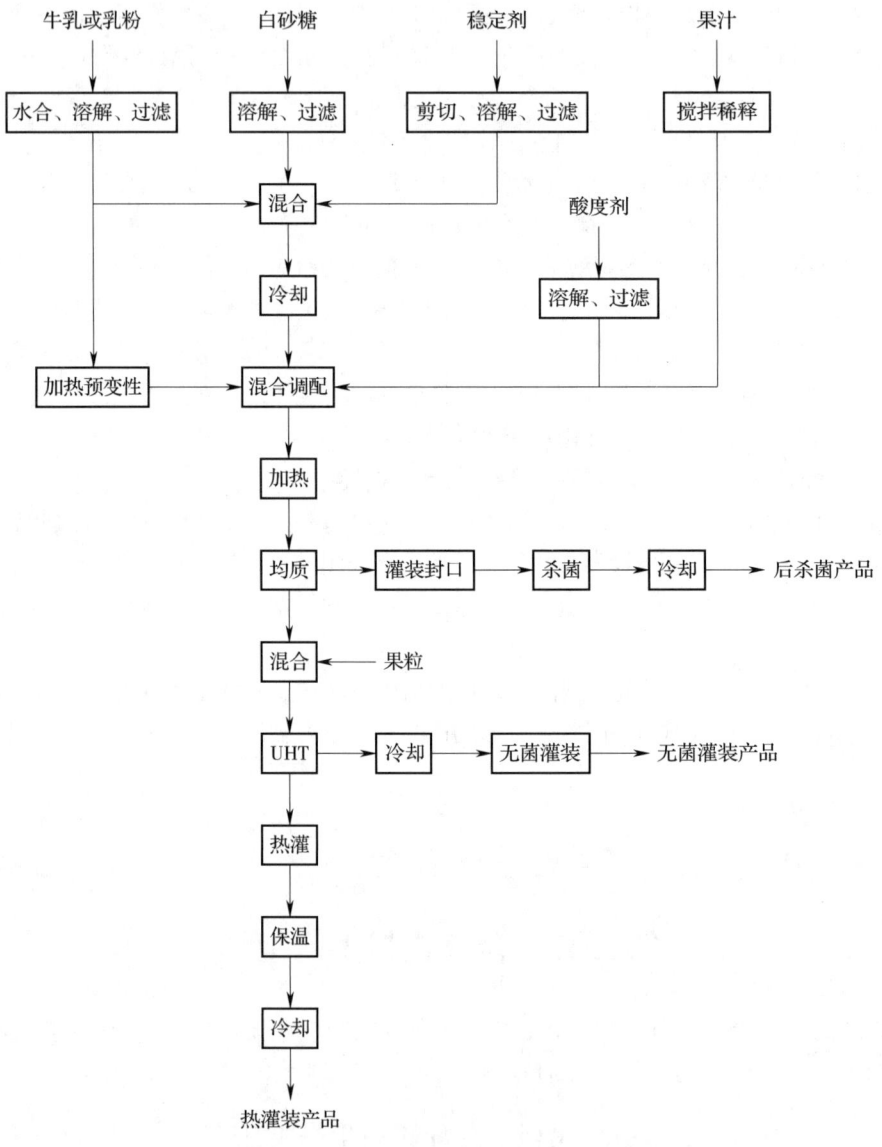

图9-1 含果汁（果粒）的乳饮料生产工艺流程

2. 工艺要点

（1）增稠剂溶解　增稠剂添加部分白砂糖（通常是增稠剂质量的5~10倍）混合均匀后，再用混合后质量50倍的80~90℃热水溶解，或用胶体磨预处理一遍，保温20min左右。为了保证增稠剂能充分溶解，现多采用带有剪切头的乳化罐进行溶解，此时，增稠剂不用先与白砂糖混合，可直接在乳化罐中加入增稠剂质量50倍的80~90℃热水，开启搅拌器将增稠剂缓慢加入，继续搅拌到溶液呈透明状无粉团为止。

（2）乳粉水合　若采用乳粉为原料，需将乳粉用4~7倍质量、40~50℃的水搅拌溶解20~30min，以保证乳粉充分溶解并使蛋白质恢复到失水前的状态；为了避免微生物的污染，水合后的乳粉溶液建议在2h内使用完毕。如果饮料产品中蛋白质含量较高（≥15g/L），则需将蛋白质溶液预先加热变性（热处理）。可以在100~120℃加热1~3min或者90~95℃加热2~5min，随后冷却至70℃等待后续处理。热处理过程中，大部分乳清蛋白会失活，同时钙盐沉淀，这样的蛋白质混合物能够承受进一步的灭菌而不至于在后续的工序中发生凝集、失稳现象。

（3）调配　将白砂糖溶解后与乳液混合；上述乳液边搅拌边加入增稠剂溶液，将此料液冷却至30℃以下；有机酸溶解成溶液，加入果汁，浓度尽可能低（100g/L以下）；当调配罐料液达到定容量的80%时，在搅拌状态下，将果汁和酸溶液喷洒到料液中；并注意，搅拌速率要快，喷洒速率要慢，防止局部料液过度酸化而引起蛋白质变性沉淀；加入香精和色素（如果配方需要）；搅拌均匀后，取样检测可溶性固形物、总酸，检测稳定性，品尝口感，与配方设计样品或上一次生产产品对照合格后即调配完毕；将料液加热至50~60℃，进行脱气，然后在15~25MPa压力下均质1次，如果是含果粒的乳饮料，均质后加入果粒，搅拌均匀。

（4）灌装、杀菌　饮料经105~110℃，15~30s杀菌，冷却到（88±1）℃，灌装到容器中，立即封口，倒瓶保温3~5min，冷却，此方式生产的产品为热灌装产品；或采用80~85℃灌装、封口，90~100℃保持10~15min的方式二次杀菌后冷却，此方式生产的产品为二次杀菌（后杀菌）产品；或经135~137℃，3~5s杀菌，冷却到25~30℃左右，无菌灌装入杀过菌的容器中并密封，此方式生产的产品为无菌灌装产品。

3. 加工过程中的质量控制

（1）果汁一般选用浓缩苹果汁、菠萝汁、橙汁等，果汁应与乳液均匀混合，避免产生果肉沉淀。

（2）脱脂鲜乳或脱脂乳粉可以防止成品出现脂肪上浮，但全脂的原料风味较好。

（3）乳化剂与增稠剂的添加　乳中主要蛋白质是酪蛋白，占牛乳蛋白质质量的80%~82%。酪蛋白的等电点为4.6，具有磷酸化作用和两性特征，在乳中以酪蛋白酸钙-磷酸钙复合胶束的形式存在，胶束中蛋白质占92%，以磷酸钙为主的无机组分占8%。为了使酪蛋白在低于等电点pH的酸性条件下相对稳定地存在，需要增加酪蛋白之间的静电相互作用，同时克服加剧酪蛋白聚集沉淀的不利因素，通常需要使用乳化剂和增稠剂来达到这一目的。一般使用亲水性和乳化性较高的增稠剂，主要有藻酸丙二醇酯（PGA）、羧甲基纤维素钠（CMC-Na）、明胶、果胶、海藻酸钠以及卡拉胶等，其用量一般为1~3g/L。目前常用的乳化剂有甘油酯类、山梨醇酯类、木糖醇酯类、蔗糖酯类及丙二醇酯类等，为了提高乳化效果，一般选用亲水亲油平衡值（HLB值）不同的几种乳化剂复配使用，且复配乳化剂的HLB值为8~13。

羧甲基纤维素钠和果胶对椰子饮料的稳定性有改善效果，羧甲基纤维素钠0.98g/L、可溶性大豆多糖1.8g/L、果胶2.3g/L复配使用下，椰子饮料的耐酸性最好，并且稳定性也较好。刘江等研究发现，3g/L果胶、4g/L 40%CMC-Na、3g/L PGA对酸性乳饮料均具有很好的稳定作用，其中果胶作为酸性乳饮料增稠剂稳定效果最好。

（4）络合剂（螯合剂）　常见的络合剂有磷酸和柠檬酸的钠盐。磷酸根和柠檬酸根能与钙、镁离子结合形成络合物，钠离子对钙、镁等二价离子与蛋白质的结合起到阻止作用，与酪蛋白的负电荷基团结合后可增加胶束电荷，降低可溶性钙含量，可以在酸性条件下起到稳定酪蛋白的作用。

（5）配料顺序正确，合理设计酸化工艺　酸化是酸性乳饮料生产中的重要环节，酸化的方式和方法决定着产品质量。为了防止酸化过程中蛋白质与有机酸产生变性沉淀，酸化前先向乳液中添加增稠剂，使酪蛋白受到增稠剂的保护。为了得到最佳的酸化效果，应：①先将牛乳与增稠剂混合后的料液温度降至30℃以下（最好为15～20℃）；②控制酸度调节剂的溶液浓度（通常为50～100g/L），否则调酸时会因为局部酸度偏差太大导致蛋白质变性沉淀；③添加少量柠檬酸钠，既可以对酸碱产生缓冲作用，还能螯合游离的钙离子；④控制酸化速率，为了保证酸度调节剂溶液与乳液充分均匀混合，酸度调节剂溶液应缓慢地加入（或将酸液喷洒），同时要快速搅拌，如加酸过快，会使酸化过程形成的变性酪蛋白颗粒粗大，产品产生沉淀；搅拌速率过低，很难保证整个酸化过程中酸液与牛乳能均匀地混合，从而导致局部pH过低，也会产生蛋白质沉淀。

（二）咖啡乳饮料生产工艺

咖啡乳饮料是以乳及乳制品、咖啡为主要原料加工而成，属于一种配制型含乳饮料，乳蛋白质含量≥1.0%（质量分数）。GB/T 30767—2014《咖啡类饮料》对饮料中的咖啡因含量作出了具体要求，但本部分所涉及的咖啡乳饮料严格意义上讲只能是咖啡味乳饮料，不受咖啡因含量的约束，但蛋白质含量必须符合国家标准要求，标签标识上也只能属于"配制型含乳饮料"。咖啡乳饮料既有咖啡的香醇，又有牛乳的营养价值。

1. 工艺流程

咖啡乳饮料生产工艺流程如图9-2所示。

2. 工艺要点

（1）将部分白砂糖与增稠剂、乳化剂混合均匀后在乳化罐中用50倍质量80℃左右的热水溶解、剪切10～15min，使增稠剂和乳化剂充分溶解均匀无粉状颗粒，加入乳液中，搅拌均匀，必要时均质1次，即为1液。

（2）将白砂糖溶解后，加入pH调节剂（事先溶解好）；在搅拌的情况下将1液加入，搅拌均匀，即为2液。

（3）在搅拌的情况下，把咖啡液加入2液中，充分搅拌均匀，必要时加入焦糖色、香精香料等，加水定容，充分搅拌混合，检测可溶性固形物和口感。

（4）双联过滤器过滤，过滤网孔径为60～80目。

（5）均质　料液加热脱气后进行均质，均质温度一般在65～70℃，均质压力为25MPa。

（6）灌装、杀菌　如饮料采用易拉罐或玻璃瓶包装，加热到85～90℃，热灌装、封口、杀菌。杀菌条件为121℃、20min，然后冷却到40℃以下。

咖啡乳饮料也可以采用纸铝塑复合包装（如利乐包或康美包）和PET包装，料液脱气均质后，采用135～137℃、6～10s超高温瞬时杀菌，降温到25～30℃进行无菌灌装。

3. 加工过程中的质量控制

（1）调配顺序　咖啡液中含有单宁酸等酸性物质，能与蛋白质结合产生沉淀，而乳中蛋白质丰富，因此必须使用增稠剂、乳化剂将乳中的蛋白质进行有效保护，然后再与咖啡液混合。

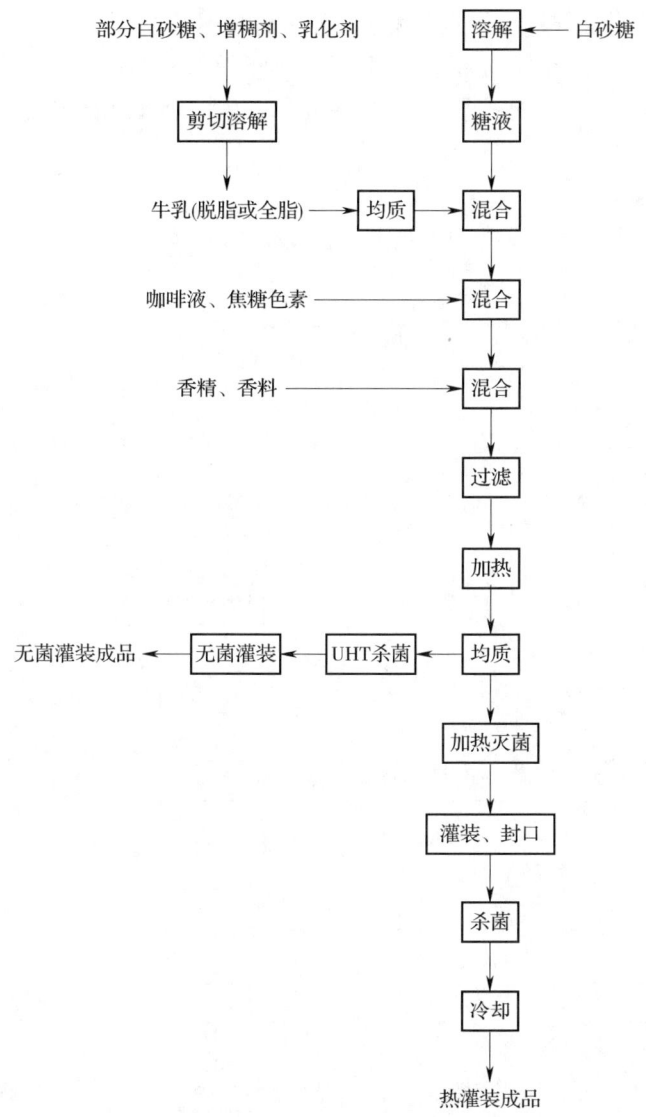

图 9-2 咖啡乳饮料生产工艺流程

（2）有时添加聚氧乙烯（20）山梨醇酐单月桂酸酯等消泡剂去除体系中过多的泡沫，需要在添加咖啡液之前加入。

（三）可可乳饮料生产工艺

可可乳饮料与咖啡乳饮料的生产工艺基本相似，只是选择原料时一般采用可可粉，用量为 10~15g/L。

二、发酵型含乳饮料与乳酸菌饮料生产工艺

发酵型含乳饮料与乳酸菌饮料均是以乳或乳制品为原料，在经乳酸菌等益生菌发酵制得的乳液中加入水，以及白砂糖和（或）甜味剂、酸味剂、果汁、茶、咖啡、植物提取液等的一种或几种经过调制而成的饮料。根据其是否经过杀菌处理而分为杀菌（非活菌）型和未杀菌（活菌）型。两种产品的工艺区别就在于蛋白质含量不同。发酵型含乳饮料中蛋白质含量要求每

100g 不低于 1.0g，乳酸菌饮料中蛋白质含量要求每 100g 不低于 0.7g。

发酵型含乳饮料与乳酸菌饮料不仅营养丰富，而且还具有治疗肠道功能紊乱、维持肠道菌群平衡、抗肿瘤、降低胆固醇水平、缓解乳糖不耐受、延缓衰老等多种生理保健功能，而且风味佳，因此深受消费者喜爱。

（一）工艺流程

发酵型含乳饮料与乳酸菌饮料的生产工艺包括发酵、调配和均质等，具体生产工艺流程如图 9-3 所示。

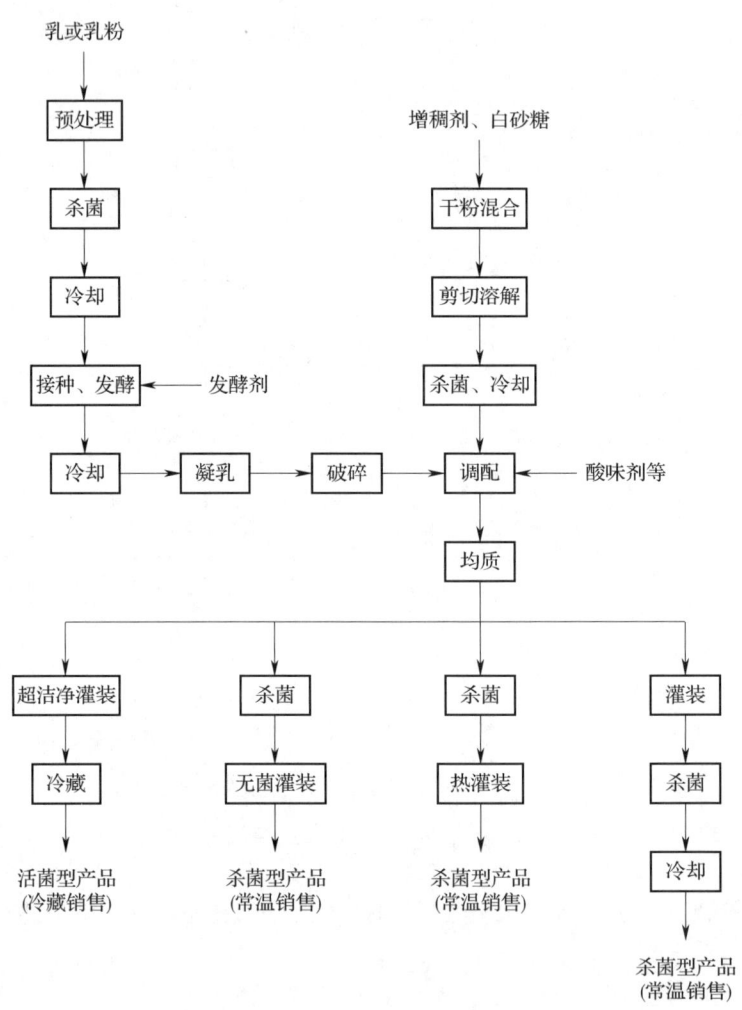

图 9-3　发酵型含乳饮料与乳酸菌饮料生产工艺流程

（二）工艺要点

1. 原料预处理

选用乳或乳粉为原料，可单独使用也可以按比例混合使用。如用鲜牛乳，要求的理化、微生物指标应符合相关标准，酸度 18°T 以下。如选用乳粉为原料，用 7 倍质量 40℃ 左右的水，溶解搅拌 30min。必要时可以均质，均质温度为 50~60℃，压力为 10~25MPa，以保证乳粉充分溶解。原料乳、脱脂乳粉应不含有抗生素和防腐剂。乳中总干物质质量不得低于 11.5%。

2. 杀菌

杀菌的目的是杀灭乳液中致病菌和有害微生物，以保证食品安全，为发酵菌种创造一个无杂菌、利于生长繁殖的环境，同时适当的加热处理，可使一部分乳清蛋白凝固，提高酪蛋白的热稳定性，因此适当的热处理有利于提高产品的稳定性。杀菌温度为90~95℃，保温5~15min，然后冷却至42℃左右。

3. 接种、发酵

常用的发酵剂有嗜热链球菌（*Streptococcus thermophilus*）、嗜酸乳杆菌（*Lactobacillus acidophilus*）、乳酸链球菌（*Streptococcus lactis*）和德氏乳杆菌保加利亚亚种（*Lactobacillus delbrueckii* subsp. *bulgaricus*）等，不同菌种发酵后产生的风味物质不同，多采用几个菌种混合发酵。发酵剂是产品产酸和产香的基础，其品质及活力直接影响产品的质量。

传统生产方式，需要进行"菌种纯化→活化→主发酵剂→母发酵剂→中间发酵剂→生产发酸剂"的菌种培养过程，工序多、技术要求严格，生产厂家由于条件有限，经常出现质量问题。如今，随着低温干燥技术发展，国外乳业发达的国家率先将乳酸菌发酵剂进行冷冻干燥，生产出直投式发酵剂。直投式发酵剂是指一系列高度浓缩和标准化的冷冻干燥发酵菌种，可直接加入杀菌后的原料乳中进行发酵，无需中间继代培养，使用方便，发酵产品质量稳定，活菌数为10^{10}~10^{12}CFU/g。由于直投式发酵剂活力强、类型多，厂家可以根据需要任意选择，从而丰富了发酵型含乳饮料、乳酸菌饮料产品品种，简化了生产工艺。

直投式发酵剂菌种的使用方法为：发酵剂与乳要充分混匀，接种量0.1~0.2U/L，为更好地溶解发酵剂，可将发酵剂提前15min溶于杀菌后冷却至42℃的乳液中。生产时，投入发酵剂后，需搅拌15~20min，转速不宜过快。为了利于乳酸菌生长，可适当添加葡萄糖或乳糖。最佳发酵温度为43℃，发酵时间随菌种类型及接种量而异。发酵终点的酸度对饮料的稳定性有影响，酸度低，稳定效果好，但从风味及营养角度来说，需要适当的酸度。待牛乳凝固较好，滴定酸度在65~80°T时结束发酵，并将凝乳冷却至10~20℃，在搅拌机内将凝乳搅拌破碎。

4. 调配

将白砂糖、增稠剂、乳化剂与螯合剂等干粉混合搅拌均匀，加入70~80℃的热水，充分溶解，经杀菌、冷却后，与发酵的乳混合，再将果汁、酸味剂（事先溶解成100g/L溶液）加入，搅拌、定容，最后加入香精等。如生产活菌型产品，调配用水应事先杀菌。

5. 均质

压力为20~25MPa，温度65℃。

6. 杀菌与灌装

如生产活菌型产品，需在超洁净的灌装条件下，将调配好的发酵乳饮料灌装到灭菌的容器中，在冷藏条件下进行销售。如生产灭菌型产品，则需将调配好的发酵乳料液灌装后经85~95℃、15~30min灭菌，然后冷却到常温；也可以采用110~115℃、3~10s杀菌后进行热灌装或无菌灌装。灭菌型产品可以在常温下销售。

（三）加工过程中的质量控制

1. 发酵工艺不当导致的质量问题

（1）凝固性差或不凝固　可以从几个方面查找原因并解决：原料乳中含有抗生素或防腐剂；乳中干物质不足；发酵时间短或发酵温度不均匀；发酵剂活力不足或接种量太少。

（2）乳清析出　原料乳杀菌温度偏低或时间不足，发酵时间过长，发酵剂用量过大；原料乳中干物质含量低等。

（3）香气不纯正或不足　饮料风味因所用菌种及发酵条件不同而有较大差异。菌种产香不足、发酵时间过长或过短均会影响产品香气，因此可选用产香好的菌种，严格控制发酵时间，同时注意防止因酵母菌污染而产生二氧化碳，形成酯臭味、酵母味等令人不愉快的风味。

2. 饮料后酸化及活菌数控制

后酸化（也称为过酸化、后发酵）是指发酵乳制品在正常发酵结束后，在贮藏、运输、销售、食用前这一过程中，微生物仍在生长繁殖，并在 $\beta-$ 半乳糖苷酶作用下，继续分解残存乳糖、产酸，使发酵乳制品 pH 继续下降，出现了消费者不可接受的过酸味及感官品质下降的问题。GB/T 21732—2008《含乳饮料》对未杀菌（活菌）型发酵型含乳饮料和乳酸菌饮料中乳酸菌活菌数量作出了明确规定，要求出厂前 $\geqslant 1 \times 10^6$ CFU/mL，销售期按标签标注的乳酸菌活菌数执行。活菌数量是产品质量的重要指标之一。因此为保证含活性乳酸菌产品的质量，一定要解决好后酸化问题。

（1）发酵剂应选用耐酸性强的菌种，乳酸菌的活力依繁殖期而不同，在稳定生长期活力最高，因此要迅速冷却终止发酵，抑制乳酸菌的生长，以免继续发酵产生乳酸。

（2）降低贮存温度有利于保持活菌数量和延缓后酸化进程。储藏期间，由于乳酸菌不断繁殖，且在 $\beta-$ 半乳糖苷酶的作用下，乳酸菌不断分解乳糖产生乳酸，饮料 pH 逐渐降低，酸度过高会使乳酸菌死亡。图 9-4 所示为贮存温度对贮存期内饮料中活菌数的影响。

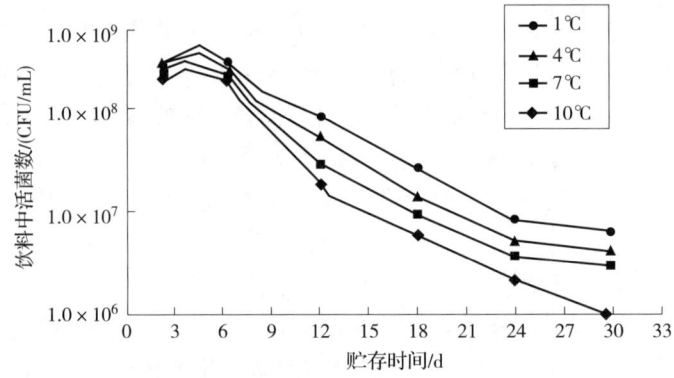

图 9-4　贮存温度对贮存期内饮料中活菌数的影响

由图 9-4 可知，随着贮存时间延长，活菌数呈先略微增加而后逐渐减少的趋势。贮存温度较低时，活菌数下降较慢。低温抑制了 $\beta-$ 半乳糖苷酶活性，同时也降低了菌种继续发酵的能力，因此，后酸化过程得到缓解，有利于活菌数的保持。贮存温度越高，后酸化越严重，菌种死亡率越高，因此，1~4℃冷链贮存对活菌型含乳饮料非常重要。

（3）选择适宜的发酵剂，也可延缓后酸化发生。该类产品 pH 为 3.8~4.2，嗜热链球菌在 pH<5 的环境中生长受到抑制，因此发酵剂中适当减少杆菌、增加球菌数量可以抑制和延缓后酸化问题的发生。

（4）添加乳酸链球菌素可延缓饮料后酸化。乳酸链球菌素（Nisin）是乳酸链球菌的次生代谢物，是一种可作为天然生物防腐剂的多肽。在人体内，它可以被酸降解和消化，对人体无危害，对饮料的色、香、味无影响。当 Nisin 浓度达到 100IU/mL 时，活性乳酸菌饮料的后酸化可能会在一定程度上延迟。

（5）提高可溶性固形物含量，降低水分活度，可抑制和延缓后酸化进程。

3. 饮料酸度调整

为弥补发酵酸度不足，生产中需添加酸味剂，通常使用苹果酸、柠檬酸、酒石酸、乳酸等有机酸，或几种酸味剂复配使用，可使饮料风味更柔和。待发酵乳与增稠剂溶液充分混合均匀后，在搅拌情况下，缓慢加入100g/L有机酸溶液。

4. 组织状态稳定性

组织状态稳定性是评价此类饮料产品质量的重要指标之一。

（1）应控制好凝乳搅拌时的温度　发酵好的凝乳应迅速冷却，且在冷却前不得搅拌，高温下搅拌可加速乳蛋白的收缩，产生较硬的蛋白质颗粒，这种蛋白质颗粒易发生沉淀，即使加入增稠剂也不能使之悬浮。凝乳冷却后温度最高不超过30℃，凝乳与食品添加剂溶液均在30℃以下混合搅拌，可以防止蛋白质过度收缩。

（2）发酵最终酸度对饮料稳定性的影响　酸度低，稳定效果好，但从风味和营养的角度来看，需要酸度适当。如酸度在80°T，对于饮料的稳定性和风味较好。

（3）沉淀　沉淀是含乳饮料最常见的质量问题。乳蛋白80%由酪蛋白组成，等电点为4.6。这类饮料的pH在3.8~4.2，酪蛋白非常不稳定。为了避免沉淀，必须注意均质处理，并通过添加亲水性强的增稠剂进行乳化。

（4）脂肪上浮　用全脂乳或不完全脱脂乳作为原料时，会由于均质不足出现脂肪上浮，应改善均质条件。此外，酯化度高的增稠剂或乳化剂可用于防止脂肪上浮，如单硬脂酸甘油、卵磷脂和脂肪酸蔗糖酯等。

5. 杀菌与保藏

活菌型的产品没有后杀菌工序，因此对工艺过程的卫生要求极其严格，原料乳必须杀菌完全，各种食品辅料与食品添加剂必须进行预杀菌，防止二次污染。所有管路、设备严格消毒；控制生产环境卫生，生产车间空间微生物要求，细菌≤300CFU/m^3、酵母菌、霉菌≤50CFU/m^3；注意生产人员个人卫生；必须在冷链条件下贮存和销售，并确定合理的保质期。

第三节　植物蛋白饮料生产工艺

GB/T 10789—2015《饮料通则》将植物蛋白饮料定义为："以一种或多种含有一定蛋白质的植物果实、种子或种仁等为原料，添加或不添加其他食品原辅料和（或）食品添加剂，经加工或发酵制成的制品，如豆奶（乳）、豆浆、豆奶（乳）饮料、椰子汁（乳）、杏仁露（乳）、核桃露（乳）、花生露（乳）等"。

现在市场上也有很多产品是用两种及以上含有一定蛋白质含量的植物种子、果实或果仁作为原料，添加或不添加其他食品辅料和（或）食品添加剂，经加工或发酵制成的饮料，可称为复合植物蛋白饮料，如花生、坚果和杏仁、花生和杏仁复合植物蛋白饮料等。这里需要说明的是，植物蛋白饮料的原料并不包含脱脂或部分脱脂的植物蛋白原料（如大豆粕、核桃粕等）。

根据市场发展情况，为了保证植物蛋白饮料的健康发展，已经出台了GB/T 30885—2014

《植物蛋白饮料 豆奶和豆奶饮料》、GB/T 31325—2014《植物蛋白饮料 核桃露（乳）》、GB/T 31324—2014《植物蛋白饮料 杏仁露》、QB/T 2439—1999《植物蛋白饮料 花生乳（露）》、QB/T 2300—2006《植物蛋白饮料 椰子汁及复原椰子汁》等多项国家及行业标准。

我国植物蛋白资源极为丰富，饮料市场先后出现了豆奶、椰子汁、核桃露、杏仁露等植物蛋白饮料，产品具有相应原料种仁特有的浓郁香气，冷热饮皆宜，备受消费者青睐。植物蛋白饮料富含钙、锌、铁等微量元素及大量人体必需的不饱和脂肪酸，如亚麻酸和亚油酸。长期饮用植物蛋白饮料，会对沉积在血管壁上的胆固醇有溶解作用；同时，植物蛋白原料中含有多种功能成分（如磷脂、类黄酮、皂苷等），使植物蛋白饮料具有良好的健康功效。如杏仁饮料具有辅助止咳、润肺、降血脂、防动脉硬化、增强免疫的作用；核桃饮料具有辅助健脑作用；黑豆、芝麻饮料具有辅助驻颜明目、乌发功效。部分人群，尤其是亚洲人群，体内缺乏乳糖分解酶，饮用牛乳常出现乳糖不耐受等过敏问题，而饮用不含牛乳的植物蛋白饮料就无此问题，有利于人体消化吸收。因此植物蛋白饮料是营养价值极高的饮料品种，对丰富饮料市场、防止血管硬化、糖尿病，营养保健具有积极的意义。随着人们生活水平的提高，消费观念正在加速转变，健康化、个性化、高品质消费需求成为市场发展的重要方向，植物蛋白饮料的天然健康绿色的属性符合目前消费趋势，市场规模稳步增长。数据显示，2022年，我国植物蛋白饮料行业市场规模约1351亿元，同比增长9.5%；从细分市场来看，豆奶饮料在我国植物蛋白饮料行业市场中占比22.01%，椰汁饮料占比14.24%，核桃乳饮料占比9.49%，杏仁乳饮料占比3.14%。

一、豆奶及豆奶饮料

目前用大豆制成的植物蛋白饮料已遍及全球大多数国家和地区，成为深受人们喜爱的饮料，在全球都占有特殊地位。在我国香港地区以及新加坡、韩国、美国、澳大利亚等国家，均有庞大的消费群体。这些国家和地区的人均豆奶消费量甚至比我国内地的人均消费量高出10倍以上。我国大豆植物蛋白饮料工业化生产起步于20世纪80年代初，自1996年开始实施"国家大豆行动计划"，利用我国大豆资源丰富、大豆蛋白营养价值高、价格低廉的优势，在中小学生中推行"课间一杯奶"以改善学生营养状况。"国家大豆行动计划"为大豆植物蛋白饮料生产企业带来了发展机遇，市场上目前已经形成"维维""杨协成""黑牛""永和"等国内知名品牌。随着我国居民健康意识的持续提升，高品质、健康化产品更受关注。

（一）豆奶及豆奶饮料的分类及技术要求

1995年，我国曾经出台了行业标准QB/T 2132—1995《植物蛋白饮料 豆乳及豆乳饮料》（已废止），2008年又对该标准进行了修订，并将标准名称修改为QB/T 2132—2008《植物蛋白饮料 豆奶（豆浆）及豆奶饮料》（已废止），首次将传统的"豆浆"经预包装后归到了饮料的范畴，同时赋予了现代名词——"豆奶（或豆乳）"，使市场上的产品门类不再混乱，产品质量得到监管。2011年9月，中国饮料工业协会技术工作委员会负责组织起草了《植物蛋白饮料 豆奶和豆奶饮料》国家标准，2012年10月，又出台了ZYXB/T 002—2012《中国饮料工业协会行业自律标准 植物蛋白饮料 豆奶和豆奶饮料》（已废止），作为QB/T 2132—2008《植物蛋白饮料 豆奶（豆浆）和豆奶饮料》的升级，2014年，GB/T 30885—2014《植物蛋白饮料 豆奶和豆奶饮料》发布实施，替代原有的行业标准，更加明确了豆奶类产品的分类和相应的技术指标要求。

1. 产品分类

根据现行国家标准GB/T 30885—2014《植物蛋白饮料 豆奶和豆奶饮料》，首先按照产品特性将产品分为豆奶和豆奶饮料两大类；其中豆奶产品按照工艺分为原浆豆奶、浓浆豆奶、调制豆奶、发酵豆奶（发酵豆奶按照特性又分为发酵原浆豆奶、发酵调制豆奶）；豆奶饮料产品按照工艺分为调制豆奶饮料、发酵豆奶饮料；发酵型产品根据是否经过杀菌处理分为杀菌（非活菌）型和未杀菌（活菌）型；该标准同时给出了各类产品的定义和技术要求。

（1）豆奶（豆乳） 豆奶（豆乳）又可分为原浆豆奶（豆乳）、浓浆豆奶（豆乳）、调制豆奶（豆乳）、发酵原浆豆奶（豆乳）和发酵调制豆奶（豆乳）。

①原浆豆奶（豆乳）：以大豆为主要原料，不添加食品辅料和食品添加剂，经加工制成的产品，也可称为豆浆。

②浓浆豆奶（豆乳）：以大豆为主要原料，不添加食品辅料和食品添加剂，经加工制成的、大豆固形物含量较高的产品，也可称为浓豆浆。

③调制豆奶（豆乳）：以大豆为主要原料，可添加营养强化剂、食品添加剂、其他食品辅料，经加工制成的产品。

④发酵原浆豆奶（豆乳）：以大豆为主要原料，可添加食糖，不添加其他食品辅料和食品添加剂，经发酵制成的产品，也可称为酸豆奶或酸豆乳。

⑤发酵调制豆奶（豆乳）：以大豆为主要原料，可添加营养强化剂、食品添加剂、其他食品辅料，经发酵制成的产品，也可称为调制酸豆奶或调制酸豆乳。

（2）豆奶（豆乳）饮料 豆奶（豆乳）饮料又可分为调制豆奶（豆乳）饮料和发酵豆奶（豆乳）饮料。

①调制豆奶（豆乳）饮料：以大豆、豆粉、大豆蛋白为主要原料，可添加营养强化剂、食品添加剂、其他食品辅料，经加工制成的、大豆固形物含量较低的产品。

②发酵豆奶（豆乳）饮料：以大豆、大豆粉、大豆蛋白为主要原料，可添加食糖、营养强化剂、食品添加剂、其他食品辅料，经发酵制成的、大豆固形物含量较低的产品。

2. 技术要求

根据国家标准规定，豆奶及豆奶饮料两大类产品的理化指标要求差异较大（表9-2），在生产过程中，需要根据市场和标准规定的理化指标要求生产大豆植物蛋白饮料。未杀菌（活菌）型产品中的乳酸菌活菌数也有明确要求，应符合表9-3的规定。

表9-2　　豆奶及豆奶饮料理化要求

项目	指标			
	豆奶		豆奶饮料	
	浓浆豆奶	原浆豆奶、调制豆奶、发酵豆奶	调制豆奶饮料	发酵豆奶饮料
总固形物/（g/100mL）≥	8.0	4.0	2.0	
蛋白质/（g/100g）≥	3.2	2.0	1.0	
脂肪/（g/100g）≥	1.6	0.8	0.4	
脲酶活性	阴性			

表 9-3　　　　　　　　　　　　　　乳酸菌活菌数要求

检验时期	指标
出厂期	$\geqslant 1 \times 10^6 \text{CFU/mL}$
销售期	按照产品标签标注的乳酸菌活菌数执行

（二）豆奶及豆奶饮料的营养价值

大豆富含优质蛋白，干大豆中含有蛋白质 30%~40%（质量分数），其氨基酸种类也高于一般作物或食物，可为人体提供 9 种必需氨基酸。大豆蛋白是唯一类似于动物蛋白的植物性"完全蛋白"，是动物蛋白的绝佳替代品；脂肪含量 17%~20%（质量分数），其中油酸、亚油酸等不饱和脂肪酸含量约占脂肪酸总量的 70%~80%，对预防高血压、动脉硬化和心脏病有良好效果。此外，大豆中还含有大豆异黄酮、大豆皂苷、大豆低聚糖等生物活性物质。大豆异黄酮是天然的植物雌激素，具有抗癌、预防骨质疏松症以及心血管疾病等保健功效。大豆低聚糖具有使肠内双歧杆菌活化增殖、改善肠道内微生物菌群、减少和抑制肠内腐败物质的产生等功能特性。国内外研究表明，大豆皂苷具有抗脂质氧化、抗自由基、增强免疫调节、抗肿瘤和抗病毒等多种生理功能。

（三）大豆中的酶类和抗营养因子

大豆虽然营养丰富，但也含有多种酶类和抗营养因子，大豆中存在的酶类和抗营养因子严重影响了大豆植物蛋白饮料的质量、营养和加工工艺。迄今为止，在大豆中发现的酶类物质有近 30 种，其中脂肪氧化酶、脲酶对产品质量的影响较大；抗营养因子有 7 种，其中胰蛋白酶抑制因子、凝血素和皂苷对产品质量有较大影响，如果加工不当，产品不仅有豆腥味、青草味、苦涩味，甚至还会引起身体不适。

1. 脂氧合酶（Lipoxygenase，Lox）

大豆中脂氧合酶含量约为总蛋白质的 1%，已从中分离出了 3 种不同性质的脂氧合酶同工酶，分别被命名为 Lox1、Lox2、Lox3。大豆油脂中亚油酸、亚麻酸等多种不饱和脂肪酸在脂氧合酶作用下通过氧化途径生成具有共轭双键的脂肪酸氢过氧化物中间体，经脂肪酸氢过氧化物裂解酶分解，继而生成醛、酮、醇、酸、酯、烷、烯以及呋喃等挥发性或非挥发性化合物，而呈现典型的豆腥味。脂氧合酶的耐热性较低，80℃是其存活界限。生产中采用干热灭活或 80℃以上湿热磨浆等方法可以使其失活，也是解决产品豆腥味常用的有效手段。

2. 胰蛋白酶抑制因子

胰蛋白酶抑制因子是大豆中的一种主要抗营养因子，可抑制胰脏分泌的胰蛋白酶活性，影响消化吸收，降低蛋白质营养价值。胰蛋白酶抑制因子耐热性较强，不易被破坏。胰蛋白酶抑制因子的灭活是大豆植物蛋白饮料加工中需要考虑的重要因素。

通常认为生产中至少需钝化 80%~90% 的胰蛋白酶活性。胰蛋白酶抑制因子在 100℃、30min 条件下酶活性可下降 90%。胰蛋白酶抑制因子测定较困难，而与脲酶活性呈正相关，所以通常利用脲酶活性来反映胰蛋白酶抑制因子的活性。

3. 脲酶

脲酶是大豆酶中最活跃的酶，能催化酰胺和尿素的分解，产生二氧化碳和氨，也是大豆中的抗营养因素之一。由于该酶活性易于检测，脲酶在国内外都被用作大豆抗营养因子活性的指示酶,若脲酶活性为阴性,表明其他抗营养因子就会失活。GB/T 30885—2014《植物蛋白饮料 豆奶和豆奶饮料》中规定脲酶活性应为阴性,而且该指标为产品出厂检验项目中的必检项目。

4. 凝血素

凝血素是一种糖蛋白,有凝固动物体内红细胞的作用。耐热性低于胰蛋白酶抑制因子,在蛋白水解酶作用下或加热均可使其失活。

5. 大豆皂苷

大豆中约含0.56%(质量分数)皂苷,溶于水后能生成胶体溶液,搅动时像肥皂一样产生泡沫。大豆皂苷有溶血作用,提取后可治疗心血管病。还有抗癌、抑制人类免疫缺陷病毒(HIV)的作用。但大豆皂苷有一定毒性,一般摄入量低于50mg/kg体重时是安全的。

6. 胀气因子

胀气因子主要指大豆中存在的棉籽糖和水苏糖,其含量分别占全豆质量的1.1%和3.7%;由于棉籽糖和水苏糖在人体小肠中不能被消化,经过大肠时,被细菌发酵而产气,引起胀气、腹泻等症状。胀气因子在浸泡、脱皮和分离豆渣工序中可部分去除,但实际生产中仍未找到完全去除的方法。

(四)豆奶及豆奶饮料生产工艺

豆奶及豆奶饮料生产工艺根据磨浆方式不同,主要有湿法和干法(半干法)两种方法,其中,湿法生产工艺,即大豆经浸泡后磨浆,这种磨浆方式存在生产效率低、污染环节多等弊端;干法(半干法)生产工艺摒弃大豆浸泡环节,缩短生产时间,减少水资源浪费和减少污水排放,具有生产效率高、污染环节少等优点。下面分别对湿法、干法(半干法)及全豆豆奶饮料生产工艺进行介绍。

1. 湿法生产工艺

(1)工艺流程 与干法(半干法)生产工艺相比,湿法工艺增加了浸泡工序,其生产工艺流程如图9-5所示。

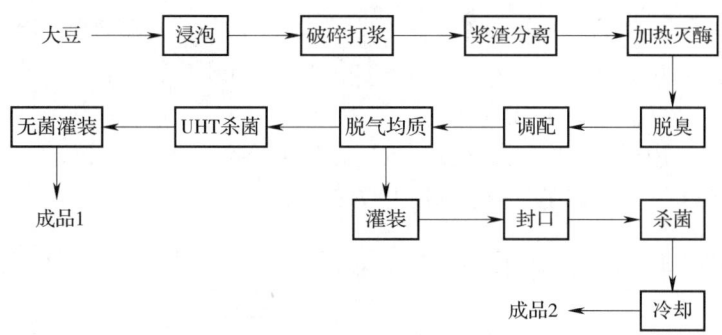

图9-5 豆奶及豆奶饮料湿法生产工艺流程

(2)工艺要点

①原料筛选:大豆可选用脱皮大豆或不脱皮大豆。大豆不经脱皮,可减少设备投资,但脱皮大豆生产的产品风味较好。

②浸泡:浸泡的目的是软化细胞结构,使大豆膨胀,便于制浆;此外使大豆组织中蛋白质容易提取,提高得率。大豆浸泡时间依水温而定,采用高温和适当添加食用碱浸泡的方法可以缩短时间。浸泡时加碱可以提高豆乳蛋白质的提取率,降低脂肪氧化酶的活性,改善风味,并

缩短浸泡时间。通过加碱浸泡，大豆蛋白质的溶解度可以提高10%左右。大豆浸泡分为高温浸泡和室温浸泡两种类型。高温浸泡温度在80℃以上，蛋白质损失更大，成本高；常温浸泡条件为20~25℃，浸泡8~10h。图9-6反映了大豆在浸泡温度25℃时，浸泡时间对豆奶蛋白质含量的影响。

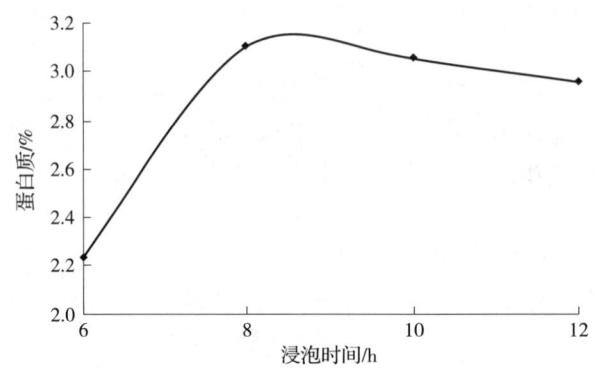

图9-6 浸泡时间对豆奶蛋白质含量的影响

大豆浸泡8h后，豆奶蛋白质含量最高，浸泡6h、10h、12h蛋白质含量均相对较低。浸泡6h蛋白质含量低可能是由于浸泡时间短，很多蛋白质难以变成水合物导致提取的蛋白质含量较少；浸泡8h使得蛋白质能很好地水合，溶解蛋白质水平最高；浸泡10h、12h时部分蛋白质溶解到浸泡水中而造成损失，因此，提取的蛋白质含量低。

③磨浆：磨浆最好是在密闭环境下进行，用80℃以上热水磨浆，可有效抑制脂氧合酶的作用。

④浆渣分离：采用离心方式除渣。

⑤加热灭酶、脱臭：磨浆后的浆液瞬时加热到130℃，保持90s，钝化胰蛋白酶抑制物，立即进入脱臭罐中，可瞬间蒸发除去挥发性不良气味，同时产品温度降到80℃左右。

其他步骤和工艺与干法（半干法）工艺基本一致，此处不再赘述。

2. 干法（半干法）生产工艺

（1）工艺流程 用干法（或略加水分）灭酶和湿法粉碎，原料利用率高、无废水处理，也无需过多的生产设备。其生产工艺流程如图9-7所示。

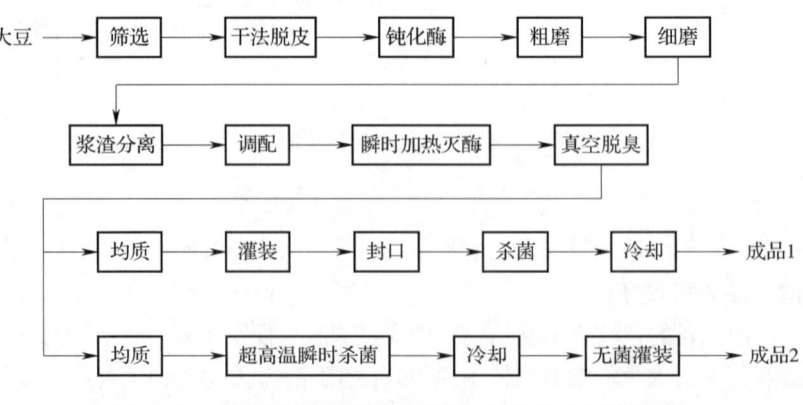

图9-7 豆奶及豆奶饮料干法（半干法）生产工艺流程

（2）工艺要点

①原料选择：制作豆奶（豆浆）的原料为大豆、去皮大豆；制作调制豆奶或豆奶饮料的原料为大豆及大豆制品如全脂大豆粉、脱脂大豆粉、大豆蛋白等。根据大豆品种、工艺过程中大豆蛋白质溶出率及成品理化指标等要求（建议比标准要求提高20%）确定大豆使用量。

②拣选：挑选去除霉变、虫蛀大豆及大豆中的砂石、杂草等异物。

③干法脱皮：大豆经过清洗、干燥、冷却、去石、去铁屑，然后进入脱皮机进行脱皮。在脱皮机内用100~115℃蒸汽进行短时间处理，加热膨化，使豆皮胀起，经摩擦脱除豆皮和胚芽。把豆皮和豆粒分离，脱皮率应不低于90%，脱皮损失率控制在5%以下。脱皮后大豆经提升机送至制浆工序。脱皮可以减少豆皮上细菌对产品的污染，同时减少苦味、涩味，从而改善饮料风味。

④高温灭酶：在灭酶器中通入蒸汽加热，大豆在螺旋输送器推动下，经40s灭酶处理，使产生豆腥味的脂肪氧化酶彻底失活，改善饮料风味。

⑤粗磨：灭酶后的大豆直接送入磨浆机中，同时用计量泵泵入相当于干豆质量8倍的95℃热水，水中可添加1g/L $NaHCO_3$增进磨浆效果，把大豆磨成糊状，进一步钝化脂肪氧化酶、胰蛋白酶抑制因子、凝血素等抗营养因子。

⑥超细研磨及浆渣分离：将粗磨后的原料进一步超细研磨，把豆糊磨成浆状，用卧式螺旋离心机进行浆渣分离，把豆糊中的粗纤维和杂质分离。

⑦调配：根据GB/T 30885—2014《植物蛋白饮料 豆奶和豆奶饮料》的产品分类、技术要求和感官指标，加入其他原辅料，进行调配、定容。

除添加植物蛋白饮料常用的乳化剂、增稠剂外，适量的油脂能与蛋白质形成较为稳定的油-蛋白质-水的乳液。油相过多，蛋白质不足以"覆盖"油滴表面或厚度不够；油相过少，造成蛋白质与水的乳化平衡被破坏，易出现分层现象。调制豆奶或豆奶饮料中加入油脂可改善口感和色泽，一般选用亚油酸和维生素E含量高的油脂如花生油、玉米油和菜籽油等，但事先需要添加乳化剂进行乳化。

添加食用香精香料，奶味豆奶是市场上最普遍的豆奶品种，也最容易被消费者接受，豆奶生产一般使用香兰素或乙基香兰素进行调香，可使奶味鲜明。椰子豆奶、可可豆奶、花生豆奶、蔬菜豆奶等是在调配时添加风味原料汁液或香精等调制而成的各种风味不同的调制豆奶。

⑧杀菌脱腥：用净化后的蒸汽直接与产品混合，将产品瞬间加热到130~140℃，保持10~20s后喷入真空罐中，罐内保持-0.03~0.04MPa真空度，喷入的高温豆奶瞬间蒸发部分水分，豆奶温度立即下降到80℃左右，水蒸气带走异味成分，达到豆奶无腥臭味的效果。

⑨均质：均质可以使脂肪球变小，悬浮粒子微细化，防止成品脂肪上浮和蛋白质微粒沉淀，提高饮料体系乳化稳定性。均质效果取决于均质压力、产品温度和均质次数。均质压力越大，均质效果越好，但受制于设备的性能，一般采用20~25MPa均质压力。均质温度越高，均质效果越好，一般控制在80℃。均质次数越多，均质效果越好，从经济和生产效率考虑，一般选用二次均质。

均质工序也可以放在杀菌之后，生产的豆奶稳定性高，但生产线需配置无菌均质机、无菌罐和无菌包装系统，防杀菌后二次污染。

⑩杀菌与包装：豆奶及豆奶饮料富含蛋白质、脂肪和糖，是微生物生长的极佳培养基。配制好的饮料应尽快灭菌，常用的灭菌方法有常压灭菌、高温高压灭菌和超高温瞬时灭菌。

生产即日销售或冷藏销售的产品可采用常压杀菌，常压杀菌只能杀灭致病菌和腐败菌的营养体，常压杀菌的产品在常温下存放一般不超过24h。高温高压杀菌即二次杀菌产品常将包装好的产品，用高压杀菌釜采121℃、20~30min杀菌。超高温瞬时杀菌即采用135~140℃、3~5s进行杀菌，冷却到常温后进行无菌灌装。该杀菌方法显著提高了豆奶及豆奶饮料的色、香、味等感官品质，又能较好地保持饮料中的热敏性营养成分。

产品的包装形式多样，常见的有蒸煮袋、玻璃瓶、PE瓶、PET瓶和纸铝塑复合包装等。

3. 全豆豆奶生产工艺

传统除渣工艺，每加工1kg大豆原料约产生1.2kg的湿豆渣（含水量约80%），由于湿豆渣含水量高且营养丰富，极易腐败变质，给生产企业造成很大压力。而豆渣中含有丰富的营养物质，干基中含蛋白质25.4%~28.4%、油脂9.3%~10.9%、膳食纤维52.8%~58.1%、异黄酮0.14%。

近年来，更加环保健康的全豆豆奶产品应运而生。但传统的粉碎设备如胶体磨、均质机等制备的全豆豆浆口感粗糙，而且容易形成沉淀，因此急需利用新型的超微粉碎技术。动态高压射流磨是一种利用强力剪切、高速冲击、高频振动、瞬时压降和空泡力等复杂机械力将物料破碎成微米或亚微米级的设备。采用高压射流全豆干法制浆工艺，可摒弃大豆浸泡及豆渣分离工序，减少相应设备投入，减少废水和废渣产生，减轻环保压力。蛋白质提取率从传统的70%提高至100%，显著提高原料的利用率，并且可充分利用大豆中营养成分，使产品更营养健康。梁亚桢等研究结果显示，高压射流处理可以显著降低全豆豆浆粒径，增加可溶性蛋白质含量，提高黏度，增强产品稳定性，在不添加增稠剂和乳化剂的情况下，可制得口感良好的全豆豆奶及速溶全豆粉产品。

（1）工艺流程　全豆豆奶生产工艺流程如图9-8所示。

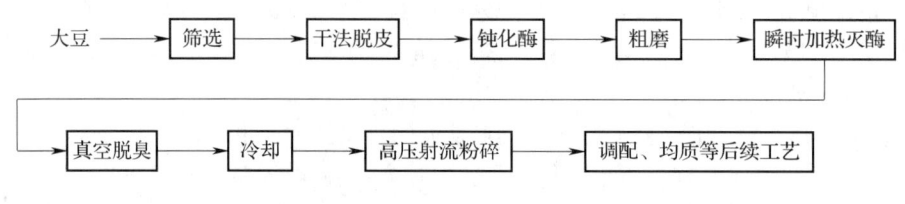

图9-8　全豆豆奶生产工艺流程

（2）工艺要点

①原料选择：以精选后的大豆或去皮大豆为主要原料，经蒸汽灭酶后，进入磨浆机粗磨。

②粗磨：按照豆水质量比1∶7的比例在线加入85℃以上的热水，研磨成粗浆。

③灭酶：粗浆升温至（120±1）℃，保持80s，以钝化脂氧合酶及抗营养因子。

④真空脱臭：用高压（600kPa）蒸汽快速加热豆浆至140~150℃；然后将热浆送入真空冷凝室，过热的豆浆突然抽真空，豆浆温度骤降，体积膨胀，部分水分急剧蒸发，出现爆破现象，豆浆中的异味随着水蒸气迅速排出。灭酶后的浆料进行真空脱臭以除去其中异味成分及气泡，避免其对产品风味及高压射流磨的不良影响。

⑤高压射流粉碎：真空脱臭后的浆料降温至25℃以下，送入高压射流磨，在120MPa压力下进行超微粉碎，浆料粒径D_{90}可达50μm以下。

后续工艺同传统豆奶加工工艺。

需要注意的是，由于大豆种皮含有约 68.5% 的膳食纤维，其中 95% 为不溶性纤维，这部分纤维成分对产品的黏度有较大影响，从而影响产品品质。因此在生产过程中，需要注意对大豆脱皮率指标进行严格控制。

李（Li）等以脱皮大豆为原料，分别采用传统均质工艺（40MPa）及高压射流工艺（60MPa、90MPa、120MPa）制备全豆豆浆，对比其理化性质及贮藏稳定性，结果显示，在 4℃、21d 的贮藏条件下，高压射流工艺制备的全豆豆浆保持了良好的稳定性，而均质工艺制备的全豆豆浆出现了明显的分层现象。这是由于高压射流处理有更好的颗粒细化效果，使得纤维等成分均匀地悬浮，同时也能够促进体系的乳化。对比两种工艺的全豆豆浆膳食纤维成分，总膳食纤维含量均占干物质质量的 19% 左右，其中不溶性膳食纤维约占 18%，高压射流工艺豆浆可溶性膳食纤维占干物质质量的 1.4%～1.5%，均质工艺豆浆可溶性膳食纤维占 1.0%～1.1%。扫描电子显微镜观察显示，高压射流处理后，可溶性膳食纤维表面出现孔洞，不溶性膳食纤维结构松散，表面褶皱增多，且随射流压力升高，这一现象更加明显，这使得膳食纤维持水力及吸附性增强，从而有利于增强全豆豆浆产品的稳定性。

由中国食品工业协会发布的团体标准 T/CNFIA 138—2022《全豆豆浆》已于 2022 年 6 月 1 日实施，标准对全豆豆浆、全豆豆浆粉等定义及技术要求有详细描述。

（五）豆奶及豆奶饮料生产过程中的质量控制

1. 不良风味防治及新技术应用

大豆特有不良气味，即豆腥味，从气味特性上可分为两大类。一类是由挥发性成分表现出的臭味或青草味，是生大豆种子特有的气味；另一类是非挥发性成分表现出的苦味和涩味。虽然我国有几千年的食用大豆习惯，但仍然有很多消费者无法接受过重的大豆异味，因此脱腥是大豆蛋白开发利用的关键技术。

（1）物理法 物理法包括热处理法、超临界 CO_2 萃取法、机械挤压膨化法、高频电场法及微波法等。

①热处理法：包括热水研磨法、干热处理法、远红外加热法等。热处理的目的是在高温条件下使脂氧合酶失活，以防止豆腥味的产生。在传统的豆奶生产过程中，采用湿磨法进行研磨时，由于脂氧合酶的作用，产生了典型的豆腥味。由于腥味物质已经形成，且与水溶性蛋白质有较强的亲和性，即使再加热蒸煮，豆腥味也难以去除。如果将大豆在粉碎前结合热处理，使大豆中的脂氧合酶失活，再加水进行磨浆，就能够阻断豆浆中豆腥味物质的形成。

②超临界 CO_2 萃取法：在 27.5MPa、45℃ 条件下对豆浆进行超临界 CO_2 萃取，减少豆腥味物质的溶解性，脱除大豆中的异味。

③机械挤压膨化法：将大豆在密闭的容器中以一定的压力加热，将大豆内部的水分和豆腥味都密封在大豆中，在膨化机出口瞬间减压，大豆中的水分和不良气味与大豆自然挥发分离。

④高频电场法：将选定的大豆送入高频电磁场中，在一定强度和频率的电磁场作用下，破坏脂肪氧化酶、脲酶等致腥因子的分子链，并且利用原子核与电子摩擦产生的"热"效应，使脂肪氧化酶和脲酶分子失活，去除腥涩味，从而达到脱腥的目的。

⑤微波法：将大豆在 2450Hz 下处理 4min，可钝化脂氧合酶的全部活性。

在上述方法中，热处理是豆奶生产的主要方法。钝化脂氧合酶的最大缺点是容易降低大豆蛋白的溶解度，影响蛋白质的提取率。此外，过热处理可能会破坏氨基酸和维生素，导致豆制品褐变和风味变化。

物理法具有操作简单、成本低、效果理想等优点,但有些方法容易使大豆蛋白变性,影响其营养价值,需要进一步研究和改进。

(2)化学法　化学法脱腥是在豆浆或豆制品中加入食品添加剂,使不良气味成分或助氧化剂与食品添加剂发生反应,去除豆腥味。化学脱腥法包括酸碱处理、加入抗氧化剂、加入铁离子络合剂等。

(3)生物法　用生物酶如醇脱氢酶、醛脱氢酶作用于己醇、己醛等腥味物质,达到脱腥的目的。酶解法条件温和,工艺简单,豆腥味去除彻底,且不影响豆制品中的其他营养成分,具有较高的应用价值。

(4)基因工程法　应用基因工程技术根据用途培育专用型大豆品种,已成为大豆品质育种的研究方向。美国、日本已经培育出成套的脂氧合酶缺失型品系大豆。我国也已相继培育出"中黄28号""五星1号""绥无腥豆2号""东富豆5号"等脂氧合酶缺失型无腥大豆以及不含大豆皂苷等抗营养因子的大豆品种,为豆奶及豆奶饮料生产发展提供了丰富的原料资源。但是转基因食品安全性问题一直以来困扰着消费者,没有得到解决。

(5)遮蔽法　遮蔽法是在豆浆或豆制品中加入白砂糖、有机酸或香料来掩盖和减轻豆腥味,而不是去除豆腥味。甜味或酸味对缓解豆腥味有一定的作用,但受产品口感的限制,糖或酸的添加量有一定的限度,且添加的香精和香料易挥发,所以这种遮蔽的效果极为有限。常用的风味物质有香兰素、可可、咖啡等。

在众多防止腥味的方法中,物理法操作简单,效果良好,广泛用于实际生产中。除腥方法不是独立的,工艺条件也是可变的。在使用中,应根据实际情况,各种方法之间、前后工序之间有机配合,灵活使用,以达到良好的效果。大豆中产生的另一类苦味和涩味等不良风味,为非挥发性成分如大豆异黄酮、蛋白质水解产生的苦味肽、卵磷脂氧化产物、不饱和脂肪酸氧化产物,这类物质可采用抑制蛋白质水解、在低温下添加葡萄糖酸$-\delta-$内酯抑制$\beta-$葡萄苷酶活性、浸泡去除部分异黄酮等方法防止和去除。

2. 提高蛋白质溶出率

影响蛋白质溶出和固形物回收率的因素很多,大豆热处理强度及研磨细度、磨浆水添加量和在浆渣分离过程(如磨浆后趁热过滤)中最大限度地将蛋白质提取,并减少浆渣分离过程中的蛋白质损失,是提高蛋白质溶出和固形物回收的关键技术,直接影响产品成本。研磨前对大豆进行热处理是抑制脂氧合酶活性的有效方法,但最佳条件应该是既抑制脂氧合酶的活性,又不降低大豆蛋白溶出率。目前生产技术水平较高的企业大豆蛋白提取率可达80%~85%,大多数企业大豆蛋白提取率在70%左右。

3. 提高产品稳定性

豆奶及豆奶饮料是一种不稳定分散体系,影响稳定性的因素较多,乳化剂、增稠剂以及均质等工艺条件,还有营养强化剂加入方法、强化剂用量及纯度都会影响产品稳定性,应在合理的生产工艺上,进行乳化剂种类、数量、配比试验。常用的乳化剂有蔗糖酯、单甘酯和卵磷脂,添加量一般为油脂的10%。豆乳稳定性还与黏度有关,常用羧甲基纤维素钠、海藻酸钠、黄原胶等提高产品黏度。

二、坚果类植物蛋白饮料

从传统角度来看,核桃、杏仁作为坚果类植物蛋白饮料的原料,容易被大众接受。近年来，随着坚果营养成分和功能性研究的不断深入，兼具营养与口感的巴旦木、开心果、夏威夷果、榛子等逐渐在植物基饮料市场形成一定的规模。根据不同坚果原料的特殊营养价值，通过科学搭配，可制备出具有特定功能特性的坚果类植物蛋白饮料。坚果类植物蛋白饮料原料见表9-4。

表 9-4　　　　　　　　　　　　坚果类植物蛋白饮料原料

原料	原产地	特有工艺
开心果	伊朗	烘烤
榛子	土耳其	磨浆
核桃	伊朗	研磨
杏仁	中亚、西亚和地中海	脱皮、护色
巴旦木	美国	研磨

（一）工艺流程

坚果类植物蛋白饮料生产工艺流程如图9-9所示。

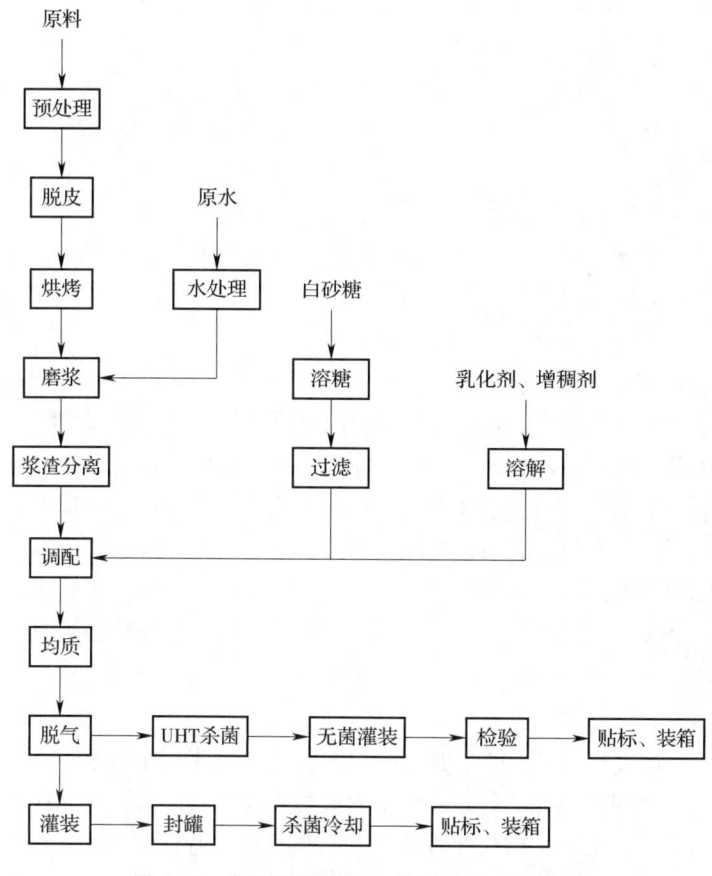

图 9-9　坚果类植物蛋白饮料生产工艺流程

（二）工艺要点

1. 原料预处理

选择新鲜、质量良好的坚果作为原料。确保坚果无霉变、无异味，并通过筛选和清洗去除杂质。

2. 脱皮

坚果果仁表面有一层种皮，有苦涩味，严重影响产品色泽和口感，必须去除。脱皮处理可用化学脱皮剂、碱水浸泡，也可用脱皮机进行机械脱皮，保证最终种皮残留率小于5%。

3. 烘烤

通过对坚果的烘烤，可以丰富产品口感、提升色泽、改善质地、降低过敏原等。不同种类的坚果所对应的烘烤条件不同。需根据原料的脆香度、含水量、抗氧化活性等因素确定烘烤条件。只有在特定条件下进行烘烤才能最大限度地显现原料价值。

4. 磨浆

磨浆的目的是使原料中蛋白质和不饱和脂肪酸充分释放，提高植物蛋白饮料营养价值。磨浆使用坚果果仁质量 5~8 倍的 60~80℃热水为宜。在磨浆时注意胶体磨间隙，磨出的坚果浆颗粒不要过细或过粗，颗粒粒径度在 100~200 目较好，过粗将不能使纤维组织彻底破坏，蛋白质不能最大限度地释放出来，影响饮料品质，降低饮料营养价值。例如，榛子浆颗粒过细，给过滤带来了困难，细小颗粒同浆液一起被过滤出来，给饮料成品造成沉淀。一般采用粗磨、细磨两次磨浆，使其纤维组织被彻底破坏，蛋白质最大限度地溶出。

5. 调配

过滤所得浆液中加入甜味剂、乳化剂、增稠剂，混合均匀，调节 pH 至 7 左右，加热至沸，除去液面泡沫。调配时应严格控制好加热温度、时间和 pH，以防止蛋白质变性，影响饮料的品质和口感。

一般添加分子蒸馏单甘酯、蔗糖酯等作为乳化剂，用量为 0.03~5g/L；添加海藻酸钠、黄原胶和果胶等作为增稠剂，用量一般为 3.5g/L 以下。乳化增稠剂种类和配比对产品稳定性有一定影响，因此针对不同的原料应选择合适的乳化增稠剂。

6. 均质

坚果中含有的大量蛋白质、膳食纤维、油脂等营养物质，会极大影响产品的流变特性。因此坚果类植物蛋白饮料通常会进行均质处理，以改善微观结构特性及流变特性，最终提高产品的稳定性、透明度和白度指数。均质方法包括高压均质、高剪切乳化、微射流均质、超声波均质等。应根据不同坚果的营养特性选择合适的均质方法，尤其注意过度加工造成营养物质流失或蛋白质变性等问题。已有研究表明，超声波均质是最适合杏仁露的均质方法，超声波均质与增稠剂结合能够明显改善产品色泽与口感。

一般采用 20~25MPa 均质压力，温度控制在 80~90℃。增加均质次数可提高均质效果，因此普遍采用两次均质。均质后的料液粒度要求达到 5μm 以下。

7. 灭菌

植物蛋白饮料生产过程中采用的主要灭菌技术包括热杀菌和非热杀菌。热杀菌的原理是根据病原体和营养物质之间耐热性的差异，对温度进行有效控制，消除可能存在的任何病原微生物，但可能对产品的营养成分、理化性质等产生不利影响。超高压杀菌、高压脉冲电场、高密度二氧化碳杀菌、超声波杀菌等非热杀菌技术已形成一定规模，但依然存在灭菌不完全、成本高、超高压处理导致脂肪球聚集等问题。现在生产中多采用热杀菌法,又可分为超高温瞬时杀菌与无菌灌装相结合生产工艺和灌装后采用高压杀菌釜进行二次杀菌工艺两种生产方式。此外,微过滤也是消除微生物和延长保质期的一种选择。

8. 包装材料的选择

包装材料的选择对产品的品质和保质期也有很大影响,应选择无毒、无味、密封性好的包装材料,如PET瓶、铝罐等。此外,还应注意包装材料的阻光、阻氧性能,以延缓产品氧化变质的速率。

第四节 复合蛋白饮料与其他蛋白饮料生产工艺

一、复合蛋白饮料

GB/T 10789—2015《饮料通则》将复合蛋白饮料定义为:"以乳或乳制品,不同植物蛋白为主要原料,添加或不添加其他食品原辅料和(或)食品添加剂,经加工或发酵制成的制品"。目前,此类产品的质量可按行业标准QB/T 4222—2023《复合蛋白饮料》执行,该标准要求蛋白质含量不得低于1.0%(质量分数),同时要求来源于声称的原料的蛋白质贡献率之和大于50%,来源于其他原辅料的蛋白质贡献率不应大于任何一种声称的原料的蛋白质贡献率。在该类产品的标签上还应标示蛋白质总含量,同时标示产品声称的原料的蛋白质贡献率。复合蛋白饮料产品具有风味独特、营养丰富等优点,能够满足消费者的营养健康需求,因此此类产品的发展势在必行。

二、其他蛋白饮料

除传统含乳蛋白饮料(普通型和发酵型)、乳酸菌饮料、植物蛋白饮料、复合蛋白饮料外,还有一类利用植物源或动物源蛋白质的小分子肽与其他食品原辅料和食品添加剂配制而成的蛋白饮料,例如"鸡精饮品",其生产工艺流程如图9-10所示。

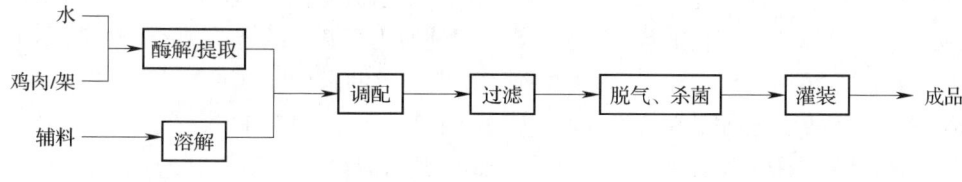

图9-10 鸡精饮品生产工艺流程

鸡精饮品是一种功能蛋白饮料,主要是利用鸡肉/鸡架浸提浓缩或不浓缩得到的氨基酸作为营养和功能物质的宣称,产品中支链氨基酸(亮氨酸、异亮氨酸、缬氨酸)含量相对较高,有助于增强免疫力和促进肌肉增长。现代研究表明,大豆可以作为鸡肉原料的替代品开发素鸡精饮品,且生物发酵后的素鸡精饮品中支链氨基酸能够达到总游离氨基酸的20%。

[案例] 榛子植物蛋白饮料

榛子营养丰富，果仁中富含优质蛋白质、脂肪、碳水化合物，并且胡萝卜素、维生素 B_1、维生素 B_2、维生素 E 的含量也很丰富。榛子中富含人体必需的 9 种氨基酸，其含量远高于核桃，尤其是谷氨酸、丝氨酸、甲硫氨酸和赖氨酸；榛子中的油脂多为单不饱和脂肪酸和多不饱和脂肪酸，并且含有人体不能合成、必须从外界获取的 ω–3 脂肪酸，具有降血脂、预防心脑血管疾病、提高记忆力等多种功效。此外，榛子中各种微量元素，如钙、磷、铁含量也高于其他坚果。榛子的消费以原料坚果为主，产品结构单一，现在已经有企业将榛子作为原料加工成营养丰富、饮用方便的蛋白饮料，以满足不同消费者的需求。

1. 配料

纯净水、榛子仁、白砂糖、食品添加剂（聚甘油脂肪酸酯、酪蛋白酸钠、单硬脂酸甘油酯、碳酸氢钠、黄原胶、焦磷酸钠、d-异抗坏血酸钠）、食用香精。

2. 工艺流程

榛子植物蛋白饮料生产工艺流程见图 9–11。

3. 工艺要点

（1）原料预处理　采用破壳分离机和风选除杂机将榛子鲜果进行去壳、除杂等初加工，挑选干净、饱满的榛子仁备用。选用成熟、饱满、无哈喇味、无霉变、无虫蛀的榛子仁；榛子仁的添加量在产品中的质量占比应 >3%。

（2）脱皮　采用物理方法与碱液热处理方法脱掉榛子皮，然后用清水将碱液及残皮冲洗干净。榛子仁在室温下浸泡 24h，使其组织疏松，然后采用 15g/L NaOH 溶液，在 100℃浸泡 30s，迅速捞出，用冷水多次冲洗去除碱液。

（3）低温烘焙熟化　将干净的榛子仁放入烘焙机中进行烘焙，温度 60~80℃，熟化时间根据榛子仁的大小来确定。

（4）磨浆　将低温烘焙后的榛子仁与足够的符合饮料生产的处理水，送入磨浆机进行破碎。特别注意的是，水应一次加足，量不可太少，以免影响原料提取率，一般控制在配料水量的 50%~70%。破碎成疏松的状态时出汁最佳，此时为粗磨。经离心过滤机过滤后再用胶体磨细磨，胶体磨间隙在 15~25μm，使其组织内蛋白质及油脂充分析出，以利于提高原料利用率。经过粗磨、细磨后的浆体中应有 90% 以上的固形物可通过 150 目筛。

（5）浆渣分离　采用离心分离机，运行 15min，渣浆分离后将残渣去除。

（6）调配　配料用的水先进行处理，去掉水中钙、镁等易使蛋白质变性的金属离子。所用的乳化剂、稳定剂和白砂糖要先用处理水溶解均匀，然后根据配方在配料罐混合并搅拌均匀，加酸度调节剂将混合均匀的榛子露调节 pH 至 7~8。

确定适宜的乳化增稠剂可以提高榛子蛋白饮料的稳定性，调配时将白砂糖与乳化增稠剂混合均匀，并用 50 倍质量的 70~75℃热水溶解后加入榛子浆中。

（7）均质　将配制好的榛子饮料料液进行均质，均质温度控制在（65±2）℃，均质两次，一次均质压力为 25MPa，二次均质压力为 40MPa。

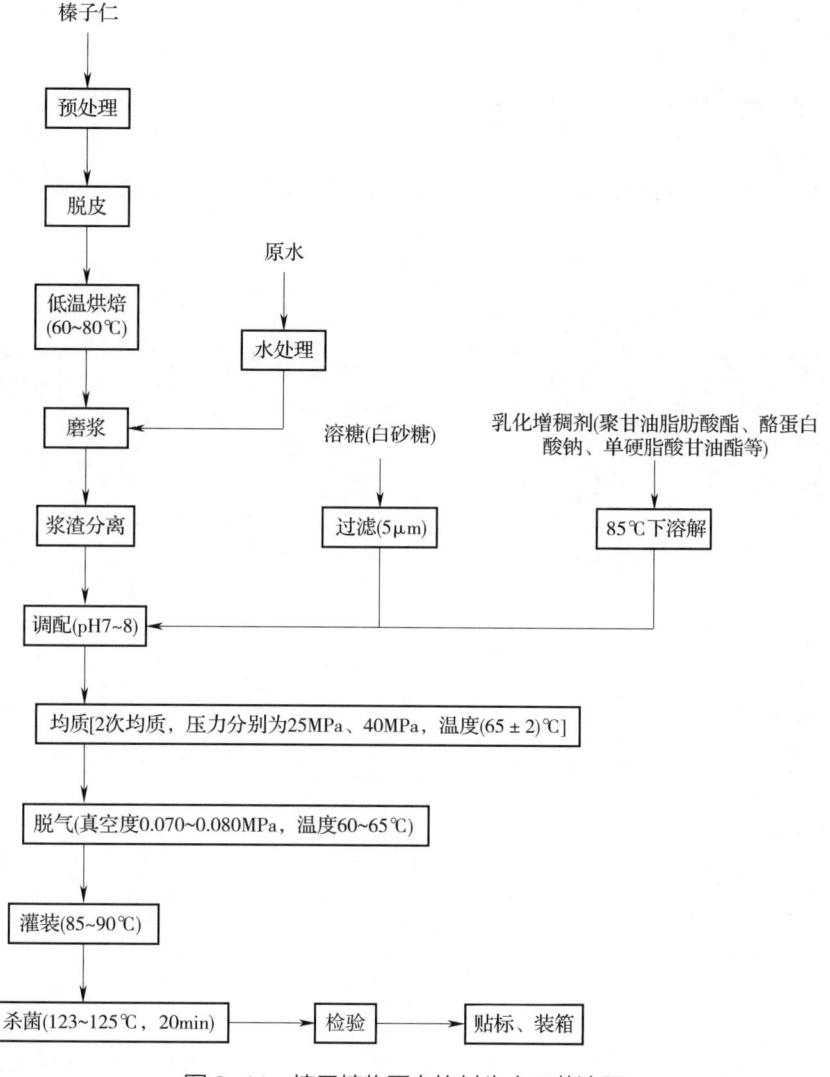

图 9-11　榛子植物蛋白饮料生产工艺流程

（8）加热、灌装、杀菌　通过真空脱气将榛子料液中的气体排出，常用真空度 0.070~0.080MPa，温度 60~65℃，不宜过高，以防止气泡冲出。

采用全自动灌装机组进行灌装，得到罐装榛子蛋白饮料成品。灌装速率为 250 罐/min，灌装温度≥85℃，灌装容量偏差 -5.0~5.0g。灌装温度保持在 85~90℃，温度过低，饮料罐体内真空度无法达到，温度过高容易造成蛋白质变性、产生黑点等。

采用高温杀菌釜进行杀菌，杀菌压力为 0.12~0.15MPa，温度控制在 123~125℃，杀菌时间为升温段 10min，保温段 20min，降温段 15min。杀菌结束后饮料迅速冷却至 30℃以下。

（9）装箱、封口　外包装用纸箱，表面涂防潮油层，保持防潮性能良好。每箱 24 罐，每罐 240mL。箱外用胶纸带封口，标明标记，包括产品名称、生产厂家名称、厂址、生产日期、保质期、使用方法、产品标准编号等，具体要求可参照 GB 7718—2011《食品安全国家标准　预包装食品标签通则》及 GB 28050—2011《食品安全国家标准　预包装食品营养标签通则》。如果出口商有特殊要求，按客户要求实施。

4. 成品规格及质量指标

（1）规格　240mL 三片罐装。

（2）理化指标　蛋白质含量 0.8%±0.05%、pH 7.0±0.05、可溶性固形物含量（9.2±0.1）°Brix。

（3）微生物指标　应符合 GB 7101—2022《食品安全国家标准　饮料》要求。

> **思考题**
>
> 1. 如何控制蛋白饮料产品的物理稳定性？试提出解决方案。
> 2. 简述咖啡乳饮料生产工艺流程及其工艺要点。
> 3. 简述蛋白饮料的类型及其特点。
> 4. 简述去除豆腥味的方法及其原理。
> 5. 植物蛋白饮料加工中常见的质量问题有哪些？如何解决？

第十章 咖啡类饮料

学习目标

1. 了解咖啡类饮料的分类。
2. 掌握不同类型咖啡类饮料的生产工艺流程及其关键技术。

第一节 概述

一、咖啡概况

咖啡、可可与茶叶是世界三大无酒精植物饮料,其中,咖啡和可可作为典型的热带饮用作物,含有独特的生物碱,具有提神、抗疲劳等作用。咖啡豆是茜草科咖啡属植物的种子,广泛种植于全球超过60个国家,是我国热带地区关键的经济作物之一。根据美国农业部(USDA)的统计数据,2022年,全球咖啡的产量达到1049.7万t,同比增长4.68%,全球咖啡消费量为1002.24万t,年增长率为1.09%。咖啡业作为热带种植业的一大支柱,无论是在产量、消费还是经济价值上,都位列热带经济作物产业之首,在全球热带农业经济、国际贸易以及人们日常生活中占据极其重要的地位,发挥着不可或缺的作用。自20世纪50年代中后期,我国开始在海南、云南等地进行咖啡的商业性种植。云南省的咖啡产量已占全国咖啡总产量的90%以上,约占全球产量的0.4%。

二、咖啡豆种类及其主要成分

咖啡树的种类有500多种,主要的咖啡豆有阿拉比卡豆(Coffee Arabica)、罗布斯塔豆(Coffee Robusta)和利比利卡豆3种(表10-1)。市场上的咖啡主要为阿拉比卡豆和罗布斯塔豆两个品种,其各自又可再细分为更多的品种分支。市场上流通的咖啡豆以其产地来区分。

表 10-1　3 种咖啡豆的区别

项目	原生种		
	阿拉比卡豆（小粒咖啡）	罗布斯塔豆（中粒咖啡）	利比利卡豆
产量	约占全世界咖啡产量的 70%	占全世界咖啡产量的 20%~30%	约占全世界咖啡产量的 5%
分布地区	中南美洲热带地区（海拔 900~2000m 坡地）	非洲中西部及东部的马达加斯加岛、亚洲的印度尼西亚（海拔 200~600m 坡地）	非洲西部与南美洲、印度尼西亚、菲律宾（海拔 200m 以下坡地）
外形	豆形较小，正面呈长椭圆形，中间裂纹窄而曲折	豆形较大，正面渐趋圆形，背面呈圆凸形	略偏菱形的椭圆形状
味觉特色	香气宜人，味道较丰富	味道较贫乏，偏苦	气味平淡，苦味较强
级别分类	哥伦比亚清淡型咖啡：哥伦比亚、肯尼亚、坦桑尼亚等均为水洗阿拉比卡咖啡，质量最高，价格最贵；其他清淡型咖啡：也被称为 Centrals，东南亚、中美洲、墨西哥的绝大多数	罗布斯塔咖啡：非洲、部分亚洲地区生产的咖啡豆都属于罗布斯塔类	—
咖啡因含量	较低	约为阿拉比卡种的 2 倍	与阿拉比卡种相当
价格	高	低	低
用途	现磨咖啡、高品质咖啡	综合咖啡、速溶咖啡、罐装咖啡	当地居民饮用，很少对外输出

　　咖啡原产于非洲，素有"黑色金子"的美称，咖啡花凋谢后结出绿色坚实的果实，约经过半年，果实由绿色转红或转黄，逐渐成熟。咖啡果由外皮、果肉、内果皮、银皮及种子组成，咖啡果的种子即咖啡豆。咖啡豆含有脂肪、蛋白质、咖啡碱及糖类等多种成分。咖啡豆经焙炒、磨碎成粉后，具有浓郁的香气，可制成饮料，具有提神、解除疲劳、提高工作效率、帮助消化、生津止渴、利尿等功效。

　　咖啡碱是一种常见的植物生物碱，广泛存在于众多植物，尤其是咖啡豆中，为咖啡提供了其标志性的苦味和振奋效果。咖啡中的脂肪生成易挥发的醚、酸、醛和酯等香气物质，为咖啡豆提供独特的香气。但由于咖啡中的香气成分极易氧化和挥发，故咖啡豆通常采用真空封装、充氮包装或是添加脱氧剂的封闭包装方式以保持其新鲜。在我国，咖啡加工制品主要分为炒磨咖啡、速溶咖啡和液体咖啡饮料三大类。炒磨咖啡需要煮沸才能饮用，饮用过程相对繁琐，不够便捷；速溶咖啡虽只需加热水冲泡即可，但其经过浓缩和干燥等加工过程后，风味有所降低。液体咖啡饮料不仅保留了咖啡的特色风味和口感，而且加工过程更加多样化，便于规模化生产。此外，还可以通过添加牛乳、植物提取物等不同成分来制作多样化的咖啡饮品。

咖啡豆广泛应用于食品工业，用于制作咖啡饮料、糖果等。咖啡豆中含有生物碱类、有机酸类、糖类、酯类、氨基酸类等多种化学成分，具有抗疲劳、抗氧化、降血糖、降血脂等功能。不同品种咖啡豆及速溶咖啡粉中的主要成分及含量如表10-2所示。

表10-2　不同品种咖啡豆及速溶咖啡粉中的主要成分及含量　　单位：%（质量分数）

成分	阿拉比卡种咖啡		罗布斯塔种咖啡		速溶咖啡粉
	绿咖啡豆	焙炒咖啡豆	绿咖啡豆	焙炒咖啡豆	
多糖	50.0~55.0	24.0~39.0	37.0~47.0	—	0~6.5
脂类	12.0~18.0	14.5~20.0	9.0~13.0	11.0~16.0	1.5~1.6
蛋白质	11.0~13.0	13.0~15.0	11.0~13.0	—	16.0~21.0
低聚糖	6.0~8.0	0~3.5	5.0~7.0	0~3.5	0.7~5.2
总绿原酸	5.5~8.0	1.2~2.3	7.0~10.0	3.9~4.6	5.2~7.4
矿物质	3.0~4.2	3.5~4.5	4.0~4.5	4.6~5.0	9.0~10.0
氨基酸	2.0	0	2.0	0	0
脂肪酸	1.5~2.0	1.0~1.5	1.5~2.0	1.0~1.5	—
咖啡碱	0.9~1.2	0~1.0	1.6~2.4	0~2.0	4.5~5.1

（一）咖啡碱

咖啡碱又称为咖啡因，属于植物黄质的一种，与可可中的可可碱和绿茶中的茶碱具有相似性质，对人体大脑、心脏、血管等多个系统均具有有益作用。适当摄入咖啡碱可以激活大脑皮层，增强感官判断、记忆力和情绪活动，同时可使心脏功能更加活跃，促进血管扩张和血液循环，加速新陈代谢。咖啡碱还可缓解肌肉疲劳并促进消化液分泌，此外，还可激活肾脏功能，有助于排除体内多余的钠离子，因此咖啡碱具有利尿作用。与其他麻醉性或兴奋性物质不同，咖啡碱不会在体内长期累积，通常约2h后便可从体内排除。

（二）单宁酸

单宁酸为淡黄色粉末，生咖啡豆中单宁酸质量约占7%。单宁酸易溶于水，煮沸后易分解产生焦梧酸，使咖啡味道变差，因此，冲泡好的咖啡若不立刻饮用，风味会劣变，故有"咖啡要趁热喝"的说法。

（三）脂类

咖啡中含有挥发性脂肪，是咖啡香气的主要来源，其含量及种类因咖啡豆的品种、产地、气候等而异。酰基甘油是咖啡脂肪中的主要成分，约占80%，其次是非皂化化合物，如二萜类、甾醇和生育酚，占15%~18%；游离脂肪酸占0.5%~4.2%。

（四）糖分

在不加糖的情况下，除了咖啡碱的苦味、单宁酸的酸味，饮用者还会感受到甜味，这是由咖啡本身所含的糖分带来的。烘焙后，咖啡中的糖分大部分转为焦糖，为咖啡带来独特的褐色。

（五）香味成分

咖啡色的香味是其经历长时间烘焙，在高温和有氧条件下，咖啡豆发生一系列物理化学反应，包括美拉德反应、热降解反应及油脂氧化等形成的。因此，生咖啡豆需要经过适当的加工程序，使其必要成分达到最均衡的状态，才能获得高品质的烘焙豆。咖啡香味随温度而变化，烘焙时间不可过长，且温度需控制在咖啡豆产生有效化学变化的最低温度，以获得感官品质最佳状态的咖啡豆。

香味是咖啡品质的灵魂，产地的气候、土壤、海拔、品种、精制处理、收获时间、贮存及烘焙技术等均是影响咖啡豆香味的因素。咖啡豆的香味成分经气相色谱法分析，主要是由酸、醇、醛、酮、酯类、苯酚、氮化合物等近百种挥发性成分组成。脂肪、蛋白质、糖类是香气的重要来源，而脂肪成分决定着咖啡的酸苦调和，形成滑润的味道，因此香味的消失意味着品质劣变。香气和品质的关系极为密切。

三、咖啡类饮料的定义及分类

随着消费者需求的不断变化，市场上的咖啡类饮料产品由原来单一的炒磨咖啡不断发展，更加多样化，根据其形态主要分为咖啡粉、速溶咖啡和即饮咖啡饮料。

咖啡粉是咖啡豆经清理、调配和焙炒后再以机械磨细筛分制备的咖啡产品，主要在咖啡壶中煮制饮用。

速溶咖啡是将咖啡萃取液中的水分蒸发而获得的干燥咖啡提取物，可快速溶于热水，且在储运过程中占用的空间和体积更小，更耐储存。速溶咖啡产品按生产工艺可分为喷雾干燥速溶咖啡和冷冻干燥速溶咖啡。速溶咖啡粉除可作为终端产品销售外，还可作为原料生产即饮咖啡饮料。

根据 GB 10789—2015《饮料通则》，咖啡类饮料是以咖啡豆和（或）咖啡制品（研磨咖啡粉、咖啡的提取液或其浓缩液、速溶咖啡等）为原料，添加或不添加糖（食糖、淀粉糖）、乳和（或）乳制品、植脂末等食品原辅料和（或）食品添加剂，经加工制成的液体饮料，如浓咖啡饮料、咖啡饮料、低咖啡因咖啡饮料、低咖啡因浓咖啡饮料等。GB/T 30767—2014《咖啡类饮料》根据咖啡因和产品固形物含量对咖啡类饮料进行分类，并对各类产品的理化指标做了规定，具体见表10-3。

表 10-3　　不同咖啡类饮料的理化要求

分类	咖啡因含量/（mg/kg）	咖啡固形物/（g/100mL）
咖啡饮料	≥200	≥0.5
浓咖啡饮料	≥200	≥1.0
低咖啡因咖啡饮料	≤50	≥0.5
低咖啡因浓咖啡饮料	≤50	≥1.0

资料来源：GB/T 30767—2014《咖啡类饮料》。

第二节　咖啡类饮料生产工艺

一、咖啡粉生产工艺

（一）工艺流程
咖啡粉生产工艺流程如图 10-1 所示。

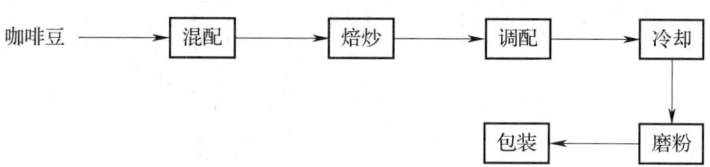

图 10-1　咖啡粉生产工艺流程

（二）工艺要点
1. 混配

混配的主要目的是改善风味，提高咖啡粉的商品价值，做到物尽其用，提高经济价值。可根据咖啡品种和产地不同进行合理搭配。

2. 焙炒

生咖啡豆经焙炒 8~15min 后，温度可达 180~240℃。焙炒时间越长，咖啡豆的色泽越深。焙炒是咖啡粉生产的关键工序，决定着产品质量的好坏。焙炒时间过短，则咖啡粉带有臭味，且难以磨碎，风味较差；焙炒时间过长，则会因炭化作用而产生异味，缺少香气。因此，控制火候、温度及焙炒程度是生产优质咖啡粉的关键。此外，咖啡豆还需进行排气，生豆在烘焙过程中释放二氧化碳，烘焙完成后，还会继续排气，7d 后排气现象逐渐减弱，氧分子容易依附于咖啡豆表面，咖啡风味很快衰弱。

3. 调配

为提高咖啡粉的饮用品质，适应各地区消费者口味，需加入合适的配料，以增进咖啡的色香味。加入蛋白质、葡萄糖及果胶等可使咖啡粉香味变得特别。浓的咖啡粉可适当加入焦糖。

4. 磨粉和包装

烘焙后咖啡豆需进一步研磨，目的是增加冲调时咖啡与水的接触面积，从而使咖啡的提取更加充分。根据研磨程度，可将咖啡粉分成粗粉、中粉、中细粉、细粉、极细粉 5 个等级。咖啡的风味与颗粒的大小有关，由于颗粒较细的咖啡粉能释放出较多的脂肪和蛋白质，可更好地保留咖啡中挥发性芳香化合物，因此颗粒较细的咖啡粉易分散溶解，制成的咖啡比颗粒较粗的口味更浓。

此外，研磨好的咖啡粉应尽快进行提取，这是由于磨成粉的咖啡容易氧化散失香味，无法提取出香醇的咖啡，且咖啡粉易吸潮结块，影响其品质。因此，研磨好的咖啡粉如不能及时提取应用，一般采用真空或充氮包装。

二、速溶咖啡生产工艺

速溶咖啡由于冲调方便、风味多样，受到广大消费者青睐。据统计，2020年，我国速溶咖啡市场份额约为52%，占据我国咖啡市场的半壁江山。

（一）工艺流程

速溶咖啡生产工艺流程如图10-2所示。

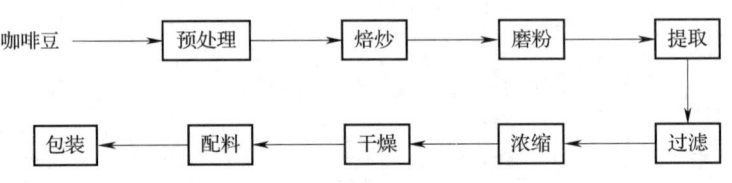

图10-2 速溶咖啡生产工艺流程

（二）工艺要点

1. 预处理

将生咖啡豆筛选、清洗，通过振动筛、风压输送或真空输送等方式清除混杂其中的金属、石粒、灰尘等异物，剔除碎豆、霉豆等，精选出优良的咖啡豆。

2. 焙炒

焙炒是速溶咖啡风味和品质形成的决定性工序，一般采用转筒式焙炒炉，烘烤温度和时间是关键控制因素。不同种类咖啡豆分开焙炒，依据焙炒程度可分为浅度、中度、中深度、深度焙炒，焙炒最高温度一般为230~250℃，此温度下可获得较好的风味，焙炒时间不宜超过20min，尽量减少咖啡中风味物质的损失。

3. 研磨

焙炒好的咖啡豆最好先存放1d，使其在焙炒过程中产生的二氧化碳和其他气体进一步挥发和释放，同时充分吸收空气中的水分，使颗粒变软，从而有利于后续提取操作。

研磨程度应根据所用提取设备以及提取时所采用的料水比确定。咖啡豆研磨越细，提取效果越好，但过滤时较困难。若研磨颗粒较粗，则提取时所需水量大，且需要更高温度和压力才可达到较好的提取效果，从而增加成本。一般研磨后咖啡颗粒的粒度约为1.5mm。

4. 提取

提取是速溶咖啡生产过程的核心工序，提取温度和压力是提取过程中的关键参数。传统的咖啡提取主要有滴漏法、浸提法和加压提取法，滴漏法主要用于日常生活中的提取，浸提法及加压提取法是咖啡工业化生产中常采用的方法。炒磨咖啡中可溶性固形物一般约占25%，在常压和100℃条件下提取率可达30%，而当温度升高至180℃时，可将咖啡中的咖啡因、葫芦巴碱和烟酸等生物活性成分提取出来，提取率可提高10%~20%，且其总酚、咖啡因和抗氧化剂的含量显著高于滴漏法及浸提法，提取的咖啡液风味更好。但温度高于190℃时，提取物中会出现一些不良风味物质，从而影响产品质量，提取压力一般为0.3~1.5MPa。提取时间与提取率和产品品质有关，在适当的提取温度范围内，升高温度，增大压力，可缩短提取时间，减少不良成分溶出，保证产品质量。若发现产品中有酸味、苦味、涩味太重等现象，表明提取率偏高。

5. 浓缩

咖啡提取液的浓缩方式可分为真空浓缩和冷冻浓缩,真空浓缩是速溶咖啡生产过程中应用较多的浓缩方式。真空浓缩主要通过真空度来降低水的沸点,提高液体的浓缩效率。当真空度达到0.09MPa以上时,水的沸点为50℃。浓缩液的浓度一般不超过60°Brix(折光度计),浓缩后的咖啡浓缩液需经冷却后再打入贮存罐,以减少风味成分损失。

6. 干燥

咖啡浓缩液的干燥方式主要有喷雾干燥、流化床干燥以及真空冷冻干燥等。目前,喷雾干燥是速溶咖啡主要的干燥方法。咖啡浓缩液经杀菌后,通过预热器泵到喷雾干燥塔顶,通过压力喷嘴喷成雾状,在120~160℃的热风气流下干燥成粉末,颗粒粒度达到100~200μm,堆密度控制在220~250g/L,水分含量为3%左右。咖啡浓缩液在干燥过程中,若浓缩液浓度过高,其流动性随着液体的浓缩而逐渐降低,导致喷雾干燥时喷嘴堵塞;若浓度过低,即液体过于稀薄,黏度减小使表面张力升高,不利于干燥后颗粒的形成,且能耗更高,因此,咖啡浓缩液的固形物含量控制在30%~40%,有利于喷雾干燥的操作。

咖啡的芳香成分属于热敏性成分,高温干燥条件下极易挥发,导致速溶咖啡香气损失,不如炒磨咖啡香气浓郁。真空冷冻干燥技术是指将咖啡浓缩液在低温下冻结,使水分形成微小的冰晶,然后在高真空状态下进行加热升华,实现速溶咖啡粉的低温干燥。在干燥过程中,冰晶从表面到内部逐渐升华为气体并逸出,通过物料颗粒的细孔散布到周围空间,并被持续脱除。

真空冷冻干燥避免了高温干燥过程中温度对咖啡香气、风味等品质造成的不利影响,保留了炒磨咖啡的全部感官品质,极大提升了速溶咖啡的整体质量,因此,利用真空冷冻干燥技术生产的冻干速溶咖啡,被认为是品质最高、风味及口感最佳的速溶咖啡产品。

三、即饮咖啡饮料生产工艺

即饮咖啡饮料是以咖啡豆或咖啡浓缩液、速溶咖啡粉等为原料,加工制成的液体饮料,无需煮制或冲泡即可直接饮用,因其便捷性而深受消费者青睐。据统计,2017—2022年,全球即饮咖啡的年复合增长率约为7.5%,在所有饮料中排名第一位。我国总体咖啡市场增速高于全球水平,2021年,我国即饮咖啡市场规模达到101.5亿元,同比增长16.9%。

不添加乳制品原料的咖啡饮料,是指以咖啡浓缩液或速溶咖啡粉为原料,添加白砂糖以及食品添加剂制备的即饮咖啡饮料,其生产工艺包括速溶咖啡粉的预溶解、化糖、调配、杀菌及灌装等常规饮料生产工序。

影响即饮咖啡饮料稳定性的因素较多,主要为脂肪含量和脂肪颗粒的大小、饮料体系的pH、黏度及工艺条件等。含乳咖啡饮料是一种乳浊液,受到物理因素的影响,脂肪易上浮形成脂肪圈,进而影响产品品质;同时脂肪容易氧化酸败,也会影响咖啡饮料的风味;此外,蛋白质变性与咖啡粒子沉淀也会影响含乳咖啡饮料的品质。因此需要添加合适的乳化剂及增稠剂来保证含乳咖啡饮料的物理稳定性。

乳化剂可以使脂肪颗粒在水相中分散和乳化,不同HLB值的混合乳化剂可以形成稳定界面膜,防止脂肪颗粒聚集,提高产品口感和稳定性,常用的乳化剂有单甘酯、硬脂酰乳酸钠、蔗糖酯、酒石酸单甘酯、聚甘油酯、琥珀酸甘油酯等。增稠剂是利用亲水性大分子物质(如微晶纤维素、羧甲基纤维素、卡拉胶、海藻酸钠、黄原胶、瓜尔胶、变性淀粉等)来提高连续相的密度和体系黏度,抑制脂肪上浮的速度,从而达到稳定体系的目的。

[案例1] 含乳咖啡饮料

1. 配料

全脂乳粉、白砂糖、咖啡粉、微晶纤维素、卡拉胶、蔗糖脂肪酸酯、碳酸氢钠、食用香精。

2. 工艺流程

含乳咖啡饮料生产工艺流程如图10-3所示。

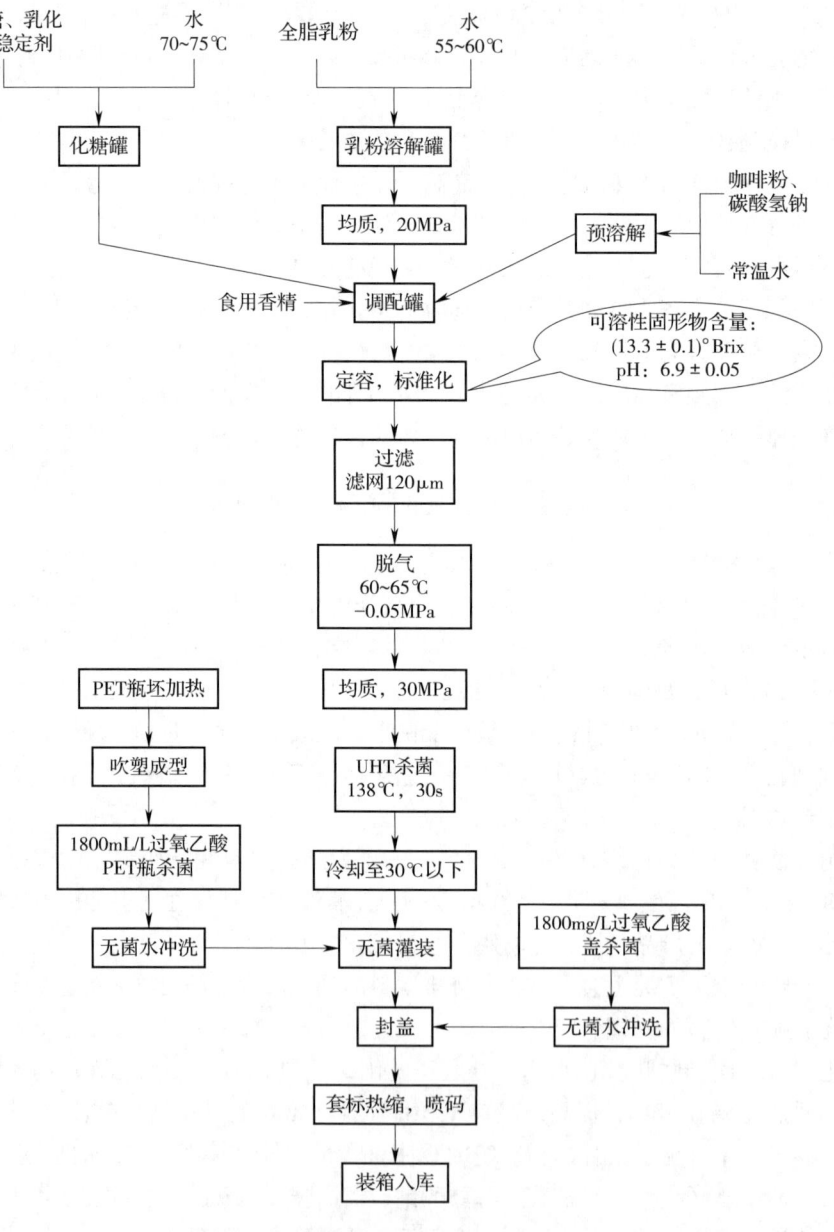

图10-3 含乳咖啡饮料生产工艺流程

3. 工艺要点

（1）乳粉溶解　乳粉溶解罐中按1∶5的料水比加入55~60℃的RO水，打开搅拌器，加入乳粉进行溶解，全部投料完毕后，搅拌15min，静置20min水合。

（2）化糖　将部分白砂糖、乳化剂、稳定剂提前预混，化糖罐中按1∶10料水比泵入70~75℃的RO水，打开高速剪切搅拌，投入预混的小料及剩余的白砂糖，高速剪切搅拌20min。

（3）咖啡溶解　将咖啡粉用少量常温水溶解，并依次加入柠檬酸钠、碳酸氢钠溶解。

（4）一次均质　将溶解好的料液泵入乳粉溶解罐中，用适量RO水分3次冲洗化糖罐，一并打入乳粉溶解罐中，搅拌15min混合均匀。经120μm的滤网过滤后，进行均质和脱气，均质温度60~65℃，均质压力20MPa，均质后冷却打入调配罐中待用，用适量RO水3次冲洗乳粉溶解罐，并直接打入调配罐。

（5）调配及标准化　将预溶解的咖啡溶液经过120μm的过滤器过滤，泵入调配罐中，开启搅拌根据物料计量器，加入RO水预定容至80%，搅拌15min，从罐底取样检测可溶性固形物含量和pH，并评估加水量定容至目标值，将食用香精加入调配罐。

检测可溶性固形物含量和pH两项指标，要求：可溶性固形物含量（13.3±0.1）°Brix、pH 6.9±0.05；风味符合标准样品，无异味；外观无分层，无不溶物，无白色。

（6）脱气，二次均质　脱气真空度–0.05MPa，均质温度60~65℃，均质压力30MPa。

（7）UHT杀菌　UHT杀菌条件138℃、30s。

（8）无菌灌装、密封　PET瓶坯加热吹制成PET瓶，准备好瓶盖，瓶和瓶盖用1800mg/L过氧乙酸溶液杀菌，杀菌后瓶子/瓶盖用无菌水冲洗，过氧乙酸残留<0.5mL/L。将杀菌后的产品降温至30℃以下，打入无菌罐，进行无菌灌装。

（9）包装　灌装后的饮料经套标、喷码，检验合格后，装箱入库。

4. 成品规格及质量指标

（1）容量　280mL的PET瓶装。

（2）理化指标　可溶性固形物含量（13.3±0.1）°Brix、pH 6.9±0.05、咖啡因含量≥200mg/kg。

（3）微生物指标　应符合GB 7101—2022《食品安全国家标准　饮料》的要求。

[案例2] 纯美式浓咖啡饮料

1. 配料

水、咖啡浓缩液、白砂糖、速溶咖啡粉、碳酸氢钠、食用香精。

2. 工艺流程

纯美式浓咖啡饮料生产工艺流程如图10-4所示。

3. 工艺要点

（1）化糖　白砂糖中添加10~20倍质量的70~75℃RO水，高速剪切搅拌20min进行溶解，溶解后的糖液采用5μm滤网过滤后，泵入调配罐。

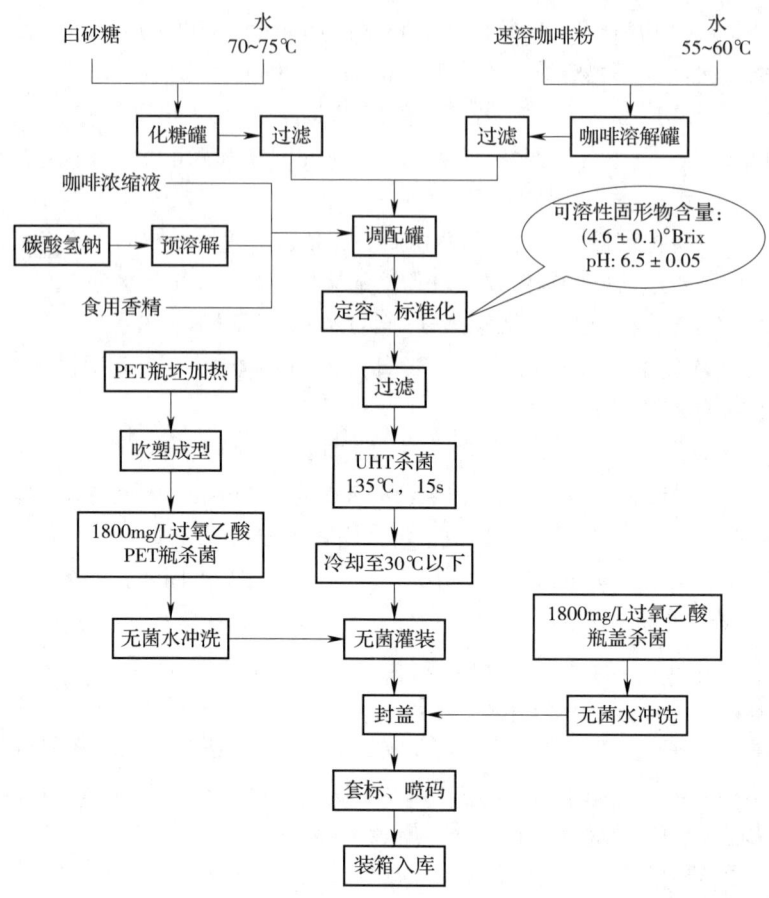

图 10-4 纯美式浓咖啡饮料生产工艺流程

（2）咖啡预溶解　咖啡溶解罐（调配罐 2）泵入咖啡粉 5～10 倍质量的常温 RO 水，搅拌 5min 使其充分溶解，经 100 目过滤器过滤后，泵入调配罐。

（3）调配及标准化　将配方所需的咖啡浓缩液及碳酸氢钠（加少量水预溶解）加入调配罐，根据调配罐液位，加入 RO 水预定容至 80%，搅拌 15min，从罐底取样检测可溶性固形物含量和 pH，并评估加水量，定容至设定值，将食用香精加入调配罐。

（4）UHT 杀菌　定容后的料液经 250 目过滤器过滤后，进行 UHT 杀菌，杀菌条件为 135℃，15s。

（5）无菌灌装、密封　PET 瓶坯加热吹制成 PET 瓶，准备好瓶盖。瓶和瓶盖用 1800mg/L 过氧乙酸溶液杀菌，杀菌后的瓶子和瓶盖用无菌水冲洗，过氧乙酸残留 <0.5mL/L。将杀菌后的产品降温至 30℃以下，打入无菌罐，然后进行无菌灌装及密封。

（6）包装　灌装后的饮料经套标、喷码，检验合格后，装箱入库。

4. 成品规格及质量指标

（1）容量　330mL 的 PET 瓶装。

（2）理化指标　可溶性固形物含量（4.6±0.1）°Brix、pH 6.5±0.05、咖啡因含量≥200mg/kg。

（2）微生物指标　应符合 GB 7101—2022《食品安全国家标准　饮料》要求。

思考题

1. 试述咖啡饮料的类型及特点。
2. 如何解决咖啡饮料加工中常见的质量问题?
3. 简述含乳咖啡饮料的工艺流程及工艺要点。

第十一章 特殊用途饮料

> **学习目标**
>
> 1. 了解特殊用途饮料的定义及分类。
> 2. 掌握特殊用途饮料配方的设计依据。
> 3. 了解特殊用途饮料生产工艺及工艺要点。

第一节 概述

一、特殊用途饮料发展概况

随着人们生活水平的提高及健康意识的增强，各种具有特定功能的功能性饮料快速发展，日益受到消费者青睐，为饮料行业开发新产品提供了方向，使饮料市场更趋多元化。目前，我国特殊用途饮料正处于快速发展期，产品种类不断增加，消费者认可度稳步提升，销售量增长迅速，行业呈现良好的发展态势。据统计，2021年，我国功能性饮料各品类线上销售额均保持高速增长。其中，运动饮料销售额增速最快，高达68.4%；营养素饮料市场销售额占比达28%，其销售额同比增长51.2%；能量饮料市场销售额占比达18%，增速为33.2%。能量饮料是功能性饮料中比重最大的品类。未来国内功能性饮料市场发展前景广阔。

二、特殊用途饮料的定义及分类

GB/T 10789—2015《饮料通则》对特殊用途饮料的定义为：加入具有特定成分的适应所有或某些人群需要的液体饮料。

特殊用途饮料主要分为以下五类。

1. 运动饮料

运动饮料是营养成分及其含量能适应运动或体力活动人群的生理特点，能为机体补充水分、电解质和能量，可被迅速吸收的制品。

2. 营养素饮料

添加适量的食品营养强化剂，以补充机体营养需要的制品，如营养补充液。

3. 能量饮料

含有一定能量并添加适量营养成分或其他特定成分，能为机体补充能量，或加速能量释放和吸收的制品。

4. 电解质饮料

添加机体所需要的矿物质及其他营养成分，能为机体补充新陈代谢消耗的电解质、水分的制品。

5. 其他特殊用途饮料

除上述饮料之外的特殊用途饮料。

由上述定义可知，特殊用途饮料在功能上存在交叉。在实际生产中，一种产品可能同时符合运动饮料、营养素饮料、能量饮料和电解质饮料中的2类、3类甚至全部种类的定义与要求，其差异主要体现在配方上而非加工工艺上。

第二节　特殊用途饮料配方设计

一、人体在特殊状态下的营养素需求

营养素是人体从食物中摄取的，经过消化吸收和代谢，用于供给能量、促进生长发育、修补身体组织，以及调节生理功能的物质。人体必需的营养素包括产能营养素（蛋白质、脂肪和碳水化合物）、微量营养素（维生素和矿物质）和水。表11-1列举了人体必需营养素。

表11-1　　　　　　　　　　人体必需营养素

氨基酸	脂肪酸	碳水化合物	常量元素	微量元素	维生素	水
异亮氨酸	油酸	—	钾	碘	维生素A	—
亮氨酸	亚油酸		钠	硒	维生素D	
赖氨酸	亚麻酸		钙	铜	维生素E	
甲硫氨酸	α-亚麻酸		镁	钼	维生素K	
苯丙氨酸	花生四烯酸		硫	铬	维生素B_1（硫胺素）	
苏氨酸	二十二碳六烯酸（DHA）		磷	钴	维生素B_2（核黄素）	
色氨酸	二十碳五烯酸（EPA）		氯	铁	烟酸（维生素B_3）	
缬氨酸				锌	泛酸（维生素B_5）	

续表

氨基酸	脂肪酸	碳水化合物	常量元素	微量元素	维生素	水
组氨酸					维生素 B_6	
					生物素（维生素 B_7）	
					叶酸（维生素 B_9）	
					维生素 B_{12}	
					胆碱	
					维生素 C	

对于不同生理状态和不同环境甚至不同职业的人群，机体呈现不同的生理特点及代谢变化，其对营养素的需求也有差异。特殊用途饮料是针对不同目标人群，满足其不同的营养素需求所设计开发的饮料产品。以下对特殊人群的营养素需求进行介绍。

（一）运动与营养素需求

合理营养可提供运动所需的能量物质、保证身体充足的水分和电解质平衡，提供足够的维生素和微量元素，提高血红蛋白水平及其摄氧和运氧能力，减少氧化应激，调解器官组织、细胞功能，改善物质和能量代谢水平，即合理营养对于体重、耐力、力量与爆发力以及运动后恢复具有积极作用。

1. 运动与能量

骨骼肌的收缩和舒张需要能量驱动，不同类型的运动能量代谢与供能特点不同，对三大产能营养素的需求量也不同。碳水化合物、脂肪和蛋白质是三磷酸腺苷（ATP）再合成的主要原料，通过无氧酵解和（或）有氧分解的方式，将能量转移给 ATP，然后被细胞利用。ATP 水解后释放的能量是细胞内各种生命活动的直接能量来源。

运动前供能物质的储备影响到运动员的运动能力，运动中能量的释放直接关系到运动成绩，运动后能量的摄入是体能恢复的基础。不同运动项目能量的代谢各异，例如，耐力型运动，应首先满足碳水化合物和脂肪等能量物质的补充；力量型运动，主要靠磷酸原功能系统和无氧糖酵解系统提供能量来满足其肌肉活动；球类运动，能量供应为无氧和有氧功能系统综合作用。但值得区分的是，运动与重体力劳动的能量消耗不同，其能量消耗常常是集中在短短几分钟或几小时内，因此，运动的能量代谢具有单位时间内消耗率高的特点。

2. 运动与碳水化合物

碳水化合物在运动中的作用主要是提供能量，运动强度越大，运动员对碳水化合物的需求越大。一般情况下，蛋白质主要用来维持和修复机体组织以满足人体生长需要，其供能占比较小。但长时间运动中，当碳水化合物大量消耗而脂肪供能又受到限制时，会导致蛋白质供能比例增加，长期大量消耗蛋白质而又不能及时足量补充时，会引起肌肉蛋白质数量减少，肌力下降。因此，补充足的碳水化合物有利于机体节约利用蛋白质。

研究证实，在运动前、中、后有规律地补充碳水化合物，可以提高运动能力，推迟运动性疲劳的发生。运动前补充碳水化合物可以提高机体的糖原储备，从而提高运动能力。运动中补充碳水化合物可提高运动过程中碳水化合物的氧化速率，节省糖原，维持血糖浓度，减少蛋白质消耗，保持运动中的能量平衡。运动后补充碳水化合物可促进体内肌糖原的恢复，快速消除疲劳和促进体能恢复。

3. 运动与蛋白质

蛋白质和氨基酸在运动中的作用包括：氧化供能、改善运动能力、预防中枢神经系统疲劳。不同训练状态、运动类型、强度和频率对蛋白质的需要量也不同，当能量摄入不足和糖原储备不足、运动中汗液大量流失时，应适当增加蛋白质的摄入。因此，大运动量训练的前期、中期和恢复期，均应适当增加蛋白质的摄入。在不增加肝肾代谢负担的前提下，蛋白质的摄入量与训练量应成正比，对于肝肾功能异常的人，其蛋白质的补充应谨遵医嘱。

4. 运动与脂肪

脂肪在运动中的作用包括提供能量、节约糖原、提高耐力等。当运动强度较低时，脂肪供能比例较大；当运动强度增加时，机体主要利用糖原氧化供能和无氧酵解供能。但是，脂肪摄入过多，会影响运动系统末梢血管中氧气、二氧化碳和营养物质的交换，同时导致骨骼肌易于疲劳、乳酸堆积、大脑皮层反应速率下降，对运动产生负面影响。

5. 运动与水、电解质

运动中水和电解质的代谢主要表现为：①排出大量汗液，电解质通过汗液流失较多；②因肺通气量增加，导致从呼吸系统中丢失大量水分。电解质（Na^+、K^+、Mg^+）具有维持身体酸碱平衡、内环境稳态、渗透压、酶活性（维持代谢）和神经信号传导（维持神经肌肉兴奋性）等功能。运动性脱水是指由于运动引起体内水分和电解质（特别是 Na^+、K^+）丢失过多。当失水量为体重的 2% 时，为轻度脱水，以血液和细胞间液的丢失为主，由于血容量减少，造成运动时心脏负担加重，影响运动能力；当失水量为体重的 4% 时，为中度脱水，严重时出现脱水综合征；当失水量为体重的 6% 以上时，为重度脱水，可能出现呼吸频率增加、肌肉抽搐等症状，严重时会导致昏迷。

除此之外，钙、铁、锌也与运动具有密切关系。钙在维持神经细胞和肌细胞的兴奋性、骨骼肌的收缩和细胞内第二信使传导等方面具有重要功能；缺铁性贫血不仅影响氧运输和能量生成导致运动能力受损，而且会影响中枢神经学习和反应能力；锌对肌肉代谢十分重要。运动会增加铁和锌的代谢，同时也使铁、锌和其他电解质在消化系统中的吸收率降低，而从汗液和尿液中排出的量增加，同时，运动也会使一部分钙通过汗液排出。

因此，运动时或运动后，需要通过合理补充水分及电解质改善运动能力，防止运动性脱水的关键是及时补充等渗或低渗透压的电解质饮料。

6. 运动与维生素

维生素参与机体的各种代谢，缺乏或不足时对运动能力产生不利作用。维生素 B_1、维生素 B_2、维生素 B_6 和维生素 C 缺乏，会影响红细胞转酮酶活力和有氧运动能力；维生素 B_{12} 缺乏会使运输氧的能力下降。研究表明，补充维生素 D 可以增加肌肉力量，此外，在运动中使用非酶的抗氧化剂如维生素 C 和维生素 E 等能抑制氧化应激反应，促进对耐力训练的适应。但过量补充水溶性维生素，也会引起副作用。

（二）疲劳与营养素需求

疲劳可分为脑力疲劳和生理疲劳。脑力疲劳，又称精神疲劳，主要表现为注意力不集中、嗜睡、短时记忆下降、工作效率下降并且易出错等。生理疲劳，又称体力疲劳、肌肉疲劳等，主要是由于长时间的肌肉活动导致。生理疲劳主要表现为全身疲乏无力、肌肉力量下降并伴随酸痛症状以及各种动作表现的不完整和不协调等现象。运动疲劳属于"生理疲劳"的一种，指人在运动过程中，受机能消耗与代谢产物不断积累的影响，运动能力有所减弱的状态。在运动过程中，中枢神经疲劳、周围疲劳与代谢性疲劳等多种因素，都会对运动疲劳机制产生影响。具体而言，中枢神经疲劳指在人体运动过程中，因大脑皮层与下丘脑的疲劳，使得肌肉神经传导受阻，进而影响人体肌肉收缩与运动能力。周围疲劳指的是受疲劳的影响，肌肉收缩能力下降，机体运动能力减弱。代谢性疲劳指的是受代谢产物不断积累的影响，身体的机能下降，运动能力减弱。

"衰竭"学说认为疲劳产生的原因是能量物质的耗竭。肌肉活动到疲劳时，能源物质如糖原、三磷酸腺苷、蛋白质、脂肪等大量消耗而得不到及时的补充，从而引发运动性疲劳的产生。大脑所需能量的 85%～95% 依赖血糖的氧化供应。血糖水平降低，首先影响中枢神经系统，产生疲劳。运动使血液中支链氨基酸水平下降，对色氨酸通过血脑屏障的竞争性抑制作用减弱，使更多的色氨酸进入大脑，引起脑内 5-羟色胺水平升高，导致中枢神经系统疲劳。

因此，可通过补充适当的营养成分来缓解运动性疲劳，减少运动伤害。

1. 疲劳与碳水化合物

单糖、双糖、多糖等碳水化合物是维持人体正常运动的主要能量来源之一。摄入足量的碳水化合物，不仅可以满足高强度运动的需要，还能增加肌肉糖原的存储量，延迟肌肉疲劳的发生时间，在增强运动能力与抗疲劳能力的同时，强化其运动表现与恢复能力。但碳水化合物需适量补充，过量会导致高血糖、肥胖等问题。

2. 疲劳与蛋白质、氨基酸

蛋白质是人体组织的重要组成之一，摄入适量蛋白质可以加速肌肉的合成与修复，减缓肌肉疲劳，提高运动能力与抗疲劳能力。此外，支链氨基酸也可以缓解中等强度运动引起的疲劳。

3. 疲劳与维生素

维生素是人体正常活动所需的微量营养元素之一，参与人体多种代谢过程与免疫反应。运动过程中，运动人员体内的维生素会被大量消耗，因此在运动前后需及时补充维生素。研究表明，运动前摄入一定量的维生素 C，可有效降低因运动产生的自由基对机体所造成的伤害，从而达到延缓疲劳的作用。B 族维生素对生理疲劳及脑力疲劳均有较好的改善作用。机体内维生素 B_1 含量与血糖代谢情况具有直接联系，维生素 B_1 的补充可有效缓解由血糖消耗引起的疲劳；维生素 B_2 是合成黄素腺嘌呤二核苷酸（FAD）、黄素单核苷酸（FMN）2 种与电子转移相关的辅酶不可或缺的重要成分，机体中维生素 B_2 含量不足会导致运动过程中出现能量过量消耗的情况，因此运动前也需要适当补充维生素 B_2。

4. 疲劳与电解质

内环境稳定性失调学说认为疲劳是由血液 pH 降低、水盐代谢紊乱和血浆渗透压改变等因素引起的。因此，运动期间或运动后补充水分及电解质，有助于维持水盐代谢，促进疲劳的消除。

二、特殊用途饮料配方设计依据

（一）运动饮料

运动饮料是指营养成分及含量能适应运动或体力活动人群的生理特点，能为机体补充水分、电解质和能量,可被迅速吸收的饮料。运动前、中、后补充运动饮料可以迅速补充水分、电解质和能量,维持和促进体液平衡和促进运动后身体的快速恢复。典型产品如佳得乐运动饮料、尖叫运动饮料等。

运动饮料具有以下特点。

(1)在规定浓度时,运动饮料与人体体液的渗透压相同(人体血液或体液的渗透压为250~330mmol/L)。

(2)运动饮料能够迅速补充运动中失去的水分,既能解渴又能抑制体温上升,使机体保持良好的运动技能。

(3)运动饮料一般使用葡萄糖和白砂糖,可迅速补充部分能量,此外还添加促进糖类代谢的维生素 B_1 和维生素 B_2。运动饮料是运动中补充碳水化合物的最佳方式,其碳水化合物浓度通常为 60~80g/L,很容易被吸收。运动中每小时补充 500~1000mL 运动饮料就可以提供足够的碳水化合物来维持血糖水平稳定。

(4)运动饮料一般不使用合成甜味剂和合成色素,具有天然风味。

GB 15266—2009《运动饮料》明确规定了运动饮料的组成成分(表11-2)。

表11-2 运动饮料的组成成分

项目	范围
可溶性固形物 /%	3.0~8.0
抗坏血酸 /(mg/L)	≤120
硫胺素及其衍生物 /(mg/L)	3~5
核黄素及其衍生物 /(mg/L)	2~4
钠 /(mg/L)	50~1200
钾 /(mg/L)	50~250

资料来源:GB 15266—2009《运动饮料》。

目前,运动饮料的开发主要包括专业运动员饮料和运动休闲饮料。其中,专业运动员饮料需要满足专业运动员的基本营养需求,且有助于其竞技能力的提高,以强化电解质,添加"生力物质"(如牛磺酸、酪蛋白等),在不违禁的前提下,添加中草药成分。运动休闲饮料的电解质、维生素及膳食纤维等的添加量相对较低。

运动员补充水分及电解质的原则如下。

(1)运动前 补充的液体应含有一定量的电解质和能量物质,其补充量依具体情况而定。可在运动前2h饮用400~600mL含电解质和碳水化合物的运动饮料;根据美国运动医学学会和加拿大营养学会的建议,运动前4h开始补液5~7mL/kg体重。

(2)运动中 根据出汗量而定,如果运动时长超过60min,应补充含有电解质和碳水化合物的运动饮料。美国运动医学学会建议,对于超过60min的运动项目,每升补液中需含有0.5~0.7g的钠盐。

(3)运动后 饮料中的电解质浓度应略高于运动中使用的产品,其中以含碳水化合物和电解质的运动饮料恢复效果最佳。恢复时饮用的运动饮料碳水化合物浓度为 50~100g/L，钠盐的含量为 30~40mmol/L。

（二）营养素饮料

营养素饮料指添加适量的食品营养强化剂，以补充机体营养需要的饮料。典型产品如农夫山泉维他命水、脉动维生素饮料等。

对于营养素饮料，并不一定是针对特定状态、特定年龄以及特定职业的人群，需要补充机体营养需求的人群均可饮用。目前，营养素饮料的配料以维生素、矿物质、膳食纤维为主，研究表明，营养素强化饮料和膳食纤维饮料在一定程度上可以弥补膳食摄入的不足，为健康带来益处。

虽然，我国并未针对营养素饮料颁布国家标准，但为了规范营养素饮料的生产，保证产品质量，促进行业健康发展，进一步完善及制定营养素类饮料技术要求，由中国饮料工业协会发布的团体标准 T/CBIA 010—2024《营养素饮料》已经发布实施。该标准明确规定了营养素饮料的技术要求。根据该标准，营养素含量要求见表 11-3。

表 11-3 营养素含量要求[①]

营养素类别	营养素名称	含量
维生素	维生素 B_1/（mg/kg）	≥1.05
	维生素 B_2/（mg/kg）	≥1.05
	维生素 B_6/（mg/kg）	≥1.05
	维生素 B_{12}/（mg/kg）	≥1.8
	维生素 C/（mg/kg）	≥75.0
	维生素 E/（mg/kg）	≥10.5
	烟酸（烟酰胺）/（mg/kg）	≥10.5
矿物质	钙/（mg/kg）	≥600.0
	铁/（mg/kg）	≥11.3
	锌/（mg/kg）	≥11.3
氨基酸	牛磺酸/（g/kg）	0.100~0.600
脂肪酸	γ-亚麻酸/（g/kg）	20.0~50.0
肽	酪蛋白钙肽/（g/kg）	0.4~1.6
	酪蛋白磷酸肽/（g/kg）	0.4~1.6

注：①应有一项（或一项以上）符合此表的规定。
资料来源：T/CBIA 010—2024《营养素饮料》。

T/CBIA 010—2024《营养素饮料》对营养素饮料产品的标签作出了明确规定：营养素饮料产品标签除应符合 GB 7718—2011《食品安全国家标准 预包装食品标签通则》、GB 28050—

2011《食品安全国家标准 预包装食品营养标签通则》的有关规定,还应该符合以下规定。

(1)有一种营养素达到表11-3中含量要求的产品,可以以此营养素命名,如维生素C饮料等。

(2)有两种同类别营养素达到表11-3中含量要求的产品,应以此类别营养素命名,如维生素饮料、矿物质饮料等。

(3)有3种及3种以上营养素达到表11-3中含量要求的产品,应以复合此类别营养素命名,如复合维生素饮料等。

(4)至少2个类别的3种及3种以上营养素均达到表11-3中含量要求的产品,可称为营养素饮料或复合营养素饮料。

(三)电解质饮料

电解质饮料,是添加机体所需要的矿物质及其他营养成分,为机体补充新陈代谢消耗的电解质、水分的饮料。典型产品如"宝矿力水特"电解质水、"外星人"电解质水等。电解质饮料常添加的电解质有氯化钾、氯化钠等。

在高温、高湿环境中,随着出汗量的增加,钠、钾、镁等电解质丢失显著增加,人体汗液、血浆及细胞内液中的主要电解质浓度如表11-4所示。故在任何导致丢失电解质的环境中作业的人群均可选择电解质饮料,如高温环境作业人群等。

表11-4　　　　　人体汗液、血浆和细胞内液中的主要电解质浓度　　　　　单位:mmol/L

电解质	汗液	血浆	细胞内液
Na^+	20~80	130~155	10
K^+	4~8	3.2~5.5	150
Ca^{2+}	0~1	2.1~2.0	0~2
Mg^{2+}	<0.2	0.7~1.5	15
Cl^-	20~60	96~110	8

目前电解质饮料尚无相关国家标准颁布,为了规范电解质饮料的生产,保证产品质量,促进行业健康发展,进一步完善制定电解质类饮料技术要求,中国饮料工业协会发布实施了团体标准T/CBIA 012—2024《电解质饮料》。该标准明确规定了电解质饮料的技术要求。其理化指标要求详见表11-5。

表11-5　　　　　　　　　电解质饮料的理化指标要求

项目	要求
可溶性固形物(20℃时折光仪法)/%	≤8.0
渗透压/(mOsmol/L)	50~340
钠/(mg/L)	50~1200
钾/(mg/L)	50~250

注:其他电解质(如,钙、镁、锌、氯等)的使用量应符合相应的标准和有关规定。

资料来源:T/CBIA 012—2024《电解质饮料》。

(四)能量饮料

能量饮料的主要特点是促进人体新陈代谢，加快对糖分的分解和吸收，迅速补充人体能量，调节神经系统功能，从而达到消除疲劳恢复体力的作用。典型产品如"红牛"维生素牛磺酸饮料、"魔爪"（Monster）能量风味饮料等。

能量饮料一般含有牛磺酸、B族维生素、酪氨酸、肌醇、咖啡因、葡萄糖和矿物质等多种营养成分。能量饮料和运动饮料并无明确的适用人群，仅仅根据成分进行区分。

设计合理的配方是特殊用途饮料的基础，生产过程对于特殊用途饮料同样重要，应严格控制每道工序，从原料到成品做好检测，确保生产出符合质量标准的产品，为消费者提供安全、健康且满足其需求的产品。不同种类的特殊用途饮料在功能上存在交叉，在实际生产中，其差异主要体现在配方设计上而非加工工艺上，且特殊用途饮料的生产工艺主要包括原料的检验、溶解、调配、杀菌及灌装等常规饮料生产工序。

[案例1] 运动饮料

1. 配料

水、白砂糖、食用盐、柠檬酸、柠檬酸钠、氯化钾、食用香精。

2. 工艺流程

运动饮料生产工艺流程如图11-1所示。

3. 工艺要点

（1）原料准备　运动饮料的主要原料包括但不限于水、白砂糖、矿物质等。所有原辅料均需经过严格检验后，根据配方要求进行精准称量，以保证产品的营养素和感官品质符合设计标准。

（2）原料溶解　白砂糖采用80~85℃纯净水进行溶解，过5μm过滤器后，打入调配罐；食盐、柠檬酸、柠檬酸钠及氯化钾等加少量60~65℃纯净水溶解，过5μm过滤器后，打入调配罐，确保各种原辅料完全溶解并全部转移至调配罐。

（3）调配　糖浆及预溶解的食用盐、柠檬酸等盐类溶液泵入调配罐后，开启搅拌，加入纯净水预定容至80%，搅拌10min，从罐底取样检测可溶性固形物含量和pH，并评估加水量，定容至设定值，将食用香精加入调配罐。

（4）杀菌　调配及定容后的饮料，经250目过滤器过滤后，进行HTST杀菌，杀菌条件为110℃，15s。

（5）灌装　杀菌后的饮料冷却至30℃以下，输送到无菌灌装线在25~30℃下进行灌装，采用无菌灌装技术将饮料灌装到预先清洗和杀菌的PET瓶中。

（6）包装　经过灌装与密封的瓶装饮料将自动输送到包装线，进行贴标、喷码，检验合格后，装箱入库。

4. 成品规格及质量指标

（1）容量　550mL PET瓶装。

（2）理化指标　可溶性固形物含量（6.1±0.1）°Brix、总酸0.13%±0.01%、pH 3.5±0.05。

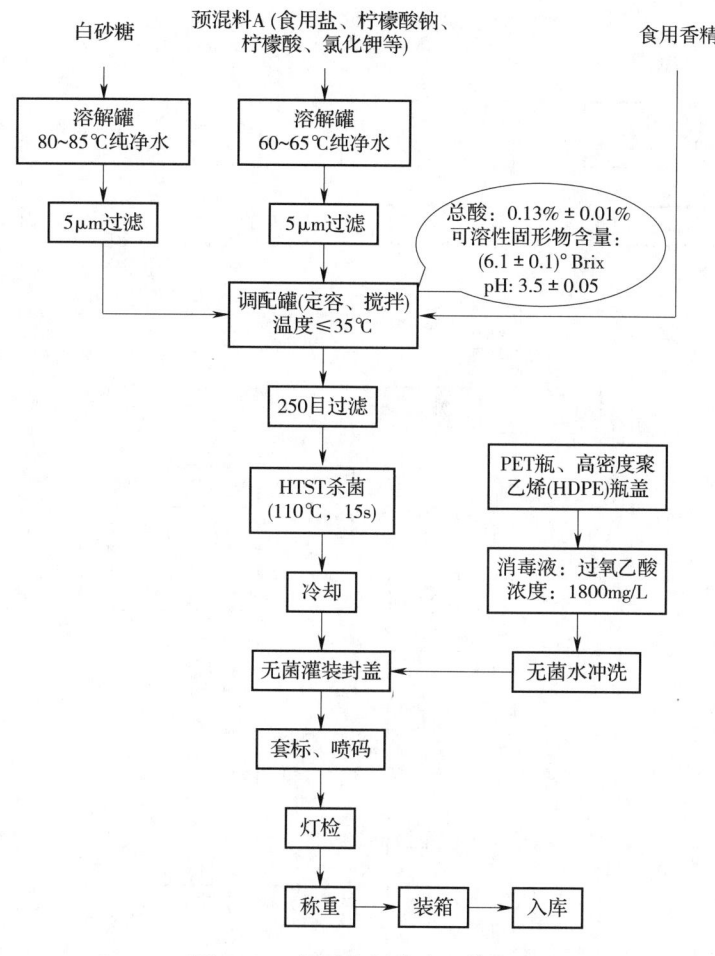

图 11-1 运动饮料生产工艺流程

（3）微生物指标　应符合 GB 7101—2022《食品安全国家标准　饮料》的要求。

[案例2] 电解质饮料

1. 配料

水、白砂糖、维生素 B_6、烟酸、食用盐、柠檬酸钠、氯化钾、柠檬酸、食用香精。

2. 工艺流程

电解质饮料生产工艺流程如图 11-2 所示。

3. 工艺要点

（1）原料准备　电解质饮料的主要原料包括但不限于：水、白砂糖、矿物质等。所有原料都需经过检验后，根据配方所需进行精准称量，以保证产品的营养和口感符合设计标准。

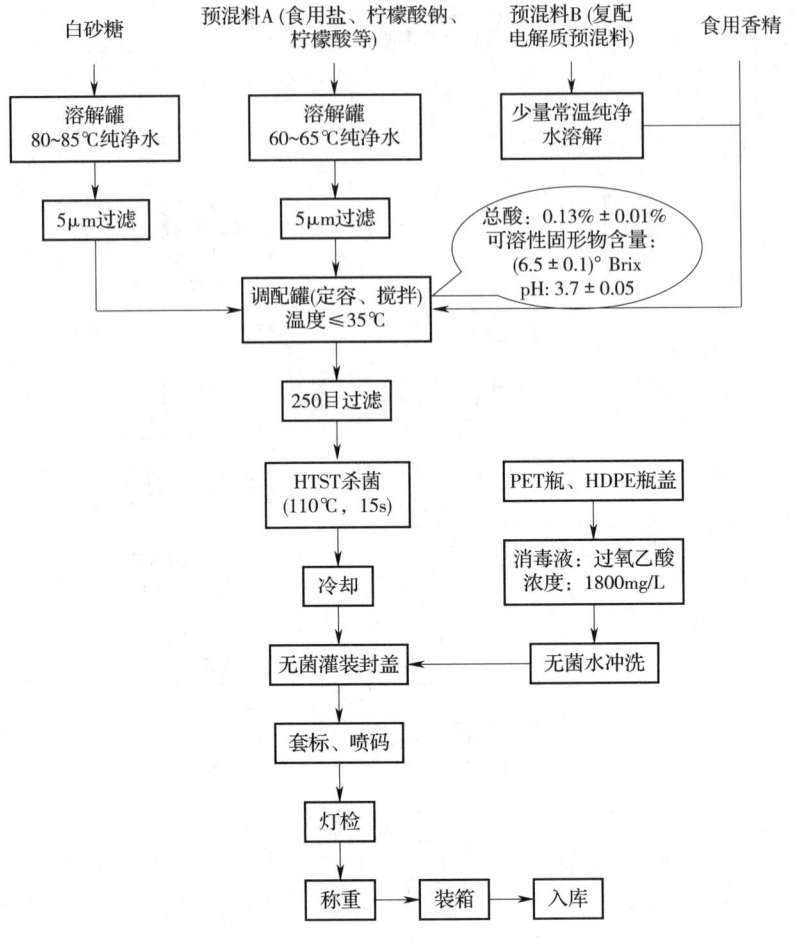

图 11-2 电解质饮料生产工艺流程

（2）原料溶解　白砂糖采用 80~85℃纯净水溶解，过 5μm 过滤器后，打入调配罐；预混料 A（食用盐、柠檬酸、柠檬酸钠）及预混料 B（复配电解质预混料）分别加少量 60~65℃纯净水和常温纯净水溶解，过 5μm 过滤器后，打入调配罐，确保各种原料完全溶解并全部转移至调配罐。

（3）调配　糖浆及预溶解的预混料 A 和预混料 B 溶液泵入调配罐后，开启搅拌，加入 RO 水预定容至 80%，搅拌 10min，从罐底取样检测可溶性固形物含量和 pH，并评估加水量，定容至设定值，将食用香精加入调配罐。

（4）杀菌　调配及定容后的饮料，经 250 目过滤器过滤后，进行高温短时杀菌，杀菌条件为 110℃，15s。

（5）灌装　杀菌后的饮料冷却至 30℃以下，输送到无菌灌装线在 25~30℃下进行灌装，采用无菌灌装技术将饮料灌装到预先清洗和杀菌的 PET 瓶中。

（6）包装　经过灌装与密封的瓶装饮料将自动输送到包装线，进行贴标、喷码，检验合格后，装箱入库。

4. 成品规格及质量指标

（1）容量　550mL PET 瓶装。

（2）理化指标　可溶性固形物含量（6.5±0.1）°Brix、总酸 0.13%±0.01%、pH 3.7±0.05。

（3）微生物指标　应符合 GB 7101—2022《食品安全国家标准　饮料》要求。

[案例3]　能量饮料

1. 配料

水、白砂糖、柠檬酸、绿茶粉、牛磺酸、维生素 B_6、维生素 B_{12}、烟酸、牛磺酸、柠檬酸、日落黄、食用香精。

2. 工艺流程

能量饮料生产工艺流程如图 11-3 所示。

3. 工艺要点

能量饮料的工艺要点与运动饮料的基本相同。

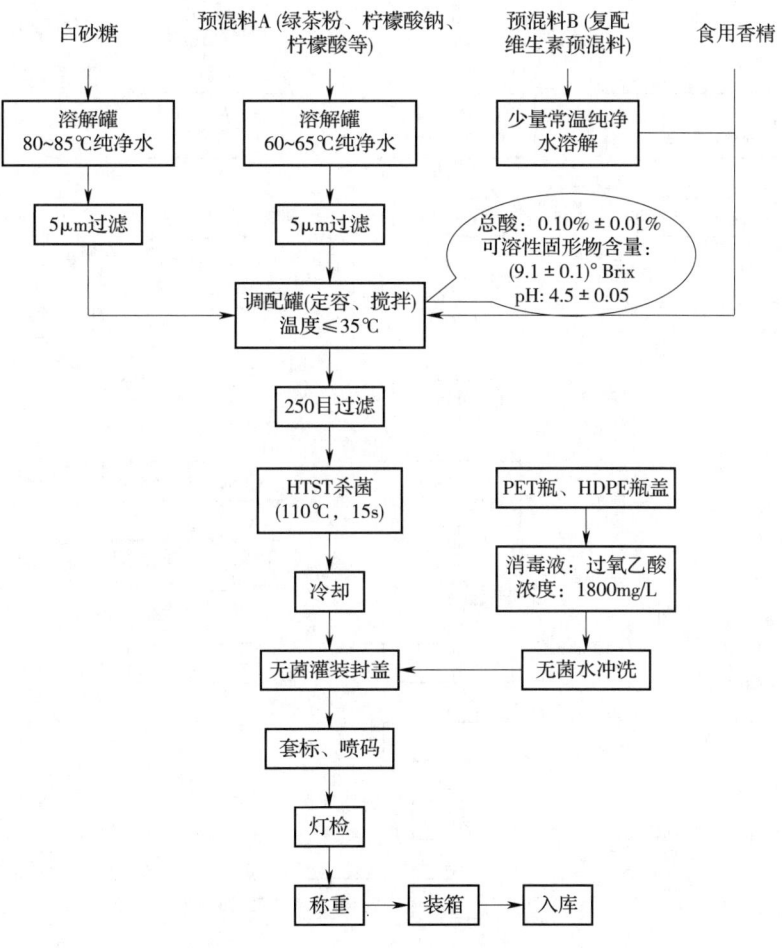

图 11-3　能量饮料生产工艺流程

4. 成品规格及质量指标

（1）容量　550mL PET 瓶装。

（2）理化指标　可溶性固形物含量（9.1±0.1）°Brix、总酸 0.10%±0.01%、pH 4.5±0.05。

（3）微生物指标　应符合 GB 7101—2022《食品安全国家标准　饮料》要求。

[案例 4]　营养素饮料

1. 配料

水、白砂糖、柠檬酸、柠檬酸钠、维生素 C、烟酸、维生素 B_6、维生素 B_{12}、食用香精。

2. 工艺流程

营养素饮料生产工艺流程如图 11-4 所示。

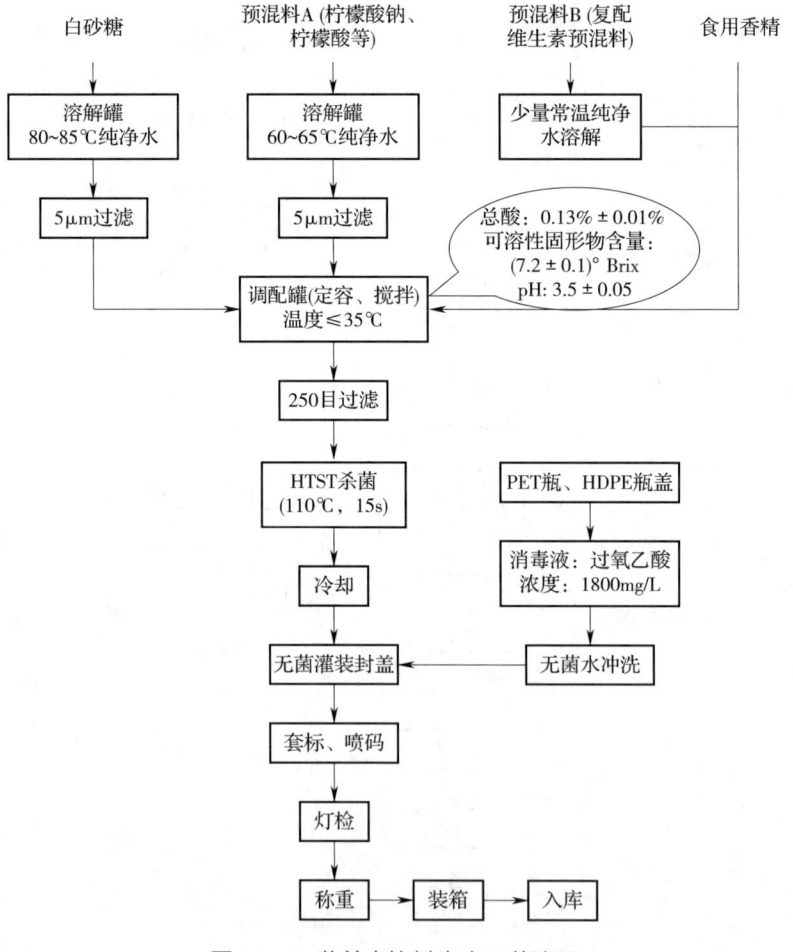

图 11-4　营养素饮料生产工艺流程

3. 工艺要点

营养素饮料的工艺要点与运动饮料的基本相同。

4. 成品规格及质量指标

（1）容量　550mL PET 瓶装。

（2）理化指标　可溶性固形物含量（7.2±0.1）°Brix、总酸 0.13%±0.01%、pH 3.5±0.05。

（3）微生物指标　应符合 GB 7101—2022《食品安全国家标准　饮料》要求。

思考题

1. 特殊用途饮料如何进行分类？
2. 简述特殊用途饮料与普通饮料的区别。
3. 电解质饮料中常添加的电解质有哪些？

第十二章 固体饮料

学习目标

1. 了解固体饮料的分类。
2. 熟悉固体饮料的生产工艺及质量要求。
3. 掌握蛋白固体饮料、果蔬固体饮料的生产工艺及技术要点。

第一节 概述

一、固体饮料发展概况

固体饮料凭借其种类多样、生产工艺简单、产品便携及食用方便等优势,快速发展,不仅为消费者提供更加丰富、健康、便捷的饮料选择,同时也为相关产业的发展带来更多的机遇和挑战。虽然固体饮料在食品饮料行业中的发展历史较短,但其市场增长速率惊人,已成为饮料行业的一大亮点,尤其是在欧美、日本等地,固体饮料的年产量增长率均超过10%,反映出消费者对于便捷、健康的饮料具有高度需求。在我国,随着经济的快速发展和人民生活水平的提高,固体饮料行业也迎来了前所未有的发展机遇。据中国轻工业网统计,2011—2020年,我国固体饮料行业市场规模保持较快的发展态势;2020年,我国固体饮料制造企业的营业收入同比增长11.05%,达到了739.6亿元左右。据《中国固体饮料行业产销需求与投资预测分析报告前瞻》报告,目前国内年主营业务收入2000万元及以上规模的固体饮料生产企业超过120家,形成了一批在国内外具有影响力的知名品牌。这些企业通过不断技术创新和市场拓展,推动了固体饮料行业的快速发展,不仅促进了产业结构的优化升级,也满足了消费者对高品质生活的追求。

随着消费者对健康饮食关注度的日益增加,固体饮料行业正朝着营养化、多样化、优雅化和便携化方向快速发展。企业通过科研创新,开发出更多符合现代人营养需求的产品,如加入多种维生素、矿物质、植物提取物等健康成分的固体饮料,以及针对特定人群设计的功能性固体饮料等。药食同源固体饮料也从实验室阶段,逐步走向大众消费市场,其配方也逐渐向多种原料复配型发展。此外，通过发酵谷物、果蔬、植物种子等原料加工而成的固体饮料以及微生态制剂类固体饮料也发展迅速，深受消费者喜爱。

此外，随着科技进步和消费者需求的不断演变，固体饮料的生产技术也在不断创新和发展。例如，在固体饮料中应用微胶囊化技术保护活性成分，提高其在加工过程中的稳定性；应用纳米技术提高营养成分的生物可利用率；应用高压均质技术改善产品的溶解性和口感等。这些技术的发展不仅提高了固体饮料的质量和功能性，也为产品创新提供了新的空间。

为了更好地满足消费者对产品外观和使用体验的要求，固体饮料的包装设计也越来越注重美观性和便携性，采用更加环保、安全的材料，同时设计更为精致、便于携带的包装形式。

二、固体饮料的定义及分类

我国拥有丰富的天然资源和历史悠久的饮食文化，随着食品工业和制造技术的快速发展，固体饮料多样化发展，产量逐年上升，质量也不断提高。我国对于固体饮料的定义、分类以及卫生标准等方面，均做出了明确规定。GB 10789—2015《饮料通则》定义固体饮料是：用食品原辅料、食品添加剂等加工制成粉末状、颗粒状或块状等，供冲调或冲泡饮用的固态制品。固体饮料不仅方便消费者补充日常所需的多种营养成分，还可解决营养摄入不平衡的问题，为快生活节奏的消费者提供快速、便捷的营养补给方案。同液体饮料相比，固体饮料的优势在于其携带方便、保质期长以及营养成分高等，不仅适合日常生活中的即时饮用，也适合在旅行、户外活动等场合作为营养补给。

GB/T 29602—2013《固体饮料》将固体饮料分为风味固体饮料、果蔬固体饮料、蛋白固体饮料、茶固体饮料、咖啡固体饮料、植物固体饮料、特殊用途固体饮料和其他固体饮料（表12-1）。不同固体饮料生产工艺差异不大，但也具备各自的产品特点和技术要点。

表12-1　　　　　　　　　　　　固体饮料分类表

固体饮料	定义	分类
风味固体饮料	以食用香精（料）、糖（包括食糖和淀粉糖）、甜味剂、酸味剂、植脂末等一种或几种物质作为调整风味主要手段，添加或不添加其他食品原辅料和食品添加剂，经加工制成的固体饮料	果味固体饮料、乳味固体饮料、茶味固体饮料、咖啡味固体饮料、发酵风味固体饮料等
果蔬固体饮料	以水果和（或）蔬菜（包括可食用的根、茎、叶、花、果）或其制品等为主要原料，添加或不添加其他食品原辅料和食品添加剂，经加工制成的固体饮料	水果（果汁）粉、蔬菜（蔬菜汁）粉、果汁固体饮料、蔬菜汁固体饮料、复合果蔬粉及其固体饮料、其他果蔬固体饮料
蛋白固体饮料	以乳和（或）乳制品，或其他动物来源的可食用蛋白，或含有一定蛋白质含量的植物果实、种子或果仁或其制品等为原料，添加或不添加其他食品原辅料和食品添加剂，经加工制成的固体饮料	含乳蛋白固体饮料、植物蛋白固体饮料、复合蛋白固体饮料、其他蛋白固体饮料

续表

固体饮料	定义	分类
茶固体饮料	以茶叶的提取液或其提取物或直接以茶粉（包括速溶茶粉、研磨茶粉）为原料，添加或不添加其他食品原辅料和食品添加剂，经加工制成的固体饮料	速溶茶（速溶茶粉）、研磨茶粉、调味茶固体饮料、果汁茶固体饮料、奶茶固体饮料、其他调味茶固体饮料
咖啡固体饮料	以咖啡豆及咖啡制品（研磨咖啡粉、咖啡的提取液、或其浓缩液、速溶咖啡等）为原料，添加或不添加其他食品原辅料和食品添加剂，经加工制成的固体饮料	速溶咖啡、研磨咖啡（烘焙咖啡）、速溶/即溶咖啡饮料、其他咖啡固体饮料
植物固体饮料	以植物及其提取物（水果、蔬菜、茶、咖啡除外）为主要原料，添加或不添加其他食品原辅料和食品添加剂，经加工制成的固体饮料	谷物固体饮料、草本固体饮料、可可固体饮料、其他植物固体饮料
特殊用途固体饮料	通过调整饮料中营养成分的种类及其含量，或加入具有特定功能成分适应人体需要的固体饮料	运动固体饮料、营养素固体饮料、能量固体饮料、电解质固体饮料等
其他固体饮料	除上述以外的固体饮料	植脂末、泡腾片、添加可用于食品菌种的固体饮料等

GB 7101—2022《食品安全国家标准 饮料》明确规定，固体饮料的质量指标应符合表 12-2 所述。

表 12-2　　固体饮料的质量指标

指标	内容	要求	检测方法
感官指标	色泽	具有该产品应有的色泽	按照产品标签标示的冲调方法稀释后
	滋味、气味	具有该品种应有的滋味、气味，无异味、无异臭	
	杂质	无杂质	
	外观形态	具有该产品应有的状态	
理化指标	水分	≤7%	按照产品标签标示的冲调方法稀释后
	氰化物（以 HCN 计）	≤0.5mg/L（仅适用于添加了杏仁或杏仁制品的饮料）	
	脲酶试验	阴性（仅适用于添加了大豆或含大豆蛋白制品的饮料）	

续表

指标	内容	要求	检测方法
污染物	铅限量（以 Pb 计）	1.0mg/kg	GB 2762—2022
真菌毒素	赭曲霉毒素 A 限量/（μg/kg）	研磨咖啡（烘焙咖啡）5 速溶咖啡 10	GB 2761—2017
微生物指标	菌落总数/（CFU/g 或 CFU/mL）①	$n=5$；$c=2$；$m=10^2$；$M=10^4$	GB 5009.2—2021
	大肠菌群/（CFU/g 或 CFU/mL）	$n=5$；$c=2$；$m=1$；$M=10$	GB 5009.3—2021
	霉菌/（CFU/g 或 CFU/mL）	≤20	GB 5009.15—2021

注：①本标准不适用于添加了需氧和兼性厌氧菌种的活菌型（未杀菌型）饮料。

除感官、理化及微生物指标等技术要求外，GB/T 29602—2013《固体饮料》还明确规定了不同固体饮料中各原料的含量（按照标签标示的冲调或冲泡方法稀释后的含量）要求，如表 12-3 所示。

表 12-3　　固体饮料中各原料的含量

分类		项目	指标或要求
果蔬固体饮料	水果粉	果汁（浆）含量①/%（质量分数）	100
	蔬菜粉	蔬菜汁（浆）含量①/%（质量分数）	
	果汁固体饮料	果汁（浆）含量①/%（质量分数）	≥10
	蔬菜汁固体饮料	蔬菜汁（浆）含量①/%（质量分数）	≥5
	复合水果粉、复合蔬菜粉、复合果蔬粉	果汁（浆）和（或）蔬菜汁（浆）含量①/%（质量分数）	100
		不同果汁（浆）和（或）蔬菜汁（浆）的比例①	符合标签标示
	复合果汁固体饮料、复合蔬菜汁固体饮料、复合果蔬汁固体饮料	果汁（浆）和（或）蔬菜汁（浆）含量①/%（质量分数）	≥10
		不同果汁（浆）和（或）蔬菜汁（浆）的比例①	符合标签标示
蛋白固体饮料	含乳固体饮料	乳蛋白含量（质量分数）/%	≥1
	植物蛋白固体饮料	蛋白质含量（质量分数）/%	≥0.5
	复合蛋白固体饮料	蛋白质含量（质量分数）/%	≥0.7
		不同来源蛋白质含量的比例	符合标签标示
	其他蛋白固体饮料	蛋白质含量（质量分数）/%	≥0.7

续表

分类		项目	指标或要求
茶固体饮料	速溶茶粉、研磨茶粉	绿茶	茶多酚含量/（mg/kg） ≥500
		青茶	≥400
		其他茶	≥300
	调味茶固体饮料	茶多酚含量/（mg/kg）	≥200
		果汁含量（质量分数）/%（仅限于果汁茶）	≥5
		乳蛋白含量（质量分数）/%（仅限于奶茶）	≥0.5
咖啡固体饮料[2]	速溶咖啡	咖啡因含量/（mg/kg）	≥200
	研磨咖啡		
	速溶/即溶咖啡饮料		

注：[1]按原始配料计算。
[2]声称低咖啡因的产品，咖啡因含量<50mg/kg。

第二节　固体饮料生产工艺

固体饮料是按照其主要成分分类的（特殊功能用途固体饮料除外），固体饮料的原料首先是食品本身或其制品，如果汁、乳粉等。此外，主要包括食品配料（如麦芽糊精、白砂糖、甜炼乳、可可粉、奶油、蛋黄粉、乳粉、植脂末等）、食品添加剂和营养强化剂。

固体饮料的生产主要有干法和湿法两种工艺。

干法加工，又称干混法，是指将所有原料在无水或极少水的条件下进行直接混合的加工方法。干法加工由于无干燥工序，因此要求其原料必须保持干燥状态。同时由于无加热、干燥等高温过程，不会造成产品中成分的热降解，因此干法加工适用于含热敏性成分（如维生素和某些植物提取物等）的原料加工。干法加工包括原料的粉碎、配料及混合等关键步骤，其中原料粉碎是通过确保粒径的合理性，来保证混合的均匀性和产品的溶解性；配料指按照配方要求精确称量原辅料，保证配方的准确性及不同批次产品的一致性；混合指使用混合设备，如V型混合器或双锥混合器等进行混合，使不同原辅料均匀混合。因其具有操作简便、能耗较低等特点，干法加工广泛应用于固体饮料的生产，但干法加工方法只适合水分含量较低的干燥原料。

对于溶解性较差的原料，采用干法加工时也可增加造粒工艺来改善其溶解性。造粒是指通过向干燥的粉末混合物料中添加黏合剂（固体饮料造粒工艺一般采用水作为黏合剂，必要时采用糖水混合物），使粉体黏结，进一步筛分及干燥形成流动性及溶解性良好的颗粒。这种方法通过造粒显著改善了产品的物理性质，如粒度、流动性、压缩性和溶解性，同时减少了粉尘问题。

湿法加工是指将原料中的有效成分经过提取、浓缩等过程，进一步干燥得到的粉末产品，如速溶茶粉、速溶咖啡粉等；或根据产品需要，将不同物料混合，通过反应（化学反应或酶解反应等）或研磨、均质等加工过程，使其形成均一稳定的乳液体系，再进一步干燥得到粉末产品，如豆粉等蛋白固体饮料。

固体饮料加工方式的选择，需要根据最终产品的具体要求、原辅料的特性以及成本效益进行综合考量。干法加工因其工艺及设备简单、成本低廉等特点广泛应用于以干燥物料为原料的固体饮料。湿法加工适合原料需进一步提取或混合，且需通过改善物理性质（如流动性、溶解性）来达到特定质量标准的复杂配方产品。

一、非蛋白固体饮料生产工艺

非蛋白固体饮料品种繁多，范围广泛，其生产方法主要有干法和湿法两种。干法是将各种原料进行混配、成形、烘干、筛分、包装或先干燥、粉碎然后混合、包装，此法简单，只要控制好原料质量，就可制成较好的产品；湿法是用于生产质量较高产品的方法，采用溶解、调配、均质、脱气、干燥等工序进行加工，与生产蛋白固体饮料相似；但对于菊花茶、速溶咖啡、速溶茶等饮料，其工艺又有一定差异，大多由提取工艺和造粒工艺两部分组成。总之应根据固体饮料的种类以及所用原辅料的性质、特点、产品规格、品质要求等因素具体选择，并确定合理的工艺路线和最佳的工艺参数。

下面以果汁（果味）固体饮料为例介绍干法加工工艺。

果汁固体饮料是以果汁或果粉为主要原料，可添加糖（包括食糖和淀粉糖）和（或）甜味剂等一种或几种其他食品原辅料和食品添加剂，经加工制成的固体饮料，要求果汁（浆）含量在10%（质量分数）以上，而果味固体饮料不要求果汁（浆）的含量；果汁固体饮料和果味固体饮料应具有水果相应的色、香、味，在质量要求、所需原辅料、设备和工艺操作等方面基本相同，主要的差别在于果味固体饮料的色、香、味主要来自食品添加剂，而果汁固体饮料的色、香、味则全部或主要来自天然果汁。

1. 工艺流程

果汁固体饮料的生产工艺流程如图 12-1 所示。

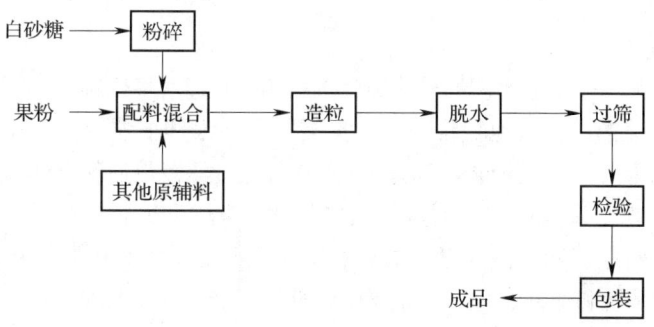

图 12-1 果汁固体饮料生产工艺流程

2. 工艺要点

（1）配料　选择符合要求的原辅料，分别进行预处理，然后充分混合。此工序中应注意以下几点：①白砂糖粉碎并过 60 目筛，糖粒过大，不易混匀；②麦芽糊精同样需要过筛，继糖粉后加入混合机；③食用色素和柠檬酸等先用水溶解，然后分别投入混合机。溶解色素、柠檬酸等固体物料的用水，必须控制在全部投料量的 5%～7%。

（2）造粒　将混合均匀和干湿适度的坯料转至造粒机中进行造粒。成型颗粒一般以60~80目为宜。

（3）脱水　将颗粒坯料置于干燥箱中干燥。干燥温度应保持80~85℃，以保持产品较好的色香味。此外，也可以采用冷冻干燥法，以减少营养成分的损失。

（4）过筛　将干燥的产品通过60~80目筛进行筛选，剔除较大颗粒或少数结块，使产品颗粒大小保持均一。

（5）包装　检验合格的产品，冷却至室温后，在设定温度、湿度和洁净度的环境中包装。包装温度过高，产品易回潮，从而引起变质；包装不严密，也会引起产品的回潮变质。环境、设备、包装容器和人员的洁净度不合格也会给产品带来微生物污染问题。

二、蛋白固体饮料生产工艺

蛋白固体饮料生产也可分为干法和湿法，干法是直接以乳粉、豆粉等蛋白原料，与其他配方所需的原辅料进行混合调配，筛分并分装、包装制备蛋白固体饮料；湿法是指将不同原料经过溶解、配料、混合、乳化、脱气、干燥等工艺制成疏松多孔的片状或颗粒状固体饮料，具有良好的冲调性、分散性和稳定性。一般蛋白固体饮料的生产多采用湿法工艺。

1. 工艺流程

蛋白固体饮料的湿法生产工艺流程如图12-2所示。

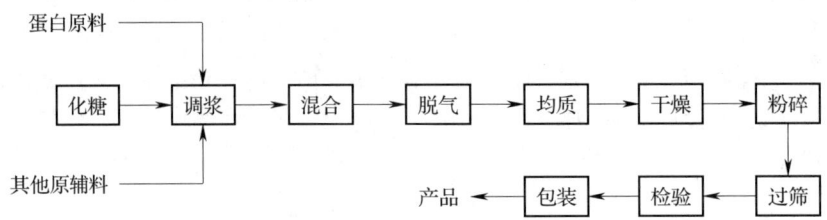

图12-2　蛋白固体饮料湿法生产工艺流程

2. 工艺要点

（1）化糖　首先，将一定比例的热水（25%~30%）打入溶糖罐中，根据产品配方加入白砂糖、葡萄糖、麦芽糖以及其他辅料，如人参提取物和银耳浓缩液等。在80~85℃下加热搅拌，至所有成分完全溶解形成糖浆。通过40~60目筛过滤，然后转移到混合罐中。当温度降至70~80℃时，在搅拌过程中加入适量的碳酸氢钠，以中和原料带来的酸性，防止后续加入的乳液出现凝固。碳酸氢钠的添加量根据原料的酸度而定，大约占原料总质量的0.2%。溶糖罐配备了夹层加热系统和搅拌装置，便于均匀快速溶解各种糖类原料。

（2）调浆　调浆开始前，先向调浆罐中加入适量的水，随后根据产品配方加入炼乳、蛋白粉、乳粉等原料，加热至70℃并搅拌均匀。蛋白粉和乳粉等固体原料需先通过40~60目筛，以除去团块，保证产品品质。奶油则需要先融化后再加入。搅拌均匀的浆料通过筛网，进入混合罐。调浆罐内应配备搅拌器、过滤网和加热系统等。

（3）混合　混合俗称打料，是在混合罐内使糖浆与乳浆充分混合，混合后的料液温度应保持在65℃以上，既能满足杀菌需求，也可降低蛋白质热变性的风险。

（4）脱气　加工过程中，浆料会混入空气。若不排除，干燥时浆料会产生气泡翻滚，造成浆料溢出，导致损失。因此，浆料需在浓缩罐中进行脱气。脱气过程需要配置平衡桶、高位冷却塔和真空泵等设备，以实现真空排气。

（5）均质　由于产品中含有油脂和固形物，仅靠搅拌器无法充分分散奶油中的脂肪粒，因此需通过均质机（阀式、微射流式）进行均质化处理。该过程旨在将浆料中的脂肪滴细化，增加脂肪滴表面积，改善蛋白质物理状态，从而防止脂肪上浮和蛋白质沉淀，确保浆料一致性，提升产品的稳定性，是确保产品品质的关键步骤之一。

（6）干燥　一般采用真空干燥来脱除浆料中的水分，使其水分含量控制在要求范围之内。真空干燥一般要经过4个阶段，即升温、恒速干燥、发泡成型、冷却固化。发泡成型操作是混入空气或添加膨松剂类的食品添加剂，使之产生泡沫，先进行低真空干燥，物料在减压下气体膨胀形成泡沫层，干燥到一定程度后，物料形成较稳定的蜂窝状，之后提高真空度进行强化干燥，干燥后可得到组织疏松、速溶性好的产品。真空干燥的具体过程为：将装料的烘盘放置在干燥箱内的蒸汽排管上或蒸汽薄板上进行加热干燥，干燥后浆料发泡可达8~10cm。干燥初期，真空度保持在90~94kPa，随后提高到96~98.6kPa，蒸汽压力控制在0.15~0.2MPa，通汽干燥时间为90~100min。干燥完毕后，不能立即消除真空，必须先停蒸汽，然后通入冷却水进行冷却约30min。待料温下降后，才消除真空再出料。全过程时长120~130min。

此外，还可采用喷雾干燥，通过压缩空气使浆料雾化，并通过热空气使其中的水分快速汽化，得到干燥粉末。除上述干燥方法以外，微波干燥作为一种新技术也开始在固体饮料干燥工序中应用，具有很好的发展前景。

（7）粉碎　将干燥完成的蜂窝状整块产品送进粉碎机中粉碎成粉末或颗粒，根据产品要求确定其粒度，并过筛使其颗粒均匀一致，也可根据产品需求进行造粒。在此过程中，需严格控制其卫生指标，所有接触产品的机件、容器及工具等均需保持洁净，可采用紫外线杀菌。工作场所要有空调设备，以保持温度在20℃左右，相对湿度在40%~50%，避免产品吸潮而影响产品质量，并有利于包装操作顺利进行。

（8）检验　产品粉碎后，在包装之前必须按照质量要求抽样检验。

（9）包装　检验合格的产品，可在空调环境下进行包装，包装室一般保持温度在20℃左右，相对湿度40%~45%。

营养强化剂或益生菌等应根据其性状、加入后的变化等，决定是在加工过程中湿法添加，还是干法添加至半成品中。固体饮料包装应根据不同包装材料如玻璃瓶、金属罐、聚酯薄膜袋等，采用不同的充填设备。

固体饮料充填设备详见第二十章干燥充填技术与设备。

第三节　固体饮料生产中质量问题及控制措施

一、溶解性问题

溶解性是考察固体饮料质量的重要指标。溶解性包括溶解过程和溶解效果。溶解过程是指粉末颗粒能否全部顺利分散到水中。溶解效果指的是颗粒能否彻底溶解，形成澄清溶液或均匀的乳浊液。固体饮料根据其溶解特性可分为两类：一类是可完全溶解于水中，如速溶茶、果珍饮料等；另一类是可均匀分散于水中，形成稳定的悬浮液状态，如豆粉等蛋白固体饮料类。影响溶解性的因素包括：组成成分的溶解性、颗粒大小、粉体流散性、粉体容重、颗粒密度、溶解水温、搅拌速率。

1. 组成成分的溶解性

固体饮料的组成成分中含有不溶性物质，会影响其溶解性。饮料中的脂肪等不溶性物质应保持稳定的乳化状态。蛋白质和碳水化合物等高分子物质分子质量不宜过大，分子质量过大，其扩散速率慢，影响溶解度。例如在蛋白固体饮料中常出现的黏附问题，指其在冲调过程中，某些物质不易溶解并黏附在搅拌工具上的现象。这可能由几个因素引起：①配方中麦芽糖与葡萄糖的比例不恰当，尤其是葡萄糖使用过量；②干燥过程控制不佳导致成品水分含量过高；③原料粉碎时未能有效去除水分含量较高的软块，这些软块随后混入最终产品中。为避免该问题发生，在配料过程中，应严格按照配方比例准确投料，优化干燥工艺，确保产品的水分含量控制在适当范围内，还需要提高产品粉碎和筛选过程的质量，以确保不合格的软块不会混入最终产品中。

2. 颗粒大小

溶解过程在固液两相界面进行，颗粒越小，总表面积越大，溶解速率越快，但颗粒过小会影响粉体的流散性。实践表明，粉粒在 40~120 目内的固体饮料中具有良好的冲溶性和乳化性。研究可知，比较以粗茶粉和超细茶粉为原料生产速溶茶的效果，超细茶粉（2.4~$13.1\mu m$）的茶多酚、水溶性碳水化合物和咖啡因的溶出率是粗茶粉的 2 倍。因此，速溶茶的茶粉粒径应小于 $12\mu m$。由于碳水化合物、蛋白质和多酚的相互作用，当粒径大于 $30\mu m$ 时，茶粉会发生沉淀。

3. 粉体流散性

粉体自然堆积时，休止角（θ 角）小，则粉体流散性好，易分散，不结团。肉眼观察到的粉体颗粒是由颗粒相互黏附而成的粉团粒，团粒大小和外形决定固体饮料的冲溶性。团粒大，外形接近球形，其流散性好，冲溶时易分散。团粒过大，分散慢，在分散过程结束前沉降至底部，形成沉淀；团粒过小，流散性差，冲溶时易起"疙瘩"，而且过小的团粒外形不规则。此外，颗粒之间的摩擦力是决定流散性的主要因素，颗粒度分布均匀，颗粒较大且外形为球形或接近球形，可以减少摩擦力，流散性及溶解性更好。

4. 粉体容重

粉体容重是指单位体积内粉体的质量，一般用 g/mL 表示，分为疏松（松装）密度和紧实（震实）密度。容重大有利于水面的粉体向水下运动，容重小的粉体容易漂浮，形成表面湿润、内部干燥的粉团，即通常说的起"疙瘩"。但容重过大也会造成粉体沉淀，不易溶解。

5. 颗粒密度

颗粒密度接近水的密度时，可在水中悬浮，保持与水的充分接触，顺利溶解；密度过大的颗粒沉淀迅速，密度过小的颗粒上浮。这两种状态，颗粒与水的接触面积减少，并停止与水的相对运动，溶解速率减慢。

二、风味损失

风味损失主要易发生在果香型固体饮料中，果汁固体饮料在冲调时香气不足，主要是由于使用的原料水果本身香气和滋味不足，果汁浓度低，或加热浓缩的过程中香气损失。为解决这一问题，可选择高浓度、风味佳的果汁作为原料，尤其是要注重浓缩果汁的品质，或通过添加香精来调整果汁固体饮料的风味。

三、产品变质

固体饮料变质问题通常由原料内所含的脂肪、类胡萝卜素和花色苷等不稳定成分的劣变引起。可通过加入抗氧化剂如丁基羟基茴香醚（BHA）、抗坏血酸等防止其氧化变质。此外，固体饮料易出现由于吸潮引起保质期内结块的质量问题，可通过真空或充氮包装、提高包装材料的密封性、在包装盒中增加干燥剂等方式解决。

四、物理稳定性问题

蛋白固体饮料常出现冲调后粒子上浮、分层以及产生"小白点"等稳定性问题。粒子上浮是由于半成品在烘盘内未被彻底清除（特别是涂层脱落处），再次经过高温处理后焦化、烘盘的不平整和物料厚度不一致导致的过热焦化或浆料未经均质乳化处理形成的团块，在烘焙过程中形成硬化的"僵粒"。蛋白固体饮料的分层问题，通常是由于物料混合不均匀或相对密度差较大造成的。此外，浆料未经乳化均质处理，脂肪球未能被充分击碎，导致浆液的不均匀也会造成其冲调后分层现象。冲调时产生的"小白点"，是冲调时出现在杯底或悬浮于液体表面中的蛋白质凝集物，其产生的主要原因包括高温熬制后的糖浆液未经冷却就直接与甜炼乳、乳粉混合，或奶油直接添加到高温的糖浆中，导致部分蛋白质因高温而变性。此外，乳粉未经充分溶解直接加入也会造成蛋白质凝集，冲调时无法完全溶解，产生"小白点"现象。解决稳定性问题，可采用以下方式：①使用乳化和均质技术，确保浆料的均匀细腻，避免分层和"小白点"问题；②控制原料的投料顺序，区分水溶性和脂溶性原料的处理方式。水溶性原辅料可以在冷热罐中直接混合，而脂溶性原辅料应先溶解在奶油中，再加入混合罐中。

五、标签问题

食品标签是预包装食品的重要组成部分，具有向消费者提供该产品配料表、营养成分表等信息的重要作用。但由于固体饮料的种类较多、原辅料种类繁杂等原因，固体饮料产品容易出现以下问题：①配料表是消费者了解产品成分的重要途径之一，常会出现复合配料的原始配料标示内容缺失，未标示其强调成分在该产品中的含量，未标注不同蛋白质来源混合比例等情况；②声称用语不当，或存在暗示作用，当某种原料的含量符合含量声称或比较声称的要求和条件时，可采用 GB 28050—2011《食品安全国家标准 预包装食品营养标签通则》附录 D 中相应的一条或多条功能声称标准用语。

针对市场上固体饮料标签的不规范情况，国家市场监督管理总局关于加强固体饮料质量安全监管的公告（2021 年第 46 号公告）的第 2~4 项明确规定：①固体饮料产品名称不得与已经批准发布的特殊食品名称相同；应当在产品标签上醒目标示反映食品真实属性的专用名称

"固体饮料"，字号不得小于同一展示版面其他文字（包括商标、图案等所含文字）；②直接提供给消费者的蛋白固体饮料、植物固体饮料、特殊用途固体饮料、风味固体饮料，以及添加可食用菌种的固体饮料最小销售单元，还应在同一展示版面标示"本产品不能代替特殊医学用途配方食品、婴幼儿配方食品、保健食品等特殊食品"作为警示信息，所占面积不应小于其所在面的20%；警示信息文字应当使用黑体字印刷，并与警示信息区域背景有明显色差；③固体饮料标签、说明书及宣传资料不得使用文字或者图案进行明示、暗示或者强调产品适用于未成年人、老人、孕产妇、病人、存在营养风险或营养不良人群等特定人群，不得使用生产工艺、原料名称等明示、暗示涉及疾病预防、治疗功能、保健功能以及满足特定疾病人群的特殊需要等。

固体饮料的标签除应符合 GB 7718—2011《食品安全国家标准 预包装食品标签通则》、GB 28050—2011《食品安全国家标准 预包装食品营养标签通则》外，还应符合以下要求。

（1）标注产品的冲调或冲泡方法。

（2）果蔬汁固体饮料应标注果汁和（或）蔬菜汁的含量，复合产品应标注不同果汁和（或）蔬菜汁的混合比例。

（3）复合蛋白固体饮料应标注不同蛋白质来源的混合比例。

（4）果汁固体饮料应标注果汁含量。

六、安全性问题

微生物超标也是固体饮料易出现的质量问题。2019年，云南省市场监督管理局对市售饮料进行抽查，其中合格样品18批次，不合格样品4批次，不合格批次包括2批次奶茶固体饮料检出微生物超标（霉菌超标、菌落总数超标）。2022年，河南省市场监督管理局公布了2022年第20期食品抽检结果，其中3批次固体饮料检出霉菌不符合食品安全国家标准。霉菌可能在食品中产生霉菌毒素，对人体健康造成安全风险，食品被霉菌污染的主要原因有5方面：①环境潮湿，不通风，半成品被污染；②原材料带入；③加工过程霉菌控制失效，或者无预防措施；④半成品杀菌效果差或未达到要求；⑤成品密封性差，存储过程被污染。

［案例1］ 速溶豆粉

速溶豆粉是以大豆为主要原料，经磨浆、加热灭酶、浓缩、喷雾干燥制成的粉状或微粒状固体饮料。根据其蛋白质含量及糖含量，速溶豆粉可分为普通型、高蛋白型、低糖型、低糖高蛋白型等。

1. 配料

大豆、白砂糖、麦芽糊精。

2. 工艺流程

速溶豆粉生产工艺流程如图12-3所示。

3. 工艺要点

（1）原料选择 选用新鲜、颗粒大且饱满、无霉变的大豆。

（2）浸泡　浸泡的目的在于软化大豆组织，使大豆中营养物质更容易溶解在豆浆中，同时利于下一步磨浆处理。浸泡工艺主要由大豆品种、颗粒大小及速溶豆粉类型决定。浸泡时豆水质量比为1:（2~5），可采用常温浸泡（25~30℃）或热水浸泡（70~85℃），浸泡时间为2~8h。

（3）磨浆与调配　工业化生产中通常采用胶体磨进行磨浆处理，磨浆过程中豆水质量比为1:5左右，豆浆浓度应在10%（质量分数）以上。调配过程中加入白砂糖和（或）麦芽糊精，以提高其固形物含量。

（4）均质　均质压力为20~50MPa，均质温度55~60℃。均质过程中蛋白质和脂肪细化为微米级颗粒，一方面提高其在后续工艺中的稳定性，另一方面能有效改善产品的口感。

（5）浓缩　一般采用真空加热浓缩，单效浓缩时，真空度-0.09MPa，蒸汽压力以0.2~0.25MPa为宜，料液温度保持在50℃左右，浓缩至料液固形物含量为40%时，进行后续杀菌工序；双效浓缩时，蒸汽压力保持在0.4~0.5MPa，一效蒸发温度68~75℃，二效蒸发温度45~55℃。

（6）喷雾干燥　浓缩后的料液经UHT杀菌（136℃，30s）后，可采用喷雾干燥法进行干燥。具体工艺参数为：进料温度45~55℃，喷雾压力10~15MPa，进风温度150~160℃，出风温度72~80℃。

4. 成品规格及质量指标

（1）包装规格　20g×10包/袋。

（2）冲调方法　每袋速溶豆粉加150~200mL的热水（80℃以下）搅拌均匀，即可饮用。

（3）理化指标　蛋白质含量≥32%、水分含量≤6%、脲酶试验阴性、粒度≤80目。

（4）微生物指标　菌落总数≤100CFU/g、大肠杆菌≤1CFU/g、霉菌≤10CFU/g。

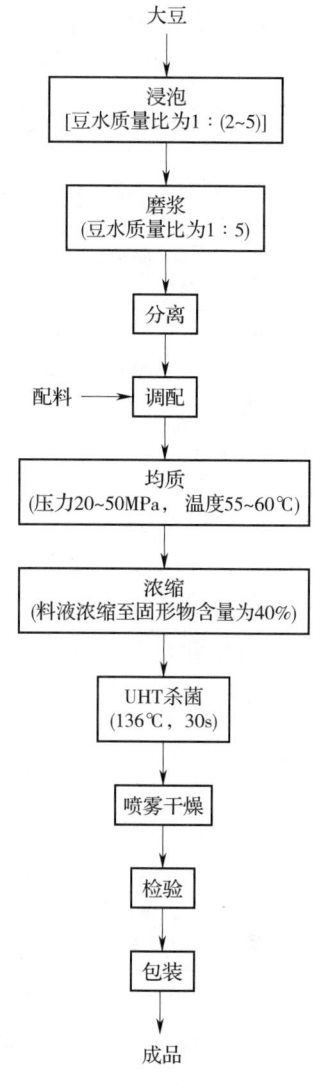

图12-3　速溶豆粉生产工艺流程

[案例2]　麦乳精

麦乳精是疏松多孔、呈鳞片状或颗粒状的含有蛋白质和脂肪的固体饮料，具有良好的冲溶性、分散性和稳定性。

1. 配料

白砂糖、麦精（大麦、麦芽）、全脂乳粉、炼乳、乳油（奶油）、葡萄糖、蛋粉（鸡蛋）、维生素A、维生素D、维生素B_1、食品添加剂（碳酸氢钠、柠檬酸）。

2. 工艺流程

麦乳精生产工艺流程如图 12-4 所示。

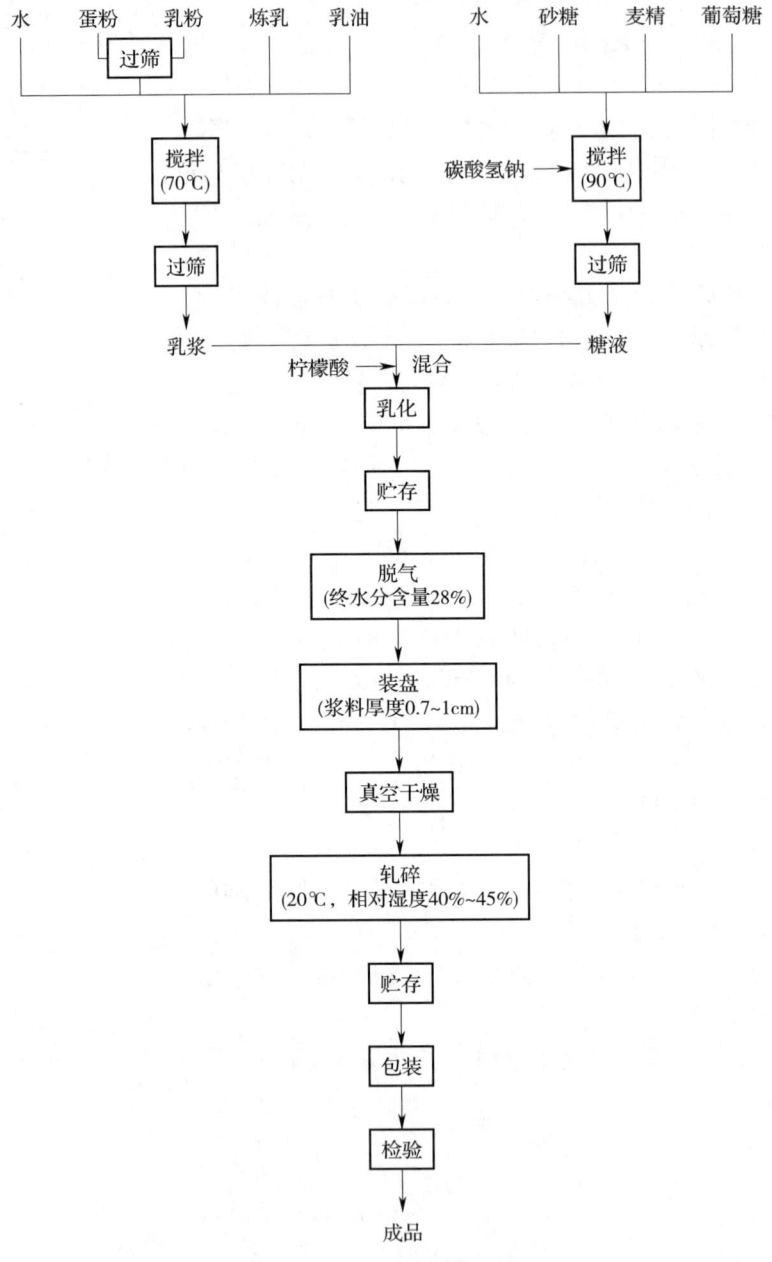

图 12-4 麦乳精生产工艺流程

3. 工艺要点

（1）化糖　将一定比例的 85℃热水（占总质量 25%~30%）打入化糖罐中，将配方所需的白砂糖、葡萄糖、麦精投入化糖罐，在 90℃条件下加热搅拌，使其完全溶解，然后用 40~60 目筛网过滤，转移至调配罐，待温度降至 70℃以下时，在搅拌过程中加入适量的碳酸氢钠，以中和原料带来的酸性，防止后续加入的乳状液出现凝固。

（2）配浆　先向配浆罐中加入适量的水，再根据配方所需加入蛋粉、乳粉、炼乳等成分，加热至70℃并搅拌均匀。蛋粉、乳粉等固体原料需先过40~60目筛，除去团块后加入，奶油需熔化后加入。搅拌均匀的浆料通过40~60目筛网过滤，进入混合罐。

（3）混合　在混合罐内使糖浆与乳浆充分混合，并加入适量的柠檬酸以突出乳香并提高乳的热稳定性。柠檬酸用量一般为全部投料的0.002%。

（4）均质　通过均质机进行均质，均质温度65℃、均质压力30MPa、均质次数2次。

（5）脱气　乳化后的浆料需在浓缩罐中进行脱气。脱气条件为：真空度达到−0.096MPa，蒸汽压力控制在0.1~0.2MPa。观察浆料不再出现气泡，说明脱气已完成。一般完成脱气的浆料水分控制在28%左右，分盘干燥。

（6）真空干燥　脱气后的浆料采用真空法进行干燥。干燥初期，真空度保持−0.090MPa，随后提高到−0.098MPa，蒸汽压力控制在0.15~0.2MPa，干燥时间为90~100min。温度需控制在20℃左右，相对湿度在40%~45%。

（7）轧碎　将干燥完成的蜂窝状整块产品送进轧碎机中轧碎，使颗粒大小控制在3.5~5mm，产品保持均匀一致的鳞片状。轧碎车间温度20℃左右，相对湿度40%~50%，避免产品吸潮而影响产品质量。

（8）包装　检验合格的产品，进行充填和密封后，装盒，检验合格后入库。

4. 成品规格及质量指标

（1）包装规格　30g×20包/袋。

（2）冲调方法　每袋麦乳精加180~200mL的温开水冲调。

（3）理化指标　蛋白质含量≥8%、水分含量≤2.5%。

（4）微生物指标　菌落总数≤100CFU/g、大肠杆菌≤1CFU/g、霉菌≤10CFU/g。

［案例3］　猕猴桃晶

1. 配料

猕猴桃、白砂糖、麦芽糊精。

2. 工艺流程

猕猴桃晶生产工艺流程如图12-5所示。

3. 工艺要点

（1）选料　选用新鲜、饱满、多汁、香气浓郁、充分成熟的果实，剔除未熟、病虫、伤烂和发酸变质的果实。选好的果实用流动水冲洗表面的茸毛、泥土、污物，清洗好后沥干。

（2）打浆　将沥干后的猕猴桃进行打浆，离心后取汁。可以用破碎、压榨法进行取汁。如果果胶含量高，果渣取出后可加入1倍水，搅拌后再压榨1次。

（3）过滤　压榨后的汁液含有许多悬浮颗粒，通过80目过滤器将其过滤。

（4）浓缩　采用真空进行浓缩，浓缩时保持罐内真空度−0.08~−0.06MPa，蒸汽压力为0.15~0.20MPa，果汁温度为50~60℃。

（5）配料　白砂糖加入前用粉碎机粉碎制成糖粉，然后再把浓缩果汁、糖粉和麦芽糊精混合，浓缩果汁∶糖粉∶糊精质量比约为 2∶10∶1。

（6）造粒　调配好以后即可进行造粒。造粒一般用造粒机进行，并以 12 目筛网筛粉。

（7）干燥　将造粒后的湿颗粒采用真空干燥机进行干燥，干燥时真空度 −0.09 ~ −0.08MPa，温度 55℃，时间 30 ~ 40min。

（8）包装　干燥后的成品即移入装有紫外线杀菌的包装间，待其冷却后进行包装。检验合格后装盒、装箱入库。

4. 成品规格及质量指标

（1）包装规格　10g×20 包 / 袋。

（2）冲调方法　每袋猕猴桃精加 200 ~ 300mL 温开水冲调。

（3）理化指标　水分含量≤5%、溶解时间 60s、粒度 80 ~ 100 目、重金属不得检出。

（4）微生物指标　菌落总数≤100CFU/g；大肠杆菌≤1CFU/g；霉菌≤10CFU/g；致病菌不得检出。

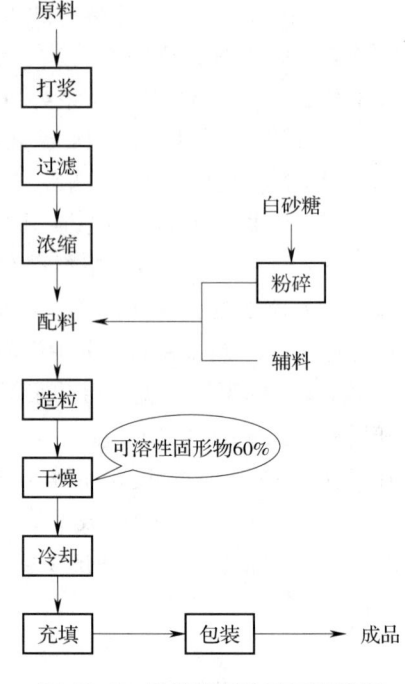

图 12-5　猕猴桃晶生产工艺流程

思考题

1. 如何提高固体饮料的溶解性？
2. 蛋白固体饮料经常出现哪些不稳定的现象，如何解决？
3. 固体饮料可能出现的质量问题有哪些？如何解决？
4. 固体饮料的生产工艺主要有哪些工序？这些工序的作用是什么？

第三篇
饮料加工技术与设备

在饮料加工中,技术上的先进必须由工艺和设备两方面来体现,饮料加工技术与设备对饮料加工的产品质量保证、生产效率提高、节能降耗、环境保护等均发挥着举足轻重的作用。饮料生产的规模化、自动化与智能化、新工艺及新产品的产业化等,均离不开技术与设备的支持。因此,对于食品科学与工程类专业的本科生来说,了解饮料加工技术与设备十分必要。本篇就饮料加工的共性技术与设备,包括水处理、糖浆制备与碳酸化、制汁、均质乳化、浓缩、杀菌、灌装、干燥与充填技术与设备予以介绍。

第十三章 水处理技术与设备

学习目标

1. 了解饮用水生产过程中所涉及的各种水处理技术与设备。
2. 熟悉常用原水过滤、软化和消毒设备的性能及其优缺点。
3. 掌握纯净水生产线所需设备的基本配置。

第一节 水过滤技术与设备

原水经过混凝、沉淀处理后，虽然水中大部分悬浮物等杂质已被除掉，但是水中仍残留细小悬浮颗粒，需要进一步处理。除去水中残留的悬浮杂质常采用过滤的方法。

一、水过滤技术

过滤是固液分离的一种有效手段，含悬浮固体杂质的水流经过滤介质，粒径大于过滤介质孔径的固体颗粒就被截留下来。水过滤技术根据其精细程度可分为机械过滤和膜过滤。机械过滤包括砂石过滤、砂滤棒过滤、活性炭过滤等，一般用于过滤除去水中的悬浮杂质。

膜过滤根据膜孔径不同，可分为微滤、超滤、纳滤和反渗透过滤。

微滤（MF）的过滤精度一般在 $0.1\sim0.50\mu m$，用于简单的粗过滤，过滤水中的泥沙铁锈等大颗粒杂质，不能去除水中的细菌、病毒、有机物、重金属等有害物质，通常不能清洗，为一次性的过滤材料，需要经常更换。

超滤（UF）的过滤精度在 $0.001\sim0.1\mu m$，属于21世纪六大高新技术之一，是一种利用压差进行分离的膜法分离技术，可滤除水中的铁锈、泥沙、胶体、细菌、病毒、大分子有机物等有害物质，并能保留对人体有益的一些矿质元素，是矿泉水、山泉水生产工艺中的核心技术，超滤工艺中水的回收率高达95%以上，并且可方便的实现冲洗与反冲洗，不易堵塞，使用寿命长。

纳滤（NF）的过滤精度在超滤和反渗透之间，脱盐率比反渗透低，是一种需要加电加压的膜法分离技术，水的回收率低，一般用于工业纯水制造。

反渗透（RO）过滤的过滤精度在 0.0001μm 左右，是一种超高精度的利用压差进行分离的膜法分离技术，可滤除水中的几乎一切杂质（包括有害的和有益的），只能允许水分子通过，一般用于饮用纯净水、工业超滤纯水、医药超纯水的制造。

二、砂石过滤设备（多介质过滤设备）

砂石过滤设备（多介质过滤设备）是以层状的砂、无烟煤、石榴石或其他材料为过滤层的机械过滤设备，借助其罐体中多层过滤材料对含有悬浮物的原水进行过滤。当原水流过砂石过滤设备中的滤料时，无论是无机杂质还是有机污染物均会在机械筛滤、沉淀和絮凝作用下被过滤除去，运行一段时间后再进行反冲洗，使这些杂质在水流的浮曳力和剪切力作用下除去。砂石过滤设备（多介质过滤设备）使用时需考虑下列问题。

（一）滤料选择

滤料是完成过滤作用的基本介质，良好的滤料应满足下列要求：①有足够的机械强度；②有足够的化学稳定性；③有适宜的级配和足够的孔隙率。天然滤料的粒径大小差距较大，为了同时满足工艺和充分利用原料的要求，通常选用粒径在特定范围内的滤料。由于不同粒径的滤料需要互相支撑，不同粒径的滤料需按一定的质量比搭配使用，通常用 K、d_{80}、d_{10} 作为控制指标，可以用式（13-1）表示：

$$K = \frac{d_{80}}{d_{10}} \tag{13-1}$$

式中　K——不均匀系数；

　　　d_{80}——通过滤料质量 80% 的筛孔直径；

　　　d_{10}——通过滤料质量 10% 的筛孔直径。

常用的过滤介质包括砂、石英砂、无烟煤、玻璃纤维、活性炭、磁铁矿石、烧结材料及人工合成高分子材料等。石英砂有足够的机械强度，在中性、酸性水中均具有很高的稳定性。但石英砂在碱性水中具有较高的溶解度，会使水受到二次污染。无烟煤的化学稳定性较高，在一般碱性、中性和酸性水中均不溶解，同时具有较好的机械强度。

（二）滤料层结构

一般砂石过滤设备多用单层滤料，单层滤料反冲洗后，在水流的作用下，滤料颗粒会形成"上细下粗"的排列。由于滤料层上部的砂粒细，砂粒之间孔隙小，所以吸附的悬浮物大多集中在上面，致使滤层下部的滤料不能充分发挥吸附作用，导致水流阻力增大、运行周期缩短。

为了克服上述缺点，砂石过滤设备可采用双层滤料，即将滤料层上部石英砂换成一层颗粒较大的无烟煤，组成无烟煤-石英砂双层滤料的过滤设备。由于无烟煤密度比石英砂小，所以反冲洗后无烟煤仍保持在上层。上层无烟煤颗粒之间的孔隙较大，水中悬浮物除被无烟煤吸附外，还可以进入下层石英砂滤料层，这样就充分发挥了滤料的截污能力，使水流阻力增长缓慢，延长了运行周期。

（三）垫层（承托层）

为了防止过滤时滤料进入配水系统，以及保证冲洗时能均匀布水，在滤料层和配水系统之间还要设置垫层（承托层）。一般要求垫层在高速水流反冲洗时应不被冲动，能形成均匀的孔隙以保证冲洗水的均匀分布，材料坚固，不溶于水。

（四）冲洗

砂石过滤设备堵塞现象与杂质颗粒大小密切相关，杂质颗粒越大，堵塞风险越高。过滤设备经过一段时间使用后，滤料及滤层吸附、聚集了大量悬浮物等杂质，使过滤设备过滤能力下降，水压损失增加，达不到水处理的目的。鉴于此，应对过滤设备经常进行清洗，使滤料吸附的悬浮物等杂质剥离以净化滤料和恢复产水能力。冲洗方法多采用逆流水力冲洗，冲洗效果取决于冲洗的强度。

砂石过滤设备的结构及滤料形式很多，图 13-1 所示为其中之一。过滤设备壳体主要呈圆柱形，顶部封盖上安有进水口、排气口和压力表等，壳体底部有出水口。过滤设备壳体内主要有滤料层和承托板（用于支撑滤料层）。滤料层分为两部分：上部为砂粒层，下部为砾石，上下两层滤料粒径也不同，一般上细下粗，孔隙上小下大。这种结构在运行时（水流自上而下），悬浮物截留在上层滤料表面，下层滤料未充分利用，滤层过滤能力较低，使用周期较短。此外，砂石过滤设备价格较为昂贵，且需人工较多、操作难度大，若是出现堵塞或反冲洗不当，整个砂石过滤设备就会失效。

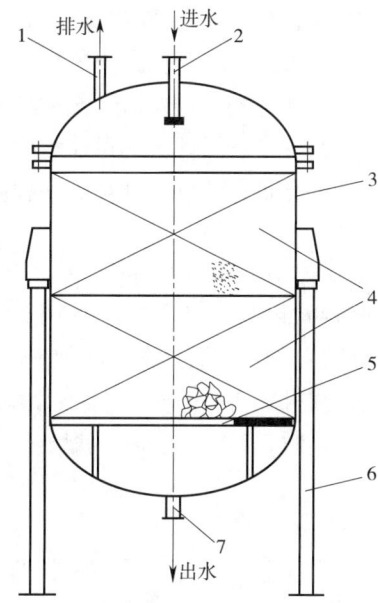

图 13-1 砂石过滤设备结构示意图
1—放空气口；2—原进水口；3—壳体；
4—滤料；5—承托板；6—支座；
7—净水出口。

三、砂滤棒过滤设备

砂滤棒过滤设备（砂滤芯过滤设备）主要用于用水量较少，有机物、细菌及其他杂质含量少的原水处理。砂滤棒过滤设备在使用过程中不用更换滤柱，但其过滤精度差，需要经常进行拆洗，不便于机器的维护。

砂滤棒是将细微颗粒的硅藻土和木灰等可燃性物质在高温下焙烧熔化，使可燃性物质变为气体形成小孔而制得。在烧结过程中，原水在外压作用下通过小孔，水中含有的少量有机物及微生物被小孔吸附截留在砂滤棒表面，滤出的水基本能达到无菌状态。

砂滤棒过滤设备外壳是用铝合金铸成锅形的密封容器，分为上下两层，中间以隔板隔开，隔板上（或下）为待滤水，隔板下（或上）为过滤水，容器内安装一至数十根砂滤棒（图 13-2）。当砂滤棒外壁积垢较多时，容易造成压力升高、滤水量下降，需要将砂滤棒取出，清洗除去表面的污垢层后再继续使用。砂滤棒也可使用洗涤剂进行封闭冲洗，此时不用将其拆除。

四、活性炭过滤设备

活性炭过滤设备分为移动床式和固定床式两种。在饮料生产用水处理中，多采用固定床式活性炭过滤设备，其

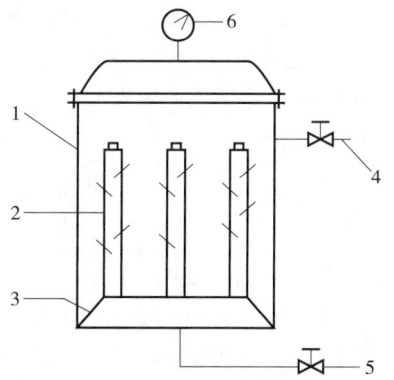

图 13-2 砂滤棒过滤设备结构示意图
1—压紧螺栓；2—空心砂滤棒；
3—拱形底；4—进水口；5—出水口；
6—压力表。

下部的砾石是承托层，集水管或冲洗管在承托层下。固定床式过滤设备的结构和操作方法与前述砂石过滤设备相似，水流自上而下，起到一定的过滤（除浊）作用。活性炭根据形态可分为粉末活性炭、颗粒活性炭和纤维活性炭。粉末活性炭可以直接投入水中使用，价格便宜且见效快；颗粒活性炭是目前水处理中最常用形态，用于处理水中的有机物杂质和控制消毒副产物的含量；纤维活性炭是一种新型的吸附材料，具有较大的比表面积和吸附量，但其成本较高。

活性炭过滤设备外壳一般采用304不锈钢或碳钢制成，水中含有的余氯等氧化剂、微孔中残留的细菌以及化学物质均会对外壳产生腐蚀作用，所以外壳一般需要内衬防腐橡胶或涂防腐蚀涂料。当进入活性炭层的悬浮物过多时，吸附效果将会明显降低甚至恶化。所以，一般会在活性炭过滤前进行砂石过滤，并对活性炭滤层按要求经常反洗。在过滤时，活性炭会吸附水中营养物质而引起微生物生长繁殖，所以还需要通入蒸汽进行灭菌和活性炭再生。

五、膜过滤设备

膜过滤设备根据过滤用膜的孔径（或称为截留分子质量）不同，可分为微滤设备、超滤设备、纳滤设备和反渗透设备。

（一）微滤设备

微滤（Microfiltration，MF）设备使用微滤膜作为过滤介质，微滤膜是孔径为0.1~10μm的半透膜，具有较高的渗透性，常用于分离水中的悬浮物、胶体颗粒、有机污染物以及部分微生物等，也可作为反渗透脱盐的预处理。微滤设备具有工艺简单、使用方便、占地面积小等优点。微滤分离机制基本上属于过滤筛分机制。

微滤膜过滤设备通常采用圆柱结构，外壳由不锈钢制成，以折叠式微滤膜芯为过滤组件，主要有平析式、折叠筒式和毛细管式。平板式过滤设备从结构上可分为单层平板式和多层平板式两种。单层平板式微滤膜过滤设备只有1层过滤层，具有构造简单、装拆方便、密封性能好等优点（图13-3）。单层平板式微滤膜过滤设备主要用于食品饮料厂、药厂和实验室少量流体的过滤。多层平板式微滤膜过滤设备是在过滤设备内将膜多层并联组装，以增加滤膜的面积（图13-4）。液体经过多层膜过滤之后，纯度更高，效果更佳。微滤膜过滤设备广泛应用于废水处理和饮用水处理等领域，但是各种潜在的新兴污染物分子半径大部分<1nm，单独使用微滤技术难以完全除去污染物，需要对其进行改进或结合其他设备使用。

（二）超滤设备

超滤（Ultrafiltration，UF）设备的核心组件是超滤膜，超滤膜一般由1层对大分子和微粒具有截留筛分作用的表面活性层和1层高强度多孔性支持膜复合而成。对截留效果起决定作用的是表面活性层，一般用于水处理的超滤膜标称截留颗粒直径为0.01~0.1μm，对小分子物质不起作用。

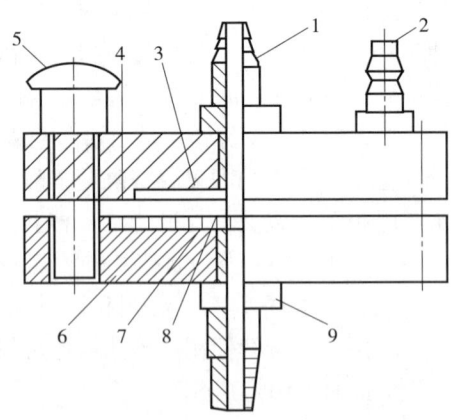

图13-3 单层平板式微滤膜过滤设备
1—进口接头；2—放气接头；3—上盖；
4—O形密封圈；5—螺栓；6—底座；
7—支撑网；8—膜；9—出口接头

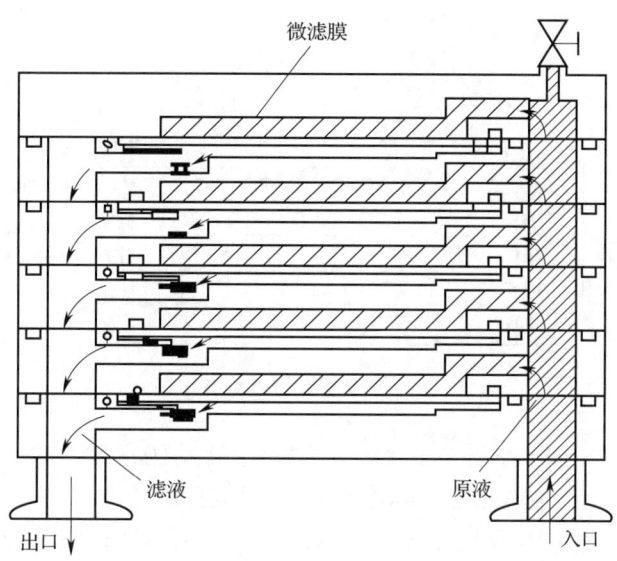

图 13-4 多层平板式微滤膜过滤设备

目前，超滤膜已发展到第三代。第一代为醋酸纤维素膜（Cellulose acetate membrance，CA膜），耐酸碱性的范围是pH 3~8，耐温度的范围是0~50℃，易受微生物和酶的影响，在强酸和弱碱条件下水解，并且在使用时会因蠕变使透水速率降低。尽管存在这些缺点，它在食品工业中目前仍广泛应用。第二代为聚合物膜，制造超滤膜代表性的聚合物包括多种热塑性材料，如聚甲基丙烯酸甲酯、聚氯乙烯、聚苯乙烯、聚丙烯、尼龙等。由这些聚合物制成的超滤膜具有在高压力下抵抗破坏、在高温下抵抗变性、在酸碱和氧化环境下抵抗腐蚀等特性。第三代是无机膜，是由无机材料，如金属、金属氧化物、陶瓷、多孔玻璃、沸石、无机高分子材料等制成的半透膜。陶瓷膜是无机膜中最主要的一种，是以氧化铝、氧化钛、氧化锆等材料在高温煅烧工艺下制造而成的多孔非对称膜。陶瓷膜表面有许多气孔，孔隙率高且孔径小，耐酸碱、耐高温、耐腐蚀，机械强度大、耐磨性好、化学稳定性强，具有较高的性价比，目前广泛用于废水处理。

超滤膜组件主要有板框式、管式、卷式和中空纤维式等，其中中空纤维式在单位体积内过滤表面积较大，使用简单，应用最广。

管式超滤设备外壳为不锈钢管，耐高温、耐腐，更适应温差较大的环境，具有很强的可塑性（图13-5）。管式超滤装置内径通常在12.5~25mm，长度0.6~6.4m，由单根管或束状管构成管式组件，通过对组件的串联和并联组成设备。管式超滤设备具有截留面积大、不易堵塞、容易清洗等优点，但其占地面积较大且安装较为费时，限制了其在实际中的应用。

中空纤维式超滤设备是以直径为0.6~2mm的中空纤维膜丝通过环形模具挤压制得（图13-6）。成千根的中空纤维膜丝组装在一起排列成束制成膜组件。待处理的水在中空纤维膜的内部（内压式膜）或外部（外压式膜）流动。中空纤维膜为非对称膜，是目前

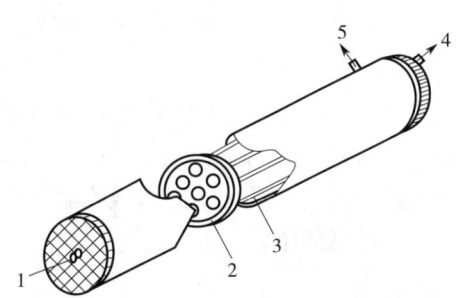

图 13-5 管式超滤设备

1—进料液入口；2—端板；3—管状膜；
4—残留液出口；5—透过液出口。

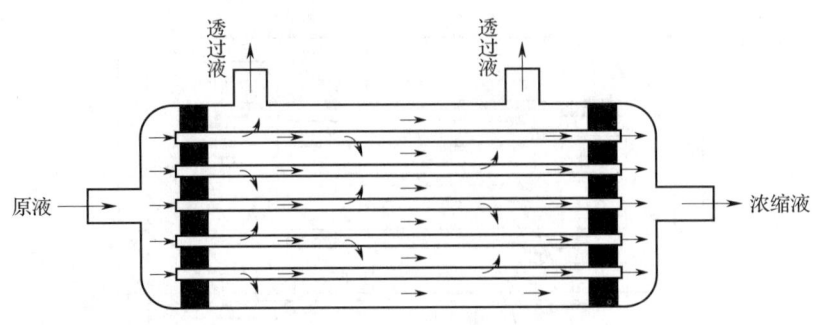

图 13-6 中空纤维式超滤设备

超滤膜中最为成熟和先进的一种技术。由于其本身具有支撑力，不需要额外的支撑，因此中空纤维式超滤设备安装较为简单。此外，中空纤维膜装填密度非常高、过滤面积大，远超管式和平板式超滤膜。根据各种应用场景可选择不同孔径的中空纤维膜，来确保较高的过滤精度和较小的设备过滤压力。它的主要缺点是不能处理黏稠液体。

（三）纳滤设备

纳滤（Nanofiltration，NF）设备是用纳滤膜作为过滤介质。纳滤膜又称为超低压反渗透膜，其孔径范围介于反渗透膜和超滤膜之间，为 0.7~1.5nm，截留分子质量一般为 100~5000u。纳滤膜分为传统软化纳滤膜和高产水量的电荷纳滤膜。从膜的结构来看，纳滤膜大多数是复合膜，即膜表面的分离层和它的支撑层化学组成不同。表面分离层由聚电解质构成，使膜表面带有一定的电荷，可通过静电对无机盐有一定的截留作用。与超滤技术相比，纳滤对小分子有机污染物的截留率更高，基于道南（Donnan）效应可实现不同价态离子的选择性分离。与反渗透膜相比，纳滤膜的膜通量较大，出水效率高，操作压力也较低，浓水排放较少，可减少能耗。因此，纳滤膜分离技术在饮用水生产及污水处理中发挥着独特的作用。

纳滤膜在实际应用中，膜污染是最主要的问题，不仅会导致膜通量下降，还会缩短膜组件的使用寿命，增加运行成本。目前，化学清洗是解决膜污染最常用的手段，但会造成纳滤膜性质的改变和分离选择能力的降低，还有可能引发二次污染。

第二节 水软化技术与设备

过滤只能除去原水中不溶性悬浮物及胶体杂质，对可溶性杂质还需要借助其他一些方法去除。通常将只降低水中 Ca^{2+}、Mg^{2+} 含量的处理方法称为水软化，而将降低全部阳离子和阴离子含量的处理方法称为水除盐或脱盐。水软化方法主要有石灰乳软化法、离子交换法、电渗析法、反渗透膜法等。

一、石灰乳软化技术

石灰乳软化技术适用于碳酸盐硬度为主、非碳酸盐硬度较低、不要求高度软化的原水处理，也适用于离子交换水处理的预处理。石灰能够去除水中的二氧化碳和降低暂时硬度，无法去除水中永久硬度和负硬度。石灰的溶解度较低且溶解速率缓慢，难以控制处理效果，实际操作中除去 SO_4^{2-} 的效果较差，常面临药剂消耗量大和污泥产量高等问题。有研究表明，添加海藻酸钠可以提高石灰乳软化法去除 SO_4^{2-} 的能力。

二、离子交换软化技术与设备

离子交换软化法水处理方式，按其工作类型可分为固定床和连续床两类。固定床又分为单床、多床、复床、混合床、双层床和双流床等，连续床又分为移动床和流动床；按再生方法的不同，又可分顺流再生和逆流再生两类。根据生产需要不同，可采用不同的离子交换方式。

（一）固定床离子交换技术与设备

这种设备比较简单，是将离子交换树脂装填于管柱式设备中，形成固定的树脂层。设备运行中离子交换、反洗（即膨胀）、树脂再生、清洗等过程是间歇、反复地在同一设备中进行，而离子交换树脂本身不移动和流动。根据生产需要，固定床离子交换设备可设计几种组合方式，如图 13-7 所示。

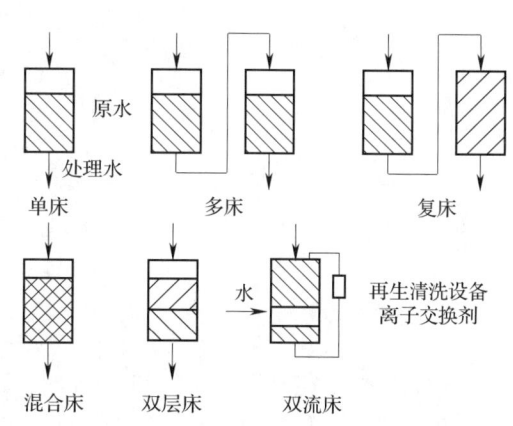

图 13-7　固定床离子交换设备组合方式

（1）单床　单床是固定床中最简单的一种方式，即只有 1 种类型的离子交换树脂。常见的有钠型阳离子交换设备，它使被处理的水中所有盐类均转变为钠盐，从而达到软化硬水的目的。也可以放石灰预处理，获得既无碳酸盐而又软化的水。

（2）多床　多床是同一种离子交换树脂的多个单床的串联。当单床处理水质达不到要求时，可用这种方式。

（3）复床　复床是将装有两种不同离子交换树脂的交换器进行串联，常用于水的除盐，但必须将阳离子交换设备放在前面，且最好在阴、阳离子交换设备的中间装 1 台除二氧化碳设备，以减少通至阴离子交换设备的离子流量。

（4）混合床　混合床是将阴、阳离子交换树脂装在同一柱内，两种树脂可用压缩空气搅拌使之均匀混合。两种树脂混合使用，整个床就像由无数个阴、阳离子交换设备串联使用。所以，水处理质量较高。但混合床的操作程序比较复杂，需要再生前分层和再生后混合的精准操作。它多用于初级除离子后的精制处理，或用于原水中含极少量离子的处理等。

（5）双层床　双层床是在一个交换柱中装有两种树脂（弱酸与强酸或弱碱与强碱），上、下分层不混合。

（6）双流床　双流床不仅要排放再生时的酸碱废液，而且要兼作运行时的出水装置，要求通流面积较大，因此采用外置母管内插支管的结构型式，主要用于处理凝结水，可提高水质。

（二）连续床离子交换技术与设备

为克服固定床利用率低、运行不连续的缺点，可采用连续床离子交换设备。连续床离子交换设备是由 20 或 30 根离子交换柱组成，在交换柱里填装离子交换树脂、活性炭、石英砂等固体吸附剂，并将所有交换柱固定在一个可以旋转的转盘上。当转盘旋转 1 周时，每个交换柱都会经历一次完整的循环，即吸附、洗脱、再生、洗涤、料顶水等运行步骤。连续床离子交换设备可分为移动床和流动床。

（1）移动床　交换树脂在运行过程中被间歇地移动，虽然移动时需要停止交换，但由于交换、再生、清洗均是分塔进行，所以水处理是连续的，其设备如图13-8所示。

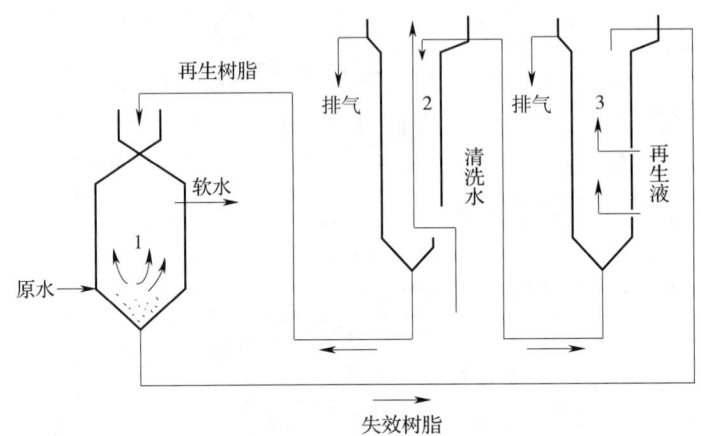

图13-8　移动床
1—交换塔；2—清洗塔；3—再生塔。

将交换树脂装于交换塔中，原水从设备下部流入，软水从上部流出，水的流向是自下而上。树脂工作一定时间（一般45~60min）后停止交换，将交换塔中一部分失效的交换树脂送至再生塔中进行再生。同时从清洗塔向交换塔上部补充相同容积已再生的交换树脂（时间约10min）后再开始工作。因此，交换塔始终有新的交换树脂加入，从而保证了出水水质的稳定性。此设备交换树脂及再生液利用率都显著高于固定床，但是也存在交换树脂磨损较大、耗电量较高的缺点。

（2）流动床　流动床离子交换设备是完全连续工作的，在进行交换的同时不断从交换塔内向外输送失效的交换树脂，并且不断向交换塔内输送再生后的交换树脂。流动床具有出水质量高、设备简单、操作方便、需要交换树脂量少等优点，只是在新设备投入运行时，需要一定时间对其进行调整。此外，由于交换、再生、清洗是分开独立完成的，可适应任何流量、含盐量和再生性能的特殊情况。

（三）离子交换再生设备

离子交换树脂再生性能好坏直接关系到处理水的质量。在固定床中，有两种再生方法：顺流再生和逆流再生。顺流再生设备比较简单，操作方便，而逆流再生设备比较复杂。顺流离子交换再生设备其运行周期有4个阶段，如图13-9所示。①工作：原水自上而下通过交换层；②反洗：对交换层进行反冲洗膨胀；③再生：适宜的再生液自上而下通过交换层；④正洗：用水自上而下冲洗以去除再生剂。

顺流离子交换再生设备是离子交换设备中最早使用的床型，如图13-10所示。设备运行时，水流自上而下通过树脂层，再生时，再生液也是自上而下通过树脂层，即水和再生液的流向相同。交换设备的主体是一个密封的圆柱形压力罐，罐体上设有人孔、树脂装卸孔和用来观察树脂状态的视镜孔。罐内设有进水装置、排水装置和再生液分配装置。进水管安在罐体顶部，为使原水分布均匀，在出口处一般安有挡板等分配装置。为了反冲洗正常膨胀（树脂紧实体积的 30%~50%，视树脂类型而异）的需要，树脂层的上面应留出足够空间。在树脂层上面是再生液分配器。它应与树脂层接近，以便在再生时维持再生液浓度，有利于提高再生效率。排水管安在罐体底部，通过多孔板集水后排出。在交换器进、出水管上装有压力表，以测定工作时水流的压力损失。进、出水管装有取样装置，以便随时取样。

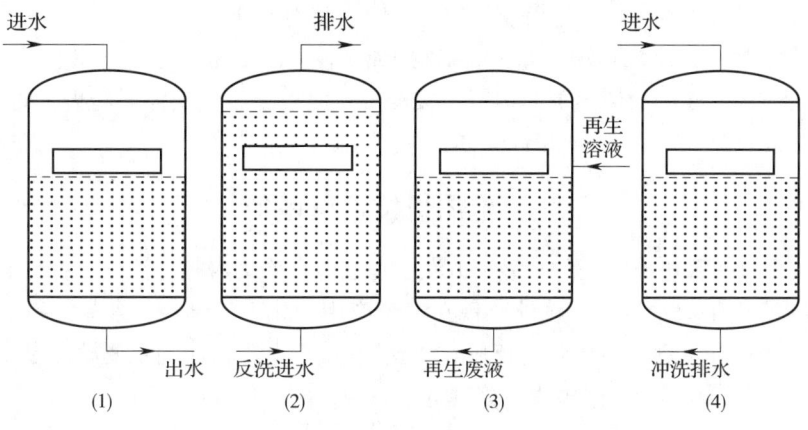

（1）工作 （2）反洗 （3）再生 （4）正洗

图 13-9　顺流离子交换再生设备的 4 个阶段

在混合床再生中，须先经向上水流的冲散作用，将阴、阳两种树脂分层，阴离子树脂较轻升至顶部，而阳离子树脂较重沉至底部。两种树脂分开后，再分别进行再生。每层床中所含残余再生液分别经冲洗除去，然后再用压缩空气将两种树脂重新混合均匀，设备即可进入新的运行周期。

逆流再生离子交换装置也是由一个内装树脂的竖式封闭圆筒形罐构成，再生液从罐底部进入，并向上流过交换层（图 13-11）。由于是逆流再生，超过一定流速时，会引起树脂床层的

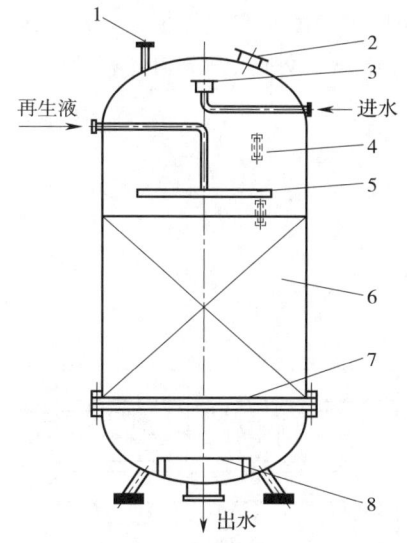

图 13-10　顺流离子交换
再生设备

1—放空气口；2—人孔；3、8—挡水板；4—视镜孔；
5—分配器；6—树脂层；7—假底。

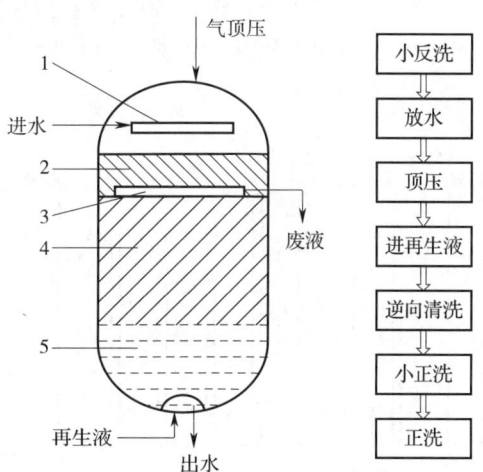

图 13-11　逆流离子交换再生设备（空气
顶压法）结构示意图

1—进水装置；2—压脂层；3—中间排液装置；
4—树脂层；5—排水装置。

上下浮动而乱层，除了降低流速防止乱层外，还可以使用空气顶压法和水顶压法等方法来防止乱层。逆流进再生液时，排液管小孔的流速为0.5m/s的条件下，树脂层的上部使用压力为29~49kPa、耗气量为0.2~0.3m³/（min·m²）的空气顶压，排再生液管上部再加1层惰性树脂（通常为压脂层）。这两个措施可防止树脂上浮松动而乱层。也有用树脂自身作压脂层的。使用惰性树脂的优点是可以减少废液排出管的阻力，使水能均匀排出。

在生产实际中，采用离子交换设备可以得到纯度较高的水质，甚至高纯水。但它只在原水含盐量较低（<500mg/L）的情况下，运行比较经济。此外，离子交换树脂再生时酸碱用量大，不仅成本高，而且对环境有一定的污染。

三、电渗析技术与设备

电渗析技术是一种电场驱动的膜分离方法，在工业上作为脱盐、浓缩、提纯和回收的新技术，早期主要应用于海水淡化和浓缩，现在广泛应用于化工、制药、食品等行业。目前，电渗析技术主要集中在饮料厂对原水进行软化（或脱盐）。电渗析法的主要缺点是水回收率较低（50%~70%），安装复杂。通过电渗析处理的水，脱盐率可达80%以上。

（一）电渗析设备工作原理

常规的电渗析技术是通过具有选择透过性和良好导电性的离子交换膜，在外加直流电场作用下，根据异性相吸、同性相斥的原理，使原水中阴、阳离子分别通过阴离子交换膜和阳离子交换膜从而达到净化目的的一项技术。如图13-12所示，在外加电场作用下，水中离子做定向迁移，阳离子向阴极移动，阴离子向阳极移动，在电渗析设备内设置多组交替排列的阴、阳离子交换膜，当离子到达膜表面时，由于离子交换膜的选择透过性，阳离子穿过阳膜向负极方向迁移，阴离子穿过阴膜而向正极方向迁移，形成了去除离子的淡水室和离子浓缩的浓水室。

（二）电渗析设备结构

电渗析设备有立式和卧式两种形式，主要由离子交换膜、浓淡水室隔板、电极、极水隔板、锁紧装置等组成。该设备的结构特点是使一系列阴、阳离子交换膜固定在电极之间，保证被处理的液体绝对隔开，如图13-13所示。

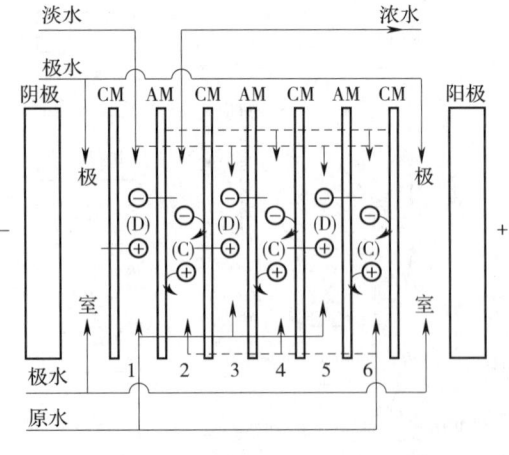

图13-12 电渗析设备工作原理
CM—阳膜；AM—阴膜；
C—浓水隔板；D—淡水隔板。

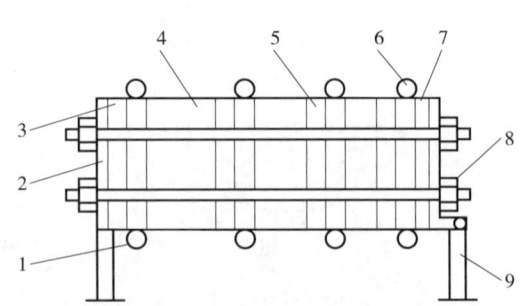

图13-13 电渗析设备结构示意图
1—给液管；2—压板；3—阳极室；4—膜堆；5—分段隔板；
6—集液管；7—阴极室；8—锁紧装置；9—支架。

(1) 隔板　隔板放在阴、阳离子交换膜之间，作为水流通道，隔开两膜。隔板分为淡水室隔板和浓水室隔板。隔板上有进水孔、出水孔、布水槽、流水槽及过水槽。隔板所用材料为聚氯乙烯硬板，厚度为 1.5～2mm，也有采用橡胶材料制成的。

(2) 离子交换膜　离子交换膜是由一种具有离子交换性能的高分子材料制成的薄膜，按其透过性可分为阳离子交换膜和阴离子交换膜。目前常用的阳离子交换膜为磺酸基型，带负电荷，吸收水中阳离子让其通过，阻止阴离子通过该膜。阴离子交换膜为季铵基型，带正电荷，吸收水中阴离子并让其通过，而阻止阳离子通过该膜。

离子交换膜按结构类型可分为均相膜、半均相膜、异相膜3种，水处理用的电渗析设备常采用异相膜。相比较而言，异相膜制造容易、价格低、机械强度高，但溶胀度较小、易结垢、电化学性能差（电阻大，选择透过性低）。

(3) 电极　电极通电后形成外电场，使水中阴、阳离子产生定向迁移，电极的质量直接影响电渗析的效果。电极材料有石墨电极、不锈钢电极、钛涂钌电极、钛镀铂电极等，最常用的为石墨电极和钛涂钌电极。

(4) 极框　极框分别位于阴、阳极的内侧，从而构成阴极室和阳极室，保持电极与离子交换膜的距离，起支撑作用。在保持极水分布均匀、水流通畅、能带走电极产生的气体和腐蚀沉淀物的条件下，极框厚度宜小不宜大，一般为 5～7mm。

(5) 压紧装置　把交替排列的膜堆和极区用分布均匀的螺杆压紧，使组装后不漏水。一般使用不锈钢板、工字钢或槽钢固定四周。

(6) 辅助设备　必要的辅助设备有水泵、直流电源、压力表、电流表、电压表、电导率仪、流量计、pH 计及其他分析仪器等。

（三）电渗析设备组装方式

单台电渗析设备的组装方式用"级"和"段"表示。一对电极间的膜堆称为一级，具有相同水流方向的膜堆称为一段，由此有一级一段式、一级多段式、多级一段式、多级多段式等组装形式（图 13-14）。多台设备并联，其特点是产水量与膜堆的数量成正比，适用于产水量大而水质要求不高的场景；多台设备串联，其特点是产水量与串联数成反比，适用于产水量小而水质要求较高的场景。

常规的电渗析技术因其能耗较高、电流效率较低、脱盐过程单一等缺点，已经无法满足对复杂水质的处理需求。因此，一些新型电渗析技术

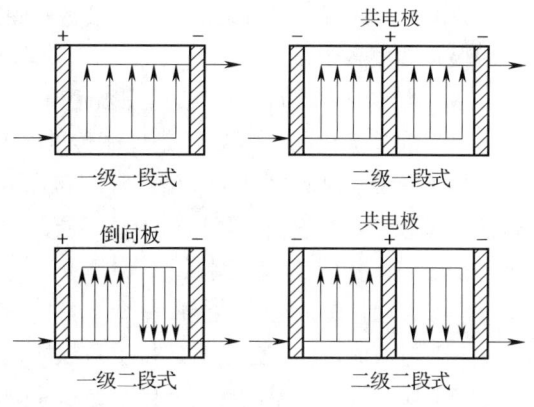

图 13-14　电渗析设备"级"和"段"

正在研发并逐渐投入应用。选择性电渗析技术通过引入对单价和多价离子具有选择性的离子交换膜，可以使电渗析设备具备分离单价和多价离子的能力。此类交换膜包括单价阴离子交换膜、单价阳离子交换膜，或使用纳滤膜也可实现不同价态离子之间的分离。双极膜是一种新型离子交换膜，通常由阳离子交换层、中间层和阴离子交换层复合而成。在实验室内，双极膜电渗析已有广泛的研究。除此之外，还有复分解电渗析、离子交换树脂耦合三隔室电渗析、夹层液膜电渗析和电解电渗析等新型的电渗析技术正在被研究，这些技术大部分仍停留在实验室阶段。

四、反渗透膜技术与设备

(一)反渗透膜技术

1. 反渗透膜技术的基本原理

如果用半透膜(只能透过水,不能透过其他离子或杂质)将一侧的纯水和另一侧的浓溶液隔开,并使两端液位相齐,由于半透膜两侧溶剂化学势不同,溶剂分子会由溶液的低浓度区向高浓度区转移,这种现象称为渗透,是热力学上的自发过程。渗透要一直进行到溶液一侧的压力高到足以使溶剂分子不再流动为止。达到平衡时两端的液位差称为渗透压。如果在浓溶液一侧施加大于渗透压的压力,则溶液中的水就会透过半透膜转移至纯水一侧,使溶液浓度增加,此现象称为反渗透(Reverse Osmosis,RO)。

实现反渗透过程必须具备两个条件:一是必须有高选择性和高渗透性的选择性半透膜;二是操作压力必须高于溶液的渗透压。

2. 浓差极化及其控制

膜的浓差极化是一种边界层现象。半透膜具有选择透过性,在反渗透过程中,溶剂在高压作用下透过膜转移到低压侧,大部分溶质被半透膜阻留,积聚在膜表面附近。膜表面被阻留的溶质浓度逐渐增大,至临界浓度时就在膜面周围建立一种平衡状态,形成具有浓度梯度的边界层,使流体阻力与局部渗透压力增加,阻碍溶剂等小分子物质的运动,导致透水量下降。严重时,甚至会出现结晶或沉淀,阻塞流道,致使运行恶化。这种现象称为浓差极化。

浓差极化的影响因素如下。

(1)透水速率 透水速率越大,膜表面附近阻留的溶质分子数量越多,极化现象就越明显。

(2)溶液黏度 溶液黏度越大,被带到膜表面附近的溶质分子反扩散回到主流中的难度越大,极化现象越明显。

(3)溶液中溶质的扩散系数 影响溶质向主流反扩散和浓差极化的因素。

控制浓差极化的主要途径是提高传质系数,采取的措施有:提高料液流速、提高操作温度、增强料液湍动程度、定期清洗膜面和采用高性能膜材料等。此外,膜处理前对料液进行预过滤能去除微粒状物质,降低待阻留溶质的浓度也可以有效控制浓差极化现象。

3. 影响反渗透通量的因素

反渗透通量是描述膜性能的一个主要指标,主要与以下因素有关。

(1)料液流速 流速增大,传质系数加大,浓差极化程度减轻,反渗透通量增大。

(2)操作温度 温度提高,纯水透过系数增大,同时浓差极化程度减轻,膜表面附近溶液渗透压降低,压差增大,反渗透通量增大。操作温度不宜过高,高温可能对反渗透膜本身产生影响。

(3)操作压差 反渗透的推动力是压差,压差越大,反渗透通量越大。但浓差极化的程度也会随之增大,膜表面附近溶液渗透压提高,所以有效压差并不能按相应的比例增大。同时压差增加,能耗增大,并有可能导致沉淀。所以反渗透过程应当根据实际需要综合考虑,选择最佳的操作压力差,一般反渗透的操作压差为 2~10MPa。

(4)膜材料与结构 膜材料与结构是反渗透通量的决定因素,因此研发高性能膜材料和制膜工艺是反渗透研究的主要方向。

（二）反渗透膜的类型

反渗透膜是用高分子材料制成的聚合物膜，在生产中有各种反渗透膜，以满足不同分离对象和分离方法的要求。反渗透膜根据膜的来源分为天然膜和合成膜，后者又分为无机膜和有机膜；根据膜的相态可分为固态膜和液态膜；根据固态膜的外形，又分为平板膜、管状膜、卷状膜和中空纤维膜；根据膜断面的物理形态，又将膜分为对称膜、不对称膜和复合膜。

1. 醋酸纤维素膜（CA膜）

醋酸纤维素膜的膜材料为纤维素醋酸酯，又称醋酸纤维素或乙酰纤维素，是纤维素在催化剂（硫酸或氧化锌）的作用下，与冰醋酸、醋酸酐进行酯化反应的产物（通常有3种，即三醋酸纤维素、二醋酸纤维素和一醋酸纤维素）。醋酸纤维素膜是一类很重要的膜，它具有高透水速率，对大多数水溶性组分的透过率相当低，具有很好的成膜性能，符合反渗透膜的基本要求。

醋酸纤维素膜的结构和物化等特性对其制作、膜性能及应用条件有重要影响，这些影响主要取决于醋酸纤维素的取代度（表示纤维素被酯化的羟基数）和取代的化学基团种类。

2. 芳香族聚酰胺膜

这类高分子膜，因其除了含有亲水性的酰胺基外，还含有其他极性或非极性的化学基团，而且由于大分子主链中存在苯环，所以改善了膜的压密性和热稳定性。在化学稳定性方面，芳香族聚酰胺膜也比醋酸纤维素膜好。芳香族聚酰胺膜是目前广泛应用的一类膜，其主要特点是：具有良好的透水性、较高的脱盐率、优良的机械强度、较好的耐高温性能，能在pH 3~11的酸碱条件下应用；但对氯离子很敏感，因为高分子主链上的—CONH—和—CONHNHCO—极易被氯离子氧化。

3. 复合膜

复合膜包括多孔支撑层及超薄脱盐致密层的复合。例如，三醋酸纤维素复合膜就是在硝酸纤维素-二醋酸纤维素的微细多孔支撑层上，再加1层三醋酸纤维素而制得的复合膜。复合膜的优点在于：可分别选材制备超薄脱盐致密层和多孔支撑层，拓展了膜材料，并可根据各自的功能进行优化；根据应用需要，可以改变和控制超薄膜层的厚度和致密程度。

4. 其他类型膜

还有一些其他种类的反渗透膜，例如，聚苯并咪唑酮膜，其在压力8MPa、温度36℃条件下，以10g/L NaCl溶液为料液时，透水速率为350kg/（$m^2 \cdot h$），脱盐率为99.5%，而且此类膜具有优异的化学稳定性和热稳定性，特别是对酸和氯离子有较好的稳定性。

（三）反渗透膜组件结构

1. 板框式反渗透膜组件

板框式是反渗透设备中最早使用的一种膜组件。图13-15所示为板框式膜组件的结构。在膜结构层之间，用支撑层分隔形成内空间，原料液在内空间流动。产品液透过膜向两侧迁移，进入由每对膜被隔板分隔成的空间中，再经隔板外圈的孔道，向外流动而被收集。

2. 管式

管式反渗透膜组件分内压式、外压式、单管式和管束式等。图13-16所示为内压式膜组件，管式膜装在多孔的不锈钢管或用玻璃纤维增强的塑料承压管内，加压的料液从管内流过，透过膜的产品液收集于管外侧。

3. 螺旋卷式

螺旋卷式结构就像卷压起来的板框，如图13-17所示，在两片反渗透膜中夹入一层多孔支撑材料,组成板膜,再铺上一层隔网,然后在钻有小孔的中心管上卷绕而成为一个单元膜组件。将一组卷式膜组件串联起来,装在耐压容器中,组成螺旋卷式反渗透设备。

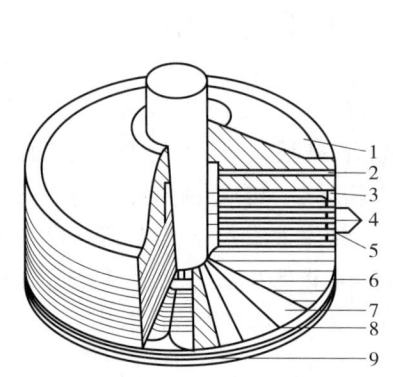

图 13-15 板框式膜组件结构示意图

1—盖板；2—料液；3、9—隔板；4—过滤纸；
5、8—膜支撑板；6—膜；7—滤纸。

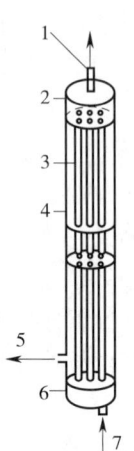

图 13-16 管式膜组件结构示意图

1—浓水；2、6—端盖；3—玻璃钢管；
4—外壳；5—淡水；7—原水。

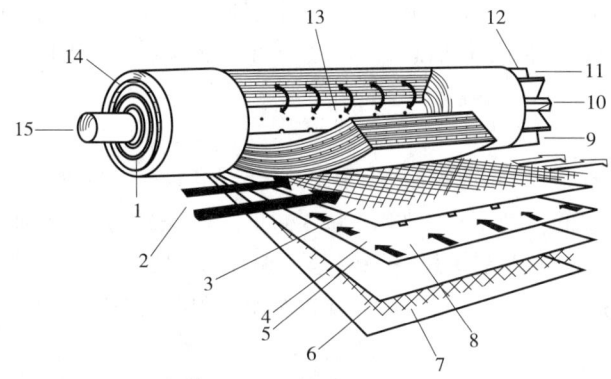

图 13-17 螺旋卷式膜组件结构示意图

1、14—进料；2—料液穿过流道隔离件流动；3、5—膜；4—透过液收集器材；6—料液流道隔离件；7—外套；
8—透过液流动；9、11—浓缩液；10、15—透过液出口；12—防套筒伸缩装置；13—透过液收集孔。

(四) 反渗透系统

工业上反渗透系统的工艺流程可归结为两种基本形式：单向流程与再循环流程。在单向流程中，浓缩液直接排出而不作循环；再循环流程中，部分浓缩液返回进行循环。两种基本流程，通过组件的不同配置，即可组合成各式各样的反渗透系统。在实际生产中，对溶液的分离有不同的质量要求，而反渗透膜的溶质脱除率大多在 0.9～0.95，因此，要获得高脱除率的产品往往需要采用多级或多段反渗透工艺来满足不同要求。所谓"级"就是指进料液经过膜组件加压反渗透处理的次数；所谓"段"就是通过膜组件的浓缩液所流经的膜组件组数。常见的反渗透系统包括一级多段式反渗透系统和多级多段式反渗透系统。

典型的反渗透系统还包括预处理和后处理设备（图 13-18）。几乎所有的反渗透系统均要求对料液进行预处理。当有少量可溶性盐存在时，预处理的目的是防止结垢。随着水从料液中分离，溶质被浓缩，最后的浓度可能比各种盐的溶解度都高。第二步的预处理目的是过滤去除颗粒物。渗透液一般要求进行后处理，主要目的是对溶解性气体和碱度的去除，以及对pH进行调节。

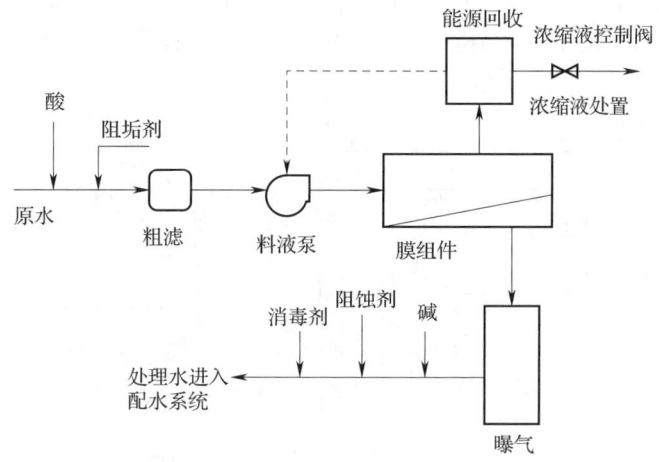

图 13-18　典型的反渗透系统示意图

反渗透设备使用过程中需要特别注意：①不能缺水，进水水质要求见表13-1；②严格按操作规程操作；③定期进行反冲洗，保持管路畅通；④定期对管路进行消毒；⑤冬季注意保暖，防止结冰把RO膜冻坏，一般安装设备的室内温度不得低于3℃。

表 13-1　　　　　　　　　　　反渗透设备对进水的水质要求

项目	指标
温度	复合膜 4~45℃，醋酸纤维素膜 4~35℃
污染指数（SDI）	<5
浊度	<1.0NTU
游离余氯	聚酰胺复合膜 <0.1mg/L，醋酸纤维素膜 0.2~1.0mg/L

第三节　水杀菌技术与设备

在水处理过程中，相当数量的致病微生物已经被除去，但为了确保最终产品的安全，在水处理的终端一般都配置杀菌设备。水的杀菌方法有多种，目前常用的有紫外线杀菌、臭氧杀菌和氯杀菌。由于氯杀菌一般采用直接投放，在饮料加工用水和包装饮用水中不能使用，此处从略。

一、紫外线杀菌技术与设备

紫外线杀菌技术是一种利用紫外线杀死细菌的技术，紫外线波长为240~280nm，能够破坏细菌病毒中的 DNA 或 RNA 的分子结构,使其细胞死亡,达到杀菌消毒的效果,尤其在波长为 253.7nm 时紫外线的杀菌作用最强。紫外线杀菌具有穿透力强、杀菌高效、无复活的特点。

紫外线杀菌设备按其水流状态和灯管位置可有多种形式,适用于不同场合。其中水上反射式和隔水套管式紫外线杀菌设备结构如图 13-19 和图 13-20 所示。

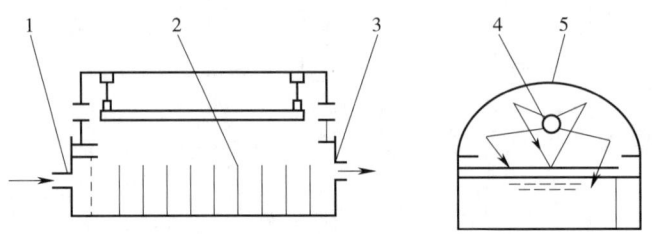

图 13-19　水上反射式紫外线杀菌设备结构示意图
1—进水口;2—隔板;3—出水口;4—灯管;5—反射罩。

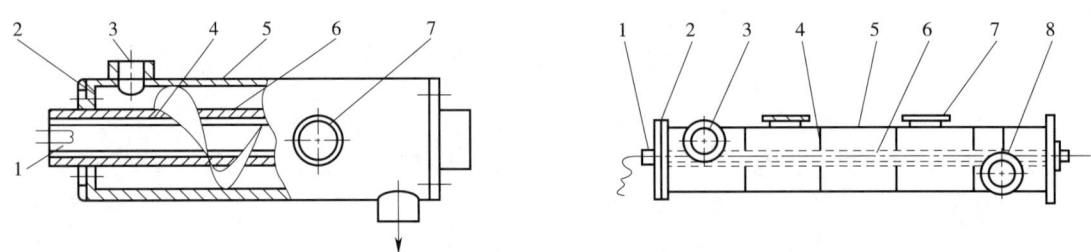

图 13-20　隔水套管式紫外线杀菌设备结构示意图
1—紫外线灯管;2—密封件;3—进水口;4—穿孔挡板或螺旋挡板;5—外壳;
6—石英玻璃套管;7—观察孔;8—出水口。

饮料生产多采用管套式紫外线杀菌器,杀菌效果受到灯管周围介质温度、处理水量、照射半径和时间、水浊度的影响。当介质温度较低时,杀菌效果较差,故采用紫外线高压汞灯杀菌时,须装有石英套管,灯管与套管间形成 1 个环状的真空夹层,使灯管能量充分发挥而不影响杀菌效果。

杀菌效果随处理水量的增加而降低。选择杀菌器时,单位处理能力一般要求是用水量的 2~3 倍,灯管数应根据处理水量多少而定。如选用紫外线低压汞灯杀菌,水的浊度会影响紫外线的穿透能力,从而影响杀菌效果。定期清洗石英套管,保持其透明度,可以保证紫外线透过率。灯管紫外线发射率降低到初期的 70% 时,应及时进行更换。当连续使用时,最好有两台紫外线杀菌器交替使用,以延长灯管使用寿命。

紫外线对流动水的杀菌方式,尤其是大流量的过流式杀菌,现在主要还是采用高压汞灯,短波紫外线-发光二极管(UVC-LED)杀菌装置的实际应用较少,主要是因为 UVC-LED 的辐射效率较低,紫外线在水中的损失比较高。随着 UVC-LED 灯珠技术的不断发展,达到高辐射效率的 UVC-LED 灯珠技术也相继出现,UVC-LED 取代高压汞灯应用到大流量水的杀菌处理中指日可待。

二、臭氧杀菌技术与设备

矿泉水的保质期取决于其中微生物残留的数量,单纯用传统的紫外线杀菌,无法将微生物数量控制在一个安全范围内,因此臭氧杀菌显得非常必要。

臭氧(O_3)杀菌技术是指以臭氧作为杀菌剂的杀菌技术。臭氧是一种强氧化剂,杀菌过程属生物化学氧化反应,其杀菌原理如下。

(1)臭氧能氧化分解细菌内部葡萄糖所需的酶,使细菌灭活死亡。

(2)直接与细菌、病毒作用,破坏它们的细胞器和DNA、RNA,使细菌的新陈代谢受到破坏,导致细菌死亡。

(3)透过细胞膜组织,侵入细胞内,作用于外膜的脂蛋白和内部的脂多糖使细菌发生通透性畸变而溶解死亡。

臭氧杀菌设备(图13-21)主要由臭氧发生器(图13-22)和氧化塔两部分组成。臭氧发生器是臭氧制备设备,主要由发生器主体、无油空气压缩机、储罐、干燥器、过滤器及电器系统等组成。氧化塔是臭氧与水的混合设备,塔内有可拆式微孔扩散器,气液逆向接触使臭氧能够有效地扩散到水中。

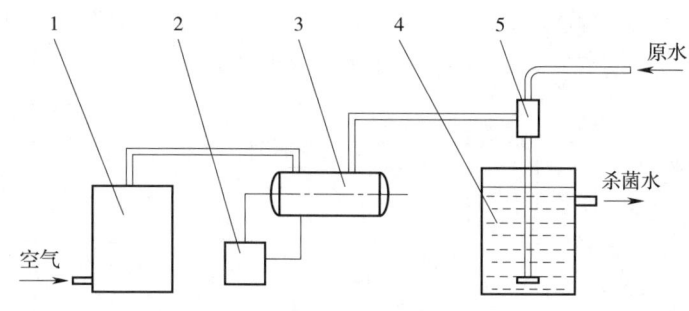

图 13-21 臭氧杀菌设备

1—空气处理装置;2—变压器;3—臭氧发生器;4—储水器;5—水力喷射器。

与加氯杀菌、紫外线杀菌等常用的杀菌方法相比,臭氧杀菌效果更好,但成本高而且有产生溴化物的潜在危险。紫外线杀菌虽有一定效果,但更多的是抑菌效果,且紫外灯管的玻璃结垢和水的浊度均影响杀菌效果。加氯杀菌是最常用的方法,成本低,但氯会给水带来令人不愉快的味道,氯还会与水中的有机物反应生成卤代化合物等有害物质。因此,现在多采用超滤和微滤进行终端除菌。尤其是超滤,对细菌的截留滤除率几乎是100%。

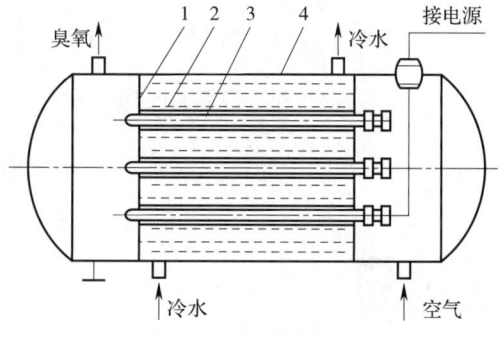

图 13-22 管式臭氧发生器

1—绝缘板;2—玻璃管;3—不锈钢管;4—外壳。

除了以上三种常用技术外,目前也有一些新兴的水杀菌技术被逐渐应用。光催化技术是一种新兴的绿色杀菌技术,也逐渐用于水杀菌处理中。光催化剂在光照条件下具有氧化还原能力,可使微生物失活,实现对水的杀菌。光催化剂可以分为金属类催化剂和非金属类催化剂。光催化杀菌技术具有灭菌效率高、方法简单、对各种环境微生物潜在适用性高的优点，但其高成本、复杂的合成方法以及潜在的二次污染限制了其大规模应用，目前还处于实验室研究阶段。电化学杀菌技术在环境化学领域已得到了广泛研究。该技术的灭菌能力主要依赖电极表面发生的直接和间接氧化反应的协同效应。对于成分复杂的水质，还可以将电化学技术与其他技术联用达到杀菌的目的。同样，电化学技术也尚未在实际生产中进行大规模应用。

［案例］ 纯净水生产水处理设备流程

纯净水生产通常采用二级反渗透过滤的方式，生产流程包括原水（如自来水）前处理（砂石过滤、活性炭过滤、软化和脱盐、精滤）、二级反渗透过滤（RO膜）、后处理［电去离子（EDI）设备、杀菌、灌装和包装］等环节，其中EDI是离子交换技术、离子交换膜技术和离子电迁移技术相结合的纯净水制造技术。纯净水生产水处理工艺和设备应根据具体的水源和用途来确定。我国各地水质差异较大，因此，在考虑饮用纯净水的生产水处理工艺和设备时，应对水质进行全面分析后进行选择。灌装系统的设备主要包括自动洗瓶机、常压灌装机、封盖机等，详见第十八章灌装技术与设备。纯净水生产水处理设备流程如图13-23所示。

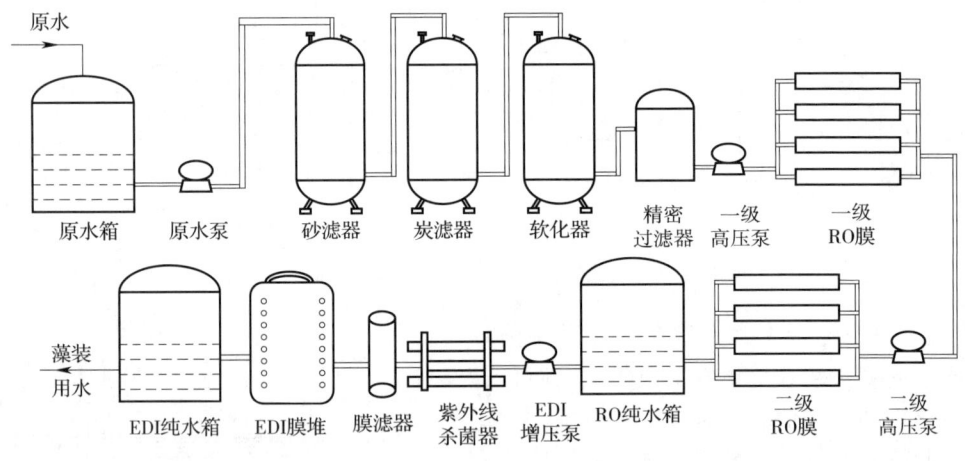

图13-23 纯净水生产水处理设备流程

> 🔍 思考题
>
> 1. 简述水软化设备的分类、原理及其选择依据。
> 2. 简述水杀菌设备的原理及其优劣势。
> 3. 简述纯净水生产中所需的水处理设备类型及其功能。

第十四章

CHAPTER 14

糖浆制备、碳酸化技术与设备

学习目标

1. 熟悉糖浆制备工艺流程及主要设备组成。
2. 了解不同硅藻土过滤设备的特点。
3. 熟悉碳酸饮料生产的主要设备组成。
4. 熟悉不同气液混合机的结构及特点。

第一节 糖浆制备技术与设备

一、糖浆制备系统主要设备

糖浆制备的主要设备包括溶糖锅（罐）、糖浆泵、热交换器、过滤设备、糖浆储罐等。糖浆制备单元实现了白砂糖集中溶解、净化，具有速度快、糖浆质量稳定等特点，可供应多个配料系统所需的糖浆，为饮料产品的质量稳定提供保证。

（一）溶糖设备

溶解白砂糖的设备主要是溶糖锅（罐）。由于溶糖有冷溶法和热溶法，与之相对应的溶糖锅结构也有区别。冷溶法溶糖锅是内装搅拌器的单层不锈钢结构，在底部有排料管道，将糖和水按比例加入后，在室温下开启搅拌器进行搅拌直至白砂糖完全溶解。热溶法溶糖锅，过去常采用夹层锅，结构比较简单，底部有排料阀，有的配有搅拌器，将糖和水按比例投入夹层锅，通入蒸汽加热至沸腾，开启搅拌器至白砂糖完全溶解。该设备已基本淘汰，目前工厂所用的溶糖锅主要有以下两种。

1. 盘管式溶糖锅

盘管式溶糖锅在不锈钢锅内装有盘管，可通入蒸汽或冷却水而达到加热和冷却糖浆的目的（图14–1）。采用蒸汽加热溶糖时，水从进水阀加入锅内，达到设定量后关闭进水阀；打开蒸汽阀进行水的加热，在水达到一定温度后从加糖口加入定量的白砂糖，并开启搅拌器，以加速糖的溶解；白砂糖完全溶解后，根据工艺需要进行糖浆冷却。

采用热水加热工艺时,基本与蒸汽加热的操作相同,不同的是需要配套热水系统,将生产用水先用换热器加热到设定温度,存于热水罐或直接送入溶糖锅中用于白砂糖溶解。在溶糖锅中安装加热盘管对糖液进行加热,使溶解后的糖液保持一定温度。

2. 高速搅拌溶糖罐

该设备的特点是在罐体底部安装有转子和定子,在电机驱动下,转速可达到1200~1500r/min。搅拌过程产生的强大离心力把糖和水吸入定子、转子工作腔内,在定子、转子的狭窄间隙中受到强烈剪切力作用,使料液混合撞击罐壁后形成涡流,从而实现白砂糖的快速溶解。该设备可显著缩短溶糖时间,提高生产效率。图14-2所示为高速搅拌罐的结构。

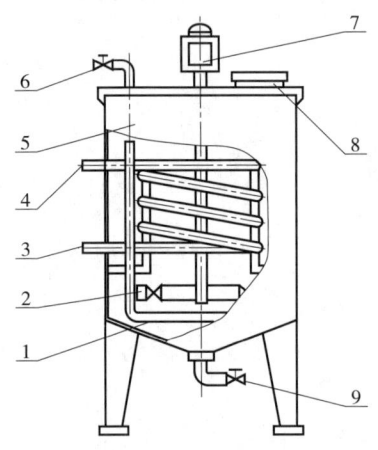 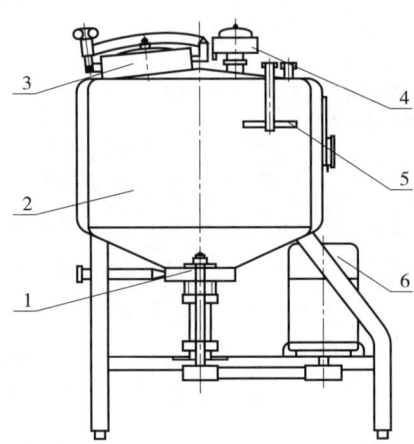

图14-1 盘管式溶糖锅(罐)

1—进水管;2—搅拌器;3—冷却水(蒸汽)进口;
4—冷却水(蒸汽)出口;5—锅体;6—进蒸汽阀;
7—电动机及蜗轮箱;8—加糖口;9—出液阀。

图14-2 高速搅拌罐结构示意图

1—转子和定子;2—罐体;
3—进料口;4—排气口;
5—CIP清洗头;6—电机。

(二)糖浆净化设备

为保证糖浆质量稳定,生产中一般采用如下步骤得到清澈透明的糖浆。

1. 活性炭吸附脱色

若白砂糖质量不稳定或等级不能满足饮料生产要求,则必须采用活性炭法进行净化处理。活性炭净化处理工艺流程如图14-3所示。

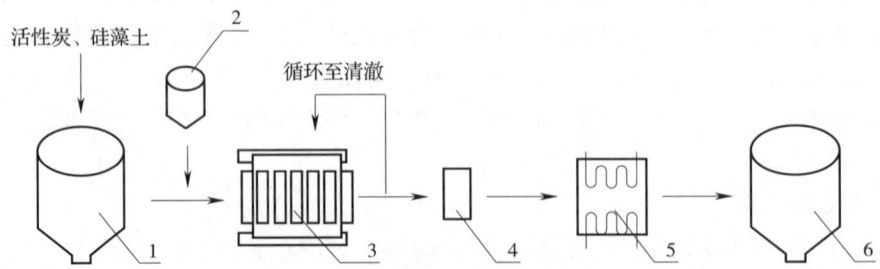

图14-3 活性炭净化处理工艺流程

1—加热后的糖浆混合罐(80~85℃);2—硅藻土预涂罐;3—板框过滤机;4—精密过滤机(1~5μm);
5—热交换器;6—处理后的糖浆储罐。

溶解后的糖浆经粗滤后用板式换热器升温至85℃。将活性炭粉从带有搅拌器的不锈钢罐顶部开孔处加入，搅拌使活性炭在糖浆中分散均匀。根据白砂糖及活性炭质量通过实验确定活性炭的用量，活性炭用量一般为砂糖质量的0.1%~1%，添加时开启搅拌器在80℃下不断搅拌15~30min。加入活性炭后糖浆需要继续搅拌，以增加活性炭与糖浆的接触表面，提高吸附效率。活性炭处理后的糖浆，再用过滤设备过滤除去炭粉和其他杂质。

2. 硅藻土过滤机

脱色处理后的糖浆，经由糖浆泵送至硅藻土过滤机进行过滤。硅藻土过滤机是一种采用硅藻土作为助滤剂的过滤设备。硅藻土化学成分以 SiO_2 为主，还有少量的 Al_2O_3、Fe_2O_3 等成分。矿物质组成除硅藻土外，常伴有各种黏土及石英、白云石等。常用的过滤机根据设备结构可分为板框式、圆盘式、叶片式、柱（烛）式、转鼓式等机型。

（1）板框式硅藻土过滤机　板框式硅藻土过滤机主要由滤板、液压系统、滤框、滤板传输系统和电气系统5部分组成。过滤机的机架由前支架、油缸压紧装置及1对平行的横梁组成。在压紧装置的前方有一块安放在横梁上可前后移动的活动端板。在前支架与活动端板之间是交替排列、垂直搁置在横梁上的滤板和滤框，它们可沿横梁移动、开合。滤板和滤框交替排列，滤板两侧罩以滤布作为硅藻土预涂层的支撑面，当压紧装置的压杆顶着活动端板向前移动时，将滤板、滤框压紧在活动端板与固定端板之间，每两个相邻滤板和滤框就构成一个独立的过滤室。当压紧装置的压杆拉着活动端板向后移动时，就松开滤板、滤框，从而对滤板、滤框、滤布逐一进行卸渣、清洗。板框式硅藻土过滤机结构如图14-4所示。

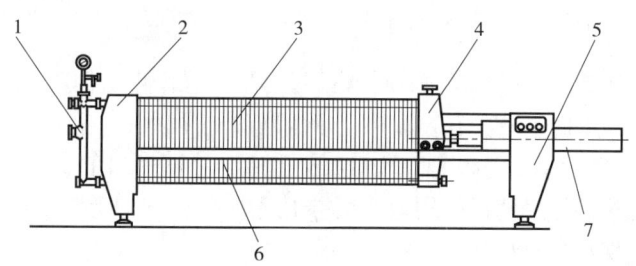

图14-4　板框式硅藻土过滤机结构示意图
1—管路；2—前支架；3—过滤板框；4—活动端板；5—后支架；6—侧杆；7—油缸。

过滤前，将含有一定量硅藻土的混合液用泵以一定压力输入过滤机内的各过滤单元，并进行循环流动以产生压差，使硅藻土较均匀地吸附于滤布表面，形成预涂层。过滤时，糖浆经泵输入机内，分别流入各过滤单元，通过硅藻土过滤层及滤布截留糖浆中不溶性物质及添加的活性炭。滤过糖浆由各个过滤单元集于一起，从清液管流出机外。

随着过滤时间推移，在预涂层上被滤掉的杂质会越来越多，且将阻塞过滤通道，此时需通过隔膜式计量泵添加一定量的硅藻土，让硅藻土随同不溶杂质被滤网截留和吸附，形成新的滤层。

板框式硅藻土过滤机的特点是结构简单，操作容易，固液分离程度高，设备使用寿命长；缺点是需要人工卸料、清洗，劳动强度大。

（2）圆盘式硅藻土过滤机　圆盘式硅藻土过滤机又称为水平叶片式硅藻土过滤机，是立式罐体及安装在可转动空心轴上的圆盘形叶片的结构型式。在预涂硅藻土、过滤糖浆时，叶片静止不动,糖浆中不溶性固形物与硅藻土截留在叶片的预涂层上,滤液则通过预涂层、滤网汇集至空心轴,再流到过滤罐外。卸载滤饼时,先向空心轴逆向注入少量水,再转动中心轴,利用离心力将滤饼及预涂层甩出。如图14-5所示为水平叶片式硅藻土过滤系统,该系统由过滤主机、循环管路、硅藻土定量添加装置、仪表、电器控制柜及传动装置等组成。此硅藻土过滤机的优点是自动化程度较高,预涂、过滤、清洗均可自动进行。

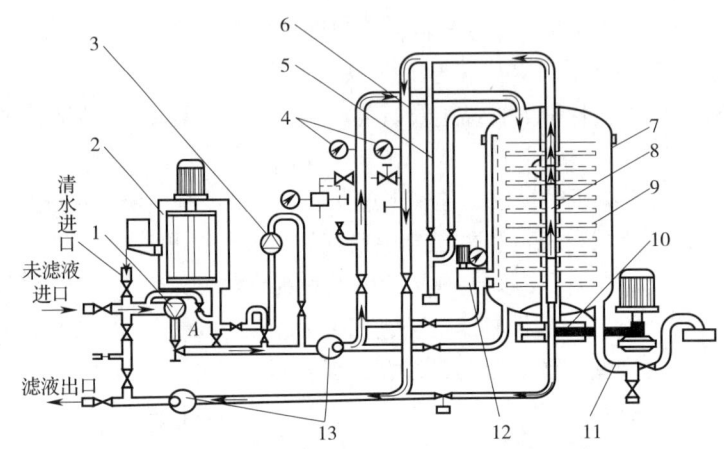

图 14-5 水平叶片式过滤机过滤系统

1—输送泵;2—混合罐;3—计量添加泵;4—压力表;5—排气装置;6—循环管路;
7—主机罐体;8—中心管;9—过滤原盘;10—传动装置;11—排放装置;12—清洗装置;13—视镜。

(3)柱(烛)式硅藻土过滤机 烛式硅藻土过滤机是国内自主创新生产的新型硅藻土过滤机,其工作原理是:过滤时,首先在过滤烛上形成硅藻土预涂层,糖浆通过预涂层时,悬浮物及胶体粒子被截留下来,滤液通过T型丝间隙流出达到过滤的目的。与传统过滤工艺不同的是,烛式过滤的每1根滤柱的滤道上均匀地涂有1层硅藻土介质形成滤层,能够更加稳定有效进行过滤操作,并能保证过滤后滤液质量。

3. 真空转鼓式过滤机

真空转鼓式过滤机是一种连续式过滤设备,其把过滤、洗饼、吹干、卸饼等各项操作在转鼓的一转动周期内依次完成,适合固体含量较高的(>10%)悬浮液分离。国产真空转鼓式过滤机有一系列产品,型号有GD、GF、GP和GP-X型等,过滤面积为1~50m²。GP型为刮刀卸料,GP-X型为绳索卸料,直径0.3~4.5m,长度0.3~6m。

真空转鼓式过滤机工作原理如图14-6所示,其主要部件是由筛板组成的能转动的转鼓,转鼓内维持一定的真空度,与外界的压差即为过滤动力。转鼓表面有1层金属丝网,网上覆盖滤布,转鼓的下部浸入滤浆中,内部被径向筋板分隔成若干个扇形格室,每个格室有单独孔道与分配头的空心轴内孔

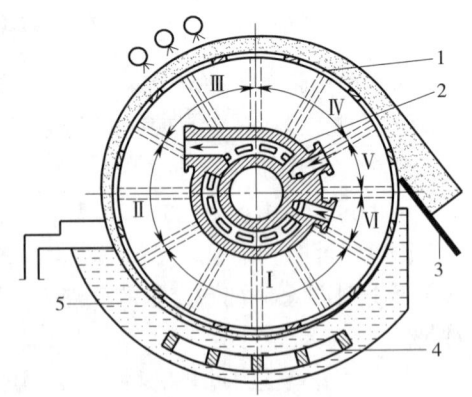

图 14-6 真空转鼓式过滤机工作原理

1—转鼓;2—分配头;3—刮刀;
4—搅拌器;5—滤浆槽。

道相通，而空心轴内的孔道则沿轴向通往位于转鼓轴颈端面随轴旋转的转动盘上。固定盘平压于转动盘端面并紧密配合，构成一个特殊的旋转阀，称为分配头。分配头的固定盘被径向隔板分成若干个弧形空隙，分别与真空管、滤液管、洗液储槽及压缩空气管路相连。当转鼓旋转时，在分配头作用下，扇形格室分别获得真空和加压，从而实现过滤、洗涤等操作并循环进行。

转鼓表面可分为下述各区域。

（1）区域Ⅰ为过滤区，此区域内扇形格浸于滤浆中，浸没深度约为转鼓直径的1/3，格室内为负压。滤液经过滤布进入格室内，然后经分配头的固定盘弧形槽以及与其相连的连接管道排向滤液槽。

（2）区域Ⅱ为滤液吸干区，此区域内扇形格刚离开液面，格室内仍为负压，使滤饼中残留的滤液被吸尽，与过滤区滤液一同排向滤液槽。

（3）区域Ⅲ为洗涤区，洗涤水由喷水管喷洒于滤饼上，扇形格内为负压，将洗出液流入吸干区。

（4）区域Ⅳ为洗后吸干区，洗涤后的滤饼在此区域内借扇形格室内的负压把残留洗液吸干，并与洗涤区的洗出液一同排入洗液槽。

（5）区域Ⅴ为吹松卸料区，在此区域，内格室与压缩空气相通，将被吸干后的滤饼吹松，同时被伸向过滤表面的刮刀剥落，完成滤饼卸除。

（6）区域Ⅵ为滤布再生区，在此区域内以压缩空气吹走残留在滤布上的滤饼。

真空转鼓过滤机分配头如图14-7所示。

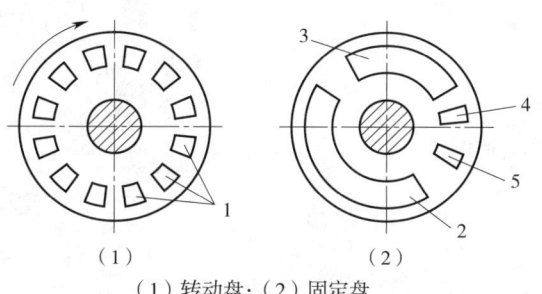

（1）转动盘；（2）固定盘

图14-7 真空转鼓过滤机分配头

1—转动盘上的孔；2、3—通真空孔；4、5—通压缩空气孔。

真空转鼓过滤机的优点是能够连续生产，机械化程度较高，可以根据料液性质、工艺要求采用不同材料制造，以满足不同的过滤要求。通常，对于悬浮液中颗粒粒径中等、黏度不太大的料液，真空转鼓过滤机较适宜。操作过程中，可通过调节转鼓转速来控制滤饼厚度和洗涤效果。此外，滤布损耗比其他类型过滤机小。

真空转鼓过滤机的缺点是过滤推动力小，它仅利用真空作为动力，加之管路阻力损失，压差不超过80kPa（一般为26.7~66.7kPa）。因此，滤液不易抽干，滤饼的湿度一般在20%以上。且真空转鼓过滤机结构复杂，制造难度大，真空度容易受热料液或挥发性液体产生的蒸汽影响。

二、全自动糖浆制备系统

全自动糖浆制备系统主要包括全自动卸糖拆包单元、在线溶糖单元、糖浆过滤储存单元。

（一）全自动卸糖拆包单元

全自动卸糖拆包系统设备结构和外观如图 14-8 所示，主要包括以下部分。

（1）自动导引运输（AGV）叉车将放在栈板上的白砂糖输送至卸垛区域，由机器人配合视觉系统进行抓取卸垛。

（2）卸垛时将白砂糖进行碾压和除去糖袋表面杂物，以保证白砂糖的洁净度。

（3）机器人抓取白砂糖进行破包处理，将白砂糖集中收集，气动输送至糖仓储存。

（4）整体系统采用全自动控制设计，实现白砂糖无人工卸垛拆包处理。

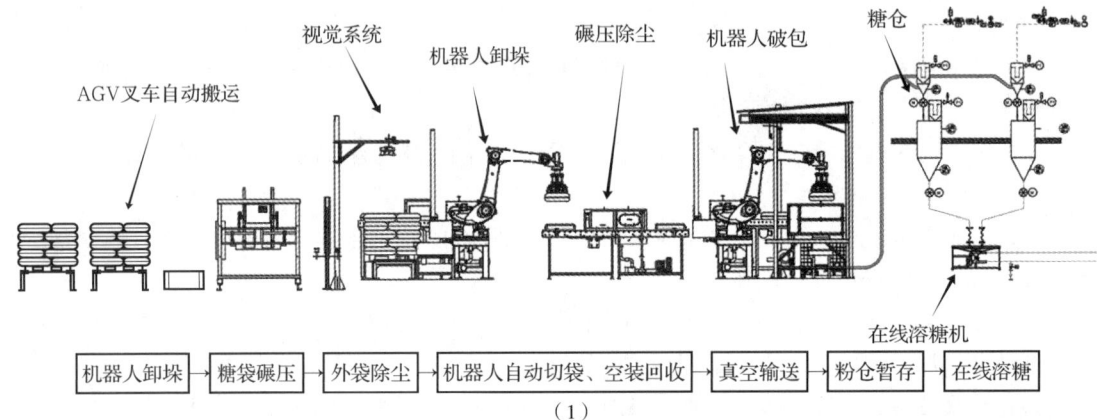

（1）

（2）

图 14-8 全自动卸糖拆包系统设备结构示意图（1）和外观（2）

（二）在线溶糖单元

在线溶糖单元设备外观如图 14-9 所示，该单元由自吸泵和剪切泵组成。自吸泵产生吸力使入口产生文丘里效应，白砂糖通过在线方式与水混合，经过剪切泵进行溶解，实现在线溶糖，1台设备每小时溶糖量可高达 5t 以上，且整个在线单元为密闭式，显著提高了溶糖的卫生条件。

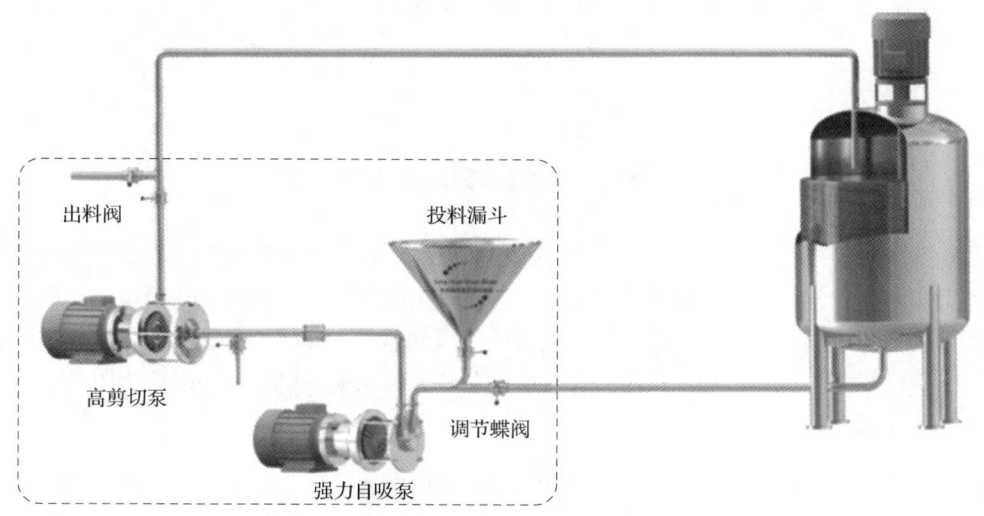

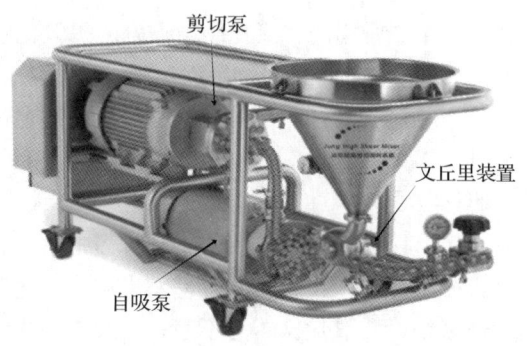

图 14-9　在线溶糖单元设备外观

（三）糖浆过滤储存单元

糖浆过滤储存单元设备结构如图 14-10 所示，主要包括以下部分。

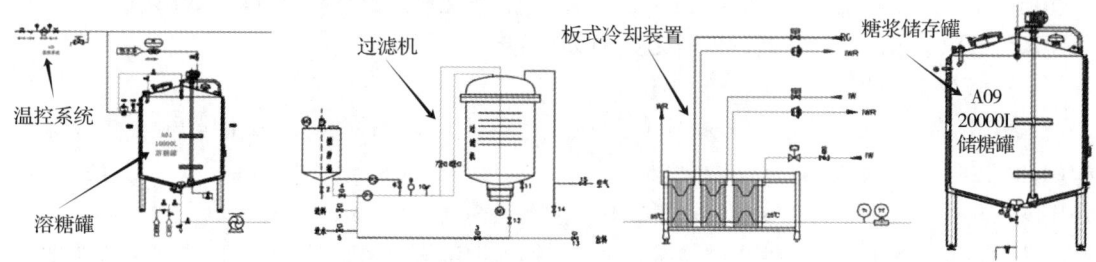

图 14-10　糖浆过滤储存单元设备结构示意图

（1）糖浆在溶糖罐内升温灭菌，以控制糖浆内的微生物。
（2）糖浆经硅藻土过滤机过滤去除杂质，以提高糖浆的品质。

（3）糖浆进入储存罐前需进行降温处理，防止糖浆在高温下色泽加深，影响产品感官品质，储存温度控制在20℃以下。

（4）系统整体采用全自动控制的方式，实现工业自动化。

第二节　碳酸化技术与设备

在碳酸饮料生产过程中，与不含二氧化碳的饮料不同的是，该类产品需要进行碳酸化处理。所谓碳酸化，就是在一定的压力和温度下，在一定时间内，通过碳酸化设备将二氧化碳充入饮料中的过程，碳酸化的程度会直接影响碳酸饮料的质量和口味，是碳酸饮料生产的重要工艺之一。碳酸化设备主要包括：冷却装置、脱气装置、料水混合机、气液混合机以及二氧化碳处理及输送装置。

一、碳酸化辅助设备

（一）二氧化碳输送及处理设备

目前，我国碳酸饮料生产企业所用的二氧化碳由专门的二氧化碳生产企业提供，其指标符合 GB 1886.228—2016《食品安全国家标准　食品添加剂　二氧化碳》的相关规定。但在生产之前，还需要对二氧化碳进行相应的处理，使其满足碳酸饮料的生产。

1. 二氧化碳贮存与汽化设备

大型碳酸饮料生产企业均有专门的二氧化碳贮罐，可以一次性贮存大量液态二氧化碳，而不是采用钢瓶来贮存二氧化碳。因为大型生产线的生产过程中，二氧化碳消耗速率较快，而钢瓶容量小，需要频繁更换钢瓶，耗费人工较多，容易发生危险。此外，由于频繁更换钢瓶，在更换过程中，容易造成生产系统中二氧化碳压力不稳，造成产品的碳酸化效果差，影响产品质量。而二氧化碳贮罐操作简单，压力稳定，可以为饮料的碳酸化过程提供一个稳定的压力环境，保证碳酸化效果。

二氧化碳在贮罐中以液态形式存放，在生产时需要转化为汽态后使用，这就需要汽化及压力调整装置。液态二氧化碳压力较高，经过调压装置即减压阀调节到安全压力（一般为设备的工作压力）再进行汽化。汽化是通过汽化塔来实现，汽化塔为装有多组散热片的装置，液态二氧化碳流经汽化塔时与外界进行热量交换，吸热转化为气体状态。

2. 二氧化碳净化设备

二氧化碳净化一般在二氧化碳生产工厂进行，购入的液态二氧化碳虽然可以达到 GB 1886.228—2016《食品安全国家标准　食品添加剂　二氧化碳》的标准要求，但并不能满足碳酸饮料生产要求，所以在用于饮料碳酸化之前还需对二氧化碳气体进行净化处理。

净化装置一般由一个活性炭过滤器和一个高锰酸钾洗涤器串联组成，高锰酸钾溶液浓度一般为 20~30g/L，并在溶液中加入纯碱。二氧化碳由底部进入活性炭过滤器，经过多孔管将其分散开，从顶部管道流出，再进入高锰酸钾洗涤器，经多孔管分散，经高锰酸钾溶液洗涤后从顶部出口导出，洗涤器内也可设计喷头，高锰酸钾溶液用泵加压，在洗涤器内由上而下喷成雾状与二氧化碳充分接触。使用酸碱中和法生产的二氧化碳可使用浓度为 5%~10% 的纯碱水洗涤，以中和生产时带入的酸雾，然后再经水洗。净化后的二氧化碳送至碳酸化设备（气液混合机），供饮料的碳酸化使用。

（二）饮料碳酸化单元设备组成

1. 冷却设备

碳酸饮料的冷却设备，因热交换方式不同可分为直接冷却式和间接冷却式。冷却设备的换热器有板式换热器、管式换热器、盘管式换热器，其中板式换热器传热效率高，处理量大，且容易清洗。图 14-11 所示为多通道管式换热器外形。采用无菌管式换热器可以使卫生无死角，同时采用双流道冷却设计，提高了换热效率，减少能量损耗。

图 14-11　多通道管式换热器外形图

2. 脱气设备

一般饮料生产，只在均质前有脱气步骤，而碳酸饮料生产线只是对饮料浓浆进行脱气均质处理，与浓浆混合用的水却没有经过脱气处理。由于饮料浓浆和水中存在的空气也会影响到饮料的碳酸化效果。因此，在饮料浓浆与水混合前对生产用水和饮料浓浆进行脱气处理，这就需要脱气设备。脱气设备有两种类型，分别为真空脱气设备和二氧化碳置换脱气设备。

（1）真空脱气设备　在雾化液滴周围产生负压，借浓浆内部压力大于外部压力而使溶解在浓浆液滴中的空气逸出。真空脱气设备的结构如图 14-12 所示，真空泵在脱气罐内产生一个负压条件，负压的大小由数控阀门来控制，浓浆由带喷头的喷管呈雾化状态进入脱气罐中，浓浆中的空气在负压条件下溢出，由真空泵的排气管排出，脱气后浓浆从出料管导出，进入下一道工序。

（2）二氧化碳置换脱气设备　利用二氧化碳在水中溶解度比空气大的特性，将空气从浓浆中置换出来，从而达到脱气的目的，既能排除空气，又能发挥一定的预碳酸化作用，但要求所用二氧化碳有较高纯度。如图 14-13 所示，高纯度二氧化碳由进气管进入脱气罐中，浓浆被喷管喷雾到罐体中时，二氧化碳溶解到浓浆中，置换出空气，随后空气与剩余的二氧化碳由排气管排出，新的高纯度二氧化碳随之被输送进来。在这一过程中浓浆在脱气的同时进行了预碳酸化，由出料管进入下一道工序。

3. 料水混合设备

目前，碳酸饮料生产线在进行饮料调配时，部分采用单倍调配方式，即饮料在进行调配时除未添加二氧化碳外，调配好的料液中其他所有原辅料含量均与碳酸饮料成品的含量一致，只需经过气液混合机进行碳酸化即可，目前这种生产方式应用还较少。大多数碳酸饮料采用浓浆调配方式进行生产，这种调配方式的特点是，调配的浓浆除未添加二氧化碳外，其他原辅料的含量是碳酸饮料成品中含量的几倍，在进行碳酸化之前，需要与水混合稀释。这类生产线的碳酸化设备需要料水混合机，将饮料浓浆稀释到成品指标后再进行碳酸化。料水混合设备分为两种，一种是间歇式料水混合机，另一种是在线式料水混合机。

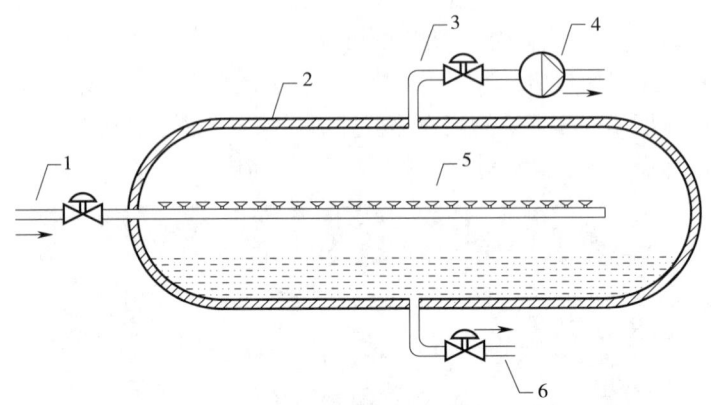

图 14-12 真空脱气设备结构示意图

1—进料管；2—脱气罐；3—排气管；4—真空泵；5—料液喷管；6—出料管。

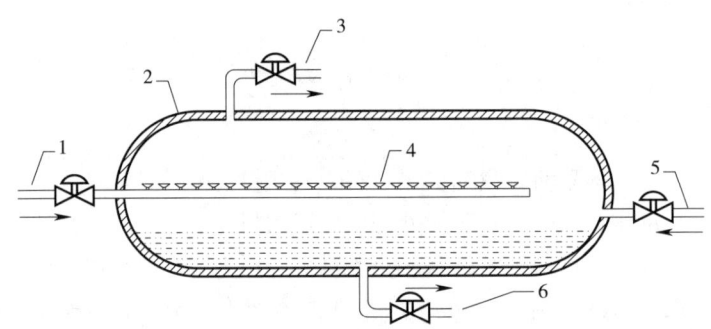

图 14-13 二氧化碳置换脱气设备结构示意图

1—进料管；2—脱气罐；3—排气管；4—料液喷管；5—进气管；6—出料管。

间歇式料水混合机需要安装多个混合罐，饮料浓浆与水混合是在混合罐中进行的，根据饮料浓浆的浓度，按比例添加水，直至达到设定的饮料成品浓度要求，再进入气液混合机中充入二氧化碳。这种料水混合机技术要求低，但是设备占地面积大、损耗大、耗费人工多且不易清洗。目前这种混合装置逐渐被在线料水混合机所替代。

在线式料水混合机结构如图 14-14 所示，饮料浓浆由管道 A 端经过调频离心机、数控阀门向 F 端流动，水由管道 D 端向 F 端流动，两者在管道 C 处进行混合，经过 F 端进入气液混合机中。在该系统中，有电子折光探测器测定饮料浓浆的浓度，根据其浓度以及混合后要求达到的浓度，自动调节调频离心泵的转速和数控阀门的开度，控制饮料浓浆的流量，使其与水以合适的比例进行混合。混合后也有一个电子折光探测器测定料液浓度，如果浓度符合要求，则料液经过 F 端进入气液混合机，如果浓度未达到要求，则料液从 E 口流经数控阀门由 B 口回到饮料浓浆罐中，重新计算混合比例。这种补偿系统有效保证了在线料水混合机的混合精度，浓浆损失小且确保产品质量标准化。

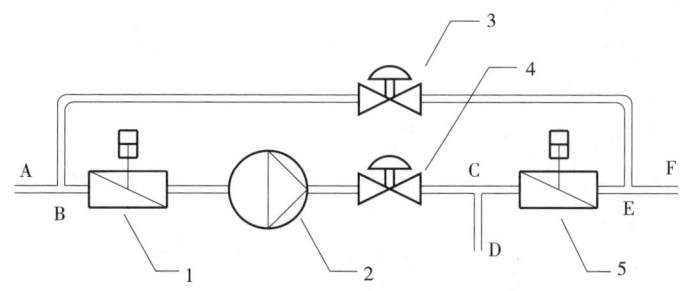

图 14-14 在线式料水混合机结构示意图

1—电子折光探测器；2—调频离心机；3、4—数控阀门；5—电子折光探测器。

与间歇式料水混合机相比，在线料水混合机具有占地面积小、易操作、节省人工、便于清洗、操作损失小、性能稳定等优点，自动补偿系统保障了料液混合精度，误差可达到 ±0.1°Brix，有效保证了产品质量的稳定性。

二、碳酸化关键设备

碳酸化设备的关键部分是气液混合机，通过改变压力、温度、与料液接触时间及面积等实现饮料的碳酸化，其性能优劣直接影响碳酸化的质量。根据碳酸化设备的结构，气液混合机可分为罐式气液混合机和喷射式气液混合机。

（一）罐式气液混合机

罐式气液混合机又可以分为薄膜式气液混合机、填料式气液混合机、喷雾式气液混合机，这些气液混合机的共同点是其气液混合过程均是在一个密封承压罐内进行的，通过各种措施增大二氧化碳和料液的接触面积及时间，从而实现饮料的碳酸化。

1. 薄膜式气液混合机

薄膜式气液混合机是相对老式的气液混合机，其结构如图 14-15 所示。经过处理后的二氧化碳气体以一定的压力由进气口进入密封罐中，其内压控制在 0.4~0.6MPa（根据料液温度调节压力）。料液经过冷却脱气处理后打入密封罐内，通过在罐内垂直安装的竖管上端口流出，在竖管的上半部分固定着 7~8 组一反一正扣在一起的圆盘，当料液流经圆盘曲面时，延长了料液在混合机内的停留时间，同时形成了一薄层水膜，增大了二氧化碳和料液的接触时间和接触面积，使在密封罐内充满的二氧化碳与料液混合，完成碳酸化过程。碳酸化后的料液由密封罐下部的出液口进入灌装机。密封罐内液面最高不超过圆盘组的最下面一个圆盘，以免影响混合效果。

薄膜式气液混合机由于本身结构的限制，料液与二氧化碳接触面积小、作用时间短，因而混合效果差、效率也低，不能满足大型现代生产线的需要。

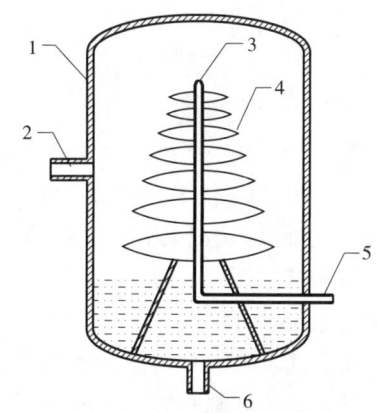

图 14-15 薄膜式气液混合机结构示意图

1—密封罐；2—进气口；3—料液喷头；4—碟片；5—进液口；6—出液口。

2. 填料式气液混合机

填料式气液混合机结构如图 14-16 所示,在密封罐内有 1 个填料塔,里面装满玻璃球或瓷球等填料,二氧化碳气体以一定的压力由进气口进入密封罐中,料液由顶部进液口进入,喷洒到填料塔上,在填料表面形成一层液膜,并逐渐向下流动,在这一过程中,料液与二氧化碳充分接触,完成碳酸化过程。最后,碳酸化后的料液由密封罐下部的出液口进入灌装机。

填料式气液混合机和薄膜式气液混合机实现气液混合的方式基本相同,均是采取增加料液在混合机内的停留时间,增大料液与二氧化碳接触的面积及接触时间,实现碳酸化。因此,这种混合机的缺陷与薄膜式气液混合机相同,由于结构限制,料液与二氧化碳接触面积小、作用时间短,导致混合效果差、效率低。

3. 喷雾式气液混合机

喷雾式气液混合机是针对以上两种气液混合机的缺点,在结构上进行改进设计而成的,主要有两种结构类型,其结构如图 14-17 所示。一般在罐顶装上一个喷头,把具有压力的料液雾化,与具有一定压力的二氧化碳进行接触,进行碳酸化。

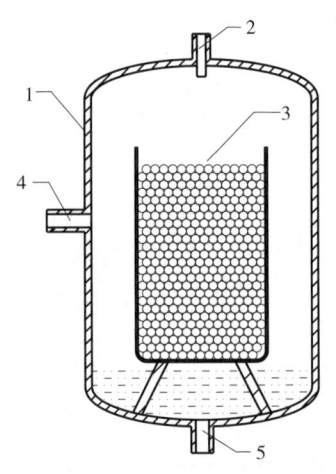

图 2-16 填料式气液混合机结构示意图
1—密封罐;2—进液口;
3—填料塔;4—进气口;5—出液口。

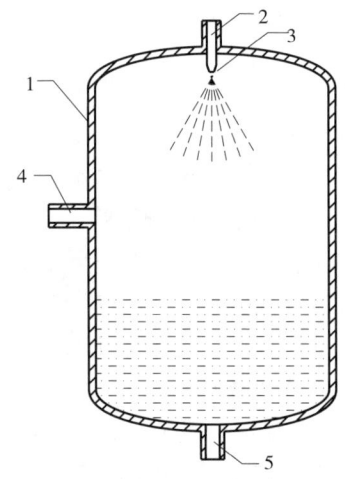

图 14-17 喷雾式气液混合机结构示意图
1—密封罐;2—进液口;3—喷头/离心式雾化器;
4—进气口;5—出液口。

喷雾式气液混合机有两种:一种是采用喷头,在密封罐顶部装有一个可旋转的喷头,料液经过喷头雾化成小液滴,增大料液表面积,与罐内一定压力的二氧化碳进行大面积接触,实现碳酸化。罐顶的喷头在清洗设备时还可用作喷淋装置;另一种是利用离心式雾化器作辅助,料液打入进液口,通过罐内顶部的离心式雾化器形成水雾,然后与二氧化碳混合,这样可以明显增加气液接触面积,提高二氧化碳在料液中的溶解度,缩短料液和二氧化碳的作用时间,提高碳酸化效率。

喷雾式气液混合机需要控制碳酸化料液的液面高度,在生产开机之前或中途停机再生产时,应先通入二氧化碳,将密封罐内的空气排除,生产过程中还需要经常打开罐上的排气阀,否则将影响二氧化碳在料液中的溶解度,还会给灌装工序带来麻烦,引起起泡、灌装量不足等问题。

整体来说,罐式气液混合机存在着明显的缺陷,不仅占地面积大、混合效果差、碳酸化效率低、能耗大，而且操作复杂、需要注意事项较多，还容易造成生产事故，所以这一类气液混合机已经不适用于目前大规模、高标准、高效率的生产要求。

（二）喷射式气液混合机

喷射式气液混合机又名文丘里管、文氏管，是现代碳酸饮料生产线上较多采用的气液混合机。

该设备结构如图14-18所示，是一根管径发生变化的管子，主要分收缩管、喉管、扩大管3段。当冷却料液经高压泵打入收缩管时，管道截面积逐渐缩小，截面积越小，料液流速越快。根据流体力学原理，随着流速增大液体压力会降低，流速越大、压力越低，所以在喉管处的料液内部压力最低。在喉管处有二氧化碳入口，一定压力下二氧化碳稳定流入气液混合机内，由于此处料液内部压力很低，二氧化碳便被不断吸入，与料液混合。

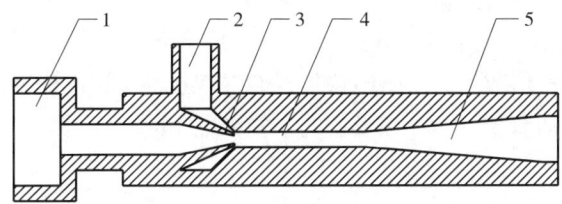

图 14-18 喷射式气液混合机结构示意图

1—料液入口；2—二氧化碳入口；3—收缩管（喷嘴）；4—喉管（混合管）；5—扩大管（导流尾管）。

当混合液离开喉管进入扩大管时，周围环境压力与料液的内部压力形成较大的压差，为了维持平衡，料液爆裂成细小的液滴。同时，由于液体与气体分子之间有很大相对速度，液滴变得更加细微，使得料液与二氧化碳接触面积更大，增强了两者的混合效果。

在实际生产中，为了保证生产的连续性及稳定性，还需要一些辅助设备与喷射式气液混合机配套使用，如图14-19所示。

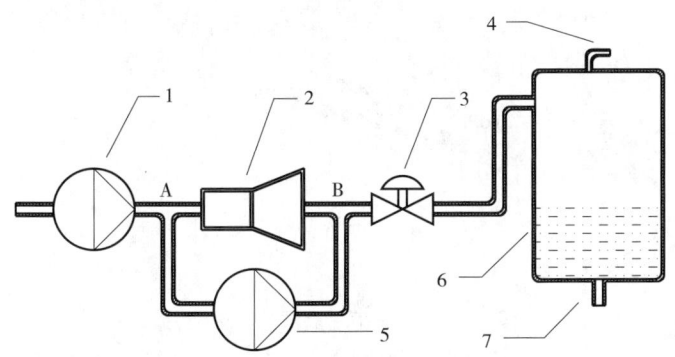

图 14-19 喷射式气液混合机辅助设备示意图

1—离心泵；2—喷射式气液混合机；3—数控阀门；4—进气口；5—离心泵；6—碳化罐；7—出液口。

料液由离心泵打入气液混合机，碳酸化完成后，经过数控阀门进入碳化罐。进入碳化罐的料液流量由数控阀门控制，在碳化罐上有一个进气口，二氧化碳经过进气口进入碳化罐中，使得碳化罐中的压力保持在一个大于料液中二氧化碳分压的压力，防止二氧化碳逸出，碳化罐中料液经过出液口进入灌装机进行灌装。

在灌装机停止工作或碳化罐内料液达到额定容量时，数控阀门关闭，此时离心泵开始工作，管道中的料液由 B 口经过离心泵，再由 A 口回到喷射式气液混合机，循环进行碳酸化，保证了在不同生产状态下料液得到相同的碳酸化效果。此外，料液还可以不经碳酸化，经过离心泵进入碳化罐内，在某些情况下，可以采用该措施对碳化罐中已碳酸化料液的二氧化碳含量进行调节。

喷射式气液混合机结构简单、能耗低、气液混合效果较好、操作简单，一般只要将温度、二氧化碳压力调节在设定范围内，同时使多级泵达到足够压力，便可获得较为理想的碳酸化效果。所以，现代化碳酸饮料生产线均采用该种气液混合机进行碳酸化。

三、无菌碳酸化技术与设备

（一）HHS 系列无菌气液混合机

HHS 系列无菌气液混合机主要用于碳酸无菌灌装生产线中，无菌料液与无菌 CO_2 气体在线动态混合，制成高含气倍数的无菌碳酸饮料，并保存在混合机的无菌储液罐中，以供给下游含气无菌灌装机完成无菌灌装过程。该设备的结构如图 14-20 所示。

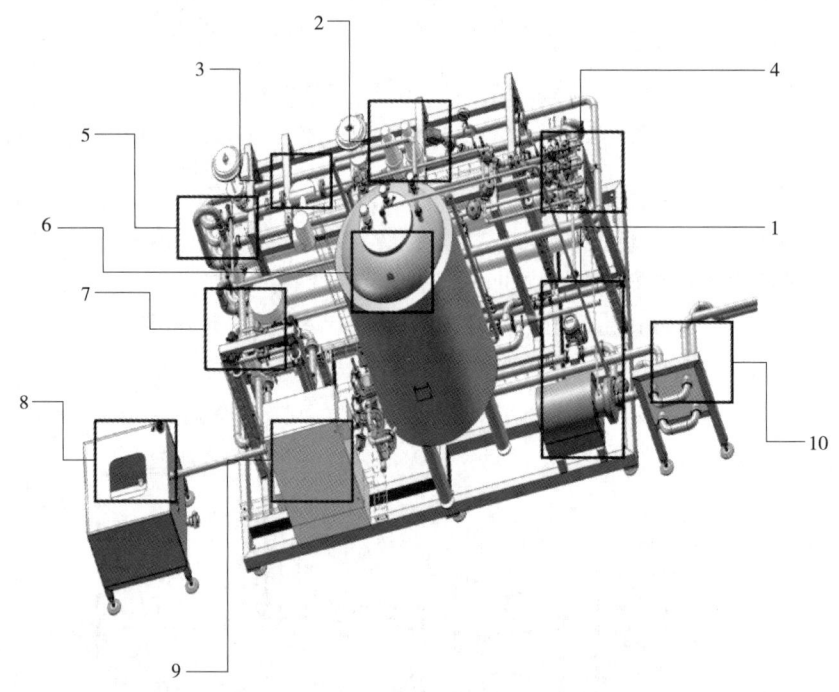

图 14-20　无菌气液混合机示意图

1—料液输送与计量系统；2—CO_2 除菌过滤系统；3—CO_2 流量计量系统；4—CO_2 压缩气和蒸汽入口；5—文丘里气液混合器；6—无菌物料储罐；7—物料冰水冷却系统；8—冰水回收系统；9—电控柜；10—料液转换板。

该设备主要具有以下特点。

（1）料液经无菌型 UHT 物料杀菌机灭菌后，打入无菌罐常温暂存。

（2）料液泵采用卫生型离心泵，泵机封采用蒸汽障达到无菌隔离，确保料液输送过程无污染。

（3）食品级 CO_2 采用无菌过滤器过滤，且生产前需进行过滤器蒸汽灭菌。

（4）物料冷却降温采用管式换热方式，且具备"压差检测"功能。

（5）CO_2 在线混合采用高精度卫生型质量流量计，计量精度高；混合精度用智能仪表检测。

（6）系统配置 CIP/SIP 功能模块，保证无菌安全性。

（7）可通过培养基验证。

（二）STDBF 系列无菌气液混合机

STDBF 系列无菌气液混合机主要用于料液杀菌并与经过除菌的二氧化碳气体混合，制成高含气倍数的无菌碳酸饮料，并将最终成品送至无菌罐中，以供给下游灌装机进行灌注作业，其工艺设备流程如图 14-21 所示。该设备的料液泵采用无菌离心泵，工作过程配置洁净蒸汽屏蔽保护，确保料液无菌；CO_2 采用两道除菌过滤，确保 CO_2 无菌；CO_2 的智能检测和添加采用高精度卫生型质量流量计，计量精度高，确保 CO_2 的混合精度。

与其他的气液混合机相比，STDBF 系列无菌气液混合机具有无菌、自排干、自动 CIP、自动 SIP、模块化智能控制、物料零浪费等优点。

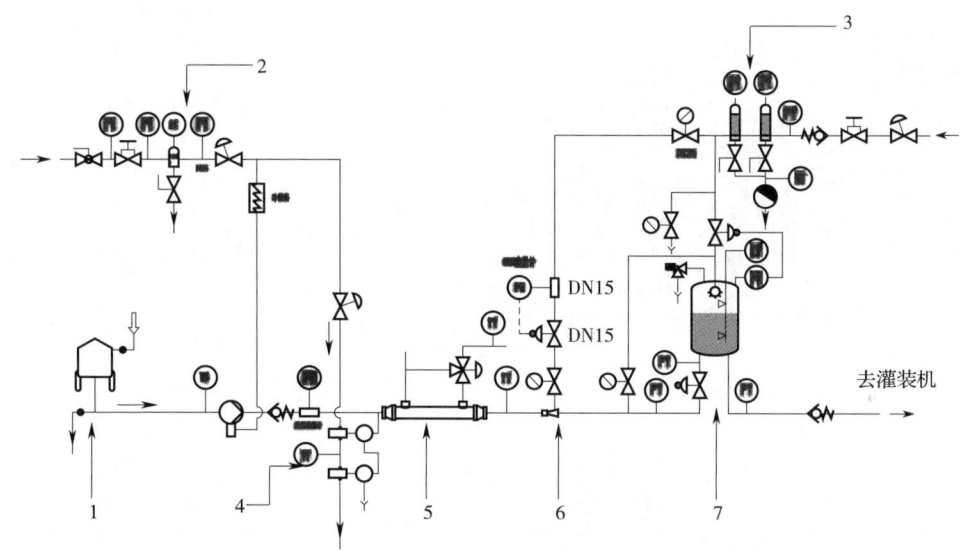

图 14-21　STDBF 系列无菌混合机工艺设备流程图

1—料液杀菌系统；2—蒸汽保护与 SIP 系统；3—CO_2 除菌系统；4—料液输送与计量系统；5—料液冷却系统；6—CO_2 计量与混合系统；7—料液无菌暂存罐。

［案例］　无菌碳酸饮料生产设备流程

无菌碳酸饮料生产设备流程如图 14-22 所示，主要包括水处理设备、糖浆加工设备、碳酸化设备和灌装包装设备。糖浆加工设备主要包括自动卸糖拆包系统、在线溶糖系统、过滤系统、在线降温系统、糖浆储存系统和自控系统。碳酸化处理设备主要指无菌碳酸化设备。碳酸饮料生产所用的具体设备应根据生产规模、技术水平、产品种类和生产工艺的不同而改变，无菌碳酸饮料生产线设备流程与配置仅供参考。

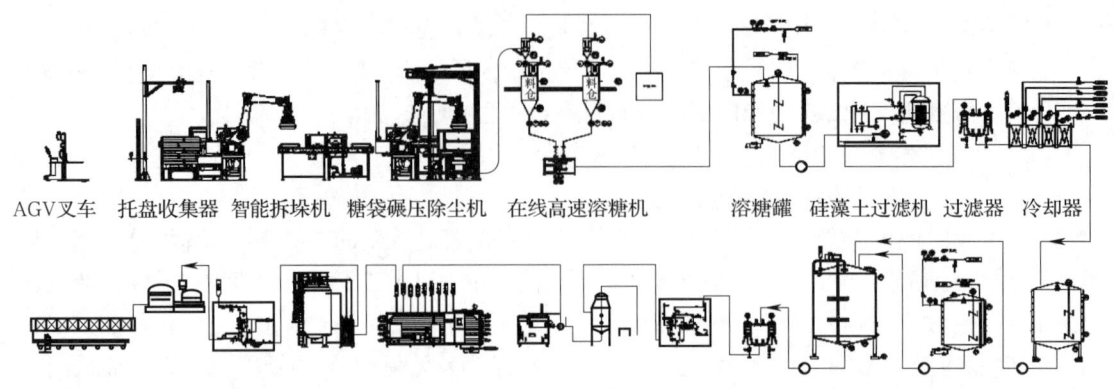

图 14-22　无菌碳酸饮料生产设备流程图

> **思考题**
>
> 1. 糖浆制备系统主要包括哪些设备？
> 2. 硅藻土过滤设备有哪几种类型？其特点是什么？
> 3. 碳酸化辅助设备主要包括哪些类型？
> 4. 简述不同气液混合机的特点。

第十五章 均质乳化技术与设备

学习目标

1. 了解不同均质机的结构及特点。
2. 掌握生产过程中不同均质机的工作原理。
3. 掌握饮料生产中均质机的选择依据和作用。

均质是指料液在设备中发生细化和均匀混合的加工过程。均质乳化设备是饮料产品均质细化和高压输送的专用设备和关键设备，均质作用主要表现在：可提高产品的均匀度和稳定性，延长保质期；使物料粒度更小，容易溶到液体中；使反应物之间能更好地接触，从而提高反应效率并节约添加剂的使用；改变饮料产品的稠度，提升其感官品质等。均质在乳品、果汁、植物蛋白饮料等的生产中广泛应用。均质的目的在于将液态混合物料中较大的脂肪球或颗粒破碎细化，防止或延缓产品分层，使其成为均匀、稳定的混合物。均质乳化设备如今已广泛应用于食品、制药、精细化工和生物技术等领域的生产、科研和技术开发。饮料工业常用的均质乳化设备包括定转子均质乳化设备（如胶体磨、高速剪切机等）、高压均质机以及超声波均质机等。

第一节 定转子均质乳化技术与设备

定转子均质乳化设备包括搅拌器、高剪切均质机和胶体磨等常用设备（图15-1），其乳化过程可概括为：流体或半流体物料在离心作用下，强制通过相对高速运动下的定转子间空隙，在剪切、摩擦、高频振动等作用下，进行有效的粉碎、乳化、均质、分散、混合等，形成稳定的乳液体系。

一、胶体磨

胶体磨是磨制胶体或近似胶体物料的设备，它可以在极短的时间内对悬浮液中的固形物进行超微粉碎，同时兼有混合、搅拌、分散和乳化作用。胶体磨广泛应用于果汁、果酱、植物蛋白、乳品、油脂及一些调味品和添加剂的生产中。

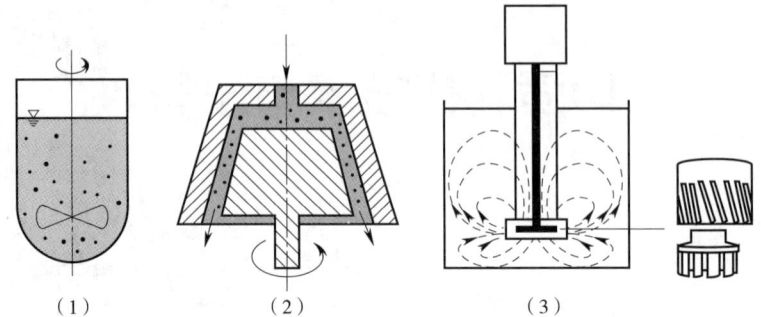

图15-1 搅拌器（1）、胶体磨（2）和高剪切均质机（3）

（一）工作原理

胶体磨的工作构件由一个固定的磨体（定子）和一个高速旋转的磨体（转子）组成，两磨体之间有一个可以调节的微小间隙。当物料通过这个间隙时，由于转子的高速旋转（其线速度一般为13~40m/s），使附着于转子面上的物料速度增大，而附着于定子面上的物料速度为零。这样产生了巨大的速度梯度，从而使物料受到强烈的剪切、摩擦和湍动，物料因而被磨碎、混合、分散和乳化。

（二）分类

胶体磨按转轴的位置可分为卧式和立式两种形式，其结构见图15-2和图15-3。卧式胶体磨的转子随水平轴旋转，定子与转子的间隙通常为50~150μm，依靠转子的水平位移来调节。物料在旋转中心处进入，在间隙处被细化后从四周卸出。转子的转速为3000~15000r/min。卧式胶体磨适用于黏度相对较低的物料。立式胶体磨的转轴位于垂直方向，转子的转速为3000~10000r/min，适用于黏度相对较高的物料。

如图15-3所示，立式胶体磨其主要构造由磨头部件、底座传动部件、专用电机3部分组成。其中磨头部件的动磨盘与静磨盘是立式胶体磨的主要部件，所以，根据被处理的物料性质不同，选型必须有所区别。其电机根据型号不同需要做特殊设计，在电机凸缘端加装挡水盘，以防渗漏。

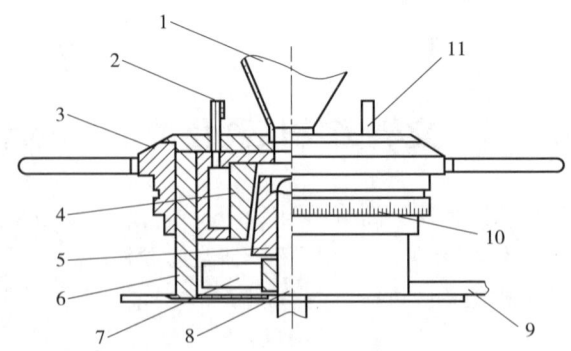

图15-2 卧式胶体磨结构示意图

1—料斗；2—冷却水管口；3—调节盘；4—定磨盘；5—动磨盘；6—磨壳体；7—叶轮；8—轴；9—出料管；10—刻度圈；11—冷却水管口。

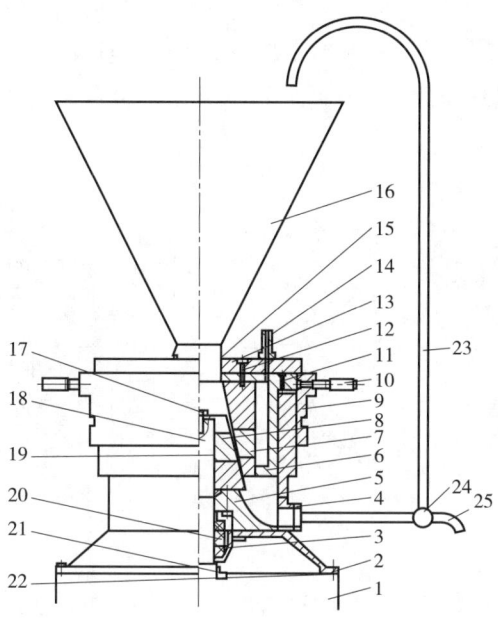

图 15-3 立式胶体磨结构示意图

1—电动机；2—机座；3—密封盖；4—排料槽；5—离心盘；6—固定磨套；7—定磨盘；8—动磨盘；
9—调节环；10—调节手柄；11—限定螺钉；12—联接螺钉；13—盖板；14—冷却水管；15—垫圈；
16—进料斗；17—中心螺钉；18—主轴；19—键；20—机械密封；21—甩油盘；22—密封垫；
23—循环管；24—三通阀；25—出料管。

(三) 胶体磨的特点

胶体磨是一种离心式设备，它的优点是结构简单，设备操作、保养维护方便，占地面积小，适用于较高黏度以及较大颗粒的物料，效率和产量高，效率是球磨机和辊磨机的 2 倍以上；两磨盘间隙可调节，最小可达到 $1\mu m$ 以下，达到控制成品粒径的目的；由于定磨盘和转磨盘之间间隙极小，因此加工精度较高。

胶体磨的主要缺点也是由其结构引起的。首先，由于作离心运动，其流量不恒定，对于不同黏度的物料其流量变化很大。例如，同样的设备，在处理黏稠的果浆和稀薄的乳品时，流量可相差 10 倍以上；其次，由于转定子和物料间高速摩擦，容易产生较多的热量，使被处理物料变性；最后，表面较易磨损，而磨损后，细化效果显著下降。

二、高剪切均质机

剪切式均质技术作为一种新型微米技术，已广泛应用于食品、医药、轻工业、微生物等诸多领域，并得到迅速发展，已成为这些领域保证有关流体、半流体产品品质稳定不可缺少的工艺。

剪切式均质机作为均质设备中的佼佼者，已被广泛研究。自从 1948 年，德国弗鲁克（FLUKO）公司首次发明了应用高剪切原理制成分散乳化设备以来，已经出现了多种系列产品。近 40 年来，国外，特别是欧洲一些国家的高剪切分散均质机行业迅速发展，并在很多领域发挥着巨大作用，如化妆品、制药、食品、涂料、黏合剂等。

高剪切均质机基本上采用定子–转子型结构（图 15-4），主要由电机、减速器、转子、定子、机壳等组成。其中，电机提供动力，减速器使转子转速降低，转子和定子之间的高速旋转实现物料的均质，机壳则保护整个设备。原理是利用高速旋转的转子和固定的定子之间的高剪切力和高压力，将物料在极短时间内进行剪切、撞击、摩擦等，使物料分散、均质、乳化、粉碎等，从而达到均质的目的。

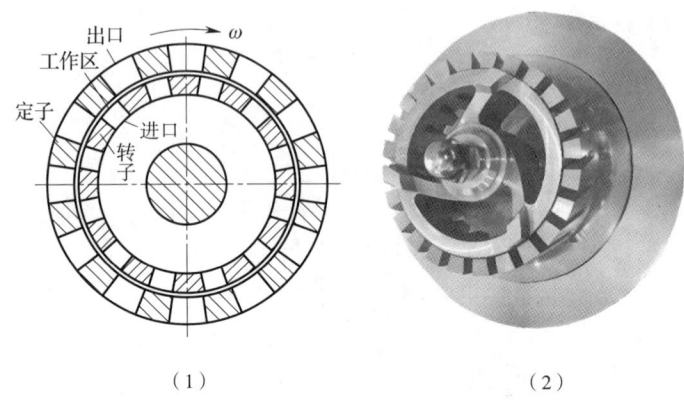

图 15-4　定子-转子型结构示意图（1）与实物图（2）

第二节　高压均质技术与设备

高压均质（High pressure homogenization）乳化技术在很多行业的工业化生产中广泛应用，需要处理的物料在通过高压阀的过程中，在所产生的强烈剪切、撞击、空穴、湍流和涡流等作用下，使液态物料或以液体为载体的固体颗粒得到超微细化。

一、传统高压均质技术与设备

（一）高压均质原理

高压均质工作原理可基本概括为：物料通过高压往复泵输送至工作阀（一级和二级均质阀），在柱塞所造成的高压条件下进入可调节压力的阀组件中，失压后的物料从大小可变的限流缝隙中以极高的流速（200~300m/s）喷出，撞在阀组件之一的碰撞环上，产生剪切、撞击、空穴 3 种效应，从而使液态物料或以液体为载体的固体颗粒得到超微细化，形成均匀稳定的乳化体系。

（1）剪切效应　在液体物料高速流动时，若突然遇到狭窄的缝隙，就会产生极大的速度梯度，从而产生很大的剪切力，使物料破碎。

（2）撞击效应　在均质机内，液体物料与均质阀产生高速撞击作用，从而将脂肪球等撞击成细小的微粒。

（3）空穴效应　液体在高速流经均质阀缝隙处时，产生巨大的压力降。当压力降低到液体的饱和蒸气压时，液体开始沸腾并迅速汽化，产生大量气泡。液体离开均质阀时，压力又会增加，使气泡突然破灭，瞬间产生大量空穴。空穴释放大量的能量，产生高频振动，使颗粒破碎。

均质机在工作时一般是通过这3种效应协同作用达到均质目的，不同类型的均质机工作原理各有侧重。

此外，均质温度对均质效果影响较大，物料均质时温度高，液体的饱和蒸气压也高，均质时容易形成空穴。所以，在均质前可将物料预热以提升均质效果。

（二）高压均质机的结构

高压均质机主要由传动系统、柱塞泵、均质阀等部分组成。

1. 传动系统

传动系统是由电机、皮带轮、变速箱、曲轴、连杆、柱塞等组成，如图15-5所示。通过曲轴连杆机构和变速箱将电机高速旋转运动变成低速往复直线运动，生产中采用皮带轮及齿轮两级变速，变速后，使柱塞往复运动的速度控制在130~170r/min。在这种速度下，机器运转稳定、噪声低，柱塞及其密封耐用性好。

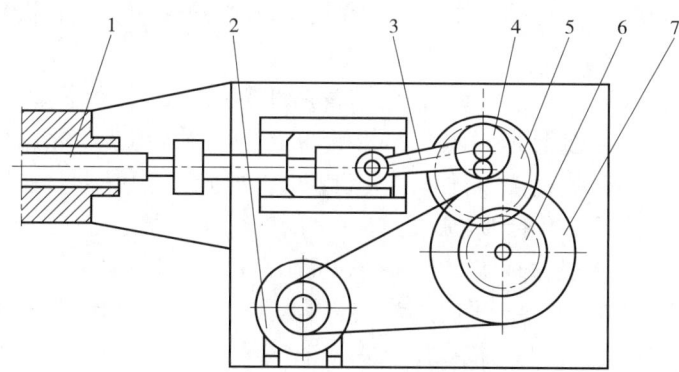

图15-5　高压均质机传动系统

1—柱塞；2—电动机；3—连杆；4—曲柄；5—大齿轮；6—小齿轮；7—带轮。

2. 柱塞泵

高压均质机柱塞泵基本结构如图15-6所示，由活塞带动柱塞，在泵体内作往复运动，在单向阀配合下，完成吸料、加压过程，然后物料经排出活门单向阀进入物料缓冲罐。

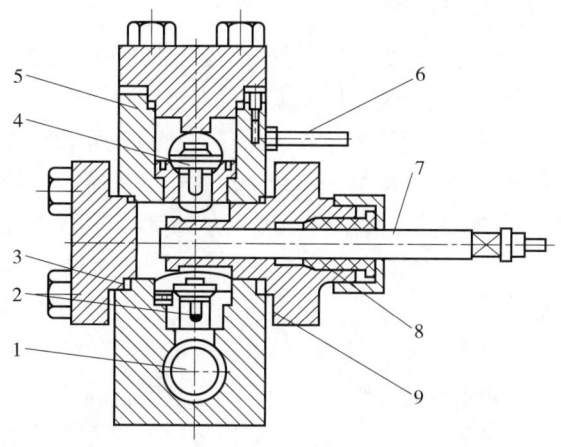

图15-6　高压均质机柱塞泵结构示意图

1—进料腔；2—吸入活门；3—活门座；4—排出活门；5—泵体；6—冷却水管；7—柱塞；8—填料；9—垫片。

3. 均质阀

均质阀接收集流管输送的高压料液，完成超细粉碎与乳化。它有两级均质阀及二级调压装置，完成超细粉碎与乳化的专用零部件，如图15-7所示，阀中接触物料的材质必须无毒、无污染、耐磨、耐冲击、耐酸、耐碱、耐腐蚀。

压力指示通常用指针式耐震压力表，为防止压力表使用中失控而损坏设备，常配有电流表同时监控。

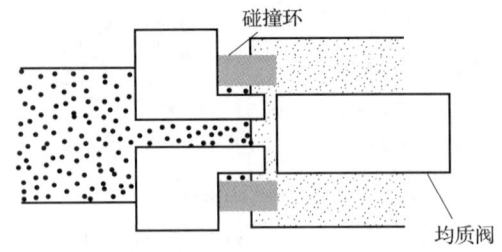

图 15-7 高压（阀）均质原理图

（三）高压均质机的特点

均质机的超微细化、乳化功能，无论是在理论上，还是在实际加工中对产品质量（粒径大小与粒径分布）的要求上，都是高速搅拌机、剪切机、胶体磨、超声乳化机和电乳化机等乳化设备无法比拟的。

相对于离心式分散乳化设备（如胶体磨、高剪切乳化机等），高压均质机具有以下特点：①细化作用更为强烈，这是因为工作阀的阀芯和阀座之间在初始位是紧密贴合的，只是在工作时被料液强制挤出了一条狭缝，而离心式乳化设备的转定子之间为满足高速旋转并且不产生过多热量，必然有较大的间隙（相对均质阀而言）；同时，由于均质机的传动机构是容积式往复泵，所以从理论上说，均质压力可以无限提高，而压力越高，细化效果就越好；②均质机的微细化作用主要是利用了物料间相互作用，物料产热量较小，因此能保持物料的性能基本不变；③均质机能定量输送物料，因为它依靠往复泵送料；④均质机耗能较大；⑤均质机易损，维护工作量较大，特别在压力很高的情况下；⑥均质机不适用于黏度很高的物料。

（四）高压均质机的选择

高压均质机是饮料生产线中的关键设备之一。因为它不仅影响产品产量、质量、成本效益，还决定着整条生产线能否正常运行。因此，理想高压均质机应具备流量充足、压力稳定、均质效果好、易损件耐用、噪声低、节能、操作维修方便等优点，应结合生产线的产能、产品种类和生产工艺要求，综合考虑选用最理想的高压均质机。实践中应关注以下几项主要技术参数。

（1）流量　流量指生产流量不少于铭牌标明的数据。即使压力达到最大数值时，流量也不可少于铭牌所示数据，才能确保生产线设计要求和正常运行，在进料充足的条件下，流量可以通过流量公式计算求得。但理论流量与实际流量是有差别的，所以流量系数的大小，取决于高压均质机本身的单向阀结构、材质、密封材料和密封方式以及加工精度等。

（2）压力　高压均质机铭牌上常标有最大工作压力或称最大测试压力，单位为 MPa。在生产实践中，高压均质机通常轻负荷工作，取额定工作压力的80%。如最大压力为25MPa，额定工作压力应该≤20MPa为宜。所以选型时注意所用工作压力必须留有余地，压力表指示摆幅≤0.5MPa。在额定工作压力下，只要达到工艺要求，保证质量的前提下，压力取低值，以降低能耗，同时对于延长易损件使用寿命和维修周期，是十分有益的。

（3）均质效果　对于柱塞泵高压均质机，保证均质效果的关键零部件是高压均质阀。同样压力下，均质阀的结构形式、流道、阀的材质决定了均质效果，其同时也是由制造商设计决定的，均质阀在高压条件下阀座、阀杆、碰撞环的工作端面极易磨蚀，加工制造比较困难，成本也较高。为此,选型时,高压阀座、阀芯、碰撞环等零件形状必须简单,以利于加工,同时其厂家要能对其加以修复,以便再次使用。一般情况下,对于饮料生产,应用2个参数可以确定均质效果:一是粒径大小,二是粒径分布,即根据均质后达到同一粒径的颗粒比例,可以评估均质效果的好坏。

二、动态高压微射流均质技术与设备

高压食品加工技术是目前食品加工的一项高新技术,被称为当今世界十大尖端科技之一。动态高压微射流技术(Dynamic high pressure microfluidization,DHPM)是一种新兴的高压加工技术,以高压理论、流体力学理论、撞击理论为基础,集输送、混合、超微粉碎、加压、膨化等多种单元操作于一体,能对流体混合物料进行强烈剪切、高速撞击、压力瞬时释放、高频振荡、膨爆和气穴等一系列的综合作用,从而发挥很好的超微化、微乳化和均一化效果。

动态超高压微射流均质机是在动态超高压微射流技术基础上发展起来的,以实现物料的乳化、均质为主要目的的一种设备。由于这种设备是从高压均质的工业应用中开发出来,被习惯性称为超高压均质机或者纳米均质机,但这种均质机的正式命名在国内和国际上均较为混乱。如淳(Soon)等将其命名为"超高速射流均质机"(Ultra high velocity jet homogenizer);也有厂商使用"超高压射流对撞机";美国的Microfluidics公司将其生产的该种设备注册为Microfluidizer;我国最早相关介绍文献记载的曾用名是"微射流均质机"。为避免混淆,本书一律采用"动态超高压微射流均质机"作为其名。

动态超高压微射流均质机主要是由液压泵和撞击腔(Interactive chamber)组成,如图15-8所示。它利用液压泵所产生的高压,使撞击腔内的流体被分散成两股或多股细流,并在极小空间内进行强烈的高速撞击。在撞击过程中瞬间转化其大部分能量,产生巨大的压力降,从而使得液体中的颗粒高度破碎,使被处理物料达到很好的超微化、微乳化和均一化效果。

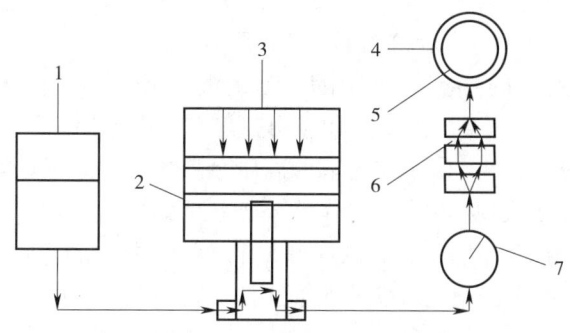

图15-8 动态超高压微射流均质机结构示意图

1—进样池;2—液压泵;3—增强器;4—出口;5—循环冷却装置;6—反应腔;7—压力表。

动态高压微射流均质机最关键的是反应腔设计(图15-9),需要充分利用多种力场的作用,其中影响效果的3个关键技术参数是:①流体射流速度,射流的高速流动是通过外加的超高压来实现的,相应提供足够的高压和确保系统的完好密封是其关键技术之一;②微孔流道孔径,对于微孔管直径,其数值越小就可能产生越大的剪切力,但加工越小的孔径一方面是工程学上的困难,并且在应用过程中会对液料中的颗粒直径大小提出更高要求,或者容易流道堵塞而影响其应用范围;③微孔流道几何学形状,微孔流道几何学形状的设计应能充分利用各种力场的流道形式。此外,制造孔径合适的、经久耐用的反应腔是其又一项关键技术,通常反应腔内部一般是由两片单晶金刚石压制而成,中心用激光打两个贯通的十字形交叉通孔,通孔的结构尺寸非常重要,孔径很小,尺寸一般仅有几十到几百微米,以适于强化粉碎和分散。含有粗颗粒的悬浮液流体在这种结构中对撞时,相对流速可达2000m/s,加载的压力可高达2000MPa,在如此高的压力下,金刚石晶体片产生一定的应变并迅速恢复,由此产生的强高压、高频超声波作用,使物料中颗粒的粉碎和分散等效果更加明显。

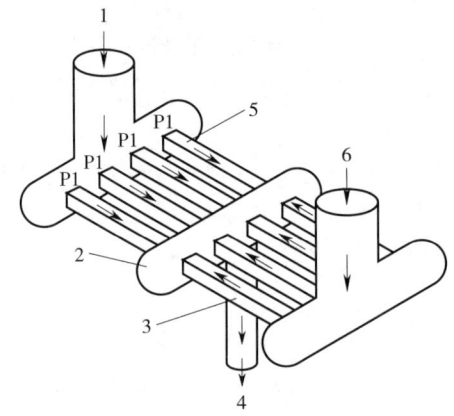

图 15-9　动态高压微射流反应腔体结构示意图

1、6—高压入口 P1；2—高能量撞击区；
3—高剪切区；4—低压出口 P2；5—高剪切区。

大量研究证明,动态高压微射流技术能产生许多与传统技术不同的效果。但是,长期以来微射流技术一直停留于实验室研究阶段以及仅用于个别精细生物医学产品的制备,例如 Microfluidics 公司的 M-700 系列微射流系统,最大装机功率仅为37kW,产能100～200L/h,而且粉碎流道直径<200μm,在处理含大颗粒的不溶性物质时,存在容易堵塞流道的问题,而真正的食品物料是包含多种大分子的复杂体系,因此传统的微射流设备与食品行业的产能要求相距甚远,无法在食品行业中实现大规模的推广和应用。其主要的技术障碍在于缺少以下4个方面:①高效率、大产能的粉碎流道;②稳定可靠的高压泵系统;③食品安全规范和"良好生产规范"(GMP)标准;④满足大规模生产的可靠性、稳定性及耐受性。

北京某公司通过整合国内外高压水切割和清洗行业相关技术的优质资源,将传统微射流的液压式高压泵结构,升级至更稳定可靠的曲轴连杆形式的纯机械传动高压泵结构,以实现产能的扩大。同时针对食品领域的特殊要求,对流道、结构、材料等进行了系列研发工作,现已设计并制造出产能500～5000L/h各种规格的高压射流磨及制浆系统,该设备设计压力达到140MPa,工作压力为120～125MPa,实现了超音速射流粉碎。最大射流线速度为450m/s,将含有固体颗粒的物料导入特别设计的流道,产生高速剪切、对撞以及空化效应,利用这些效应所产生的剧烈能量转化,实现在线连续高压射流粉碎与均质分散。该设备现已广泛应用于植物蛋白饮料、谷物饮料、全豆豆制品、果蔬汁等领域的全组分超微加工。生产型高压微射流磨及其流道结构、制浆系统如图15-10、图15-11所示。

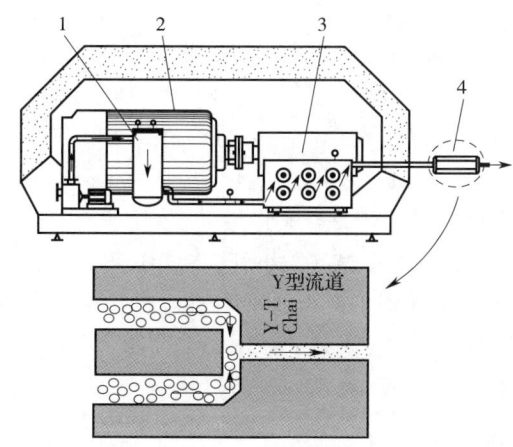

图 15-10 生产型高压微射流磨及其流道结构示意图

1—筛网；2—电机；3—三柱塞高压泵；4—粉碎流道。

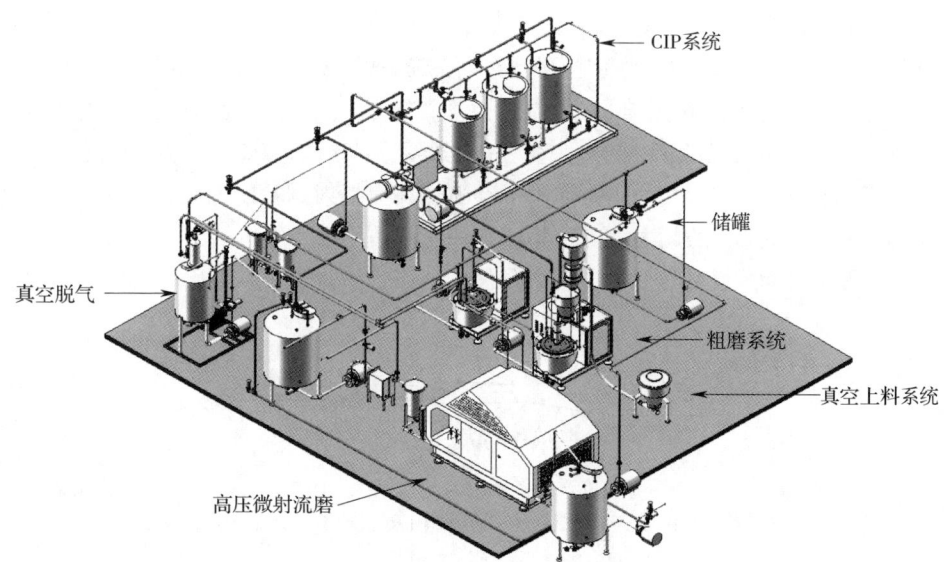

图 15-11 生产型高压微射流磨制浆系统

第三节 其他均质乳化技术与设备

一、超声波均质乳化技术与设备

（一）超声波均质乳化技术

超声波均质乳化是利用超声波遇到物料时会迅速交替压缩和膨胀的原理设计的，如果将超声波导入物料，当处于膨胀的半个周期时，物料受到拉力，其中的气泡便膨胀，而在压缩的半个周期内，气泡被压缩。当压力振幅变化很大时，就会产生空穴作用和强烈的机械搅拌作用，使较大的脂肪球或颗粒碎裂，从而达到均质乳化的目的。

超声波是频率高于20kHz、不引起听觉的弹性波。超声波均质是利用超声波在液体中的空化作用及物理作用来达到均质效果。物理作用指的是超声波可在液体中形成有效的搅动与流动，使颗粒间碰撞、微相流和冲击波导致颗粒表面形态变化，破坏物料的结构，粉碎液体中的颗粒。作用强度最大、效果最为显著的是空化作用。超声波的空化作用指的是在超声作用下，液体在强度较弱的区域产生空穴，即小气泡，小气泡随超声脉动，随空穴塌陷。超声空化还会产生强烈的机械作用，在固体界面附近产生快速射流或声冲流，在液体中，产生强大的冲击波。超声波的均质效果不仅与功率有关，还与超声频率和超声处理时间有关。一般来说，超声频率越低，产生的空化效应、粉碎、破壁等作用越强。在适当的超声频率下，在一定时间内可以用最小的功率达到理想的分散效果。

超声波乳化技术利用超声空化效应把两种或多种互不相溶的液体互相分散成乳液，主要是使物料通过预混器，泵输送至超声波乳化机破碎、混合、乳化，形成乳液（粒径可达1μm以下）。

（二）超声波均质设备

超声波均质设备主要部件是超声波发生器，有机械式、磁控式和压电晶体式，其中机械式的最为常用，其发生器原理见图15-12，结构见图15-13。机械式超声波均质机的主要工作部件是喷嘴和簧片。簧片处于喷嘴前方，它是一个边缘呈楔形的金属片，被2个或2个以上的节点夹住。当物料在0.4~1.4MPa压力作用下经喷嘴高速喷射到簧片上时，簧片便发生频率为18~30kHz的振动，所产生的超声波传给物料，使物料被均质，然后从出口排出。

微孔分散乳化包括膜乳化法和微通道乳化法。

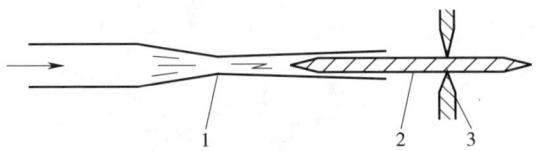

图15-12 机械式超声波均质机发生器原理示意图
1—缝隙；2—簧片；3—节点。

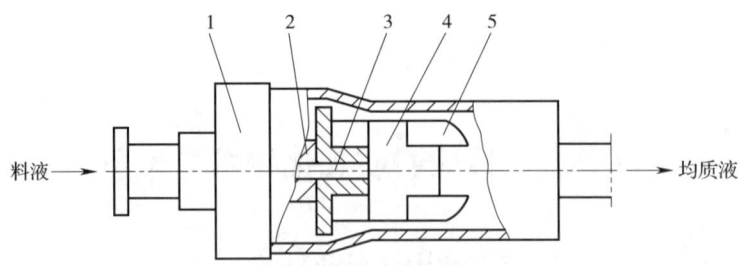

图15-13 机械式超声波均质机结构示意图
1—本体；2—调节器；3—喷嘴；4—簧片；5—节点。

二、微孔分散乳化技术与设备

膜乳化法（Membrane emulsification）属于微孔分散法，由日本的 Nakajima 于 20 世纪 90 年代初最先提出。膜乳化法的基本原理为：连续相在具有均一细孔的多孔膜表面流动，分散相在压力作用下通过膜孔在膜表面形成液滴，当液滴的直径达到某一值时就从膜表面分离进入连续相。连续相中常含有合适的乳化剂，并以一定的速度流动，使分散相液滴得到很好的分散［图 15-14（1）］。膜乳化法能够制备 W/O、O/W、W/O/W 和 O/W/O 等各种类型的乳液。

微通道乳化法（Microchannel emulsification）也是微孔分散法的一种，与膜乳化法具有相似的乳化原理：通过光刻或定向蚀刻法制备的错流型微通道硅板进行连续的乳化作用和乳液收集。分散相液体在氮气压力下进入硅板和玻璃板之间的空隙，穿过阵列式微通道，并形成光盘状液滴，从硅板上脱落后被流动的连续相收集，完成分散过程［图 15-14（2）］。与膜乳化法相比，微通道乳化法的孔径更容易控制，而且大小一致，制备的乳液分布更均匀。

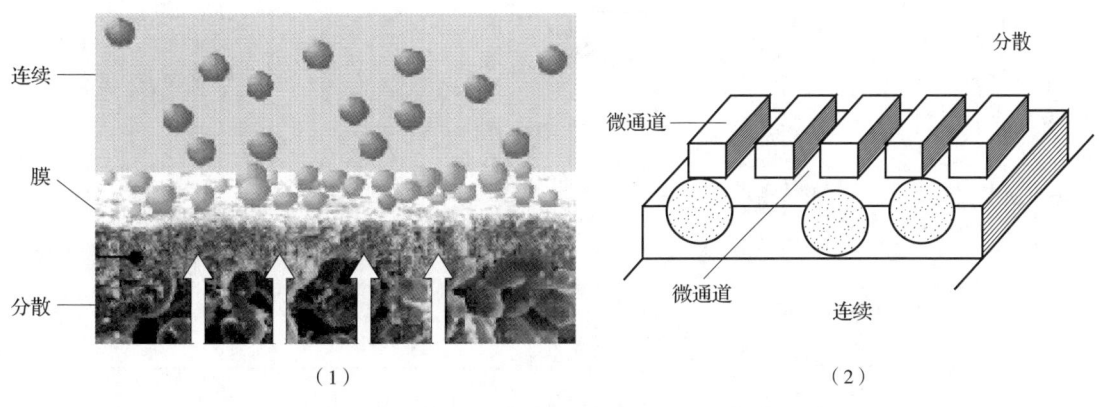

图 15-14　膜乳化法（1）和微通道乳化法（2）原理

膜乳化法和微通道乳化法与超声波乳化法、定转子乳化法等传统方法相比具有以下优点：①分散相液滴分布均匀，体系热力学相对稳定；②分散相液滴直径和乳化微孔孔径密切相关，因此可通过改变膜或微通道孔径控制分散相液滴的粒径；③膜乳化法和微通道乳化法过程温和，能耗低，不涉及高剪切力，乳化过程一般不引起产品温度升高，尤其适合对剪切敏感和热不稳定的物料。

但受目前技术限制，膜和微通道的孔径尺寸选择范围有限，制备的乳液粒径较大，以微米级为主。此外，在乳液制备过程中容易出现乳化剂或其他物质吸附到膜（或微通道）表面的现象，导致膜（或微通道）性质的改变，甚至堵塞膜孔（或微通道），而影响乳化过程的进行。该技术由于对设备要求高，成本大，每次乳液生产量有限，现在还主要停留在实验室研究阶段。

［案例］　全豆豆奶生产设备流程

高压微射流技术因其独特的粉碎、乳化等作用，在植物蛋白原料的全组分超细加工中有着广泛应用。以全豆豆奶生产设备流程为例（图15-15），与传统豆奶加工设备相比，高压微射流磨生产全豆豆奶省去了大豆浸泡及分离除渣设备，缩短了加工时间，提高了生产效率，减少了废水、废渣的产生，生产过程更清洁、环保，此外，还可以将大豆的营养成分充分利用，使产品具有更高的营养价值。

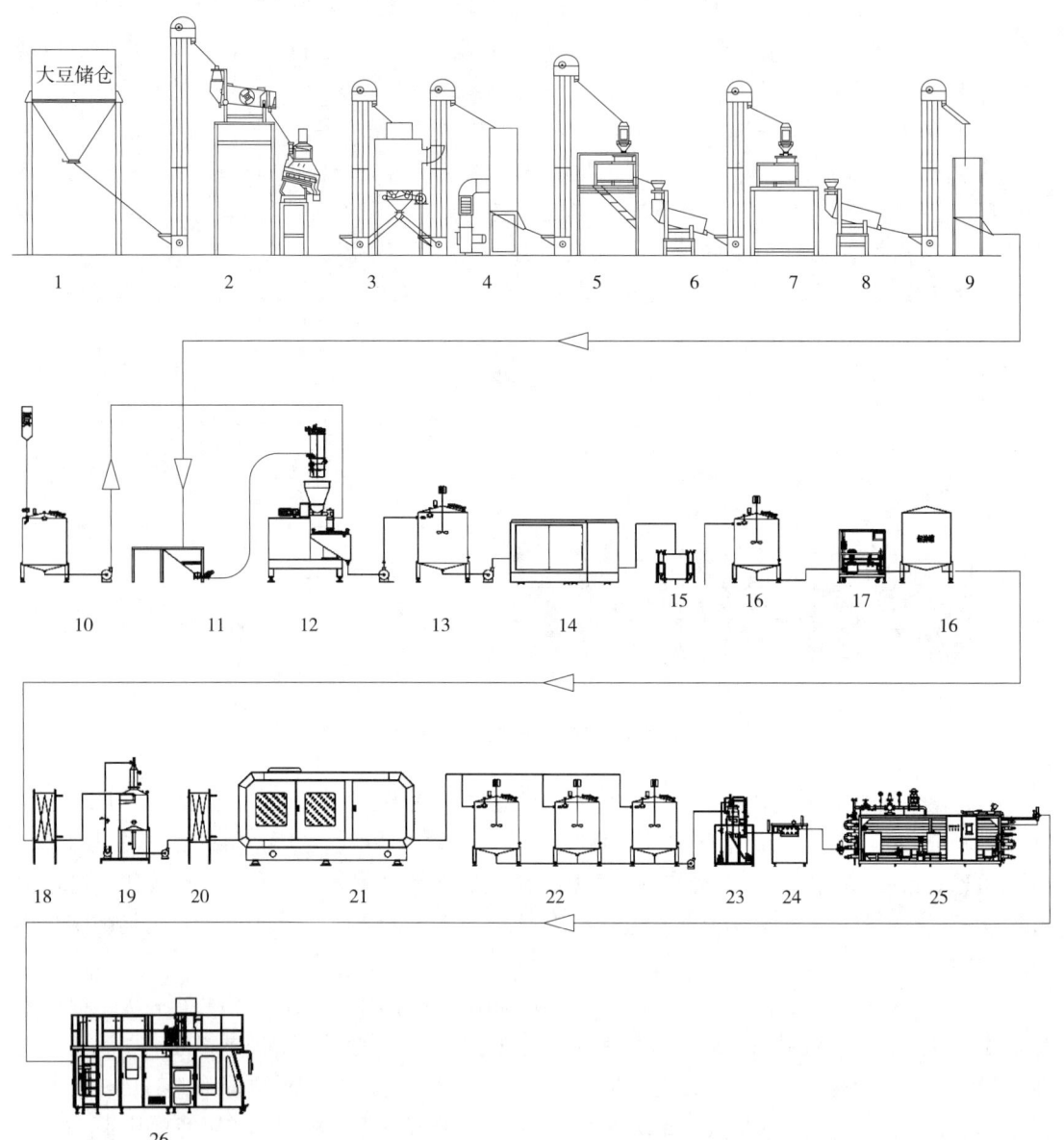

图15-15 全豆豆奶生产设备流程

1—大豆储仓；2—大豆清选机；3—干燥机；4—冷却机；5—脱皮机；6—豆皮分离筛；7—二次脱皮机；8—豆皮二次分离筛；9—脱皮豆瓣成品仓；10—储水罐；11—储豆仓；12—湿法粉碎机；13—暂存罐；14—低压射流磨；15—双联过滤器；16—暂存罐；17—煮浆灭酶机；18—板式换热器；19—真空脱气机；20—板式换热器；21—高压射流磨；22—调配罐；23—真空脱气机；24—均质机；25—UHT杀菌机；26—无菌纸盒灌装机。

> **思考题**
>
> 1. 举例说明胶体磨和均质机在饮料生产中的应用。
> 2. 举例说明高压微射流磨在植物蛋白饮料生产中的作用。
> 3. 简述高压微射流均质机与普通高压均质机的区别。
> 4. 设计一种利用射流技术生产植物蛋白饮料的设备流程图,并简述各设备发挥的作用。

CHAPTER 16

第十六章 制汁、澄清及分离技术与设备

学习目标

1. 了解果蔬制汁和澄清常用设备及主要分类。
2. 掌握果蔬主要制汁和澄清分离设备工作原理及优缺点。
3. 掌握典型果蔬汁加工关键设备及技术要点。

果蔬原料经清洗、拣选、初破碎或适当切分后进行制汁，制汁和澄清分离技术是果蔬制汁的重要工艺环节。果蔬制汁技术一般包括压榨制汁和浸提制汁。含水量丰富的果蔬原料，其汁液的释放和排出需要打破果蔬原料细胞的完整结构，主要是打破细胞膜的结构。因此，通常采用外力进行物理压榨、挤压，从而将果蔬汁液释放出来，并将汁液与固态不溶的皮渣和籽渣分离。含水量较少的果蔬等植物原料，通常采用液态的溶剂（饮料工业通常用水）进行提取，获取原料中主要的可溶性物质，且具有原料的特征滋味、气味和营养成分。

在压榨制汁或浸提制汁过程中，果蔬汁中均含有或多或少的悬浮物质，包括碎果肉、果皮碎屑和其他杂质。澄清分离主要是除去液态汁液中的悬浮物质和其他杂质，以获得相对均一的果蔬汁。澄清分离主要通过过滤来实现，一般分为澄清过滤和滤饼过滤两类。澄清过滤包括常见的膜过滤和助滤剂过滤，是依靠过滤层（一般为助滤剂形成的粒状过滤层）或膜的微孔来截留直径大于过滤间隙的悬浮粒子的一种过滤方法。滤饼过滤包括真空过滤、加压过滤和压榨过滤，是指借助过滤介质表面上形成的滤饼层来截留悬浮粒子，从而将其去除的一种过滤方法，能截留粒径 $>1\mu m$ 的悬浮粒子。此外，澄清分离方式还包括离心分离，其原理是利用离心力将悬浮液中的固体颗粒与汁液分离。在快速旋转离心过程中，由于悬浮颗粒的密度大于液体的密度，所以它承受的重力和离心力也大于液体，因此悬浮颗粒就沿着其所受各种外力的合力方向向外运动。在大多数情况下，重力比离心力小很多，所以悬浮物质往往横向地沉淀于滚筒内壁上，从而达到分离的目的。分离后的果蔬汁一般进入均质或杀菌工艺。

第一节　压榨制汁技术与设备

果蔬种类繁多，外观形态和结构各异，其制汁所要求的加工方式和需要的设备不尽相同，因此，根据生产需要，科研人员和设备制造商结合生产经验研发了多种果蔬榨汁设备，以适应不同果蔬原料的制汁要求。所有果蔬制汁设备的基本要求为：①制汁过程迅速，并避免果蔬汁与空气接触，以使果蔬汁的氧化程度降低到最小；②提高果蔬原料的出汁率；③提高原料中色素的得率；④提高原料中芳香物质的得率；⑤控制果蔬汁中各种酶的作用；⑥减少果蔬汁中不溶性固形物的含量；⑦尽可能实现连续化、机械化、自动化和智能化生产，实现自动进料和排渣；⑧生产效率高；⑨生产过程中设备故障少；⑩易排渣，果蔬渣中的含水量尽可能低。

目前，对榨汁机尚无统一的分类标准，常见的分类见表 16-1。

表 16-1　　　　　　　　　　　　　榨汁机分类

分类方法	机型
按挤压室结构	室式榨汁机、裹包式榨汁机、钵式榨汁机
按产生挤压力的装置	丝杠榨汁机、液压榨汁机、气力榨汁机、杠杆榨汁机、增压榨汁机
按传递挤压力的装置（挤压体）	活塞式榨汁机、滚轴式榨汁机、气鼓式榨汁机、偏心轴式榨汁机
按果蔬浆输送方式	带式榨汁机、螺旋式榨汁机

一、室式榨汁机

室式榨汁机是常用的一类榨汁机，其挤压室是一个圆柱体（偶尔也有长方体）的容器，外排汁口绝大部分位于挤压室外壳上，按照挤压室中心轴的位置，又可以分为水平室式和垂直室式两种。

（一）水平室式榨汁机

1. 液压式榨汁机

在果蔬汁生产中，这类榨汁机的典型代表是瑞士布赫（Bucher）公司生产的 Bucher HPX 系列榨汁机。Bucher HPX 系列榨汁机是一种通用型全自动液压式榨汁机，可用于苹果、梨、黑加仑、樱桃、葡萄、石榴等核果及浆果汁和蔬菜汁的榨取。该系列榨汁机的关键部件是沿其长度方向的许多贯通沟槽的排汁滤芯（也称为滤绳），其表面缠有滤网，滤芯由强度很高的柔性材料制成，一台榨汁机滤芯可多达 220 根。这种排汁滤芯（滤绳）是 Bucher 公司的专利。

排汁滤芯（滤绳）结构如图 16-1 所示。绳体或辊体上沿长度方向有许多贯通的沟槽，绳索表面缠满滤布，形成过滤网，套在活塞壁内侧，安装在活塞和钢桶底部。挤压时，物料随动压盘向前（同时绕轴运动）移动受到压缩，汁液经滤网过滤后进入（已经发生螺旋状弯曲的）滤芯沟槽，沿弯曲滤芯通过静压盘流出至汁槽。滤芯由弯曲再随动压盘（挤压面）复位而逐渐伸直，可使浆渣松动、破碎，有利于再次挤压。

液压式榨汁机的工作原理及步骤如图16-2所示。①装料：破碎后的果蔬浆泥由泵充填到压榨室，充填过程中压榨室的旋转有助于改善预排汁，通过一次性或多次性装料可以优化装料过程；②压榨：当充填量达到设定值后，动压盘作向前运动挤压物料，榨出汁液；③复位松渣：动压盘向后运动，使滤芯重新伸直，使压榨后的果渣松动；步骤②和③可根据需要进行重复，并且可在步骤③中加水，以提高再次压榨的出汁率；④排渣：完成最后一次压榨后，使压榨筒与静压盘脱开，动压盘继续向前移动，将渣推入下方的集渣斗。

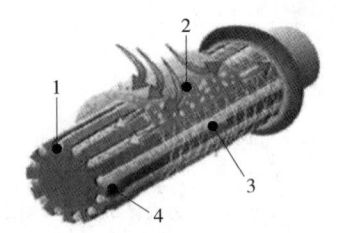

图 16-1 排汁滤芯（滤绳）结构示意图
1—液相；2—固相；3—沥液肋；4—滤网。

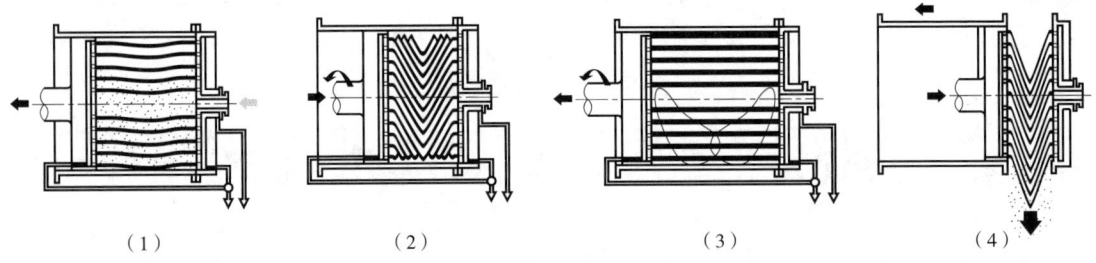

（1）装料　（2）压榨　（3）复位松渣　（4）排渣
图 16-2 液压式榨汁机的工作原理及步骤

图16-3所示为液压式榨汁机结构。该类榨汁机效率高，自动化程度高，适合大型现代化工厂应用。

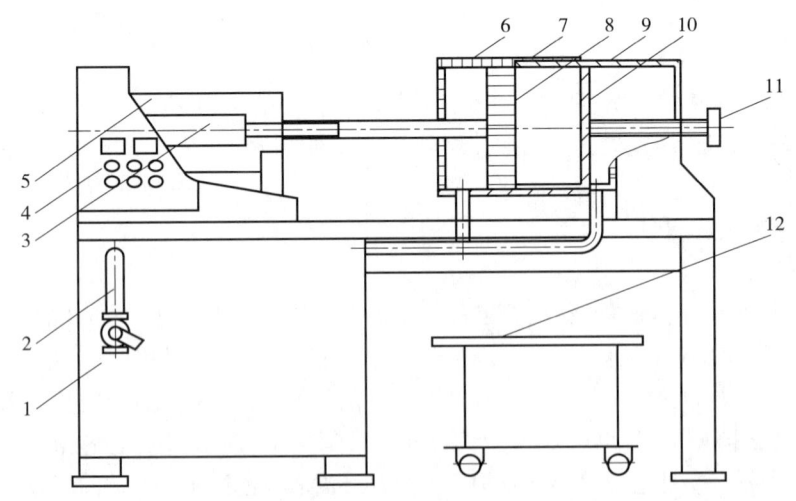

图 16-3 液压式榨汁机结构示意图
1—液压柜；2—果汁出口；3—卸渣油缸；4—电控柜；5—压榨油缸；6—卸渣缸；7—压榨头；8—滤芯（滤绳）；9—压榨缸；10—滤板；11—进料口；12—收渣箱。

其优点是：①充填时挤压室能旋转，因此可以改善预排汁过程，同时可以在压力作用下进行预排汁，提高挤压室充填量；②批量式作业，自动化程度高，可编制完备的压榨程序实现完全自动化生产，一个操作人员可以同时操作数台设备；③安装了尼龙绳或尼龙管，可以迅速排汁，从而缩短榨汁时间，提高出汁率，生产效率高；④可以在选择挤压的同时进行榨汁，可以通入蒸汽或水分，松散果蔬渣并自动排渣；⑤挤压室密封，如有特殊要求可在筒内充氮，在隔绝空气的情况下榨汁、排汁，减少空气与汁液的接触，降低氧化程度；⑥榨汁结束后可以不拆开设备进行自动清洗。

其缺点是：①控制要求较高，压榨工艺复杂，滤芯（滤绳）中的细小沟槽易堵塞，滤芯（滤绳）接头处也易成为微生物污染源；②清洗时耗水量大；③果蔬汁中果胶和淀粉的含量较高。

布赫榨汁机主要采用抗磨液压油，其优势为：①利用液压泵调整高、中、低压，推动主活塞前进，并且装料和排渣操作可以一次或多次完成，根据生产情况优化选择，操作灵活；②反复挤压果浆泥可获得最佳的出汁率，以压榨苹果汁为例，一次性压榨出汁率高达80%~85%，采用新鲜水果榨汁出汁率可高达87%；③作业环境清洁卫生，压榨过程是在密闭条件下进行，保持系统清洁卫生，降低微生物的污染。适用性比较广，可用于仁果类、核果类、浆果类水果、某些热带水果和大部分蔬菜类等多种果蔬原料的榨汁。

与带式连续榨汁机相比，布赫榨汁机的缺陷是：①设备购置费用高；②要求配套能力较大的破碎机。

GZ1000型榨汁机是国产水平室式液压式榨汁机的典型代表，是由中国农机院北京农机化所为小型果汁生产线配套设计的，其结构如图16-4所示，主要由给料部分、榨汁部分和液压系统组成。

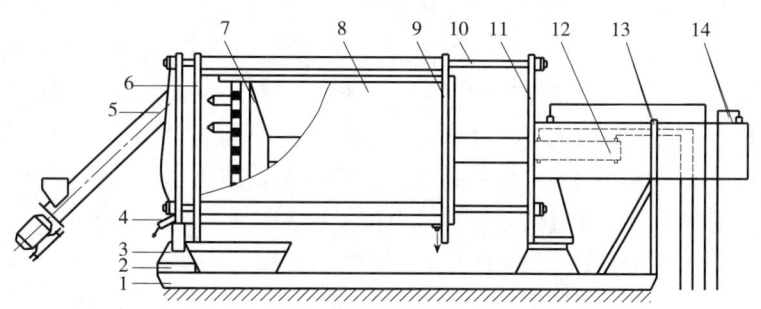

图16-4 GZ1000型榨汁机结构示意图

1—底座；2—出料槽；3—前支承轮；4—出汁口；5—螺旋输送器；6—前挡盖；
7—活塞；8—榨汁缸筒；9—后挡板；10—导柱；11—后支承；12—小油缸；
13—辅助支承；14—大油缸。

供料部分是一个倾斜的螺旋输送器，由电动机直接传动，在它的下部设有加料斗，果蔬浆泥由给料部分送入榨汁缸筒中进行榨汁。通过控制液压系统的操作阀，可使榨汁活塞在榨汁缸筒内作往复运动，榨汁缸筒也可沿导柱往复运动。榨汁部分的前端盖和活塞端面上设有滤汁板，为缩短出汁路径，提高出汁率，减少出汁时间，在活塞端面上有10个出汁栓，把缸体内物料分成10个小区。榨汁时，汁液从出汁栓小孔流过活塞端面滤汁板，再由榨汁缸筒后端的出汁口排出。一般物料经1次压榨后汁液不能榨取干净，须反复压榨几次。榨汁完成后，退出榨汁缸筒，排出果蔬渣。这种榨汁机挤压室能够绕中心轴旋转，有利于预排汁，提高充填量，但榨汁时渣饼厚，排汁路径长，因此榨汁时间较长。

GZ1000型榨汁机工作时，需要注意以下4点：①活塞的最大行程为710mm，最大压缩比为4.5∶1时对物料的压力为0.96MPa，物料量不足时压力将显著降低，严重影响出汁率，因此投入物料量不能低于200kg；②为防止活塞工作时撞坏前、后挡盖，应调整好挡柱螺母和橡胶垫位置，使其在活塞移动到前终点时，出汁柱前端距前挡盖内面不少于10mm，移动到后终点时，活塞后端距后挡盖内面最小距离不少于5mm；③排渣时，当榨汁缸筒退回后，不能扳动大油缸分配器使活塞向前移动，否则活塞将移动出榨汁缸筒，引起不良后果；④排完渣后，检查两端面滤汁板及出汁柱是否被堵塞，并及时处理；每班工作后，要彻底清洗干净，防止残留物腐烂变质；间断工作时，作业前后均要彻底清洗1次。

石榴因其高抗氧化活性以及抗炎、抗菌、抗病毒等多种保健功效一直备受消费者青睐，石榴汁的生产效率与榨汁机密不可分。比利（Beaulieu）等发现液压榨汁对石榴汁的色泽、有机酸和花青素含量的影响均很小，并且液压榨汁能与超滤、巴氏杀菌联用制备优质的NFC石榴汁。腰果梨是一种原产于南美洲、维生素C含量高的水果，其维生素C含量可达到橙子的5倍。帕多努（Padonou）等比较了螺旋式榨汁机、压榨式榨汁机、液压式榨汁机对腰果梨的榨汁效果。结果显示，相比于其他榨汁机，液压式榨汁机能更好地降低榨汁后腰果梨果渣的含水量，并生产出营养更丰富的即饮腰果梨汁，其具有更高含量的葡萄糖、果糖、维生素A、维生素C、钾和镁。

2. 水平室式气力榨汁机

水平室式气力榨汁机主要用于浆果类水果的榨汁。它以高压气体为动力，其挤压面是一个弹性橡胶板。相比于垂直室式榨汁机，水平室式气力榨汁机的压力上限更高，从而榨出更多果汁。塞毛奈克（Zemanek）等发现浆果品种会影响水平室式气力榨汁机的气动压榨性能。达赖厄斯·马丁（Darias-Martin）等指出，当施加更大的压力时，由于儿茶素和黄酮醇的存在，更多有色化合物被回收。内气鼓式榨汁机属于气力榨汁机的一种，其结构如图16-5所示，其挤压室中心有一个用橡胶膜制成的"橡胶鼓"。压缩空气进入橡胶鼓后，橡胶鼓相对于果浆泥弹性延伸变形。橡胶鼓与果浆泥的接触表面就是挤压面。挤压出的汁液从挤压室壁的孔中流出。榨汁结束后，转动挤压室，饼渣松动并被排出挤压室。图16-6所示是其工作原理，在挤压过程中，果浆泥受径向力的压榨，受压面大，料层薄，改善了榨汁效果。

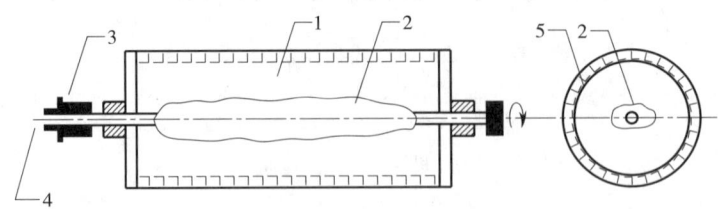

图16-5 内气鼓式榨汁机结构示意图

1—钻孔并藏有加强筋的挤压室；2—橡胶鼓；3—密封衬套；4—压缩空气入口；5—输入高压空气的橡胶鼓。

（二）垂直室式榨汁机

垂直室式榨汁机的种类很多，出汁率不高，但榨出的果蔬汁感官品质较好，现在主要用于企业、科研单位和高等院校的实验室榨汁试验。垂直室式榨汁机结构如图16-7所示，这

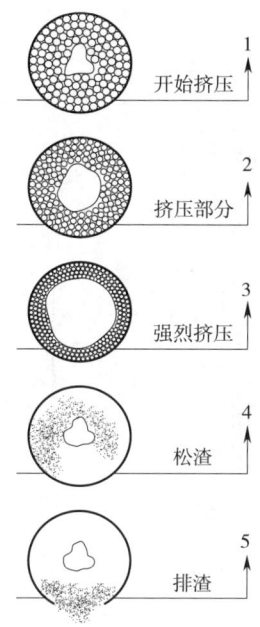

图 16-6 内气鼓式榨汁机工作原理

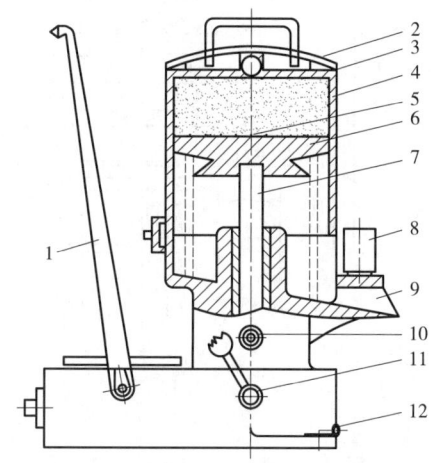

图 16-7 垂直室式榨汁机结构示意图

1—泵手柄；2—顶盖；3—盖；4—挤压室；5—筛；
6—底板；7—活塞；8—夹架；9—出汁口；
10—排气螺母；11—排放手柄和安全阀；12—放油螺母。

种实验室用的榨汁机容积小，试验的可重复性好，可以用来进行各种对比试验。不同型号垂直室式榨汁机的挤压室容积为 2~50L，挤压压力为 0.5~2.2MPa。小型设备是手动的，大型设备以电机为动力，一般是可移动式的，并且全自动操作，挤压速度可以无级调节。相比于水平室式榨汁机，垂直室式榨汁机能够明显减少果蔬渣在设备内的淤积。

二、裹包式榨汁机

裹包式榨汁机通用性强，是一种万能压榨机，目前主要用于果蔬汁的榨取。有层叠式、木桶式、超声式、单工位、多工位等多种形式。裹包式榨汁机结构如图 16-8 所示。

裹包式榨汁机原理是把少量的（12~55kg）果浆泥用尼龙挤压布（或其他强度高的织物）裹包起来，再将裹包好的果浆泥一层层堆叠放在支撑面上，每相邻两层果浆泥之间用一块铝板隔开。由于在裹包果浆泥时采用一个木制裹包框固定了每层果浆泥的位置及长度、宽度和高度，因此，各层果浆泥能够整齐码放，保证顺利榨汁。裹包式榨汁机采用液压做挤压力。每层果浆泥的厚度在 3~15cm，根据果浆泥的性质和榨汁机的效率而定。在裹包式榨汁机中，每一层果浆泥都是一个独立的挤压室，挤压布就是其挤压室壁。由于挤压层很薄，所以汁液流出通道（内排汁通道）很短，因而榨汁时间很短，出汁率高。

裹包式榨汁机的优点是结构简单，价格低，操作、清洗和保养方便，工作可靠，排汁面积较大，出汁率高；其缺点是间歇式、手工作业，需操作人员较多，劳动强度大，效率低，果浆泥和汁液大面积与空气接触，氧化较严重。为了克服裹包式榨汁机的缺点，目前研制出了全自动榨汁机，以电机驱动，以液压力榨汁，实现了铺层、榨汁和排渣的连续作业。

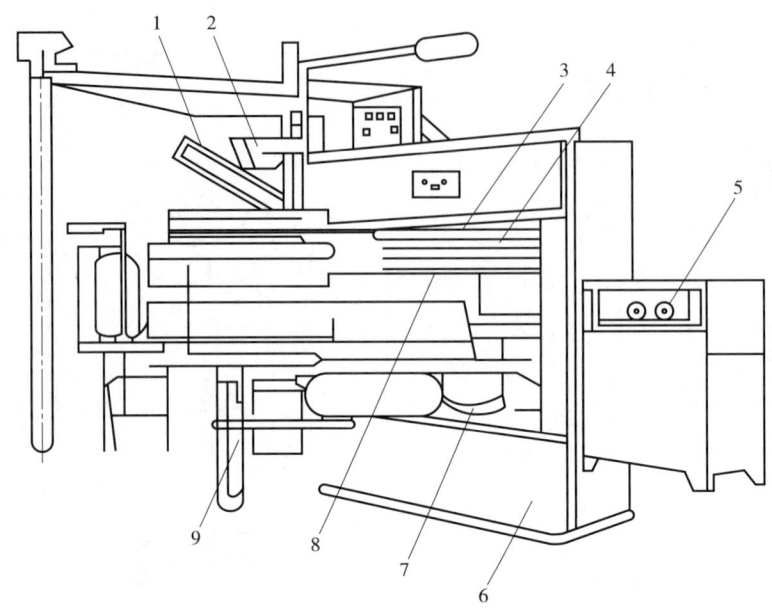

图 16-8 裹包式榨汁机结构示意图

1—框子；2—料斗；3—料层；4—隔膜；5—油泵；6—机身；7—大油缸；8—托盘；9—小油缸。

三、带式榨汁机

带式榨汁机是一种连续作业式榨汁机，其压榨过程中进料、压榨、卸渣等工序连续进行。带式榨汁机的优点是结构简单、工作连续、生产效率高、通用性好；缺点是榨汁作业开放进行，汁液易氧化褐变，整个受压过程物料相对网带静止，排汁不畅，网带为聚酯单丝编织带，张紧时空隙度较大，果蔬汁中不溶性固形物含量较高，网带空隙易堵，需随时用高压水清洗，果胶含量高及流动性强的物料易造成侧漏，生产效率下降，采用加水提取二次压榨工艺时得到的产品可溶性固形物含量下降，后期浓缩负荷加重。下面对国产和进口带式榨汁机的结构及工作原理分别进行介绍。

（一）国产带式榨汁机

楷益（KAAE）公司是国内生产带式榨汁机较早的企业，其生产的榨汁机特点是果浆泥表面所有的挤压力逐渐升高，可使汁液连续榨出、出汁率高、果渣中含汁率低、清洗方便。图 16-9 所示是 KAAE 带式榨汁机工作原理及结构。该机由喂料槽，上、下压滤带，一组加压辊轴，高压冲洗喷嘴，导向张紧辊轴，汁液收集槽，机架和传动部分以及控制部分组成，榨汁机的辅助设备有压滤带、压滤带清洗系统、果汁收集容器和输送系统等。所有加压辊轴均安装在机架上，一系列加压辊轴驱动网带运行的同时，从径向给网带施加压力使夹在两压滤带之间的果浆泥受挤压而将汁液榨出。

1. 压滤带

每台榨汁机上都装配两条具有网孔的聚酯压滤带，压滤带是最重要的汁液分离部件，同时又是果汁过滤和果浆泥（渣）输送的载体。在安装榨汁机压滤带时应特别注意：如果上、下两条压滤带的长度不相同，则不可相互替换；应按标明的运行方向正确安装，同时切记不可错误

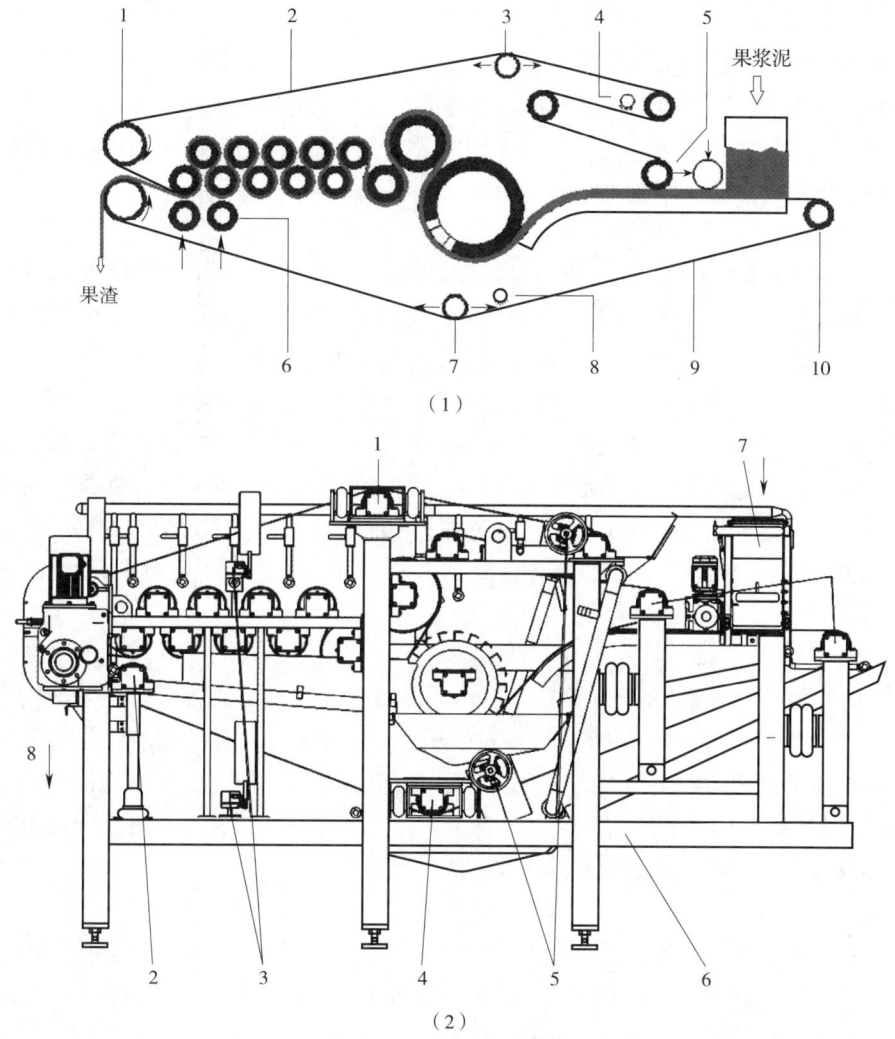

图 16-9　KAAE 带式榨汁机工作原理及结构
（1）工作原理示意图
1—驱动；2—上滤带；3、5—上带导向；4—清洗；6—加压；7—下带导向；8—清洗；9—下滤带；10—下带张紧。
（2）结构示意图
1—上纠偏；2—增压；3—纠偏阀；4—下纠偏；5—高压喷淋；6—机架；7—喂料；8—出渣。

地将压滤带的正、反面颠倒使用，不正确的安装会影响压滤带的使用寿命，导致压滤带清洗不干净，甚至造成严重的果汁损失。

2. 压滤带清洗系统

在果浆泥压榨过程中，压榨机上、下压滤带每进行一次压榨循环都会粘有果渣，若不及时清理压滤带上的残渣就会堵塞履带网孔而影响果汁流出，造成果汁流失。因此，压滤带在每一次压榨完成后都要进行清洗。压滤带清洗是由压滤带清洗系统完成的，压滤带清洗系统是由高压清洗泵、清洗水过滤筛、高压喷淋杆及清洗刷旋转手轮等部件组成。这些部件由管线、管件连接构成了压滤带清洗装置和清洗水循环系统。

压滤带清洗过程为：在榨汁机上、下压滤带的适当位置各自横向安装一组高压喷淋杆，喷淋杆带有特制的高压喷嘴，喷射出强力的雾状水柱穿透压滤带，将压滤带缝隙中的果渣带走，保持压滤带清洁。通过旋转清洗刷旋转手轮，改变冲洗水喷射旋转钢丝刷角度，清除高压清洗喷嘴堵塞物，以保证高压喷嘴能够保持足够高的清洗压力。清洗刷喷嘴喷出的水柱呈扇面状分布，清洗喷嘴沿喷淋杆长度方向排布，分布间距为 70~80mm；为保证压滤带获得良好的清洗效果，清洗水泵保持清洗水压在 1.8MPa 以上。

3. 压辊传动系统

压辊传动系统由电机、减速机、主动辊和若干从动辊等组成。所有转动辊均安装在榨汁机的机架上，在减速电机的带动下，主动辊以适当的速度转动，并带动环状压滤带向前运行。上、下两条压滤带运行带动其他从动辊运转。榨汁机正常运行最重要的是要保持榨汁机上、下压滤带同步移动，即两条压滤带的线速度必须保持高度一致。否则上、下压滤带出现差速运动，在上、下压滤带之间产生相对运动，压滤带之间巨大的摩擦力将导致压滤带损坏，甚至损坏设备。

为了保证榨汁机上、下压滤带能够同步运行，榨汁机在设计上采用了一对同步齿轮，减速电机空套在下出渣辊（主动辊分为上、下出渣辊）一端的轴上，在下出渣辊的另一端通过同步齿轮将动力传递到上出渣辊上，上、下出渣辊的直径相同，两个主动辊分别带动上、下两条压滤带同步运动。

4. 张紧装置

带式榨汁机的张紧装置是利用压缩空气为动力，由张紧气囊、张紧辊和张紧架构成。在榨汁作业时，张紧气囊充气并保持 0.5MPa 左右的压力，张紧架张开使张紧辊将压滤带张紧，对上、下两条压滤带之间的物料施加适当的压力，保证榨汁作业的连贯运行。在压滤带和榨汁机强度允许的条件下，压滤带的张紧度越大，果浆泥的出汁率就越高。在榨汁作业结束时排出气囊中的气体，张紧架收缩，压滤带恢复作业前的松弛状态。

5. 自动纠偏装置

压滤带在运行过程中会不可避免地出现偏离中轴线的情形，在一定幅度范围内是允许的。但是，如果偏离幅度超出其限定范围就会导致压滤带张力不均，甚至会导致故障。因此，应在榨汁机上、下压滤带适当位置的边缘处分别配置自动纠偏装置，防止压滤带跑偏。纠偏装置由限位挡板、纠偏气囊等组成。当压滤带出现偏离时，压滤带边缘就会触碰到纠偏挡板，纠偏挡板受力出现一定角度的倾斜，使挡板末端带有的与压缩空气相通的进气调节装置发生位移，带动调整纠偏气囊进气孔开启，使得压缩空气进气量的大小和气压发生变化。气压变化使纠偏辊向前或向后移动，以达到压滤带纠偏的目的。

6. 加压装置

加压装置实质上是在榨汁机机架后端安装两个上、下相对的加压榨辊；在榨汁机两侧机架上安装气囊。一般气囊加压压力约 0.4MPa。在气囊上面安装竖立的一根不锈钢顶柱，在气囊加压时，气囊张开推动下榨辊向上施加挤压力。由于上面的榨辊升降位置是固定的，如此使上下对应的压榨辊之间形成加压运行区，以获得更佳的出汁率。

工作时，经破碎待压榨的果浆泥从喂料槽连续均匀地送入下压滤带和上压滤带之间，被两压滤带夹着向前移动，在下弯的楔形区域，大量汁液被缓慢挤压流出，果浆泥形成可压榨的滤饼，当进入压榨区后，由于压滤带的张力和 L 形压辊轴的作用将汁液进一步挤压流出，汇集于汁液收集槽中。由于一系列压辊轴的直径是递减的，两压滤带间滤饼所受的挤压力和剪切力不断增加，提高了榨汁效果，以苹果为例榨汁率可达84%～92%。榨汁后的滤饼由塑料刮板刮下从出渣口排出。为保证压滤带清洁并保证榨出汁液顺利排出，设备安装了两组高压喷嘴对压滤带进行不断冲洗，且清洗水能够循环使用，从而减少了水的消耗量。

（二）进口带式榨汁机

德国贝尔玛（Bellmer）生产的带式榨汁机主要由数根不同直径的压榨辊轴、清洗系统、传动装置、两条输送带和自动控制系统组成。数根压榨辊轴将压榨区分为高压区和低压区。

Bellmer榨汁机结构如图16-10所示，整个榨汁过程分为6个阶段。

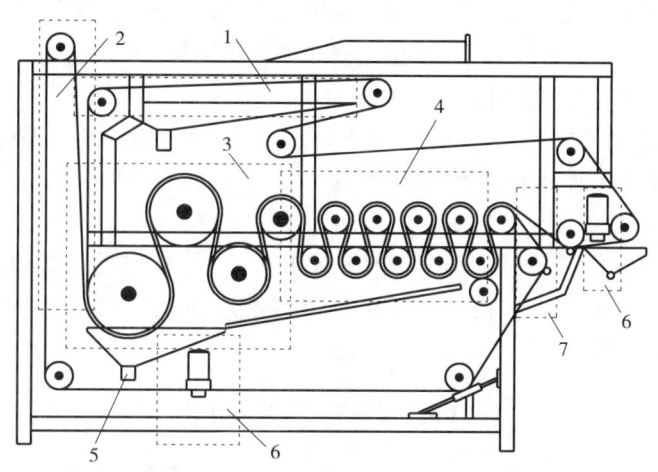

图 16-10　Bellmer榨汁机结构示意图
1—预提取段；2—预榨汁段；3—低压压榨区；4—高压压榨区；
5—出汁区；6—带清洗区；7—排渣区。

（1）预提取段（水平段）　带有可调果浆泥喷嘴的水平装置，进行果汁的自流取汁并实现果浆泥的均匀分布，包括可调挡边板、榨汁带支撑和传感器。在水平段，大部分果汁靠重力自行流出。

（2）预榨汁段（楔形区）　在垂直方向上、下榨汁带被引导接近，通过调整楔形区的夹角，平稳地增加压力，进行果浆泥的有效压榨。包括依据果浆泥层厚度调整边密封板。果浆泥经过预提汁后，进入垂直楔形区，随着压力自上而下缓慢提高，果汁从两边逐渐被压榨流出。

（3）压榨区　由特别设计的榨汁辊轴组成，榨汁辊轴的直径逐渐减小，可以不断提高挤压力。果浆泥在两个榨汁带之间通过榨汁辊轴得到充分压榨，从而提高出汁率和降低果渣中的含汁量，且果汁中果肉含量较少。压榨区可分为低压压榨区和高压压榨区。

（4）低压压榨区　是通过特大直径的带孔榨辊形成压榨力，果浆泥层夹在2个榨汁带中间通过榨汁辊，在低压压榨区果汁直接压榨流出，也可通过有开孔的榨汁辊流出，果浆泥在此形成了最佳的压榨结构。

（5）高压压榨区（可选）　可根据水果品种或工艺要求选用，是为了达到更高的出汁率，在压榨区增加的4个榨汁辊轴，使果浆得到更充分的压榨。

Bellmer榨汁机整个机架采用不锈钢制造，容易清洗、保养。输送带张力采用皮带调整控制器用液压系统控制，其张力调整容易控制。整个系统全自动控制，运转平稳可靠。两条压榨带均采用高压喷射阀清洗系统，清洗回转带上残留的果渣，以便压榨取汁段果汁能顺利通过，保证出汁率。该机相对投资小，生产效率高。

榨汁机压榨过程为：果浆泥在榨汁机的上滤带水平处输送并进入预提取段中，由于物料自身的重力作用在此段有部分果汁流出，获得了预提汁；预提汁后的果浆泥随上压滤带的运行被带入由上、下两条滤带所形成的垂直楔形区中，由于两条滤带所夹的楔形间隙由上而下逐渐变小，物料承受的压力逐渐增加，在挤压力的作用下果汁从压滤带两侧流出，获得部分初榨果汁；当两条压滤带夹持果浆泥进入低压压榨区，两条压滤带夹持的果浆泥层受到直径较大压榨辊挤压，并且压力逐渐增大，在此阶段有大量果汁榨出；两条压滤带夹持果浆泥进入S形高压压榨段，由高压榨汁辊挤压将剩余果汁榨出，如此，获得较高的出汁率。

巴哈列夫（Bakharev）等对带式榨汁机进行改进，在原有压榨工艺基础上耦合了研磨破碎工艺，明显提高了浆果类水果的出汁率。加热是提高浆果类水果榨汁效率的有效方法之一，改进后的榨汁机在未加热情况下仍能使浆果类水果出汁率增加6%~8%，果汁的分析结果表明，有相当一部分营养物质从浆果转移到了果汁中。王丽雯等发现带式榨汁机压榨工艺有利于苹果中典型的香气物质丁酸乙酯、乙酸丁酯、2-甲基丁酸乙酯、乙酸-2-甲基丁酯、乙酸己酯和正己醇、反-2-己烯醇含量增加。与封闭的榨汁工艺相比，敞开的带式榨汁工艺更有利于典型苹果香气物质的产生和保留。带式榨汁机能使苹果破碎后与氧气充分接触从而显著增加己醛和反-2-己烯醛的含量。

四、螺旋式榨汁机

螺旋式榨汁机是使用较广泛的连续式榨汁机，具有结构简单、外形小、故障少、生产效率高、操作方便等优点，但制得的果汁中不溶性固形物含量高、氧化严重、出汁率较低。因此，在对生产能力要求不高的情况下，可用来压榨葡萄、番茄和浆果类水果，而且只适用于加工未成熟的果实。由于氧化严重，该类设备不太适用于果蔬榨汁。

该类设备主要由螺旋推进器、分离筛板、离合器、压力调整机构、传动装置、汁液收集斗和机架组成。螺旋式榨汁机结构如图16-11所示。

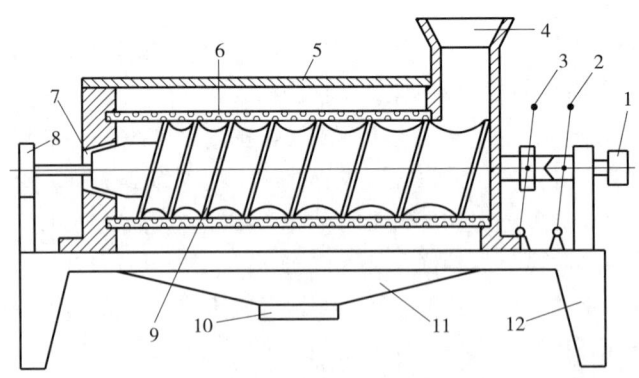

图16-11 螺旋式榨汁机结构示意图

1—传动装置；2—离合手柄；3—压力调整手柄；4—料斗；5—机盖；6—圆筒筛；
7—环形出渣口；8—轴承盒；9—螺旋推进器；10—出料口；11—汁液收集斗；12—机架。

（1）螺旋推进器　螺旋推进器是螺旋榨汁机的主要工作部件，采用不锈钢材料锻造后经过精加工制造。螺旋推进器外径尺寸不变，但沿着排渣出口方向螺杆内径逐渐加大。螺杆的螺距结构影响物料压榨过程中承受作用力的大小，也直接影响着榨汁进度和榨汁效果。螺旋推进器的螺距大小对一定直径的螺旋来讲，可以改变螺旋升角的大小，螺距小则物料受到的轴向分力增加，而轴向分力减小有利于物料的推进。

（2）分离筛板　为方便筛板经常性清洗，通常将分离筛制作成两个半圆形筛框，筛板安装在筛框上，再用螺栓将2个半圆形筛框固定在机架上形成圆形过滤筛筒。螺旋式榨汁机分离筛板一般由0.3~0.5mm厚的不锈钢板经蚀刻后卷成，其孔间距1.5mm，按正三角形排列。圆筛孔径一般为0.3~0.8mm，开孔率设计既要考虑满足过滤效果的要求，又要充分考虑筛筒体的支撑强度问题。螺旋挤压产生的压力可达1.2MPa以上，所以要求筛筒的强度应能够承受此种压力。

（3）压力调节装置　螺旋推进器具有一定的压缩比，虽然对物料能够产生一定的挤压力，但仍达不到压榨要求，通常是采用调压装置来调整物料压榨操作压力。螺旋杆的终端制成锥形，与调压头的内锥形面相对应，果渣从两者之间形成的环状间隙中排出，此间隙大小是通过调压装置的调节来改变的。一般通过调整环形出渣口间隙的大小来控制榨汁压力。调节阀与环形出渣口间隙大则出渣阻力小，精制压力自然减小；反之，其精制压力增大。

竹中（Takenaka）等研究了带式榨汁机和螺旋式榨汁机榨取柑橘汁的不同特性，其中，螺旋式榨汁机的果汁得率更高。螺旋榨汁后，多甲氧基黄酮向果汁的迁移速率也更高。维尔钦斯基（Wilczynski）等发现，相比于其他榨汁机，在螺旋式榨汁机上榨取的苹果汁具有更高的品质，具体表现为可溶性固形物含量、黏度、多酚含量、抗氧化活性更高，酸度更低。拉蒂夫（Latif）等采用流体动力学模拟研究了螺旋式榨汁机工艺参数对木薯叶制汁及其产品的影响，结果发现，使用较低的螺杆转速（18r/min）和喷嘴直径（4mm）能提高木薯叶汁提取率以及滤饼的干物质含量，并且螺旋榨汁对必需氨基酸和非必需氨基酸含量均无明显影响。

五、单果榨汁机

柑橘类水果的结构与其他水果不同，这类水果果皮的油胞层、海绵层、种子和脉络组织中含有一些使果汁呈苦味的物质。因此，在榨汁过程中应该避免这些物质进入柑橘果汁中。柑橘类水果一般不能破碎成果浆泥榨汁，而采取单果榨汁法。现在用于柑橘类水果的榨汁机有剖分式和整果式两类。

（一）剖分式柑橘榨汁机

剖分式榨汁机又分为旋转剖分式和切半剖分式两种。

1. 旋转剖分式柑橘榨汁机

旋转剖分式柑橘榨汁机工作原理如图16-12所示。柑橘水果经过清洗和拣选后，经自动分级进入榨汁机中。榨汁机的主要工作部件是一对周边有凹腔的旋转滚筒和一把水果切刀。旋转滚筒同速反向旋转，两个滚筒凹腔对应设置，正好在切果位置上构成一个容纳果实的空腔。柑橘果实首先被送入一个滚筒的凹腔中，随滚筒旋转，并在转动中被另一个滚筒对应位置的凹腔覆盖，水果被定位。再继续转动到切果位置，果实被切刀剖成两半。每半个果实被负压吸住，随滚筒继续旋转至榨汁位，旋转榨汁器上升，榨出果汁。榨汁器的榨汁工作面是锥形的或半球形的，表面刻有纵向沟槽，利于汁液流出。滚筒继续转动，负压消失。果皮和果渣被铲皮刀刮出。

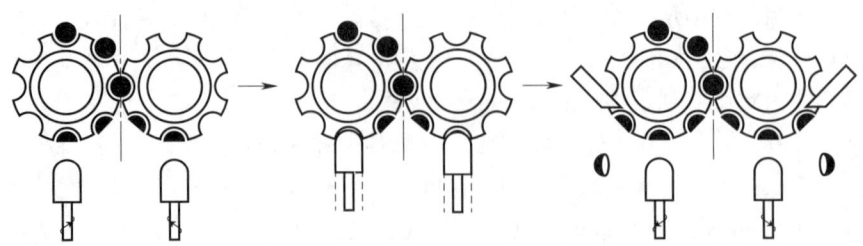

图 16-12 旋转剖分式柑橘榨汁机工作原理

2. 切半剖分式柑橘榨汁机

布朗（Brown）公司生产的切半剖分式柑橘榨汁机有多种机型，其中 720 型榨汁机广泛用于柑橘类水果的汁液制取加工。该机型采用锥汁器锥绞的方式实现取汁，与其称之为"柑橘榨汁机"不如称之为"柑橘锥汁机"更确切。

（1）结构　布朗 720 型榨汁机是由喂料装置（喂料轮、喂料口）、切半刀、橡胶杯链带、锥汁器、锥汁器调节装置、果汁排出与果浆泥回收辊、果皮弹出装置、果皮槽、果皮排出口等部分组成（图 16-13）。橡胶杯链带是由若干呈半果状橡胶杯链接而成，两条橡胶链带上的橡胶杯开口向内且相互对应；在两环形橡胶杯链带末端位置安装刻有纵纹的锥汁器；两条环形橡胶杯链带与锥汁器之间形成的夹角逐渐缩小；橡胶杯链带与锥汁器固定在同步携带器上使其同速运行；锥汁器调节装置用于锥汁器对半果柑橘施加压力的调节。榨汁机运行控制系统包括原料进料传感器、榨汁压力传感器以及微处理器等部分。

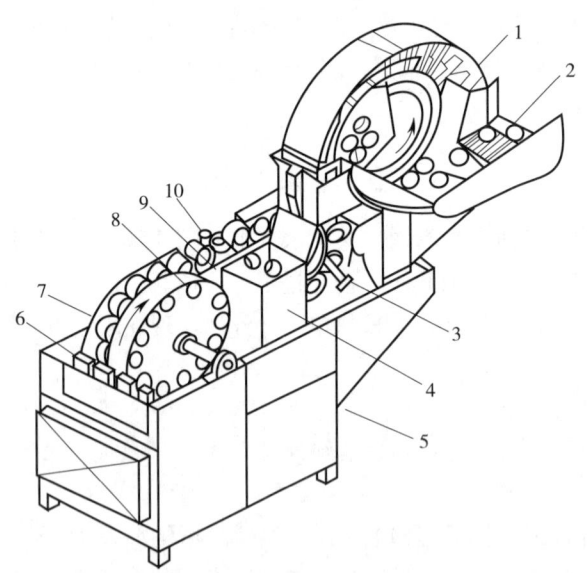

图 16-13　布朗 720 型榨汁机结构及工作原理示意图
1—喂料轮；2—喂料口；3—切半刀；4—果皮槽；5—果皮渣排出口；
6—锥汁器调节装置；7—果汁排出与果浆泥回收辊；8—锥汁器；9—果杯；10—果皮弹出装置。

（2）榨汁过程　柑橘果实通过喂料口、喂料轮进入榨汁机体中，然后由两侧橡胶杯对合将柑橘包围起来，旋转切刀将其分切成两半，半果被吸附在两侧链带上的橡胶杯中；随橡胶杯链带的移动半果进入榨汁区，在榨汁区中橡胶杯与锥汁器绞锥距离逐渐缩小并相互接触；锥汁器对半果施加的压力越来越大，在挤压和绞锥共同作用下完成半果的取汁，果汁被收集送往下道工序进行过滤处理；橡胶杯链带继续移动将果皮带走，最后果皮从橡胶杯中弹出进入果皮收集槽中，并通过输送带排出机体外。

（3）榨汁机特点 ①柑橘的压榨程度由锥汁器调节装置控制，可实现锥汁器锥汁强度的主动性控制以及增强对果皮厚度变化的适应性；②可连续自动回转锥汁，并且由于果汁不与白皮层和外果皮接触，阻止了果皮中许多不良物质进入果汁中，能以极高速率生产出高质量的柑橘汁；③回收的果汁囊胞平均粒径最大，保留了更多完整的囊胞，因此，果汁中悬浮物比例较高，这使得果汁口感给人一种果肉较多的感觉，被认为是质量较高的产品；④对于果型较圆、成熟度较一致的柑橘原料榨汁，选择铰刀型榨汁机更好，因此铰刀型榨汁机多用于 NFC 榨汁。

该型榨汁机榨汁生产能力为 700 个 /min，最高可达 750 个 /min。1 条生产线，一般安装 8~12 台布朗 720 型榨汁机，其中 2~3 台以适应各种尺寸原料果锥汁的需要。榨汁机的配置允许适当的尺寸交叉，以使生产线上所有榨汁机都得到有效利用。一般情况下，每条生产线能加工柑橘原料 40~60t/h。

（二）整果式柑橘榨汁机

整果式柑橘榨汁机是现在柑橘类水果榨汁应用最广泛的榨汁设备。美国食品机械化学（FMC）公司［现为约翰宾技术（JBT）公司］是较早生产此类设备的国际公司，巴西、美国等橙浓缩汁生产企业多选用其设备。FMC 整果式柑橘榨汁机外观及榨汁管如图 16-14 所示。

楷益（KAAE）公司是国内生产整果式柑橘榨汁机设备的厂商之一，目前国内柑橘汁生产企业已有选用，其结构、外观、榨汁管、榨杯、榨汁过程如图 16-15~图 16-18 所示。该公司提供的整果式柑橘榨汁机与 FMC 公司的柑橘榨汁机工作原理相似，其工作原理见图 16-19，其主要工作部件是一对挤压杯。上、下挤压杯都是多齿形的，固定在共用横杆上，上杯靠凸轮驱动，实现上下直线运动，下杯固定不动。上、下两杯衔接时，上、下齿相互啮合。开始两杯分开，分级后的整个柑橘果实被分配器拨进下杯中。下杯底部正中是一根取

图 16-14 FMC 整果式柑橘榨汁机外观及榨汁管实物图
(1) 设备外观；(2) 榨汁管，用于果汁榨取并去除籽及果肉等较大杂质。

汁管，取汁管顶部有一个环形切刀。环形切刀首先切去果实的一块圆形果皮，形成果汁通道。然后上杯向下挤压，压榨果实，汁液从排汁通道经取汁管流入封闭的集汁器中。榨汁过程中，上、下榨杯上的齿会把果皮上的油囊胞划破，上杯顶部喷水，将皮油冲下形成油水混合液，再经离心分离机提纯得到柑橘皮油。挤压结束后，果皮从上杯顶部排走。果渣通过预处理管通孔管排出。整个榨汁过程在瞬间连续完成，即果实进入榨汁机后，几乎同时被分离成了皮精油、果皮、果汁和果渣四部分。

该柑橘榨汁机的特点：①在榨汁过程中同时完成果汁、果皮、果渣和皮精油分离；②由于瞬间完成榨汁，各组分分离比较彻底，果汁中皮油、皮渣、橙皮苷、囊衣、种子碎屑等杂质含量较低；③从果汁中再分离出的果肉苦味小，品质好；④出汁率高于其他类型榨汁机；⑤排出的果渣等副产物易于干燥和再利用。

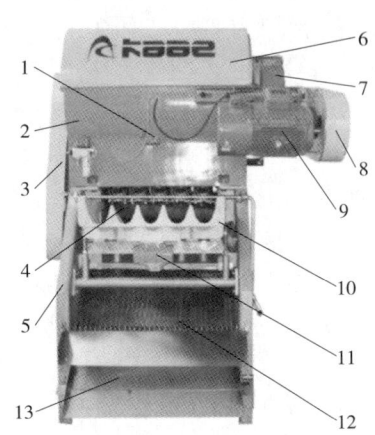 

图 16-15 KAAE 整果式柑橘榨汁机结构实物图

1—压力轴限位块；2—上箱体；3—链轮罩；4—上下榨杯；5—主机架；6—回油斜道；7—上罩盖；8—齿轮箱；9—带轮罩；10—主电机；11—喂料槽；12—振动电机；13—回果格栅。

图 16-16 KAAE 整果式柑橘榨汁机外观及榨汁管实物图

（1）设备外观；（2）榨汁管，用于果汁榨取并去除籽及果肉等较大杂质。

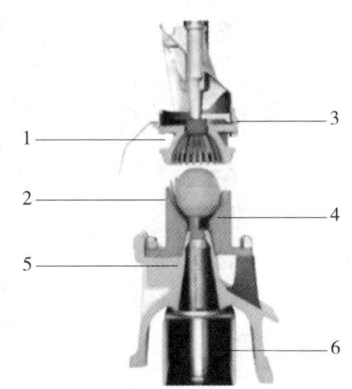 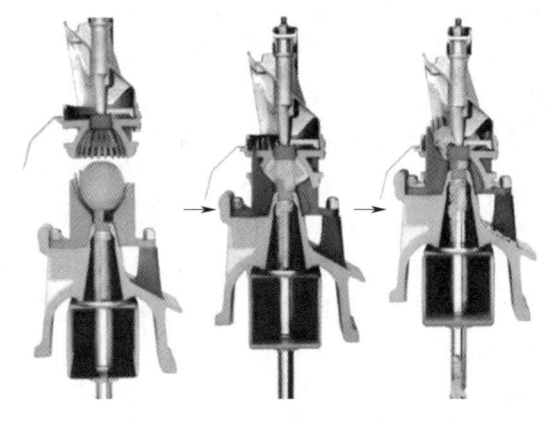

图 16-17 KAAE 整果式柑橘榨汁机榨杯分解实物图

1—上杯；2—下杯；3—上切刀；4—下切刀；5—过滤管；6—果汁流槽。

图 16-18 KAAE 整果式柑橘榨汁机榨汁过程分解实物图

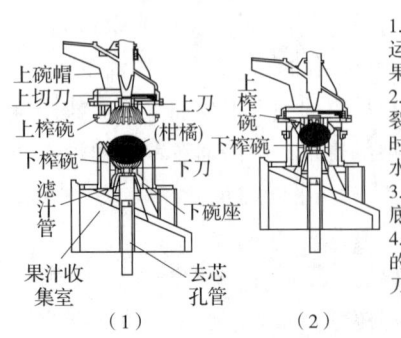 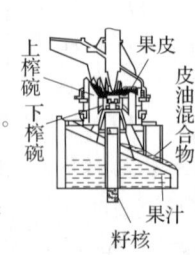

（1）进果 （2）开始榨汁 （3）榨汁过程中 （4）榨汁结束

图 16-19 KAAE 整果式柑橘榨汁机工作原理

第二节 提取制汁技术与设备

提取法制汁也是果蔬汁加工的常用方法，可用于山楂、酸枣等含水量低，以及水果干（如葡萄干、干红枣等）等难以用压榨法制汁的果蔬原料制汁，也可以用于干制原料（茶叶、黄精、葛根等）、人参等新食品原料的制汁。

一、提取技术

（一）提取原理

提取是指将切片或破碎的果蔬原料浸于一定比例的水中，提取体系可简化为由溶质、被提取固体和溶剂（萃取剂）组成的三元体系。在一定温度条件下，经过一定时间浸泡，由于果蔬原料中可溶性固形物含量与浸汁溶剂之间存在着浓度差，依据扩散原理，提取溶剂可以透过果蔬细胞壁进入果蔬细胞中，而果蔬细胞中的可溶性固形物可透过细胞渗出，使得果蔬细胞中的可溶性固形物转移到提取液中，然后再将果蔬原料与提取汁液分离，便可获得果蔬提取汁液。

（二）提取率

在这里引用的提取率概念，其含义是指单位质量果蔬原料中，被浸出可溶性固形物质量与单位质量果蔬原料中所含可溶性固形物的比值，用公式表示为：

$$提取率(\%) = \frac{单位质量果蔬原料中被浸出的可溶性固形物质量}{单位质量果蔬原料中可溶性固形物质量} \times 100\%$$

$$= \frac{浸汁浓度 \times 浸汁质量}{果蔬可溶性固形物含量 \times 果蔬质量} \times 100\%$$

（16-1）

（三）影响提取效率的主要因素

对果蔬原料提取效率的影响因素是多方面的，但其主要因素包括对原料预处理、提取用水量（液固比）、提取温度和提取时间。

（1）预处理　机械破碎和加热处理是最有效、最常用的两种预处理方法。果蔬原料在提取前用辊压机压裂或用破碎机适当破碎，果蔬压裂或破碎后其表面积增大，与水接触机会增加，而且扩散距离变小，有利于可溶性固形物的提取。还可将具有半透膜性质的、能阻碍组分扩散的细胞壁膜破坏。但要注意过度破碎不仅不利于提取，反而还会影响产品质量。同时碎屑还会堵塞提取设备滤渣孔，不利于汁液分离。

（2）提取用水量　在相同条件下用水量越多，浓度差越大、扩散动力越强、浸出的可溶性固形物越多，出汁率就会越高。但从产品浓缩能源消耗的角度考虑，果蔬汁中的可溶性固形物含量也不宜过低，所以在确定提取用水量时应综合考虑。以山楂提取为例，在提取时，山楂与水质量比一般以 1:（2.0~2.5）为宜。一次提取后浸出汁可溶性固形物含量一般为 4.5~6.0°Brix，相应的出汁率为 180%~230%。

（3）提取温度　确定提取温度时，应考虑能使果肉细胞的原生质发生变性，破坏原生质膜，打开细胞膜的膜孔，以便可溶性固形物能够更多地被提取出来。当提取汁用于加工浓缩汁，特别是浓缩清汁时，提取温度不宜太高。温度过高果胶质会水解变成可溶性胶体物质，果胶过多浸出会使提取汁的黏度增加，增加后序的过滤和澄清难度。而用于制造果肉型饮料的提取汁则恰恰相反地希望果胶含量高，因此提取温度要高一些。果蔬汁原料提取温度一般选择 60~80℃，最佳温度为 70~75℃。在此温度下提取具有以下效果：①使细胞内的原生质变性，蛋白质凝固，便于可溶性固形物的浸出；②抑制微生物的生长，避免可溶性固形物损失；③增加分子的动能从而提高扩散速率，有利于可溶性固形物浸出，并可避免果胶物质过多地浸出。

山楂等水果的简便提取方法为：将其放入 2 倍质量的沸水中，混合后的温度为 70℃左右。在提取过程中，提取温度不可能也没有必要始终保持一致，因此混合后就可直接放置，使其自然冷却直至提取过程结束。

（4）提取时间　提取时间越长，可溶性固形物的提取越充分。但提取时间过长不利于生产安排，而且时间过长可能引起微生物的繁殖，影响浸提汁的品质。因此，一般情况下一次提取时间在 1.5~2h，多次提取总计时间在 6~8h 比较适合。

二、提取方式

1. 一次提取

提取过程一般是在提取罐中进行的。通常，在提取罐中加入 90~95℃热水，加入相应数量已破碎果蔬原料稍加搅动。掌握物料与水的质量比为 1：（2.0~2.5），物料和提取水液位应控制在提取罐容积的 80%~85%，提取过程中可采用泵循环方式加速提取。提取时间为 1.5~2.0h。提取汁经过过滤和澄清处理可作为原料汁使用，滤渣排放。一次提取汁可溶性固形物一般为 4.5~6.0°Brix，提取汁中的果胶含量低，透明度高，色泽和风味俱佳，但一次提取的提取率较低。

2. 多次提取

若是一次提取后果蔬渣中还含有较多的糖、酸、果胶和维生素 C 等有价值的物质，为充分提高果蔬原料的利用率，还可对果蔬原料进行多次提取，然后将各次获得的提取汁进行混合，再经过澄清、过滤后作为原料汁使用。一般新鲜果蔬可以提取 3~4 次，干果原料可以提取 7~8 次。多次提取获得的中间产品是多次提取汁的混合汁，混合汁的可溶性固形物含量低，浓缩时相对耗能较大，而且原料和果渣受热时间长，导致提取汁的质量欠佳，提取汁的维生素 C 损失较多，芳香物质损失较严重。多次提取获得的各次提取汁可以根据用途的不同分别使用，以提高其经济性。

3. 逆流连续提取

逆流连续提取又称动态连续逆流提取，指在提取过程中，物料和水做连续逆向流动，以达到提取的目的。物料在流动过程中不断改变与水的接触情况，有效改善提取状态，显著提高提取效率。即果蔬的逆流连续提取过程中，新投入的果蔬原料与即将排出的浓果蔬汁接触，利用两相之间的浓度差进行提取，而已经过连续提取后的原料则与新加入的水接触，进一步提取其中残余的有效成分。

逆流连续提取根据其传动设置不同可分为罐组式逆流连续提取和螺旋推进式逆流连续提取。罐组式逆流连续提取主要采用泵实现提取液在不同提取罐中的输送，是在罐组中的最后一次提取罐中加入新鲜水提取，提取液依次进入其他提取罐中，提取液走向与物料走向相反，最后从新进入物料的提取罐中排出。采用罐组式逆流连续提取，不但可以每次都保持某种程度的浓度差，而且可以最大限度减少提取用水量，提高提取汁的可溶性固形物含量。按原料流向，果蔬中的可溶性固形物含量依次降低。按汁（水）流向，提取液中的可溶性固形物浓度依次增大。罐组式逆流连续提取既能充分提取果蔬原料中的有效成分，又能使提取汁中的可溶性固形物含量升高，制取原料汁生产浓缩汁节能效果显著。在生产浓缩果蔬汁时，采用3~5组罐组逆流式提取比较经济适用。罐组式逆流连续提取既可用于浓缩汁生产，也可用于果肉型饮料的提汁生产。螺旋推进式逆流连续提取则主要通过电机带动螺旋，将果蔬原料推向设备的另一端，水从原料出口端向原料进口端流动，使果蔬原料在提取过程中与水充分接触，同时在设备内部不断更新提取用水，水在流动过程中不断提取果蔬原料中的有效成分，有效成分浓度不断升高，从而实现有效提取。

三、提取制汁设备

提取制汁设备是主要使用溶剂（饮料工业中常用水）将固体物质中某些成分浸出的专用设备，适用于植物的根、茎、叶、花、果实、种子等中有效成分的提取。在提取过程中，常通过加压、常压、减压、高温、常温、低温等多种条件的变化达到制汁目的。廖（Liao）等比较了加热辅助提取和超声辅助提取对草莓果实中花青素的提取效果，结果显示，相比于加热辅助提取，超声辅助提取可以更有效缩短提取时间，同时与加热辅助提取方法相比，超声辅助提取表现出更高的提取率，在12min提取实验中，超声辅助的提取率约为加热辅助提取的1.72倍。

（一）多功能提取罐

现代化的多功能间歇式提取罐有：正锥形提取罐、直筒形提取罐、蘑菇形提取罐、倒锥形提取罐等（图16-20）。卡隆帕西奥斯（Kalompatsios）等采用间歇式提取罐以水为溶剂从橙皮中提取多酚，结果显示最佳提取时间和温度分别为60min和55℃，在此条件下，将溶剂替换为10g/L酒石酸或25g/L柠檬酸的水溶液可以明显提高总酚提取率。帕帕斯（Pappas）等比较了加压提取、常压提取和常压耦合超声波提取3种方法对藏红花多酚提取效果的研究，结果表明，常压提取和常压耦合超声波提取效果优于加压提取。多酚组分分析结果还表明，通过常压提取和常压耦合超声波提取得到的提取物多酚组分比加压提取更丰富。

渗漉法是在原料粗粉中不断添加提取溶剂，使其渗过固体粉料，从下端出口流出提取液的一种浸提方法。渗漉时，溶剂深入原料的细胞中溶解大量可溶性物质，浓度增加，密度增大后向下移动，上层溶剂或稀的提取液可造成良好的浓度差，使扩散作用较好地自然进行，因此提取效果较好。渗漉罐结构如图16-21所示。渗漉法设备简单，一般渗漉罐底部带有过滤装置，所以渗漉液经常不必再次过滤。一般情况下，渗漉提取在常温下进行，过程温和，有利于避免有效成分受热降解。渗漉法的主要不足在于工艺持续时间长，溶剂消耗量大，进而导致后续浓缩负荷大。

（二）连续逆流提取设备

连续逆流提取设备适用于传统方法提取时间较短（90min以内）物质的提取。它在保持传统高温蒸煮、热回流、常温渗滤等传统提取功能的基础上，实现了连续化全封闭、动态逆流提取作业，具有提高生产效率、减轻劳动强度、减少溶剂用量、降低生产成本、保证生产过程安全性的高效、节能特点，广泛应用于中药材制剂生产领域，现在也用于果蔬和茶叶提取制汁及原料综合利用等领域，特别适用于高温水蒸煮提取工艺。李德灵等比较了热水回流提取法和连续逆流提取法提取香菇多糖的效果，结果显示，连续逆流提取的香菇多糖得率是热水回流提取的2.63倍，相比于热水回流法，连续逆流提取法提取的香菇多糖对羟自由基、超氧自由基、1,1-二苯基-2-三硝基苯肼（DPPH）自由基的清除能力更强，接近维生素C的抗氧化能力。管道式连续逆流提取设备结构如图16-22所示。

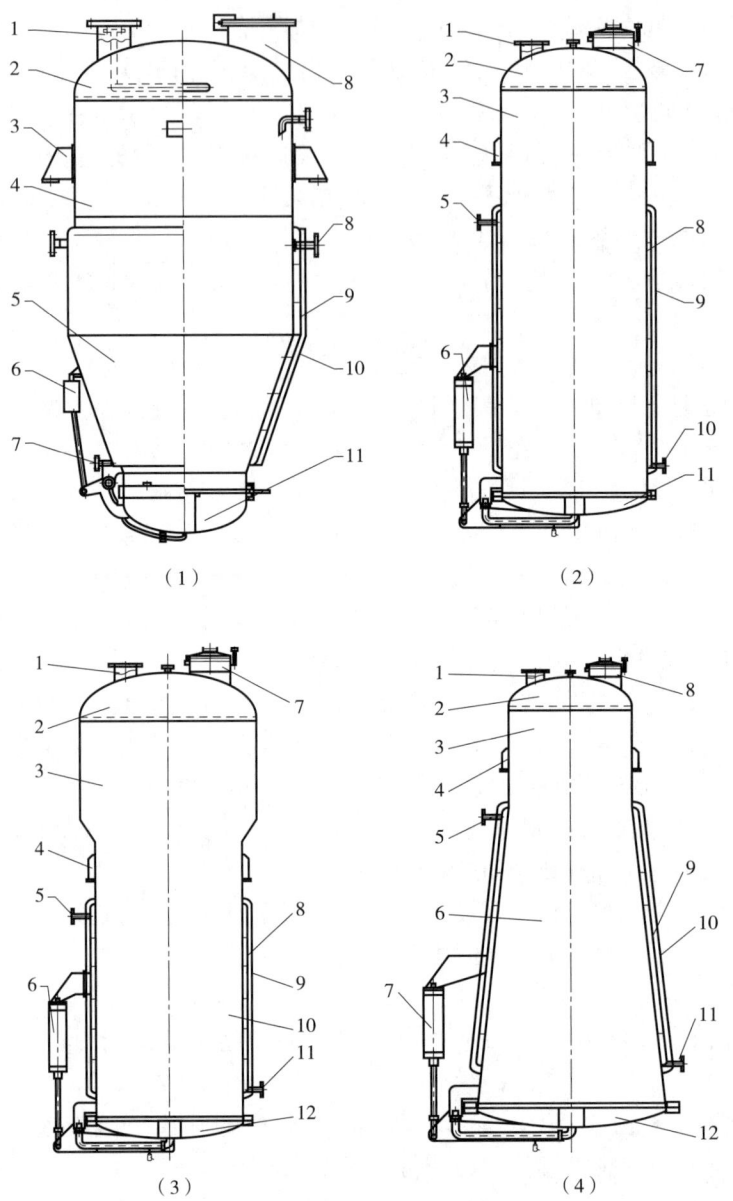

图 16-20 提取罐结构示意图
（1）正锥形提取罐
1—蒸发口；2—上封头；3—支耳；4—上筒体；5—下锥体；6—旋转气缸；7—冷凝水出口；
8—投料口；9—蒸汽进口；10—加热套；11—保温层；12—排渣门。
（2）直筒形提取罐
1—蒸发口；2—上封头；3—上筒体；4—支耳；5—蒸汽进口；6—旋转气缸；7—投料口；
8—加热套；9—保温层；10—冷凝水出口；11—排渣门。
（3）蘑菇形提取罐
1—蒸发口；2—上封头；3—上筒体；4—支耳；5—蒸汽进口；6—旋转气缸；7—投料口；
8—加热套；9—保温层；10—下筒体；11—冷凝水出口；12—排渣门。
（4）倒锥形提取罐
1—蒸发口；2—上封头；3—上筒体；4—支耳；5—蒸汽进口；6—下锥体；7—旋转气缸；
8—投料口；9—加热套；10—保温层；11—冷凝水出口；12—排渣门。

连续逆流提取设备的主体为管道式提取设备，是由进料器、提取管段、排渣管、排液装置、冷凝器等组成。

连续逆流提取设备根据提取溶剂的种类和温度的差异分为单级连续逆流提取设备和多级连续逆流提取设备。单级逆流提取设备为常规形式，提取在同一个提取管段内完成，使用一种单一或混合溶剂，保持一个提取温度。多级逆流提取设备可以使用不同溶剂或者采用不同的温度进行提取，即提取在一至多级提取管内完成。多级提取设备的连接有以下几种方式。

（1）不同溶剂的提取　①第一级提取后的果渣直接进入果渣处理系统，将果渣中残存的有机溶剂回收干净后，果渣进入第二级提取，依次类推；②各级提取液进入独立的过滤、分离或浓缩系统，互不相混。

（2）不同温度的提取　①第一级提取后的果渣直接进入第二级提取，依次类推；②提取的温度第一级最低，向后依次增高。

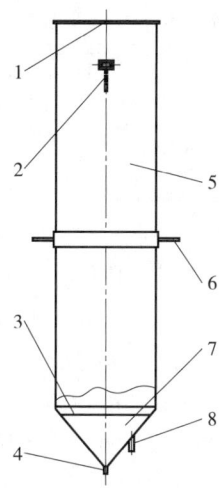

图 16-21　渗漉罐结构示意图

1—进料、进液口；2—挂钩；3—过滤板；
4—出料口；5—直筒体；6—支撑中轴；
7—下筒体；8—循环液出口。

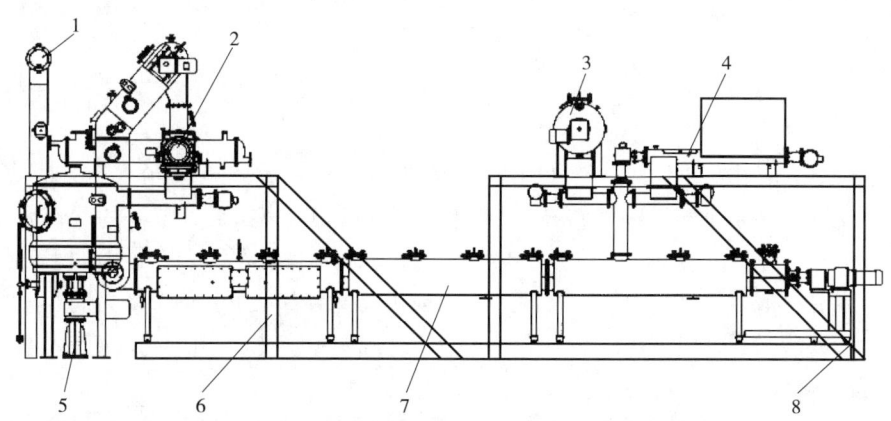

图 16-22　管道式连续逆流提取设备结构示意图

1—冷凝器；2—挤渣、排渣单元；3—渣液分离器；4—储料及进料单元；5—渣干燥单元；
6、8—支撑平台；7—管道式连续逆流提取单元。

（3）不同提取液的排出方式　①最后一级提取液进入上一级提取管中，以此类推，第一级提取后的汁液进入过滤、分离或浓缩系统；②各级提取液进入独立的过滤、分离或浓缩系统，互不相混。

第三节　澄清分离技术与设备

不管是压榨制汁还是提取制汁，榨取的果蔬汁中均含有或多或少的悬浮物质，包括碎果肉、果皮碎屑或其他杂质。去除汁中的悬浮物质和其他杂质方可获得质量较好的果蔬汁。过滤是悬浮液分离的一种有效手段，也是果蔬汁加工过程中重要的工序，其原理是利用多孔过滤介质，在外力作用下使汁液通过过滤介质的孔道，克服过滤介质阻力进行固-液分离，得到具有一定透光率果蔬汁的物理过程。过滤初始阶段，果蔬汁中悬浮粒子被截留，在过滤介质表面逐渐形成滤饼，且不断增厚，因此过滤阻力也不断增大，导致过滤速率逐渐降低。当过滤速率降低到一定程度后，过滤操作就要停止。过滤工作原理如图16-23所示。

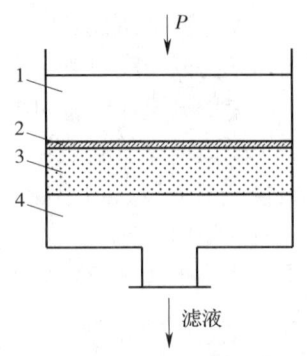

图16-23 过滤工作原理示意图
1—待过滤果汁；2—滤饼；
3—多孔过滤介质；4—过滤后果汁。

过滤一般分为澄清过滤和滤饼过滤两类。澄清过滤包括常见的膜过滤和助滤剂过滤，是依靠过滤层（一般为助滤剂形成的粒状过滤层）或膜的微孔来截留直径大于过滤间隙的悬浮粒子的过滤方法。滤饼过滤包括真空过滤、加压过滤、离心过滤和压榨过滤，是借助过滤介质表面形成的滤饼层来截留悬浮粒子，从而将其去除的过滤方法，能截留粒径 $>1\mu m$ 的悬浮粒子。

一、澄清过滤及滤饼过滤技术与设备

澄清过滤及滤饼过滤与糖浆净化的原理相同，设备类似，具体内容参见第十四章，这里不再赘述。

二、离心分离技术与设备

离心分离是滤饼过滤的一种，是利用离心力将悬浮液中的固体颗粒与汁液分离。离心分离设备的主要工作部件是旋转滚筒（转鼓）。果蔬汁进入离心分离机后，滚筒的回转运动就传递到了果蔬汁上，果蔬汁的转动角速度几乎与滚筒的转动角速度相同，由于颗粒的密度大于液体的密度，所承受的重力和离心力不同，因此浑浊物颗粒就沿着它所受各个外力的合力方向向外运动。在大多数情况下，重力比离心力小得多，所以混浊物往往横向沉淀于滚筒内壁上。

（一）碟式离心机

碟式离心机是一类以若干叠加在一起的锥形碟片在高速旋转过程中对料液进行分离的设备。碟式离心机的转鼓以中等速度在固定的机壳内旋转，锥形碟片锥角为35°~45°，相互层状叠加在转鼓的中心套管上，碟片间距为0.4~2mm，碟片层数为40~150。料液从进料管进入转鼓的中心套管后，向下降落，经转鼓下部碟片外缘与转鼓内部之间的空腔进入碟片间隙，在离心力作用下，被分离后的液体沿碟片间隙向上流动，然后从排出口排出，而固体物质则沉积于转鼓壁上。

图16-24所示为华鼎碟式离心机结构，主要由进出口装置、转鼓、立轴、横轴、机身、测速装置、刹车装置及电动机等组成。采用向心泵结构出料，分离后经向心泵排出，可直接输送到下游设备。其转鼓经过了精确的动平衡校验，动力传动中采用了变频启动，增速平稳、防止过载、振动小、安全可靠、操作简单、使用方便。设备所用轴承可保证设备运行精度。该机配置可编辑控制器（PLC）电控制系统后，可实现程序操作。开机全速后，让操作水进入密封腔，使活塞上升，排渣口关闭。再进分离物料，经进料管进入转鼓内的碟片分离区，在离心力场的作用下，杂质颗粒沿碟片内表面聚集至转鼓内壁处，待聚集到一定程度时，再让操作水进

入开启腔，使活塞下降，排渣口打开，杂质从排渣口排出转鼓，经淤渣收集器排出机外；同时轻液相则向转鼓中心汇集，并由向心泵排出机外，完成一个循环，让操作水进入密封腔，使活塞上升，排渣口关闭，如此循环。

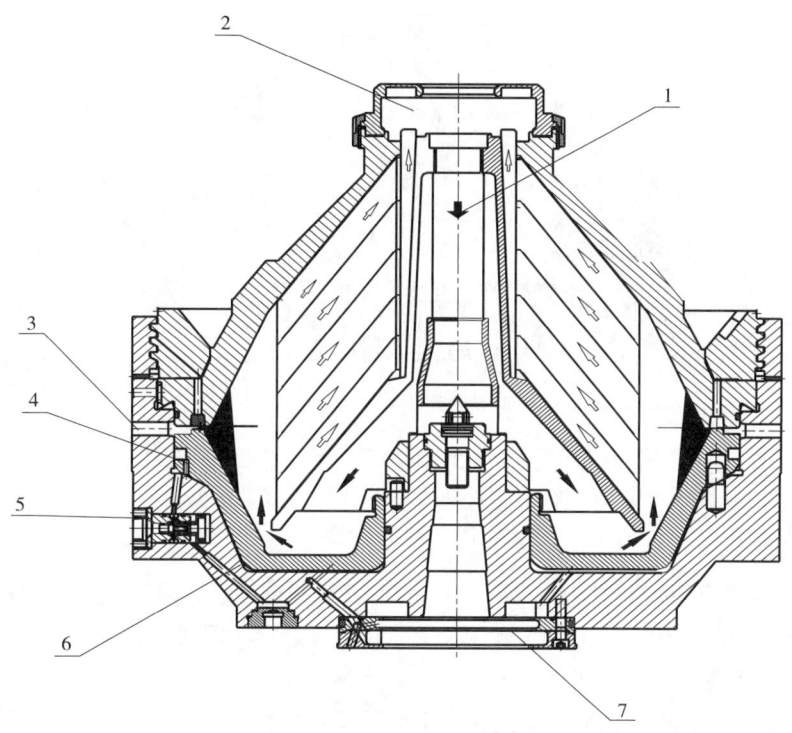

图 16-24　华鼎碟式离心机结构示意图

1—进料管；2—向心泵；3—排渣口；4—活塞；5—开启腔；6—密封腔；7—操作水。

碟式离心机分为非自动卸渣和自动卸渣两种，非自动卸渣离心机工作一段时间后必须停机清除沉淀物，清洗拆装繁琐，生产效率较低。自动排渣分离机设有自动排渣装置，能够在澄清过程中不降低转鼓转速的情况下周期性地或连续地排除沉淀物。

图 16-25 所示为 Flottweg 自清式二相碟式离心机，待澄清的果蔬汁通过静止的进料管进入转鼓内部，在分配室内果蔬汁被逐步加速，直至跟转鼓最高速度同步。转鼓内的碟片堆使果蔬汁往上流动，分成许多薄层，增大离心面积，果渣在碟片堆内从果汁中分离出来。高速离心力使得分离出的果渣沉积到固渣收集腔内。液压排渣系统控制一个滑动活塞盆，周期性高速排出固渣，并进入一个旋风式离心排渣器。澄清后的清汁则通过碟片堆内流向转鼓顶端，由向心泵通过压力排到转鼓外。

宁加（Ninga）等比较了多台商用碟式离心机（Westfalia SAOOH、Westfalia GEA OTC 2-03-107、Westfalia SC6-06-076、Westfalia CSA-1、Frau CN2S、Alfa Laval AB Culturefuge 100^{TM}）对番石榴汁的澄清效果，结果显示，在设定运行时间下，Alfa Laval 公司的 Culturefuge 100^{TM} 型碟式离心机的进料流速最高，离心时去除了 95.49% 的果胶，不溶性固形物含量降低了 10.53%。

（二）卧式螺旋沉降离心机

卧式螺旋沉降离心机（简称卧螺机）也叫滗析器或排污器，由转筒部分、螺旋推料器和驱动装置三部分组成。它实际上是一种卧式离心分离机。装有螺旋叶片的空心轴相对于滚筒旋转，

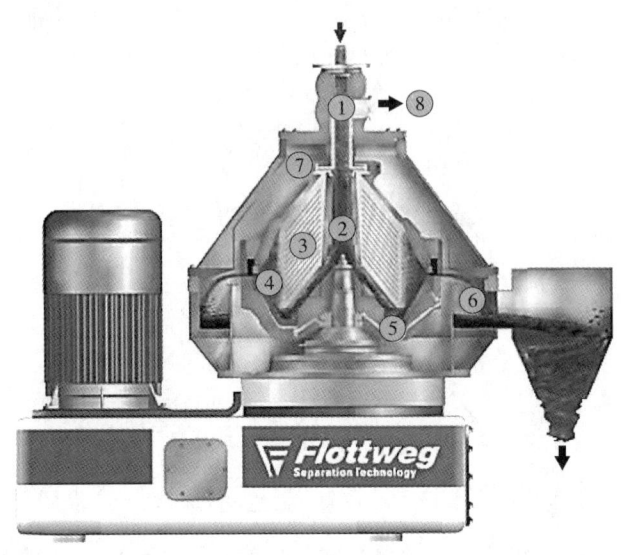

图 16-25　Flottweg 自清式二相碟式离心机实物图

1—进料管；2—分配室；3—碟片堆；4—固渣收集腔；5—滑动活塞盆；6—旋风式离心排渣器；
7—向心泵；8—转鼓外。

螺旋叶片的外径略小于滚筒的内径。螺旋式离心分离机的传动装置可以使滚筒和螺旋叶片轴以相同方向但不同速度旋转。适用于含有较大固体颗粒和纤维状混浊物的果蔬汁分离。

卧式螺旋沉降离心机是一种全速运转、连续进料、分离和卸料的设备，简称卧螺机。卧螺机可以快速连续作业，能在比较卫生的条件下高效率获得高品质蔬汁，适用于浑浊果蔬汁的分离。卧螺机除用于苹果榨汁之外，还可用于浆果及其他副产品的加工。国外已成功地将其应用于蔬菜汁的生产中，例如胡萝卜汁、甜菜汁、芹菜汁、芦荟汁等。卧式螺旋离心分离机其转鼓有圆柱形、圆锥形和柱锥形三种基本形式。圆柱形转鼓有利于液相澄清，圆锥形转鼓有利于固相脱水，柱锥形转鼓兼顾圆柱、圆锥转鼓两者的特点，是一种常用的形式。

1. 卧式螺旋沉降离心机的结构

卧螺机是由转鼓、螺旋推进器、差速器、电机及驱动系统、过载保护装置、机壳及机架等部分构成。其中转鼓是离心机的核心部件，转鼓的结构和技术参数决定离心机的特点、分离效果和使用寿命。螺旋推进器是由推料叶片、进料管、分料口、出渣口等部件组成。差速器是卧螺机最复杂而重要的部件。卧螺机中的沉渣在转鼓内壁表面上向前运动，依靠转鼓与螺旋的相对运动转速差来实现，而转速差是依靠差速器控制形成。差速器的性能高低、制造工艺优劣，直接决定着卧螺机运行的稳定性。Flottweg 卧螺沉降离心机结构如图 16-26 所示。

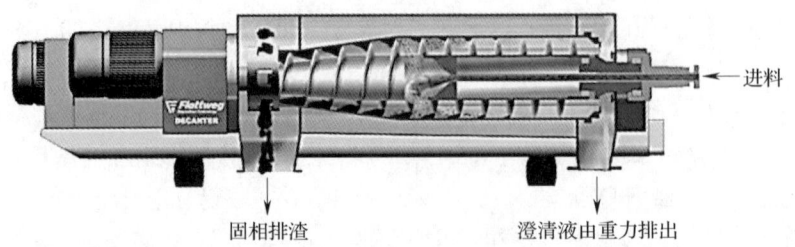

图 16-26　Flottweg 卧螺沉降离心机结构实物图

2. 卧式螺旋沉降离心机的工作原理

利用离心沉降的原理，对不同密度的流体包括悬浮液、果浆泥（粒径在 0.05~3mm）进行分离的过程。柱锥形转鼓和螺旋推进器分别与驱动的差速器轴端连接，两者以同一方向高速旋转，并保持微小的转速差。当果蔬浆泥由进料管输送进入螺旋推进器内腔分配室时，果浆泥从出口处向外喷射。由于转鼓高速旋转，悬浮液中的固体颗粒在离心作用下，于很短时间内沉积在转鼓内壁上。由于螺旋叶片的外径略小于转鼓的内径，同时螺旋推进器的旋转速度比转鼓转速稍高，沉积在转鼓内壁的固体颗粒被螺旋推进器输送至锥形端脱水，固体颗粒最后由排渣口排出。转鼓的圆柱区域特别适用于液体的澄清，果蔬汁液由于其密度小，在分离过程中移向转鼓的中心方向，由于锥形转鼓锥度结构的限制，澄清果蔬汁只能在螺旋线之间流动到转鼓末端，最后由出汁口排出。离心过程中，在离心机转鼓内同时存在果渣重相区、果汁轻相区、中间重轻相混合区 3 种状态，并且又有沉降区和干燥区形成。

在运行过程中，差速器的差速大小是可调整的，调整差速可直接影响分离设备生产效率和出汁率。差速大时进料快，但出汁率低；差速小时进料慢，但出汁率高。卧式螺旋离心机适合处理粒径 2~5mm，固相浓度 10~50g/L，固、液密度差大于 0.05g/cm³ 的悬浮液，这种浓度高的料液，固体粒子比较容易沉降。

3. 卧式螺旋沉降离心机的特点

对生产苹果清汁而言，卧螺机的应用不如带式压榨机和布赫榨汁机广泛。但对于生产苹果浑浊汁和其他水果浑浊汁而言，卧式螺旋离心机优于其他类型榨汁机。卧式螺旋离心机具备以下特点：①通过离心力连续、快速、低氧化的提取汁液，可缓解果汁的酶促褐变反应，使饮料的色泽和风味好；②残余浊度和色素可在最大范围内调整，获得高度均匀的汁液品质，适用于浑浊果蔬汁的生产；③可快速自动清洗，清洗占用生产时间短；④通过编程可针对特定的原料或产品设定运行参数实现自动监控，并且能适应产品频繁变化；⑤应用范围广，例如榨汁、凝固物处理和截留液浓缩，降低果汁中淀粉含量，还可用于浆果及其他副产品的加工等。但缺陷是机械噪声大。

4. 卧式螺旋沉降离心机的组合应用

卧式螺旋离心机是一种连续分离设备，出汁率一般为 70%~78%。为了提高出汁率可采取二级提汁工艺。第一级采用卧式螺旋离心机，第二级采用卧式螺旋离心机或其他类型榨汁机。第一级提汁原料是采用新鲜果蔬浆泥，第二级提汁原料是采用第一级提汁设备分离出的果蔬渣。果蔬渣需要加水后提取，通常加水比例为果蔬渣：水 =1∶1，并可添加果胶酶进行处理后再提汁。一级榨汁出汁率约为 70%，二次榨汁可使总出汁率提高到 80%~90%。

贝弗里奇（Beveridge）等发现卧式螺旋离心机可适用于从酸甜樱桃、杏子和桃子中提取果汁，该设备最高可承受 3% 的悬浮固体含量。桃子、酸樱桃、杏子和甜樱桃的设备产能分别约为 0.36kg/s、0.38kg/s、0.23kg/s 和 0.1kg/s。桃子需要果胶酶处理才能提取低悬浮固体汁液；但酸樱桃可以在有或没有酶处理的情况下进行加工；杏子需要果胶酶处理和较慢的进料速率才能实现果汁分离；甜樱桃则需要低进料速率和大量的酶处理才能提取低悬浮固体汁液。但所有实验水果的果汁得率均超过 80%，通常为 90%~95%。宋自娟等发现卧式螺旋离心前后沙棘浑浊汁中挥发性香气成分种类和成分差异不明显。

[案例] NFC果汁生产设备流程

随着消费者对果蔬汁的口感、滋味、风味及营养功能物质的要求逐渐提高，NFC果汁因最大限度保留了鲜果的风味、滋味和营养功能物质，越来越受到消费者青睐。

一、NFC苹果汁

新鲜苹果原料由输送系统传送，通过滤水格栅过滤，剔除枝叶、不合格果等杂物，进入一级隔板提升机，喷淋冲洗，清洗表面附着物；在网带捡果机人工挑拣不合格原果后进入一级鼓泡清洗机，原果反复清洗，滚动向前，进入二级刮板提升机，二次喷淋清洗，进入毛刷清洗机彻底清洗原果表面，在二级鼓泡清洗池中继续翻滚清洗，再用纯水清洗干净，风刀吹去表面水分。

通过反复清洗，原果表面已彻底干净，农残也得到清除。由三级刮板提升机输送至破碎机，果浆泥存入暂存罐，添加护色辅料后进入带式榨汁机进行压榨，果汁存于果汁暂存罐，然后输送至果汁精制机细化处理，剔除大果肉和长纤维后，由果汁暂存罐送入批次罐，然后进入杀菌机进行杀菌，杀菌温度95℃，保温60s，降温到20℃后进入无菌灌装机灌装，装入铁桶送入冷库低温保存。NFC苹果汁加工设备流程如图16-27所示。

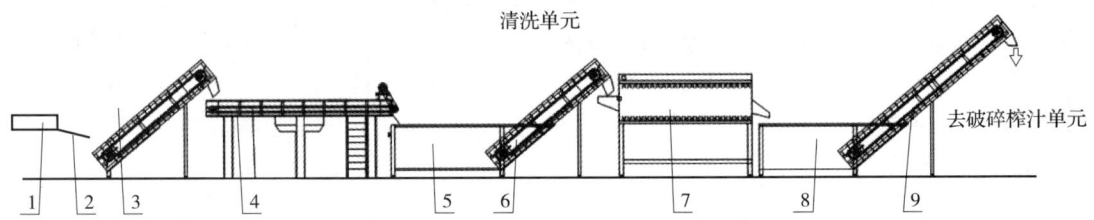

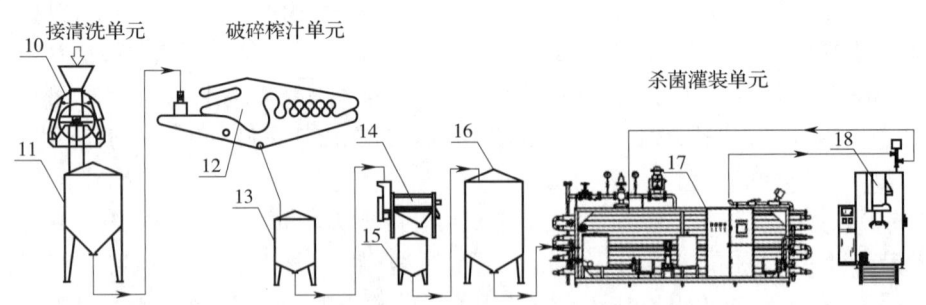

图16-27 NFC苹果汁加工设备流程图

1—水力输送系统；2—滤水格栅；3——级隔板提升机；4—网带捡果机；5——级鼓泡清洗池；
6—二级刮板提升机；7—毛刷清洗机；8—二级鼓泡清洗池；9—三级刮板提升机；10—破碎机；
11—果浆泥暂存罐；12—带式榨汁机；13—果汁暂存罐；14—果汁精制机；15—果汁暂存罐；
16—批次罐；17—杀菌机；18—无菌灌装机。

二、NFC 枇杷汁

原料经倒框机倒入鼓泡清洗机，经刮板提升机提升后进行毛刷清洗，清洗后的物料经网带拣果机拣选去除烂果、坏果后，再经鼓泡清洗机清洗。清洗完成后的原料经刮板提升机提升至冷打浆机中，在冷打浆机中的物料通过打浆处理实现果皮、果核与果肉的分离，并考虑枇杷易褐变的特性，配套有惰性气体保护系统以及辅料添加系统，确保在制浆的过程中果肉色泽不易发生氧化褐变。打浆获得的果核及果皮经果核输送机输送至果渣处。打浆制得的果浆经灭酶机灭酶冷却后进入带式榨汁机中取汁。带式榨汁机配套有果汁过滤系统，以及洗带水回收利用系统。榨汁获得的果汁经果汁缓存罐后经泵体输送至果汁罐，经管道过滤器过滤，通过脱气、均质后进入杀菌机中杀菌、冷却，再经无菌灌装机灌装即可获得 NFC 枇杷汁。NFC 枇杷汁加工设备流程如图 16-28 所示。

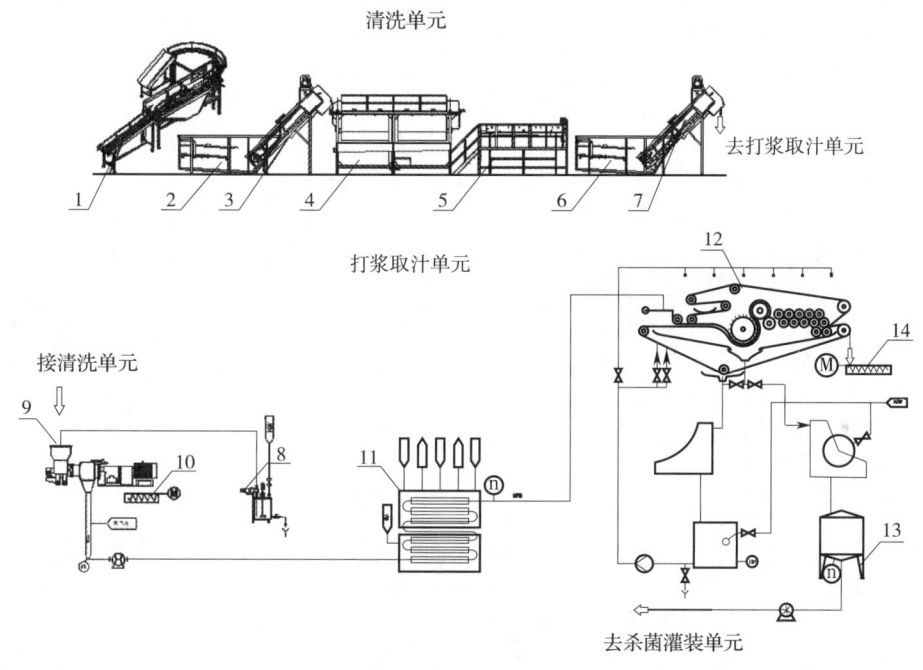

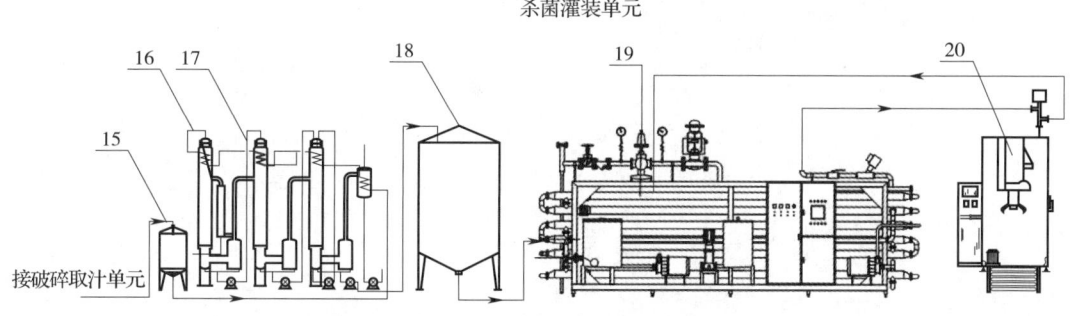

图 16-28 NFC 枇杷汁加工设备流程

1—倒框机；2—鼓泡清洗机；3—刮板提升机；4—毛刷清洗机；5—网带拣果机；6—鼓泡清洗机；7—刮板提升机；8—辅料添加系统；9—冷打浆机；10—果核输送机；11—灭酶机；12—榨汁机系统；13—果汁缓存罐及泵体；14—果渣输送系统；15—果汁罐；16—管道过滤器；17—均质机；18—缓存罐及泵体；19—杀菌机；20—无菌灌装机。

思考题

1. 简述果蔬制汁和澄清设备分类及其工作原理。
2. 简述带式榨汁机和螺旋榨汁机的差异和优缺点。
3. 简述连续逆流提取设备的原理和应用范围。
4. 简述碟式离心机和卧式螺旋离心机的差异和应用范围。

第十七章 浓缩技术与设备

> **学习目标**
> 1. 掌握饮料生产过程中浓缩设备的基本工作原理。
> 2. 了解几类饮料浓缩设备的结构特点、系统组成和浓缩效果。

浓缩是饮料加工中一道重要工序，果蔬汁、咖啡、茶、蛋白类等常见饮料的生产中均涉及浓缩处理。浓缩工序可以有效提高饮料中固形物的含量，有利于后续加工。例如，原果汁蒸发去除一部分水分后得到的浓缩果汁，其化学稳定性和微生物稳定性均得以提高，且体积缩小后，便于储存和运输。饮料的浓缩方法主要有真空浓缩、反渗透膜浓缩和冷冻浓缩等。

第一节 真空浓缩技术与设备

一、真空浓缩工作原理

溶液受热时，溶剂分子获得动能，当某些溶剂分子所获得的能量足以克服分子间引力时，就会逸出液面，成为蒸汽分子。蒸发浓缩过程就是不断给溶液供给热能，同时将生成的溶剂蒸汽不断地排除，使溶剂的汽化过程持续进行。为了提高汽化速率，大多采用将溶液加热至沸腾状态。为避免加热对料液品质和色、香、味的影响，工业上广泛采用真空浓缩，即在真空度 $-0.018 \sim -0.008$ MPa 条件下进行浓缩，以蒸汽间接加热方式对料液加热，使其水分在较低温度下沸腾蒸发。真空浓缩时的加热蒸汽与被浓缩料液的温差大，在相同传热条件下，比常压蒸发时的蒸发速率快。大部分饮料的状态类似于溶液，所以在生产实践中就利用这一原理进行浓缩加工。

二、真空浓缩的优缺点

（1）优点　①增大加热蒸汽与沸腾液体之间的温度差；②利用压强较低的蒸汽作为加热介质；③降低浓缩温度，提高水分蒸发速率，保持饮料浓缩液的营养与色、香、味等；④料液沸点较低，可以减少浓缩设备的热损失；⑤对料液发挥加热杀菌作用，有利于食品保藏。

（2）缺点　①为保证浓缩时的真空度，须配备真空设备，增加了附属机械设备及动力；②由于蒸发潜热随沸点降低而增大，所以热消耗量大。

三、真空浓缩设备

真空浓缩设备有以下几种分类方法。

（1）按加热蒸汽被利用次数分类　饮料工业上采用的热源通常为水蒸气，而蒸发的料液大多是水溶液，蒸发时产生的水蒸气也可以作为热源介质。为了易于区别，前者称为加热蒸汽或生蒸汽，后者称为二次蒸汽。真空浓缩设备按加热蒸汽被利用的次数分为单效浓缩设备、多效浓缩设备和带有热泵的浓缩设备。①单效浓缩：浓缩时产生的二次蒸汽不再被利用，直接送到冷凝器经冷凝除去的蒸发设备；②多效浓缩：将二次蒸汽送入压力较低的蒸发器作为加热介质，提高加热蒸汽（生蒸汽）利用率的串联蒸发设备。

（2）按料液在设备中流程不同分类　将浓缩设备分为循环式与单程式。其中，循环式又可分为自然循环和强制循环。循环式比单程式的热能利用率高。

（3）按加热器结构分类　按料液蒸发时的分布状态分为薄膜式和非膜式浓缩设备。①薄膜式浓缩设备：料液在蒸发器内蒸发时被分散成薄膜状流动，形成极大的蒸发面积，蒸发快，热能利用率高，薄膜式浓缩设备又分为升膜式、降膜式、片式、刮板式、离心式等。②非膜式浓缩设备：料液在蒸发器内聚集在一起，经过翻滚或在管道中流动从而形成大的蒸发面，盘管式浓缩设备、中央循环管式浓缩设备属于此类型。

真空浓缩设备的主体是由发挥传热作用的加热室和进行汽液分离的蒸发室组成，此外，还有使液沫得到进一步分离的除沫器和使二次蒸汽全部冷凝的冷凝器以及形成真空条件的真空装置等。

果蔬汁等饮料中存在大量热敏性成分，如维生素、色素、芳香物质等。因此，在选用果蔬汁浓缩设备时，必须考虑加热对其所含营养素和芳香物质等热敏性成分造成的破坏和损失，要求浓缩应在低温条件下并短时间内完成。以下介绍一些适合果蔬汁浓缩的设备，当然这些设备也适用于其他饮料产品的浓缩。

（一）中央循环管式真空浓缩设备

中央循环管式真空浓缩设备又称标准式浓缩器，主要由下部加热室和上部蒸发室两部分构成，如图17-1所示。

加热室由沸腾加热管、中央循环管和上下管板组成的竖式加热管束构成。中央循环管的截面积为总加热管束截面积的40%~100%，沸腾加热管径一般为25~75mm，管长为管径的20~40倍。真空浓缩时，料液在管内流动，而加热蒸汽在管束之间流动。由于中央循环管的截面积远大于各加热束的截面积，料液受热升温较慢，相对密度大，所以料液由中央循环管下降，由沸腾加热管上升呈自然循环。汽化后形成的二次蒸汽夹带的部分料液在蒸发室分离，剩余少量料液被蒸发室顶部捕集器截获。

这种蒸发器结构简单、操作方便，但清洗困难，果蔬汁在蒸发器中停留时间长，料液黏度高时循环效果差。为提高传热效率，可采用强制循环，但循环泵的能耗相当大，且果蔬汁在蒸发器内停留时间也比较长。这类设备主要适用于果酱、果汁、炼乳等产品的浓缩。

（二）盘管式真空浓缩设备

盘管式真空浓缩设备是一种非膜式浓缩设备，其结构如图 17-2 所示，主要由盘管式加热器、蒸发室、泡沫捕集器、进出料阀门及各种控制仪表组成。

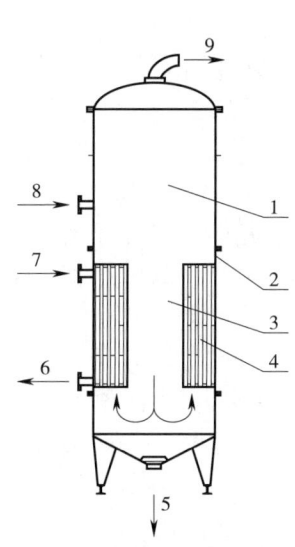

图 17-1 中央循环管式真空
浓缩设备结构示意图

1—蒸发室；2—外壳；3—加热室；
4—中央循环管；5—浓缩液出口；
6—排水口；7—蒸汽入口；
8—料液入口；9—二次蒸汽出口。

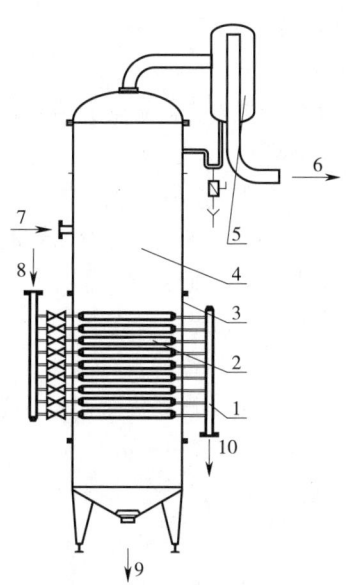

图 17-2 盘管式真空
浓缩设备结构示意图

1—汽水分离器；2—盘管式加热器；
3—锅体；4—蒸发室；5—泡沫捕集器；
6—二次蒸汽出口；7—料液入口；
8—蒸汽入口；9—浓缩液出口；10—排水口。

该设备为立式圆筒密闭结构，上部空间为蒸发室，下部空间为加热室。加热室设有 3~5 层加热盘管，总高度占蒸发室高度的 40%，每层盘管 1~3 圈，每盘均有单独的蒸汽进口，通过对阀门的调节控制蒸汽的流量。各层蒸汽的冷凝水均通过该层单独的疏水器排出，盘管的温度均匀，热效率高。

加热蒸汽在盘管内对管外的料液进行加热，料液受热后体积膨胀，密度减小，液面上升，当水分到达液面时即汽化后排出，使其浓度提高，密度增大。浓缩盘管中心处的料液，相对来说距加热管较远，与同一液位的料液相比，其密度较大，呈下降趋势。受热蒸发的那部分料液密度会增加，而且液位高，故向盘管中心处下沉，从而形成料液自罐壁及盘管上升，又沿盘管中心向下的反复循环状态，在低压下实现蒸发浓缩。

盘管式蒸发器结构简单，操作方便，易于控制。盘管为扁圆形截面，液料流动阻力小，通道大，适于黏度较高的料液浓缩，如牛乳、果蔬汁（浆）等。由于加热管较短，管壁温度均匀，冷凝水能及时排除，热效率较高。由于盘管结构尺寸较大，加热蒸汽压力不宜过高，一般为 0.7~1.0MPa。液料受热时间较长，对产品品质有不同程度的影响。

(三)带搅拌夹套式真空浓缩设备

带搅拌夹套式真空浓缩设备下锅体底部有一夹套,在夹套内通入蒸汽加热被浓缩料液,锅体内装有搅拌器,通过搅拌可以使锅内壁表面被加热的料液层不断更换,使水分蒸发,上锅体的二次蒸汽出口处接有汽液分离器,如图17-3所示。

进行浓缩操作时,先通入加热蒸汽去除锅内空气,再启动抽真空装置,利用锅内真空将料液吸入锅内,达到设计容量要求后,开启蒸汽阀门,使蒸汽进入夹套加热,同时开启搅拌器,搅拌料液强化流动,并不断更新加热面处的料液,使其均匀浓缩,产生的二次蒸汽不断抽出,以保证锅内的真空度。

带搅拌夹套式真空浓缩器具有结构简单、操作方便等优点,适用于浓稠料液和黏度大的料液浓缩,如果酱、炼乳等。但该设备加热面积小、生产能力低、不能连续生产。

(四)膜式真空浓缩设备

膜式真空浓缩是将料液在管壁或器壁上分散成液膜的形式流动,从而使得蒸发面积明显增加,提高蒸发浓缩效率。配合真空系统,料液可在低温下蒸发浓缩。膜式真空浓缩设备按液膜运动的方向又分为升膜式、降膜式、升降膜式;按照液膜形成的方式又可分为自然循环式和强制循环式。

1. 升膜式真空浓缩设备

升膜式真空浓缩设备由垂直加热管束、离心分离室等组成,如图17-4所示。加热管的管径一般为30~50mm,管长6~8m,管长为管径的100~150倍。料液在设备的管壁上分散成液膜流动,增大了传热系数,提高了热效率,料液停留时间约几秒至几十秒,此类设备比较适用于浓缩果汁、茶汤及乳制品的生产。

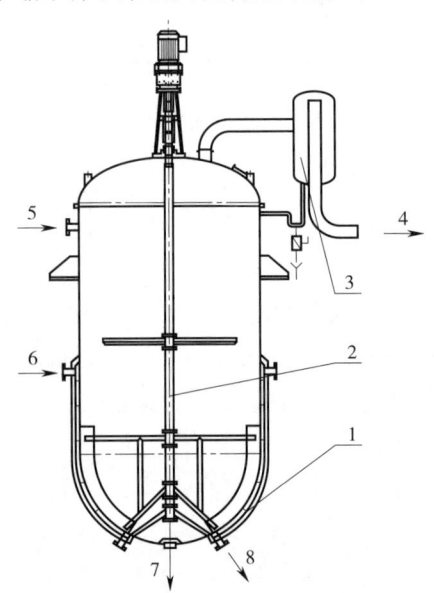

图17-3 带搅拌夹套式真空浓缩设备结构示意图

1—加热夹套;2—搅拌器;3—雾沫捕集器;
4—二次蒸汽出口;5—料液入口;6—蒸汽入口;
7—浓缩液出口;8—排水口。

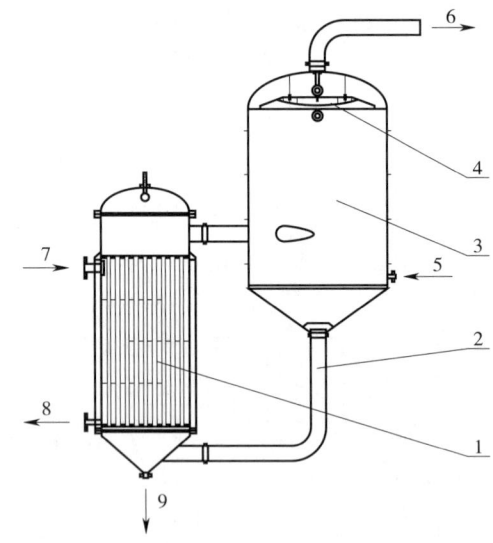

图17-4 升膜式真空浓缩设备结构示意图

1—加热器;2—循环管;3—分离器;
4—捕沫装置;5—料液入口;6—二次蒸汽出口;
7—蒸汽入口;8—排水口;9—浓缩液出口。

料液自加热器底部进入加热管,加热蒸汽在管外对料液进行加热使其沸腾,产生大量二次蒸汽,其在管内高速上升,将料液挤向管壁,不断地形成薄膜。料液呈薄膜状在管内上升,在管顶部呈喷雾状,以较高速度进入汽液分离器,在离心作用下与二次蒸汽分离。二次蒸汽从分离器顶部排出,浓缩液从分离室底部排出。从分离器顶部排出的二次蒸汽,经过捕沫装置进一步分离后导入水力喷射器中冷凝,分离得到的浓缩液沿循环管下降,回到加热器底部,与新进入的料液自行混匀后,进入加热管内,再次受热蒸发,如此反复。经数分钟后,料液的浓度即被浓缩达到要求。

在操作过程中,料液应当进行预热并控制进料量,通过控制进料量,使料液既能形成液膜被蒸发又不会发生管壁结焦现象。一般经过一次浓缩的蒸发水量不宜大于进料量的80%,如果进料量过多,加热不足,则二次蒸汽产生量少,加热管下部积液过多,导致料液呈液柱上升而不能形成液膜,失去液膜蒸发的特点,传热效率明显降低;进料量太少,则易导致管壁结焦。此外,料液最好预热到接近沸点状态再进入加热器,有助于管壁上液膜的形成,促进料液沸腾和提高热效率。

该型设备具有占地面积小、热效率高、加热时间短等优点,适用于浓缩热敏性、易起泡和黏度低的料液,如茶汤、牛乳等。由于薄膜料液的上升必须克服自身重力与管壁的摩擦阻力,因此不适合浓缩黏稠度较大的料液。其缺点是一次浓缩比小,操作时料液需预热并控制进料量,避免液柱和管壁结垢、结焦现象发生。

双效升膜式真空浓缩设备如图17-5所示,料液在真空作用下从一效加热器和二效加热器底部吸入,蒸汽进入一效加热器壳层后料液在管层内会由下向上开始汽化蒸发,接着进入一效分离器完成汽液分离,液体再由分离器底部进入加热器循环加热蒸发,一效分离器产生的二次

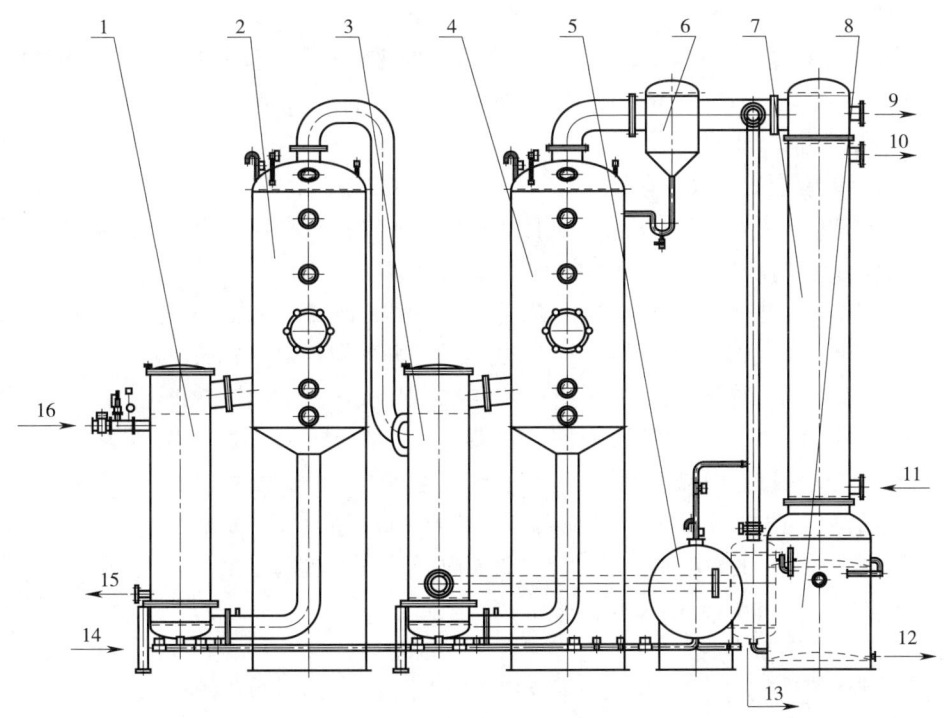

图17-5 双效升膜式真空浓缩设备结构示意图

1——效加热器;2——效分离器;3——二效加热器;4——二效分离器;5——物料平衡罐;6——汽水分离器;7——冷凝器;8—集液器;9—抽气口;10—冷却水出口;11—冷却水入口;12—冷却水出口;13—浓缩液出口;14—料液入口;15—排水口;16—蒸汽入口。

蒸汽再进入二效加热器的壳层加热料液，料液在二效加热器管层内会由下向上开始汽化蒸发，而后进入二效分离器进行汽液分离，液体再由分离室底部进入加热器循环加热蒸发，二效分离器产生的二次蒸汽进入冷凝器冷却，集液器收集冷凝液，真空泵排出没有冷凝的气体，料液浓度达到要求后进入料液平衡罐，平衡罐中的料液再由出料泵打入批次罐。

2. 降膜式真空浓缩设备

降膜式真空浓缩设备与升膜式真空浓缩设备结构类似，其结构如图17-6所示，主要区别是经预热后的料液在重力作用下经料液分布器从顶部进入加热管，而分离室设置于加热器的下方。它也属于长管薄膜式自然循环浓缩设备，具有传热效率高、受热时间短的特点，适用于果汁和茶汤等产品浓缩。由于料液加热时间短，蒸发时呈膜状流动，因此可避免泡沫的形成，管道清洗较为方便。

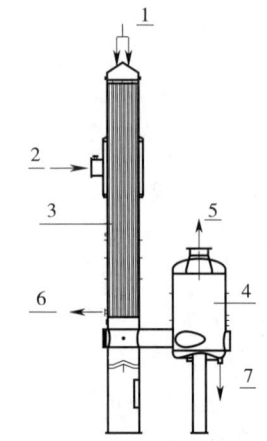

图17-6　降膜式真空浓缩
设备结构示意图
1—料液入口；2—蒸气入口；
3—加热管；4—分离器；
5—二次蒸汽出口；6—冷凝水出口；
7—浓缩液出口。

操作时，料液自蒸发器顶部加入，在顶部分布器作用下均匀地分布在每一根加热管中。蒸汽加热后所产生的二次蒸汽与浓缩液并流而下，并在二次蒸汽的作用下，料液呈膜状下降流动，由底部进入离心分离室，在此处二次蒸汽与浓缩液分离，二次蒸汽由分离器顶部排出，浓缩液由分离器底部排出。

降膜式蒸发器一般为单程型，料液一次性通过加热管蒸发就能基本达到所设定的浓度要求，因此通常制作成长管式，部分短管式蒸发器可加装流体泵，使料液循环浓缩至工艺要求，也可采用多效联用的方式达到浓缩目的。

图17-7所示为顺流式双效降膜式真空浓缩设备的结构。设备主要由一效蒸发器、二效蒸发器、预热杀菌器、水力喷射器及多个流体泵构成。一效、二效蒸发器内部结构相同，除蒸发管束外，还设有预热盘管。预热杀菌器为列管式换热器。

工作时，料液由进料泵从平衡槽中抽出，通过中间混合式冷凝器时被来自二效蒸发器的二次蒸汽预热，再经蒸发器内的盘管加热后，引入预热杀菌器加热，并在保温管内保持24s；随后进入一效蒸发器和二效蒸发器，最后被出料泵抽出。水蒸气经蒸汽分配阀分别向预热杀菌器和一效蒸发器供蒸汽，一效蒸发器产生的二次蒸汽，一部分导入二效蒸发器作为加热蒸汽，其余部分则通过热压泵进行增温增压，再与生蒸汽混合，作为一效蒸发器的加热蒸汽。二效蒸发器产生的二次蒸汽通过中间混合式冷凝器时一部分变成冷凝水，一部分被水力喷射器抽出冷凝。各处加热蒸汽产生的冷凝水由泵排出，贮槽内的酸碱洗涤液用于设备的就地清洗。顺流式双效降膜式真空浓缩设备具有浓缩效果好、热效率高、产品质量高、冷却水耗量低、配有就地清洗装置、使用操作方便等优点。

图17-8所示为三效降膜式真空浓缩设备的结构，全套设备包括3个降膜式蒸发器及配套的分离器、冷凝器及多个流体泵等组成。3个蒸发器的内部结构相同，除蒸发管束外，还设有预热盘管。

工作时，料液经过预热器后进入一效加热器顶部，喷射均匀进入膜管，由上向下边加热边蒸发，加热器底部与分离器连通，加热的料液在底仓和分离器内进行汽液分离，液体经一效出

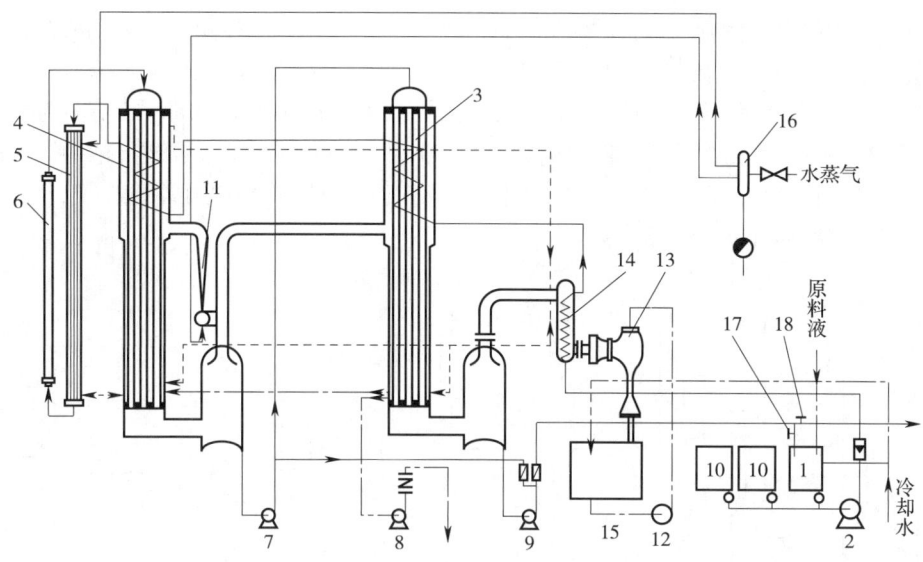

图 17-7　顺流式双效降膜式真空浓缩设备结构示意图

1—平衡槽；2—进料泵；3—二效蒸发器；4——效蒸发器；5—预热杀菌器；6—保温管；7—料液泵；8—冷凝水泵；9—出料泵；10—酸碱洗涤液贮槽；11—热泵；12—冷却水泵；13—水力喷射器；14—料液预热器；15—水箱；16—分汽包；17—回流阀；18—出料阀。

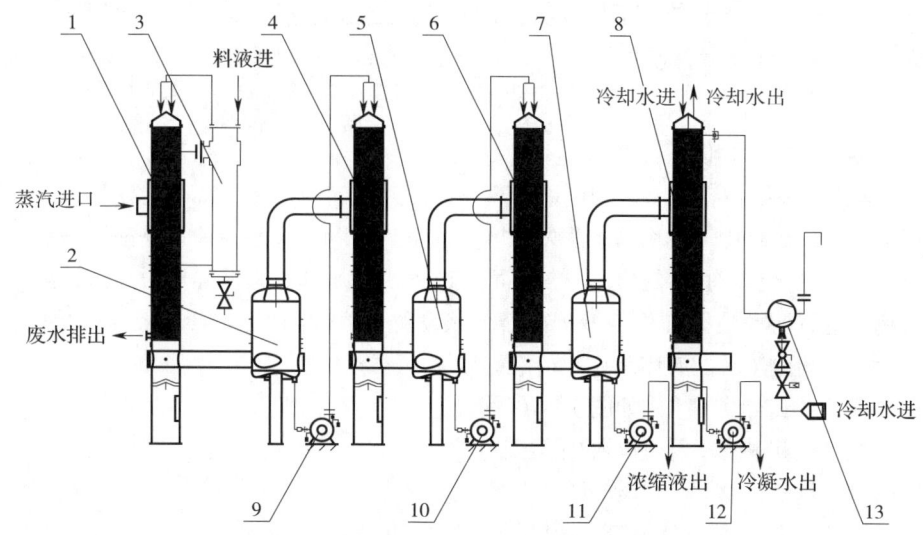

图 17-8　三效降膜式真空浓缩设备结构示意图

1——效加热器；2——效分离器；3—预热器；4—二效加热器；5—二效分离器；6—三效加热器；7—三效分离器；8—冷凝器；9——效出料泵；10—二效出料泵；11—三效出料泵；12—冷凝水泵；13—真空泵。

料泵泵入二效加热器膜管，分离出的二次蒸汽由分离器顶部进入二效加热器壳层，在二效加热器内继续加热蒸发，液体经二效出料泵泵入三效加热器膜管，分离出的二次蒸汽由分离器顶部进入三效加热器壳层，在三效加热器内继续加热循环蒸发，水分不断分离除去，料液浓度不断升高，当料液浓度达到设定值时，打开排料阀，泵入批次罐。各效蒸发器产生的冷凝水经汇集后由冷凝水泵排出。该设备具有料液受热时间短、蒸发温度低、处理量大、蒸汽消耗量低等优点，适用于茶汤、果蔬汁等热敏性料液的浓缩。

图 17-9 所示为混流式四效降膜真空浓缩设备的结构，该设备用于果汁的杀菌与浓缩。果汁首先经预热后进行杀菌，然后顺序经由四效、一效、二效和三效蒸发器进行浓缩。该设备采用了多个蒸发器夹套内的预热器，并增设有闪蒸冷却器用于果汁杀菌后的降温。二次蒸汽的冷凝采用效率较高的混合式冷凝器。

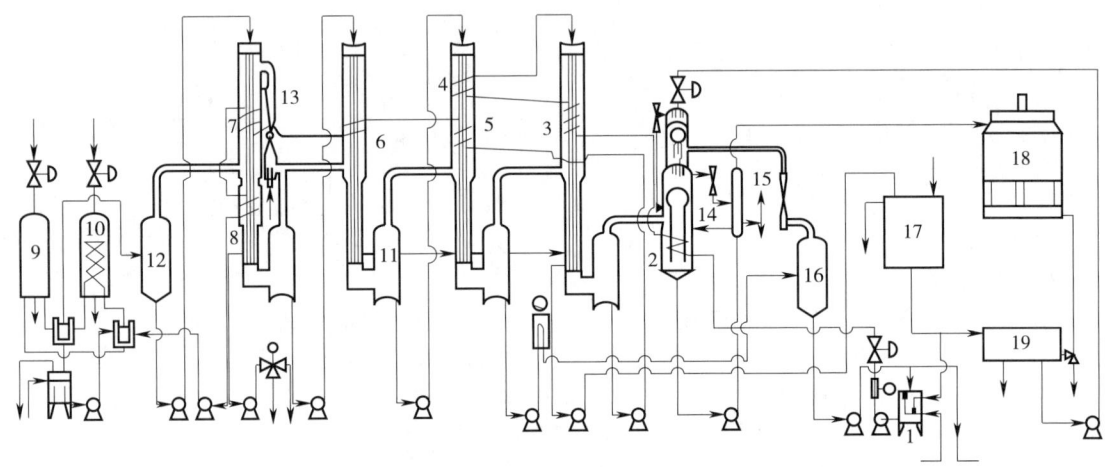

图 17-9 混流式四效降膜式真空浓缩设备结构示意图

1—平衡槽；2~7—预热器；8—直接加热式预热器；9~10—高效加热器；11—高效冷却器；12—闪蒸罐；13—热压泵；14—两端式混合换热冷凝器；15—真空罐；16—浓缩液闪蒸冷却罐；17—冷却罐；18—冷却塔；19—冷却水泵。

3. 离心薄膜真空浓缩设备

离心薄膜真空浓缩设备是一种利用锥形蒸发面高速旋转时产生的离心力使料液成膜及流动的高效蒸发设备，具有传热效率高、蒸发强度大的特点。利用离心力原理是该设备高效运行的关键。蒸发浓缩时，在离心力的作用下传热面上的料液膜层薄，料液停留时间短，浓缩液与二次蒸汽分离彻底，不需要附加汽-液分离器。该设备可溶性固形物损失小，蒸发温度<50℃，适用于果汁以及其他热敏性液体食品或料液的浓缩。

离心薄膜真空浓缩设备结构如图 17-10 所示，其结构与碟式分离机相似，浓缩器的主要工作部件为转动的锥形离心盘，由若干数量的中空锥形离心盘堆叠而成。锥形离心盘固定在回转轴上并与回转轴一同旋转。离心盘之间保持的一定间距为物料加热蒸发空间，可在空心离心盘内通入加热蒸汽。离心薄膜蒸发器主轴两侧开有通孔与外界连接，为加热蒸汽进入和蒸汽冷凝水排出通道。离心盘表面均为工作面，因此整机具有很大的工作面。浓缩器的外壳上轴安装料液进料管、浓缩液出料管、二次蒸汽出口、冷凝水管、加热蒸汽管等连接管。

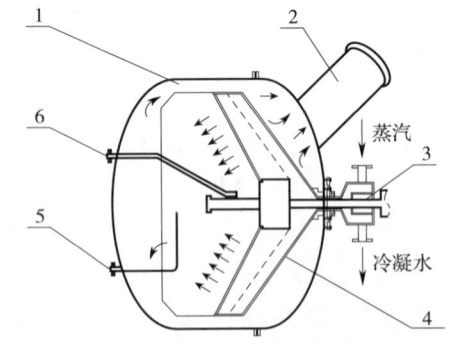

图 17-10 离心薄膜真空浓缩设备结构示意图

1—罐体；2—排汽口；3—主轴；4—转子；5—出料口；6—进料口。

料液由进料管进入旋转的离心盘间隙，利用料液喷嘴沿着锥形盘旋转方向将料液喷射于锥形盘的下侧表面（加热面）上，在锥形盘离心作用下，料液呈 0.1mm 厚薄膜状分布于锥形盘下表面，此时料液被加热并迅速汽化。加热蒸汽由浓缩器底部空心轴进入中空离心盘夹层，在离心盘夹层内完成与物料的热交换后转变成冷凝水汇集于离心盘夹层的下边缘处，由冷凝水排出管排出。离心盘之间具有一定的间隙，为料液蒸发空间，在此完成了蒸汽与料液的分离。由于浓缩液密度大，在离心力作用下浓缩液汇集于锥形盘下缘周边，然后沿垂直通道上升，再由浓缩器上部出料管通过真空装置抽出，最后经冷却器在真空条件下冷却至 20℃ 左右，完成浓缩过程，浓缩产品由泵排出。在锥形盘之间产生的二次蒸汽由锥形盘中央通道上升汇集，然后进入冷凝器冷凝，不能冷凝的气体被与冷凝器连接的水环式真空泵抽出，保持浓缩器系统内呈真空状态。

由于在蒸发浓缩的过程中，料液呈极薄的膜状流动，流动阻力大，而流动的推动力仅是离心力，因此，料液的流动性差，不适合黏度大、易结晶、易结垢料液的浓缩。此外，离心薄膜式真空浓缩设备存在结构复杂、造价高，传动系统密封容易泄漏而影响真空度，料液处理能力低等缺陷，因而在规模化生产中的应用受到限制。

第二节　反渗透浓缩技术与设备

反渗透浓缩是一种现代膜分离技术，曾广泛用于海水淡化和物质的分离纯化，近几年也用于果蔬汁和茶饮料等产品的浓缩过程中。与传统的蒸发浓缩相比，它的优点在于不需要加热，可在常温下实现分离或浓缩，产品品质变化小；在密封回路中进行浓缩分离，不受氧气影响；浓缩过程中不发生相变，挥发性成分损失较少；节能，所需能量约为蒸发浓缩的 1/17，冷冻浓缩的 1/2。反渗透的关键技术是膜的选择，包括膜的微孔径大小、结构和形式。利用反渗透浓缩时，应当充分考虑原料的性质，如果蔬汁的化学成分、不溶性固形物含量、可溶性固形物的初始浓度以及果蔬汁的热敏性等。

一、反渗透膜浓缩原理

反渗透膜浓缩是指溶液进入反渗透膜，溶剂水分子在压力作用下渗出，达到浓缩的目的，又称逆渗透，与正常的渗透过程相反，对膜一侧的料液施加压力，当压力超过它的渗透压时，溶剂会逆着自然渗透的方向作反向渗透。该过程在常温下即可进行，且不涉及相的变化，能够较高程度地保持物质原有性质，提高浓缩效率的同时降低能耗。

二、反渗透膜的种类及组件结构

反渗透膜按膜的结构可分为非对称膜、均质膜、复合膜、动态膜；按膜的材质可分为醋酸纤维膜、芳香聚酰胺膜、高分子电解质膜、无机膜等。

反渗透膜的膜组件结构有四种基本形式：板框式、管式、中空纤维式和螺旋卷式。

三、反渗透膜技术的应用

反渗透膜技术是在 20 世纪后期发展起来的膜法水处理技术，已逐步应用于果汁、饮用水、乳品、酒类、脱色等食品工业领域。

(一) 果汁浓缩

反渗透膜浓缩技术在果汁生产中的应用极大地改善了果汁的品质和保质期。在果汁浓缩过程中,反渗透系统能有效去除水分,同时保留果汁中的糖分、有机酸和香气成分。相比传统的蒸发方法有一定优势,如热蒸发会破坏果汁中的大部分维生素和风味、冷冻浓缩可保留8%,而反渗透技术则能在较低温度下进行,可以有效保留30%~60%的营养成分和风味物质。

但是利用一级反渗透很难将果汁浓缩到蒸发法所达到的浓度,一般只到25%~30°Brix。FMC公司和杜邦公司合作研制出一套联合膜分离装置,称为Freshnote系统,能把橙汁浓缩到60°Brix以上,几乎完全保持了新鲜果汁的风味芳香成分,其工艺流程见图17-11。利用此装置生产的浓缩汁用水稀释复原后,经气相色谱和感官鉴定证明,其风味与原果汁几乎没有差别。

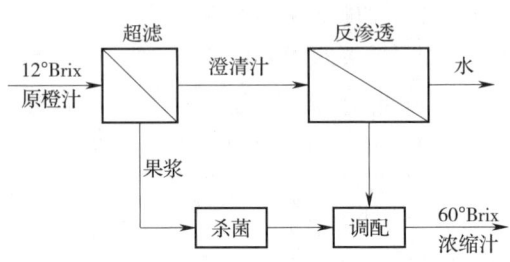

图17-11 Freshnote系统工艺流程

(二) 乳清蛋白回收

在乳品加工特别是干酪制作过程中产生的乳清(Whey)包含0.7%(质量分数)的蛋白质和5%(质量分数)的乳糖。利用反渗透膜结合超滤技术,可以将干酪乳清浓缩、干燥得到乳清蛋白粉。干酪乳清先经预处理,pH调整到5.2~5.9,在71~85℃下杀菌15s,然后用截留相对分子质量为20000~25000的超滤膜进行超滤,乳清蛋白有95%~99%被截留,而含有乳糖和盐类的溶液透过膜,截留下来的乳清蛋白经喷雾干燥可得乳清粉。

(三) 啤酒制造

反渗透技术在酒类制造领域的应用主要集中在酒液的浓缩和酒精含量调节上,特别是利用反渗透法去除醇生产低酒精啤酒和无酒精啤酒。将啤酒分批或连续地泵入反渗透膜组件,水和酒精透过膜,而较大分子的芳香物质被膜截留,保留在啤酒中。此外,反渗透技术还可以用于处理啤酒生产过程中产生的废水,通过回收利用水资源,减少了环境污染和生产成本。

(四) 糖浆脱色

反渗透膜允许水分子和一些小分子物质通过。在糖浆生产过程中,为了获得色泽清亮的产品,需要去除原料中的天然色素和其他杂质,反渗透膜技术可以有效完成这一脱色过程,同时保留糖分和风味物质。反渗透膜可以有效地拦截去除糖汁中的悬浮物、色素以及蛋白质、葡聚糖、胶体、淀粉、蔗脂、蔗蜡等大分子物质,从而降低糖汁的色值黏度,显著改善糖品的质量。

第三节 冷冻浓缩技术与设备

冷冻浓缩是使溶液中一部分水以冰的形式析出,并将其从液相中分离,从而使溶液浓度提高的一种浓缩方法。冷冻浓缩特别有利于热敏性食品的加工,浓缩液或直接作为成品,或作为冷冻干燥过程中的半成品使用。

水溶液均有如图17-12所示的平衡关系（冻结曲线），图中横坐标为溶液的浓度w（质量分数），纵坐标为溶液温度T，D为纯水冰点，E为溶液的共晶点，T_E和w_E分别为溶液的共晶温度和共晶浓度，DE是该溶液的冰点曲线（冻结线），CE是该溶液的溶解曲线。在温度T的状态下，冷却浓度组成w_A的溶液，冷却过程沿FA进行，当温度下降到T_A时，如果溶液中有"种冰"（或晶核），则溶液中的一部分水开始形成冰晶析出，T_A即为该溶液的冰点，继续冷却，剩下溶液的溶质浓度将上升，过程沿冰点曲线DE进行，直到点E。此时，溶液浓度达到其共晶浓度w_E，温度降到共晶温度T_E，溶液开始全部冻结。

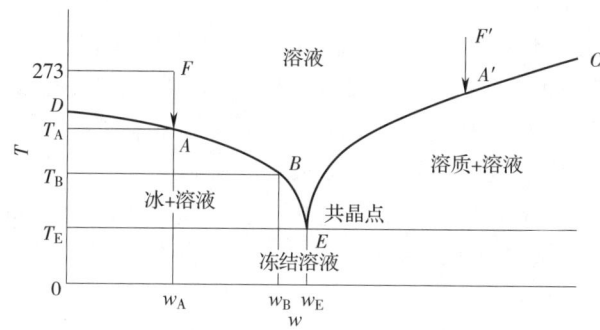

图 17-12 冻结曲线

利用冰与水溶液之间固-液相平衡原理，使其低于熔点的溶液冷却，其结果表现为溶剂（水）呈晶体（冰晶）析出；将冰晶与母液分离后，即得到增浓的溶液，这便是冷冻浓缩的基本原理。

如果溶液的浓度大于该溶液的共晶浓度，在冷却过程中，物料温度由F'降至A'后，将沿着CE的溶解曲线进行，一边下降温度一边析出溶质，直到共晶点E才开始全部冻结，该冷却的结果是溶质的结晶析出过程，溶液的浓度将变得更低，这就是传统的结晶操作。所以冷冻浓缩工艺与结晶工艺操作是相反的。可见，只有当溶液的浓度低于共晶点E相对应的共晶浓度时，冷却的结果才是冰晶析出而溶液被浓缩，否则是溶液的结晶过程，即一个稀释过程。

冷冻浓缩的主要优点：①由于是在低温下对溶液进行浓缩，因此，对热敏性料液，尤其是食品料液的浓缩非常有利；②冷冻浓缩中溶剂水的排除不是通过加热蒸发，而是依靠从溶液到冰晶的相间传递，可避免低沸点的芳香物质成分因挥发而损失。因此，含挥发性芳香物质的食品采用冷冻浓缩，虽成本较高，但其品质优于蒸发和膜浓缩加工的产品。

冷冻浓缩的主要缺点：①浓缩度比较低，料液最终浓度不超过其最低共熔浓度；②晶液的分离技术要求高，且溶液的黏度越大，分离越困难，冰晶的夹带损失也越大；③成品中微生物未受到抑制，加工后仍需采用杀菌处理或冷冻贮藏；④生产成本较高。

冷冻浓缩可用于低黏度的料液浓缩，防止产品质量受损，是优质和热敏性产品浓缩的理想选择，适用于咖啡、果汁、茶汤、醋、乳品等产品的浓缩。

冷冻浓缩主要包括料液冷却结晶和冰晶与浓缩液分离两步，因此，冷冻浓缩设备主要由冷却结晶设备和冰晶悬浮液分离设备两部分组成。

一、冷却结晶设备

冷冻浓缩中冷却结晶设备具有两个功能：冷却除去结晶热和进行结晶。根据冷却方法可分为直接冷却式结晶器和间接冷却式结晶器，间接冷却式结晶器又可分为内冷式结晶器与外冷式结晶器。

（一）直接冷却式结晶器

溶液中的物质吸热发生汽化相变的过程中带走另一部分物质的结晶热，从而促使这部分物质结晶的方法称为直接冷却式结晶。发生汽化的物质可以是水，也可以是制冷剂。下面介绍采用部分水的真空蒸发结晶器。

真空蒸发结晶器的工作原理是在真空状态下，部分水分从溶液中吸收热量发生汽化，而另一部分水分因热量的除去而结晶成冰。这种部分水汽化和部分水结冰的过程可使体系的温度保持稳定。例如，在绝对压强267Pa直接冷却式结晶器中，溶液所对应的沸点约为 $-3℃$，此时每蒸发1kg水需要吸收的蒸发潜热可使7.14kg水结晶成冰。

直接冷却与间接冷却相比有两个明显的优点。首先，它不需要用昂贵的刮板式换热器；其次，如果能将低压力二次蒸汽再压缩提高其绝对压力，并利用分离出的冰晶对压缩后的二次蒸汽进行冷凝，还可以进一步降低能耗。

直接冷却式真空结晶器的特点是设备和能耗费用相对较低，但由于减压蒸发时，芳香物质也损失了，导致浓缩液风味较差。对于多数果汁，如果能用吸收器回收芳香物质，就能减少芳香物质损失。

图17-13所示为一种具有芳香物质回收功能的真空结晶装置，料液进入真空结晶器后，在绝对压强267Pa下，部分水分蒸发，部分水分成为冰晶。从结晶器出来的冰晶悬浮液经分离器分离后，冰晶排出，浓缩液从顶部进入吸收器。而从真空结晶器出来的带芳香物质的蒸汽先经冷凝器除去水分后，从底部进入吸收器，并从上部将惰性气体抽出。在吸收器内浓缩液与含芳香物质的惰性气体逆流流动，芳香物质被浓缩液吸收，然后惰性气体由吸收器顶部排出而吸收了芳香物质的浓缩液从吸收器底部排出。

（二）间接冷却式结晶器

1. 内冷式结晶器

这类结晶器有两种，一种是产生几乎完全固化悬浮液的结晶器；另一种是产生可泵送料液的结晶器。第一种结晶器的结晶原理属于层状冻结，由于预期厚度的晶层固化，晶层可在原地进行洗涤或作为整个板晶或片晶移出后再予以分离。此法优点是，因为部分固化，所以即使是稀溶液也可浓缩到40%浓度以上，同时还具有洗涤简单、方便的优点。但是由于冰晶非常薄，浓缩液与冰晶的分离比较困难。第二种结晶器是采用结晶操

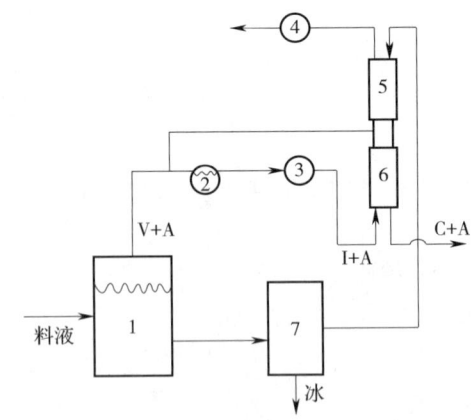

图17-13 具有芳香物质回收功能的
真空结晶装置结构示意图

1—真空结晶器；2—冷凝器；3—干式真空泵；
4—湿式真空泵；5—吸收器Ⅰ；
6—吸收器Ⅱ；7—冰晶分离器
V—水蒸气；A—芳香物质；C—浓缩液；I—惰性气体。

作和分离过程分开的方法。它由一个大型内冷却不锈钢转鼓和一个料槽组成，转鼓在料槽转动，固化晶层由刮刀除去。因冰晶很细，故冰晶和浓缩液分离较困难，此法工业上常用于生产浓缩橙汁。另一种方法是将料液以喷雾的形式喷洒到缓慢旋转的内冷却转鼓式转盘上，形成片冰而排出。

冷冻浓缩大多数采用内冷式结晶器，即第二种结晶器，产生可输送的悬浮液。在典型的设备中，晶体悬浮液在冷却结晶器中仅停留几分钟。由于停留时间短，晶体粒度小，一般$<50\mu m$。作为内冷式结晶器，刮板式换热器是典型的产生可输送冰晶悬浮液的结晶器。

2. 外冷式结晶器

外冷式结晶器有3种主要形式。

第一种外冷式结晶器要求料液先经过外部冷却器进行冷却处理，然后经过冷却的无晶体料液在结晶器中释放出"冷量"。为了减少冷却器内晶核形成和晶体成长，避免因此引起料液的堵塞，冷却器传热壁接触料液的部分必须高度抛光。使用这种形式的设备，可以防止结晶器内局部过冷现象。从结晶器出来的液体可由泵再循环至换热器，而晶体则借助泵吸入管路上的过滤器而被截留在结晶器中。

第二种外冷式结晶器的特征是整个悬浮液在结晶器与换热器之间不断循环，晶体在换热器内停留时间比在结晶器内停留时间短，所以晶体成长主要在结晶器内。

第三种外冷式结晶器结构如图17-14所示。这种结晶器具有特点：①料液先在外部换热器中产生亚临界晶体；②部分无晶体料液从结晶器到换热器间再循环。刮板式换热器热通量很高，致使强烈的晶核形成。在换热器中晶体停留时间只有几秒，所以产生的晶体极小。当其进入结晶器后即与结晶器内含大晶体的悬浮液均匀混合，在结晶器内停留时间至少0.5h，小晶体溶解，其溶解热就用于大晶体成长。

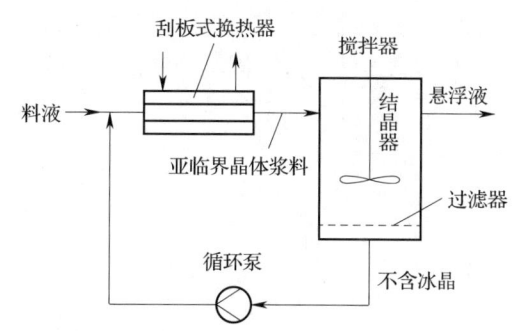

图17-14 第三种外冷式结晶器结构示意图

二、冰晶悬浮液分离设备

冰晶悬浮液分离设备包括压榨机、过滤式离心机、洗涤塔以及压榨机与洗涤塔的组合等。

（一）压榨机

压榨机是将料液置于两个平面间，从平面两侧向料液施加压力，使液体从料液中分离。一般常用的是水力活塞式压榨机和螺旋式压榨机。采用压榨机分离时，可溶性固形物损失取决于被压缩冰饼中浓缩液的夹带量，而冰饼中浓缩液的夹带量与压榨机采用的压力成反比。由于压榨法导致较多的可溶性固形物损失，所以这种分离方法只用于前期分离，为最后完全分离提供冰晶含量较高的浓缩液。

（二）过滤式离心机

冷冻浓缩中使用的离心机为过滤式离心机，可以用洗涤水或用冰融化后的水洗涤冰饼，因此分离效果比压榨法好。但洗涤水将稀释浓缩液，分离时溶质损失取决于晶体大小和浓缩液黏度。离心机分离的缺点是当浓缩液从滤饼中流出时，芳香物质会有所损失，这是浓缩液与大量空气密切接触发生氧化所致。

(三) 洗涤塔

分离操作也可以在洗涤塔内进行,在洗涤塔内分离比较完全,浓缩液不会被稀释。操作时洗涤塔完全密封且无顶部空隙,从而避免了芳香物质的损失。从洗涤塔排出的浓缩液用纯水复原时,在理化指标与感官品质等方面与未浓缩的原液没有明显区别。

洗涤塔分离原理主要是利用纯冰溶解的水分来排出冰晶间存在的浓缩液,可采用间歇式或连续式。间歇式只用于管内或板间生成的晶体进行原地洗涤。在连续式洗涤塔中晶体相和液相作逆向移动,进行密切接触。图17-15所示为连续式洗涤塔的工作原理,从结晶器排出的晶体悬浮液从塔底进入,浓缩液从同一端经过滤器排出。因冰晶密度比浓缩液小,冰晶逐渐上浮到塔顶,浓缩液从塔底经过滤器排出。塔顶设有融冰器(加热器),使部分冰晶融化成水。融化水大部分排到洗涤塔外,小部分向下返回,与上浮冰晶逆流接触,洗去冰晶表面的浓缩液。因此,沿塔高方向冰晶夹带的溶质浓度逐渐降低,冰晶随浮随洗,夹带的溶质越来越少。当向下流动的洗涤水量占融化水量的比例增加时,其洗涤效果明显提高。洗涤塔按塔中冰晶移动的推动力不同,可分为浮床式、螺旋式和活塞式3种。

(1) 浮床式洗涤塔 这种洗涤塔中冰晶与浓缩液作逆向运动,其推动力是晶体和液体两相密度差。浮床式洗涤塔已广泛用于海水脱盐中的盐水和冰分离。

(2) 螺旋式洗涤塔 这种洗涤塔是以螺旋推进为两相相对运动的推动力,如图17-16所示,晶体悬浮液进入两同心圆筒的环状空间,环状空间内的螺旋保持旋转。螺旋具有棱镜状断面,除迫使冰晶沿塔体移动外,还有搅动晶体的作用。螺旋式洗涤塔已广泛用于有机物的分离。

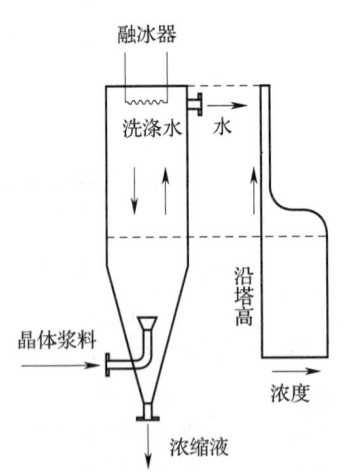

图17-15 连续式洗涤塔工作原理示意图

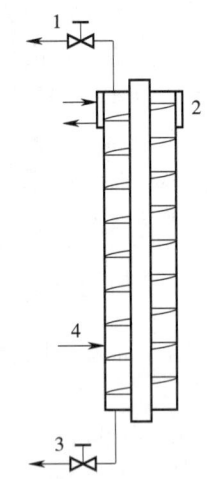

图17-16 螺旋式洗涤塔结构示意图

1—融化水;2—融冰器;3—浓缩液;4—晶体浆料。

(3) 活塞式洗涤塔 该种洗涤塔以活塞往复移动为冰床移动的推动力,如图17-17所示。它由洗涤塔塔体、塔下部活塞、顶部刮板装置等组成。多孔活塞连着一个中央进料管,并可在下部液压缸驱动下作往复运动。例如图示 S_1 位置与刮板之间充满紧密的冰床,当关闭B、C阀,开启A阀时,在液压缸的作用下,活塞向下运动,活塞上方空间填充晶体浆料。当活塞抵达 S_3 位置时,关闭A阀,开启B阀,活塞在液压缸作用下向上运动,此时浓缩液穿过活塞上的多孔网被滤走,并经 B 阀从洗涤塔排出,而冰晶留在活塞上方。当活塞抵达 S_2 位置时,活塞上方建立起一个冰床,冰床在顶部挤压刮板刮下的冰屑与其融化水在换热器内循环,少部分融化水往下流动用于洗涤夹带在冰晶中浓缩液,大部分融化水经 C 阀排走。光电装置通过启闭 C 阀控制洗涤前沿位置,从而实现冰床洗涤。已洗涤的冰晶层与未稀释的浓缩液层之间相距仅几厘米。从洗涤塔排出的融化水中可溶性固形物浓度可低至 10mg/kg。洗涤塔生产能力取决于冰晶大小和浓缩液黏度,其范围若以每小时每平方米洗涤塔截面去冰量计,为 3000~10000kg。

(四)压榨机与洗涤塔组合

压榨机与洗涤塔组合可实现最经济的分离过程。图 17-18 所示为这种组合的一个典型实例。从结晶器排出的冰晶悬浮液在压榨机中分离,仍然含有约 40%(质量分数)冰饼的浓缩液在混合器中与进料稀液混合,成为含冰晶的混合浓缩液。此混合浓缩液在洗涤塔内被完全洗涤。纯水与混合浓缩液分别从塔顶侧排出,而进入结晶器的混合浓缩液与压榨机排出的浓缩液相混合。这种组合型式有较多优点。组合型式只需采用简单的洗涤塔,而不必使用价格昂贵复杂的洗涤塔。洗涤塔处理的是经过进料后稀释的混合料液,而不是直接从压榨机排出的浓缩液,浓度的降低使黏度剧烈下降,从而使洗涤塔生产能力大增。还有一个更主要的优点是,即使离开结晶器的晶体悬浮液黏度很高,或者晶体平均直径很小,这种组合方法仍能使冰晶与浓缩液完全分离。

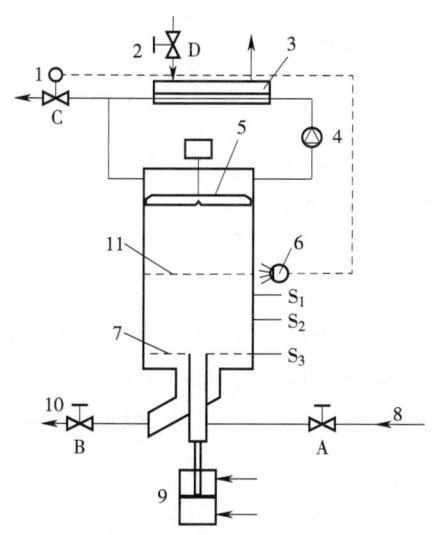

图 17-17 活塞式洗涤塔结构示意图

1—融化水出口;2—加热蒸汽;3—加热器(融化器);4—泵;5—刮板装置;6—光电装置;7—多孔活塞;8—从结晶器来的浆液;9—液压缸;10—浓缩液出口;11—洗涤前沿。

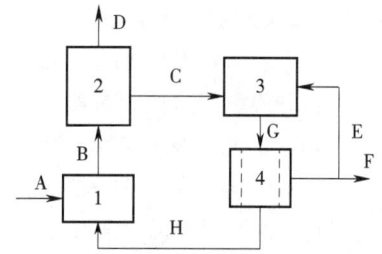

图 17-18 压榨机与洗涤塔典型组合流程

1—混合器;2—洗涤器;3—结晶器;4—压榨机。
A—进料稀液;B—冰与中浓缩液;C—中浓缩液;D—纯水;E—回流浓缩液;F—浓缩液排出;G—冰与浓缩液;H—冰饼与浓缩液

三、冷冻浓缩系统

将冷冻结晶装置与冰晶悬浮液分离装置有机地结合在一起,便可构成冷冻浓缩系统。冷冻浓缩系统可以分为单级冷冻浓缩系统和多级冷冻浓缩系统。

(一)单级冷冻浓缩系统

单级冷冻浓缩系统一次性使料液中部分水分结成冰晶,然后对冰晶悬浮液分离,得到冷冻浓缩液。如图17-19所示,原料罐中稀溶液通过循环泵首先输送到刮板式热交换器,在冷媒作用下冷却,生成细微的冰晶,然后进入再结晶罐(成熟罐)。结晶罐保持一个较小的过冷却度,溶液的主体温度将介于该冰晶体系的大、小晶体平衡温度之间,高于小晶体的平衡温度而低于大晶体的平衡温度。小冰晶开始融化,大冰晶成长。结晶罐下部有一个滤网,通过滤网从罐底出来的浓缩液,一部分作为浓缩产品排出系统,另一部分与进料液混合再循环冷却进行结晶。未通过滤网的大冰晶料液从罐底出来后进入活塞式洗涤塔。洗涤塔出来的浓缩液再循环冷却结晶,融化的冰水由系统排出。

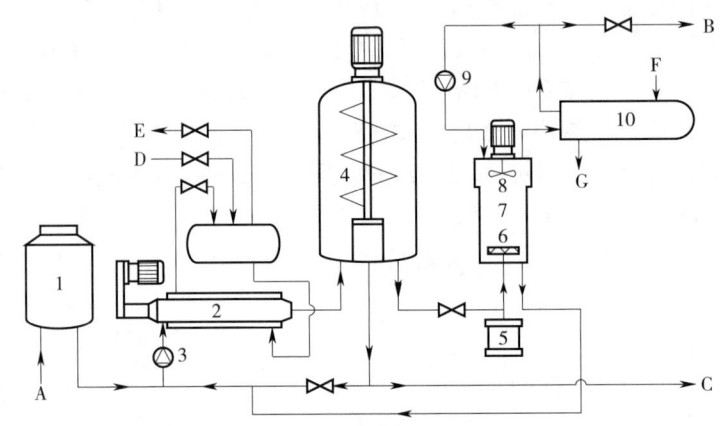

图17-19 单级冷冻浓缩系统

1—原料罐;2—刮板式热交换器;3—循环泵1;4—再结晶罐;5—液压装置;6—多孔板活塞;7—冰洗涤柱;
8—刮冰搅拌器;9—循环泵2;10—融冰加热器;
A—原料液;B—冰水;C—浓缩液;D、G—制冷剂液;E、F—制冷剂蒸气。

(二)多级冷冻浓缩系统

多级冷冻浓缩系统是将前一级的浓缩液作为原料液进一步通过更低的温度使部分水结成冰晶,再进行分离。通过控制料液在结晶器中的循环速度,可以使料液获得不同的过冷度,从而可以利用同一状态制冷剂实现多级冷冻浓缩所要求的冻结温度差异。图17-20所示为多级冷冻浓缩系统的一个典型实例——二级冷冻浓缩系统。

其主要工作流程包括以下几部分。

(1)进料输送 流程的起始点是进料输送。原始液体食品,通常是饮料,从存储容器中通过管道或输送系统传输至浓缩设备的入口。这确保了原料的平稳流动。

(2)一级冷冻浓缩 在进入一级冷冻浓缩设备之前,原始液体经过初步处理。一级冷冻浓缩设备包含了高效的冷却系统,它可使液体的温度降到极低的水平。此过程中液体中的水分开始结冰和凝固,形成小冰晶。

(3)分离 分离过程是一级浓缩设备的核心部分。液体通过高速离心机或分离器,冰晶被分离出来。这个步骤实现了冰和浓缩物的分离,浓缩物保持流动状态。

(4)二级冷冻浓缩 分离后的浓缩物进入二级冷冻浓缩设备。这里的温度再次大幅下降,致使浓缩物中的残余水分进一步凝固。二级冷冻设备的设计旨在使水分最大化凝固,从而提高浓缩度。

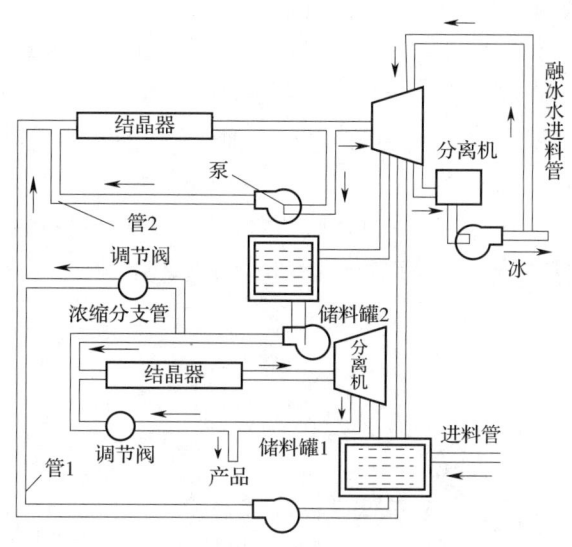

图 17-20 二级冷冻浓缩系统

(5) 再次分离 二级冷冻浓缩后，浓缩物再次经过分离过程，以将残余水分从浓缩物中完全分离出来。高速离心机或分离器确保水分被完全移除，以获得最终的高浓度浓缩物。

(6) 浓缩产物流出 最终的浓缩产物从设备中流出，具有较高的浓度。这个产物通常满足饮料或液体食品所需的浓度，可以直接用于后续的包装或加工。

二级冷冻浓缩装置的关键在于其能够将液体食品浓缩到高浓度，而不会丧失原始产品的风味和营养价值。这种浓缩方式在饮料工业中广泛应用，如用于制备各种产品，包括果汁、浓缩饮料、乳制品和其他液体食品。冷冻浓缩技术的优点之一是它能够在低温下处理液体，减少热敏性成分的降解，对于保持产品的品质和口感至关重要。此外，浓缩过程还有助于减少产品的体积，从而减少运输和储存成本。它还可以延长产品的保质期，使其更容易在市场上销售。

[案例] 浓缩苹果汁生产设备流程

浓缩苹果汁是全球消费量最大的浓缩果汁，而我国是全球最大的浓缩苹果汁出口国和进口国。浓缩苹果汁因其高浓度的特点，常作为一种营养丰富的天然甜味剂被广泛应用于饮料、食品制造等领域，例如浓缩咖啡、茶饮、能量饮料等产品的配制。此外，浓缩苹果汁还可以作为一种天然防腐剂，帮助延长食品的保质期。

浓缩苹果汁生产设备流程如图 17-21 所示，主要包括：果池中的新鲜苹果原料由水力传送，通过滤水格栅过滤，剔除树叶、树枝、碎果等杂物进入一级隔板提升机，喷淋冲洗，清洗表面附着物；在滚杠网带捡果机处人工挑拣不合格原果后进入一级鼓泡清洗机，原果反复清洗，滚动向前，进入二级刮板提升机，彻底清洗原果表面，风刀吹去表面水分。通过反复清洗，原果表面已彻底干净，农残也得到清除。进入锤式破碎机，再进入果浆暂存罐，由螺杆泵送入带式榨汁机压榨，果汁暂存罐收集榨机的果汁，榨机运转的过程中榨带一直保持高压水清洗附着的果肉。果汁暂存罐的果汁送入灭酶机，灭酶温度95℃，保温30s，出料温度50~55℃，进入酶解罐加入酶制剂，降低果汁中的淀粉和果胶成分，有利于后续超滤机组连续工作；经过超滤的果汁分成两部分，浊汁部分回到循环罐继续循环，清汁收集到清汁罐进入树脂吸附柱脱色除菌，经过树脂脱色的清汁送入清汁罐，再送入蒸发器内浓缩。当出料糖度达到70.5°Brix时打入批次罐暂存，暂存罐满罐检测合格后进入杀菌机，杀菌温度125℃，保温60s，降温到20℃后进入无菌灌装机灌装，装入铁桶，送入冷库低温保存。

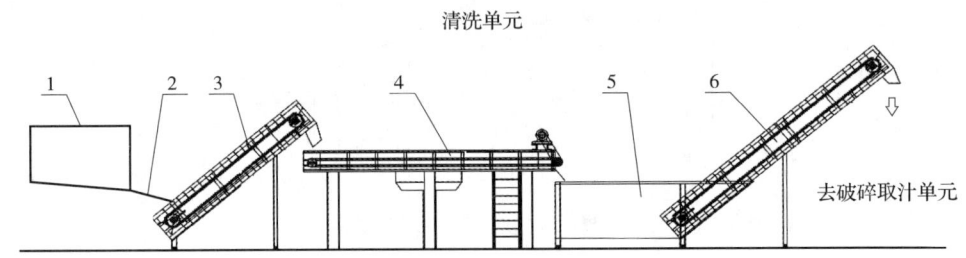

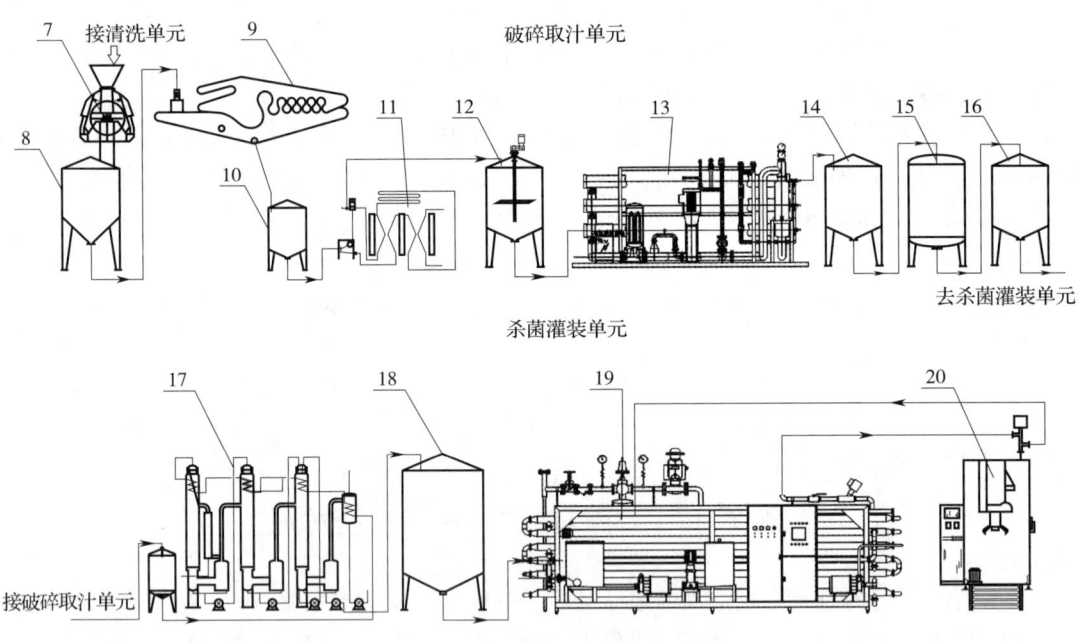

图17-21 浓缩苹果汁生产设备流程

1—果池；2—滤水格栅；3—一级隔板提升机；4—网带捡果机；5—一级鼓泡清洗池；
6—二级刮板提升机；7—锤式破碎机；8—果浆暂存罐；9—带式榨汁机；10—果汁暂存罐；
11—灭酶机；12—酶解罐；13—超滤机组；14—清汁罐；15—树脂吸附柱；16—清汁罐；
17—蒸发器；18—批次罐；19—杀菌机；20—无菌灌装机。

> 思考题
>
> 1. 饮料浓缩有哪几种方法?
> 2. 阐述不同浓缩设备的基本原理和优缺点。
> 3. 真空浓缩设备按结构分为哪几类?阐述各类真空浓缩设备的特点。
> 4. 反渗透浓缩设备膜组件的结构有哪几种?阐述各种结构的特点。
> 5. 冷冻浓缩设备系统一般由哪几部分构成?各部分的作用是什么?有哪些常用的具体形式?

第十八章 杀菌技术与设备

学习目标

1. 了解灌装前杀菌设备的类型、优缺点和应用趋势。
2. 掌握连续式杀菌设备的结构、工作原理和特点。
3. 掌握非热物理杀菌设备的类型、原理和适用条件。
4. 了解非热物理杀菌设备的发展方向和应用趋势。

杀菌是饮料加工的一个重要工序。饮料的杀菌作用涵盖两个主要方面：①需要有效消除饮料中可能存在的致病菌和腐败菌，同时抑制食品中的酶活性，以确保饮料在特定环境条件下（例如密封瓶、罐或其他包装容器内）能够保持一定的保质期；②要求在杀菌过程中尽可能地保护饮料中的营养成分和风味。因此，经杀菌后的饮料属于商业无菌。

饮料杀菌按照加工工艺的先后分为灌装前杀菌、灌装后杀菌；按照饮料被处理时的状态分为流动状态杀菌和灌装后静止状态杀菌；按照杀菌方法分为物理杀菌和化学杀菌。但由于化学杀菌存在残留物等影响，目前饮料杀菌趋向于物理杀菌，物理杀菌分为热杀菌和非热杀菌。

第一节 热杀菌技术与设备

热杀菌是以杀灭微生物为主要目的的热处理形式，分为湿热杀菌法、干热杀菌法、微波杀菌法和远红外杀菌法。其中湿热杀菌法是常用的饮料杀菌方式，它是以蒸汽、热水为加热介质，或直接用蒸汽喷射式加热的杀菌法，涵盖了巴氏杀菌（Pasteurization）法、高温短时杀菌法（HTST）以及超高温瞬时杀菌法（UHT）三种不同的应用方式。巴氏杀菌是低温长时间杀菌法，杀菌条件为 61~63℃、30min，或 72~75℃、10~15min。加热时应注意物料表面温度较内部温度低 4~5℃。高温短时杀菌法，杀菌温度一般在 100~130℃，为保持数十秒的杀菌方法。超高温瞬时杀菌法，杀菌温度在 135~150℃，为仅保持几秒的杀菌方法。高温短时杀菌法和超高温瞬时杀菌法是两种高效的杀菌方法，它们不仅在杀菌效率上表现优异，而且在维持食品的质构、营养和风味方面均优于其他杀菌方法。

一、灌装前杀菌设备

灌装前杀菌是指对未经包装的乳饮料、植物蛋白饮料和果蔬汁饮料等液体饮料的料液进行杀菌。这种杀菌方式的设备可分为直接加热式和间接加热式两种类型。直接加热式杀菌是蒸汽直接喷入饮料中，或者将饮料喷入蒸汽中，通过传导和对流将热量传给饮料进行杀菌的方式。间接加热式是在产品和加热介质（冷却介质）之间设置了一个间壁物，热量由介质传到间壁，再由间壁传到产品的杀菌方式，常用的热交换器有板、管式热交换器及刮板式换热器等设备。

（一）直接加热式杀菌设备

直接加热式杀菌按照加热介质与饮料的混合方式又分为喷射式和浸入式，其中蒸汽喷射式杀菌是指将蒸汽喷射到饮料中，与之相反的是浸入式，是将饮料注入蒸汽中，如图18-1所示。

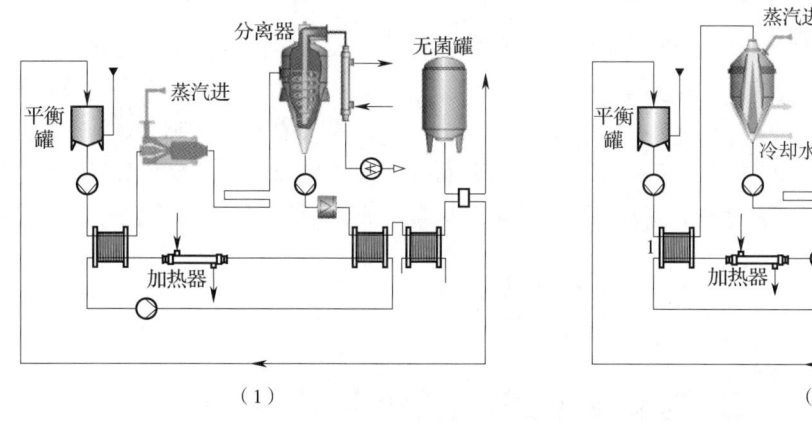
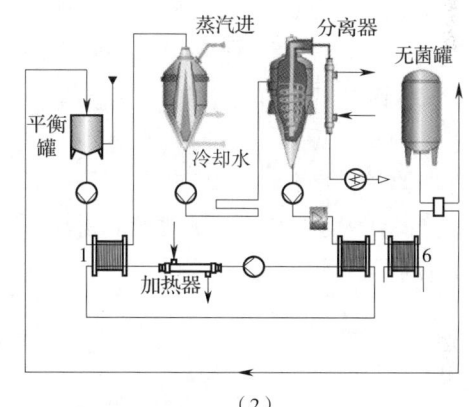

（1）直接喷射式杀菌设备 （2）直接浸入式杀菌设备

图18-1 喷射式和浸入式杀菌设备结构示意图

直接喷射式杀菌设备的优点主要有：①升温速率快，蒸汽通过喷射器，直接喷入产品中，物料受热时间短，可以更好地降低产品中热敏性成分损失；②不易结垢，蒸汽不通过管壁把热量传递给饮料，杜绝了由于管壁温度过高而导致饮料在管壁上产生结垢或结焦；③感官品质变化小，由于加热和冷却速率快，对产品的口感、色泽影响小；④适用于特殊产品杀菌，鉴于其升温和降温速率快的特点，多适用于高附加值、高品质产品，或者热敏性强、易变色、易变性、易黏壁、黏度相对较高的饮料灭菌。然而，其也存在设备造价高、运行成本高、产品容易过热和不易控制保温时间等劣势。目前主要应用于高端牛乳、稀奶油、豆奶、配方乳制品等热敏性产品。该设备还适用于燕麦饮料、植物性奶油基料等产品和其他淀粉基含量较高、易结垢的产品杀菌。

直接浸入式杀菌设备也有一定优势，蒸汽注入过程中可以稳定和准确地控制温度和时间，产品质量稳定、灵活性高，操作容易。高温高压的蒸汽短时间内就可使产品加热到杀菌温度，有助于保持产品的新鲜度，可以更好地保留产品中的热敏性成分，同时确保较高的杀菌效率。

不足之处是运行成本比喷射式杀菌更高，热量回收率低。除了适用于乳制品等热敏性产品外，还可用于高蛋白和谷物饮料的杀菌。

对于高蛋白和谷物饮料来说，间接加热式杀菌会产生较严重的结垢现象，直接加热式杀菌更符合产品的特性和质量要求。直接加热式杀菌主要用于牛乳、植物蛋白饮料和高黏度的谷物饮料等液体产品的超高温杀菌。值得注意的是，直接加热在蒸汽冷凝时产生的冷凝水会稀释产品，可在真空罐中利用闪蒸设备除去冷凝水。

（二）间接加热式杀菌设备

1. 管式杀菌机

管式杀菌机可用于果汁、果浆等液体饮料的热灌装或无菌灌装前的杀菌处理，饮料产品在经过前期处理后，进入杀菌设备的物料平衡罐。通过物料泵，将产品输送至套管热交换单元，经过这一阶段的处理进行预热，最后在列管换热器中进行加热，产品需在持温管中保温一定时间以取得设定的杀菌效率。产品经一级和二级冷却后达到灌装所需的温度，一级冷却一般采用热回收方式。

管式杀菌机结构如图18-2所示，其特点包括：杀菌物料黏度范围大，适应pH范围广（1~14），产品热处理过程均匀，热回收率高达90%；管道内部设计无卫生死角，且产品不会黏附管壁，采用波纹管以在杀菌过程中形成较高的湍流，这种设计在物料流动过程中具有自清洗效果，因此不易形成管壁结垢和污染；较长的持续运行时间和较佳的CIP自清洗效果；备件少、运行成本低；易于安装、检查和拆卸，管道检修方便。管式杀菌机适合于乳饮料、果汁饮料、茶饮料、植物蛋白饮料、果酱等产品的杀菌，结合无菌灌装生产方式，即经杀菌设备处理后的产品在无菌条件下完成灌装和密封，其品质或新鲜度在常温下能够保持6~12个月（无需添加防腐剂），且不需要冷藏。

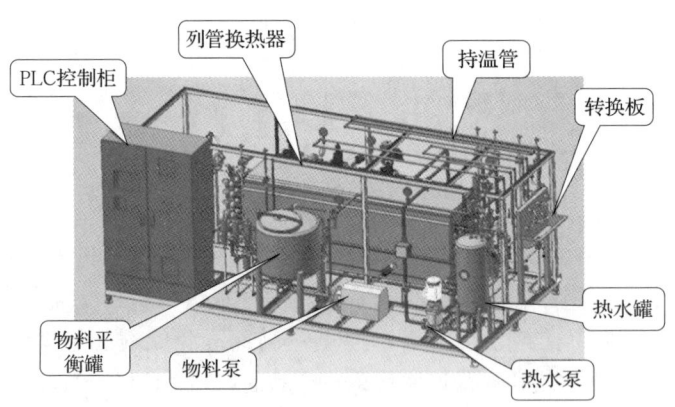

图18-2 管式杀菌机结构示意图

2. 板式杀菌机

板式杀菌机广泛适用于低黏度液体饮料的热杀菌过程。其操作基于产品与水之间的温差控制。板式杀菌机结构如图18-3所示。首先，平衡罐将产品输送至换热器内，在加热部分与已完成杀菌的热物料进行热交换。这一过程使得冷物料的温度逐渐上升至设定值。接下来，通过蒸汽加热的水间接加热物料至设定的杀菌温度。物料在保温管中保持所需的杀菌温度和杀菌时间，然后从持温管流出，并与进入杀菌机的冷物料进行热交换。最终，在冷却段中，用冷却介质将物料冷却至设定的出口温度。整个过程均在封闭状态下进行。板式杀菌机具备一定的灵活性,可以根据对物料加热、保温、杀菌和冷却等不同工艺要求进行特定的组合方式设计,以满足饮料生产工艺的多样性需求。

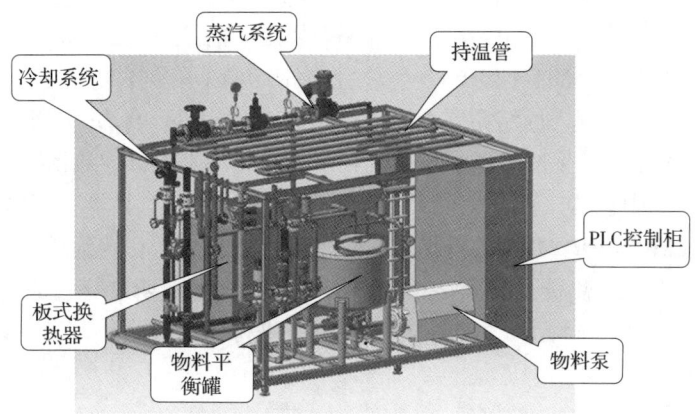

图 18-3　板式杀菌机结构示意图

板式杀菌机与管式杀菌机优劣势对比分析见表 18-1。

表 18-1　　　　　　　板式杀菌机与管式杀菌机优劣势对比分析

项目	板式杀菌机	管式杀菌机
设备体积	结构紧凑,加热段、冷却段和热回收段可有机地结合在一起	对于相同传热面积而言,体积相对较大
传热效率	热交换板片的优化组合和形状设计,明显提高了传热系数和单位面积的传热量	相对较低
工作温度及压力	受制于板材和密封垫圈对温度及压力的耐受程度,相对较低	生产过程中能承受较高的温度及压力
热利用和回收	热回收率相对较高,可达 94%	相对较低
物料要求	不建议用于含有颗粒和纤维物料的热处理	对产品的适应能力强,能对高黏度、含颗粒和纤维的产品进行热处理
工作时间和清洗次数	易于拆卸,但需要定期检查板面结垢情况及 CIP 清洗的效果;人工清洗加热板面	有较高的生产能力,可以长时间持续工作

板式杀菌机与管式杀菌机从温度变化情况来看比较接近,但从机械设计的角度来看存在以下区别。

(1) 板式杀菌机很小的体积就能提供较大的传热面积,为达到同样的传热量,板式杀菌机是最经济的一种换热设备。

（2）管式杀菌机因其结构特性，更加耐高温和高压，而板式杀菌机则受到板材及垫圈的限制。

（3）板式杀菌机对加热表面的结垢非常敏感，因为其流道相对较窄，垢层很快会阻碍产品的流动。为了保持流速不变，必须增加驱动压力，但受到结构，特别是垫圈的限制，压力增加受限制。与之相比，管式杀菌机由于产品与加热介质之间的温差较大，相对于板式杀菌机更容易发生结垢，但结垢对产品的流速影响较小，因为系统可以承受较大的内压力。持续生产的主要制约因素通常是杀菌温度，因结垢层会影响传热效率，从而影响杀菌温度。

（4）由于两种杀菌机在生产过程中可能受到产品结垢的影响，导致系统不稳定，因此需要对系统进行清洗。其中包括在保证完全无菌状态的情况下对热交换器进行清洗（AIC），目的是去除加热面上沉积的脂肪、蛋白质等垢层，降低系统内压力，有效延长一次性连续运行的时间，进而保证杀菌系统的热传递有效性；根据产品结垢程度定期进行就地清洗（CIP），目的是在一个生产周期结束后对管道、容器、生产线设备进行彻底清洗和灭菌，以保证杀菌效果及整个灌装系统的无菌状态。

3. 刮板式杀菌机

刮板式杀菌机主要由刮板式热交换器、平衡罐、PLC控制柜及操作台等组成（图18-4）。该设备具有优异传热性能和处理高黏度料液的能力，物料升温时间短和不易结焦，是低流动性半流体食品（如浓缩果浆、番茄酱等）的理想杀菌设备，其优异的传热效率主要借助于刮板搅动物料并清洁传热面。在实际生产中，常将数台刮板式杀菌机串联，通过输送泵将物料连续通过换热器进行预热、杀菌和冷却，最终进行无菌灌装。在采用刮板式杀菌机设计之前，首先需要对物料的物性、在换热器内的流动形态以及热传递的特点进行详细研究。此过程还包括对传热系数、平均温度差、流体阻力等参数进行精确计算。

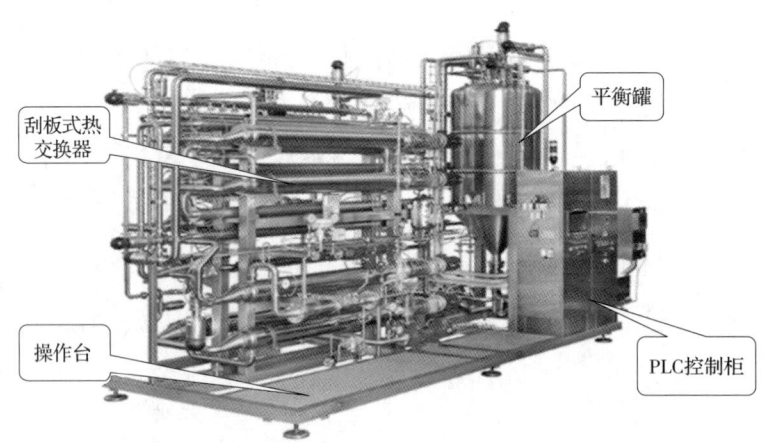

图18-4　刮板式杀菌机结构实物图

二、灌装后杀菌技术与设备

灌装后杀菌设备根据杀菌温度不同可分为常压杀菌设备和加压杀菌设备，常压杀菌设备的杀菌温度在100℃以下，多用于酸性（pH3.7~4.6）饮料产品杀菌。用巴氏杀菌原理设计的罐头杀菌设备属于此类。加压杀菌设备一般在密闭的设备内进行，压力>0.1MPa，温度常在

120℃左右，适用于低酸性（pH>5.0）饮料产品杀菌。常压和加压杀菌设备在操作上又可分为间歇式和连续式。根据杀菌设备所用热源不同又可分为直接蒸汽加热杀菌机、热水加热杀菌机、火焰连续杀菌机等。

对灌装后的食品进行杀菌一般采用杀菌釜。杀菌釜系统是加压的，传递温度明显高于沸水。系统使用某种介质（称为加热介质或杀菌介质）作为向产品传递热量的工具。用于釜内的介质包括纯蒸汽、热水（容器全部浸泡在水中、水喷雾或水喷淋）和蒸汽/空气混合物。具有受热面积大、热效率高、加热均匀、液料沸腾时间短、加热温度容易控制等特点。

有些系统在杀菌和冷却过程中使用过压（指施加于杀菌釜的、超过在某一设定温度情况下由加热介质所施加的压力），以保持包装容器的完整性和平衡抵消容器内的压力。这是必要的，因为有些包装容器对内部压力的耐受力有限。过压杀菌容器的某些实例还有带热封盖的或双金属接缝罐端的半刚性塑料容器、软包装袋、金属盘、纸板容器和玻璃瓶。蒸汽杀菌釜中，在 121.1℃时压力大约是 103.4kPa，任何施加于杀菌釜的超过 103.4kPa 的压力均称为过压。杀菌釜的操作必须适当，以确保经杀菌后产品达到商业无菌要求。杀菌釜广泛用于各种饮料灭菌（如罐装蛋白饮料、茶饮料等）。

杀菌釜由釜体、锅盖、开启装置、锁紧楔块、安全联锁装置、轨道、杀菌筐或杀菌盘、蒸汽喷管及若干管口等组成。从控制方式上分为手动控制型、电气半自动控制型、微电脑半自动控制型和全自动控制型。从罐体结构上分为单罐杀菌釜、双罐杀菌釜、双罐并联杀菌釜、立式杀菌釜、电气两用杀菌釜、旋转杀菌釜等。从操作方式上可以分为间歇式杀菌釜和连续式杀菌釜备。从釜体材质上分为全不锈钢、半钢、碳钢。从杀菌方式上分为热水浴式杀菌、蒸汽式杀菌、淋水式杀菌、侧喷调理式杀菌等。

（一）间歇式杀菌设备

1. 热水浴式杀菌釜

杀菌时，釜内食品全部被热水浸泡，这种方式热分布比较均匀。水是加热介质，压缩空气是过压源。杀菌釜可以是卧式结构或是立式结构。在杀菌全过程中，温度指示设备的感应头必须位于水下。有两种方式可以为完全水浸式杀菌釜提供足够的循环：①对于立式杀菌锅，可以用压缩空气来促进水循环和确保均匀的热分布；②热水循环方式则是通过直接注入蒸汽，使热水罐的水升温到预定温度，然后进入工艺罐，同时使釜内的工艺用水不断循环，并通过循环加热灭菌。

2. 蒸汽式杀菌釜

蒸汽式杀菌釜内所有包装好的产品被完全浸没在水中。水是加热介质，额外的蒸汽是过压源。杀菌釜为卧式。杀菌釜有一些特有的测量仪表和操作平台。用泵进行水循环。水通常是通过外部的混合室由蒸汽直接喷入加热。蒸汽也是从杀菌釜顶部高出水面处引入进行加压。在产品装入釜内后，采用直接通入蒸汽升温的方式，可能由于在杀菌过程中锅内存在没有排出的空气，导致温度分布不均匀，产生冷点。

3. 淋水式杀菌釜

淋水式杀菌釜（图 18-5）被设计成仅使用少量的水，在杀菌过程中水并未完全浸没包装好的产品容器，而是在容器上进行喷雾或喷淋。其中一种类型的杀菌釜是从杀菌釜底部将水抽出，并通过杀菌釜顶部和中部的水喷嘴将水重新导入釜内对容器进行加热或冷却。水通过蒸汽扩散管进行内部加热，使用空气进行加压。加热介质为混合的水喷雾、蒸汽和空气。冷却水在杀菌循环结束时引入杀菌釜。在水喷雾杀菌釜中也可以使用其他的水加热和循环方法。另一种类型的系统是使用位于杀菌釜顶部的水分布系统，对水加热或冷却，从上而下对容器进行喷淋，空气作为过压源，水通过外部的热交换器进行加热，并在此系统中用泵进行循环。当杀菌完成后，杀菌热水通过外部的热交换器进行冷却，作为冷却水。这种杀菌釜不但温度分布均匀无死角，而且升温和冷却迅速，能全面、快速、稳定地对釜内产品进行杀菌，广泛适用于马口铁罐、铝两片罐、玻璃罐和蒸煮袋等包装饮料的杀菌。

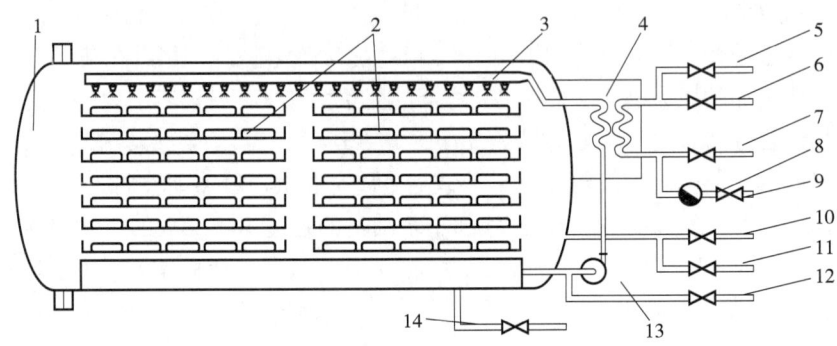

图 18-5　淋水式杀菌釜结构示意图

1—快开式门；2—篮筐；3—水分配管；4—热交换器；5—蒸汽阀；6—冷却水阀；7—冷却水出水阀；8—疏水器；9—冷凝水阀；10—压缩空气进气阀；11—排气阀；12—补给水阀；13—循环水泵；14—放水阀。

4. 蒸汽/空气杀菌釜

蒸汽/空气杀菌釜又称水汽混合杀菌釜，使用蒸汽/空气混合物作为加热介质。混合物中蒸汽对产品进行加热，空气则作为过压源。将一个高速风机安装在杀菌釜的前部或后部保持蒸汽和空气均匀混合，并使混合物在杀菌釜内产品包装容器间循环。

在我国，传统的高温杀菌一般采用水浴式杀菌和蒸汽杀菌即水杀和汽杀两种杀菌方式。为了满足软包装等特殊产品生产要求，研究人员开发了双层杀菌釜，为了节约能源和水资源，推出一种带热交换器的淋水式杀菌釜，采用先进的釜内蒸汽循环系统，以达到高温节能、短时高效、节约水资源等目的。近年，我国开发了一种水汽混合杀菌釜，不仅具有高温节能、短时高效、节约水资源等优点，并且重点优化了釜内热力分布效果，在釜内同时加入了蒸汽循环和喷淋水循环两个系统，两个系统相互作用，使釜内热力分布均匀无冷点；采用水汽混合杀菌，如果不计杀菌釜釜体散发的热量，蒸汽热能利用率几乎为100%；同时，采用了循环水系统，明显节约了水资源。不同杀菌方式的全自动杀菌釜也适应对不同种类产品的杀菌。其中淋水式和水汽混合式杀菌几乎可以应用到各种产品，尤其适用于蛋白饮料（牛乳、植物蛋白饮料等）杀菌。此外，带热交换器的淋水式和水汽混合式杀菌可以节约水资源和热能。

（二）连续式杀菌设备

连续式杀菌设备是一种内部具有连续运送罐装产品装置的杀菌设备，同时配备相应的连续进出罐装置。通常，这种杀菌设备分成多个区段，使得罐装食品能够依次连续经过预热、杀菌和冷却等工序的处理。连续式杀菌设备的生产能力通常较高，因此一般会直接配置在连续灌装机之后。在这个工艺流程中，产品在经过灌装、封口后，直接被送入连续式杀菌设备进行杀菌处理。各种类型和包装形式的罐装食品只要达到一定的生产规模，均可以考虑采用适当的连续式杀菌设备进行杀菌。

连续式杀菌设备根据压力的不同可分为常压式和加压式两类，分别用于高酸性和低酸性食品的杀菌；根据杀菌锅的形式不同又分为卧式和立式两种。

1. 卧式连续式杀菌设备

（1）设备结构　如图18-6所示，该设备由自动供罐装置、自动排罐装置、鼓形阀、杀菌室、杀菌室冷却槽隔板、加压冷却槽、常压冷却槽等结构组成。杀菌室冷却隔板将杀菌-冷却区分为上下两室，上室为蒸汽杀菌室，下室为水冷却室。罐装产品输送带，穿过上、下两室构成循环链。

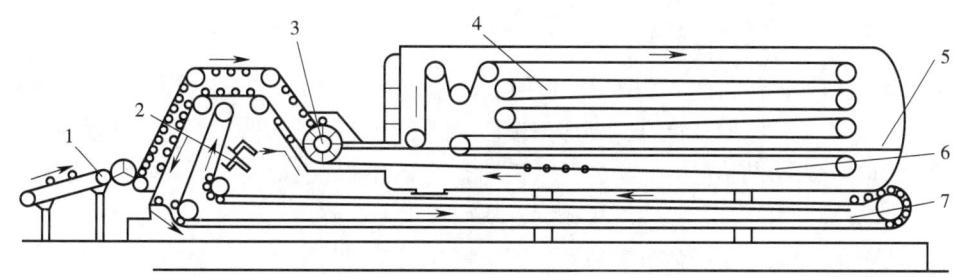

图18-6　卧式（水封式）连续式杀菌设备结构示意图

1—自动供罐装置；2—自动排罐装置；3—鼓形阀；4—杀菌室；5—杀菌室冷却槽隔板；
6—加压冷却槽；7—常压冷却槽。

（2）工作原理　包装好的产品在杀菌设备中始终处于连续输送状态。由输送带把灌装好的产品输送至自动供罐装置，通过自动排罐装置整理，产品有序地通过鼓形阀进入杀菌室，在输送链传送器带动下，折返数次进行杀菌后，穿过杀菌室冷却槽隔板进入加压冷却槽。加压冷却后的产品再次从鼓形阀的自动排罐装置排出，从而完成整个杀菌冷却过程。

（3）设备优点　自动化程度高，效率高。设备为连续式杀菌，拥有一体化进出罐系统，其劳动强度低，同等产量下能耗和占地面积明显减少。产品分布均匀，杀菌效果好。蒸汽通过喷射均匀分布，使杀菌过程非常均匀。由于采用蒸汽喷射加热，再加热使其升到预设温度用时很短，热传导速率快，升温时间短。高效节能环保，兼容性好。连续式蒸汽高压杀菌设备具有很高的杀菌效率，减少蒸汽用量，最大限度地降低对环境的污染。适用于多种包装材质的产品杀菌，如马口铁三片罐、PE塑料瓶、耐高温的蒸煮袋以及复合材料的充气包装袋，并能实现多品种同台生产，设备灵活性高。

2. 立式无篮连续式杀菌设备

（1）设备结构　立式无篮连续式杀菌设备是一种大型的、不使用杀菌篮、可多个杀菌釜同时工作的立式杀菌设备，其结构如图18-7所示。由提升机、进罐输送、4~5个相同并列的杀菌釜及其附属的液压快开门系统和相关工艺的管路阀门、水槽、冷热水罐、缓冲输送、冷却输送、出口输送、理罐器、定向单列器和PLC控制系统等组成。

立式无篮连续式杀菌设备采用纯饱和蒸汽作为加热介质，对包装成形的产品（主要应用于易拉罐）进行杀菌。这种杀菌系统能够精确地调整杀菌过程中的压力和温度，使不同位置的易拉罐具有均匀一致的杀菌条件。能够精确控制罐体的杀菌环境，使罐体内所有产品达到F_0值（灭菌过程中验证湿热灭菌可靠性的比较参数）要求。

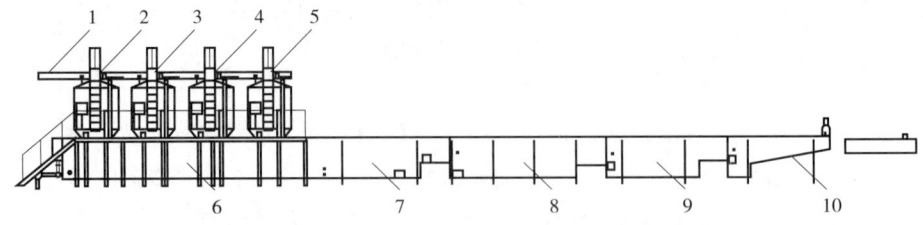

图 18-7 立式无篮连续式杀菌设备结构示意图

1—易拉罐提升；2—进入杀菌釜；3—启动；4—杀菌；5—注入冷却；6—冷却水槽；
7—缓冲输送；8—冷却输送；9—出口输送；10—理罐。

（2）工作原理 该设备的工作流程如图18-8所示。①封口的热灌装易拉罐产品通过输送机送至提升机；②易拉罐通过提升机到达釜顶后，釜的快开门机构打开，通过釜顶的输送带经偏转门和导向架进入杀菌釜；③易拉罐进入杀菌釜前，釜体内已经注入缓冲热水，使易拉罐在进入锅体内时缓慢自由下落，无序堆积排列，从而减少易拉罐之间及易拉罐与釜体之间的碰撞损伤；④易拉罐由计数设备确认进罐数量后，上快开门机构关闭锁紧，杀菌釜进行自动控制杀菌步骤；⑤首先排出热水，然后排气、通入蒸汽升温、杀菌；⑥杀菌完成后冷水从釜底部进，在釜内对易拉罐进行预冷却，然后打开下快开底门，真空出罐到缓冲水槽中；⑦所有易拉罐排出后关闭底门，杀菌釜复位，顶门打开，杀菌釜排放冷水到冷水罐中；⑧缓冲输送带将易拉罐输送到冷却输送带，冷却输送带缓慢移动通过冷水槽使罐子冷却，然后送入出口输送带；⑨出口输送带把易拉罐送入理罐器，把杂乱无章的易拉罐分开、立起、转向最后单列经输送带送入下一工序。

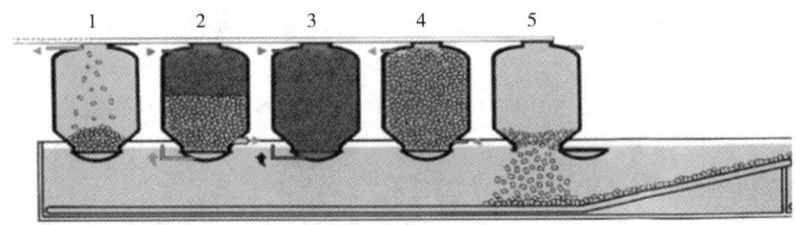

图 18-8 立式无篮连续式杀菌设备工作流程图

1—装料；2—进蒸汽；3—排气与杀菌；4—冷却；5—出料。

在整个工作过程中，易拉罐通过输送机、提升机连续不间断地被依次轮流送入并列的 4~5 个杀菌釜中。釜体的个数与整线的生产能力相匹配。对于每一个独立的釜体，在整个过程中依次进行高温（80℃以上）缓冲水注入、进釜过程中缓冲水溢流及装罐完成后缓冲水排回热水罐、饱和热蒸汽杀菌、冷却水注入、出罐、冷却水排回冷却罐等步骤，完成一个工作循环。

（3）设备特点 立式无篮连续式杀菌设备对比传统卧式杀菌釜的优点主要有：①单人操作，节省劳动力，自动化程度高，它仅需一人对整个设备和系统的运行状况进行监控，并且使人摆脱了篮筐进出杀菌锅等较重的体力劳动，使人更加集中精力于锅内的杀菌工艺过程，从而保证产品的杀菌效果；②高线速、高产能，该杀菌机在线匹配高速灌装系统进行连续不间断的二次杀菌，其处理能力可以到 36000~40000 瓶/h；③节能降耗，绿色环保，在杀菌过程中，多个罐循环进入杀菌流程，减少杀菌蒸汽的耗量，通过精准控制杀菌过程的温度压力等参数，保证了在升温和杀菌过程中杀菌罐内均匀合理的温度和压力分布，并节约了蒸汽耗量；④灵活调整，适用范围广，通过对工艺参数的调整，可以针对不同的产品设置杀菌时间、温度、压力等参数，由于对罐体尺寸没有苛刻的要求，因此它可以在一定范围内对不同直径、瓶型的易拉罐进行杀菌，减少了更换杀菌篮筐的成本和时间。

第二节 非热杀菌技术与设备

非热杀菌技术采用非加热的方法，以达到在物料或制品中清除有害和致病微生物的目的，从而实现特定的无菌水平。相较于传统的热杀菌方法，非热杀菌技术通过非加热手段，成功地解决了传统热杀菌方法中传热速率慢、传递不均匀以及容易导致热损伤的问题。因此，这一技术特别适用于对热敏性物料、制品及环境进行高效杀菌处理。

非热杀菌技术涵盖了多种方法，包括辐照杀菌、紫外线杀菌、脉冲杀菌、超高静压杀菌、脉冲电场杀菌、振动磁场杀菌以及化学与生物杀菌等。这些方法在实现高效杀菌的同时，具有较少的热量传导和热影响，保证了杀菌对象产品的品质和营养成分保留。辐照杀菌通过辐射能量来破坏微生物的遗传物质；紫外线杀菌利用紫外线特性损害微生物的核酸结构，从而实现灭菌效果。脉冲杀菌、超高静压杀菌和脉冲电场杀菌则利用短时间内强烈的物理或电磁场作用于微生物，使微生物失去生存能力。振动磁场杀菌通过对微生物施加振动和磁场的双重作用，实现对其有效控制。化学与生物杀菌侧重于使用特定的化学物质或生物体来抑制微生物生长。这些非热杀菌技术的应用范围广，可满足有特殊要求的饮料加工，特别适用于对热敏性成分和风味的保护。深入了解和合理应用这些技术，有助于提高饮料加工的安全性和品质保证。

一、非热物理杀菌技术与设备

（一）辐照杀菌设备

食品辐照杀菌是一种通过射线照射处理食品的技术，旨在延长食品的保质期。作为一种非热杀菌方式，辐照杀菌已成功实现商业上的无菌要求，并在农产品和食品质量安全等方面取得了显著成就。近年来，该技术正朝着更加实用和商业化的方向迅速发展。

1. γ 射线辐照设备

γ 射线辐照系统主要包括 γ 辐射源、辐射源升降系统、辐照室、产品传输系统、剂量测量系统、通风系统以及安全连锁控制系统等。γ 辐射源的比活度通常为 0.74～4.44 TBq/g，同时，辐照室对外屏蔽，剂量率≤2.5μSv/h。剂量测量系统用于进行辐射安全监测和工艺剂量监测。前者监测辐射源的工作状态，后者监测辐照场和农产品的剂量分布与剂量限值。同时还包括安全连锁控制系统：一方面防止人身辐照事故；另一方面确保按照工艺要求完成各种工况作业，以保证操作的安全性和产品辐照质量。

目前，全球存在众多 γ 射线产品辐照杀菌设备的类型和规格。图 18-9 所示为 JS-9000 γ 射线辐照设备的结构，该设备多采用 ^{60}Co 作为辐射源。由于 γ 射线穿透性强，几乎适用于所有食品的辐照杀菌处理。然而，对于只需要表面处理的食品，该设备效率较低，甚至可能影响食品的品质。在选择γ射线辐照杀菌设备和确定技术参数时,务必遵循各种农产品或食品的辐照工艺标准,确保严格合规。

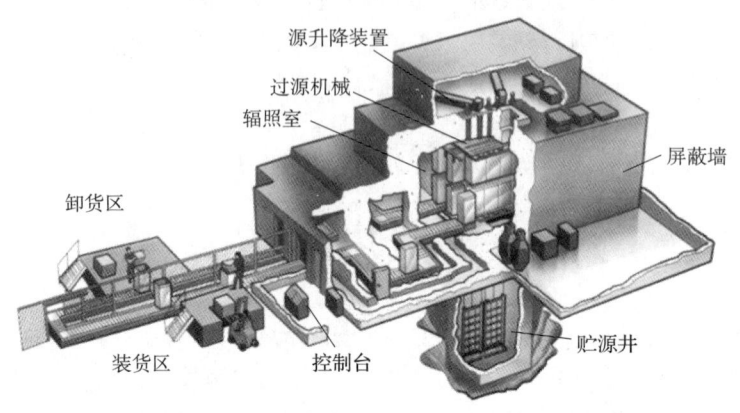

图 18-9　JS-9000 γ 射线辐照设备结构示意图

2. 电子束辐照设备

电子束辐照是一种利用电子加速器生成的电子束对食品进行辐照杀菌的技术。该系统以电子加速器作为辐射源,通过电磁场使电子获得较高能量,将电能转变成射线,包括高能电子射线和X射线。电子加速器辐照设备主要由电子加速器、传输系统、安全连锁系统、装卸和储存装置等关键部分构成。此外,还涉及供电、冷却、通风等辅助设备,并包括控制室、剂量测量以及质量检验等设施,电子束扫描装置如图 18-10 所示。

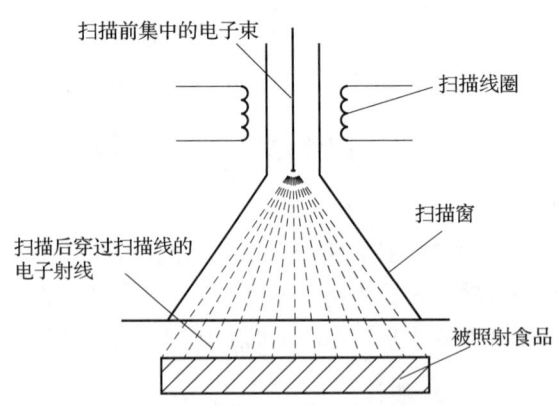

图 18-10　电子束扫描装置示意图

电子加速器的类型包括静电加速器、高频高压加速器、绝缘磁芯变压器、微波电子直线加速器、倍压加速器和脉冲电子加速器等。在食品辐照杀菌中,为确保安全性,加速器的能量通常为 5MeV,有时能够达到 10MeV。若将电子射线转换为 X 射线,其能量也必须控制在 ≤5MeV。由于电子束具备功率大、剂量高、速度快、产量大、成本低等优势,因此在农产品和食品加工领域得到了广泛应用。然而,电子束的穿透力相对较弱,只能进行食品表面的辐照杀菌处理。与广泛适用于各类食品的 γ 射线辐照系统相比,电子束的适用范围较为有限。此外,电子射线转换为 X 射线的效率也相对较低。

在固体饮料生产中，电子束辐照可用于无菌包装材料的处理。例如，对于包装袋、纸盒、瓶盖等包材，电子束辐照可以有效地灭活材料表面可能存在的微生物，确保包装材料的无菌性。这有助于防止包材对固体饮料的污染，从而延长产品的保质期，提高产品的质量和安全性。

在液体饮料生产中，特别是在无菌灌装阶段，电子束辐照同样发挥着重要的作用。在液体饮料灌装之前，需要确保瓶体、瓶盖以及其他与饮料接触的包材是无菌的。通过采用电子束辐照技术，可以对这些包材进行高效而可靠的杀菌处理，从而减少微生物的存在，防止污染液体饮料，确保产品的卫生和质量。

电子束辐照的应用不仅确保包材的无菌性，同时避免了传统热处理可能引起的容器变形或质量损失。这种非热杀菌方式适用于各种类型的包材，包括塑料、纸张、金属等，保留了它们的原始性能和物理特性。

总体而言，电子束辐照技术在固体饮料和液体饮料无菌灌装的包材杀菌方面的应用，不仅提高了生产效率，延长了产品的保质期，还确保了饮料的卫生和品质。

3. 紫外线杀菌设备

紫外线杀菌技术采用紫外线照射物质的方式，使微生物细胞内部发生变化，从而导致其死亡，是一种有效的杀菌方式。在紫外线的波长范围中，240~280nm 的紫外线具有相对较强的杀菌能力，尤其在 250~265nm 的波长区间，253.7nm 是常被用作紫外线杀菌的标准波长。紫外线由于穿透性相对较差，主要用于对食品工厂车间、设备以及包装材料表面的处理，同时也常用于透明液体的消毒。此外，紫外线照射还可以与其他强氧化剂（如臭氧、过氧化氢）结合使用，协同进行杀菌处理。近年来，研究人员特别关注紫外线在透明液体中的杀菌应用，尤其是在果蔬汁方面。

关于果蔬汁的紫外线照射杀菌，美国食品药品监督管理局在 2000 年 11 月批准了 California Day-Fresh Foods 公司和 Salcor 公司的申请，允许将紫外线照射应用于果蔬汁饮料产品的消毒。规定中指出，紫外线的产生应采用低压汞灯，90% 以上的光波长为 253.7nm，湍流的雷诺数 ≥2200。对果蔬汁而言，紫外线照射不仅能够提高产品的品质和稳定性，延长保质期，还有助于防止腐败和变质。然而，保质期的具体延长程度会受到多种因素的影响，包括处理的杀菌效果、包装方式、贮存条件等。

在使用紫外线杀菌设备时，需要注意微生物失活所需的紫外线剂量由时间和强度共同决定。连续监控自然光、流速、浑浊度、产品性质和灯输出等因素，以确保随着使用时间的延长，紫外线的杀菌效力不会减弱。因此，建议在使用时间达到额定时间的 70% 时更换紫外线灯管，以确保持续的杀菌效果。不同类型的微生物对紫外线的敏感程度存在差异，对霉菌的照射量通常比对杆菌高 40~50 倍。设计标准是在相对湿度为 60% 的情况下进行的紫外线照射，随着室内湿度的升高，需要相应增加照射量。紫外线的杀菌效果与照射时间紧密相关，因此必须通过验证来确认合适的照射时长。紫外照射灯的安装形式和高度应根据实际情况参考使用说明进行确定。在果蔬汁等液体饮料的生产中，精密调控产品的透明度、辐射腔的几何结构和功率，紫外线波长、产品流动状态以及照射路径长度等因素，是确保紫外线杀菌效果的关键。

（二）超高压杀菌技术与设备

食品超高压杀菌技术已在中国、日本、美国、德国等国家实现产业化，成为备受关注且广泛研究的食品加工新技术。随着全球食品安全问题的不断凸显，消费者对保持食品原汁原味的需求不断增加，超高压杀菌技术从而崭露头角。该技术的独特之处在于可以在常温或较低温度下进行杀菌，从而有效延长食品的保质期，同时保持食品的新鲜度和原有的营养成分。目前，超高压杀菌技术已广泛应用于果汁、水果罐头、果酱、肉制品及水产品等食品加工。

超高压杀菌设备根据加压方式可分为直接加压式和间接加压式，如图 18-11 所示。在直接加压式中，高压容器与加压装置分离，通过增压机产生的高压水经过配管输送至高压容器，完成物料的高压处理。而在间接加压式中，高压容器与加压气缸上下配置，通过加压气缸的冲程运动，活塞将容器内压力介质增压产生高压。

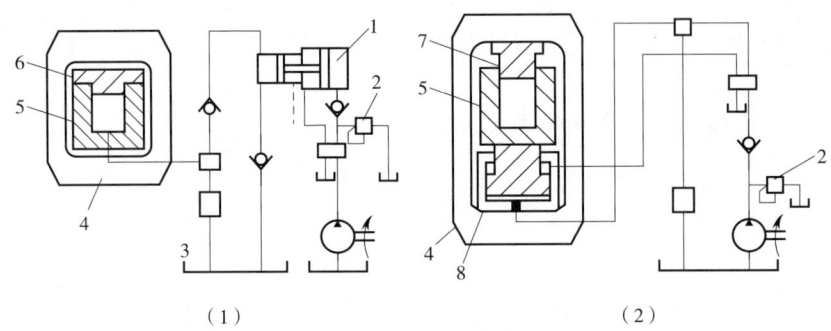

（1）直接加压式　（2）间接加压式

图 18-11　直接加压式与间接加压式设备结构示意图

1—增压机；2—液压装置；3—加压媒槽；4—框架；5—高压容器；6—上盖；7—活塞；8—加压气缸。

超高压杀菌设备根据高压容器放置位置分为立式和卧式，如图 18-12 和图 18-13 所示。立式设备占地面积小，但需要专用装置进行物料装卸；卧式设备占地面积较大，但物料进出较为方便。这些设备主要由高压容器、加压装置及其辅助装置组成。高压容器通常为圆筒形，采用高强度不锈钢材料，以承受数百兆帕至上千兆帕的压力。辅助装置包括高压泵、恒温装置、测量仪器以及物料的输入输出装置。高压泵用于产生高压，恒温装置通过夹套结构保持容器内的温度稳定。测量仪器包括热电偶测温计、压力传感器、记录仪和与计算机连接的自动控制系统。物料输入输出装置包括输送带、提升机、机械手等。

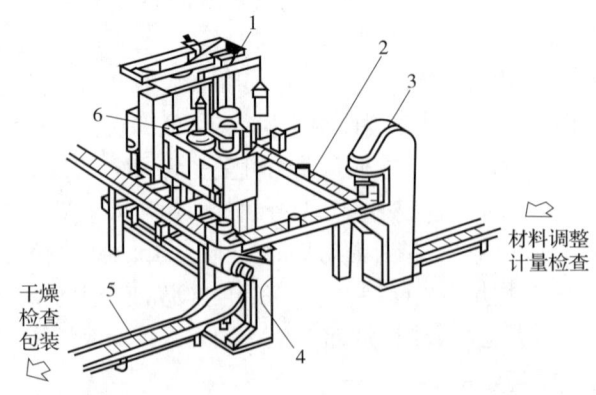

图 18-12　立式超高压杀菌设备结构示意图

1—装卸搬运装置；2—滚轮输送带；3—投入装置；4—拉出装置；5—带式输送带；6—高压容器。

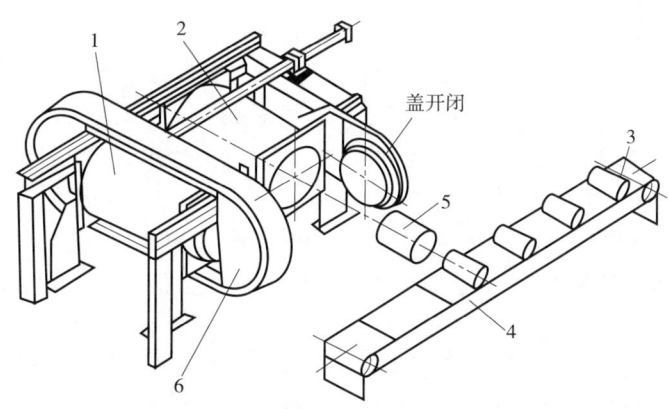

图 18-13 卧式超高压杀菌设备结构示意图

1、2—容器；3—处理器；4—输送带；5—密封舱；6—框架。

超高压杀菌技术在果蔬汁领域的应用日益显著，为果蔬汁的生产提供了一种高效而安全的杀菌手段。该技术通过将果蔬汁置于高压容器中，施加高达 100~1000MPa 的压力，并保持一定时间，以实现对微生物的杀灭。以下是超高压杀菌技术在果蔬汁领域的关键应用和优势。

（1）微生物安全性　超高压杀菌技术能够高效地灭活果蔬汁中的微生物，包括细菌、霉菌和酵母等，从而确保产品在无需添加化学防腐剂的情况下保持长久的微生物稳定性。

（2）原汁原味　与传统的高温处理方法相比，超高压杀菌技术在杀菌的同时能够避免果蔬汁中的营养成分和风味的流失。因此，果蔬汁在经过超高压处理后，仍能够保持原汁原味，更接近天然的口感和营养价值。

（3）保鲜效果　超高压杀菌技术能够在常温或较低温度下进行，减少了对果蔬汁中热敏性成分的破坏。这有助于延长果蔬汁的保质期，同时避免了高温处理引起的色泽、口感和营养损失。

（4）不影响营养成分　由于超高压杀菌过程不涉及高温，果蔬汁中维生素、酶和其他热敏性成分能够得到较好的保留。这使得果蔬汁在保持天然营养成分的同时，满足了现代消费者对健康和高品质食品的需求。

（5）环保可持续　超高压杀菌技术相比于传统的热处理方式，能够更好地满足环保和可持续发展的要求。它不仅能够减少能源消耗，还能够减轻对环境的影响，符合当前食品产业可持续发展的趋势。总体而言，超高压杀菌技术在果蔬汁领域的应用为生产高质量、安全、口感好的产品提供了一种创新的解决方案，符合现代消费者对健康和品质的追求。

然而，超高压杀菌也存在一些缺点和局限性，包括以下几点。

（1）特定微生物的抵抗性　一些耐压性较强的微生物可能对超高压杀菌产生抵抗性，使得杀菌效果不如预期。这可能需要更高的压力或与其他杀菌方法结合使用。

（2）限制于液体食品　超高压杀菌更适用于液体食品，如果汁和饮料，而对于含有大颗粒或坚硬成分的固体食品，这种技术可能不够适用。

（3）能耗较高　实施超高压杀菌需要大量的能量，这可能导致生产成本的上升。高能耗也不利于环境可持续发展。

（4）设备成本昂贵　超高压杀菌所需的专用设备成本较高，这对于一些小型或新兴企业来说可能是一个经济上的挑战。

超高压加工技术通常是将预包装的饮料放置加压舱内进行超高压杀菌。超高压杀菌使用的包装容器必须具有足够韧性和耐受力。金属罐和玻璃瓶由于其不可逆性和易碎性，无法适用于超高压饮料的包装。同样，纸基复合包装容器由于其易变形性也不适用于超高压饮料的包装。为确保超高压加工的有效性，包装容器应选用具有一定延展性、在高压状态下不易破碎，且能传递压力的塑料容器，如PET、PE、HDPE、聚烯（PP）、尼龙复合材料等。由于包装袋表面存在闭合处，容易在缝合处或热封处发生泄漏，也不适合超高压杀菌。因此，包装容器必须确保密封性和完整性，以有效防止产品泄漏，由此可见，超高压杀菌对饮料包装容器的选择存在很多限制，导致其推广应用受阻。此外，在灌装后进行超高压处理可能需要更长的处理时间，因为需要确保所有微生物在饮料包装后被彻底杀死，这可能会延长生产周期、降低生产效率。这种杀菌方式通常需要在灌装后人工收集产品，再进行统一的超高压杀菌，不利于生产的连续进行。

目前，一种新型超高压杀菌方式引起了广泛关注，即先将果汁进行超高压杀菌（批量式杀菌），再进行无菌灌装。此种先杀菌后灌装的方式同先灌装后杀菌的方式相比，具有明显的优势。

（1）生产连续性和效率提高　批量式超高压杀菌允许将果汁在灌装前进行杀菌处理，然后打入无菌罐，可以实现生产过程的连续化、自动化，提高了生产效率，减少了人力成本。此外，由于不使用包装容器，批量式超高压杀菌加压舱装载率由包装后超高压杀菌的45%~55%提高到90%，产能明显提升，加工能力可达5000L/h。

（2）生产成本降低　采用批量式超高压杀菌方式，可以选择更加灵活、经济的包装容器，因为包装容器不再需要承受灌装后超高压处理的高压力，有助于降低包装成本。

（3）减少泄漏风险　批量式超高压杀菌避免了在包装袋表面缝合处或热封处发生泄漏的风险，确保了产品的密封性和完整性，防止产品泄露，提高产品合格率和安全性。

总体而言，采用先将果汁进行批量式超高压杀菌再进行无菌灌装的方式，可以提高生产效率，降低生产成本，并且更加灵活地选择适合的包装容器，从而在保证产品质量的前提下优化生产流程。

（三）高压脉冲电场杀菌技术与设备

高压脉冲电场杀菌技术是一种新型的食品杀菌方法，其原理是通过形成脉冲电场，以达到杀灭微生物和钝化酶活性的效果，从而延长食品的保质期。中国、美国、德国、法国、日本、西班牙和加拿大等国已经进行了多年的高压脉冲电场杀菌研究。华盛顿州立大学、俄亥俄州立大学和PurePulse Technology公司等拥有静态或动态高压脉冲电场杀菌系统和中试车间，同时配备无菌包装系统，该设备的处理流量从几升到几千升，已成功应用于牛乳、各类果汁、蛋液和茶汁等多种食品的处理。

高压脉冲电场杀菌机制目前尚未完全明确，但广泛认可和接受的观点是电机械模型。该模型认为微生物的细胞膜可以看作是一个注满电解质的电容器，其介电常数较低，约为2。在外加电场的作用下，细胞膜上的电荷分布形成初始膜电位差。随着外加电场强度的增加，膜电位差与外加电场强度、细胞膜特性、膜有效半径成正比，导致细胞膜上孔的形成，最终引发膜的瞬间放电，使膜分解。当处理条件较弱、孔洞较小时，细胞膜的崩解是可逆的。然而，如果处理条件超过了临界电场强度，将导致微生物细胞膜大面积崩解，由可逆状态转变为不可逆状态，最终导致微生物死亡。通过深入研究高压脉冲电场杀菌发现，经过处理的微生物细胞膜表面变得粗糙褶皱,出现孔洞和大量碎片;原生质团聚、缺失、质壁分离;细胞器受损或缺失;细胞 DNA 含量降低,部分 DNA 变性。这些变化是导致微生物死亡的重要原因。

高压脉冲电场(Pulsed electric fields,PEF)杀菌设备根据其杀菌处理系统的连续性,可分为间歇式和连续式,根据其杀菌处理室的电极形式不同,可分为平板式、同轴式和共场式(图 18-14)。间歇式处理系统需分批处理,处理规模较小,适用于较小规模的工业化生产。连续式高压脉冲电场杀菌系统分为工业型、中试型和试验型处理设备,由高压脉冲发生器、处理室和冷却系统构成。图 18-15 展示了一台由美国俄亥俄州立大学设计的连续式高压脉冲电场杀菌设备(同轴式),其处理室为不锈钢同轴心三重圆筒状,中间和里面两圆筒之间的夹层部分是杀菌容器。夹层内的温度可通过循环水进行控制,外面和中间两圆筒之间通循环水,以维持整体温度。圆筒连接脉冲电源正极,中间和外面圆筒接地。

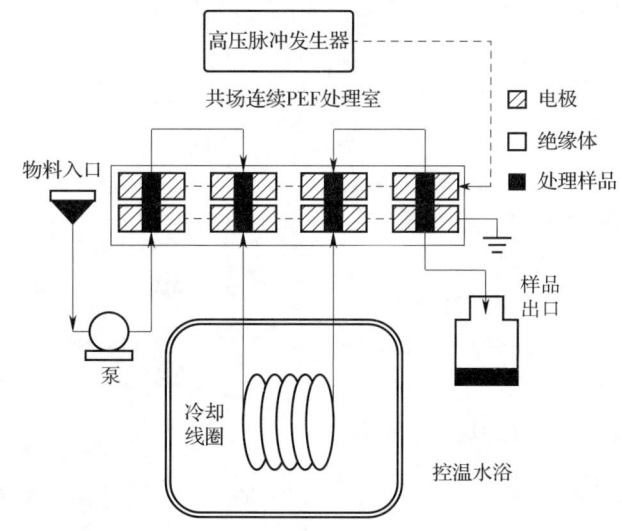

图 18-14　连续式高压脉冲电场杀菌设备(共场式)结构示意图

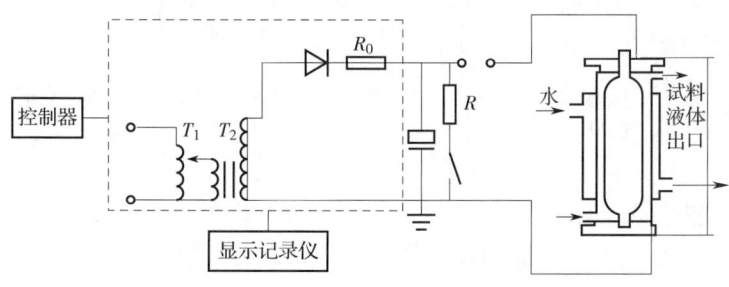

图 18-15　连续式高压脉冲电场杀菌设备(同轴式)结构示意图

连续式高压脉冲电场杀菌设备的输出电压为 0~15kV,处理室容积可在 50~200cm³ 调整,液体食品的流速可达 1.8~28L/h。这一设计旨在实现对食品的高效连续处理,同时通过调整处理室容积和液体流速,适应不同规模的生产需求。整个设备结构坚固,采用不锈钢同轴心设计,确保设备的稳定性和耐用性。连续式高压脉冲电场杀菌设备的设计体现了对高效、可调节、可持续生产的追求,为食品加工行业提供了一种先进的微生物灭活解决方案。

二、化学杀菌技术与设备

通过添加食品防腐剂实现在饮料中抑制或杀灭微生物的方法具有易于操作、杀菌效果好和成本低等优点,但也存在着一些缺点,如受水分、温度、pH和环境等因素影响较大,饮料中残留的食品防腐剂可能导致菌体产生抗体,同时残留物也会影响食品风味。随着饮料无菌灌装技术的发展,使用食品防腐剂延长保质期的产品越来越少。在饮料工业生产中,化学杀菌剂主要包括臭氧、双氧水和过氧乙酸,臭氧用于包装饮用水杀菌,双氧水和过氧乙酸用于饮料包装容器的杀菌,实现无菌化处理。采用化学杀菌剂所用的设备包括以下几类。

(一)臭氧杀菌设备

臭氧杀菌设备的介绍见第十三章。

(二)双氧水杀菌设备

双氧水主要用于纸铝塑复合包装材料及其容器、PET瓶坯及其瓶子以及HDPE瓶盖的杀菌。以下介绍瓶坯双氧水干式杀菌设备工作流程。

首先,瓶坯口经过紫外线消毒,通过这一步骤有效地消除表面的微生物。接着,用无菌空气对瓶坯内部进行精准的吹扫,确保瓶坯内的洁净。吹扫后,瓶坯通过传送星轮送至双氧水气体分配器,其中经受热气化后的双氧水通过分配器均匀地喷洒到瓶坯内表面。整个瓶坯在星轮的传递下,被输送到瓶坯加热炉。

在瓶坯加热炉中,通过使用近红外加热炉,对瓶坯进行外部加热杀菌。同时,内部的双氧水分解实现对瓶坯内部的杀菌,如图18-16所示。这些关键参数包括双氧水的流量、喷射温度和空气流量,最终的要求是确保过氧化氢的残留量<0.5 mL/L。

与传统过氧乙酸对成形后瓶子的杀菌相比,这一技术减少了化学品和无菌水的使用,同时有效确保瓶子在杀菌和清洗工艺中不受温度参数的影响,有助于瓶子克重的降低。这种高效的双氧水杀菌设备为食品加工行业提供了可靠的杀菌解决方案。

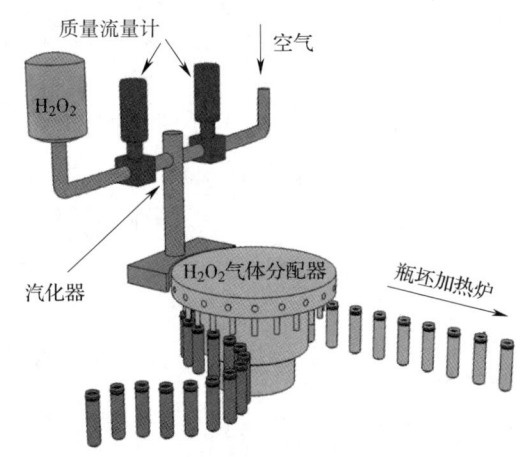

图18-16 饮料瓶坯双氧水干式杀菌设备结构示意图

(三)过氧乙酸杀菌设备

过氧乙酸一般作为浸泡式杀菌机的杀菌媒介,用于对食品包装表面进行杀菌处理。待处理的食品包装放置在浸泡式杀菌机的处理室内,浸泡式杀菌机将过氧乙酸消毒液充满处理室,确保物体表面被充分浸泡。这一步骤的持续时间通常由设备的设计和处理要求决定。过氧乙酸在物体表面发挥杀菌作用。它通过初生态氧的释放,引发氧化反应,破坏微生物的细胞结构,导致其死亡。这一过程确保物体表面的微生物被有效灭活。在杀菌完成后,浸泡式杀菌机会将多余的过氧乙酸溶解并排出,以确保不会残留在物体表面。可以通过冲洗或吹扫等方法去除多余的消毒液。为了确保处理后的物体达到所需的湿度和干燥程度,浸泡式杀菌机可以包含一个干燥步骤或通过空气吹扫来去除多余的液体。总体而言,过氧乙酸的浸泡式杀菌机工作流程简单且高效，适用于多种包装容器的杀菌处理。浸泡式过氧乙酸杀菌机结构如图 18-17 所示。

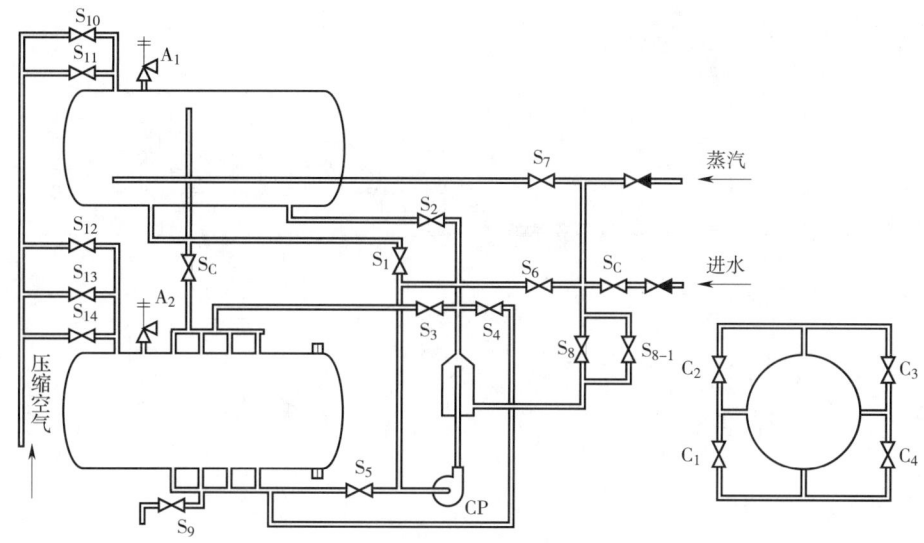

图 18-17　浸泡式过氧乙酸杀菌机结构示意图

C_1、C_2、C_3、C_4—自动切换阀；CP—循环泵；S_1、S_2、S_3、S_4、S_5、S_6、S_7—自动切换阀；S_8、S_{8-1}—调节阀；S_9—自动切换阀（排水）；S_{10}、S_{11}、S_{12}、S_{13}、S_{14}—自动切换阀（压缩空气）；S_c—连接阀；A_1、A_2—液位继电器。

［案例］ NFC 橙汁超高压杀菌 PET 瓶无菌灌装生产设备流程

批量式超高压杀菌是一种新型的饮料超高压杀菌方式。在果汁灌装前先批量式进行超高压杀菌，可以连续地进行无菌灌装。与先灌装后杀菌的传统工艺相比，批量式超高压杀菌具有生产连续性和高效性，可以降低生产成本，包装容器的选择更加灵活，减少泄漏风险等。

NFC 橙汁超高压杀菌 PET 瓶无菌灌装生产设备流程如图 18-18 所示。新鲜的水果经过筛分和清洗，去除表面杂质。清洗后的水果通过输送系统进入榨汁机，从而获得果汁，经过分离与精制阶段，实现液体与固体的有效分离，采用调配系统进行混合和调整，确保一致的感官品质。同时，通过脱气机去除氧气，预防氧化反应。最关键的杀菌过程是采用超高压杀菌，其中橙汁在高压环境下受到处理，以有效灭活微生物并延长产品的保质期。此阶段既能确保产品的安全性，又能保留其天然的营养成分。该设备在橙汁灌装前先以批量方式对其进行超高压杀菌。橙汁存储在第一储罐中，从这个储罐把橙汁泵入加压舱内的加工囊中。当加工囊完全充满橙汁后，增压器便会把高压水泵入加压舱，以产生压力。当保压时间达到后，便会把加工囊内的橙汁排空到第二储罐（无菌罐），然后由第二储罐把经过超高压杀菌的橙汁送往无菌灌装机。产品可以连续地在无菌条件下进行灌装，以维持高品质和卫生标准。整个生产过程中还包括 CIP 系统，用于设备的定期清洗和消毒，确保生产环境的卫生。综上所述，NFC 橙汁的生产过程经过一系列严格的工艺步骤，旨在保障产品的卫生安全和高品质。超高压杀菌技术的应用不仅有效保持了产品的新鲜度和营养素水平,同时也延长了其保质期。通过无菌罐和灌装机的使用,产品最终呈现无菌状态,为消费者提供了健康和安全保障。

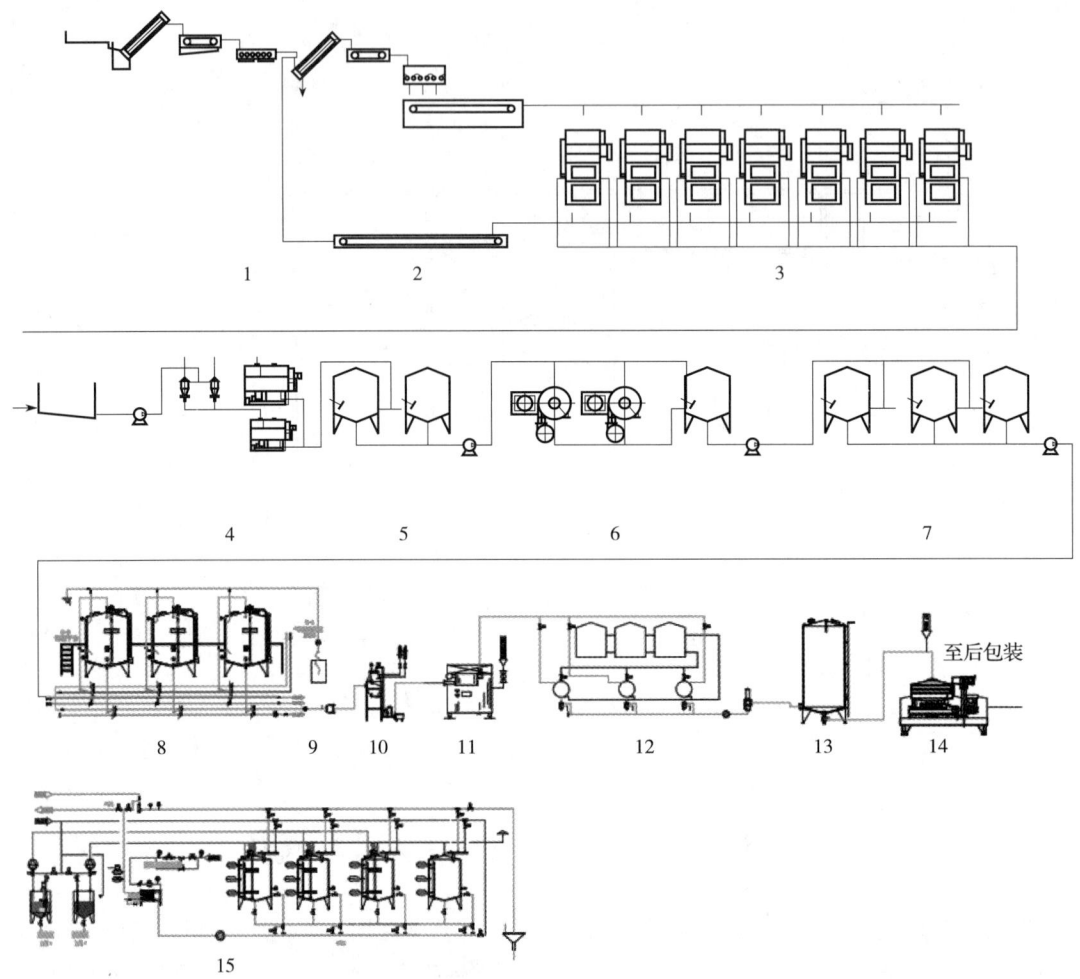

图 18-18　NFC 橙汁超高压杀菌 PET 瓶无菌灌装生产设备流程

1—选果与清洗设备；2—喂料与果、皮输送设备；3—榨汁机；4—分离与精制设备；5—缓存单元；
6—离心机；7—暂存单元；8—调配系统；9—辅料添加设备；10—脱气机；11—均质机；
12—超高压杀菌设备；13—无菌储罐；14—无菌灌装机；15—CIP 系统。

思考题

1. 简述热杀菌设备的分类。
2. 简述非热杀菌设备的类型。
3. 阐述蒸汽直接喷射式杀菌和浸入式杀菌的优缺点和应用范围。
4. 比较分析本章所介绍的几种高压连续式杀菌设备。

第十九章 灌装技术与设备

学习目标

1. 了解饮料灌装原理及灌装机的分类。
2. 掌握饮料的灌装过程及定量方式。
3. 掌握饮料无菌灌装的原理及特点。
4. 熟悉碳酸饮料灌装方式及灌装机结构。

第一节 灌装技术及分类

约 1880 年，Kiefer 公司制造了第一台商业用灌装机，1920 年，Horix 公司首次制造了用于灌装番茄酱的重力灌装机。至 20 世纪 20 年代初，回转式灌装机开始出现，如 U. S. Bottlers 公司制造的纯真空灌装机。近年来，饮料行业蓬勃发展，与之配套的灌装技术及设备不断进步，如用于易拉罐饮料生产的灌装机速度最快可达 12 万罐/h。

灌装机是指将液体产品装入包装容器的设备，通常也包括辅机部分，如吹瓶机、洗瓶/消毒机、封盖机等，这种情况也称为"三位一体"机，随着科技的进步，目前 PET 瓶包装的饮料灌装设备已实现了"吹灌旋一体装置"。美国、法国、德国、日本及意大利等国家的灌装机在灌装速率及设备运行稳定性等方面的水平相对较高，如德国克朗斯、法国西得乐、意大利博高玛等，国内灌装机起步较晚，但近几年来发展速度很快，虽灌装速率和国外还存在一定差距，但已有很多成熟的国产灌装机在多家大型饮料生产企业中应用。

近年来，饮料灌装机也逐渐向着多功能化、高速化、智能化方面发展。首先，饮料灌装机的多功能化是指同一台设备适用于多种产品的灌装，可实现茶饮料、咖啡饮料、果汁饮料及蛋白饮料等不同品种饮料的快速切换，而且对于不同的包装形式，如玻璃瓶和 PET 瓶等均可以灌装；对于 PET 无菌灌装的饮料可实现碳酸和非碳酸饮料的快速切换。随着装备水平的提高，饮料设备的灌装速率也不断加快，因此饮料生产线产能也不断地增加，据统计，目前含气饮料的灌装机，灌装速率最高可达 12 万罐/h，灌装机的灌装阀可达 144 头、165 头、178 头等，非碳酸饮料灌装机的灌装阀有 50~100 头，灌装速率最高可达 72000 瓶/h。同时，饮料灌装机的智能化水平更高、可靠性更好，能够实现全线的自动化与智能化控制及在线监测，现代化的饮料灌装设备，在线监测装置和计量装置配套完整，能够自动检测各项参数、计量精确，集机、电、气、光、磁为一体的高新技术产品不断涌现。

灌装设备可根据灌装机的结构、灌装原理、灌装时料液温度、灌装区洁净度等级、包装容器等进行分类。

一、按灌装机的结构分类

按灌装机的结构分类如表 19-1 所示。

表 19-1　　　　　　　　　　按灌装机的结构分类

分类方式	分类
自动化程度	手工灌装机、半自动灌装机、全自动灌装机、灌装封盖一体机等
灌装头运行路线	直线移动式灌装机、旋转式灌装机
灌装阀头数	单头灌装机、多头灌装机
供料缸结构	单室供料灌装机、双室供料灌装机、多室供料灌装机
包装容器运行路线	滑道式升降灌装机、气动式升降灌装机、滑道气动组合升降灌装机
定量装置	液位定量法、定量杯定量法、定量泵定量法

二、按灌装原理分类

灌装机按照灌装原理可分为常压法、真空法、等压法、虹吸法和压力法灌装机。常压法灌装是指在大气压力下，依靠被灌装料液的自重，使料液流入包装容器内而完成灌装操作的设备，主要用于不含气饮料的灌装。真空法灌装是指贮料缸和包装容器都处于负压状态下，料液依靠重力流入容器内，或者只对包装容器内抽气，形成真空度使料液依靠贮料缸和包装容器内的压力差流入容器内。真空灌装适用于黏性稍大（如油类、糖浆）以及果蔬汁等料液的灌装，真空灌装能够减少液料与空气的接触，更有利于延长产品的保质期。等压灌装是指灌装设备在进行灌装时，首先在贮料缸和包装容器之间建立一个等压系统（饮料中气体溶解的饱和压力），在等压条件下，依靠料液的重力实现灌装操作；常压灌装主要适用于含气饮料如可乐、含气矿泉水等产品的灌装。虹吸法灌装是指料液经虹吸管由贮料缸吸入包装容器中，直至两者液位相等为止。压力法灌装是借助机械或气液压等装置控制活塞往复运动，将黏度较高的料液从贮料缸吸入活塞缸内，然后再强制压入包装容器中。

三、按灌装时料液温度分类

灌装机按灌装时料液温度可分为热灌装和无菌冷灌装。热灌装主要有 2 种方式：一种是高温热灌装，即料液经过热杀菌后，将温度降至 85~92℃后进行灌装，密封后在该温度下倒瓶再维持一段时间，借助料液的温度对容器及盖子进行杀菌，然后冷却至室温，使产品达到商业无菌状态；另一种是中温热灌装，即料液直接加热至68~75℃后进行热灌装，然后在68~75℃条件下保持约30min，进行巴氏杀菌，这两种热灌装方式均无需对饮料的容器及盖子进行单独杀菌。但巴氏杀菌法生产的饮料一般需要低温保存，而且保质期较短，或者添加防腐剂来延长保质期。热灌装的饮料由于高温处理时间较长，产品的感官品质极易发生变化，热敏性营养成分也极易损失。

无菌冷灌装是将经过灭菌的料液在常温无菌条件下进行灌装及封盖，容器及瓶盖需要预先进行单独杀菌处理以保证灌装过程中的无菌状态。按照GB/T 24571—2009《PET瓶无菌冷灌装生产线》的规定，在无菌条件下灌装时，设备上可能会引起饮料发生微生物污染的部位均应保持无菌状态，因此无菌冷灌装的饮料中无需添加防腐剂，且灌装密封后无需进行二次杀菌，即可满足其保质期的要求，同时，无菌冷灌装的方式更有利于饮料感官品质及热敏性营养成分的保持。

两种灌装技术的杀菌方式、对环境的洁净度要求及对包装容器的要求有所不同，目前无菌冷灌装技术已广泛应用于饮料行业。因此，本章对无菌灌装进行重点介绍，对于热灌装技术，仅在本章第五节生产线案例中与无菌灌装技术进行对比分析。

四、按灌装区洁净度等级分类

灌装机按照灌装区域的洁净度等级可分为洁净灌装、超洁净灌装和无菌灌装设备。空气洁净室根据控制空气中的对象分为两类：控制尘埃者称为无尘室，在通常工业中应用；控制微生物者称为无菌室，在食品工业中应用，即防止微生物污染。

五、按包装容器分类

灌装机按照包装容器可分为玻璃瓶、金属罐、塑料瓶（杯）、纸铝塑复合包装等灌装机，还可以根据包装容器的容积分为小包装和大包装等不同规格的灌装机。

本章在考虑饮料物性的基础上，主要根据饮料灌装机的结构特征进行设备的介绍。

第二节 饮料灌装系统

饮料灌装机按照其功能主要由灌装料液供给及灌装系统、包装容器供给系统组成。

一、灌装料液供给及灌装系统

不含气饮料的灌装方法主要有常压法、真空法和压力法等，定量方式主要包括控制液位定量法、定量杯定量法和定量泵定量法。含有颗粒的饮料，根据颗粒的大小和种类多寡选用一步灌装法和多步灌装法等。

（一）定量方式及结构

1. 控制液位定量法

控制液位定量法通过调节插入容器内的排气管高度控制液位，达到定量灌装的目的。如

图 19-1 所示,当料液从进液管注入瓶内时,瓶内的空气由排气管排出,随着液面上升至排气管,因瓶口被灌装阀密封胶垫压紧密封,上部气体排不出去,料液继续流入时,这部分空气被略微压缩,液位稍高于排气管口,瓶内液面就不能再升高。根据连通器原理,料液还可从排气管上升,直到与供液槽有相同液位为止。瓶子随托盘下降,排气管内的料液立即流入瓶内,至此定量灌装工作完成。所以,改变排气管插入瓶内的位置,即可调整其灌装量。

控制液位定量法结构简单,使用方便,且所需要的辅助设备较少,但定量精度易受瓶子容积的影响。

2. 定量杯定量法

定量杯定量法是指将料液先注入定量杯中,然后将定量杯中的料液灌装至包装容器中,依靠定量杯内细管在灌装前或灌装结束时的相对位置实现灌装量的调节,适用于不含气且黏度低的液体。定量杯定量可分为旋塞式和升降式2种。

(1)旋塞式定量杯结构如图 19-2 所示,当旋塞将供液槽与定量杯连通时,料液靠静压力(与贮液缸相连的)通过进液管进入定量杯,当杯内的液面到达细管的下端时便不再升高,但细管中的液位还将上升,直至与贮液缸内液位相同,使定量杯中料液得到定量。将旋塞旋转90°,定量杯中的料液由灌装嘴流入瓶或罐中。

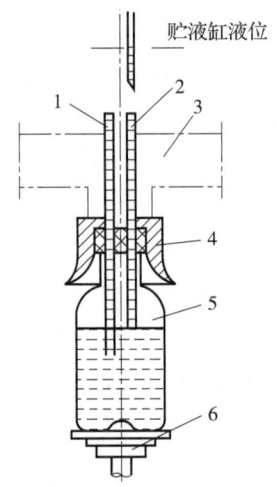
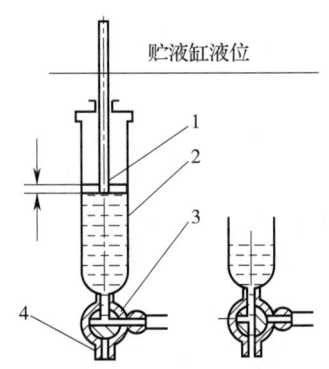

图 19-1 控制液位定量设备结构示意图 图 19-2 旋塞式定量杯结构示意图

1—进液管;2—排气管;3—液槽;4—密封胶垫;5—瓶子;6—托盘。　1—进液管;2—定量杯;3—旋塞;4—灌装嘴。

(2)升降式定量杯结构如图 19-3 所示,定量杯相对于贮液缸在定量和灌装时发生升降运动。量杯在其杯口位置低于贮液缸液面位置时装满液体,然后开始上升,上升到杯口高于液面时,与定量杯相连的灌装阀开启,使料液灌入瓶子,当定量杯内的液面与杯内的定量调节管(同时也是放液管)口相平时,杯内的料液不再往下流动,从而完成一次定量灌装。

3. 定量泵定量法

定量泵定量法是采用机械压力灌装的一种定量方法,主要利用活塞泵腔的恒定容积定量,并通过调节活塞的行程来调节灌装量,滑阀活塞定量泵结构如图 19-4 所示,可将定量泵与贮液缸、进料排料阀座及灌装头紧凑地整体组合在一起。定量泵也可通过卫生软管与贮液缸及灌装头相连接,从而可以较灵活地调整灌装机构与贮液缸的位置。

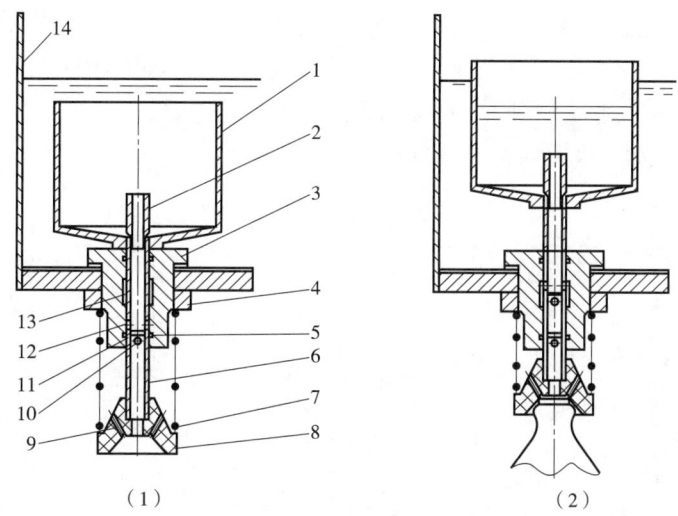

（1）灌装前　（2）灌装时

图 19-3　升降式定量杯结构示意图

1—定量杯；2—容量调节管；3—阀体；4—紧固螺母；5—密封圈；6—进液管；7—弹簧；8—灌装头；
9—透气孔；10—下孔；11—隔板；12—上孔；13—中间槽；14—贮液缸。

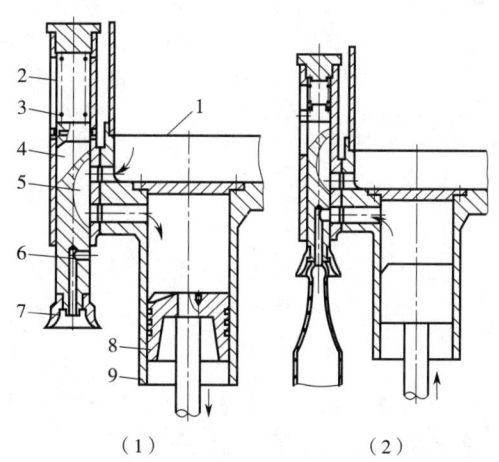

（1）吸料定量　（2）压料入瓶

图 19-4　滑阀活塞定量泵结构示意图

1—贮液缸；2—阀座；3—弹簧；4—滑阀；5—弧形槽；6—下料孔；
7—灌装头；8—活塞；9—活塞缸体。

（二）灌装方式

根据液体灌装时各空间的压力状态，灌装方式可以分为常压灌装、真空灌装和压力灌装、虹吸灌装等，其中等压灌装法适用于含气饮料的灌装，将在碳酸饮料灌装设备部分详细介绍。

1. 常压灌装

常压灌装法是一种最简单最直接的灌装方式，也是应用最广泛的灌装方式之一。它的特点是：灌装时包装容器与大气相通，根据定量方式不同，可适用于低黏度料液和黏稠料液灌装。

（1）低黏度料液常压灌装　低黏度料液灌装时，一般采用控制液位定量法进行定量，灌装过程中，灌装阀的状态如图 19-5 所示，其进液管及排气管的开闭通过瓶子的升降实现。当瓶子在低位时，由弹簧通过套筒将阀门关闭；瓶子上升时将阀门打开，进行灌装，瓶内的空气通过排气管排出；完成后，阀门随着瓶子的下降回到关闭状态。

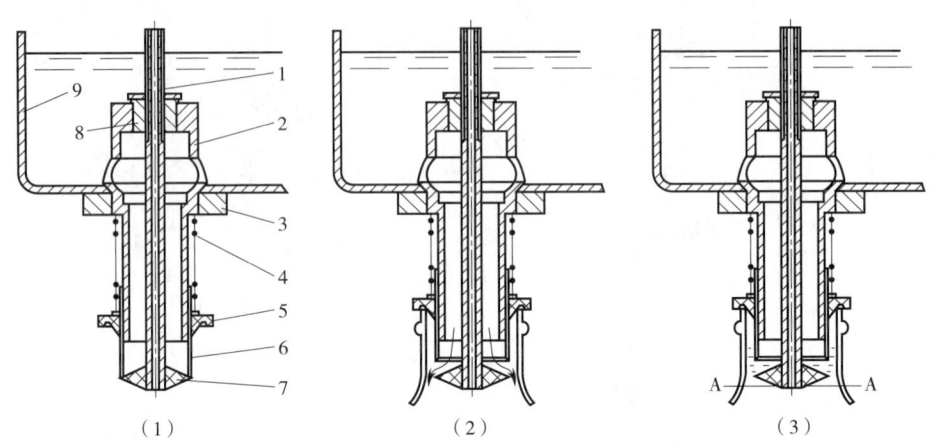

（1）灌装前　（2）灌装时　（3）灌装后

图 19-5　液位定量式常压灌装阀结构示意图

1—排气管；2—支架；3—紧固螺母；4—弹簧；5—橡胶垫；6—滑套；
7—灌装头；8—调节螺母；9—贮液缸。

（2）黏稠料液常压灌装　由于常压灌装法并非一定要求包装容器口与灌装阀配合密封，图 19-3 所示的升降式定量杯可用于在常压条件下对糖浆、蜂蜜等不含气的黏稠料液的灌装。

2. 真空灌装法

真空灌装法是指在灌装过程中，先对被灌装容器抽真空，再使贮液缸的液料在一定的压差或真空状态下注入包装容器中，可分为重力真空式（单室式真空灌装）和压差真空式（多室式真空灌装）两种形式。

（1）单室式真空灌装　单室式真空灌装又称重力真空式灌装，是在包装容器和储液缸中同时建立真空，使其处于同一真空度，液料实际是在真空等压状态下以重力流动方式完成灌注，如图 19-6 所示，进料管经进料孔与圆柱形贮液缸相通，缸内设有浮球，随液位的波动而在限定范围内上下移动，从而封闭或打开进料孔，以保持适当的液面高度。贮液缸的上部空间借助真空泵的不断抽吸而保持一定的真空度。当瓶托将瓶子向上托起时，先打开气阀抽气，接着打开液阀灌注。瓶内的气体不断被吸入贮液箱，然后经真空管排出机外。

单室式真空灌装机结构简单，容易清洗，对破损瓶子（由于无法抽气）不会造成误灌装，但由于贮液缸兼做真空室，所以料液的挥发面大，不适合灌装芳香性料液。

（2）双室式真空灌装　双室式真空灌装是将灌装容器的真空室单独设置，使灌装容器和贮液缸真空度不相同，前者的真空度大于后者，料液在压差状态下完成灌注。如图 19-7 所示，灌装机采用独立的真空室，与贮液缸分离。工作时，空瓶上升将灌装阀密封胶垫压紧形成瓶口密封。瓶内空气随即通过吸气管排出，进入真空室内，瓶内形成一定的真空度。接着，贮液缸内的液料在压差作用下，通过吸液管注入瓶中。瓶中液面在升至吸气管下端时，液料开始

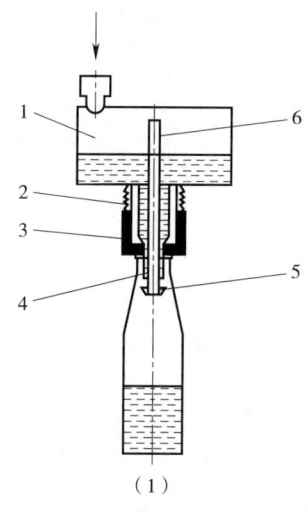
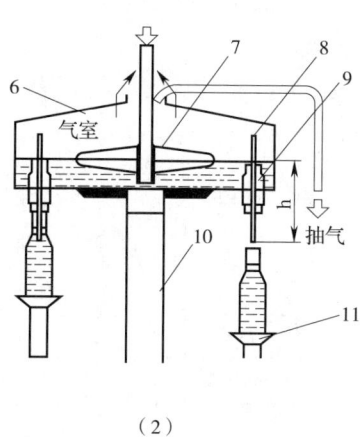

图 19-6　单室式真空灌装设备结构示意图
(1) 单室间歇负压罐装　(2) 单室连续负压罐装
1—贮液缸；2—弹簧；3—滑套；4、9—灌装阀；5—蝶阀；6、8—排气管；7—浮阀；10—机架；11—瓶托。

沿吸气管上升，直至与回流管的液柱等压为止，完成灌注。随后，关闭灌装阀，瓶子下降脱离灌装阀。吸气管内的余液在下一次灌装开始时先被吸入真空室内，再经回流管流入贮液缸。

对于双室式真空灌装机，在灌装过程中，如果瓶子破损，同样无法形成真空而灌装，可减少料液损失，且其灌装速率较单室式更快。但对双室式灌装机来说，虽提高真空度能够加快灌装速率，但需要增加回流管长度，导致机身高度的增加。所以，应根据不同的物料，合理选择真空度，最好取回流管的液面略低于它的上部管口。此外，虽然双室式供料设备较单室式可减少液体的挥发面，但增加了一个贮液缸，且因处于机体下部，又密布吸液管及回流管，使清洗和维修都不方便。

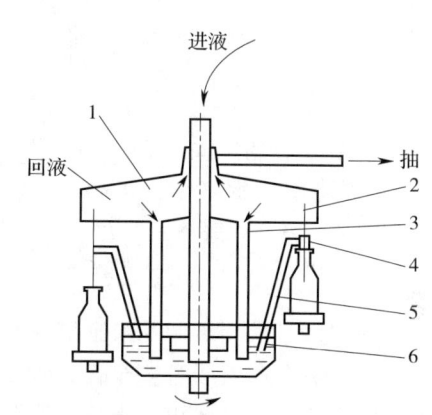

图 19-7　双室式真空灌装设备结构示意图
1—真空室；2—吸气管；3—回液管；4—罐装阀；5—吸液管；6—贮液缸。

(3) 三室式真空灌装　在双室式真空灌装机中，由于真空室和贮液缸分离，而贮液缸是处于常压状态，当回流管与真空室连通时，在灌装过程中会产生液流的波动，灌装稳定性差。为解决这一问题，三室式真空灌装机应运而生。三室式真空灌装机结构如图 19-8 所示，可以看出，真空室不止 1 个，中间还采用 1 个过渡用的真空室与贮液缸连通，以求稳定的工作状态和良好的气液密封性，其真空度较前两种机型大幅提高，而且液流状态也较稳定，但灌装机结构更复杂，密封性要求更高。

3. 压力灌装法

压力法灌装是指借助机械或气液压等装置控制活塞往复活动，将黏度较高的料液从贮液缸吸入活塞缸内，然后再强制压入包装容器中。压力灌装法采用定量泵定量法，如图 19-4 所示，罐装前，料液在自重或者压差的作用下进入定量活塞缸内，通过施加机械力让活塞上移，迫使活塞缸内的黏稠料液压入包装容器内。

4. 虹吸灌装法

虹吸灌装法是一种传统的灌装方法，具有设备结构简单、操作方便、灌装速率较慢等特点，其结构如图 19-9 所示。

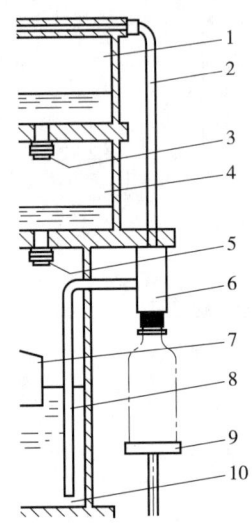

图 19-8　三室式真空灌装设备结构示意图

1—上真空室；2—抽气管；3—上阀门；4—下真空室；
5—下阀门；6—灌装阀；7—浮球；8—吸液管；
9—瓶托；10—常压贮液缸。

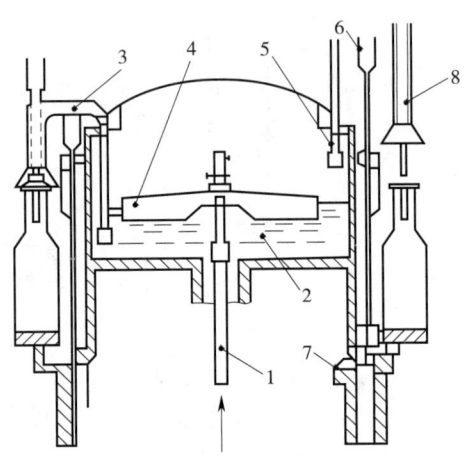

图 19-9　虹吸法灌装设备结构示意图

1—进液管；2—贮液缸；3、6—虹吸管；
4—浮子；5—液体阀；7—曲线板；
8—罐装头。

先用泵或高位料缸向贮液缸供料，并保持一定的液面高度，灌装头经虹吸管与液体阀相连。工作前，先将虹吸管内充满液体，当虹吸管处于非灌装位置时，如图 19-9 右侧位置，液体阀关闭以防止液体流出。当灌装头下降至灌装位置时，如图 19-9 左侧位置，灌装头紧压容器口，液体阀打开，于是液体物料就由贮液缸经虹吸管流入容器内。当瓶内液面与贮液缸液面等高时，停止灌装，然后灌装头上升，关闭液体阀，完成一次灌装。

二、包装容器供给系统

（一）直线式灌装机与旋转式灌装机

容器输送机构主要用于将外围容器输送到灌装机和将灌装后容器从设备中输出，按照包装容器的传送形式或灌装头的运行路线可分为直线式灌装机和旋转式灌装机，直线式灌装机在灌装时，包装容器由一个工位直线式间歇地运动到另一个工位，并在停歇时完成灌装的机器。旋转式灌装机是指包装容器进入灌装工位后，围绕工作台回转一周，作等速回转运动，同时灌装头也同步旋转并完成灌装。

1. 直线式灌装机

直线式灌装的原理如图 19-10 所示，空的容器经传送带、限位拨盘送到推瓶板处，推瓶板每隔一段时间把一定数量的空瓶推向灌装位置，打开阀门进行成排灌装，然后送出。整个生产线分为 5 个工位，工位 Ⅰ 为定量灌装，工位 Ⅱ 为上盖，工位 Ⅲ 为旋盖，工位 Ⅳ 为贴标，工位 Ⅴ 为后包装。该灌装机结构简单，有一定的局限性。

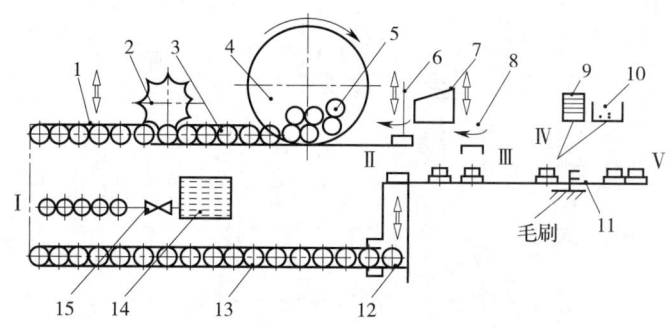

图 19-10 直线式灌装机结构示意图

1、12—推瓶板；2—限位拨盘；3、11、13—传送带；4—传送盘；5—空瓶；6—上盖机构；
7—料斗；8—打盖机构；9—商标盘；10—糨糊盘；14—贮液罐；15—灌装管。

2. 旋转式灌装机

旋转式灌装机的包装容器供给系统主要由螺杆式供送装置、星形拨轮以及升降机构组成，其结构如图 19-11 所示，空瓶连续地由输送带、分件供送蜗杆、送进拨轮送上转盘，当转盘转到一定位置后，空瓶开始被升降机构抬起，使其与灌装头接触，打开灌装阀进行灌装。当转过一定角度灌装到预定容量后，阀门关闭，灌装后的容器下降，然后被拨轮送到封盖机完成封盖再送到后续包装工序。该灌装机具有连续作业、自动化程度高、生产能力大等特点，目前在饮料行业被广泛使用。滑道式旋转灌装设备如图 19-12 所示。

（1）螺杆式供送装置　螺杆式供送装置可将规则或不规则的成批的包装容器，按照工艺要求完成增距、减距、分流、升降和翻转等动作，并将包装容器逐个送到包装工位。等距螺杆供送装置结构如图 19-13 所示，变距螺杆供送装置结构如图 19-14 所示，其中（1）主要用于供送圆柱体包装容器，螺旋槽沿螺杆供送方向逐渐缩小螺距，包装容器处于边滚动边减速的状态；（2）专门用于供送棱柱体包装容器，双环形槽沿螺杆供送方向逐渐增大螺距。

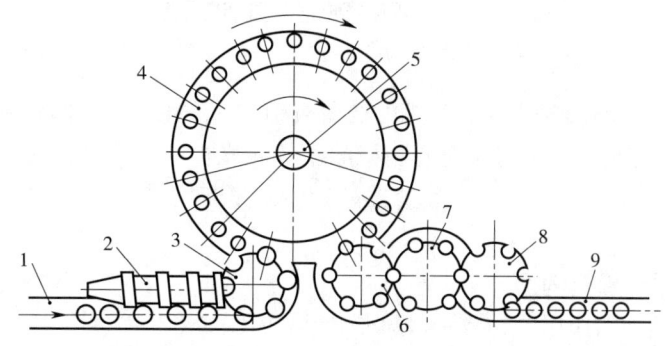

图 19-11 旋转式灌装机结构示意图

1—空瓶输送风道；2—分件供送蜗杆；3—送进拨轮；4—转盘；5—旋阀；6—送出拨轮；
7—封盖机；8—传送星轮；9—满瓶输送带。

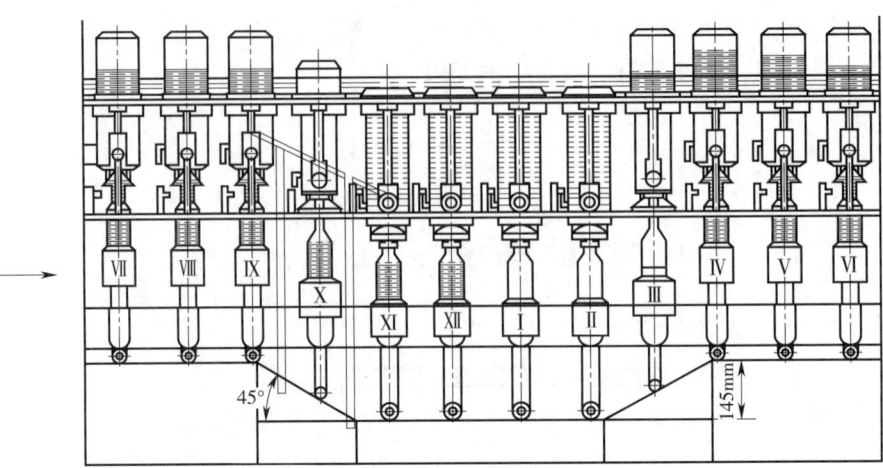

图 19-12 滑道式旋转灌装设备

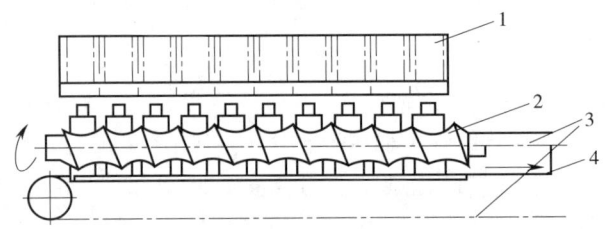

图 19-13 等距螺杆供送装置结构示意图

1—瓶槽；2—等螺距螺杆；3—侧向导轨；4—输送带。

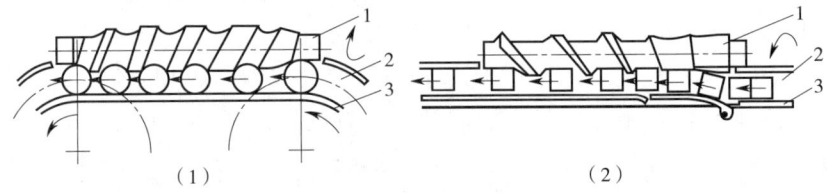

（1）用于供送圆柱体包装容器　（2）用于供送棱柱体包装容器

图 19-14 变距螺杆供送装置结构示意图

1—供送螺杆；2—输送带；3—侧向导轨。

（2）星形拨轮　星形拨轮作为灌装机的送瓶机构，其作用主要是将螺杆供送装置送来的包装容器，按照包装工艺要求输送至灌装机的主传送机构上，并将已完成灌装的包装容器传送到封盖工位上，其尺寸主要由包装容器的直径和高度决定。星形拨轮的结构如图 19-15 所示。

（二）包装容器升降机构

包装容器升降机构的作用：一是使阀管进出容器内；二是利用容器升降控制阀门开闭，完成灌装。直线式灌装机上的灌装阀利用液压（压力供料式）或气动（重力供料式）开闭；旋转式灌装机的旋塞阀或滑阀多利用机械方式开闭，即包装容器的升降机构是利用机械或气动方式使瓶升降同时驱动阀件运动。

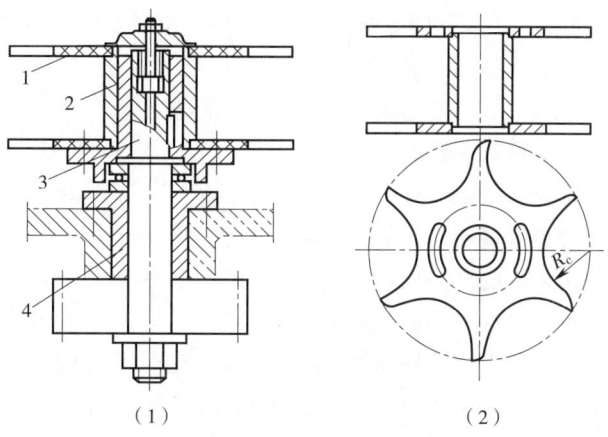

(1) 星形拨轮传动机构　(2) 星形拨轮

图 19-15　星形拨轮结构示意图

1—星形拨轮；2—波轮盘；3—轴；4—轴承座。

1. 机械式升降机构

机械式升降机构也称为滑道式瓶子升降机构，是采用（固定）圆柱形凸轮机构与偏置直动从动杆机构相结合的方式，对瓶罐高度进行控制的机构。机械式升降机构结构如图 19-16 所示，容器托板（其上放置容器）随回转体旋转时，从基线位 Ⅰ 沿导角为 α 的斜坡上升至高度 Ⅱ，在该高度位置保持一段时间后，又沿导角为 β 的斜坡下降到基线位置 Ⅲ，容器在灌装过程中同时产生回转和上下复合运动。机械式升降机构结构简单，但机械磨损大，压缩弹簧易失效，且当机器故障时，瓶类容器仍可能沿滑道上升，容易被卡住，可靠性较差，对瓶罐的质量要求较高，主要用于灌装不含气料液的中低速灌装机。

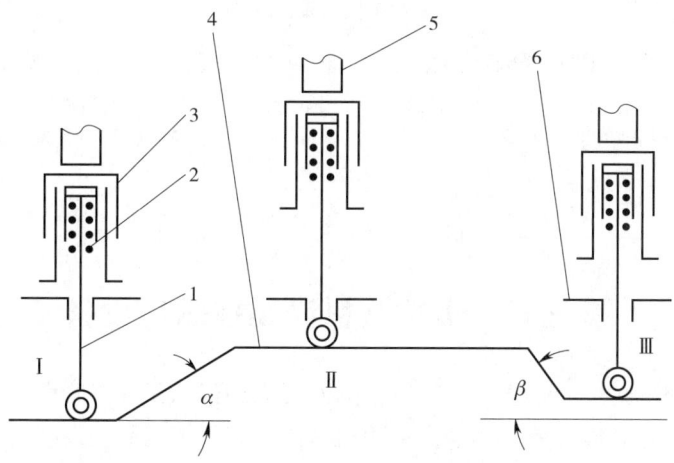

图 19-16　机械式（滑道式）升降机构结构示意图

1—升降杆；2—弹簧；3—托板；4—滑道；5—容器；6—机架。

2. 气动式升降机构

气动式升降机构结构如图 19-17 所示，容器托与活塞气缸的活塞相连；活塞气缸固定在灌装回转体上，随回转体一起转动。容器升降由气缸活塞两侧气压差控制，此气压差随回转相位发生变化。气动式升降机构克服了机械式升降机构的缺点（当发生故障时，瓶罐被卡住），当发生故障时，压缩空气室如弹簧一样被压缩，瓶托不再上升而防止挤坏瓶罐，但下降时冲击力较大，并要求气源压力稳定，该结构适用于含气饮料的灌装机。

3. 气动 - 机械混合式升降机构

气动 - 机械混合式升降机构是一种由凸轮推杆机构完成瓶罐升降，由气动机构保证瓶罐与灌装阀件柔性接触的组合型升降机构，如图 19-18 所示。气筒内压缩空气始终如弹簧一样托住气缸，气缸升降轨迹则由朝下的凸轮机构限定。这种机构使瓶罐在上升的最后阶段依靠压缩空气的作用，由于空气的可压缩性，当调整好的机构出现距离增大误差时，依然能够保证瓶子与灌装阀紧密接触；而出现距离减小误差时，瓶子也不会被压坏。下降时，凸轮使瓶托运动平稳，速度可得到良好控制。气动 - 机械混合式升降机构虽然结构复杂，但运行平稳，升降过程稳定可靠，应用较为广泛。

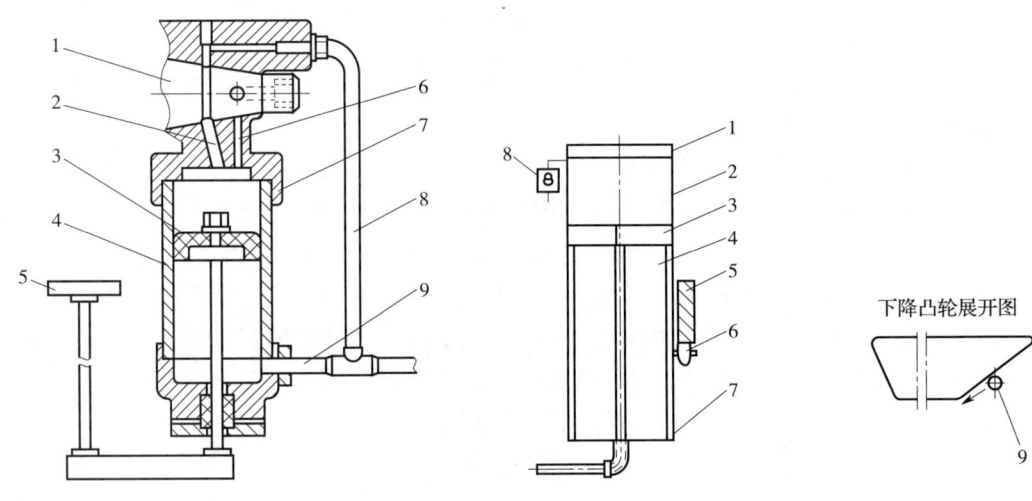

图 19-17　气动式升降机构结构示意图　　图 19-18　气动 - 机械混合式升降机构结构示意图
1—旋塞；2—进气孔；3—活塞；4—缸体；5—容器托；　1—托瓶台；2—气缸；3—密封塞；4—柱塞杆；5—下降凸轮；
6—排气孔；7—封头座；8、9—气管。　　　　　　　　6—滚轮；7—封头；8—减压阀；9—滚轮。

第三节　碳酸饮料灌装技术与设备

碳酸饮料（含气饮料）灌装技术与设备的发展大约经历了 3 个阶段：1952—1957 年，碳酸饮料的灌装机由压差灌装方式逐渐向采用机械阀灌装的等压灌装发展；1957—1959 年，等压弹簧阀出现，其在等压状态下可借助弹簧将冲液阀打开，灌装后冲液阀可以自动关闭，使灌装机的结构变得更简单，延长了灌装阀的有效工作时间，为灌装机的高速化发展创造了条件，等压弹簧阀的出现是灌装机发展史上的一个重要里程碑，至今等压灌装机仍被广泛使用，只是功能更完善，结构更合理；第三阶段以德国 SEN 公司发明电动阀为标志，电动阀中气动阀和水阀的开启和关闭由可控编程器控制，对灌装时间、灌装速率进行严格的控制和可靠的界定。

一、碳酸饮料灌装原理

碳酸饮料灌装时,必须避免料液中的二氧化碳逸出,因此常压和负压灌装方法均不适用于碳酸饮料,工业上采用的是等压灌装方法,即在灌装容器中预先增加压力,使之与气体相应的饱和溶解压力相等时再进行灌装。具体原理如图 19-19 所示。

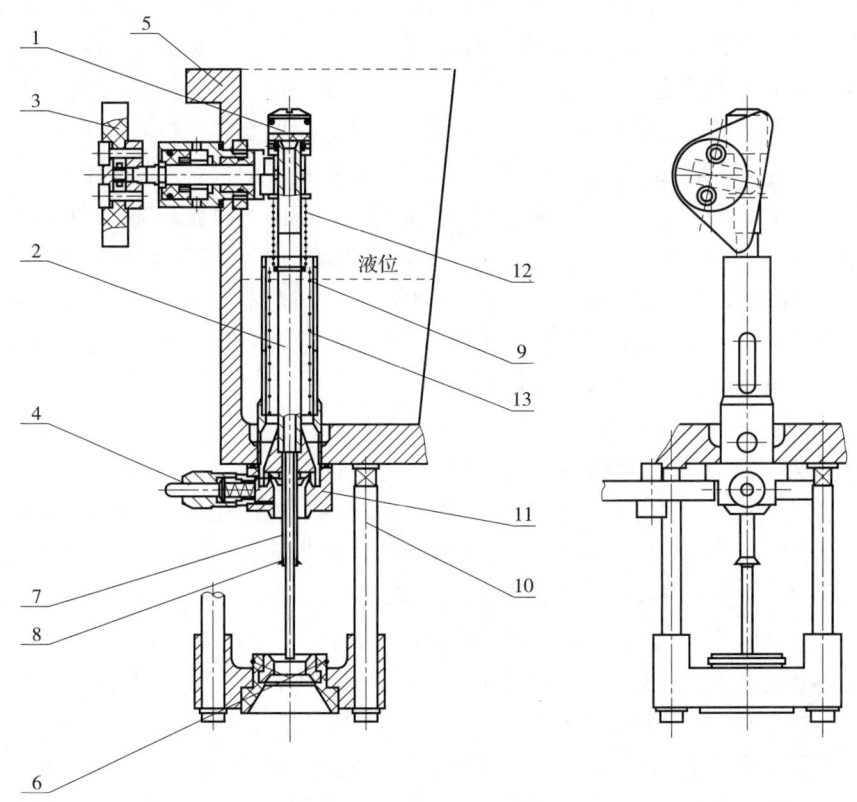

图 19-19 等压灌装装置原理图
1—气阀;2—注液阀;3—开/闭阀扳机;4—排气触柱;5—灌装缸;6—定位密封碗罩;7—排气管;
8—导流锥;9—阀管;10—导柱;11—阀座;12、13—弹簧。

等压灌装基本的工作流程是,初始,气阀和注液阀在弹簧、灌装缸系统压力和相关零件重力的双重作用下处于关闭状态。在做灌装运转时,容器瓶、罐在瓶罐托升降装置(导杆)作用下上升,先受到灌装阀前端的定位密封碗罩作用而就位,而后瓶口顶着密封碗罩沿其导柱一起上升,直到瓶口与装料器形成密封。此时关/闭阀凸轮碰触开/闭阀扳机,促使其摆臂向上运动,从而提升气阀上升而开启,灌装缸上部压力气体从气阀开启的缝隙向容器瓶注入,直至两者间处于等压状态。由于瓶内压力的加大,注液阀在弹簧的作用力下向上运动,从而使注液阀开启,向容器瓶中灌注碳酸饮料,料液沿阀芯经导流锥沿容器壁流下,容器中压力气体则顺着气流通道排回灌装缸。当容器中所灌注饮料的液位浸没气流通道入口时,由注液阀再灌入容器瓶中的饮料按连通作用原理顺气流通道升高。此时关/闭阀凸轮碰触开/关阀扳机,促使其摆臂向下运动,从而关闭气阀通道。此后随着气触柱受到排气凸轮碰撞,开启排气通道(微孔),排出容器中的残留压力气体。使容器内残留压力下降,容器内作用于注液阀的平衡力减小，注液阀被关闭，气道中的料液流入容器中，料液灌注工作完成。当已完成灌装的容器由升降部件推动瓶托下降时，灌装阀前端的定位密封碗罩装置也随之沿导柱下降到原来的位置。

二、传统灌装技术与设备

碳酸饮料的传统灌装工艺包括一次灌装和二次灌装。一次灌装是指将调味糖浆与水预先按一定比例泵入混合机内，进行定量混合，再冷却，并使该混合物吸收二氧化碳，达到设定的二氧化碳气容量后立即灌装；二次灌装又称为现调式灌装法、预加糖浆法或后混合法，即先将冷却脱气后的饮料调和糖浆定量注入包装容器中，再加入碳酸水至设定量，密封后再混合均匀。所谓二次灌装工艺，即一次灌装糖浆，一次灌装碳酸水，从而实现饮料的碳酸化。

不管是一次灌装还是二次灌装，灌装完成后均不再进行杀菌，对于其使用的一次性包装容器如易拉罐、PET瓶等，由于包装严密，出厂后无污染，因而不需要清洗，或用无菌水喷淋清洗，仅采用气体冲洗后即可用于生产。瓶盖采用蒸汽杀菌后用于生产。碳酸饮料的传统灌装对于灌装环境的洁净度要求相对较低，设备相对简单，且包装容器无需杀菌处理，无消毒剂及冲洗用无菌水的消耗，因此能耗较低。但由于灌装后不进行杀菌处理，因此传统碳酸饮料中需要添加山梨酸钾等防腐剂来保证其保质期内的品质安全。

碳酸饮料传统灌装设备的管道系统包括瓶子喷淋系统、冲洗系统、产品管道、CIP回流管、冷却水、蒸汽以及二氧化碳管道等。传统的二次灌装系统由灌浆机（糖浆机、定量机）、灌水机和封盖机组成。灌浆机由定量机构、瓶座、回转盘、进出瓶装置和传动机构组成，一般有12、16、24个不等的灌装头。灌装过程为包装容器进入灌装区后，经过气体冲洗瓶子、加压、灌装、静置、排气等过程，进入封盖区封盖完成灌装，如图19-20及图19-21所示。

（1）气体冲洗瓶子　①气体置换：产生开始信号后，背压阀和排气阀打开，形成背压腔到排气腔的连接通路，使瓶子中的空气被背压腔中的二氧化碳置换；②二氧化碳加压：排气阀关闭，几乎纯净的二氧化碳从背压腔流入瓶子，使瓶子内产生预设压力；③二次置换：排气阀再次打开，使瓶子中的气体再次流向排气腔进行置换，此过程可以使得瓶子内原来的气体几乎完全置换成二氧化碳；④加压：排气阀关闭，背压腔中的二氧化碳使瓶子中的压力不断增加，最后瓶子中的压力和环形料管中的压力相等，形成等压。

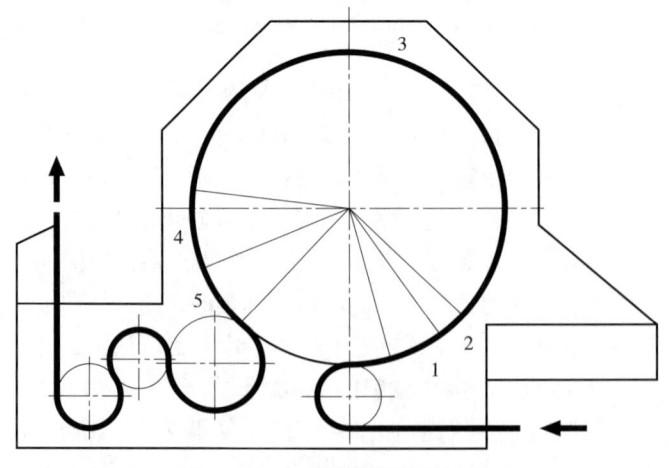

图 19-20　碳酸饮料灌装过程
1—瓶子冲洗；2—加压；3—灌装；4—静置；5—排气。

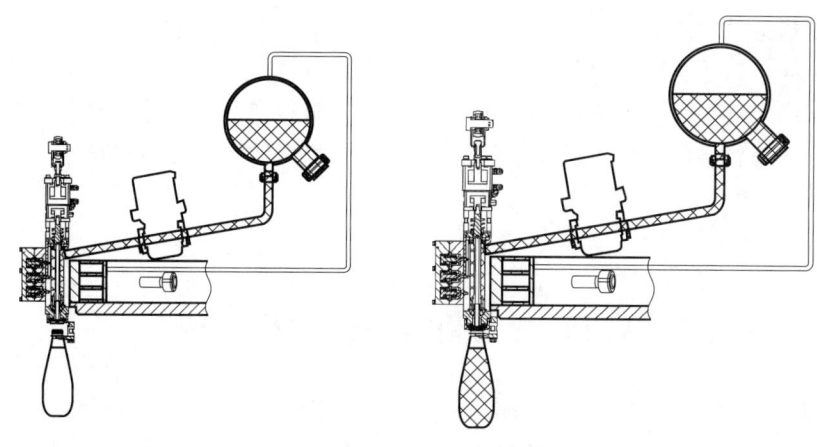

图 19-21 碳酸饮料灌装过程示意图

（2）灌装　在形成等压后，气缸打开产品阀，灌装过程开始，产品通过阀腔流入瓶中，安装在阀腔上的小型导流体将液体导向瓶子内壁，以确保产品流动轻缓，防止起沫。灌装过程中，增压气体被迫从瓶子中排出，并通过回气管流到回气腔。产品到达设定容量，产品阀通过气缸关闭，灌装过程结束。

（3）静置　产品阀关闭后，背压阀持续开启使灌装的产品静置一段时间。

（4）排气　背压阀关闭，排气阀分 2~3 次打开，使瓶子中的压力可以通过回气管排放到排气腔中。提升缸向下移动，瓶子降低，并被传送到出口星轮。

此外，碳酸饮料完成灌装和封盖后，还需要进行温瓶，温瓶机广泛应用于冷灌装的饮料生产线。由于在灌装前，水和二氧化碳是在低温下混合、灌装的，灌装完成后，如果不能及时升温，空气中的水分遇冷凝结成细小的水珠，附着在包装容器的外壁，会给贴标、装箱作业带来不良影响。因此需要在灌装机后面加装温瓶机，灌装后在保证饮料色、香、味以及营养成分不变的情况下，用提高瓶温的方法减少饮料与室温环境的差别，去除包装容器表面的凝结水，保持瓶身干燥清洁。

温瓶机的基本结构为喷淋隧道，通常采用分段式的设计使隧道中各区域的喷淋水温度逐步提高，封口后的罐或瓶由输送带传送，进入喷淋隧道，实现产品温度的逐段升温，至出口端，产品达到要求的温度（通常为 25~35℃），出口端设有风力吹干设备，去除包装容器表面的水分。

三、超洁净灌装技术与设备

超洁净灌装是在无菌生产线核心技术的基础上推出的超洁净灌装工艺，是采用洁净的灌装设备，在洁净的灌装环境下，将杀菌后的料液灌装到杀菌后的包装容器中，以延长产品保质期的灌装技术，要求包装材料与料液的接触面灭菌效率（SE）$\geqslant 3$，灌装、封口区域应符合 GB 50073—2013《洁净厂房设计规范》规定的 N6 级洁净室要求。

超洁净灌装机的主要结构包括瓶坯或瓶子灭菌系统、盖灭菌系统、灌装机、盖储存、理盖、输送、加盖系统、封盖机、CIP/SIP 清洗消毒管路系统、空气净化系统等辅助系统、带生产信息溯源功能的硬件和软件系统。

超洁净碳酸饮料灌装机，采用了针对瓶坯/空瓶进行杀菌的工艺，通过灌装机百级层流装置，将瓶子传递到灌装旋盖区，进行洁净灌装和旋盖。灌装采用流量计方式，配合独立的气路和回路来满足碳酸饮料的洁净灌装，再经过洁净旋盖完成整个灌装过程，适用于高端含气矿泉水、含气苏打水、可乐、雪碧、含气果汁饮料等产品的生产。

由于超洁净灌装是在洁净环境下进行灌装，且包装材料及产品均进行预先杀菌，因此产品中无需添加苯甲酸钠、山梨酸钾等防腐剂就能够保证产品保质期内的品质安全。

第四节 无菌灌装技术及设备

无菌灌装是指，首先对料液进行热杀菌，快速降温至常温后进入无菌罐暂存；同时包装容器进行预先杀菌后在无菌环境下进行饮料灌装，直至完全密封后才离开无菌环境。无菌灌装技术的关键是保证饮料灌装封口后，容器内微生物控制在商业无菌状态。为保证无菌灌装的成功，生产线必须满足基本要求：①产品经超高温瞬时杀菌达到无菌状态；②包装容器也经过预先灭菌；③灌装设备达到无菌状态；④灌装和封盖在无菌环境下完成。

无菌灌装的优点为：①采用高温短时灭菌或超高温瞬时杀菌技术，对料液的热处理时间不超过 30s，最大限度地保证了产品的感官品质，并最大限度地减少饮料中热敏性营养物质的损失；②灌装过程均在常温无菌环境下进行，不用添加防腐剂即可保证产品的无菌要求；③提高了生产能力，节约了原辅料，降低了能源损耗，使产品制造成本降低；④技术先进，可广泛适用于各种饮料的灌装。

饮料常用的包装容器包括 PET 瓶、玻璃瓶、易拉罐、纸铝塑复合包等。玻璃瓶由于易碎、空瓶质量大等原因，目前在饮料行业中逐渐被更加轻便环保的 PET 瓶、纸铝塑复合包装等替代，本节主要介绍适用于纸铝塑复合纸包装容器及 PET 瓶的无菌灌装。

一、纸铝塑复合纸包装容器无菌灌装技术与设备

纸铝塑复合纸包装容器主要指纸基液体食品无菌包装材料，适用于液体乳品及不含气饮料的包装，主要由原纸、铝箔、聚乙烯等通过层压复合而成，能够阻隔光、氧气和微生物，可在不添加防腐剂、常温条件下延长产品的保质期。纸铝塑复合纸包装容器的无菌灌装与 PET 无菌灌装过程原理相同，即分别对包装材料及灌装料液进行杀菌，然后在无菌环境下进行灌装及密封。与 PET 瓶杀菌方式不同，纸铝塑复合纸包装主要采用双氧水进行杀菌。

无菌灌装是饮料无菌生产过程中的关键环节，对于不同的包装容器，在饮料生产过程中需要选择与之匹配的灌装机。纸铝塑复合纸包装包括辊式和坯式 2 类，分别以利乐公司和康美公司为代表，辊式无菌包装即"卷式无菌包装"，行业主导公司为利乐公司，又称"利乐包"；坯式无菌包装即"片式无菌包装"，行业主导公司为康美公司，又称"康美包"。两种包装形式的灌装机，除包装容器的状态及封合方式不同外，灌装及杀菌等原理基本一致。

（一）利乐包无菌灌装技术与设备

1. 利乐包原理

辊式无菌包装即"利乐无菌包装"，主要包括将卷式复合纸包装材料在灌装机上先经灭菌处理、成型热封成圆筒（即纵封），灌装料液后，再对包材上下进行封合（即横封）切分，耳翼黏合等加工，利乐包的结构如图 19-22 所示。

2. 利乐包无菌灌装机

利乐包无菌灌装机的主要结构包括夹爪系统、驱动系统、辅助系统、电气系统、贴条系统及终端系统，如图 19-23 所示，利乐包无菌系统原理及灌装过程如图 19-24 所示，以卷材形式引入的包装材料在多个辊轮作用下，通过加热的双氧水槽（温度 70～78℃）浸泡杀菌，浸泡时间 7s 左右，然后由一对挤压滚轮除去残留的双氧水，再由气刀喷出温度为 125℃ 左右的无菌热空气将其表面干燥，达到灭菌要求的同时除去残留的双氧水，再进行纵封形成卷筒，然后将无菌的产品在无菌环境下完成灌装，然后进行横封、切割，并经输送机构输送至后续工位。

（二）康美包无菌灌装技术与设备

1. 康美包原理

坯式无菌包装即"康美包"，是指使用已经基本成型的片状包材，即预制纸盒，在灌装机上将预制纸盒打开，仅需封合底部和顶部。康美包由于侧面已经完成封合，底部封合经无菌处理后进行灌装，并且顶部留有一定的顶隙、灌装有颗粒料液不影响其顶部封合效果，因此适合应用于添加颗粒的液态乳和不含气饮料的包装。

康美包的成型及灌装过程为：将预制纸盒放入纸盒仓里，由纸盒抽吸器逐个抽出，打开形成无底、无盖的矩形，并推入成型杆上，用热空气活化底部密封的 PE 层，底部被旋转交叉折叠器和一个纵向折叠器所折叠，用专门设计的压力部件加压封合，封口后盒底部呈微凹状，这样可以使纸盒装满产品后能平稳直立而不倒。

2. 康美包无菌灌装机

康美包无菌灌装机整机主要由成型杆部分、套链部分、双氧水加热及喷射部分、热空气加热吹干部分、无菌灌装部分、顶部封合部分、电气控制部分及无菌空气系统等组成，其中成型杆部分完成纸盒底部的折叠及封口，套链部分完成纸盒的清理、消毒、产品的灌装及封口等从

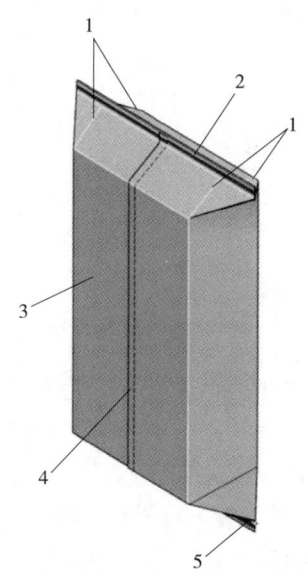

图 19-22 利乐包结构示意图
1—顶部折痕线；2—顶部横封；
3—包装背面；4—纵封；5—底部横封。

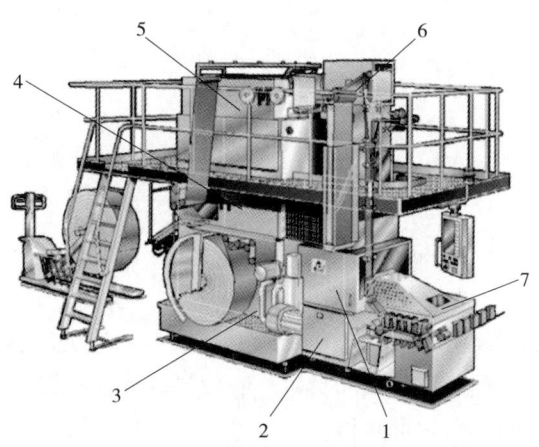

图 19-23 利乐包无菌灌装机主要结构示意图
1—夹爪系统；2—驱动系统；3—辅助系统；4—电气系统；
5—贴条系统；6—上部结构；7—终端系统。

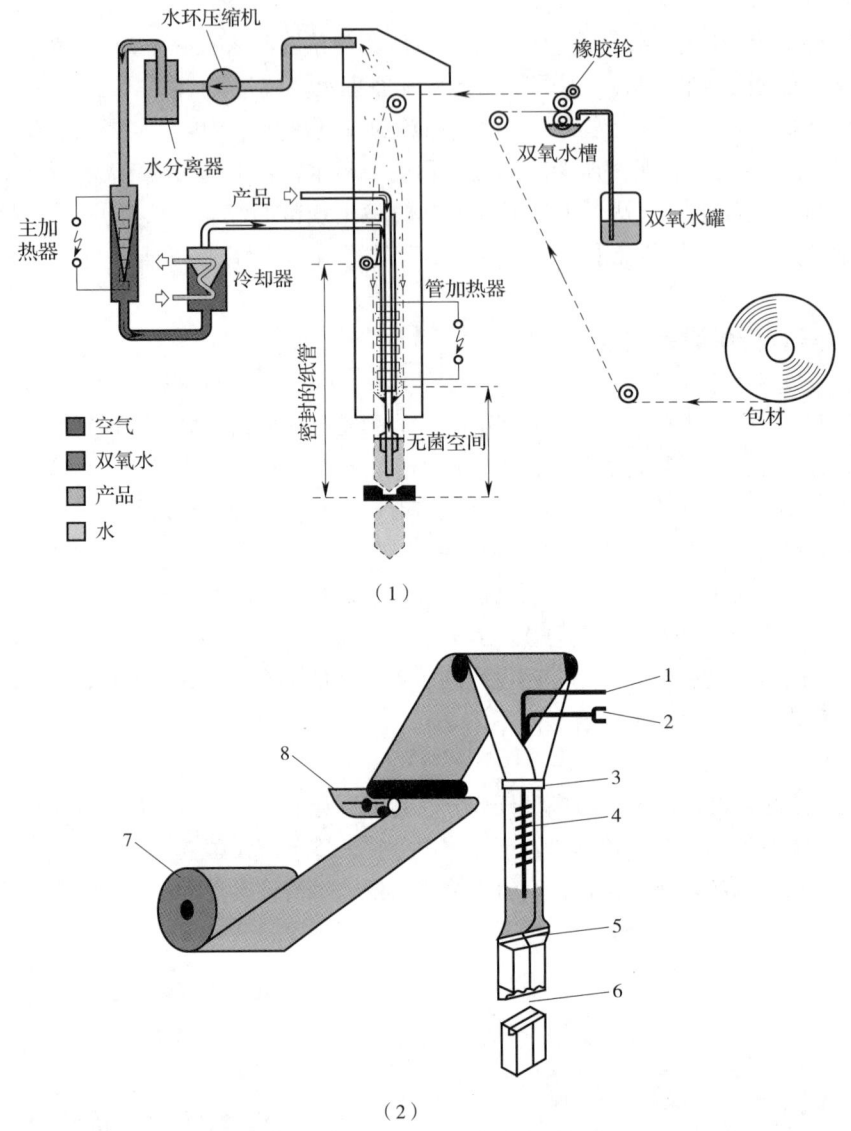

（1）无菌系统原理　（2）灌装过程

图 19-24　利乐包无菌系统原理及灌装过程

1—料液；2—无菌空气；3—纵封；4—管加热器；5—横封；6—切割；7—包材卷；8—双氧水槽。

纸盒到产品的整个输送过程；电气部分是机器的控制核心，无菌空气系统负责向灌装机提供无菌空气以保证机器无菌区的无菌环境。康美包无菌灌装机的生产程序主要包括纸盒的成型、包材的灭菌、产品的无菌灌装以及灌装后纸盒的密封，即先将预制纸盒筒打开成方形，再推入成型杆，然后进行底部封口。底部封口后纸盒被转移至套链，再在机器内部进行灭菌，灌注产品，再进行顶部封口，经耳翼折叠、黏合最后传送至输出传送带，康美包成型及灌装过程如图 19-25 所示。康美包灌装机的结构如图 19-26 所示。康美包装的杀菌采用双氧水喷洒杀菌，即将 350g/L 的双氧水加热到 270℃后，喷入预热后的纸盒，在纸盒内表面形成双氧水膜进行杀菌，再利用加热的无菌空气进行干燥，然后进行灌装。

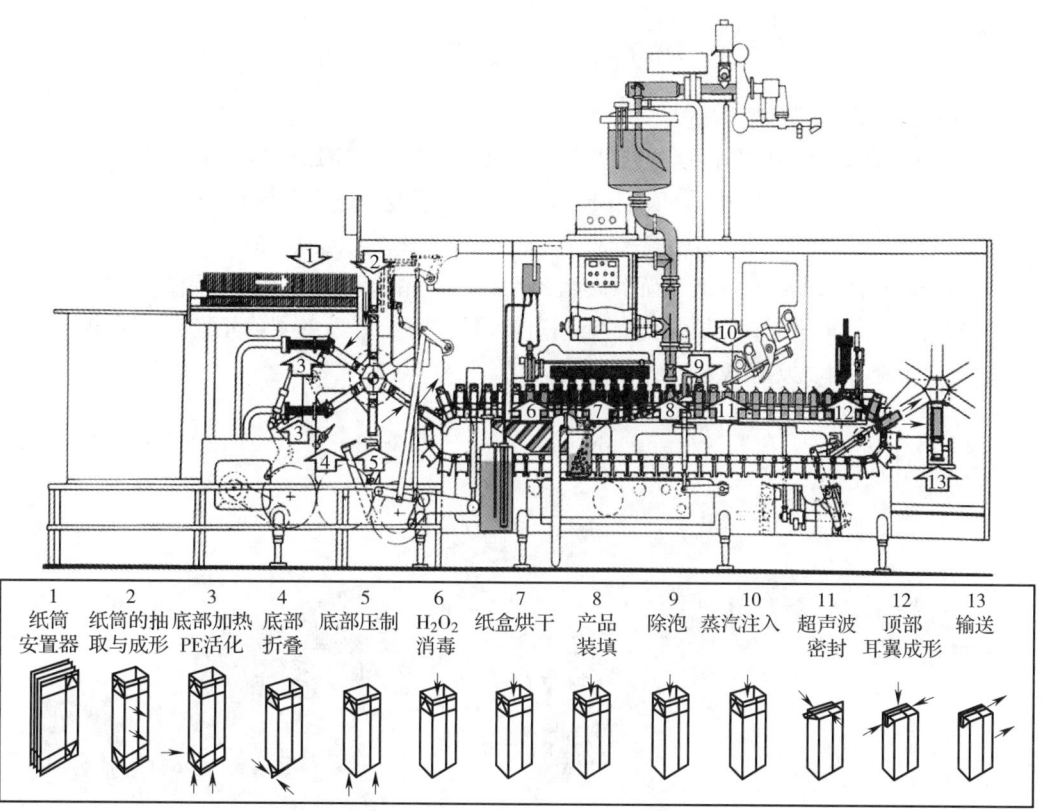

图 19-25 康美包成型及灌装过程示意图

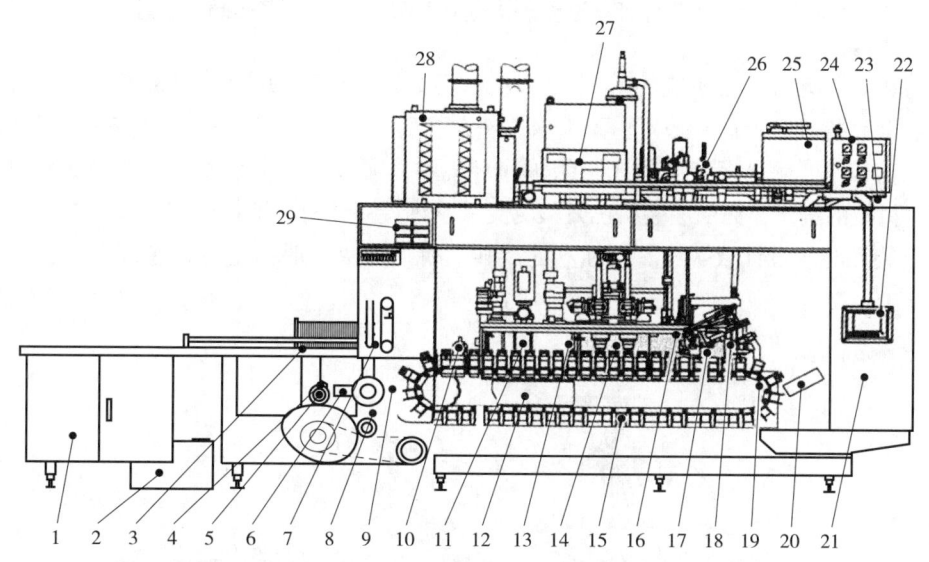

图 19-26 康美包灌装机结构示意图

1—成型轮的开关柜；2—冷却单元；3—纸盒仓；4—底部加热；5—底部折叠；6—成型轮；7—盒筒的送进（抽吸及送进器）；8—底部加压；9—传送站；10—顶部预折叠；11—H_2O_2 纸盒灭菌；12—H_2O_2 排放；13—干燥区；14—灌装站；15—套链；16—蒸汽喷射；17—顶部密封；18—顶部成型站；19—排包器；20—星形轮；21—电柜、机器尾部；22—操作单元；23—电柜、阀组；24—压力计和控制器；25—低压清洗设备；26—阀组；27—H_2O_2 定量系统；28—无菌过滤器（主过滤器）；29—压力指示器。

二、PET 瓶无菌灌装技术与设备

（一）PET 瓶无菌灌装系统

PET 瓶无菌灌装系统主要包括吹瓶系统，空瓶风送系统，空瓶检测系统，进瓶系统、瓶杀菌系统，倾倒/冲瓶/灌装/旋盖四位一体机，盖杀菌系统，进出瓶隔离单元，物料脱气、均质、杀菌及降温系统，无菌水制备系统，无菌空气（或氮气）制备系统，化学灭菌剂制备系统，双回路全自动 CIP 清洗系统，无菌阀组，物料储存系统和物料平衡单元，废气处理单元，手动泡沫清洗站，纯蒸汽发生器，实瓶在线检测及输送系统等设备或单元组成。图 19-27 所示为 PET 瓶吹灌旋一体式无菌灌装生产线设备布局。

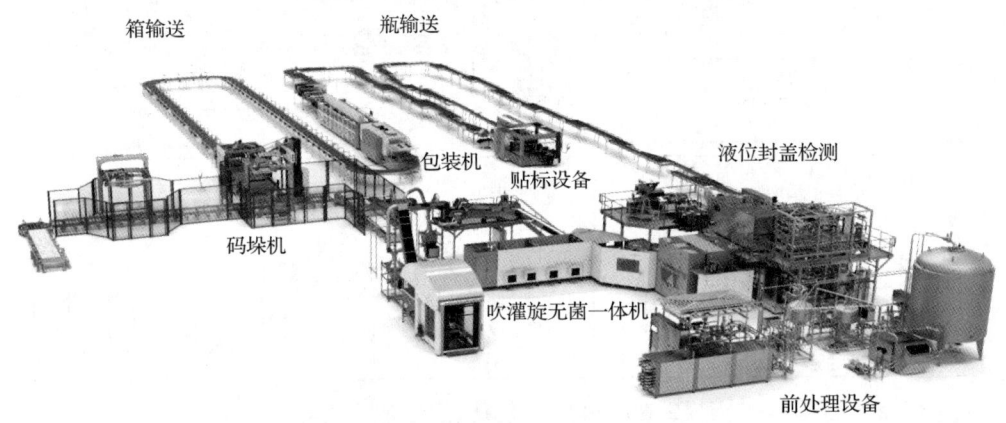

图 19-27　PET 瓶吹灌旋一体式无菌灌装生产线设备布局示意图

传统 PET 瓶无菌灌装系统的吹瓶系统和无菌灌装系统是分开的，即瓶坯经吹瓶系统成型后，输送至灌装机组进行瓶杀菌、无菌水冲洗，然后进行灌装，同时瓶盖经杀菌处理后旋盖，其中瓶杀菌冲洗、灌装及旋盖处于百级洁净环境中，无菌灌装机主要组成部分如图 19-28 所示。随着科技的进步，无菌灌装机已发展为无菌吹灌旋一体机，即将瓶坯的吹塑成型、杀菌—冲洗、灌装和旋盖设计成 4 或 5 台独立的旋转式机型，由星形转轮将其连接为组合机，并安

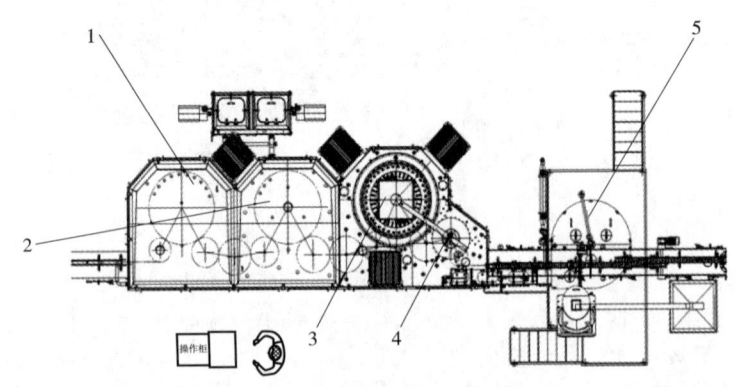

图 19-28　无菌灌装机主要组成部分

1—空瓶杀菌机；2—无菌水冲瓶机；3—无菌灌装机；4—旋盖机；5—盖杀菌机。

装在正压的百级洁净空间中。PET 瓶无菌生产的吹灌旋过程中，预制的 PET 瓶坯在吹瓶机的加热炉中用红外加热至 90~120℃，再通过拉伸吹塑制成合格瓶子；瓶子经杀菌后（或瓶坯在吹瓶前进行杀菌）通过星轮输送至无菌水冲洗机进行冲洗，再经星轮输送到灌装机，将经过杀菌的饮料灌注至瓶子中，并再次通过过渡星轮输送至旋盖机，旋盖机上的止旋刀卡住瓶颈部位，保持瓶子直立并防止旋转，旋盖头在旋盖机上保持公转并自转，在凸轮作用下实现抓盖、套盖、旋盖、脱盖等动作，完成整个封盖过程。瓶杀菌根据分类方式的不同可分为干法杀菌和湿法杀菌、瓶坯杀菌和瓶杀菌，如西得乐和克朗斯的瓶坯干法杀菌无菌灌装系统采用气态 H_2O_2 对瓶坯进行杀菌后，在无菌环境下进行吹瓶、灌装、封盖，其机组组成如图 19-29 所示。

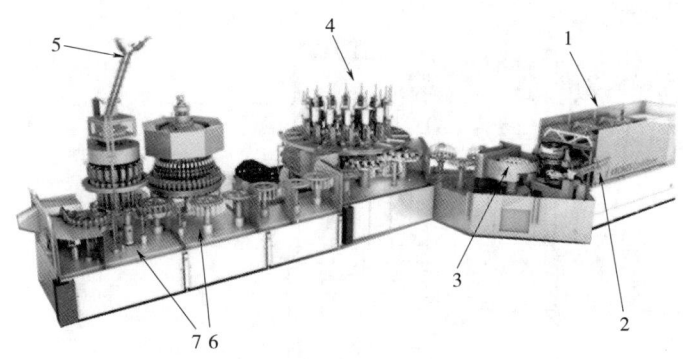

图 19-29　瓶坯干法杀菌无菌灌装机组

1—红外线加热炉；2—瓶坯输送；3—瓶坯杀菌；4—无菌吹瓶机；5—瓶盖处理；6—灌装机；7—旋盖机。

旋转式无菌灌装机的灌装部分结构见图 19-30，主要由上分配器、灌装缸、下分配器、回转部分、灌装进料管、灌装机底座、瓶夹、电控箱、无菌灌装阀等部分组成。经过消毒的空瓶通过拨盘连续地传递到灌装转盘，当转盘转到一定位置后，打开灌装阀开始非接触式灌装。灌装时采用电磁流量计或称重传感器等计量方式，一般具有粗/精双流速灌装控制方式，提高灌装精度；采用下进液方式进料，可以减少物料灌装时泡沫的产生。同时，集成独立的 CIP/SIP 系统。无菌灌装阀结构见图 19-31，开始灌装时，上部气缸断气复位，弹簧带动阀芯杆上升，灌装阀打开，物料开始灌装到 PET 瓶内，当灌装容量达到目标值后，气缸通气驱动阀芯杆下行，与阀嘴接触密封，完成灌装过程。其中，波纹管起到内外动态下的无菌隔离要求。

无菌灌装的整个灌装过程是在无菌条件下进行的，其工艺适应性强，能够生产的产品类型非常广泛，包括低酸茶饮料、乳饮料、咖啡饮料、巧克力饮料、果蔬汁饮料以及其他各种饮料，只需对饮料杀菌条件进行适当调整即可。

（二）多功能 PET 无菌灌装机

多功能无菌灌装机，同时满足灌装高酸、低酸性产品，多品种饮料（含颗粒）兼容灌装，接触式灌装与非接触式灌装且可快速转换，含气与不含气产品兼容灌装。

多功能无菌灌装生产线主要包括洁净型吹瓶机、空瓶杀菌机、无菌水冲瓶机、多功能灌装机、伺服旋盖机和盖杀菌单元等。辅机部分包括无菌水制备单元、消毒液制备单元、无菌阀组及控制系统、无菌缓存罐、CIP 在线清洗单元、尾气中和排放单元以及化学品供应单元等

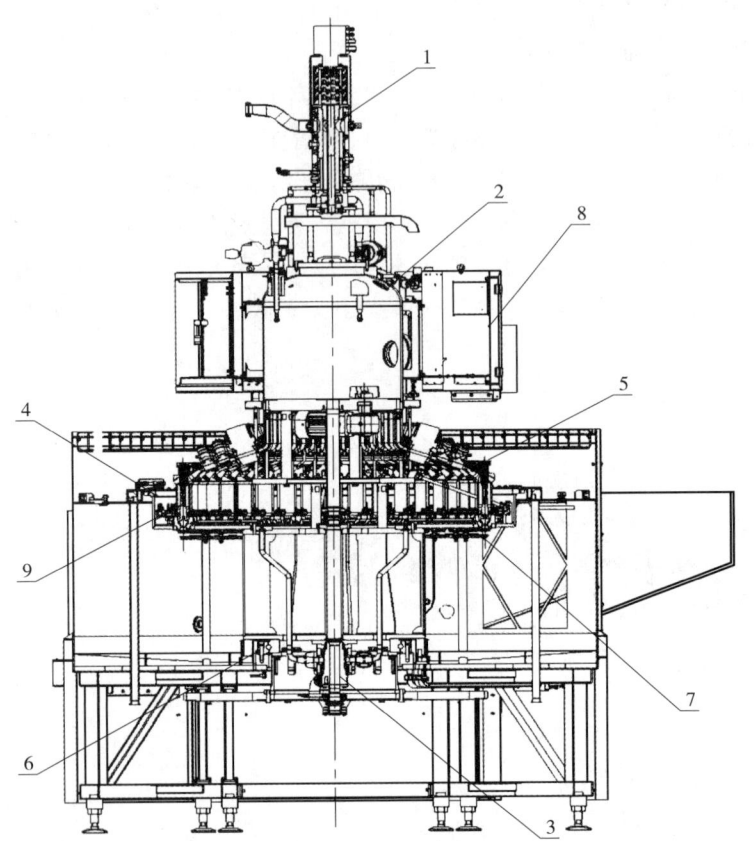

图 19-30　旋转式无菌灌装机的灌装部分结构示意图

1—上分配器；2—灌装缸；3—下分配器；4—回转部分；5—灌装进料管；
6—灌装底座；7—瓶夹；8—电控箱；9—无菌灌装阀。

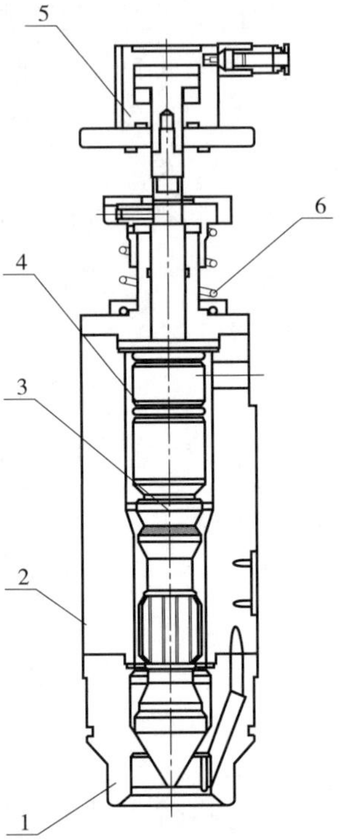

图 19-31　无菌灌装阀结构示意图

1—阀嘴；2—阀座；3—阀芯杆；4—波纹管；5—气缸；6—弹簧。

设备或单元。多功能 PET 瓶无菌灌装机集成了多功能无菌灌装阀、隔离式瓶提升、灌装过程控制、空瓶喷冲杀菌、盖杀菌冲洗与输送、无菌水冲洗、无菌高速伺服旋盖、灌装无菌气路分离、产品回路无菌保持、空瓶喷冲压力检测、无菌型气液混合等技术。

含气产品灌装与不含气产品灌装，通过程序可以实现一键转换，包括产品品类和产品配方的在线转换（接触式灌装与非接触式灌装的快速转换）。各工位设定时间可根据产品特性，在人机界面上方便参数调整，实现稳定的灌装生产过程。

多功能无菌灌装机结构如图 19-32 所示，多功能无菌灌装阀结构如图 19-33 所示，多功能无菌灌装机灌装工艺参数如表 19-2 所示。

多功能无菌灌装机的灌装方式：含气产品采用接触式等压灌装，不含气产品采用非接触式非等压灌装；灌装阀具有粗／精双流速灌装方式，确保灌装容量精度高；灌装阀背压和瓶内泄压采用独立回路系统设计，这种相互隔离的结构设计确保无菌安全性；同步兼容含气和不含气产品灌装，无需任何换型件（瓶口尺寸相同）。灌装阀可灌装含纤维或 3mm×3mm×3mm 大果粒产品（非接触）。该灌装阀在满足无菌灌装工艺的要求下，可进行标准的 CIP 清洗和 SIP 杀菌过程。

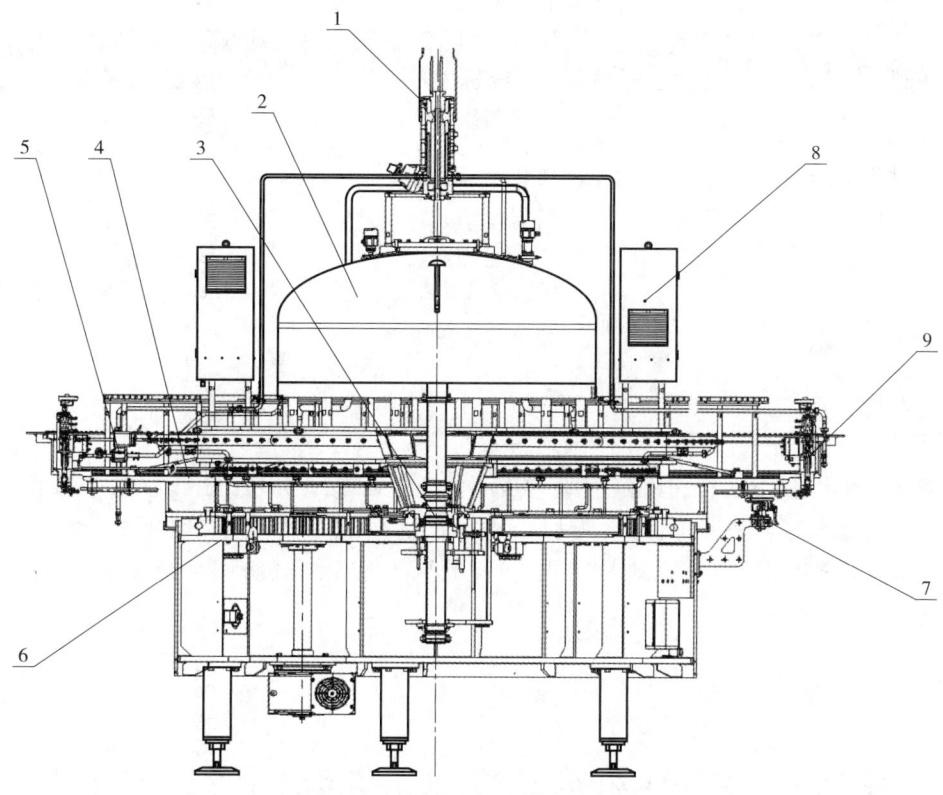

图 19-32　多功能无菌灌装机结构图

1—上分配器；2—灌装缸；3—下分配器；4—灌装回转盘；5—灌装阀料管；
6—灌装底座；7—清洗杯；8—电控箱；9—多功能无菌灌装阀。

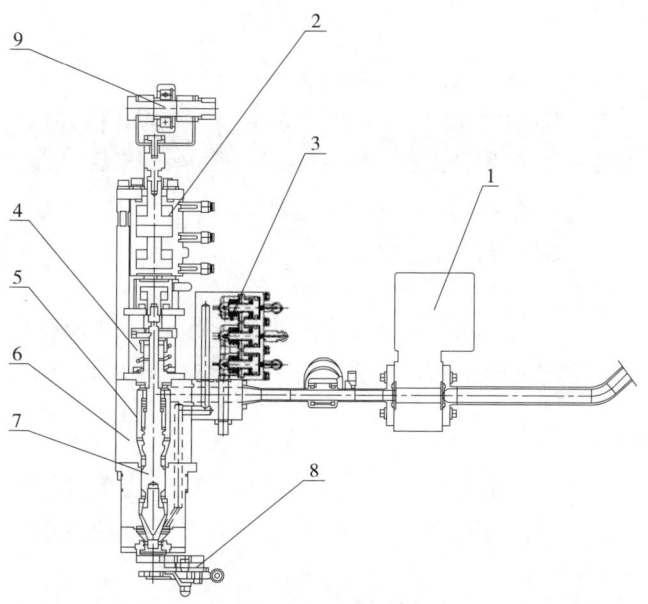

图 19-33　多功能无菌灌装阀结构示意图

1—灌装流量计；2—气缸；3—CIP 排气阀组；4—弹簧；5—波纹管；6—阀座；7—阀芯杆；8—瓶夹；9—提升架。

表19-2　多功能无菌灌装机灌装工艺参数

项目	设计参数	杀菌效率 /lgCFU
无菌水要求	杀菌强度	>6
包材杀菌要求	瓶内杀菌强度	≥6
	瓶外杀菌强度	≥5
	瓶盖杀菌强度	≥6
设备杀菌要求	灌装区域环境	≥5
灌装温度	6~12℃（含气）、20~25℃（不含气）	—

多功能无菌灌装生产线，能满足传统常规不含气产品的无菌灌装和含气产品的无菌灌装要求，在原标准无菌灌装工艺基础上，增加二氧化碳无菌处理、料液与二氧化碳无菌混比工艺，同时，无菌灌装机安装多功能无菌灌装阀，可满足不含气产品非接触式灌装和含气产品接触式灌装工艺要求。

[案例] PET瓶热灌装与常温无菌灌装生产设备流程

根据料液灌装时的温度，灌装技术可分为高温热灌装（即热灌装）和常温无菌灌装。

热灌装和常温无菌灌装技术对比分析见表19-3。两者对于PET瓶和瓶盖要求也有所不同，其差异如表19-4所示。

表19-3　热灌装和常温无菌灌装技术对比分析

项目	热灌装	常温无菌灌装
物料要求	在高温条件下保持较长时间，有时需要添加防腐剂	对物料进行热杀菌后冷却至常温，无需添加防腐剂
瓶及瓶盖要求	需要使用耐热瓶（要求能够承受85~92℃的高温且不变形）和耐热瓶盖	普通PET瓶（最高耐热温度60℃）和标准盖
瓶杀菌要求	不杀菌或用臭氧水、含氯水简单冲洗	必须用化学消毒液进行浸泡或喷淋灭菌至无菌状态
瓶盖杀菌要求	UV照射或用含氯水简单冲洗	必须用化学消毒液进行浸泡或喷淋灭菌至无菌状态

续表

项目	热灌装	常温无菌灌装
灌装环境要求	十万级洁净车间	三位一体机的内部区域达到百级净化要求；灌装车间及前期灌装线安装空间达到万级净化要求
灌装后期要求	需有倒瓶杀菌链条，喷淋冷却后再输送到贴标或套标工序	直接输送到贴标或套标工序
实际操作性	工艺环境操作简单，品控管理相对宽松	工艺环境操作极为复杂，品控管理要求极为严格
操作风险性	较小	大
对产品感官品质的影响	较大	极小
对产品中热敏性成分的影响	较大	较小

表 19-4　热灌装和常温无菌灌装用 PET 瓶和瓶盖对比分析

项目	热灌装	常温灌装
瓶重	重	轻
瓶颈	特殊结晶瓶颈	标准瓶颈
瓶型要求	带热肋板的特殊瓶型	无特殊要求，可根据用户需求设计
耐受温度	85～92℃	60℃
透氧性	瓶壁厚，透氧性低	瓶壁薄，透氧性高
瓶盖	耐高温瓶盖	标准盖
成本	高	较低

1. PET 瓶热灌装生产设备流程

PET 瓶热灌装是指将饮料杀菌后，在 85～92℃条件下进行灌装，密封后倒瓶处理，借助高温产品对 PET 瓶及瓶盖进行杀菌的灌装技术，适用于 pH<4.5 的饮料，如冰红茶、果汁饮料等。饮料热灌装生产设备流程如图 19-34 所示，主要包括水处理系统、热水系统、化糖系统、调配系统、灌装系统及 CIP 系统。原水经过砂滤、碳滤及反渗透等处理，得到纯净水，又称 RO 水，经 UV 杀菌后用于饮料的调配。溶糖系统主要用于对饮料中使用的白砂糖进行溶解及过滤，制备糖浆；糖浆及其他辅料加入调配系统，调配后进一步脱气、均质及 UHT 杀菌后，输送至灌装机进行热灌装。PET 瓶热灌装系统一般还包含吹瓶及洗瓶系统以及盖杀菌系统，PET 瓶坯经吹瓶机吹制成型后，用含氯水冲洗后用于饮料的灌装，瓶盖则一般采用 UV 杀菌。饮料在 85～92℃条件下热灌装至 PET 瓶后，旋盖，通过倒瓶对瓶及瓶盖进行杀菌，然后进入冷却隧道冷却后进行贴标、喷码、装箱及入库。

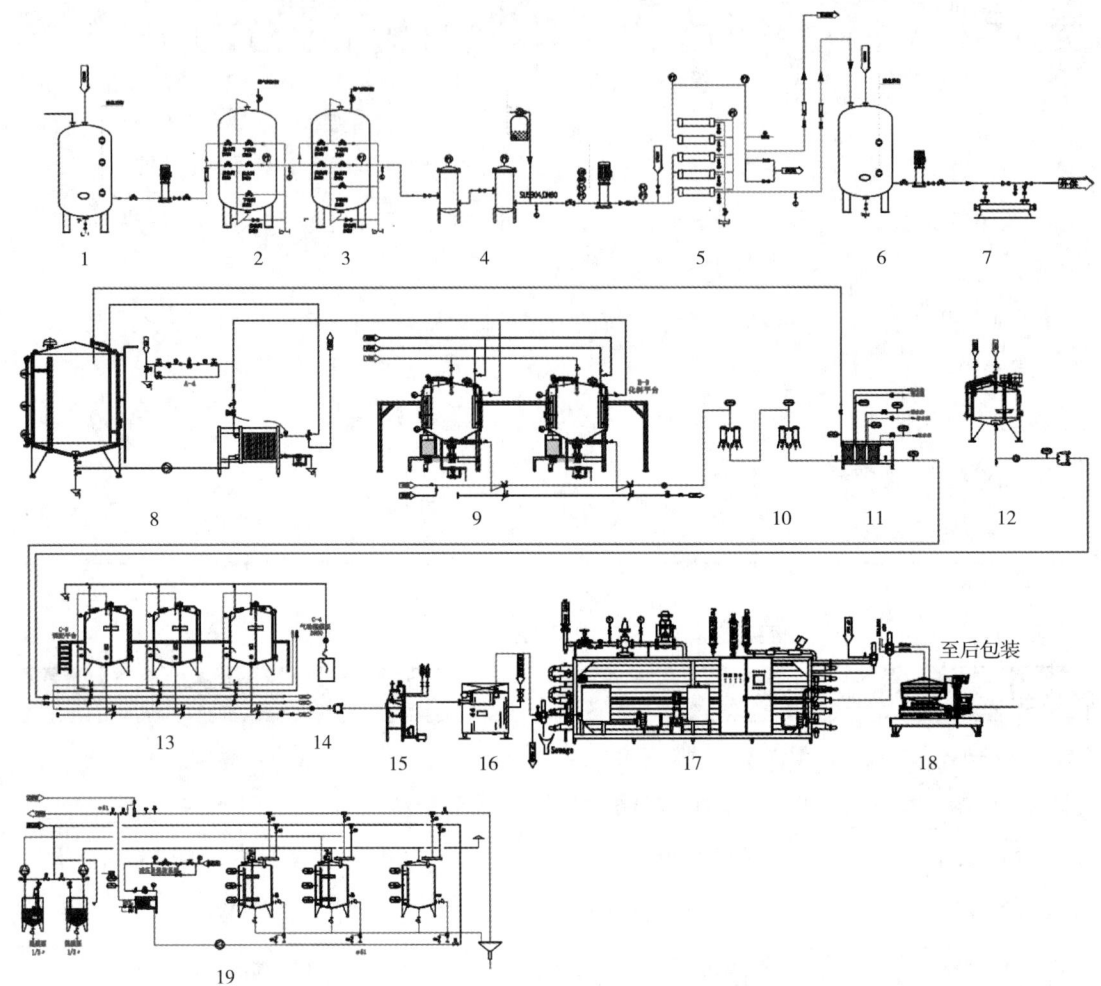

图 19-34　PET 瓶热灌装生产设备流程

1—原水；2—砂滤；3—碳滤；4—保安过滤器；5—反渗透机组；6—成品水；7—UV 杀菌；8—热水系统；
9—溶糖系统；10—过滤器；11—糖浆冷却；12—辅料添加；13—调配系统；14—果汁添加；
15—脱气机；16—均质机；17—UHT；18—灌装机；19—CIP 系统。

2. PET 瓶常温无菌灌装生产设备流程

PET 瓶常温无菌灌装生产线设备流程如图 19-35 所示。由于热灌装和常温无菌灌装的区别主要在于灌装方式及杀菌方式，因此 PET 瓶常温无菌灌装生产线的水处理系统、溶糖系统及调配系统的设备及流程与热灌装生产线设备一致，经过 UHT 杀菌后的饮料储存在无菌储罐中。无菌灌装机组包括吹瓶、瓶杀菌、盖杀菌、无菌灌装及旋盖，PET 瓶坯经吹瓶机吹制成型后采用过氧乙酸喷淋杀菌、无菌水冲洗，瓶盖采用过氧乙酸浸泡杀菌及无菌水冲洗后，输送至无菌灌装系统；杀菌后的饮料由无菌储罐泵送至无菌灌装机组进行无菌灌装及旋盖，并完成贴标、喷码装箱及外箱喷码后入库。

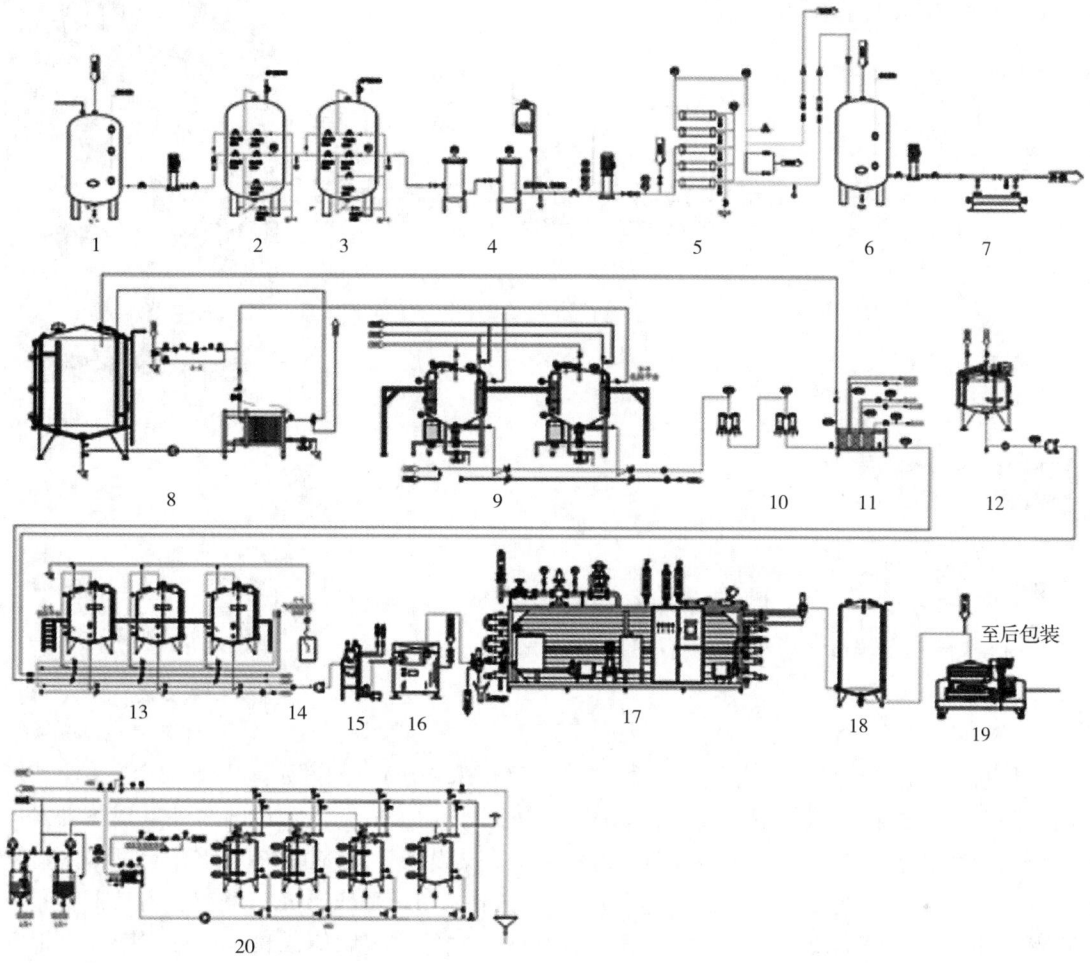

图 19-35　PET 瓶常温无菌灌装生产设备流程

1—原水；2—砂滤；3—碳滤；4—保安过滤器；5—反渗透机组；6—成品水；7—UV 杀菌；8—热水系统；9—溶糖系统；10—过滤器；11—糖浆冷却；12—辅料添加；13—调配系统；14—果汁添加；15—脱气机；16—均质机；17—UHT；18—无菌储罐；19—无菌罐装机组；20—CIP 系统。

思考题

1. 简述灌装方式的分类及特点。
2. 不同灌装方式适用于哪类产品？
3. 简述热灌装与无菌灌装的差异及无菌灌装的优势。
4. 简述利乐包与康美包的区别。哪一种包装适合果粒果汁的灌装？

第二十章

干燥充填技术与设备

CHAPTER 20

学习目标

1. 了解干燥和填充设备的类型和特点。
2. 熟悉干燥和填充设备的原理及结构的优缺点。
3. 掌握干燥和填充设备的应用范围和发展趋势。

作为一种方便快捷的饮品形态，固体饮料近年来在国内外市场上得到了广泛关注和应用。随着固体饮料行业的不断发展，固体饮料现代化加工成套设备在国内外呈现蓬勃发展的势头。固体饮料生产设备中，核心设备包括干燥设备和填充设备。目前，固体饮料干燥设备按照干燥方式不同可分为喷雾干燥、真空干燥和流化床干燥，填充设备按照计量方式不同可分为容积定量式、称量定量式和计数定量式等。在固体饮料生产过程中，可根据物料黏度、热敏感性、粉末颗粒大小、粉末密度和溶解性等要求选择相应的干燥和填充方式。

第一节 干燥技术与设备

干燥是固体饮料加工过程中的关键工艺，与固体饮料产品品质和生产效率密切相关。干燥工艺的选择随物料的形态、性质、干燥产品质量要求（水分含量、结晶形态、光泽等）的不同而变化。目前，固体饮料生产常用的干燥设备有喷雾干燥设备、真空干燥设备、流化床干燥设备等。在干燥过程中，针对不同特性的食品物料通常采用不同的干燥工艺，其最终目的均为去除食品中的自由水。食品物料干燥过程大致分为3个阶段，如图20-1所示。

（1）预热阶段 从 A 到 B 为预热阶段，此时食品温度迅速升至湿球温度，食品水分含量下降由慢到快，干燥速率由零升到最高值，此阶段所需时间很短。

（2）恒速干燥阶段 在 BC 段，物料的干燥速率基本保持恒定，不随物料湿度降低而降

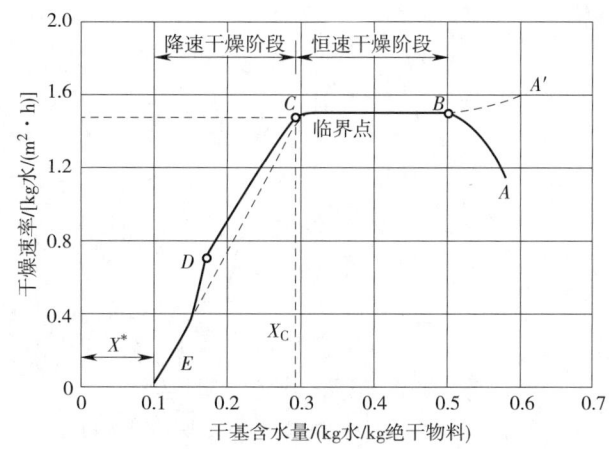

图 20-1 干燥速率曲线

A、A'—预热起点；B—恒速起点；C—临界点；D—降速中间点；E—平衡点；X_C—临界含水量；X^*—平衡水分。

低，物料表面水分饱和，直至达到临界含水量（X_C）。在此阶段，内部水分很快移向表面，因此能满足自由表面汽化所需的水分，此阶段主要取决于外部干燥条件，如温度、湿度和气流速率。

（3）降速干燥阶段　CD 及 DE 段表示降速干燥阶段。此阶段食品水分下降缓慢，干燥速率迅速下降，物料越干燥，内部水分越少，水分内部扩散速率越小，主要开始去除部分结合水。达到平衡水分（X^*）时，干燥过程结束。此阶段干燥速率的变化受物料本身的性质，如结构、大小、水分与物料的结合形式及水分迁移的机制等因素影响。

一、喷雾干燥技术与设备

喷雾干燥是采用雾化器将食品料液分散为雾滴，并用热气体干燥雾滴而获得固体物料的一种干燥方法，与其他干燥技术相比，喷雾干燥快速高效（通常只需 5~40s），水分蒸发过程发生在雾化液滴表面，使得固体物料产品在达到所需干燥程度时，仍能维持适宜温度。因此，喷雾干燥技术特别适用于乳浊液、悬浮液、糊状物、胶状液等可流动液体物料的干燥。

（一）喷雾干燥工作原理及特点

喷雾干燥塔是利用雾化装置将料液分散成细小雾滴，并与热介质进行热量、质量交换，实现产品干燥的一种设备，其结构如图 20-2 所示。喷雾干燥主要由 4 个步骤组成：作为干燥介质的空气加热；进料雾化成雾滴；热空气与雾滴接触使雾滴干燥；回收干燥产品。其主要工作原理是：外界新鲜空气通过空气过滤器、鼓风机，进入空气加热器，使空气温度提高到 160℃左右，送进干燥塔。在进入干燥塔前，热空气先通过匀风板，使热空气均匀分布，防止旋涡，避免焦粉发生，以保证干燥效果。需干燥处理的料液，经杀菌处理后进入贮料罐，再由压力泵送至雾化器，料液以雾状喷出并与热空气混合，物料微粒吸取热量，瞬间水分蒸发，形成粉末向下降落，经过一段恒速干燥，水分进一步蒸发，粗颗粒经旋风分离后落入干燥塔底部收集器中。干燥后的物料细粉粒和低温湿空气由排风机排放，由卸料器连续排出。

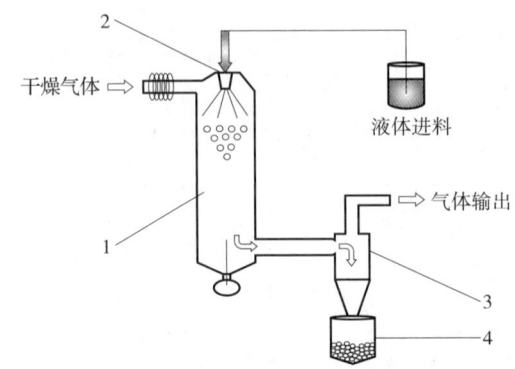

图 20-2　喷雾干燥塔结构示意图

1—干燥室；2—喷雾器；3—干燥旋风装置；4—干燥颗粒收集器。

与其他固体饮料干燥技术相比，喷雾干燥技术具有以下优势。

（1）干燥速率快　物料经雾化器雾化后，液滴表面积显著增加，在高温干燥气体作用下，绝大部分水分瞬间挥发，这期间仅需 5~40s 即可完成雾化液滴的干燥。

（2）产品质量好　喷雾干燥使用的干燥温度区间较大，即便在热风状态下，其出风口温度仍维持在 60~80℃。在干燥过程中，物料温度低于周围环境的湿球温度，在此情况下，物料中的热敏性成分（如蛋白质、油脂、食品功能因子等）不易发生变性、降解、氧化等现象。此外，由于干燥过程经历雾化和水分蒸发，固体物料产品粒度分布均匀、质地细腻，具有较好的分散性、流动性和溶解性。

（3）操作简单，便于控制　喷雾干燥通常用于处理固形物含量为 10%~60% 的液体物料，在较高水分含量条件下仍可不经浓缩直接获得粉末产品。此外，由于喷雾干燥粉末粒度小而均一，在后期包装过程中无需进行二次粉碎和过筛，简化了生产工艺，降低了生产成本。

（4）适用于连续化大规模生产　喷雾干燥塔可与生产线中其他设备串联，实现连续进料和干燥，并在后处理工序结合冷却器、风力输送或其他干燥设备，组成连续生产线，能够适应工业上大规模生产要求，同时还可以根据需要生产细粉状、颗粒状、空心球状或团聚状的固体物料产品。

（二）喷雾干燥基本类型及特点

喷雾干燥系统主要由干燥室、料液雾化装置、空气加热器、干燥塔和尾气回收器等组成。需依据物料的物性不同，生产上选择具有不同干燥室结构、大小、雾化方式（离心式、压力式或气流式）、空气加热方式、尾气回收方式的设备。喷雾干燥的效果取决于料液的雾化质量，雾化器就是雾化料液和保证雾化质量的关键部件。根据雾化方式、雾滴和空气流动方向以及工艺流程等分类方法，常用的工业喷雾干燥塔分类见表 20-1。

表 20-1　常用的工业喷雾干燥塔分类

分类方法	类型
雾化方式	气流式喷雾干燥
	离心式喷雾干燥
	压力式喷雾干燥

续表

分类方法	类型
雾化方式	超声波喷雾干燥
	其他类型（如静电式喷雾干燥）
空气和雾滴流动方向	并流式喷雾干燥
	逆流式喷雾干燥
	混合流式喷雾干燥
工艺流程	开放循环式喷雾干燥
	封闭循环式喷雾干燥
	半封闭循环式喷雾干燥
	特殊流程（无菌式，利用细粉返回）
干燥阶段	单阶段喷雾干燥
	双阶段喷雾干燥
	三阶段喷雾干燥
干燥室形状	矮而直径大的干燥室
	高而直径小的干燥室

1. 气流式喷雾干燥

气流式喷雾干燥是典型的喷雾干燥形式之一，其性能以及干燥塔的主体形状主要由气流式雾化器的特点所决定，主要应用于粒度要求较细的产品。气流式喷雾干燥塔直径较小，特别适合于一些黏度较高且有触变性的物料。气流式喷雾干燥塔结构如图 20-3 所示。

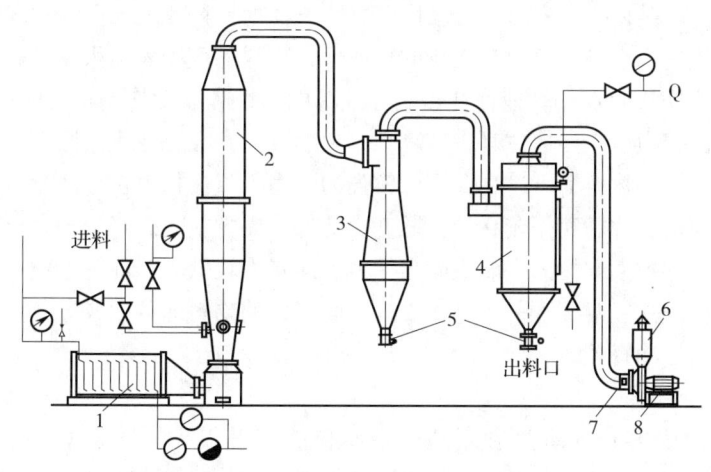

图 20-3　气流式喷雾干燥塔结构示意图

1—加热器；2—干燥室；3—旋风分离器；4—布袋除尘器；5—出料阀；6—消音器；7—风门；8—引风机。

气流式喷雾干燥塔工作原理是：当压缩空气或蒸汽以很高的环隙速度从雾化器喷出时（速度约 200m/s，有时甚至接近超声速），与物料之间形成相对速度差，气液之间所产生的摩擦力和剪切力使物料在很短的时间内被拉成液丝，液丝在高速气流作用下快速断裂形成微小的雾滴。液丝特有的丝状体结构特性由气液间相对速度和物料的物理性质决定。一般来说，相对速度越高，产生的液丝越细，丝状体结构保持时间就越短。如果物料具有较高的黏度，丝状体保持时间则会延长。因此，当处理高黏物料时，所得产品往往呈粉状或絮状，其中絮状产品的生成就是液丝未完全雾化导致的。

气流喷雾干燥设备的特点是结构简单、加工方便、操作弹性大、易于调节。但在安装时要注意雾化器与干燥室同心度，否则会出现黏壁等现象。

2. 离心式喷雾干燥

离心式喷雾干燥是目前工业生产中广泛使用的干燥方式之一，其雾化原理是借助高速转盘产生离心力，将料液高速甩出成薄膜、细丝，并受到腔体空气的摩擦和撕裂作用而雾化，喷雾的均匀性随着圆盘转速的增加而提高。离心式喷雾干燥塔结构如图20-4所示。

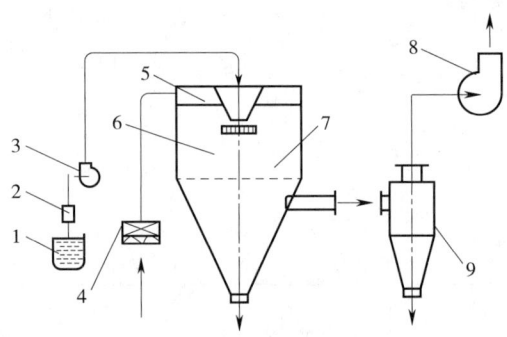

图20-4 离心式喷雾干燥塔结构示意图

1—料槽；2—过滤器；3—送料泵；4—加热器；5—热风分配器；6—干燥室；
7—离心雾化室；8—引风机；9—旋风分离器。

干燥过程中，物料黏度、表面张力、物料惯性以及物料释放时与空气相互摩擦作用等因素均会对液滴的形成造成影响。分散盘在较低转速下，物料黏度和表面张力是影响液滴形成的主要因素。工业生产中雾化器的转速往往较高，此时的惯性和摩擦作用是形成液滴的主要因素。当物料黏度和表面张力占主导地位时，液滴会单独形成，并在分散盘边缘进一步雾化，产生粒径小而均匀的雾滴群。物料黏度过高会产生较强的内力，阻止物料在分散盘边缘发生破裂，因此分散盘需要较高转速才能获得较高的分散度。此外，当物料表面张力较高时，在分散盘边缘产生较厚的液膜，导致大颗粒的生成；而当物料表面张力较低时，促使液丝拉长，进而在断裂时产生较小的液滴。一般情况下，高黏度、高表面张力的物料通常生成球形颗粒，并可通过改变操作条件来控制雾滴直径。

3. 压力式喷雾干燥

压力式喷雾干燥雾化原理是利用高压泵使料液获得很高的压力（2~20MPa），从直径0.5~6mm的喷嘴中喷出，由于压力大、喷嘴小，高压料液瞬间快速喷出，雾化成直径很微小的雾滴，这些雾滴与热空气接触后，水分迅速蒸发。最后，干燥后的微粉通过旋风分离器排出，其中一部分微粉通过旋风除尘器或布袋除尘器回收利用。压力式喷雾干燥塔结构如图20-5所示。喷雾干燥后形成的固体粉末通常为圆润或褶皱的球形，粒径分布范围广，一般在10~50μm。

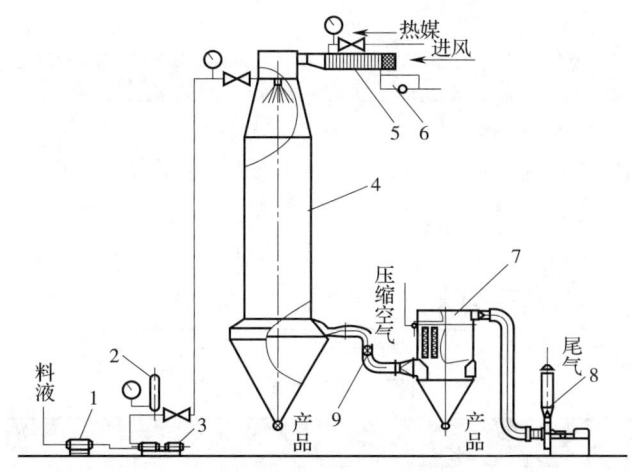

图 20-5 压力式喷雾干燥塔结构示意图

1—过滤器；2—稳压器；3—高压泵；4—干燥塔；5—加热器；6—空气过滤器；
7—布袋除尘器；8—引风机；9—控温器。

（三）喷雾干燥方式性能比较

由于气流式、离心式、压力式喷雾干燥塔的雾化方式和工作原理不同，每种喷雾干燥塔的雾化效果、能耗、成本、适用场景等不同，因而喷雾干燥所得的粉末状产品特性也不同。其中，压力式喷雾干燥塔结构简单紧凑，能耗较小，可同时配备数个雾化器进行雾化处理，但该种喷雾干燥塔处理量较小，不能对高黏度物料进行雾化处理，适合生产粒度较大的固体粉末产品。离心式喷雾干燥塔与压力式喷雾干燥塔相比，雾化过程中不适用于逆流操作，雾化压力较低，适合生产粒度较小且分布均匀的固体粉末产品。气流式喷雾干燥塔适合处理黏度较高的料液，且所得固体粉末产品粒度较小，水分含量较低，然而该种喷雾干燥塔造价较高，且生产能耗较高，不适用于工业化生产。表 20-2、表 20-3 对 3 种喷雾干燥塔的相关特性进行了系统比较。

表 20-2　　3 种雾化器优缺点比较

雾化方式	优点	缺点	适用产品
压力式雾化	结构简单、紧凑，价格便宜 能耗较小 大型干燥塔可用几个雾化器 产品颗粒粗大 适用于逆流操作	对料液处理量操作弹性小 喷嘴易磨损，雾化性能影响大 需要高压泵 料液必须预先过滤 不适合高黏度物料	果蔬汁、蛋白、谷物等固体饮料
离心式雾化	操作简单，处理量弹性较大 可以同时雾化两种以上料液 操作压力低，能耗最小 不易堵塞，腐蚀性小 产品粒度均匀	不适用逆流操作 雾化器及动力机械造价高 不适合卧室干燥器 制备粗大颗粒时，设计上有上限 设备维护复杂，需特别细心	茶、草本、咖啡、植脂末等固体饮料

续表

雾化方式	优点	缺点	适用产品
气流式雾化	能处理黏度较高的料液 可制备直径20μm以下雾滴 大型干燥器可用几个或十几个喷嘴 适用于小型或试验设备	能耗大（50~60kW/t料液） 产品粒度均匀性差	蜂蜜、巧克力等固体饮料

表20-3　3种雾化器生产情况比较

	参数	压力式	离心式	气流式
料液条件	一般溶液	可以	可以	可以
	悬浮液	可以	可以	可以
	糊状料	不可以	不可以	可以
	处理量	调节范围较窄	调节范围广，处理量大	调节范围较大
加料方式	压力	高压，1~20MPa	低压，约0.3MPa	低压
	泵	多用柱塞泵	离心泵或其他泵	离心泵
	泵的维修	困难	容易	容易
雾化器	价格	低	高	低
	维修	易磨损	容易	最容易
	动力消耗	适中	最小	最大
产品质量	粒度	粗大颗粒	微细颗粒	颗粒较细
	体积密度，含水量	与雾化方式无关	与雾化方式无关	黏度影响大
	粒度的均匀性	均匀	均匀	不均匀
	最终含水量	较高	较低	最低
干燥塔	塔径	小	大	小
	塔高	最高	低	低
	热风	并流、逆流	并流	并流、逆流

（四）影响喷雾干燥固体饮料理化特性的因素

由喷雾干燥技术制备的固体饮料理化特性（如产品得率、色泽、风味、粉末粒度、水分活度、溶解性、流动性等）受诸多因素影响，如物料黏度和固形物含量、填充剂种类和添加量、喷雾干燥工艺参数等。

1. 物料黏度和固形物含量

物料黏度和固形物含量是影响喷雾干燥固体饮料理化特性的重要因素。高黏度会对雾化过程产生负面影响，导致干燥速率变慢、固体饮料粉末颗粒尺寸变大，低黏度物料雾化过程中的剪切阻力较小，增加了液滴间的运动和碰撞，导致粉末挂壁和黏附。此外，高固形物含量在喷雾干燥过程中有利于物料的干燥，以及降低粉末产品的水分活度。然而，过高的固形物含量会增加物料黏度，从而增加固体饮料黏附的可能性。因此，在实际生产中必须控制物料黏度和固形物含量以获得理化特性良好的固体饮料产品。

2. 填充剂的种类和添加量

一般情况下，添加适量的填充剂（如羧甲基纤维素钠、黄原胶、麦芽糊精等）可显著改善固体饮料产品的流动性、溶解性和口感，提升固体饮料产品的品质。麦芽糊精是提高固体饮料得率常用的填充剂，具有成本低廉、无异味、高固性物含量下黏度低等诸多优点，可促进喷雾干燥过程中粉末的干燥与成型，被广泛应用于固体饮料生产中。郎双梅等采用压力式喷雾干燥技术制备芒果风味固体饮料，并以感官评分为指标，对比了羧甲基纤维素钠、麦芽糊精和黄原胶对芒果风味固体饮料感官品质的影响，研究结果表明，添加1.5g/L黄原胶时，芒果风味固体饮料产品品质最佳。

3. 喷雾干燥工艺参数

喷雾干燥进风和出风口温度、进料速率对固体饮料粉末形成及其水分含量、水分活度均存在重要影响。过低的进风口温度和较快的进料速率不利于雾化液滴形成，导致粉末干燥速率低，而过高的出风口温度会导致产品中热敏性成分被破坏和降解。因此，必须严格控制喷雾干燥进风、出风口温度和进料速率，以制备水分含量低、流动性能佳、溶解性能好的固体饮料产品。阿博雷（Abore）等通过喷雾干燥技术制备了富含β-胡萝卜素的甘薯粉末，并对喷雾干燥工艺（进风口温度、进料流率和麦芽糊精浓度）进行优化，发现在最优工艺条件下［进风口温度172.71℃，进料速率20mL/min，麦芽糊精浓度10g/L］甘薯粉得率为48.460%，溶解度为268.39g/L。

二、真空干燥技术与设备

真空干燥是将物料置于负压条件下，并通过适当加热达到负压状态下的沸点或者通过降温使得物料凝固来干燥物料的干燥方式。干燥过程中不涉及高温、高压，因此特别适用于含类胡萝卜素、姜黄素、益生菌等热敏性、易分解和易氧化物料的干燥。

（一）真空干燥机类型

1. 真空接触式箱式干燥机

真空接触式箱式干燥机是一种在真空密封条件下进行工作的干燥机，能够向机器内部充入惰性气体，专为热敏性、易分解和易氧化物料而设计，特别适用于对成分复杂物料进行快速干燥。其特点有：在真空下干燥时氧含量低，能防止被干燥物料氧化变质；可在低温下使物料中的水分汽化，适用于干燥热敏性物料；能保留被干燥物料中的热敏性生物活性成分等，其结构如图20-6所示。

真空接触式箱式干燥机是最早被发明和使用，也是构造最简单的一种真空干燥机，其在真空干燥箱内配备多块中空加热板，加热板内

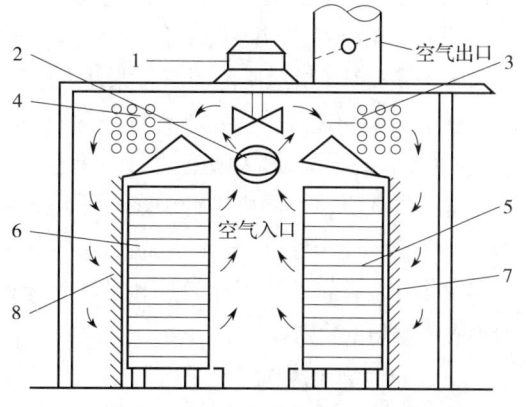

图20-6 真空接触式箱式干燥机结构示意图
1—电动机；2—风机；3、4—加热器；
5、6—盘架；7、8—挡板。

一般通蒸汽加热，也可用电加热或其他辐射加热。物料事先放置在金属盘中，并置于加热板上，热量通过热传导传递至物料内部，使水分遇热蒸发。除此之外，真空箱式干燥机还可进行泡沫物料的干燥。物料先经搅打（混入空气或添加碳酸氢铵等分解后能产生气体的成分）和接触加热，在减压条件下气体发生膨胀，形成可通过真空度控制的泡沫层，泡沫层经干燥后所得样品具有组织疏松、速溶性佳等优势。因此，真空接触式箱式干燥机常用于制备速溶型固体饮料，如果粉、速溶咖啡和茶粉等。

2. 真空带式干燥机

真空带式干燥机是一种连续式真空干燥机，其结构如图 20-7 所示，由干燥室、加热和制冷系统、物料供给系统和真空系统等组成，其分别在机身的两端连续进料和出料，进料和出料部分都可以设置在洁净间内，整个干燥过程完全封闭，不与外界环境接触。

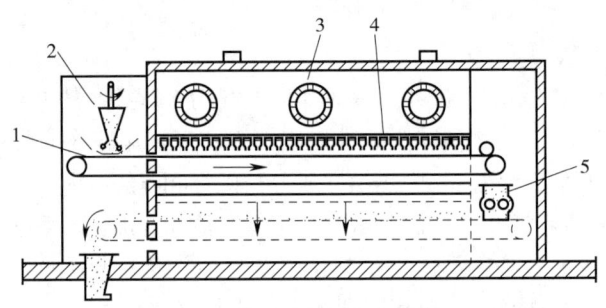

图 20-7 真空带式干燥机结构示意图
1—传送器；2—加料器；3—风机；4—热空气喷嘴；5—压碎机。

真空带式干燥机的特点：①料带控制其运行速率；②进料泵控制其进料速率；③布料电机、布料角度和运行速率等参数可无级变速调节；④真空系统采用多级罗茨水环真空泵机组；⑤温度控制采用调节阀和数字传感控制技术从而保证每段恒温运行；⑥自动纠偏系统，采用闭环控制保证料带运行时偏离中心位置不超出 ±0.5cm。

真空带式干燥机由一条连续不锈钢带组成，钢带绕过加热滚筒和冷却滚筒，结构呈多层式，构成真空干燥机的主体。物料薄层平铺在带式加热板上并随之运动，由于在真空条件下，物料在加热板上呈沸腾状发泡，因此成品具有多孔性；全系统为密闭操作，卫生条件好，其运行条件（干燥温度和时间）介于冷冻干燥和喷雾干燥之间。

真空带式干燥机适用范围广，尤其适用于对黏性高、易结团、热塑性、热敏性物料的干燥。产品在整个干燥过程中，处于真空、封闭环境，干燥过程温和（产品温度 40~60℃），对于天然提取物制品，可以最大限度地保持其色、香、味，得到高品质产品，可以将浓缩浸膏类食品直接送入带式真空干燥机进行干燥，无须添加任何辅料，同时也提高了产品品质。与冷冻干燥相比，真空带式干燥机干燥的成品质量与其接近，但冷冻干燥是间隙操作而真空带式干燥机可以连续作业，特别适用于热敏性和易氧化物料的干燥，常用于橙汁、香蕉泥以及速溶咖啡、茶粉等固体饮料的生产。

3. 真空冷冻干燥机

真空冷冻干燥机是基于水分在真空条件下相态变化的规律，将物料预冻为固体后，通过对温度以及压力的控制，将物料中的水分由固态直接升华为气态，以达到物料低温脱水干燥的目的。由于物料是在温度和压力较低的条件下进行干燥，可抑制大多数易挥发成分和热敏性成分的氧化反应，进而更好地保护物料的颜色、形状、外观和内部结构等，从而提高固体饮料的产品品质。近年来，真空冷冻干燥机广泛应用于速溶咖啡、速溶茶、果茶、营养冲剂、果蔬粉、益生菌粉等多种固体饮料的生产，其结构如图 20-8 所示。

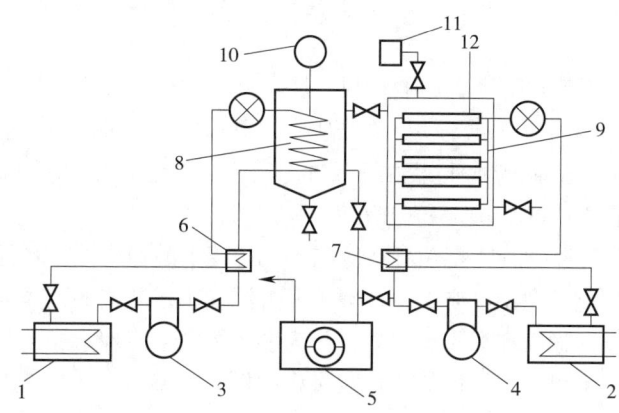

图 20-8　真空冷冻干燥机结构示意图

1、2—水冷却器；3、4—制冷压缩机；5—真空泵；6、7—热交换器；8—冷凝器；
9—冻干箱；10—冷凝温度指示计；11—真空计；12—板温指示。

尽管喷雾干燥、真空冷冻干燥、热风干燥、微波干燥等方式均可以用于固体饮料的生产，但是不同干燥方式对不同类型固体饮料品质的影响也不尽相同，一般可以通过感官评价、营养成分保留、黏度、吸水性、色泽、全粉得率、含水量、吸湿性、口感等指标评价最终固体饮料产品的质量。研究表明，真空冷冻干燥生产的固体饮料感官品质较好，更接近原物料的色泽，水溶性和持水力较好，营养成分和香气成分保留更多，微观结构呈多孔骨架状，堆积密度更低，产品质量较好，但出粉率较其他干燥方式低。目前真空冷冻干燥已经应用于多种类型固体饮料的生产中，与其他干燥方式相比，真空冷冻干燥主要具有以下优点。

（1）保持原物性　在低温和真空环境下进行干燥，样品中的水分直接由固态变为气态，不受表面张力的作用，被干燥物料不变形，可以更好地保持原有的化学组成和物理性质。

（2）适用于多种物料　真空冷冻干燥不仅适用于液态物料，也适用于固体和半固体物料，包括蔬菜和水果、益生菌、果蔬汁、植物提取液、汤料等。

（3）保持产品质量　在低温条件下，微生物的生长繁殖和酶的作用几乎无法进行，能够较好地保持物质的原始性状，避免因高温引起的变质或失活。

（4）减少营养成分损失　在低温下进行干燥，减少了挥发性成分和受热变性的营养成分及芳香成分的损失，易氧化的物质得到了更好的保护，从而保留了更多的营养价值。

（5）延长保质期　干燥后制品中的水分含量极低，通常 <5%，有利于延长产品保质期。

影响真空冷冻干燥固体饮料理化特性的因素主要有以下几方面。

（1）冰晶均匀性　在预冻过程中，冰晶的均匀性是实现高效干燥的关键。冰成核温度是物料液体中首次形成冰晶的温度。冷冻干燥中成核对孔隙大小和初干速率有显著影响。较低的成核温度使冻干后的固体饮料产品具有较高的比表面积。

（2）水汽流动阻力　水汽从物料冰核溢出的阻力是评价冷冻干燥过程中传质效率的一个重要参数。水汽流动阻力主要取决于物料成分、固形物含量以及冷冻条件，降低物料固形物含量、冰成核温度，均会增加冻干过程中水汽流动阻力，导致固体饮料水分含量过高。

（3）产品温度　冷冻干燥过程中应尽可能使产品温度维持在一定限度以下，以保证冰晶的升华率。然而，产品温度不能被直接控制，只能通过腔室温度和压力间接调控。在保持腔内温度不变的情况下，降低腔室压力可提高冰晶升华速率，有利于提高固体饮料产品的干燥效率和感官品质。

（4）物料孔隙度　物料孔隙度会影响物料干燥过程中的传质效率，从而影响干燥时间和产品微观结构，最终会对固体粉末的流动性、结块性、复水性、吸湿性等理化特性造成影响。增加物料孔隙度可促进真空冷冻干燥过程中冰晶的升华，诱导固体粉末形成疏松多孔的微观结构，从而增加了产品在水中的润湿性和分散性。

（5）物料玻璃化转变温度　物料在真空冷冻干燥过程中的稳定性以及固体粉末在贮藏过程中的理化稳定性与玻璃化转变温度有关。一般可通过添加一定浓度的糖类来提高固体粉末的玻璃化转变温度，其中麦芽糊精和海藻糖等均可作为食品级真空冷冻干燥产品理想的保护剂。提高物料的玻璃化转变温度可使固体饮料在贮藏过程中保持玻璃态，在此情况下，多糖、蛋白质等生物大分子在玻璃态基质中的流动性受限，可有效防止氧气渗入，进而增强固体饮料中敏感性功能因子的理化稳定性。

（二）真空冷冻干燥技术发展趋势

真空冷冻干燥技术虽然能够更好地保持物料原有的色泽、滋气味和营养成分，但由于其设备费用过高以及运转能耗较大，运行成本是真空干燥的2倍，是喷雾干燥的6~8倍，在一定程度上限制了其大规模的商业化生产和应用，目前的应用仍主要局限于速溶咖啡、高端冻干食品、极限运动食品和微生物食品等高附加值产品。近年来，随着技术创新与发展，我国冻干设备产业在"改善热传递以促进冰晶升华、缩短干燥时间以及避免使用冷凝器"等技术领域攻坚克难，卓有成效，从有机水果和蔬菜到营养保健品和自然提取物冻干粉（如大豆异黄酮或来自藻类的富藻黄素粉末）已逐步进入市场，实现产业化生产。目前主要有以下两种新型冷冻干燥方式，即微波真空冷冻干燥和喷雾冷冻干燥。

（1）微波真空冷冻干燥技术是微波干燥和真空冷冻干燥结合而成的一种新型干燥技术。该技术既具备微波加热的优点，又具备真空冷冻的优点，具有干燥速率快、热效率高、干燥均匀、产品质量好、使用成本低等优势。对于微波真空冷冻干燥技术而言，控制合适的真空度、温度、保持受热均匀和判断干燥终点均是关键控制参数。该技术目前仍处于研究阶段，未来具有一定的发展前景。

（2）喷雾冷冻干燥是生产高比表面积、多孔粉末的一种新选择。该技术将喷雾冷冻、沉积/收集和对流流动干燥结合为一个步骤，采用共流气流对溶液进行喷雾冷冻，将冷冻的粉末输送到出口过滤器进行原位干燥。与喷雾干燥和真空冷冻干燥技术相比，喷雾冷冻干燥技术具有更高的生产能力和产品质量，操作条件可在较大范围内改变，以控制固体饮料产品质量，如粒度分布、水分含量、水分散性、口感风味等。

三、流化床干燥技术与设备

流化床干燥机又称沸腾床干燥机，被干燥的物料在气流中被吹起、翻滚、互相混合、摩擦撞击的同时，通过传热和传质达到干燥的目的。流化床干燥已成为复杂固体颗粒加工和处理的一项成功的干燥操作单元，目前已广泛应用于化工、医药、食品等行业。大部分热敏性和易氧化的物料,均适合采用流化床干燥技术处理。流化床干燥在食品工业中主要应用于水果、蔬菜、食品添加剂和膨化食品等的干燥处理。

(一)流化床工作原理及特点

流化床工作过程主要包括以下两个步骤。首先,在热空气作用下,物料颗粒悬浮于布风板上方的气流之中,形成稳定的流化状态;呈流化状态的物料颗粒与热空气均匀接触,达到传热和传质的目的,这一过程有利于物料颗粒中水分的蒸发。干燥后的物料颗粒由流化床出料口排出,含尘气体经除尘装置净化后由引风机排出。流化床干燥设备特点如下。

(1) 在流化床内流体和固体颗粒充分混合,明显强化了两相间的传热和传质过程,因而床层内温度比较均匀。同时,流化床具有很高的热容量系数,生产能力大。

(2) 流化床内温度分布均匀,避免了产品的局部过热现象,所以特别适用于热敏性物料的干燥。

(3) 设备结构简单,造价较低,运行维修费用较少,可广泛应用于粉粒状、轻粉状、黏附性物料的干燥。

(二)流化床干燥机类型

流化床干燥机经过不断的改进和创新,其种类日益增多,根据待干燥物料性质的不同,所采用的流化床类型也各有不同,下面介绍几种主要的流化床干燥机。

1. 单层圆筒型流化床干燥机

单层流化床干燥机可分为连续、间歇两种操作方式,连续操作停留时间分布较宽,实际需要的平均停留时间较长,因而多应用于比较容易干燥的产品,或干燥程度要求不高的产品。对于一些颗粒度不均匀并有一定黏性的物料,多采用在床层内装有搅拌器的低床层操作。干酪素以及椰蓉的干燥,就是采用该法进行的。

最早应用的流化床为单层圆筒型,结构如图 20-9 所示,其材料为普通碳钢内涂环氧酚醛树脂防腐层,气体分布板是多孔筛板,板上小孔半径 1.5mm,正六角形排列。单层圆筒型流化床干燥机,一般用于较易干燥或干燥程度要求不高的产品。由于流化床内粒子接近完全混合状态,为了减少未干粒子的排出,就必须延长平均停留时间,于是流化床的高度需要有所提高,而压力损失也随之增大,由于这一特性,必须使用温度尽可能高的热空气以提高热效率,而适当降低床层高度。

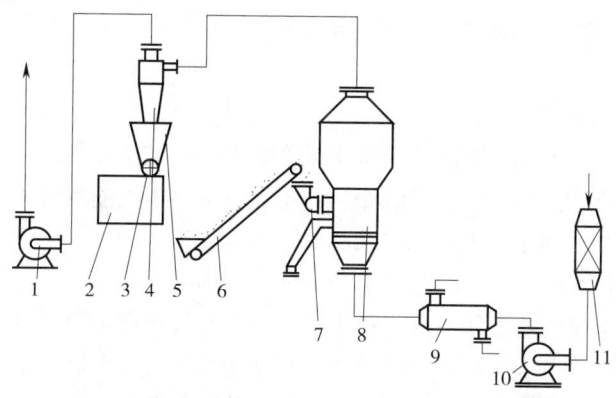

图 20-9 单层圆筒型流化床干燥机结构示意图

1—引风机;2—料仓;3—星型出料阀;4—旋风分离器;5—集料斗;6—皮带输送机;
7—抛料斗;8—流化床;9—换热器;10—鼓风机;11—空气过滤器。

单层圆筒型流化床干燥机工作时，湿物料由皮带输送机运送到抛料机上，然后均匀地加入流化床内，与热空气充分接触而被干燥，干燥后的物料由溢流口连续排出。空气进入鼓风机，加热后进入筛板底部，向上穿过筛板，使床层内湿物料流化起来形成流化层。尾气进入旋风分离器组，将所夹带的细粉分离，然后气体由排气机排到大气中。因此，此干燥机具有操作简单、劳动强度低、劳动条件好、运转周期长等诸多优点。

2. 多层振动流化床干燥机

采用多层流化床干燥机，可以增加物料的干燥时间，改善干燥产品水分的均匀性，从而易于控制产品的干燥质量。多层振动流化床干燥机结构如图20-10所示，其工作原理是由安装于主机下部的两台振动电机同步反向回转，使安装于其上的多层环状孔板组成的主机产生垂直振动与扭振，从而使由进料口进入的物料沿水平环状孔板自上层向下层连续跳跃运动，热空气则自下层向上层通过各层孔板穿过物料层，达到均匀干燥物料的目的。多层振动流化床干燥机具有以下6个特点。

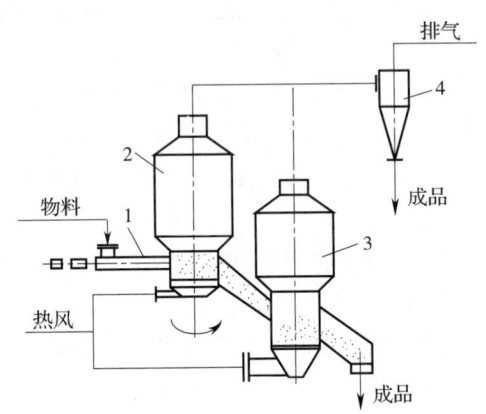

图20-10 多层振动流化床干燥机结构示意图
1—加料器；2——级流化床干燥器；
3—二级流化床干燥器；4—旋风分离器。

（1）节约能源　由于物料与热空气运动轨迹相反，可实现充分逆向接触，因而较同类型干燥机相比可明显减少热能和电能的消耗。

（2）干燥效果好　物料沿水平环状孔板跳跃运动，从而有效避免局部过热及干燥不均匀等现象，制成的产品破碎率低、磨损少、水分含量低。

（3）投资少　由于采用多层叠装形式，物料环状垂直运动，因而多层振动流化床干燥机具有结构紧凑、占地面积小、维修方便、质量轻等优势。

（4）用途广　物料运动状态和流速可实现无级调控，对物料水分含量和干燥温度的要求可视实际情况进行实时调节。

（5）噪声小，隔振性能好　可浮置在楼板上工作，便于后期安装和移位。

（6）生产效率高　物料运动时与热气流多次充分接触，热交换效率高，可显著提升物料的干燥速率。

3. 载体喷雾流化床干燥机

载体喷雾流化床干燥机又称惰性粒子流化床干燥机，其结构如图20-11所示，主要由空气过滤器、加热器、流化床、旋风分离器、布袋除尘器、引风机、输料泵和料槽等组成。载体流化床干燥机以圆筒型结构为主，流化床内填充着直径为数毫米的可流化惰性载体（载体材料多由球形、柱形和立方体形的玻璃、陶瓷等制成，使用较多的为玻璃珠或瓷珠）。

载体喷雾流化床干燥机的工作原理是在流化床内，空气把载体预热并使载体粒子处于流化状态，同时由输料泵供料，经喷嘴喷洒到载体表面呈膜状附着，然后分散在流化层内。载体和热空气同时向物料进行传导传热和对流传热。由于载体表面积很大，水分在短时间内被蒸发排出。载体表面残留的固体物料在载体之间的相互碰撞中剥落，随空气排出干燥器外，通过旋风分离器和布袋除尘器与气体分离。

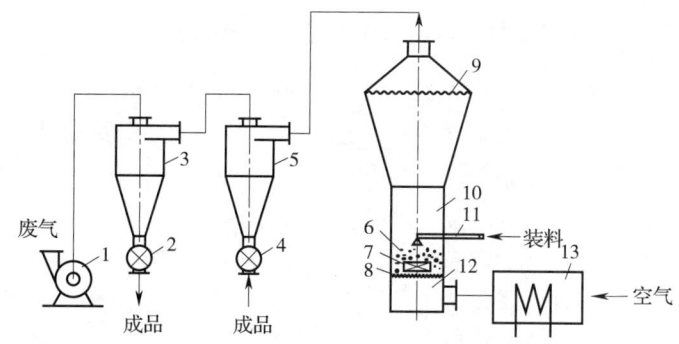

图 20-11 载体喷雾流化床干燥机结构示意图

1—引风机；2、4—出料阀；3、5—旋风分离器；6—载体；7—检修孔；8—孔板；9—沉降室；10—干燥室；
11—进料管；12—排气室；13—加热器。

载体喷雾流化床干燥机的特点是降低了喷雾干燥塔的高度，可以对浆状物料和高黏度（20Pa·s 以上）物料进行干燥。在各种物料状态中，糊状物料的干燥比较困难，适应该种状态的干燥机较少，而载体干燥机可以完成部分糊状物料的干燥。物料在载体上形成很薄的液膜，而且内外两面受热，因此其干燥过程迅速。

4. 粉碎流化床干燥机

粉碎流化床干燥机是在普通流化床干燥机的基础上加装内粉碎装置和混合构件组成的，其结构如图 20-12 所示。液态物料无需雾化或加水稀释后再雾化即可直接加入有底料的粉碎流化床内进行干燥。由于加装的内粉碎构件进行了有效的搅拌，含水率较低的底料与液态物料可快速充分地混合，液体失去流动性的同时也通过黏滞区，形成具有一定水分的块状物料或颗粒团，在与干燥介质接触时表面迅速脱水。同时，在粉碎构件的作用下，大块物料被迅速粉碎成较小块的物料。在进行粉碎的同时，表面水分继续蒸发，然后再粉碎，再蒸发，直至形成一定粒度的含水率较低的颗粒置换原来的底料，原来的底料进入普通流化室进行进一步干燥。

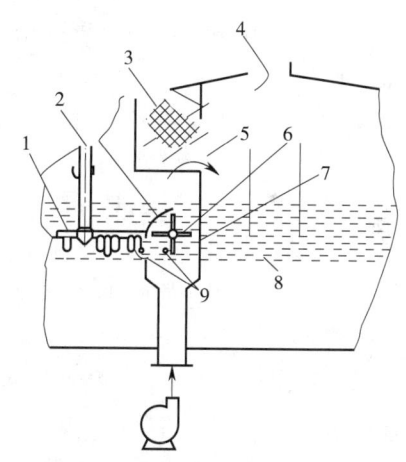

图 20-12 粉碎流化床干燥机结构示意图

1—回转耙；2—网格；3—筛网；4—排气口；
5—破碎颗粒；6—破碎机；7—隔壁；
8—整流板；9—粗粒颗粒。

粉碎流化床干燥机工作时，随着液态物料不断加入形成固体颗粒，底料不断被置换而溢流出粉碎流化室，如此形成一种动态平衡，实现了连续液态物料流化干燥。粉碎室内物料的混合作用较强，被干燥的液态物料可直接用管道送入粉碎流化床，而无需对其进行雾化。这种加料方式简单，不易受其固体悬浮物的影响。

粉碎流化床干燥机具有流态化干燥的气固接触均匀、两相相对速度较大、操作连续方便、设备简单紧凑等优点。此外，由于有粉碎构件的粉碎作用，物料被粉碎成较小颗粒，比表面积加大，提高了干燥效率。同时，在搅拌作用下，流化床中的气泡被打碎，使粉碎流化床更接近于散式流态化，气固接触更加均匀、有效，提高了传热传质效率。

四、固体饮料干燥技术特点分析

干燥技术是固体饮料加工处理的重要环节，选择适当的干燥方法不仅可以延长固体饮料产品保质期，赋予产品较好的溶解性和流动性，还可以最大程度上保留食品组分中的有效成分，提高产品的生物活性。喷雾干燥是固体饮料传统的干燥方式，现阶段被众多企业所采用，但随着产品种类的增加和生产要求的提高，传统喷雾干燥技术已不能满足特殊固体饮料产品的生产，对于热敏性物料的干燥以及对产品流动性和溶解性有特定需求的产品，真空干燥、流化床干燥、真空冷冻干燥等诸多新型干燥技术已随产业发展而不断改进升级。常见固体饮料干燥技术特点分析如表20-4所示。

表20-4　　　　　　　　　　常见固体饮料干燥技术特点分析

干燥方法	优点	缺点	应用
喷雾干燥	干燥速率快；产品质量好，产品纯度高；营养损失少；生产效率高，工艺较简单，操作条件可控	设备庞大，能源消耗大，干燥室的内壁上易黏附产品颗粒，产品损失较大	适合连续化大规模生产
真空干燥	节约热源；真空干燥箱适用于多种形态的物料	产品形成孔状；部分零件仅在国外制造	高浓度、高黏度的物料；热敏性物料
滚筒干燥	热耗低、热效率高；产品质量稳定；供热介质简单、操作方便；干燥速率快；占地面积小	生产能力受滚筒尺寸限制；刮刀易磨损，使用周期短	对热稳定的物料；生产规模较小；对产品溶解度要求不严格的产品
流化床干燥	产量高、干燥速率快；使用方便且灵活；设备简单；投资费用低	对物料的颗粒度有要求；易结块物料与设备会黏壁或堵塞	既可连续生产，又能间歇生产；不适用于水分含量高而且易结团的物料
真空冷冻干燥	最大限度保持产品色香味和营养物质；制品质量轻、体积小、运输方便；复水快，使用方便；产品耐储存	设备投资成本高	热敏性物料；含蛋白质丰富的物料；易氧化的物料

第二节　填充技术与设备

固体饮料干燥完成后，装入包装容器的操作过程通常称为填充。由于固体饮料品种多、性质较复杂和形状多样（一般有颗粒状、块状、粉状、片状等）等特性，总体上固体饮料的填充远比液体饮料灌装困难，并且其填充装置设备型号较多，多具专一性。固体饮料填充设备按定量方式可分为容积式定量、称重式定量和计数式定量3种类型。

一、容积式定量填充机

容积式填充机是按预定容量将物料填充到包装容器的设备。容积式填充设备结构简单,速率快,生产率高,成本低,但计量精度较低。容积式定量填充设备包括容杯式定量填充机、可调式容杯定量填充机、螺杆式定量填充机和柱塞式定量填充机。

(一)容杯式定量填充机

容杯式定量填充机利用容杯对固体物料进行定量填充,其结构如图20-13所示,主要由装料斗、平面回转圆盘、圆筒状计量容杯及活门底盖等组成。其工作原理为回转圆盘平面上装有粉罩及刮板,粉料从供料斗送入粉罩内,物料靠自重装入计量容杯内,回转圆盘旋转时,刮板刮去多余的粉料。已装好粉料的定量容杯随圆盘旋转到卸料工位时,顶杆推开定量杯底部的活门,粉料在重力作用下,从定量容杯下面落入漏斗,进入包装容器内。该机的计量容杯是固定不变的,但可视实际情况进行更换,一般适用于密度非常稳定的粉料填充。

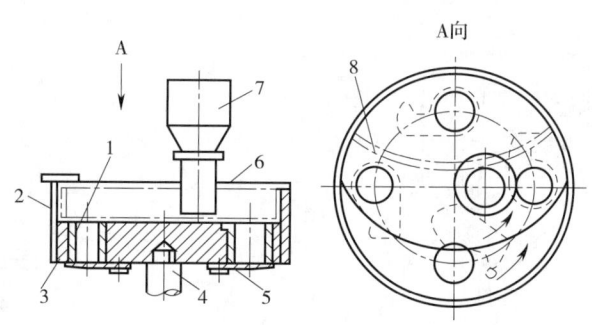

图 20-13 容杯式定量填充机结构示意图

1—计量容杯;2—护圈;3—回转圆盘;4—转轴;5—活门底盖;6—粉罩;7—料斗;8—刮板。

(二)可调式容杯定量填充机

在实际填充过程中,针对密度易发生变化而定量精度要求较高的物料,可采用可调式容杯定量填充机,其结构如图20-14所示。可调式容杯由直径不同的上、下容杯相叠而构成,通过调整上下容杯的轴向相对位置,可实现改变容积和定量的目的。这种容杯调整幅度不大,主要用于同批物料的密度随生产或环境条件而发生变化时的调整。调整方法有手动和自动两种。手动调整方法是根据装罐过程检测其质量波动情况,用人工转动调节螺杆的手轮,使容杯发生升降来实现。自动调整方法则利用物料密度的在线检测电信号作为容杯调节系统的输入信号,根据此信号,自动调节机构完成相应的调整动作。

(三)螺杆式定量填充机

螺杆式定量填充机在物料密度恒定的前提下,通过控制螺杆转数完成计量和填充操作,由于螺杆转数是时间的函数,实际控制中也可通过控制转动时间来实现。为了提高控制精度,还可以在螺杆上装设转数计数系统,其结构如图20-15所示。螺杆式定量填充机适用于装填流动性良好的颗粒状、粉状、稠状物料,但不适用于易碎的片状物料或密度较大的物料。

(四)柱塞式定量填充机

柱塞式定量填充机通过柱塞的往复运动进行计量,结构如图20-16所示,其容量为柱塞两

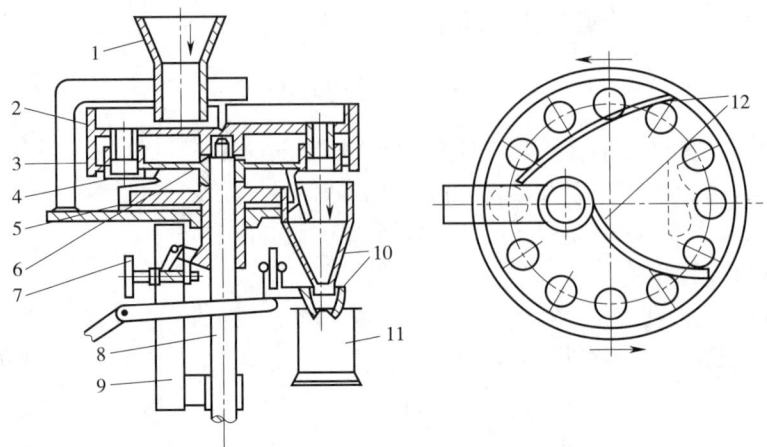

图 20-14 可调式容杯定量填充机结构示意图

1—料斗；2—转盘；3—计量杯；4—底盖；5—导轨；6—托盘；7—容杯调节机构；
8—转轴；9—支柱；10—漏斗；11—瓶罐；12—刮板。

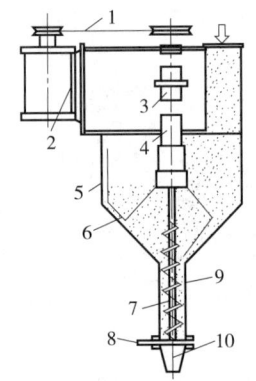

图 20-15 螺杆式定量填充机结构示意图

1—传动皮带；2—电动机；3—电磁离合器；4—支承；5—料斗；
6—搅拌器；7—计量螺杆；8—阀门；9—导管；10—漏斗。

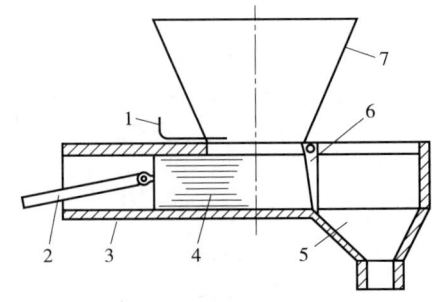

图 20-16 柱塞式定量填充机结构示意图

1—调节阀门；2—连杆机构；3—柱塞缸；
4—柱塞；5—漏斗；6—活门；7—料斗。

极限位置间形成的空间体积。柱塞的往复运动可由连杆机构、凸轮机构或气缸实现。调节柱塞行程可改变单行程取料量，其中柱塞缸的填充系数（k）需由试验确定，一般可取 0.8~1.0。柱塞式填充机的应用比较广泛，粉、粒状固体饮料均可应用。

二、称重式定量填充机

称重式定量填充机是按预定质量将产品填充到包装容器内的填充机，其适用范围很广。称重计量的精度主要取决于称量装置的精度，一般可达 0.001g。常用于散状、密度不稳定的松散物料及形体不规则的块、枝状固体饮料的定量填充。

称重式定量填充机常用振动喂料器或螺旋喂料器供料，进料器把物料从贮料斗运送到计量斗中，由秤连续称量，当计量斗中物料达到规定质量时即通过落料斗排出，进入包装容器。重量式定量填充机按工作方式分为间歇式和连续式两类。

（一）间歇式称重式定量填充机

间歇式称重式定量填充机的称重操作需分批完成。为了减小惯性力的影响，常采用粗、细两级喂料方式。常用的称重装置是普通电子秤。电子秤填充采用螺旋喂料器送料，其粗、细喂料分别由2个螺旋完成，结构如图20-17所示。电机通过减速器及齿轮分别传动粗给料螺旋和精给料螺旋。称量时，大部分物料由粗给料螺旋喂入计量料斗，少部分由精给料螺旋精确给料。计量料斗与称重装置的传感器相连，通过称重传感器、放大电路、控制电路等，将物重转变成电信号输出，从而控制电磁阀和（或）在显示器上显示数字。

（二）连续式称重式定量填充机

连续式称重装置按输送物料方式分为电子皮带秤和螺旋式电子秤，其在连续输送过程中，通过对瞬间物流质量进行检测，并通过电子检控系统调节控制物料流量作为定量值，最后利用等分截取装置获得所需的每份物料的定量值。连续式称重式定量填充机的电子皮带秤常与同步运转的等分盘配合使用，等分盘将皮带秤输送带上的某段物料分成分量相等的充填量，其结构如图20-18所示。

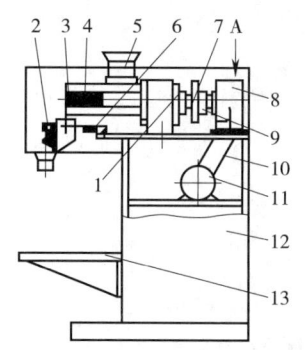
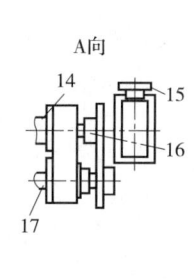

图20-17　间歇式称重式定量填充机结构示意图　　图20-18　连续式称重式定量填充机结构示意图

1—制动器；2—电磁阀；3—计量料斗；4、17—精给料螺旋；　　1—料斗；2—可控给料装置；
5—供料斗；6—传感器；7—齿轮；8—减速器；9—离合器；　　3—物料载送装置；4—秤体
10—V带；11—电机；12—机架；13—托台；
14—粗给料螺旋；15—带轮；16—离合器。

三、计数式定量填充机

计数式定量填充机是按预定件数将固体饮料产品填充至包装容器的填充机。其按计数的方式不同，可分为单件计数填充机和多件计数填充机两类。单件计数填充机采用机械计数、光电计数、扫描计数等方法，对产品逐件计数。多件计数填充机则以数件产品作为一个计数单元，常采用推板式计数装置、推板式计数装置、容腔计数装置。

（一）推板式计数填充机

推板式计数填充机适用于尺寸基本一致、规则的块状物品，其结构如图20-19所示。当这些物品按一定方向顺序排列时，则在其排列方向上的长度就由单个物品的长度尺寸与物品的件数之积所决定。用一定长度的推板推送这些规则排列物品，即可实现计数给料目的。

（二）容腔式计数填充机

容腔式计数填充机根据一定数量固体饮料容积为定值的特点，利用容腔实现固体饮料的定量计数填充，其结构如图20-20所示。固体饮料整齐地放置于料斗中，振动器促使物品顺利落下并充满计数容腔。物品充满容腔后，闸板插入料斗与容腔之间的接口界面，隔断料斗内物

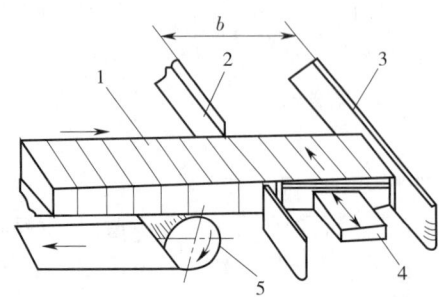 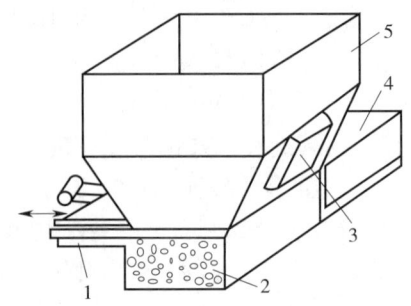

图 20-19　推板式计数填充机结构示意图　　　图 20-20　容腔式计数填充机结构示意图
1—物品；2、3—挡板；4—计数推板；5—输送装置。　　1—闸板；2—计量容腔；3—振动器；
　　　　　　　　　　　　　　　　　　　　　　　　　　4—冲头；5—料斗。

品进入计数容腔的通道。随后，柱塞式冲头将计量容腔内的物品推送到包装容器中，冲头及闸板返回，开始下一个计数工作循环。容腔式计数填充机结构简单、计数快，适用于具有规则形状且计量精度要求不高的固体饮料产品的填充。

第三节　固体饮料生产技术与设备的应用

随着固体饮料加工设备的不断改进和升级，现已研发出多种更先进、更实用、更便捷的固体饮料加工设备，如微波流化床干燥机、双滚筒干燥机、转盘式模孔计数填充机等。这些设备的研发为固体饮料传统加工过程中所面临的雾化液滴受热不均匀、干燥效率低、应用场景受限、填充方式不准确等问题提供了较为完善的解决方案。

一、微波流化床干燥机在固体饮料生产中的应用

流化床干燥时，气固两相逆流接触，剧烈搅动，固体颗粒悬浮于干燥介质之中。在此期间，虽然粉末颗粒具有很大的接触表面积，无论在传热、传质、干燥强度等方面均表现优良，然而在干燥过程中，当物料含水量降至 20% 以下时，物料温度上升较快，后期若控制不好易造成焦化，不适于热敏性物料的干燥。因此，为了克服传统流化床干燥机物料加热周期长、受热不均匀、温度不易控制等缺点，在工业上微波干燥系统常与流化床干燥系统相耦合，可显著提高干燥过程的效率和经济性。微波流化床干燥机结构如图 20-21 所示，主要由电加热器、红外灯、干燥室、微波发生器、电动旋转变换器等部件组成。因为流化床干燥通入的热风可以有效地排出物料表面的自由水，而微波干燥提供了内部水分排出的有效方法，采取这种内外结合的方式，充分发挥各自的优点使干燥效率提高、成本降低。总体来说，与传统流化床干燥相比，微波流化床干燥具有明显的优势，其干燥速率更快，干燥均匀，不易产生局部过热，且干燥过程中反应灵敏、易于控制，对热能的利用率更高。

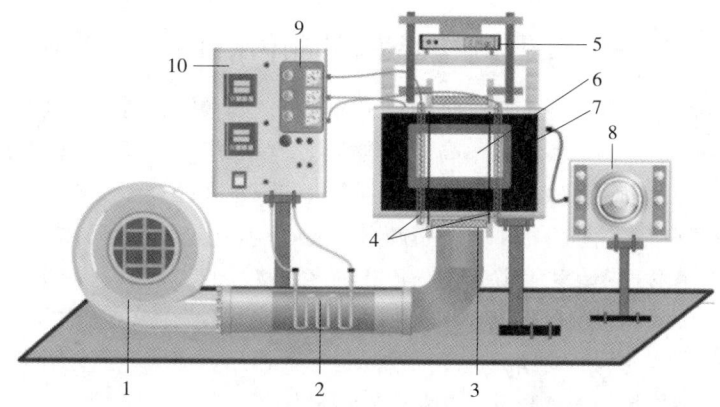

图 20-21 微波流化床干燥机结构示意图

1—风机；2—电加热器；3—穿孔板；4—红外灯；5—平衡器；6—干燥室；
7—微波发生器；8—电动旋转变换器；9—调光器；10—控制单元。

二、双滚筒干燥机在固体饮料生产中的应用

对于物料黏度较高、体系中存在沉淀的浆状物料，传统干燥方式易出现雾化器堵塞、粉末产品挂壁等问题，双滚筒干燥机的使用可有效缓解上述问题的发生。作为一种热传导型的连续干燥方式，其由两个滚筒同时工作以完成干燥作业，结构如图 20-22 所示。干燥机的两个滚筒由同一套减速传动装置，经相同模数和齿数的一对齿轮啮合，使 2 组相同直径的滚筒相对转动而运行。料液存于两滚筒中部的凹槽区域内，四周设有堰板挡料。两筒的间隙，由一对节圆直径与筒体外径一致或相近的啮合轮控制，一般为 0.5~1mm，不允许料液泄漏。对滚的转动方向，可根据料液的实际和装置设置的要求确定。滚筒转动时，咬入角位于料液端时，料膜厚度由两筒之间的间隙控制。咬入角处于反向时，由设置在筒体长度方向上的堰板与筒体之间的间隙控制。双滚筒干燥机适用于固体蜂蜜、高膳食纤维藕粉等浆状或黏度高的物料。

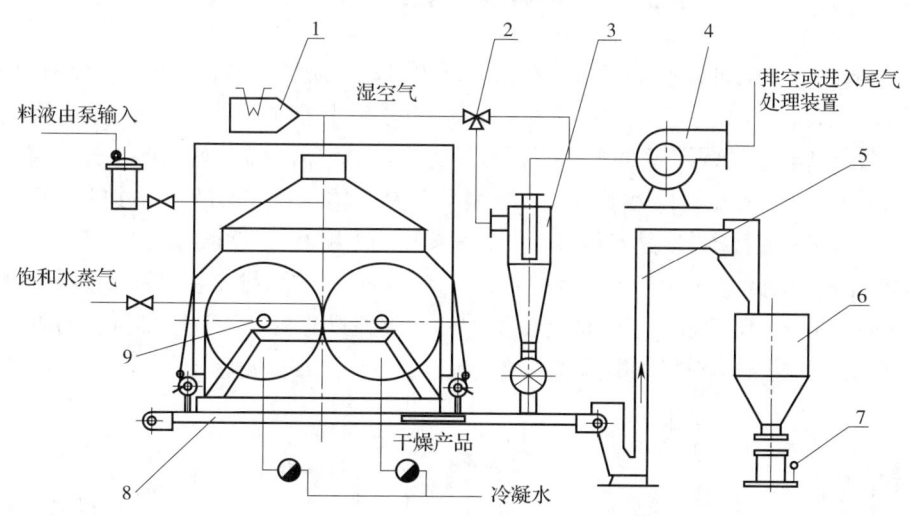

图 20-22 双滚筒干燥机结构示意图

1—湿空气加热器；2—切换阀；3—旋风收尘器；4—鼓风机；5—提升机；
6—干燥成品漏斗；7—包装计量；8—皮带输送机；9—滚筒干燥器。

三、转盘式模孔计数填充机在固体饮料生产中的应用

转盘式模孔计数填充机适用于长径比小的颗粒物料，如颗粒状巧克力糖的集中自动包装计量，这种填充方法计量准确，计数效率高，结构也较简单，应用较广泛。转盘式模孔计数填充机结构如图20-23所示，在计数模板上开设有若干组孔眼，孔径和深度稍大于物料粒径，每个孔眼只能容纳数粒物料。计数模板下方为带卸料槽的固定承托盘，用于承托填充于模孔中的物品。模板上方装有扇形盖板，以刮除未落入模孔的多余物品。在计数模板转动过程中，孔组转到卸料槽处，孔组中的物料靠自重落入卸料漏斗并装入待装容器。卸完料的孔组转到散堆物品处，依靠转动计数模板与物品之间的搓动及物品自重，物品自动填充到孔眼中。随着计数模板的连续转动，以实现物料的连续自动计数和卸料填充作业。

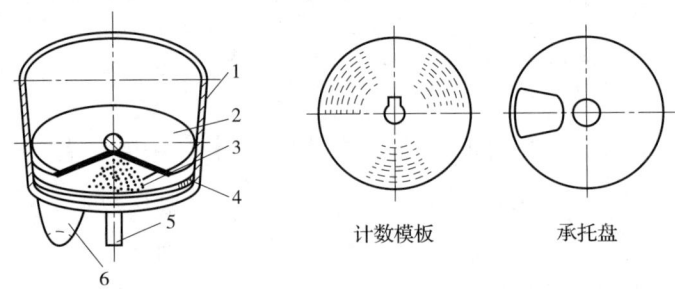

图 20-23 转盘式模孔计数填充机结构示意图
1—料斗；2—盖板；3—计数模板；4—承托盘；5—轴；6—卸料漏斗。

[案例] 固体饮料生产设备流程

固体饮料生产加工过程通常包括原料预处理（粉碎、研磨、煮浆等）、混合调配、过滤、脱气、均质、杀菌、干燥集粉、产品填充等环节。每个步骤都至关重要。其中混合调配和干燥集粉环节直接影响固体饮料产品的最终品质。配方设计时，需考虑原辅料各组分比例、配料间相互作用以及生产过程中稳定性等因素。干燥环节是固体饮料成形的关键步骤，通过喷雾干燥、真空干燥、流化床干燥等技术可显著提高固体饮料的贮藏稳定性，延长产品保质期。以普通固体饮料生产为例，整个生产流程设备主要包括（按流程先后排序）原料清洗机、螺旋冷榨机、湿法研磨机、微压煮浆机、胶体磨、调配机、板框过滤机、杀菌脱气机、均质机、浓缩机、喷雾干燥塔、方锥混料机、固体饮料填充机等，其生产设备流程图如图20-24所示。

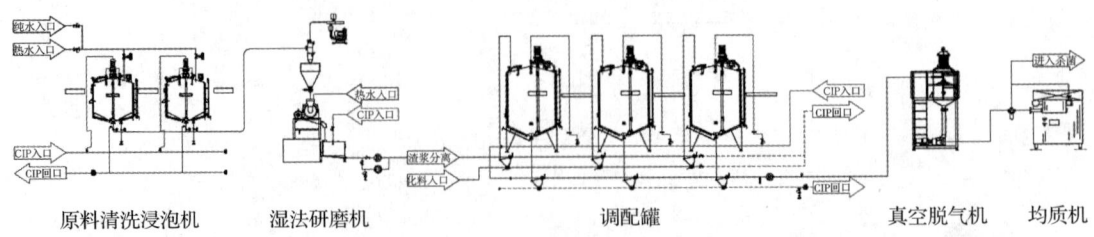

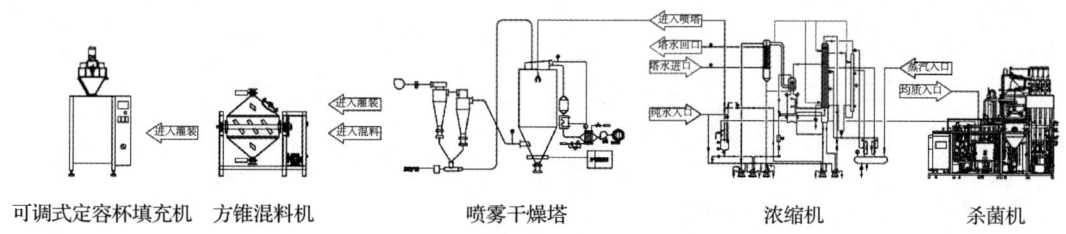

图 20-24　固体饮料生产设备流程图

> 🔍 **思考题**
>
> 1. 高黏度浆状物料可选用哪种类型的设备进行干燥？
> 2. 列举 3 种固体饮料的干燥和填充设备。
> 3. 喷雾干燥设备、真空干燥设备、流化床干燥设备分别适用于哪种类型的物料？

第四篇
饮料包装材料成型工艺与设备

　　饮料包装是饮料的重要组成部分，在饮料运输和储藏过程中保护饮料，避免其受到不利条件及环境因素等的破坏和损伤，保证饮料的品质安全，同时赋予饮料一定的外观形象以吸引消费者，具有提高饮料的保藏性、流通性、卫生性、简便性和经济性等作用。饮料性质不同或加工方式不同，其适用的包装容器各异，因此，了解包装材料的特性及其成型工艺和设备，对饮料的包装容器选择以及加工过程控制等具有重要意义。

第二十一章 饮料包装材料

学习目标

1. 了解适用于饮料的包装材料及其制品种类。
2. 掌握塑料、金属、玻璃以及复合材料用于饮料包装的优劣势。
3. 掌握常用饮料包装制品的种类及特性。

包装材料是制造饮料包装容器的基础,高品质的包装容器要求其材料具有良好的阻隔性(如对氧气、光、空气、水等的阻隔)、耐压性、耐热性等,同时具有化学稳定性,不污染内容物,且易于回收等特性。

饮料工业中常用的包装材料主要有塑料、金属、玻璃和复合包装材料(主要为纸/铝/塑复合包装材料)。根据包装容器对内容物特性、外观和容量等的适应性,不同包装材料的使用特性见表21-1。

表21-1 不同包装材料的使用特性

使用特性	品种			
	塑料	金属	复合材料	玻璃
耐酸碱	好	不好	较好	好
遮光性	不好	好	好	较好
透光性	较好	不好	不好	好
密封性	不好	好	好	好
耐压性	不好	好	不好	好
耐热性	较好	好	不好	较好
隔绝性	不好	好	好	较好
化学稳定性(气味)	较好	较好	较好	好
包装外形美观性	好	好	好	好

续表

使用特性	品种			
	塑料	金属	复合材料	玻璃
包装保存性	不好	好	不好	好
包装形状	硬质不受限制，软质多为薄膜袋	多为圆筒形	多为砖形，少量为圆筒形	不受限制

第一节 塑料包装材料及其制品

塑料是一种以高分子聚合物树脂为基本成分，再加入用来改善性能的各种添加剂（塑料助剂）制成的高分子材料。自1985年10月，塑料瓶装可口可乐问世以来，塑料包装材料开始在饮料行业中广泛应用，并逐渐取代金属、玻璃等传统包装材料，成为饮料行业中最主要的包装材料。

塑料包装材料在饮料工业中应用的优缺点如表21-2所示。

表21-2　　　　　　　塑料包装材料在饮料工业中应用的优缺点

优点	缺点
化学稳定性较好，抗腐蚀能力强，不与酸、碱反应，适用性广，可灌装不同酸碱性的饮料	不耐高温，易变形和老化
成本低廉	由石油炼制的产品制成，资源有限
密度低，制备的包装容器方便运输及携带，且不怕摔，易回收	回收和分类处理困难
可塑性好，可制备不同形状的容器	不易腐烂，不利于环境保护
封合性能好，易于与其他包装材料复合，弥补性能的缺陷，制成具有优良包装性能的复合包装容器	
阻隔性较好，可基本满足防水、防潮、阻气保香等密封性要求	
装饰性能良好，既可以体现包装的可视性制成透明包装容器，又可以通过印刷和着色等手段赋予包装亮丽的色彩和精美的图案，以提高商品展示效果和品牌形象，从而促进销售	

塑料包装材料在饮料包装中应用的同时还必须关注食品安全问题，应用于饮料的塑料包装材料需满足国家相关标准的要求。国家卫生和计划生育委员会食品安全标准与监测评估司于2011年11月发布了《关于公布聚己二酰丁二胺等107种可用于食品包装材料的树脂名单的公告（2011年第23号）》，该公告确定了107种可用于食品包装材料的树脂。2023年9月，国家卫生健康委员会和国家市场监督管理总局联合发布了GB 4806.7—2023《食品安全国家标准　食品接触用塑料材料及制品》，该标准确定了187种可用于食品接触用塑料材料及制品的树脂。

一、塑料包装材料

（一）聚乙烯

聚乙烯（PE）是由乙烯聚合制成的一种无臭、无毒、手感似蜡的乳白色固体树脂，其分子结构式为 $+CH_2-CH_2+_n$。PE 具有优良的耐低温性能，化学稳定性好，能耐大多数酸碱的侵蚀，常温下不溶于一般溶剂，吸水性小，电绝缘性能优良。PE 根据聚合方法和密度的不同可以分为低密度聚乙烯、线性低密度聚乙烯、中密度聚乙烯、高密度聚乙烯和超高分子质量聚乙烯。

1. 低密度聚乙烯

低密度聚乙烯（LDPE）通常用高压法（147.17～196.2MPa）生产，故又称为高压聚乙烯。高压法生产的 LDPE 含有较多的长短支链，结晶度较低，密度较小，质轻，柔软性、耐低温性、耐冲击性均较好，价格较低。LDPE 主要制成透明、柔软的薄膜容器用于对包装要求不高的食品，因其阻气性差，不宜用来包装对氧敏感的食品，如含油脂类饮料及风味食品等。由于其热封性能优异，故常作为复合包装材料的热封内层。

2. 高密度聚乙烯

高密度聚乙烯（HDPE），一般采用低压催化聚合方法生产，故又称为低压聚乙烯。低压法生产的 HDPE 呈直链线型结构，支链较少，分子结合紧密，结晶度和密度较高，因此 HDPE 的强度、熔点、阻气性、耐热性明显高于 LDPE，但其热成型加工性、透明性、柔软性等性能均较 LDPE 略差。HDPE 适用于中空吹塑、注塑和挤出各种容器，如各种饮料瓶罐等，也可用于生产饮料瓶瓶盖。

3. 线性低密度聚乙烯

线性低密度聚乙烯（LLDPE）是由乙烯和 α-烯烃在低压下聚合而成，其长短支链的数量和长度均处于 LDPE 和 HDPE 之间，具有优于 LDPE 的拉伸强度和优于 HDPE 的柔韧性，其抗穿刺性能良好，热加工性能也较好。LLDPE 主要制成薄膜和薄膜袋用于食品包装。

上述 3 种聚乙烯塑料的包装性能见表 21-3。

表 21-3　　3 种聚乙烯塑料的包装性能

包装性能	品种		
	LDPE	HDPE	LLDPE
相对密度	0.91～0.94	0.94～0.97	0.92
拉伸强度 /MPa	7～16.1	30	14.5
冲击强度（缺口）/（kJ/m^2）	48	65.5	
断裂伸长率 /%	90～800	600	950
邵氏硬度 /D	41～46	60～70	55～57
连续耐热温度 /℃	80～100	120	105
脆化温度 /℃	-80～-55	-65	-76
结晶熔点 /℃	100～125	125～135	108 左右

(二)聚丙烯

聚丙烯(PP)是由丙烯单体聚合制得的一种无臭无毒的半结晶热塑性塑料,其重复单元由 3 个碳原子组成,其中 2 个碳原子在主链上,1 个碳原子以支链的形式存在,分子结构式为 $\left[\begin{array}{c}CH_3\\|\\CH-CH_2\end{array}\right]_n$。PP 按甲基排列位置可分为 3 种立体异构体:等规聚丙烯、间规聚丙烯和无规聚丙烯,其中等规聚丙烯常作为包装材料应用于饮料工业。

1. 等规聚丙烯

甲基排列在分子主链同一侧的称为等规聚丙烯,分子链中的丙烯单体按照规则的方式排列,形成有序的结构,这种有序性导致了较高的结晶度,从而提高了硬度、刚性和热稳定性。

2. 间规聚丙烯

甲基交替排列在分子主链两侧的称为间规聚丙烯,聚合过程中,丙烯单体排列是无序的,形成非规则结构,这种无序性导致较低的结晶度,从而表现较低的硬度和刚性,但具有较好的可塑性和柔韧性。

3. 无规聚丙烯

甲基无序地排列在分子主链两侧的称为无规聚丙烯。分子链中的丙烯单体排列有序,但有规则性的序列较低。它介于等规聚丙烯和间规聚丙烯之间,具有介于两者之间的性能。

PP 具有较好的化学稳定性,可以耐受多种有机溶剂和酸碱腐蚀;其力学性能良好,机械性能强韧,具有较高的耐冲击性;而且其耐热性能良好,容器可以在 100℃以上进行灭菌,在不受外力作用的情况下,150℃也不变形。但其耐低温性能较差,因 PP 玻璃化转变温度较低,一般在 0℃左右,所以低温下 PP 会变得相对脆性。PP 主要性能指标见表 21-4。

表 21-4　PP 主要性能指标

性能	数值	性能	数值
密度 /(g/cm^3)	0.90~0.91	硬度(洛氏)	95~105
吸水率 /%	0.03~0.04	热变形温度(18.6kg)/℃	56~67
成型收缩率 /%	1.0~2.0	热变形温度(4.6kg)/℃	100~116
拉伸强度 /MPa	30.0~39.0	连续耐热温度 /℃	121
断裂伸长率 /%	>200	催化温度 /℃	-35
弯曲强度 /MPa	12.0~56.0	介电常数 /Hz	$(2.0~2.6)\times10^6$
冲击强度(缺口)/(kJ/m^2)	2.2~5.0	介电损耗	0.001
冲击强度(无缺口)	不断	体积电阻 /(Ω/cm)	$>10^{16}$
压缩强度 /MPa	39.0~56.0		

PP 是饮料包装常用的一种高分子塑料材料,PP 膜具有良好的透明度和光泽,且易于印刷,能够在表面实现高质量的印刷效果。既可以制成热收缩性薄膜应用于食品收缩包装,又可以制成瓶、罐和其他刚性容器应用于饮料包装,且其能够耐高温,具有一定的透明度,适用于透明或半透明的容器。

(三）聚氯乙烯

聚氯乙烯塑料是以聚氯乙烯树脂（PVC）为主要原料添加增塑剂、稳定剂等添加剂制成。其物理化学稳定性较好，不易被酸碱腐蚀，对热比较耐受，具有阻燃、机械强度高及电绝缘性等优点。根据添加增塑剂的不同，可分为硬质 PVC 和软质 PVC 两类。硬质 PVC 塑料添加的增塑剂一般 <50g/kg，而软质 PVC 塑料添加的增塑剂高达 200g/kg 以上。硬质 PVC 的阻透性、化学稳定性优良，机械性能也较好，具有很好的抗拉性能和刚硬性。软质 PVC 的抗拉性能相对硬质 PVC 较低，但其柔韧性和撕裂强度较高。

PVC 在近年受到一些限制，因为其中若含有过量未聚合的氯乙烯单体，在制成食品包装后，可能对人体健康造成危害，且 PVC 的生产、使用和处置会释放氯气和其他有害物质，对环境造成负面影响。

（四）聚对苯二甲酸乙二醇酯

聚对苯二甲酸乙二醇酯（PET），简称聚酯，其分子结构式为 $\mathrm{HO}\text{—}[\mathrm{H_2CH_2CH_2C}\text{—}\mathrm{CO}\text{—}\mathrm{C_6H_4}\text{—}\mathrm{CO}\text{—}\mathrm{O}]_n\text{—}\mathrm{CH_2CH_2OH}$。PET 是线性聚合物，具有较强的分子间相互作用力，在制备过程中形成的有序的结晶区域，增强了分子链的排列和整齐性，可进一步增强材料的刚性和拉伸性能。PET 是乳白色或浅黄色的高度结晶聚合物，密度 $1.38 \sim 1.40 \mathrm{g/cm^3}$，熔点 $225 \sim 256 ℃$，具有优良的机械性能，刚性高，硬度大，吸水性小，韧性好，耐冲击，化学稳定性好，应用于饮料包装时具有如下优点。

（1）饮料安全性　PET 是一种食品级包装材料，具有良好的化学稳定性和惰性，不会释放有害物质到饮料中，具有良好的安全性能。

（2）透明度　PET 具有较高的透明度，可清晰的展示包装内部的饮料状态，提高产品的吸引力和可视性。

（3）保鲜性　PET 材料具有良好的气体阻隔性，能够有效阻隔氧气、水分和异味的渗透，有助于延长饮料的保质期。

（4）可塑性和成型性　PET 易于加工和成型，可制成各种形状和尺寸的包装容器，适应不同饮料的包装需求。

（5）可回收性　PET 材料可被有效回收再利用，有利于环境保护和可持续发展。

PET 具有很强的硬度及韧性，应用于饮料包装时，制成的容器较其他材料更加轻薄，且随着灌装技术和吹瓶成型技术的不断进步，PET 瓶轻量化是必然趋势。

PET 在饮料包装应用中虽然具有许多优良的性能，但也存在一些可能阻碍后续加工应用的特性，如 PET 粒子具有吸水性，在放置过程中会吸收外界的水分，引起 PET 的降解，进而影响其物理性能，所以 PET 瓶坯注塑前需要进行干燥。

（五）聚碳酸酯

聚碳酸酯（PC）是分子链中含有碳酸酯基的高分子聚合物，是一种线性碳酸聚酯，分子中碳酸基团与另一基团交替排列，其分子结构式为 PC。

密度为 1.20~1.22g/cm³，具有很好的低温抗冲击性能，又具有良好的耐热性和透明性，是一种非常优良的包装材料。

PC 可以吹塑成为各种容器应用于食品饮料包装，如婴儿奶瓶、水瓶，因其高透明度、较高的耐热性，能够耐受高温杀菌过程，制造的奶瓶可以通过沸水或蒸汽进行有效的消毒，确保奶瓶的卫生和安全，且其出色的耐冲击性，使得奶瓶在使用中不易破裂或破碎。

二、塑料包装用助剂

在塑料制品生产过程中，一般还需要添加塑料助剂来辅助满足预期使用效果，如改善其品质、特性，保证生产过程顺利进行等。

为了使塑料助剂能够与塑料树脂很好地融为一体并发挥其特定功能，塑料助剂必须满足以下条件：①具有良好的稳定性，塑料助剂自身稳定性良好是最首要的条件，保证助剂能够长期存在于塑料制品中；②与塑料树脂的相溶性必须良好，只有相溶性良好，塑料助剂才能均匀、有效地存在于塑料制品中发挥其特定功能，如若不然，塑料助剂很可能出现渗析、挥发等"迁移"现象，从而导致塑料制品某种特定功能缺失；③必须能够适应塑料的加工条件，有些塑料树脂的加工必须经过苛刻的工艺条件，如高温、高压等，这时必须考虑塑料助剂在此条件下是否会分解；④适应其使用环境要求，不同使用目的的塑料制品对塑料助剂的要求不同，如饮料包装用的塑料瓶，因其与饮料直接接触，要求其对人体无毒无害；⑤充分利用塑料助剂间的"协同效应"，在同一种塑料树脂中，经常出现添加 2 种或 2 种以上塑料助剂，此时必须考虑它们之间的"协同效应"和"拮抗效应"。"协同效应"是指几种助剂共同作用时效果超过其单独作用时效果的总和；"拮抗效应"是指几种助剂共同作用时，弱化每种助剂的功能，更有甚者会使某种助剂的功能消失。故使用两种以上助剂时，应该充分利用"协同效应"，尽量避免"拮抗效应"。

塑料助剂种类繁多，主要有稳定剂、增塑剂、着色剂、填充剂、固化剂、发泡剂、润滑剂、阻燃剂等，其使用量均较少，基本在 0.1%~1%（质量分数）。常用的塑料助剂和添加剂名录及使用要求参考 GB 9685—2016《食品安全国家标准 食品接触材料及制品用添加剂使用标准》。

三、塑料包装制品

在饮料行业中使用的塑料包装容器主要是塑料瓶，它是以塑料树脂为主要原料，添加塑料助剂后，经高温加热，通过模具进行吹塑、挤吹或注塑成型制成，其凭借质量轻、不易破碎、可塑性好、透明度高等优点，成为饮料包装中应用最多的容器，在饮料包装市场占据重要地位。

应用于饮料行业的塑料瓶主要是 PE（LDPE、HDPE）瓶、PVC 瓶、PP 瓶 PET 瓶和 PC 瓶，其优缺点及成型方法和适用性见表 21-5。

表 21-5　　　　　　　　常用塑料瓶的优缺点及成型方法和适用性

塑料种类	优缺点	成型方法和适用性
LDPE	优点：柔韧性好，薄壁容器透明性好，透湿率低，耐 60℃以下有机溶剂，成型加工性好 缺点：阻气性差，耐油性差，不能热灌装，印刷前需表面处理	较少使用在饮料包装

续表

塑料种类	优缺点	成型方法和适用性
HDPE	优点：刚性好，有韧性，强度高，透湿率低，耐热温度达120℃，耐80℃以下有机溶剂 缺点：透明度差，光泽度低，阻气性差，印刷前需表面处理	利用PE热封性能好的特点，吹塑成型各种复合材料制成的容器，适用于酸乳、果汁饮料等
PVC	优点：冲击强度较好，透明性好，阻气性好，耐油及大多数有机溶剂 缺点：阻水性差，耐热性差，有一定毒性	注拉吹法生产的PVC瓶无缝线，屏蔽厚薄均匀，适用于含气饮料；挤吹法生产的PVC瓶只适用于果汁和纯净水
PP	优点：刚性及韧性好，弯曲疲劳强度极好，耐应力开裂性好，质轻，透湿率低，阻气性较好，耐油、酸、碱及大多数溶剂、耐热 缺点：容器透明性差、低温下易脆裂，印刷前需表面处理	挤吹法生产的普通PP瓶较少应用；注拉吹工艺生产的PP瓶性有所改善，适用于不含气果汁饮料
PET	优点：透明度高，光泽性好，强度高，刚度及韧度都很好，阻气性好，透湿率中等，耐热、耐大多数溶剂，耐寒性好，是代替玻璃瓶最合适的塑料瓶 缺点：不耐强碱	一般采用注拉吹工艺成型，广泛应用于各种饮料，包括含气饮料
PC	优点：透明度高，光泽性好，刚硬，冲击强度高，阻气阻水性好，耐热耐寒性好，耐油耐稀酸 缺点：易产生应力开裂，不耐碱及溶剂	吹塑成型，多用于纯净水的包装，共挤出吹塑法制成的多层复合容器可适用于含气饮料

（一）PE 瓶

PE 是世界上合成量最大的塑料树脂，也是消耗量最大的塑料包装材料，PE瓶根据其聚合度不同分为 HDPE 瓶和 LDPE 瓶。LDPE 瓶由于其阻气性差、渗油等缺点，极少应用于饮料包装，HDPE 由于其机械强度、刚性好、耐环境应力开裂及耐腐蚀性等均优于 LDPE，多与其他材料复合后，制成饮料包装容器，适用于酸乳、果汁饮料等的包装。

（二）PVC 瓶

因 PVC 瓶材料具有良好硬度、透明度，且对氧的阻隔性及防止香气逸散的性能较好，普通挤吹法生产的硬质 PVC 瓶主要用于果汁及纯净水的包装，采用注拉吹方法生产的 PVC 瓶阻隔性及透明度均较普通 PVC 瓶有所改善，可适用于含气饮料的包装。

（三）PP 瓶

PP 瓶是以 PP 材料为原料制成的塑料容器，由于 PP 材料呈白色半透明状态，其透明度及加工性能较差，因此在饮料工业中的应用相对较少，但随着科技水平的提高，近年来，通过改变 PP 的结晶行为和形态，可制备透明 PP，用于饮料包装容器的制造。饮料瓶用透明 PP 专用料主要通过共聚、添加成核剂的方式生产，高效成核剂以很少的用量就能有效地降低 PP 的球晶尺寸，提高结晶速率和结晶度，增加 PP 的透明性和刚性并改善其力学性能和加工性能。

透明 PP 瓶具有优良的耐高温性能，可耐受 100℃ 的灌装温度，无负荷时可耐受 150℃ 高温，因此透明 PP 材料可用于制造适合热灌装用的 PP 热灌装瓶。除耐高温性能好，透明 PP 材料用于制造饮料包装容器时，还具有原料供应稳定、成本低、不易吸潮无需干燥工艺等优点，但其也存在低温下易脆裂的缺点，且其光泽度及阻隔性能较 PET 瓶略差。

（四）PET 瓶

PET 瓶是饮料包装市场最常用的塑料瓶，广泛应用于果汁、饮用水、碳酸饮料和茶饮料等，也是迄今为止使用量最大的饮料包装。PET 是一种热塑性塑料，其热变过程如图 21-1 所示，当温度低于玻璃化转变温度（T_g）时为玻璃态，高于 T_g 时为高弹态，当温度升高到结晶温度峰值（T_c）时为结晶态，升高到熔融温度（T_m）时为黏流态。普通 PET 瓶是在高弹态下吹塑的，吹塑过程中拉伸迫使 PET 分子形成有序排列的网状结构，该种网状结构使 PET 瓶具有一定的韧性和机械强度。但是这种高弹态的变形是可逆的，受热时 PET 分子热运动的加剧使 PET 瓶发生弹性回复，一般 70℃ 左右就会使普通 PET 瓶发生热变形。正是由于普通 PET 瓶的低变形温度限制了其在饮料热灌装领域中应用，于是耐热 PET 瓶应运而生。

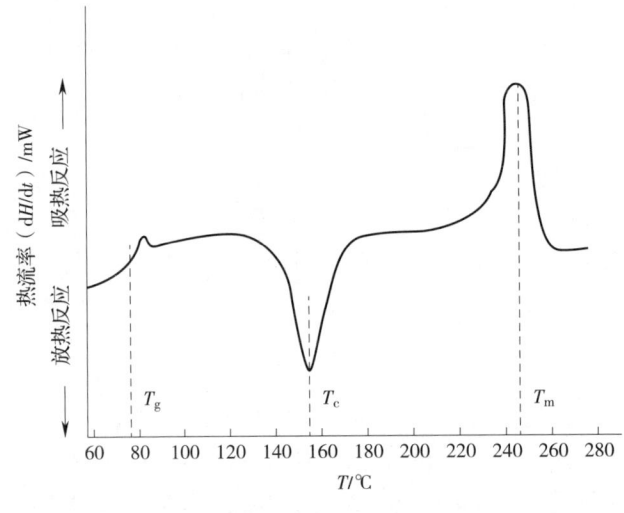

图 21-1　PET 瓶热变过程

温升：20℃/min。

1. PET 瓶分类

根据 GB/T 41167—2021《聚对苯二甲酸乙二醇酯（PET）饮品瓶通用技术要求》，为满足不同产品的特殊要求，PET 瓶按照灌装方式可分为热灌装瓶和冷灌装瓶。热灌装瓶是指灌装温度 >65℃ 的饮料瓶；冷灌装瓶是指灌装温度 <65℃ 的饮料瓶。PET 瓶按照产品特性可分为碳酸饮料瓶和非碳酸饮料瓶。碳酸饮料瓶要求在（23±2）℃ 时，灌装后瓶内压力 ≥0.243MPa；非碳酸饮料瓶要求在（23±2）℃ 时，灌装后瓶内压力 <0.243MPa。

目前常用热灌装 PET 瓶一般采用"热定型"法生产。"热定型"法是指将经过拉伸吹塑的 PET 瓶置于某一合适的温度（$T_g \sim T_m$）中处理一定时间，使已定向的 PET 大分子定型下来。经过"热定型"的 PET 瓶，不易发生热变形，其耐热性能明显提高，可以达到耐受 80℃ 甚至更高温度的水平，此外，还可通过在瓶型结构设计中增加壁厚、增加瓶身加强筋及优化瓶底结构等方式提升 PET 瓶的耐热性能。冷灌装 PET 瓶通常应用于需要保持产品无菌状态的饮料或液体食品的包装。由于灌装时不涉及高温，因此一般采用标准 PET 轻质瓶就可以满足要求。

此外，一般 PET 的热变形温度通常在 70～80℃，所以在加工过程中，需要确保其保持在合适的温度范围内，以避免材料过早软化或熔化。

2. PET 瓶质量检验

用于灌装饮料的 PET 瓶在使用前需要检验其外观、尺寸（容量、高度、垂直度等）、物理力学性能（密封性、垂直载压、跌落性、耐内压力等）及其热稳定性和耐热性，具体检测要求可参考国家标准 GB/T 41167—2021《聚对苯二甲酸乙二醇酯（PET）饮品瓶通用技术要求》。

四、塑料包装材料及制品的食品安全要求

（一）原料要求

食品接触用塑料包装材料及制品中树脂的使用应符合 GB 4806.7—2023《食品安全国家标准 食品接触用塑料材料及制品》附录 A 及相关公告的要求，添加剂的使用应符合 GB 9685—2016《食品安全国家标准 食品接触材料及制品用添加剂使用标准》及相关公告的要求。

（二）感官要求

食品接触用塑料包装材料及制品的感官要求应符合 GB 4806.7—2023《食品安全国家标准 食品接触用塑料材料及制品》的要求，如表 21-6 所示。

表 21-6　感官要求

项目	要求
感官	色泽正常，无异臭、不洁物等
浸泡液	迁移试验所得浸泡液无浑浊、无沉淀、无异臭等感官性能的劣变

（三）通用理化指标

食品接触用塑料包装材料及制品的通用理化指标应符合 GB 4806.7—2023《食品安全国家标准 食品接触用塑料材料及制品》的要求如表 21-7 所示。

表 21-7　通用理化指标

项目	指标	检验方法
总迁移量 /（mg/dm^2）	≤ 10	GB 31604.8
高锰酸钾消耗量 /（mg/kg）蒸馏水（60℃，2h）	≤ 10	GB 31604.2
重金属（以 Pb 计）/（mg/kg）4%（体积分数）乙酸（60℃，2h）	≤ 1	GB 31604.9
芳香族伯胺迁移总量 /（mg/kg）	不得检出（检出限 =0.01mg/kg）	GB 31604.52
脱色试验	阴性	GB 31604.7

(四)其他理化指标

食品接触用塑料包装材料及制品应符合 GB 4806.7—2023《食品安全国家标准 食品接触用塑料材料及制品》附录 A 及相关公告对所使用塑料树脂的特定迁移限量(SML)、特定迁移总量[SML(T)]、最大残留量(QM)等理化指标的规定。其还应符合 GB 9685—2016《食品安全国家标准 食品接触材料及制品用添加剂使用标准》及相关公告对所使用添加剂的 SML、SML(T)、QM 等理化指标的规定。

第二节 金属包装材料及其制品

金属材料是一种传统的饮料包装材料。19 世纪初,英国人发明了马口铁罐(镀锡薄钢板的俗称,SPTE),标志着现代金属包装技术的开始。第二次世界大战前,随着扎制技术和制罐技术的改进,镀锡钢板产量开始大增。第二次世界大战后,锡资源出现严重短缺,人们开始研制少锡或无锡钢板材料,差厚镀锡薄钢板、低镀锡薄钢板、镀铬薄钢板和镀锌薄钢板等相继问世。时至今日,金属包装材料已广泛应用于饮料包装行业,成为饮料包装四大支柱材料之一。

金属包装材料在饮料包装领域应用的优缺点见表 21-8。

表 21-8　金属包装材料在饮料包装领域应用的优缺点

优点	缺点
良好的阻隔性能,几乎可完全阻隔气体、光线和水分,保护内容物稳定性,避免香气逃逸和营养成分氧化,延长产品保质期	化学稳定性较差,耐酸耐碱能力较差,易受酸性食品腐蚀,故通常需要有内涂层保护其免受腐蚀
优良的力学性能,可耐受的机械强度远高于其他包装材料外表美观,具有特殊的金属光泽,易于印刷装饰	制造工艺复杂,生产成本高
资源丰富,钢和铝作为最主要的金属包装材料,其在自然界的储藏量极为丰富	
可回收利用,减少环境污染,是环境友好型包装材料	

一、金属包装材料

金属包装材料按组成成分可分为钢材和铝材两类,按使用形式有板材和箔材之分。钢材又可分为镀锡薄钢板、镀铬薄钢板和镀锌薄钢板等,铝材又可分为铝合金薄板、铝箔和镀铝薄膜等。

(一)钢材

1. 镀锡薄钢板

镀锡薄钢板,俗称马口铁,是指在含碳量不高于 0.13% 的软钢板表面上镀以极薄(0.10~0.15μm)锡层制备的材料。马口铁表面镀锡,主要是由于锡的电极电位比铁高,化学性能更稳定，可防止钢板生锈，但必须保证镀锡层的完整性，若镀锡层被划破，只有微小孔隙，也会因钢基板暴露而被腐蚀。镀锡薄钢板根据镀锡工艺的不同，可分为热浸镀锡板和电镀锡板，电镀锡板又可分为差厚镀锡板和等厚镀锡板，其镀锡量应符合 GB/T 2520—2017《冷轧电镀锡钢板及钢带》的要求。镀锡薄钢板结构如图 21-2 所示。

镀锡薄钢板是最主要的金属包装材料，其镀锡大多数采用酸性电镀工艺，有时也采用热浸镀锡工艺。镀锡薄钢板的钢基板经镀锡后表面呈银白色并且其镀锡层孔隙较多，抗蚀能力不好，因此在镀锡后必须进行软溶处理和钝化处理，使其表面生成锡铁合金层和氧化锡层。经过软溶处理和钝化处理后，镀锡层与钢板的结合力增强而且孔隙减少，其耐腐蚀性能明显增强。镀锡薄钢板的生产过程为：酸洗薄钢板→镀锡（酸性电镀、热浸镀锡）→软熔处理→钝化处理（生成优良的氧化层）→涂油→检查→剪切→分类→包装。

2. 镀铬薄钢板

镀铬薄钢板又称无锡薄钢板（TFS），将镀锡薄钢板的镀锡层改为镀铬层，并经特殊处理后使其表面形成金属铬层和氧化铬层，其结构如图 21-3 所示。

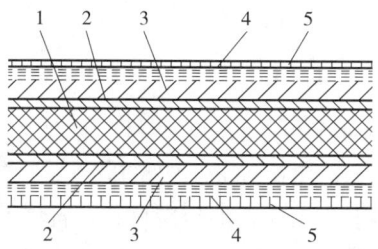

图 21-2　镀锡薄钢板结构示意图

1—钢基板；2—锡铁合金层；3—锡层；
4—氧化膜层；5—油膜。

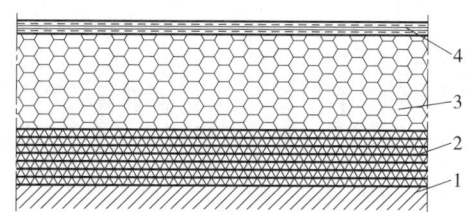

图 21-3　镀铬薄钢板结构示意图

1—钢基板；2—金属铬层；
3—水合氧化铬层；4—油膜。

作为镀锡薄钢板的替代材料，镀铬薄钢板的焊接性和耐腐蚀性均比镀锡薄钢板略差，但其价格较镀锡薄钢板低，是当前制造金属罐最便宜的材料之一，故其广泛用作啤酒罐和饮料罐等一些内容物腐蚀性较小的金属罐。与镀锡薄钢板相比，镀铬薄钢板主要有以下特点。

（1）有机涂料附着性　作为饮料包装材料，镀铬薄钢板应用于金属罐体必须经过内涂和外印。镀铬薄钢板对有机涂料具有很强的附着力，比镀锡薄钢板高 3～6 倍。

（2）耐腐蚀性　虽然镀铬薄钢板较镀锡薄钢板的耐腐蚀性稍差一些，但其仍是一种具有较好耐腐蚀性的包装材料。其对乙酸、乳酸等弱酸的耐受性较强，对强酸强碱的耐腐蚀性稍差。

（3）焊接性能　镀铬薄钢板焊接困难，因其表面镀铬，制罐时罐身接缝不能采用锡焊法，只能采用缝焊法或黏合剂黏接法。

（二）铝材

1. 铝合金薄板

随着铝箔的出现以及铝冶金和轧制技术的不断进步，铝材逐渐广泛应用于饮料包装领域，成为除钢材外的又一种金属包装材料。其除了具有金属材料本身所固有的优良阻隔性外，还具有以下特点。

（1）质量轻　铝的密度是 2.7g/cm³，约为铁密度的 1/3，属于轻金属，有利于节约运输成本，且作为包装容器更加便携。

（2）不生锈，表面光泽好　在运输及储存过程中，铝材不易生锈，可保持金属表面光泽，无需像钢材镀锡、铬等保护层，经表面涂料后即可耐酸碱等腐蚀性介质。

（3）加工性能好　铝材具有优良的拉拔性能和延展性能，因此铝罐多制成两片罐，应用于啤酒或含气饮料的包装。

包装用铝材有纯铝材和合金铝材之分。GB/T 8005.1—2019《铝及铝合金术语　第 1 部分：产品及加工处理工艺》规定：纯铝是指铝的质量分数不小于 99.00% 的金属；铝合金是以铝为基体且其质量分数小于 99.00% 的合金。

纯铝材质地软强度低，所以很少用其制造铝板，一般只用于制造铝箔。合金铝材中常加入的合金元素有锰、镁、铜、铁、硅、锌等，辅加的微量元素有钛、铬、钒、稀土金属等，这些元素的加入可显著提高合金铝材的强度和硬度。合金铝材制成的铝合金薄板多用于制造罐头容器和饮料用罐等。

铝合金薄板的生产过程为：铸铝（铝合金）→ 热轧 → 冷轧 → 退火 → 冷轧 → 热处理 → 校平 → 钝化处理（生成氧化铝膜）→ 涂料 → 铝板（铝合金薄板）。

2. 铝箔

铝箔是铝及铝合金经多次压延制成的厚度均一、横断面呈矩形的金属箔材。通常铝箔的厚度<0.20mm，用于复合包装材料中的铝箔厚度一般为 0.007～0.009mm。铝箔因具有防潮、遮光、气密、耐磨蚀、保香、无毒无味等优点，广泛应用于食品饮料的包装材料，且多用于多层复合包装材料的阻隔层。常用铝箔的牌号、状态及规格参考 GB/T 3198—2020《铝及铝合金箔》。

二、金属包装制品

金属包装材料因其具有良好阻隔性和高强度、硬度等特点，广泛应用于食品饮料包装等领域。金属包装制品种类较多，有罐、盒、箱、桶等形式，但在饮料行业的应用主要为金属罐的形式。

（一）金属罐分类

金属罐种类繁多，分类方法也较多，主要有按结构和制造工艺分类、按形状分类、按开启方法分类和按材质分类等分类方法。

1. 按结构和制造工艺分类

金属罐按结构和制造工艺可分为三片罐和两片罐。三片罐是以金属薄板为原材料经压接、黏接和电阻焊接等一系列工艺加工成型的圆罐形包装容器，其由一片罐底、一片罐盖和一个圆筒形罐身组成，故名三片罐。两片罐由两部分组成，一部分是罐身和罐底组成的无缝整体，另一部分是罐盖，故名两片罐。

2. 按形状分类

金属罐按形状可分为圆形罐、方形罐和异形罐等，目前市场上的主流罐形是圆形罐。

3. 按开启方法分类

金属罐按开启方法可分为普通罐、钥匙拉线罐和易开罐等，目前大多数金属罐采用的开启方法是易开法。

4. 按材质分类

金属罐按材质可分为镀锡薄钢板（马口铁）罐、镀铬薄钢板罐和铝罐等。

（二）金属罐各部位结构

金属罐可以分为三片罐和两片罐，三片罐是由罐体（罐身）、罐盖和罐底三部分组成，两片罐的罐体和罐底为一体，故由罐体和罐盖组成。

1. 罐体

金属罐罐体结构如图 21-4 所示，罐体通常是圆柱形，其罐颈内径一般略小于罐体内径，既可以节约罐盖材料，又有利于罐盖和罐体之间的卷边密封。金属罐罐体结构一般包含纵向接缝、翻边及环筋。

（1）纵向接缝　三片罐罐体有一纵向接缝，该接缝是罐体成型后罐体薄板两端的焊接（黏接）接缝；两片罐的罐体和罐底由于是由金属薄板直接冲压而成的无缝整体，故其罐体没有纵向接缝。

（2）翻边　三片罐罐体的上下边缘和两片罐罐体的上边缘均会向外适当翻出，以利于罐体和罐盖或罐底之间的卷边密封。罐体两端或一端被适当翻出的部分，称为翻边。

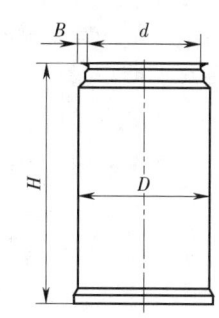

图 21-4　金属罐罐体结构示意图

D—罐体内径；d—罐颈内径；
H—罐体高度；B—翻边宽度。

（3）环筋　为了防止罐体发生内凹或外凸等强烈变形，直径和高度较大的罐体一般会沿其圆周方向滚压环筋。

2. 罐盖、罐底

普通三片罐的罐盖和罐底，其形状、尺寸和制造方法几乎完全相同，可以统称为罐盖。两片罐的罐盖与三片罐的罐盖相同。

金属罐罐盖与罐底结构如图 21-5 所示，一般包括圆边、膨胀圈及易开盖结构。

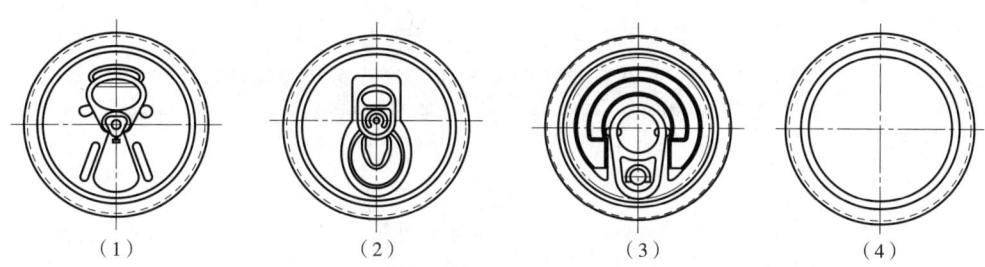

（1）拉环式罐盖　（2）留片式罐盖　（3）全开式罐盖　（4）罐底

图 21-5　金属罐罐盖及罐底结构示意图

（1）圆边　圆边是三片罐罐盖和罐底（两片罐罐盖）沿边缘向内弯曲形成的边钩，此结构有利于罐盖和罐底与罐体的翻边进行卷边密封。罐盖与罐底的圆边稍有不同，罐盖比罐底具有更深埋头度。

（2）膨胀圈　在罐盖和罐底的制造过程中，需要在罐盖和罐底上压出一定形式的圆形纹路，该圆形纹路称为膨胀圈。膨胀圈可以增加罐盖和罐底的弹性与结构强度，可以避免罐体因温度变化而产生变形，保护罐体卷边结构的密封性。

（3）易开盖　易开盖结构主要有拉环、铆钉和刻痕组成。拉环的作用是给刻痕施加一个足以开启的力量；铆钉的作用是将拉环铆合在罐盖上；刻痕是预先在罐盖上刻划或按压成的易开线,其作用是便于易开盖的开启。易开盖主要有拉环式、留片式和全开式 3 种结构形式,如图 21-5 所示。该 3 种易开盖的开启方式有所不同,各有优缺点。留片式易开盖在开启时刻痕片会留在罐盖上,不会造成环境污染,但是刻痕片会与罐内包装的内容物接触,可能造成刻痕片污染内容物;拉环式易开盖和全开式易开盖在开启时会使刻痕片和拉环整体脱离罐体,从而造成环境污染。

(三)金属罐质量检验

铝易开盖两片罐罐体和罐盖的主要尺寸及理化性能等要求应分别符合 GB/T 9106.1—2019《包装容器 两片罐 第 1 部分:铝易开盖铝罐》和 GB/T 9106.2—2019《包装容器 两片罐 第 2 部分:铝易开盖钢罐》的要求,其中 GB/T 9106.1—2019《包装容器 两片罐 第 1 部分:铝易开盖铝罐》适用于罐装啤酒、充碳酸气及充氮饮料的未经使用的铝易开盖和铝罐体的制造、流通和监督检验,盛装其他内容物的两片罐可参照使用,GB/T 9106.2—2019《包装容器 两片罐 第 2 部分:铝易开盖钢罐》适用于罐装啤酒、充碳酸气及充氮饮料的未经使用的铝易开盖和钢制罐体的制造、流通和监督检验,灌装其他内容物的两片罐可参照使用;铝易开盖三片罐罐体、罐盖和罐底的主要尺寸及理化性能等要求应符合 GB/T 17590—2008《铝易开盖三片罐》的要求,该标准适用于以镀锡薄钢板(马口铁)或镀铬薄钢板、铝合金薄板为原材料用以灌装非充气饮料,经密封杀菌后达到商业无菌要求的铝易开盖三片罐的制造、使用、流通和监督检验。

三、金属包装材料及制品的食品安全要求

(一)原料要求

食品接触面使用的金属基材和金属镀层不应使用铅、镉、砷、汞、锑、铍和锂作为合金元素,其杂质元素含量应满足 GB 4806.9—2023《食品安全国家标准 食品接触用金属材料及制品》的要求,如表 21-9 所示。

表 21-9　　　　金属基材和金属镀层中杂质元素含量要求

金属基材和金属镀层	杂质元素	含量 /%(质量分数)
不锈钢	砷(As)	≤ 0.01
	镉(Cd)	≤ 0.01
	铅(Pb)	≤ 0.01
食品包装用薄钢板	砷(As)	≤ 0.03
	镉(Cd)+ 铅(Pb)	≤ 0.01
铝及铝合金材料	砷(As)	≤ 0.01
	镉(Cd)+ 铅(Pb)+ 汞(Hg)	≤ 0.01
除不锈钢、食品包装用薄钢板、铝及铝合金材料之外的金属基材和金属镀层	砷(As)	≤ 0.03
	镉(Cd)	≤ 0.01
	铅(Pb)	≤ 0.01

(二)感官要求

食品接触用金属包装材料及制品的感官应符合 GB 4806.9—2023《食品安全国家标准 食品接触用金属材料及制品》的要求,如表 21-10 所示。

表 21-10　　　　　　　　　　　　　　感官要求

项目	要求
感官	接触食品的表面应适度清洁，镀层不应开裂、剥落，焊接部分应光洁，无气孔、裂缝、毛刺
浸泡液	迁移试验所得浸泡液不应有异臭

（三）理化指标

杂质元素迁移量和合金元素迁移量应符合 GB 4806.9—2023《食品安全国家标准　食品接触用金属材料及制品》的规定，如表 21-11、表 21-12 所示。

表 21-11　　　　　　　　　　　杂质元素迁移量指标

项目	指标	检验方法
砷（As）/（mg/kg）	≤ 0.002	GB 31604.49
镉（Cd）/（mg/kg）	≤ 0.002	GB 31604.49
铅（Pb）/（mg/kg）	≤ 0.01	GB 31604.49
锑（Sb）/（mg/kg）	≤ 0.04	GB 31604.49

表 21-12　　　　　　　　　　　合金元素迁移量指标

项目	指标	检验方法
铝（Al）[1]/（mg/kg）	≤ 1	GB 31604.49
铬（Cr）/（mg/kg）	≤ 0.25	GB 31604.49
钴（Co）/（mg/kg）	≤ 0.02	GB 31604.49
铜（Cu）/（mg/kg）	≤ 4	GB 31604.49
锰（Mn）/（mg/kg）	≤ 2.0	GB 31604.49
钼（Mo）/（mg/kg）	≤ 0.12	GB 31604.49
镍（Ni）/（mg/kg）	≤ 0.14	GB 31604.49
锡（Sn）[2]/（mg/kg）	≤ 100	GB 31604.49
锌（Zn）/（mg/kg）	≤ 5	GB 31604.49

注：[1]对无涂层铝及铝合金材料及制品，该项指标为 5mg/kg。

　　[2]不适用于镀锡薄钢板容器。

第三节　复合包装材料及其制品

食品单一包装材料主要有塑料包装材料、玻璃包装材料和金属包装材料。各种包装材料性能不同，均具有一定的优缺点，适用范围有限，故单一包装材料不可能具有包装材料所需要的全部性能要求，复合包装材料便由此应运而生。复合包装材料是利用层合、共挤等复合技术将 2 种或 2 种以上不同性能的基材结合在一起形成的"结构化"多层材料，形成具有综合性能的、更完美的包装材料，如增加美观、印刷、阻隔、避光、耐渗透、热封等特性。复合包装材料广泛应用于饮料行业，可有效保护饮料的品质、营养和风味，延长饮料的保质期，防止饮料的变质和污染等。复合包装材料所用的基材主要有纸、塑料薄膜、铝箔等，其种类主要有纸/塑、纸/铝/塑、塑/塑、塑/无机氧化物/塑等组合。

复合包装材料可以根据不同的饮料特性，设计不同的结构和功能，如短保质期需求的巴氏杀菌乳等食品灌装用的纸/塑复合的屋顶盒，利用纸板的强度和刚性，保持包装容器的形状和稳定性，方便运输和储存；此外，利用聚乙烯的热封性，可以实现包装容器的密封和成型，防止液体渗漏和微生物侵入。

对于有长保质期需求的果汁、灭菌乳、茶饮料等液体食品，无菌灌装用的纸/铝/塑复合的康美盒、利乐包等，由纸板、铝箔、聚乙烯等多层材料复合而成，利用铝箔的高阻隔性，防止光、氧、水蒸气等外界因素对食品的影响，延长食品的保质期至 6 个月甚至更长并保证食品的风味，达到商业无菌的标准，同时利用纸板的强度和刚性做支撑，以及聚乙烯的热封性实现包装的密封和成型。

一、复合包装基材

（一）纸

纸是以植物纤维为原料所制成的材料的通称，是一种古老的包装材料，其质量轻、品种多样、成本低且易于大量生产。纸作为包装材料有以下优点。

（1）机械性能好　纸具有较高的强度、挺度以及机械适应性，因此纸盒、纸箱等包装容器通常具有较高的强度和挺度。其强度和挺度的大小主要由纸的材料来源、品质等级、加工工艺和环境温湿度等条件所决定。

（2）加工性能好　纸具有一定的弹性、折叠性和撕裂性，可以撕裂开口，折叠处理，易于设计加工成满足市场需求的各种包装结构。此外纸板表面可以方便地涂布各种黏合剂，易于形成各种复合包装材料，因此其作为复合包装基材具有一定加工优势。

（3）印刷性能好　纸对油墨和涂料的吸收黏合能力很强，因此包装材料通常以其作为印刷表面。

（4）卫生、安全性能　通常纸是卫生安全、无毒无污染的，而且其废弃物方便处理，无二次危害。

虽然纸作为包装材料具有诸多优点，但阻隔性能差的特点制约了其在液体食品包装中的应用。纸是多孔性纤维材料，其对光线、气体、水分和油脂等均具有一定程度的渗透性，阻隔性能较差，但也可通过与其他高阻隔性基材复合以提高其阻隔性能。

纸类包装材料有纸和纸板之分，定量在 225g/m² 以下或厚度 <0.1mm 的称为纸；定量在 225g/m² 以上或厚度 >0.1mm 的称为纸板。常用的包装用纸有牛皮纸、鸡皮纸、羊皮纸、玻璃纸、糖果包装纸、防潮纸等；常用的包装用纸板有白纸板、箱纸板、瓦楞纸板、黄纸板、茶纸板等；用于复合包装基材的纸类包装材料主要是白纸板和玻璃纸。

1. 白纸板

白纸板是一种具有多层结构的白色挂面纸板。白纸板由面层、衬层、芯层和底层组成，面层和底层可以承受拉力和压力，衬层可以提供弹性，芯层不受力，主要提供弹性和松厚性，这种多层结构可以提高纸板的机械强度。由于其各层所起的作用不同，各层所使用的浆料要求也不尽相同，面层和底层主要使用漂白木浆、高级草浆或质量好的废纸浆，衬层和芯层使用机械浆、二次纤维纸浆或其他一些未漂白和半漂白的混合废纸浆。

白纸板具有良好的机械性能、加工性能、印刷性能和包装性能，还具有非常好的复合性能，其作为基材可以与其他大多数包装材料进行复合。

白纸板有单面白纸板和双面白纸板之分，单面白纸板按质量分为优等品、一等品和合格品3个等级，其各项技术指标应符合 QB/T 2250—2005《单面白纸板》的要求。其切边应整齐、洁净；纸面纤维组织应均匀，不应有褶子、漏底、皱纹、破洞、条痕、砂粒、硬质块等外观缺陷；在不受外力的作用下，不应出现分层现象等。

2. 玻璃纸

玻璃纸又称赛璐玢，是一种天然再生纤维素透明薄膜，它是以棉浆、木浆等天然纤维为原料，经烧碱、二氧化硫处理形成胶黏状物质，然后经脱气、陈化，从狭缝喷出，再经凝固浴凝固、水洗、漂白、干燥制成的透明薄膜纸。

玻璃纸具有印刷性能好、机械加工性能好、易黏合、无毒无味、不易污染等优点，但其阻隔性较差，不适用于对阻隔性要求较高的产品包装。一般在玻璃纸的一面或两面涂布聚偏二氯乙烯或聚丙烯–聚偏二氯乙烯，就能形成高阻隔性的复合材料。

食品用玻璃纸有非防潮食品用玻璃纸和防潮食品用玻璃纸之分。食品用玻璃纸分为一等品和合格品，非防潮食品用玻璃纸和防潮食品用玻璃纸的各项技术指标应符合 GB/T 24695—2009《食品包装用玻璃纸》的要求。食品用玻璃纸的切边应整齐，纸面应平整，不应有裂口、缺角、实道。

（二）铝箔

铝箔是一种用金属铝直接延压成的薄片烫印材料。由于铝箔对光线、气体、水分等其他绝大多数气、液物质具有高阻隔性，广泛在复合材料中用作阻隔层。铝箔常与纸和塑料复合，复合后可以把铝箔的阻隔性与塑料的热密封性和纸的强度有机地融为一体，进一步提高了其对空气、水蒸汽、紫外线和微生物等的阻隔性能。

（三）PE

用于食品复合包装材料的聚乙烯应选用无添加剂、黏接性和密封性等加工性能好、相对密度为 0.917~0.925 的 LDPE。

二、复合包装材料

在饮料行业中，应用最多的是纸/铝/塑复合包装材料。常用的纸/铝/塑复合包装材料是由纸板、铝箔和 PE 组成。纸板提供结构支撑作用，铝箔起阻隔作用，PE 主要作为黏合剂和热封材料。复合包装材料在饮料行业中主要应用于无菌包装（指经过灭菌的食品如饮料、乳制品等在无菌环境下，封装在经过灭菌的容器中，使其在常温下，不加防腐剂也能得到较长的保质期的包装），其尺寸及物理机械性能等要求需符合 GB/T 18192—2008《液体食品无菌包装用纸基复合材料》的规定。

三、复合包装制品

纸/铝/塑复合纸盒是饮料行业中最主要的复合包装制品，按形状可分为枕形、砖形、屋顶包、多角包等；按公司生产的产品可分为利乐包、康美盒等；按加工工艺可分为预成型纸盒和后成型纸盒。以下主要对利乐包、康美盒及屋顶包进行简单介绍。

（一）利乐包

无菌利乐包由 6 层结构组成，由外至内分别是 PE/纸板/PE/铝箔/黏性塑料/PE，第一层 PE 层可以防止外界水分入侵内层纸板，起到保护纸板及其印刷图案的作用。第二层是纸板，作为包装材料的基材，其强度和刚性可以给包装提供结构支撑的作用，由于其印刷性能良好，可以在上面印刷商标、图案等客户信息，通常在第一层和第二层之间有一印刷油墨层。第三层是 PE 层，其作用是作为纸板和铝箔的黏附介质。第四层是铝箔，其主要作用是阻止氧气和光线进入包装内部，也可以保证产品风味不逸散。第五层是黏性塑料，它是铝箔与内层聚乙烯的黏附介质，该黏性塑料一般也是 PE。第六层还是 PE，它是热封成盒、形成无菌包装的必要材料。

利乐包是一种后成型包装，其包装材料是以圆筒形式存在的。圆筒形式复合纸板利用传动装置连续运行，经双氧水灭菌后，继续运行完成纵向密封。待内容物灌装完成后，纸盒经横向密封同时由内部的切刀切断，最后由折叠机折叠，并加热黏接固定，成为砖形、枕形或其他形状的纸盒。利乐包材料组成如图 21-6 所示。

（二）康美盒

康美盒包装材料也是由纸板、PE 和铝箔 3 种材料复合而成，其结构层次与利乐包相似，也是 6 层。康美盒是一种预成型包装，其包装材料是以有折痕的扁平纸盒形式存在的。首先将预成型纸盒批量放入纸盒仓内，然后利用真空系统将纸盒吸起，展开形成无底、无盖的矩形，将底部折合成平面并热压密封。待内容物灌装完成后，将纸盒上部折合成需要的形状，并进行热压密封。康美包材料组成如图 21-7 所示。

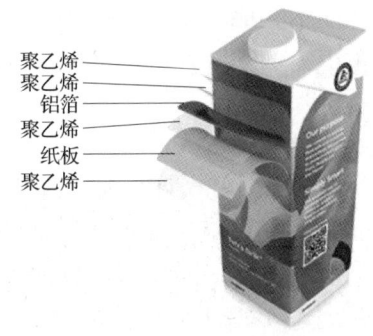 

图 21-6　利乐包材料组成　　　　图 21-7　康美包材料组成

（三）屋顶包

屋顶包，因其包装的外形有点像小房子，也被称为新鲜屋，根据其形状可分为异形包、易撕包、柳叶包、有盖包和插空包，如图 21-8 所示。根据其储存温度，可分为低温包装和常温包装。低温包装的纸塑复合材料一般有 4 层，各层的结构为：印刷层/PE/基纸/PE，常用来需低温储存灌装巴氏杀菌乳等产品，保质期一般为 7d 或 21~30d；常温屋顶包包装的复合材料一般为印刷层/PE/铝箔/基纸/PE，主要用于热灌装的果汁、果汁饮料、茶饮料和乳饮料等，常温条件下的保质期一般为 3~12 个月。

图 21-8 屋顶包

四、复合包装材料及制品的食品安全要求

GB 4806.13—2023《食品安全国家标准 食品接触用复合材料及制品》规定，食品接触用复合材料及制品应符合各层材料相应的食品安全国家标准中对于原料要求、感官要求、理化指标的规定。饮料工业常用的复合包装材料及制品主要是由纸、塑料和铝箔复合而成。饮料工业常用复合包装材料及制品必须符合纸、塑料和铝箔相应的食品安全要求。塑料包装材料及制品和金属包装材料及制品的食品安全要求在本章已经详述，此处只介绍食品接触用纸和纸板材料及制品的食品安全要求。

（一）原料要求

食品接触用纸和纸板材料及制品使用的原料不应对人体健康产生危害，使用的添加剂应符合 GB 9685—2016《食品安全国家标准 食品接触材料及制品用添加剂使用标准》及相关公告的规定。

（二）感官要求及通用理化指标要求

食品接触用纸和纸板材料及制品的感官要求及通用理化指标要求应符合 GB 4806.8—2022《食品安全国家标准 食品接触用纸和纸板材料及制品》的要求，如表 21-13、表 21-14 和表 21-15 所示。

表 21-13　　　　　　　　　　　　　　感官要求

项目	要求
感官	色泽正常，无异臭、霉斑或其他污物
浸泡液	迁移试验所得浸泡液不应有异常着色、异臭等感官性能的劣变

表 12-14　　　　　　　　　　　　　　迁移物指标

项目	指标	检验方法
总迁移量 / (mg/dm^2)	≤ 10	GB 31604.8
重金属（以 Pb 计）/ (mg/kg) 4%（体积分数）乙酸（60℃，2h）	≤ 1	GB 31604.9

表 21-15　　　　　　　　　　　　　　残留物指标

项目	指标	检验方法
铅（Pb）/ (mg/kg)	≤ 3.0	GB 31604.34 或 GB 31604.49
砷（As）/ (mg/kg)	≤ 1.0	GB 31604.38 或 GB 31604.49

续表

项目	指标	检验方法
荧光性物质（波长254nm 和365nm）	阴性	GB 31604.47
甲醛/（mg/dm²）	≤ 1.0	水提取试液按照 GB 4806.8—2022 附录 A 制备，测定按照 GB 31604.48 进行（不进行迁移试验）
1,3-二氯-2-丙醇/（μg/L）	不得检出［检出限（DL）=2μg/L］	水提取试液按照 GB 4806.8—2022 附录 A 制备，测定按照 GB 4806.8—2022 附录 C 进行
3-氯-1,2-丙二醇/（μg/L）	≤ 12	水提取试液按照 GB 4806.8—2022 附录 A 制备，测定按照 GB 4806.8—2022 附录 C 进行

（三）其他理化指标

食品接触用纸和纸板材料及制品还应符合 GB 9685—2016《食品安全国家标准 食品接触材料及制品用添加剂使用标准》及相关公告对所使用添加剂的特定迁移限量（SML）、特定迁移总量［SML（T）］、最大残留量（QM）等理化指标的规定。

第四节 玻璃包装材料及其制品

玻璃是一种古老的材料，约公元前 3700 年，古埃及人已经制造出了有色的玻璃器皿。约公元前 1000 年，我国制造了无色玻璃。公元 12 世纪，我国出现了商品玻璃，并开始成为工业材料。自从 19 世纪末牛奶瓶诞生以来，玻璃包装材料开始广泛应用于液体食品包装行业。

一、玻璃包装材料

玻璃是由石英砂、纯碱和石灰石等经高温熔融，熔体在冷却过程中黏度逐渐增大而得到的非结晶的固体材料。根据原料及其化学成分不同，玻璃可分为氧化物玻璃和非氧化物玻璃。非氧化物玻璃品种和数量极少，主要有卤化物玻璃和硫系玻璃，多用作光学玻璃。氧化物玻璃可分为硅酸盐玻璃、硼酸盐玻璃和磷酸盐玻璃等。其中硅酸盐玻璃是指主要成分为 SiO_2 的玻璃，其品种多，用途广。按玻璃中 SiO_2、碱金属和碱土金属氧化物的含量不同，硅酸盐玻璃又可分为石英玻璃、高硅氧玻璃、钠钙玻璃、铅硅酸盐玻璃、铝硅酸盐玻璃和硼硅酸盐玻璃等。其中钠钙玻璃以 SiO_2 含量为主，此外还含有较多的 Na_2O 和 CaO，其成本低廉，易成型，适合大规模生产，可制作成玻璃瓶罐，主要用于饮料等液体食品包装。

根据消费者的多样化需求，玻璃包装一直是食品包装的主流形式之一，尤其是在酒和饮料等液体食品领域，玻璃包装材料具有多方面的优点。

（1）密封性和阻隔性好 无论是高温的杀菌饮料，还是加压的碳酸饮料，玻璃包装材料都能保证其密封性。与部分塑料和纸包装材料不同，玻璃包装材料不具有通气性，可以很好地阻隔氧气等气体，防止外界空气对饮料等的影响，同时可以防止内容物的可挥发性成分向大气中逸散。

（2）透明性好　虽然玻璃包装材料可以根据需要进行颜色和透明度的调整，但大多数饮料用玻璃包装材料都是无色透明的，可清晰地观察内容物的形态特征，以便消费者挑选，并且可放心饮用。

（3）化学稳定性好　玻璃包装材料安全卫生，包装容器几乎无溶出物，且具有良好的耐腐蚀性和耐酸蚀性，适合酸性物质（如果蔬汁饮料等）的包装。

（4）形状可塑性好　玻璃包装材料可以根据需要设计成各种形状，以满足消费者的多元化需求。

二、玻璃包装制品

玻璃包装制品以玻璃瓶的形式广泛应用于饮料等液体食品的包装。

（一）玻璃瓶分类

1. 按瓶口大小分类

可分为小口瓶、大口瓶和广口瓶，瓶口内径 <20mm 的是小口瓶，20～30mm 的是大口瓶，>30mm 的是广口瓶。小口瓶多用于小包装的液体食品，广口瓶多用于包装罐头类食品。

2. 按瓶子几何形状分类

可分为圆形瓶、方形瓶、曲线形瓶和椭圆形瓶等。圆形瓶瓶身截面为圆形，是使用最为广泛的瓶型；方形瓶瓶身截面为方形；曲线形瓶瓶身为圆形，竖直方向为曲线，有外凸和内凹之分，如葫芦式和花瓶式等，由于其形态独特，很受消费者好评；椭圆形瓶瓶身截面为椭圆形，由于其容量较小，形式新颖，消费者也很喜欢。

3. 按颜色不同分类

可分为无色透明瓶、白色瓶、绿色瓶、红色瓶、棕色瓶和蓝色瓶等。

4. 按容量大小分类

可分为小容量瓶、中容量瓶和大容量瓶。小容量瓶容量一般在 150mL 以下，中容量瓶容量一般在 150～500mL，大容量瓶容量一般在 500mL 以上。

（二）玻璃瓶组成部位

玻璃瓶主要由瓶口、瓶颈、瓶肩、瓶身、瓶底等部位组成。

（1）瓶口　瓶颈接缝线以上的部分称为瓶口，瓶口外壁通常都有螺纹或其他形状的凸起，与瓶盖内壁的螺纹相匹配，相互拧紧可以使玻璃瓶密封。

（2）瓶颈　瓶口以下，瓶颈基点（瓶子内径向下开始迅速变大处）以上的部分。

（3）瓶肩　瓶颈基点以下，瓶体直线以上的部分，形状略弯曲。

（4）瓶身　瓶子直径最大处所形成的圆柱体，称为瓶身，承载着瓶子的绝大部分容量。

（5）瓶底　瓶子直立时与承载物接触的那一部分为瓶底，一般为上凹形状。

（三）玻璃瓶质量检验

玻璃瓶检验项目应包括理化性能检验（主要包括内应力、抗热震、抗冲击、耐内压力和内表面耐水性等检验项目）、容量尺寸检验（主要包括垂直轴偏差、瓶口内径、瓶口外径、容量、高度、厚薄比、厚度、身外径和瓶颈等检验项目）、外观质量检验（主要包括瓶口缺陷、裂纹、内壁粘料、玻璃搭丝、结石、气泡、模缝线、光洁性等检验项目）。

玻璃瓶的质量、容量、尺寸等，由于其规格、型号、生产厂家、生产方法的不同，往往会有不同程度的变化，但都应控制在一定的合理范围内，以符合相关标准。如碳酸饮料用玻璃瓶规格标准应符合 QB/T 2142—2017《玻璃容器 含气饮料瓶》的要求。

三、玻璃包装材料及制品的食品安全要求

（一）原料要求

玻璃制品用原料应符合 GB 4806.1—2016《食品安全国家标准 食品接触材料及制品通用安全要求》的规定。

（二）感官要求

玻璃制品应无飞边、裂纹及崩损缺口。

（三）理化指标

理化指标应符合 GB 4806.5—2016《食品安全国家标准 玻璃制品》的要求，如表 21-16 所示。

表 21-16　玻璃制品理化指标

项目	指标						检验方法
	扁平制品 /（mg/dm²）	贮存罐 /（mg/L）	大空心制品 /（mg/L）	小空心制品 /（mg/L）	烹饪器皿 /（mg/L）	口缘要求 /（mg/L）	
铅（Pb）	≤ 0.8	≤ 0.5	≤ 0.75	≤ 1.5	≤ 0.5	≤ 4.0	GB 31604.34
镉（Cd）	≤ 0.07	≤ 0.25	≤ 0.25	≤ 0.5	≤ 0.05	≤ 0.4	GB 31604.24

第五节　外包装材料及其制品

塑料瓶、金属罐、利乐包、康美盒和玻璃瓶等包装都属于销售包装，直接接触产品内容物，是进入市场面向消费者的产品包装。虽然销售包装在保护产品内容物、赋予产品个性等方面发挥了重要的作用，但其物流运输效果差。为了方便产品的储存、装卸和运输，必须把单个的销售包装集中起来，装成大箱或大包等包装，即产品的外包装。

一、外包装材料

饮料常用的外包装材料主要有纸包装材料和塑料薄膜。

（一）纸包装材料

1. 瓦楞原纸

瓦楞原纸是用磨木浆、半化学浆、草浆、废纸浆或混合浆料抄造而成的一类物理强度较高的包装用纸，通常轧制成有规律且呈永久性屋顶瓦片状波纹型的瓦楞纸，主要用作瓦楞纸板的芯纸和中纸，起到支撑和骨架的作用，其质量对瓦楞纸板的质量起着决定性作用。瓦楞原纸必须具有良好的挺度、紧度和弹性，以保证制成的纸板及纸箱具有较好的耐压和防震能力。此外其水分含量必须严格控制在 10% 左右，因为水分含量过低，纸会比较脆，其加工成瓦楞时容易破裂；水分含量过高，纸会比较软，会给瓦楞加工时带来困难，并且会降低其成箱后的承

重能力和抗压强度。瓦楞原纸的等级分类以及质量指标要求可参照 GB/T 13023—2008《瓦楞芯（原）纸》。

2. 箱纸板

箱纸板用于制造瓦楞纸板，包括牛皮卡纸箱纸板、白卡纸箱纸板和再生纸箱纸板等。

牛皮卡纸箱纸板是由牛皮纸制成的。牛皮纸是采用硫酸盐针叶木浆为原料生产的纸张，因其质量坚韧似牛皮而得名，可分为本色牛皮纸（黄褐色）和漂白牛皮纸。牛皮纸具有弹性好、抗水性强、防潮性好、印刷性能良好、机械强度高等特点，广泛应用于食品的销售包装和运输包装。

白卡纸箱纸板是由白卡纸制成的。白卡纸是面层、底层以漂白浆为主，中间层加有机械木浆，表面未经涂布的一类硬质纸板，主要用作普通箱纸板。白卡纸板外观白皙，印刷效果良好。

再生纸箱纸板是由再生纸制成的。再生纸是一种以废纸为原料，经过分选、净化、打浆、抄造等工序生产出来的纸张。由于其是低能耗、轻污染的环保型用纸，越来越受到广大消费者欢迎。

此外，还有一些经过特殊涂层处理（如防水、防油、防潮等）的特殊涂层纸板，常用于需要特殊环境或展示要求的产品包装，如冷冻食品。

GB/T 13024—2016《箱纸板》对箱纸板的定量、紧度和吸水性等各项指标均有明确的规定，箱纸板的定量（克重）、耐破指数、环压指数等技术指标对箱纸板的性能具有很大的影响。

（1）箱纸板的定量 即箱纸板的克重，不同的定量会导致纸板在强度、厚度和质量等方面产生变化，从而影响其在不同用途中的表现。高定量（克重）的箱纸板有更高的强度，具有更好的印刷适应性，对内容物能够起到更好的抗挤压性能和物理保护，在外观上也能展现更好的印刷效果。

（2）箱纸板的耐破指数 表示纸板在受到撕裂或破裂的抗性。高耐破指数的箱纸板适用于需要更高强度和耐磨性的包装，尤其是在运输过程中可能受到撕裂或划伤的情况。耐破指数低意味着纸板在受到外力时更容易破裂，适用于一些对耐磨性要求相对较低的包装。

（3）箱纸板的环压指数 表示纸板对于垂直于表面的压力的抵抗能力，对于在堆叠过程中需要承受重压的包装来说非常重要。高环压指数可以提高纸板在堆叠和运输中的稳定性。低环压导致纸板在堆叠时出现变形或受到挤压。

箱纸板的耐破指数及环压指数通常与纸板的密度、瓦楞结构和纤维质量等因素有关，在选择箱纸板时，应根据具体的包装要求来平衡这些性能指标。例如，在包装重物时，更关注耐破指数；而对于需要堆叠存储或运输的包装，更关注环压指数。

3. 瓦楞纸板

瓦楞纸板是由一层或多层瓦楞纸黏合在若干层箱纸板之间，所形成的一种用于制造瓦楞纸箱的复合纸板。其瓦楞纸层通常轧制成屋顶瓦片状波纹，与箱纸板层相互支撑形成稳固的类三角结构体，使其可以承受一定的压力，既坚固又富有弹性。

（1）瓦楞纸板分类 瓦楞纸板的种类较多，分类方法也不同，有按瓦楞形状、瓦楞楞型、材料层数等分类的方法。

①按瓦楞形状分类：根据瓦楞形状的不同，可将瓦楞纸板分为 U 型瓦楞纸板、V 型瓦楞纸板和 UV 型瓦楞纸板；U 型瓦楞纸板的楞峰近似圆形，其瓦楞弹性好、黏合性好，但其瓦楞原纸和黏合剂用量较大，不经济，而且其平面抗压能力较差；V 型瓦楞纸板的楞峰近似尖形，其瓦楞挺度好、平面抗压能力强，但其黏合强度低，弹性和恢复能力较差；UV 型瓦楞纸板的瓦楞形状介于 U 型和 V 型之间，其瓦楞具有 U 型和 V 型瓦楞的优点，平面抗压能力强，黏合强

度较高，恢复能力较强，弹性较好，是目前应用最广泛的瓦楞纸板；②按瓦楞楞型分类：根据瓦楞楞型不同，可将瓦楞纸板分为 A 型（大瓦楞）、C 型（中瓦楞）、B 型（小瓦楞）、E 型（微小瓦楞）和 F 型（超小瓦楞），其中瓦楞楞型较大的瓦楞纸板具有很好的缓冲性，适合包装较轻的产品；瓦楞楞型较小的瓦楞纸板排列密度大，承压能力强，适合较硬较重的产品；瓦楞纸板的各种楞型的结构尺寸，包括楞高、楞宽和楞数等可参考 GB/T 6544—2008《瓦楞纸板》；③按材料层数分类：根据材料层数不同，可将瓦楞纸板分为双层、三层、五层、七层瓦楞纸板，如图 21-9 所示。其中三层和五层是最常用的瓦楞纸板。

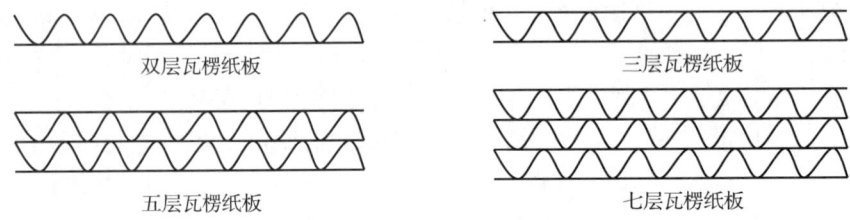

图 21-9 不同材料层数的瓦楞纸板

（2）瓦楞纸板技术指标 瓦楞纸板又可分为单瓦楞纸板（S）、双瓦楞纸板（D）和三瓦楞纸板（T），各种瓦楞纸板又分为优等品和合格品两个等级，单、双瓦楞纸板又分为第 1 类～第 5 类 5 个类别，三瓦楞纸板又分为第 1 类～第 4 类 4 个类别，其技术指标见 GB/T 6544—2008《瓦楞纸板》。

（二）塑料薄膜

塑料薄膜是用单种或多种塑料树脂制成的薄膜，常用于食品外包装，可分为单种塑料薄膜和复合塑料薄膜两类。单种塑料薄膜由单种塑料树脂制成，常用的单种塑料薄膜有聚乙烯塑料薄膜、聚丙烯塑料薄膜、聚氯乙烯塑料薄膜和聚酯塑料薄膜，复合塑料薄膜是由两种或两种以上塑料树脂制成的，常用复合塑料薄膜的构成与特性见表 21-17。

表 21-17 常用复合塑料薄膜的构成与特性

构成	特性									
	阻湿性	阻气性	耐油性	耐水性	耐煮沸	耐低温	透明性	防紫外线	成型性	热封性
定性聚丙烯（OPP）/PE	优	良	良	优	优	优	优	差	良	优
OPP/未拉伸聚丙烯（CPP）	优	良	优	优	良	良	优	差	良	优
PET/PE	优	优	优	优	优	优	优	一般	良	优
PC/PE	优	差	良	优	优	优	优	一般	良	优

二、外包装制品

瓦楞纸箱是由瓦楞纸板经成箱加工成的一类具有一定强度的立方体包装容器。一般瓦楞纸箱由六面瓦楞纸板组成，为了增加缓冲等特殊效果，可以在瓦楞纸箱内使用隔板、衬垫、底座等纸箱附件。瓦楞纸箱是饮料工业最常用的外包装制品。

（一）瓦楞纸箱的优缺点

瓦楞纸箱作为常用的外包装制品，必然有其优点。

（1）质量轻，成本低　通常单瓦楞纸板的厚度为3mm左右，其质量约为600g/m²，而同样厚度木板的质量约为2000g/m²，瓦楞纸箱的质量仅为同等体积木箱的1/4~1/3。瓦楞纸箱的原料为木浆、草浆和再生纸浆等，其成本约为同等体积木箱的40%~70%。

（2）结构合理，性能好　瓦楞结构极大提高了纸箱的抗压能力，并赋予其良好的弹性。故瓦楞纸箱具有较好的抗震缓冲性能，能够充分保护产品不受外力的撞击与干扰。

（3）易于加工和装潢　瓦楞纸箱的生产制造，以及其用于产品的包装操作，均可以实现自动化和机械化。由于瓦楞纸板表面通常会进行各种涂覆加工，其装潢印刷效果较好。

（4）便于储存和运输　纸箱能够折叠或平铺展开，在储存和运输中占用空间很小，能够有效节省库房和运输工具的空间。

然而，瓦楞纸箱也有其不足的一面，如防潮性能较差及强度有局限性等。一方面，在潮湿环境中，瓦楞纸箱容易吸水，吸水后其强度会明显下降，纸箱会出现变形甚至破烂的情况；另一方面，虽然瓦楞结构能给瓦楞纸箱提供一定的强度，但与木质和金属包装制品相比，其强度有一定的局限性，故瓦楞纸箱内装物品的质量最好不超过一定限值，一般最大不超过55kg。

（二）瓦楞纸箱的箱型种类及结构

（1）箱型　瓦楞纸箱的箱型众多，常见的箱型有开槽型、套合型和折叠型。开槽型（02型）通常由一片瓦楞纸板组成，由顶部及底部折片（俗称上、下摇盖）构成箱底和箱盖，通过钉合或黏合等方法制成纸箱。运输时可以折叠平放，使用时把箱盖和箱底封合；套合型（03型）是由几片箱坯组成的纸箱，其特点是箱底、箱盖等部分分开，使用时，把箱盖、箱底等几部分套合组成纸箱；折叠型（04型）通常由一片瓦楞纸板折叠成纸箱的底、箱体和箱盖，使用前不需要钉合及黏合。

（2）结构　开槽型瓦楞纸箱是众多箱型中最常用的箱型，以其为例，简要说明其结构特点。开槽型瓦楞纸箱主要长、宽、高、侧面、端面和摇盖等部件组成。瓦楞纸箱结构见图21-10和表21-18。

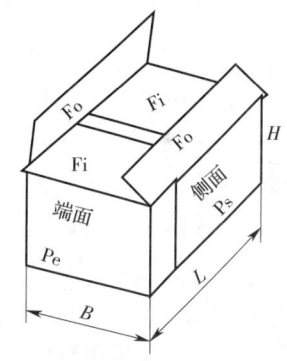

图21-10　瓦楞纸箱结构示意图

表21-18　　　　　　　　　　　瓦楞纸箱结构名称

名称	代号	英文对照
长	L	Length
宽	B	Broad
高	H	Height
侧面	Ps	Side Panel
端面	Pe	End Panel
摇盖	F	Flap
外摇盖	Fo	Outer Flap
内摇盖	Fi	Inner Flap
接合处	J	Joint

(三)瓦楞纸箱技术指标

GB/T 6543—2008《运输包装用单瓦楞纸箱和双瓦楞纸箱》将瓦楞纸箱分为单瓦楞纸箱和双瓦楞纸箱。根据所使用瓦楞纸板的不同种类、内装物的最大质量及综合尺寸、预计的储运流通环境条件等,又可将单瓦楞纸箱和双瓦楞纸箱分别分为 10 种,共计 20 种。瓦楞纸箱的种类及技术指标详见 GB/T 6543—2008《运输包装用单瓦楞纸箱和双瓦楞纸箱》。

第六节 环保包装材料及其制品

随着人们环保意识的提高,社会上呼吁绿色环保的声音越来越高。饮料作为人们日常消耗品之一,大量废弃的饮料包装不仅对自然环境造成严重的污染,同时也增加了垃圾分类及回收的难度,据统计,2019 年全球每分钟售出的饮料瓶高达 100 万只,每年可产生 5250 亿只废饮料瓶,仅有 10% 可回收利用。因此,如何做到饮料包装无污染、对环境无破坏,也成为亟待解决的问题。随着国家双碳政策的实施,以及可持续发展理念的推动,绿色环保的饮料包装必将成为饮料包装未来发展的主流趋势。

绿色环保的包装需满足易处理、易降解、可回收、可再生且对人体无害、不污染饮料、不影响饮料质量和口感等条件。

一、可降解包装纸材及其容器

可降解包装纸材是指以一定的工艺和方法,将废弃的农作物秸秆等转化为符合包装材料使用标准的包装材料。以可降解纸材来制备饮料包装容器,不仅原材料成本低、可再生,且使用后的包装还可降解,不会对环境造成污染,符合可持续发展的理念。

为响应国家"双碳"政策,更加符合环保理念的可降解纸材包装越来越受到人们的青睐,纸瓶用于饮料包装已然引领市场潮流。在纸瓶领域,一些知名企业已研发出适用于饮料的可降解纸瓶包装,并投放市场。如瑞典研发公司 PulPac 及其开发合作伙伴 PA Consulting 推出了世界上第一个干法成型模制纤维瓶 Bottle Collective,将是塑料瓶的可行替代品,适用于多种产品和类别。这项技术采用干法模塑纤维技术,几乎可以生产任何刚性三维物体,包括瓶子。结合成型、添加图形、去浮雕、压花以及选择颜色、图案和印花等技术明显提升了品牌形象。这种技术在制造过程中,使用更少的水和二氧化碳,有利于降低能耗和一次性塑料废物的产生,对环境十分友好,干法成型模制纤维瓶如图 21-11 所示。

可口可乐与丹麦公司 Paboco 共同研发设计了可降解的强韧纸质包装材料,并以此为原料生产"纸瓶"包装,用于灌装果汁饮料。该包装外壳以北欧木浆纸为原料,100% 可回收,且质地坚韧,具有优良的可塑性,包装内层防水膜及瓶盖采用可生物降解的生物基材料制备,如图 21-12(1)所示。

德国食品设备商 HORAUF,成立的合资公司 G&H,引入 CartoCan® 专利技术,采用无菌纸制备可灌装不含气饮料的无菌纸易拉罐(国内称卡特罐),是无菌饮料包装向可再生方向延伸的一个典型。CartoCan® 是一套完全集成的无菌包装系统,包括罐成形机、灌装和密封装置、拉环生产和其他必要的消耗品。在使用可再生纸板复合材料技术的基础上,将多层阻隔结构材料集成到卡特罐的制造工艺中，因此，卡特罐不仅符合可再生、可降解的环保理念，而且具有良好的密封性和阻隔性，在常温条件下，可达到12个月的保质期，且饮料的香气、色泽和味道均能得到很好的保护。无菌纸卡特罐如图21-12（2）所示。

图 21-11　干法成型模制纤维瓶

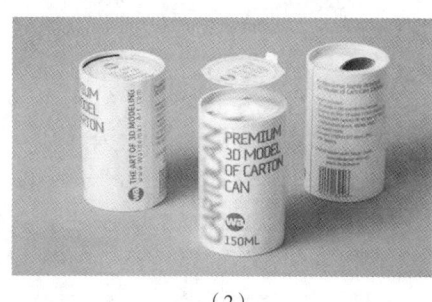

（1）　　　　　　　　（2）

（1）可口可乐可降解纸瓶　（2）无菌纸卡特罐

图 21-12　可降解纸瓶（罐）

二、rPET 材料及 rPET 瓶

rPET 即再生 PET 材料，是从废弃回收的 PET 塑料瓶中利用物理或化学技术提取制成的一种环保材料。根据 Higg MSI 的研究数据显示：从 PET 中提炼成 rPET 相比于使用传统的原生 PET 生成，可以减少 76% 的水电使用和 71% 的碳排放量。

rPET 的再生方法包括物理方法及化学方法，物理方法如图 21-13 所示，使用物理方法回收的 PET 原料只能制造非食品包装或纺织品。

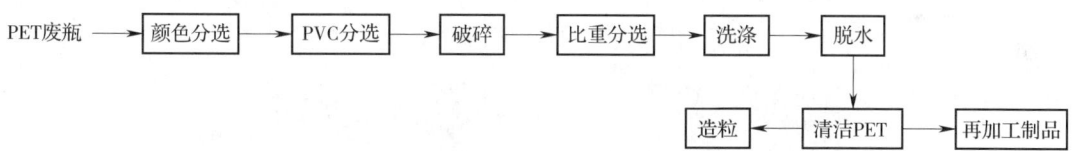

图 21-13　PET 物理回收方法

化学方法回收可实现废弃 PET 的 100% 完全循环再生利用，化学方法回收技术主要有直接生产纤维的回收技术、转变成生产聚酯树脂原料、直接生产各种精细化工产品以及超临界水水解等新工艺。

rPET 瓶在饮料包装中目前已有应用案例，如可口可乐早在 1991 年就首次推出了使用可回收成分的塑料瓶；2018 年，提出"天下无废"（World without Waste）倡议，并推出 100% rPET 瓶。

一般回收的 PET 瓶常带有污染物，必须经过分离先除去污染物和附加物才能进行回收利用，而且，我国 rPET 在食品接触材料及制品（以下简称食品接触材料）中的应用尚未被许可，相关法规及政策缺失，这些均限制了 rPET 在我国饮料包装中的应用，因此，虽然我国是世界上最大的 rPET 生产国，但大部分 PET 降级回收后用于纺织品和纤维的生产。随着 PET 回收技术的不断发展，我国作为世界最大的 PET 食品包装材料生产和消费国，发展 PET 回收技术是未来发展的必然趋势，对节约能源、降低碳排放、增强资源的可持续利用等具有重要意义。

[案例1] 单层和多层HDPE瓶在果汁饮料包装中应用

1. 单层和多层HDPE材料

单层HDPE材料即仅包括一层HDPE材料，分子排布只有一种，一般只能用作简单的包装容器。

多层HDPE材料一般为五层或六层，是指利用多层阻隔技术，将HDPE与高效阻隔材料复合，并通过黏合层进行黏合制备的多层结构，具有良好的阻氧和阻光性能，可以很好地延长饮料的保质期，故又称高阻隔性HDPE材料。

乙烯-乙烯醇共聚物（Ethylene Vinyl Alcohol copolymer，EVOH）是多层HDPE材料中常用的高效阻隔材料，是乙烯和乙烯醇通过聚合产生的共聚物，其结构如图21-14所示。EVOH同时具有优异的加工性能及气体阻隔性，对非极性的油类、有机溶剂也有极好的阻隔性能。

单层及多层HDPE材料的阻隔效果如图21-15所示。

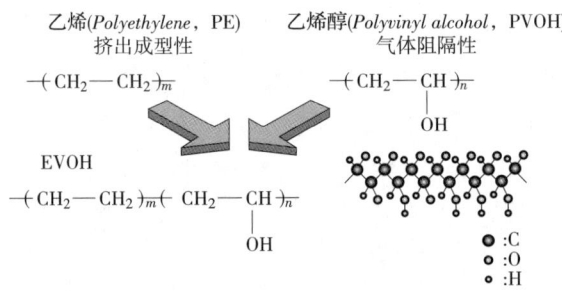

图21-14 EVOH结构示意图

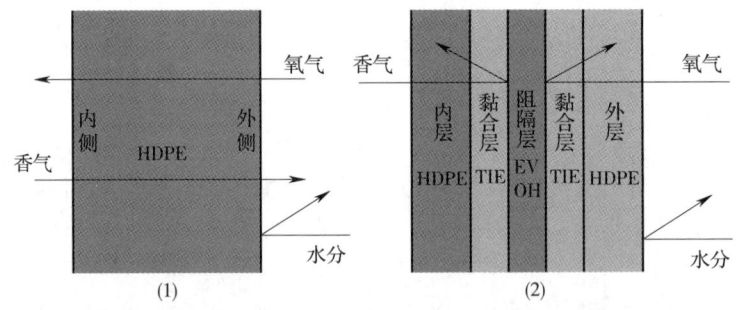

图21-15 单层（1）及多层（2）HDPE材料的阻隔效果

2. 单层和多层HDPE瓶包装对果汁品质的影响

（1）果汁储存过程中品质变化 以橙汁为例，储存过程中发生的品质劣变主要有营养成分如维生素C等的损失、风味成分的流失、色泽的褐变以及产生异味成分等，氧气是造成橙汁发生以上品质劣变的主要因素。影响橙汁品质的氧气来源主要有产品生产时溶解的氧气、瓶口顶隙残留的氧气以及储存过程中穿透包装扩散的氧气。包装的阻隔性对橙汁品质的保持至关重要。

（2）单层和多层HDPE瓶包装对果汁品质的影响 采用PET包装、普通HDPE瓶（单层）、高阻隔HDPE瓶（六层）的橙汁在25℃条件下储存65d，其抗坏血酸含量、色泽、组织状态及香气变化如图 21-16 及图 21-17 所示。由此可见高阻隔性 HDPE 瓶更有利于保质期内橙汁品质的保持。

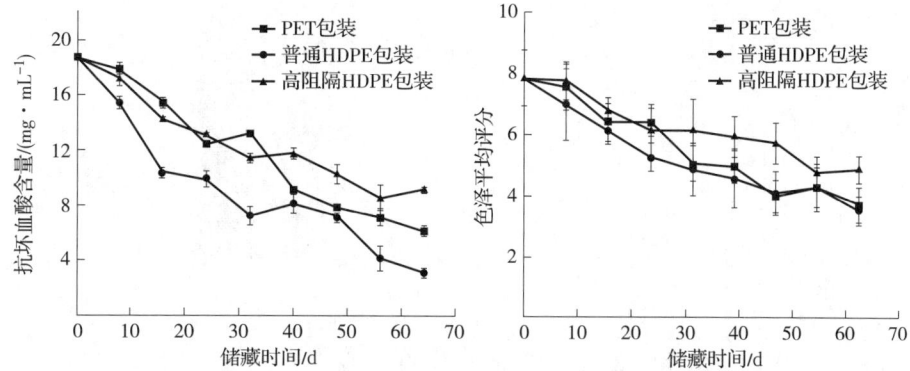

图 21-16　不同包装的橙汁储藏过程中抗坏血酸含量变化及色泽平均评分

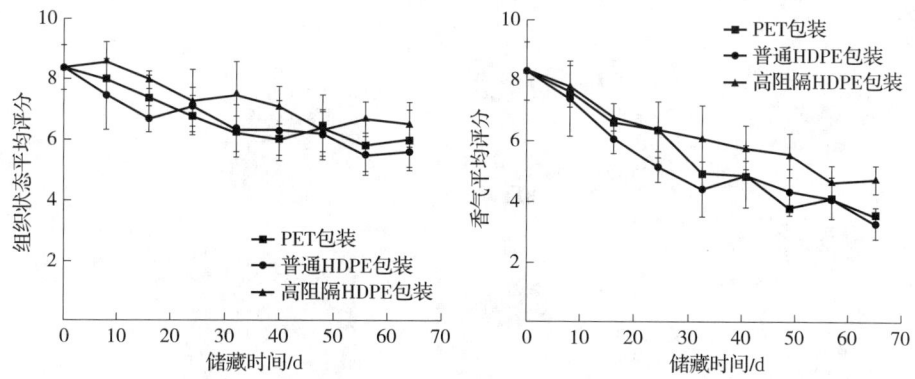

图 21-17　不同包装的橙汁储藏过程中组织状态及香气平均评分

［案例 2］　热灌装和无菌灌装 PET 瓶型及应用特性对比分析

常见的饮料 PET 灌装方式有冷灌装（无菌灌装）和热灌装。热灌装工艺要求 PET 瓶能承受（88±2）℃的灌装温度（中心温度）。瓶口在持续灌装过程中，需通过瓶口加厚或结晶瓶口方式保持其不变形。无菌灌装一般灌装温度为常温或低温（视产品属性），其瓶口往往壁更薄，可以对螺纹做一些特殊要求，实现轻量化。

由于需要考虑瓶子的冷却收缩，因此热灌装瓶身设计上需要更多面板结构来吸收负压以及采用加强筋来抵抗瓶身椭圆化变形，瓶身结构复杂，有不同板块设计实现温度变化后的负压吸收；瓶底设计上也需要有专用热灌瓶底以防止灌装时瓶底变形，这些都导致了瓶子质量偏高；同时因为瓶身表面不光滑，不适合贴标，只能采用套标的形式。无菌瓶对负压没有要求，瓶身和瓶底结构设计更灵活，售卖陈列效果更好。常见的无菌灌装瓶和热灌装瓶结构如图 21-18 所示，瓶口、瓶盖参数及瓶底结构对比如图 21-19 所示。无菌灌装瓶和热灌装瓶的参数对比如表 21-19 所示。

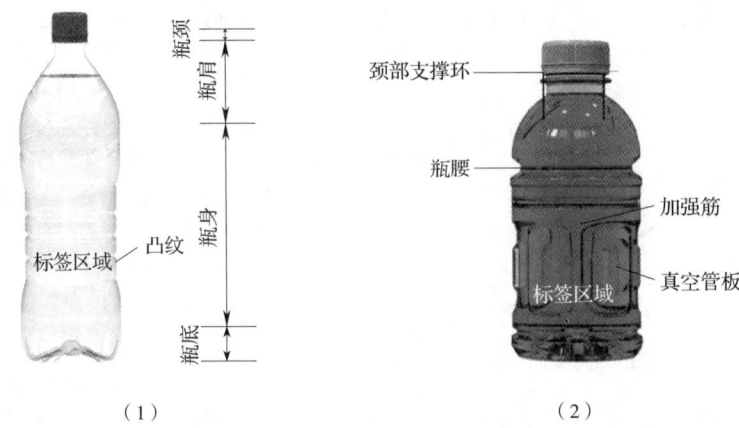

图 21-18 常见的无菌灌装瓶（1）和热灌装瓶（2）结构示意图

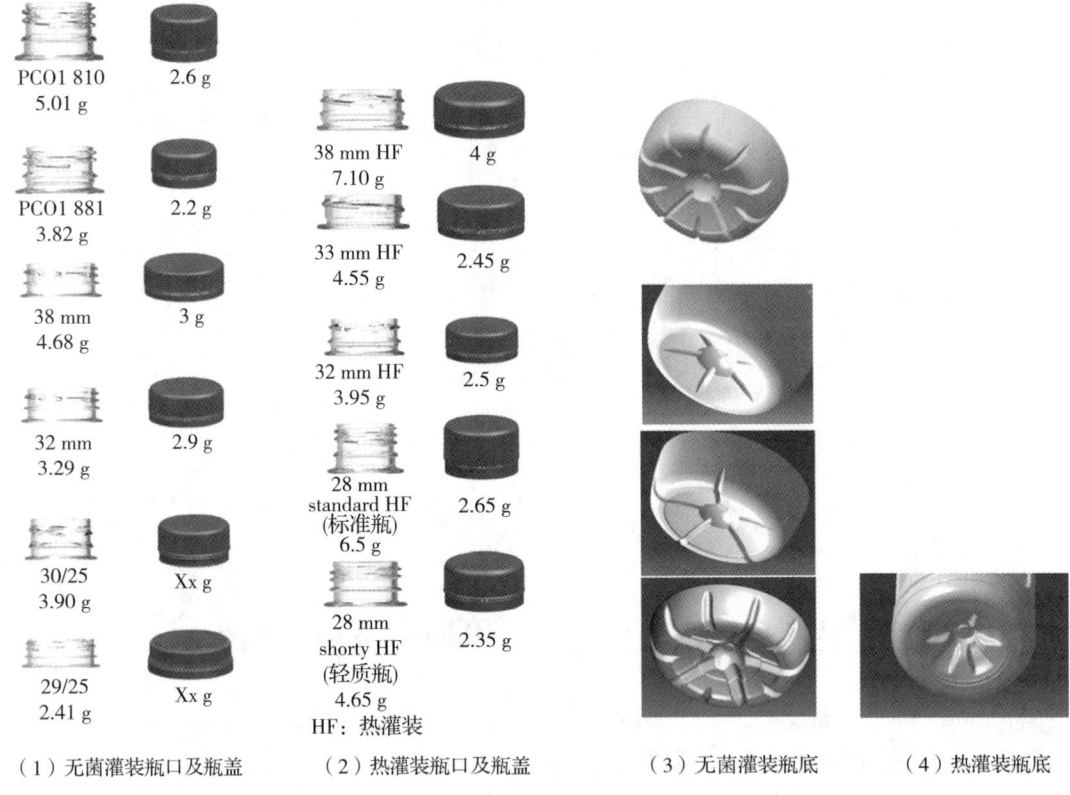

图 21-19 常见的无菌灌装瓶和热灌装瓶瓶口、瓶盖参数及瓶底结构对比

表 21-19　　　　　　　　无菌灌装瓶和热灌装瓶参数对比

参数	无菌灌装	热灌装
瓶口	可用各类轻量化瓶口，瓶口轻	常用壁厚加强型或结晶型瓶口以耐高温，瓶口重
瓶盖	较轻	较重

续表

参数	无菌灌装	热灌装
瓶身	瓶身耐负压要求相对较低，瓶子设计自由度大；如果采用瓶身结构，更容易实现瓶子减重；也可采用简化的瓶身结构，更有利于标签整体展示效果	瓶身耐负压要求高，瓶子设计限制多；需要多面板结构来吸收负压以及采用加强筋来抗瓶身椭圆变形，瓶身结构复杂，限制了标签的展示效果，瓶子较重
瓶底	可采用各类轻量化瓶底	瓶底较重，一般专用热灌瓶底以防止灌装时掉底
克重	瓶子整体克重较低	瓶子整体克重较高
液位线	较低	较高
标签形式	可采用套标、贴标或环标，标签展示形式多样	通常只能采用套标
原料	常用冷料，即共聚 PET	常用热料，即均聚 PET
模具通用材质	铝料	不锈钢料
拉伸杆	通用实心拉伸杆	专用空心拉伸杆
成型工艺	模具模身及底膜用油或电加热，底模用温水加热	模具模身需用油或电加热，底模用温水加热

思考题

1. 饮料工业中常用的塑料树脂有哪些？
2. 列举饮料包装用容器的种类，并说明其特点和适用饮料种类。
3. 简述塑料包装容器的特点及其在饮料工业中应用的优势。
4. 简述两片罐和三片罐的区别。
5. 简述利乐包的结构组成及其作用。

第二十二章 饮料包装容器成型工艺与设备

学习目标

1. 掌握塑料包装容器成型工艺与装备。
2. 掌握金属罐成型工艺与设备。
3. 掌握复合包装容器的成型工艺。

随着包装设备和技术的发展，饮料的包装形式越来越多样化。20世纪90年代，国内市场上的饮料还以玻璃瓶装和固体饮料为主，如今 PET 瓶成为饮料行业包装的主要形式，短短 20 余年间，国内饮料行业经历了翻天覆地的变化。从引入 Tetra Pak 的利乐包和 SIG 的康美盒生产线，到 PET 茶饮料和果汁饮料进口热灌装线的应用，直至 2000 年汇源果汁引入的首条无菌冷灌装 PET 生产线，任何一次飞跃都离不开设备的创新、新材料的应用和国内技术人员团队的搭建。如今，随着国内机械加工水平的发展，一批国内设备厂也凭借着自身技术研发，逐渐成长并成熟，其部分包装成型设备在性能和生产速率上不断缩短与进口设备的差距，正被越来越多的客户所接受。

目前，市场上饮料的包装形式主要有塑料包装、金属包装、复合包装和玻璃包装四类。塑料可应用在几乎所有饮料产品的包装，如饮用水、果汁、茶、碳酸饮料、功能性饮料、植物饮料等；金属包装以碳酸饮料、凉茶和蛋白饮料居多；复合包装应用于高浓度果汁、冷链包装、乳品等；玻璃包装在浓缩汁、高浓度果汁中使用。不同的包装形式，不仅使用的材料性能不同，而且工艺和成型设备也有所区别。

第一节 塑料包装容器成型工艺与设备

一、塑料包装容器成型工艺

应用于饮料行业的塑料成型方式主要分为挤出吹塑成型（简称"挤吹"）和注射吹塑成型（简称"注吹"）两种方式。"挤吹"是指将塑料树脂原料加入挤出机中，塑料树脂加热熔融塑化后,挤出型坯,型坯在模具中通过压缩空气吹胀成型,冷却脱模并修除废边后得到塑料容器成品;"注吹"是指将塑料原料树脂加热熔融塑化后,通过注塑机注射至模具,形成管状型坯,然后在瓶子模具中经拉伸吹注成型,冷却后得到塑料容器成品。

挤吹成型法制成的瓶坯存在一定问题,如瓶坯毛边需要在后续吹瓶工艺中去除,瓶口也需在吹瓶工艺后修整,容易造成材料损失,且修整精度可能会影响瓶口密封性。挤吹成型适用于较大的瓶坯,更适用于处理较低黏度的材料,主要应用于PE类塑料瓶的生产,在乳品行业应用比较广泛。注吹成型法制成的瓶坯的瓶口部分采用了模具注射成型,故其瓶口无需修整、剪切,省时省料,而且其瓶口螺纹的尺寸精度高,密封性好,注吹成型适用于体积较小且更精细的产品,更适用于处理高黏度、高分子质量的材料。主要应用于PET类塑料瓶的生产,在包装水、果汁饮料、乳饮料、碳酸饮料、茶饮料等饮料中的应用非常广泛。以下以注吹工艺及其设备为代表进行介绍。

注吹成型方法根据生产步骤可分成一步法和两步法。一步法是指瓶坯的注塑制坯和吹塑成型等工序在同一台设备上完成成型,不需要对瓶坯二次加热,这种直线吹瓶设备具有无中间产品、可连线生产的特点。两步法指将瓶坯的注塑制坯和吹制成品瓶由两台不同的设备共同完成,其主要特征为:注塑成型后的瓶坯脱模后冷却至室温,一段时间后,将瓶坯在专门的加热设备和吹塑设备上加温和吹塑。一步法所用设备集成度较高,占地面积较小,生产周期较短,工艺较复杂。相对于一步法,两步法制坯和吹瓶在不同机器上进行,更容易控制瓶坯温度,且更便于运输和储存,广泛应用于多模腔模具的大批量生产。目前应用于饮料行业的注吹成型主要为两步法,即先采用瓶坯注塑成型设备制备出合格的瓶坯后,再将预制瓶坯在吹灌旋一体机进行加热及吹制成型后用于饮料的在线灌装,预制瓶坯及其结构如图22-1所示。

不管是一步法还是两步法的注吹成型工艺,均主要分为瓶坯的注塑成型以及瓶子的吹塑成型两个关键步骤。

(一)注塑成型工艺

1. 工艺流程

PET瓶坯注塑成型工艺流程如图22-2所示。

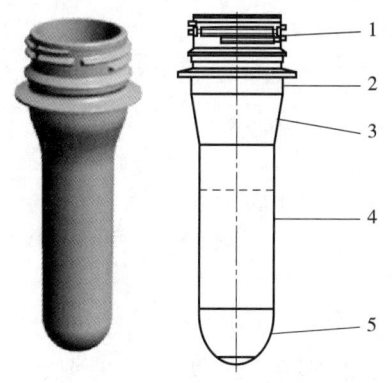

图22-1 预制瓶坯及其结构示意图
1—瓶口;2—瓶颈;3—过渡部分;
4—坯身;5—坯底。

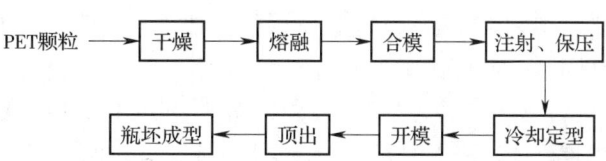

图22-2 PET瓶坯注塑成型工艺流程

2. 工艺要点

（1）PET 颗粒干燥　PET 材料呈现非结晶态和结晶态两种形式，常用的 PET 颗粒为结晶态。由于 PET 材料对空气中的水分非常敏感，极易吸收其中的水分，影响材料的成型加工性能和制品的品质，因此 PET 颗粒在注塑前，必须先干燥至含水量在 50mg/kg 以下，如此才能制造出良好的非结晶透明瓶坯。PET 颗粒的干燥温度一般在 160~180℃，干燥时间为 4~6h，露点温度要求低于-40℃。干燥时间长短根据瓶坯本身的水分含量进行调节。需要染色的材料，还需添加色油或色粉，配合混比机使用。混比机可调节添加量和控制混合颜色均匀程度。

使用回收料时需要更长干燥时间去除其水分，一般干燥温度在 160℃，时间控制在 5.5h，回收料添加比例不得过高，废瓶坯料填充不超过 7%，废瓶子料填充不超过 3%。

此外，瓶坯的储藏环境也至关重要，生产车间应保持 20~30℃的温度和 50%~70%的湿度。

（2）PET 颗粒熔融　对 PET 颗粒进行干燥处理后，将其加料至注塑机料斗，在此过程应避免材料与外界接触。由于注射成型不是一个连续的过程，中间有间歇，因此需要确保加料的稳定，塑化均匀，才能获得合格的制品。加料过多会造成料筒内物料长时间受热，易引起材料的热降解；加料过少则使得料筒内物料过少不能提供足够的压力推送，传入膜腔内的塑料熔体压力不足，难以补压，造成制品注塑不全或收缩。PET 瓶成型过程中材料的温度变化如图 22-3 所示，为便于控制熔体进入模具时的温度，一般利用分段加热器对 PET 颗粒进行加热熔融，加热温度为 250~275℃，直到将 PET 颗粒从玻璃态转变为黏流态。熔融的 PET 材料经过螺杆不同部位的推送，由固体转变为熔体，经过混合和塑化后，被推送至螺杆前端，在离开螺杆前全部熔化，其余部分只为保持材料温度不再下降。

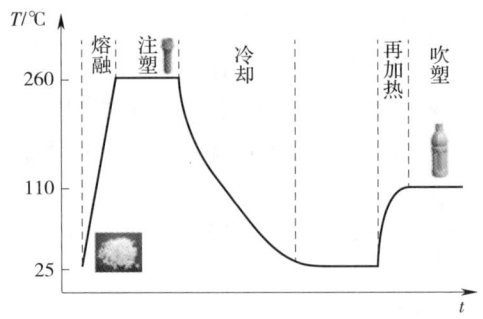

图 22-3　PET 瓶成型过程中材料的温度变化

塑料塑化所需热量主要来自两方面：物料内部的剪切热（约占 70%）和料筒加温对物料的传热（约占 30%）。PET 材料在离开螺杆前已经完全熔融，变成熔体，其后加热过程只是保持料温，并不用于材料熔融。

保证 PET 塑化均匀的关键在于尽量不添加回收料，这是由于回收的 PET 材料黏度降低，而低黏度的 PET 力学性能差，进而影响再造 PET 瓶的性能，且 PET 材料在回收过程中，需高温处理，而高温极易造成 PET 材料的降解。此外，回收料经过粉碎，尺寸形状不均匀也会造成塑化缺陷。控制工艺温度和材料本身的质量对于控制乙醛（AA）含量也是非常必要的，在不影响工艺的前提下，可以降低螺杆转速、调低背压和送料的速率，使螺杆有更长的塑化时间，同时也降低了剪切力。

（3）填充成型　加热到 250~275℃的 PET 颗粒呈现熔融状态，熔融状态的物料经过喷嘴、热流道、浇口注入型腔，整个过程完成了"充模"。熔体进入型腔后冷却收缩，此时螺杆会继续保持施压状态，向模具内补充熔体，此过程称为"补塑"。模腔中的塑料此时形成完整的制品，这个阶段被称为"保压"。

（4）冷却定型　当型腔内塑料冷却，已不需要保压，可卸除料筒内塑料中的压力，通入冷却水，对模具进一步冷却，冷却过程从充模完成、保压到脱模前这一段时间均存在。制品冷却到合适温度即可进行脱模（此温度根据材料特性而定，一般可使制品脱模的平均温度为96℃），PET从高温冷却到脱模温度，体积收缩10%以上。PET瓶坯在100℃时会粘连，75℃时则容易被划伤，60℃时表面不易划伤，因此一般瓶坯落至输送带的温度最好低于60℃。

（二）吹塑成型工艺

瓶坯的吹塑成型可分为中空吹塑成型和拉伸吹塑成型。中空吹塑成型是指将瓶坯放置于吹塑模具中，预热后在瓶坯中通入压缩空气，将瓶坯吹胀并使其紧贴于模具腔壁，经冷却固化并定型后，开模即得到塑料瓶。拉伸吹塑成型是在中空吹塑成型的基础上添加了一种双轴定向拉伸工艺而发展起来的新工艺，将型坯加热至拉伸温度，经内部（用拉伸芯棒）或外部（用拉伸夹具）的机械力作用而进行纵向拉伸，并经压缩空气吹胀进行横向拉伸，最后获得塑料瓶。该工艺生产的塑料瓶，其壁厚减薄，可以达到节省材料的目的，而且其透明度、强度、硬度和气密性等较中空吹塑工艺均有较大的提高，是目前饮料行业应用较为广泛的吹塑成型工艺。

1. 工艺流程

PET瓶中空吹塑成型过程如图22-4所示；PET瓶拉伸吹塑成型过程如图22-5所示。

拉伸吹塑成型过程由吹瓶机多个动作协调完成，主要包括拉伸、预吹和高吹（高压吹塑）。

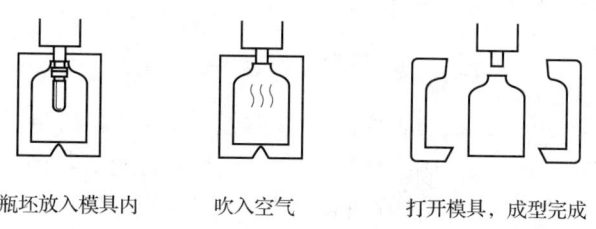

图22-4　PET瓶中空吹塑成型过程

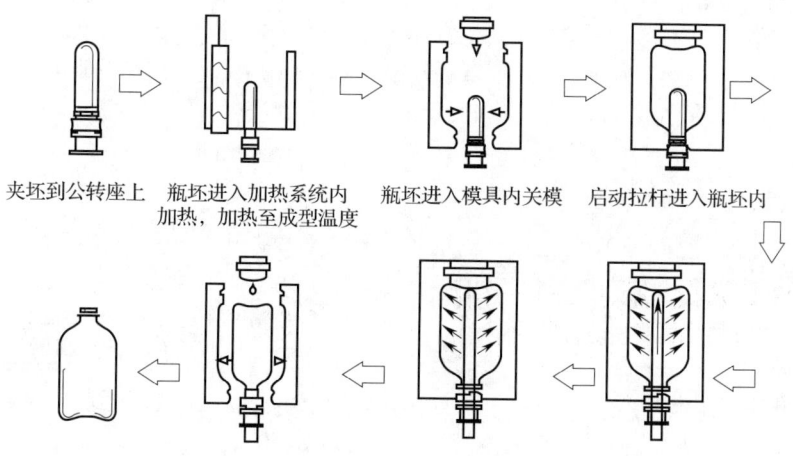

图22-5　PET瓶拉伸吹塑成型过程

2. 工艺要点

（1）瓶坯加温　瓶坯由进坯系统送至加热炉，利用加热炉中的远红外灯管对瓶坯进行加热。由于要保证瓶坯口尺寸的稳定性，在瓶坯加热的同时会对坯口螺纹位置吹冷却的低压空气，并在灯箱下方设冷却板装置，用于在瓶坯加温时保护瓶口，防止其在吹瓶过程中发生变形。

（2）吹塑成型　瓶坯加热完成后送到吹塑的工位模站，吹嘴对瓶坯口部和模具接触面进行密封，开始对瓶坯轴向拉伸，通入预吹气，预吹气压力一般在 700~12000kPa，拉伸和预吹完成后形成瓶子的雏形，预吹工艺决定了瓶子的厚度分布及其质量。预吹完成后开始高吹，高吹压力一般在 3000~3800kPa，高吹工艺决定了瓶子的成型，又称瓶子的三次拉伸。高吹不稳定或者气压不足，会导致瓶子成型不好，容量波动大。高吹结束后对瓶子进行排气，然后通过机械手取出瓶子，传送到下一个工序。

（3）其他工艺要点　目前，饮料行业中瓶口按直径大小可分为 28mm 瓶口和 38mm 瓶口；按用途可分为热灌瓶口、无菌瓶口、水瓶瓶口和碳酸瓶口等。

热灌装瓶口可分为结晶瓶口和非结晶瓶口两种。非结晶瓶口（加厚瓶口）不需要对瓶口进行单独的后续加工，可与瓶身共同注射成型后直接使用；而结晶瓶口除与瓶身共同完成注射成型外，还需要在吹瓶前，对瓶坯口部进行结晶，需配备结晶炉设备。结晶瓶口比非结晶瓶口尺寸更加稳定，当灌装温度达到（88±1）℃时，仍可保持稳定，故结晶瓶口广泛应用于热灌装瓶。热灌装结晶瓶口主要有 PCO1881 和 PCO1810，两种瓶口相比，PCO1881 结晶瓶口更矮，用料更省，但对灌装温度控制要求稍高。

二、塑料包装容器成型设备

挤出吹塑成型设备如图 22-6（1）所示。将预先混合的塑料树脂、添加剂等颗粒或粉末加入塑料挤出机的进料口，在挤出机的加热段，塑料颗粒经过螺杆的旋转和外加的热能逐渐被熔化成熔体，熔体被挤出机的螺杆推送到模头（挤出头），经过模头的开口，形成所需形状的挤出物，再经过冷却装置进行冷却固化形成空心管，称为瓶坯，瓶坯经压缩空气吹制成型后得到塑料瓶。注射吹塑成型设备如图 22-6（2）所示。将塑料颗粒或粉末通过喂料系统注入注射机的料仓，在注射机中，塑料原料被加热和熔化形成熔体，熔体被注射入闭模的模具中，充满模腔形成预定形状的瓶坯，瓶坯冷却固化后从模具中取出，瓶坯经进一步吹制成

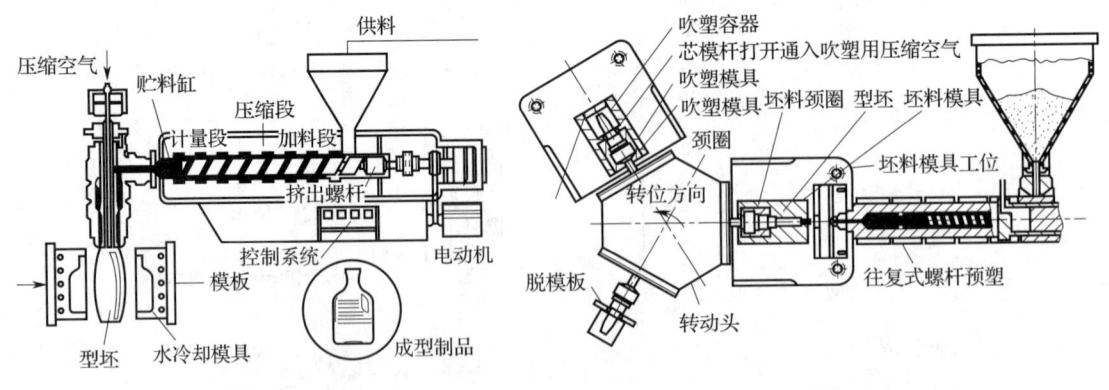

（1）挤吹成型设备　　　　　　　　　　　　（2）注吹成型设备

图 22-6　挤吹（1）及注吹（2）成型设备

型后得到塑料瓶。注射吹塑成型设备一般分为注塑成型设备和吹塑成型设备两部分，注塑成型是由塑料颗粒到瓶坯的成型过程，吹塑成型则是由瓶坯到瓶子的成型过程。

（一）注塑成型设备

塑料注塑成型是一个复杂的过程，容器的品质取决于设备类型和结构、工艺和过程控制、原料质量和性能等诸多因素；而设备的结构和配置又与加工材料的特性密切相关，其中有些特性尤为重要，如 PET 材料极易吸收空气中的水分，影响其加工性能，因此对于此类易吸湿性塑料原料，注塑机需配备干燥系统，对原料进行预处理，确保在注塑成型前原料的水分含量能够降低至适宜范围，满足加工要求。

注塑成型设备按各部分功能和组成结构，一般可分为注射系统、合模系统、液压系统、电气控制系统、加热/冷却系统、润滑系统以及安全保护与监测系统7个组成部分。

1. 注射系统

注射系统是注塑机的重要组成部分，按照塑化和注射方式一般可分为柱塞式、螺杆式和螺杆+柱塞式三种形式。与单一螺杆式注射机相比，螺杆+柱塞式注射双系统注塑机具有生产速率快、塑化效果好且无需安装分流梭等优点，因此，螺杆+柱塞注射式双系统注塑机广泛应用于饮料行业瓶坯注塑中。

在整个工作流程中，螺杆式注射系统主要负责将塑料颗粒塑化、熔融，并在规定周期内，在柱塞式注射器的推力下，将其以一定压力和速率注入模具型腔中。注射完毕后，将熔融塑料在模具内进行保压定型，形成制品。

注射系统一般包括加料装置、料筒、螺杆（或柱塞及分流梭）及喷嘴等部件。

（1）加料装置 加料有三种方式：①在注塑机上方安装有中间料斗，用来存放干燥 PET 颗粒；在生产过程中，采用真空泵将干燥预热好的 PET 颗粒从设备的大料斗中抽到该中间料斗中，再借由 PET 颗粒自身的重力到达注塑机下料口，全程采取密闭和保温措施，防止 PET 颗粒降温和空气中水分的侵入；② PET 颗粒料斗直接架设在注塑机上方，通过其自身重力直接到达注塑机下料口，优点是节省空间便于检修，适合于大型厂房，目前大多数设备采用此种方式；③智能集中供料系统（也称中央供料系统），适用于超大规模的瓶坯工业化生产，采用大型料仓，通过集中供料系统为多台注塑机同时供料。

（2）料筒 料筒是注塑机塑化过程中的重要组成部分，依靠和螺杆的配合共同完成对物料的输送、塑化和注射。注塑机的料筒内壁要求尽可能光滑，不仅可承受高温、高压，同时还需要可承受较严重的腐蚀和磨损，因此必须选用耐高温、耐磨损、耐腐蚀、高强度的材料。大多数料筒采用整体结构，呈流线型，避免注射过程中，存在死角或不平整处。

（3）螺杆 螺杆是整个注塑机最关键的部件。螺杆可以分为三段，其中前端为塑化段，中段为压缩段，后段为下料口（也称输料段）。在注塑过程中，螺杆通过自身的旋转将物料挤压及推送，在摩擦和剪切、料筒加温的作用下，使物料均匀熔化并推送至喷嘴。

根据物料加工性能不同，螺杆可分为渐变型、突变型、通用型螺杆和新型注塑螺杆等多种类型。①渐变型螺杆从加料段到均化段，螺槽深度在一个较长的轴向距离内，呈逐渐变浅过渡。适用于熔融温度范围较宽、黏度较高的非结晶物料，如 PVC 等。②突变型螺杆从加料段到均化段螺槽深度在一个较短的距离内，由深到浅变化。适用于熔融温度范围较窄、黏度较低的结晶物料，如 PE、PP 等。③通用型螺杆压缩段的长度介于渐变型和突变型之间，应用过程中，通过改变工艺参数来适应不同物料的加工要求，适用范围更为广泛，但塑化效果没有专用螺杆好。④新型注塑螺杆是在普通螺杆的均化段增加了剪切元件，从而提高剪切力，提升制品的质量。

（4）喷嘴　喷嘴是连接料筒和模具的部件，其作用是注射时引导塑料从料筒进入模具，并使物料保持高速、高压进入型腔；保压时，还需将少量熔融物料补塑至型腔。喷嘴的孔径较小，需根据注射量和注射速率设计喷嘴尺寸。喷嘴孔径过小，注射时间延长，周期变长，会产生摩擦阻力的剪切热，造成乙醛（AA）含量过高和特性黏度（IV）降低，因此注射系统应配备合适的喷嘴。

2. 合模系统

合模系统主要作用是锁紧和开启模具，机械结构的关键在于确保其开模灵活和锁模紧密。

合模系统通常分为机械式、液压式、电动机械式和液压机械式四种。机械式合模系统在早期注塑机应用比较广泛，由于结构复杂，冲击力大，易磨损，已少有使用。较常用的合模系统是曲臂机械与液压结合的结构，该系统具有结构紧凑、合模力大、模板行程大、简单可靠等优点。

良好的合模系统除了确保开闭模灵活，还需尽量避免运转过程中的强烈震动，且其在开闭模各个阶段的速率是可变的，如模具闭合时速率应先快后慢减速再高压，避免模具闭合时的冲击，模具开启时速率由高压松开模具再由快速转为慢速。

合模系统的组成为：前、后固定模板，移动的中模板，导柱及动模板驱动装置等。以HUSKY注塑机为例，模具主要由动模和定模两部分组成，其中动模部分包括顶出板、滑块、冷却水芯、模芯、模唇和锁模板；定模部分包括锁模板、模腔板、针形阀板和热流道等。

影响合模系统的主要因素如下。

（1）锁模压力　锁模压力的大小和稳定程度影响最终制品的精度和品质。注塑过程中，熔融物料在高压作用下被注入模具，由于喷嘴、流道、型腔内壁等对物料有阻力，造成模具内物料的压力远小于其注射压力，此时锁模压力需要小于注射压力，但为确保制品不会在模具离缝时产生溢边，锁模压力应略大于或等于模腔内压力。锁模压力太大会加速模具的磨损，降低模具使用寿命。结合模具的材质和设计要求，模具制造厂商一般会在模具上标注最大锁模吨位作为参考，因此在锁模压力设定时一般略低于注塑最大锁模吨位。

（2）顶出装置　顶出装置也称脱模装置，是合模系统的重要组成部分，其主要作用是确保已成型的瓶坯被平稳、完好地取出。顶出装置可分为机械顶出、液压顶出和气动顶出三种，其结构如图 22-7 所示。

机械顶出（又称模具拉杆式脱模）指后模板固定不动，开模时动模板后退，形成与后模板连接的顶出杆之间的相对运动，从而配合脱模机构顶出。该结构顶出杆长度可调，适用范围广，但不适用于高速设备。

液压顶出利用油缸液压力来实现瓶坯顶出。该结构顶出行程、速率、顶出力等参数可以调整，适合高速自动化生产需要，主要应用于大中型注塑机。

气动顶出是预先在模具上预留排气孔，通过压缩空气实现模具成型后顶出制品。该顶出装置简单，适合于薄壁容器的顶出。

（3）模板　在合模系统中，模板主要用于固定安装模具、顶出装置、合模系统和导柱，可分为移动模板和前后固定模板。

（4）导柱　导柱主要确保定模和动模合模时对中，其与导向孔配合，保证动模板平行移动。由于导柱承受诸如动模板的重力、合模拉伸等作用，容易弯曲变形，因此，对其材料要求较高，需要具备足够的刚度和强度，同时满足加工精度等要求。

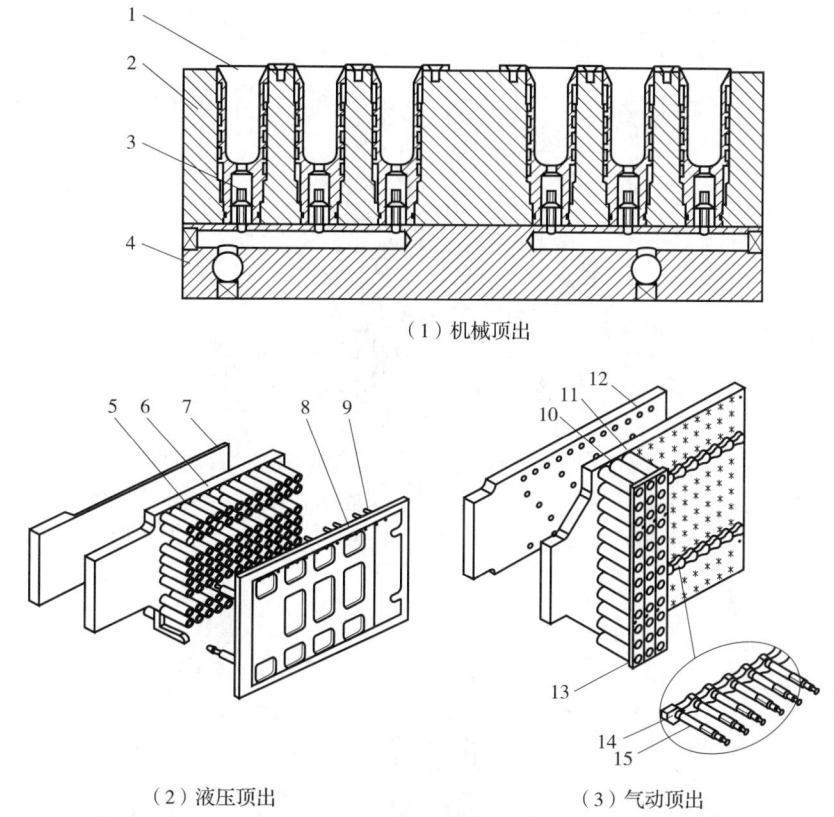

(1) 机械顶出　　(2) 液压顶出　　(3) 气动顶出

图 22-7　顶出装置结构示意图

1、5、10—取出筒；2—冷却板；3—瓶坯顶出件；4—分水、吹气板；6、11—取出板；7、12—分水板；
8—吹气板；9—吹芯；11—取出板；12—分水板；13—推出板；14—气缸固定座；15—气缸。

（5）模具　模具是生产塑料制品的工具，也是赋予塑料制品完整结构和精确尺寸的工具。模具的设计、排气槽设计和模具的冷却效果对模具至关重要。

模具可以分为热模和冷模，热模也称热流道，主要用于多腔模具上，起分流作用，完成等距分流，使每个产品质量和密度达到一致。热流道是模具最重要的一部分，也是模具的核心。热流道加热时，会产生热膨胀，因此选用膨胀系数较低的钢材较好。此外，加工精度和配合精度要精准，流道还要光滑流畅，避免流道孔转角锋利和死角对塑料流体产生阻力和剪切。冷模由模芯板、推板、模腔板、模芯、模唇、模腔等部件组合而成。热流道及冷半模系统如图 22-8、图 22-9 所示。

3. 液压系统

液压系统主要为注塑机提供动力来源，诸如合模系统的开合模动作、注射座整体前后移动动作、保压和脱模等动作，其需要满足各部分压力、速率、温度等要求。

该系统主要由液压元件和液压辅助元件构成，以电机驱动液压泵和液压马达作为液压传动的主要动力源。同时，其他各种阀（如压力控制阀、流量控制阀、方向控制阀、电液比例控制阀等）控制液压油压力、流量、流动方向和导通断开，以及高精度接收信号行程系统的输出压力、流量和方向，从而满足注塑成型工艺的各种需求。

4. 电气控制系统

电气控制系统与液压控制系统相互配合，控制和调节压力、温度、速率、时间和各动作的顺序。

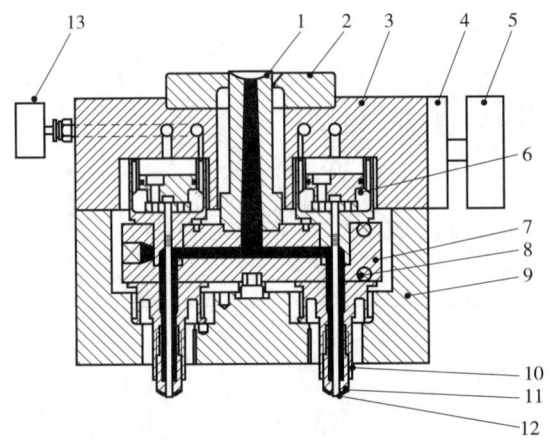

图 22-8 热流道系统示意图

1—浇口套;2—定位圈;3—热流道背板;4—接线盒;5—温度控制元件;6—阀针控制气缸;7—热流道板;
8—加热元件;9—热流道固定板;10—热喷嘴;11—隔热帽;12—阀针;13—针阀控制元件。

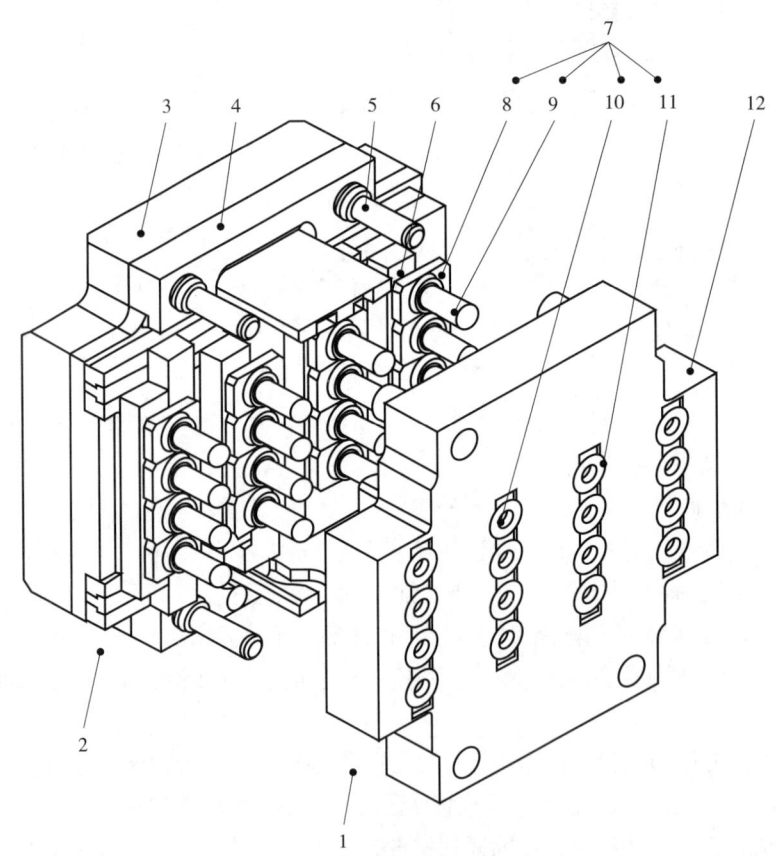

图 22-9 冷半模系统示意图

1—动模;2—模腔板组件;3—型芯板;4—推件板;5—导向机构;6—滑块;7—成型零件;
8—模唇;9—型芯;10—型腔;11—型腔底;12—型腔板。

电气控制系统主要包括电源、电子元件、仪表、加热器、传感器等,按其组成一般可分为温度控制、电动机控制系统和顺序控制器三部分。

(1) 温度控制　注塑的工艺过程中，料筒温度、喷嘴温度、模具温度以及油温的控制均十分重要，直接影响制品的质量。因此各个环节均有温度控制和检测部分，常用的温度检测元件有热电偶，用来检测料筒的温度。注塑机常用的温度控制调节形式有：开关控制式、比例控制式（P控制式）、比例微分控制式（PD控制式）和比例–微分–积分控制式（PID控制式）。

(2) 电动机控制系统　注塑机电动机常以液压泵作为负载，起动一般为直接起动或减压起动，对小容量电动机可直接起动，容量较大的电动机，为了不造成电网波动，需要考虑减压起动。对于注塑机生产厂来说，由于难以确定用户的变压器容量，故一般将11kW设为界限。减压起动方法较多，如电阻降压起动、电抗器降压起动、自耦变压器起动、星三角（Y-△）变换起动，注塑机中较为常用的是星三角变换起动。

(3) 顺序控制器　整个电气控制系统的核心，通过与液压系统配合，按照一定顺序完成工艺操作。饮料行业中大多数注塑机采用了可编程控制器，即可编程逻辑控制器（PLC）和微机系统，通过压力和位移传感器进行反馈控制。

5. 加热/冷却系统

加热/冷却系统与电气控制系统共同配合，实现注塑环节各部分的加温和重点部位的冷却控制和调节。以模具冷却部分为例，熔融的塑料注入模具内部，由于模温直接影响制品的冷却速率，造成制品的内应力、结晶与取向作用等的变化，所以需要严格控制模温及其冷却速率。一般通过控制冷却水管的粗细实现对冷却水流量控制、配合进出口冷却水温度的控制，实现在规定周期内完成模具冷却。这种冷却方式由于冷却水用量较大，所以一般配有冰水机、冷却塔。为确保冷却水管道长期使用而不结垢，还需要使用不含或含较少可溶性钙、镁化合物的软水。

6. 润滑系统

润滑系统主要为注塑机各种相对运动部分提供润滑，从而降低器件使用过程中的磨损，延长其使用寿命，如导柱机构、动模板、调模装置等。一般配合设备的保养手册，采用定期手动润滑或自动润滑。

7. 安全保护与监测系统

由于注塑机整个工作过程处于高温、高压及高速状态下，加之设备造价高、复杂，自动化程度和精度要求均较高，所以在设备设计时应充分考虑人机双重安全。安全保护与监测系统是用于保护人身安全、设备运行安全、模具安全和电气操作安全的装置，一般包括安全门、安全挡板、液压阀、限位开关、光电检测元件等。

监测系统主要是对温度监测、系统超载和工艺设备故障监测，进行异常报错和警示。

（二）吹塑成型设备

吹塑成型设备是指将瓶坯经过红外加热后，用压缩空气吹制拉伸成符合要求的瓶子的设备。饮料行业目前广泛应用的吹塑成型设备以PET瓶的吹制成型为主，瓶子按的灌装工艺一般分为热灌装瓶和冷灌装瓶两种，冷灌装瓶包括碳酸瓶、无菌瓶和水瓶。虽然以塑成型，设备多种多样，但基本结构类似，主要包括供坯系统、瓶坯加热系统、吹瓶系统及模具、辅机和封盖机等。

1. 供坯系统

供坯系统也称提升整列机，主要由倾倒斗、料斗、提升机、输送带、理坯机、入坯滑道等组成。其主要作用是将料斗中瓶坯提升到加热系统的入口处并进行排列整理，以便依靠瓶坯自身的形状特点，将其进行有序排列，使其呈一定顺序落入导轨，按吹瓶需求进行定向有序的瓶坯供给。未能落入导轨的瓶坯，通过回收输送带，重新输送到料斗，再进行下次提升整列。

2. 瓶坯加热系统

PET 瓶坯需要进行预热，将坯体部分加热到 90~120℃软化，使瓶坯具有高弹状态后才可进行吹制成型。瓶坯在加热炉中通过红外线高温灯管辐射加热。红外线加热炉主要由加热器、反射器和风扇组成，加热器即红外加热灯管，加热器的对面和底部一般会配备陶瓷反射器以提高辐射效率，同时配备风扇以便冷却瓶坯表面。此外，在瓶坯加热过程中，为了保持瓶口的形状，瓶口部分是不需要加热的，因此需要有配套的冷却装置对其进行冷却，颈部冷却系统带有热保护罩的水冷弧段配备在陶瓷反射器的上方，且在对面配备热保护罩，以防止瓶坯的颈部被加热，同时，在平衡期间，可使空气冷却瓶坯的螺纹及颈环部位。

3. 吹瓶系统及模具

吹瓶系统是吹瓶机中完成瓶子吹制和定型的系统。瓶坯完成加热后，瓶坯取送机械手装置将加热好的瓶坯输送到吹瓶回转运动件的模具腔中，输送完成后，模具腔关闭，拉伸杆开始轴向拉伸瓶坯，当瓶坯拉伸到一定长度后，开始施加低压空气进行预吹，使瓶坯与模具开始接触，接着施加高压空气进行吹制拉伸使瓶壁紧贴模具内壁，并通过冷却系统进行冷却，完成瓶子成型。最后通过取送瓶机械手装置将成型后的瓶子输送到其他工序中。双向拉伸吹塑模具结构如图 22-10 所示。

4. 辅机

辅机一般包括空压机、冰水机、模温机以及在线检测系统。

（1）空压机　PET 吹瓶领域中应用的空压机有低压和高压两种，低压空压机提供 700kPa 左右的压缩空气，用于提供吹瓶机各部位所需的工作气压。高压空压机提供 3000~40000kPa 的压缩空气，主要用于 PET 瓶生产时提供预吹和高压吹气所需的压缩气体。

（2）冰水机　冰水机主要用于模具、设备的冷却以及用于冷灌装瓶子的生产。在吹塑成型系统中，冰水机主要用于加热炉的冷却和油温机冷却。加热炉冷却的用途是对瓶坯口进行冷却，即瓶坯在加热吹瓶的过程中，加温炉的冷却板通过冷却水，实现对瓶坯口进行冷却，保证瓶坯在加热的过程中对瓶口的冷却保护，使瓶口不因受热而变形。冰水机用于模温机的目的是降温。

冰水机在冷灌装瓶子生产时主要用于对模腔及底模冷却，以便瓶子成型和脱模，同时保证瓶子容量精准性及瓶子应力稳定性等。

（3）模温机　模温机主要用于对模具加温，主要针对热灌装瓶，模具加温通过对模具加温到 130~150℃，在吹瓶时对瓶子进行高温结晶，使瓶子达到所需的结晶效果。瓶子的结晶度越高，耐热性就越好，可以保证瓶子在灌装饮料时的耐热性。

（4）视检系统　视检系统主要运用于高速生产的吹瓶设备，在高速生产的过程中对瓶子进行检查，进行不良品的剔除，防止不良的瓶子流通到饮料灌装线中，造成产品的质量问题。

5. 封盖机

塑料包装容器完成饮料灌装后，还需加盖密封，才能完成整个包装，因此，封盖机也是塑料包装制品设备不可或缺的一部分。在大型的自动化灌装生产线上，封盖机一般与灌装机联动，并且作为一体机型设计，从而缩短灌装至封盖的行程，使生产线结构

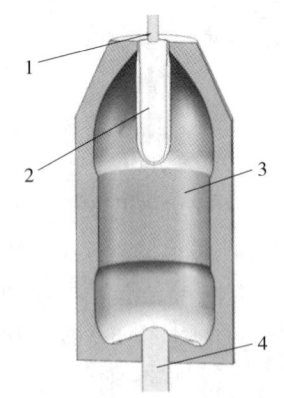

图 22-10　双向拉伸吹塑模具结构简图

1—拉伸杆；2—瓶坯；3—模具；4—底模拉伸杆。

更为紧凑。目前还开发出了自动吹瓶、灌装、封盖三合一的机型。无论作为灌装机的联动设备，还是独立驱动的自动封盖机，其结构及工作原理基本一致。封盖机一般包括瓶盖的输送机构、杀菌装置以及封盖装置、电控装置等。

常用的饮料塑料包装容器，对应的盖型主要有皇冠盖、无预制螺纹的铝盖、带内螺纹的塑料旋盖等，后两种均带"防盗环"，俗称防盗盖。皇冠盖一般用于灌装含气饮料的玻璃瓶，在封盖机上进行压封。塑料瓶由于其刚性差，不适于皇冠盖压封，一般采用防盗盖在封盖机上进行旋合式封盖。根据盖型的不同，封盖方式可分为压盖式和旋合式，现在旋合式封盖用得较多。

封盖机的结构如图 22-11 所示，主要由中心旋转主轴与 6 个由它驱动的封盖头构成。封盖头回转时按凸轮槽规定的轨迹上下移动，完成封盖动作。封盖头可拆换，封合皇冠盖时使用压盖头；封合防盗盖时可换上旋盖头。封盖头的高低可由升降装置调整，以适应不同规格的瓶高。

旋合式封盖是对螺纹口或卡口容器用预制好的带螺纹或带突牙的盖子，经专用机械旋合而完成容器口密封的一种封口形式，广泛用于玻璃瓶及塑料瓶口的封合。这种封口具有启封方便和启封后可再盖封的优点，滚纹式旋盖机构如图 22-12 所示。其旋盖过程为：首先，瓶盖经过理盖器定向排列后滑落至配盖头，套于瓶口上；然后，瓶口托圈受支承，旋盖头下降，中心压头压紧瓶盖顶部，使顶部缩颈变形，挤压胶层密封瓶口；最后，螺纹滚轮绕瓶口旋转，并作径向切入运动，使瓶盖沿瓶口螺旋槽形成配合的螺纹沟。同时，折边滚轮也作旋转切入运动，使瓶盖底边沿瓶颈凸肩周向旋压，形成"防盗环"。

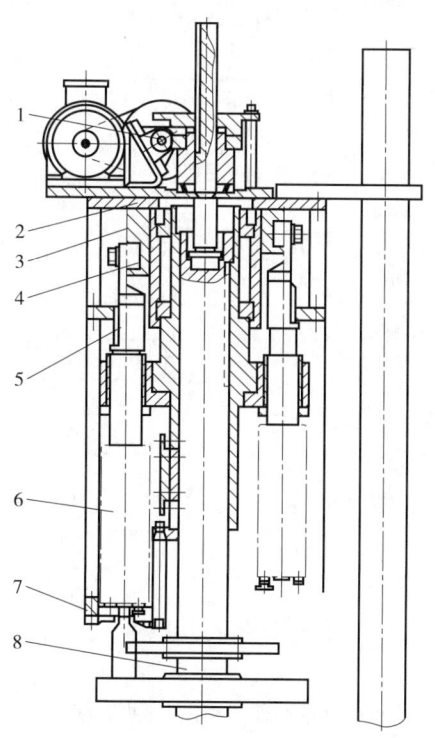

图 22-11 封盖机结构示意图

1—升降装置；2—支架；3—环形凸轮；
4—滚子；5—行星机构；6—封盖头；
7—定位托盘；8—主轴。

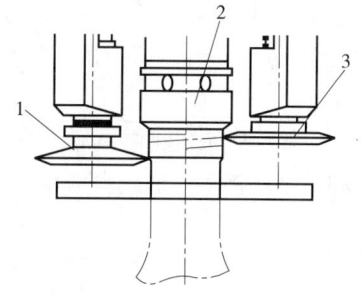

图 22-12 滚纹式旋盖机构示意图

1—折边滚轮；2—中心压头；3—螺纹滚轮。

第二节　金属罐成型工艺与设备

金属包装罐按罐体结构可分为三片罐和两片罐。三片罐主要用于灌装凉茶、蛋白饮料、八宝粥等，两片罐主要用于灌装碳酸饮料、啤酒等含气内容物。三片罐使用的材料多为镀锡薄钢板，两片罐使用的材料多为铝合金板材。

一、金属罐成型工艺

（一）三片罐成型工艺

三片罐主要由罐身、罐底和罐盖组成，因此其成型工艺可分为罐身成型、罐盖和罐底成型。普通三片罐成型工艺流程如图22-13所示。

1. 罐身成型工艺

三片罐根据罐身加工方法，可分为锡焊罐、电阻焊罐和黏接罐、卷接罐四类。

（1）锡焊罐　锡焊罐罐身成型工艺流程为：镀锡薄钢板→切板→弯曲→切角和切缺→端折→成圆→涂焊药→钩合→踏平→涂焊药→锡焊→焊处揩锡→冷却→翻边。

切板：用剪板机把大张的薄钢板按图纸要求的尺寸切成小块的长方形薄板。通常该长方形薄板的宽度为（h+3.5）mm±0.05mm，长度为[$\pi(d+t)+l$] mm±0.05mm，其中h为空罐外高，d为空罐内径，t为薄钢板厚度，l为三层折边总宽度。

切角和切缺：在长方形薄板的一端切去上下两个角，另一端的对应处则切出上下两缺口。切角与缺口的作用是减少罐身接缝上下两端钩合铁皮的层数和厚度，以利于翻边和封罐。

端折：通常用端折机将长方形薄板的两端分别向正、反面折成钩形，以利于罐身合缝成圆时能够相互钩接。两端端折的角度和宽度应均匀一致，端折角应为35°~45°，端折宽度应为2.3~2.8mm。

图22-13　普通三片罐成型工艺流程

成圆：一般用成圆机将端折后的长方形薄板卷成圆筒形。

钩合和踏平：将圆筒形罐身两端的端折相互钩合，然后用踏平机将其压平，形成稳固的锁匙接缝。

锡焊：钩合踏平后的罐身接缝必须进行密封，锡焊是实现接缝密封的一种焊接方式。因此应在罐身钩合前和踏平后分别在端折折口处涂以焊药，以便锡焊顺利进行。

翻边：为了使罐身与罐盖、罐底能够密封，必须对圆筒形罐身的上下边缘进行翻边处理。翻边应无开裂现象，而且必须均匀整齐。翻边完成后，罐身制造完成。

锡焊罐制罐工艺在特定时间内对食品包装发挥了巨大的作用，但由于锡焊中含有铅、锡等重金属，易对罐体内容物造成严重污染，随着制罐工艺技术的创新，自20世纪70年代以来，锡焊制罐工艺已基本被电阻焊制罐工艺所淘汰。

（2）电阻焊制罐（熔焊罐或缝焊罐） 电阻焊制罐工艺是目前应用最普遍的制罐工艺，是将待焊接的两层金属薄板置于连续转动的两滚轮电极之间通电并加压，由于两金属薄板间的电阻较大而产生约1200℃的高温，使金属表面接近熔化状态，在两电极滚轮压力作用下实现焊接而形成连续、均匀的焊缝。电阻焊原理如图22-14所示。

电阻焊制罐的罐身成型工艺流程为：

薄钢板→ 切板 → 弯曲成圆 → 搭接定位 → 电阻焊焊接 → 补涂 → 烘干 → 翻边 → 压筋 → 缩颈 。

切板：将印刷好的铁皮进行单片精确裁切，裁切误差不可过大，否则会影响后续加工。

弯曲成圆：也称翻边，对已裁切好的铁皮进行三边弯折，便于其与盖底搭接封口。此工序需要确保翻边大小，便于封口工序作业；同时需要保证翻边方向与轧制方向一致，如图22-15所示。

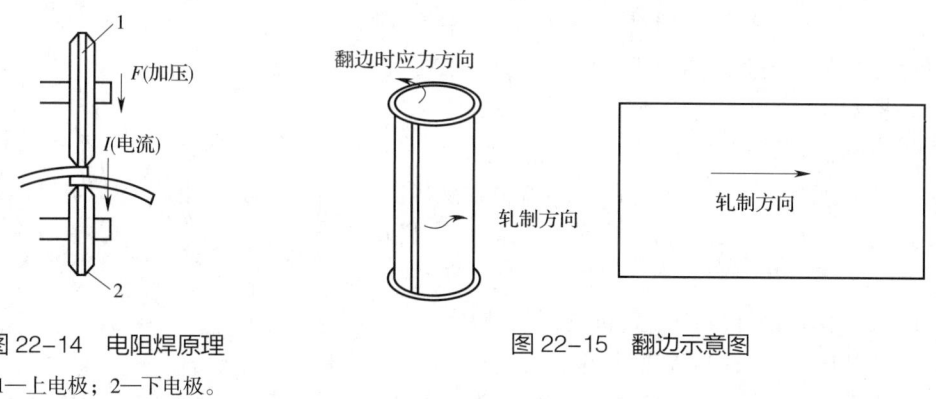

图22-14　电阻焊原理

1—上电极；2—下电极。

图22-15　翻边示意图

搭接定位：为便于两段薄钢板准确搭接定位，一般在焊接前会有Z形杆引导罐体在搭接部位对接定位。

电阻焊焊接：在整个三片罐成型过程中，边缝焊接是重要控制点，直接影响制品的品质。

补涂：也叫焊缝补涂，主要是对罐身焊缝位置进行补涂，防止内容物受到污染或焊缝被腐蚀。补涂依据涂料的类型可分为液体补涂和粉末补涂两种。内补涂通常使用粉末涂料进行补涂，外补涂通常使用液体涂料进行补涂。

压筋：随着三片罐的轻量化发展，罐身厚度也逐渐变薄，为提高制品的强度，可在罐体上设计一些加强筋，因此有些罐体需进行滚筋步骤来满足强度要求。

与锡焊相比，电阻焊具有以下优点：不含锡、铅等重金属；焊缝的密封性好；焊缝重叠度小从而省料；焊缝厚度薄，有利于罐身翻边和封口。由此可见，电阻焊制罐工艺取代锡焊制罐工艺是必然的发展趋势。

（3）黏接罐　黏接罐是以黏接剂（热塑性塑料——尼龙）黏接罐身纵缝，并以非镀锡钢板为罐身材料制成的一种三片罐。其制造工艺流程为：

薄钢板→ 切板 → 预热涂黏接剂 → 切角与切缺 → 成圆对接 → 加热冲压黏接 → 速冷固化 → 翻边 。

黏接罐罐身纵缝的黏接工艺分为黏接剂压合法和黏接剂层合法，目前用的较多的是黏接剂压合法。黏接剂压合法是在薄钢板的两端涂上约5mm宽的黏接剂，罐身成圆时将涂有黏接剂的两端重合，并将重合部分加热到260℃，然后充分压紧，使接合处的黏接剂固化，再冷却。

与锡焊罐相比，黏接罐有以下优点：黏接罐使用的罐身材料是焊接性能略差的无锡薄钢板，原料价格较低，具有成本优势；接缝不用锡焊，不会造成内容物的重金属污染；生产工艺较简单，耗能少，但其耐水性和耐热性较差。

（4）卷接罐　卷接罐罐身制造工艺与锡焊罐相比，减少了锡焊焊接工艺，圆筒形罐身经过踏平后直接翻边，其工艺流程为：

薄钢板→切板→切角与切缺→卷边→端折（成钩）→成圆→平压（踏平）→翻边。

由于卷接罐罐身未经过锡焊、电阻焊、黏接等高强度密封工艺，其只能用作对密封性要求不高的通用罐。

2. 罐盖和罐底成型工艺

（1）罐底　罐底制造的工艺流程为：

板料→切板→涂油→冲底盖→圆边→涂胶→烘干。

切板：板料利用波形切板机切成波形板，该切板方式可最大程度地利用板料，使冲盖后留下的边角料达到最小，从而降低成本。

冲底盖：把波形板放入冲床的进料器中，让其自动冲成一定形状尺寸的罐底盖。罐底盖通常会冲出凸筋或蛇眼状波纹，称为膨胀圈，其作用是提高底盖的弹性和强度，保护罐身与底盖连接的密封结构。

圆边：冲床冲出来的底盖直接进入圆边机（圆盖机），圆边机把底盖边缘向内卷起，该向内卷起结构称为圆边。圆边结构为和罐身的翻边结构进行卷边密封做准备。

涂胶和烘干：为了使后续罐身和罐底的卷边结构能够密封，必须在圆边内侧注入封口胶，然后在烘干机中烘干和硫化。

（2）罐盖　罐盖有切开盖和易开盖之分，切开盖的制造工艺与罐底盖的制造工艺相同，易开盖需在底盖制造工艺的基础上加入铆钉、刻痕和拉环等结构，易开盖的制造工艺流程为：

板料→切板→涂油→冲盖→凸泡成型→铆钉扣状成型→加强筋→刻痕→拉环铆合→圆边→涂胶→烘干。

罐盖成型过程如图22-16所示。

（二）两片罐成型工艺

目前饮料常用的两片罐主要为铝合金薄板材，同三片罐相比，具有密封和阻隔性好、美观、生产速率快、工艺简单、壁薄且整体成型、节省材料等优点。

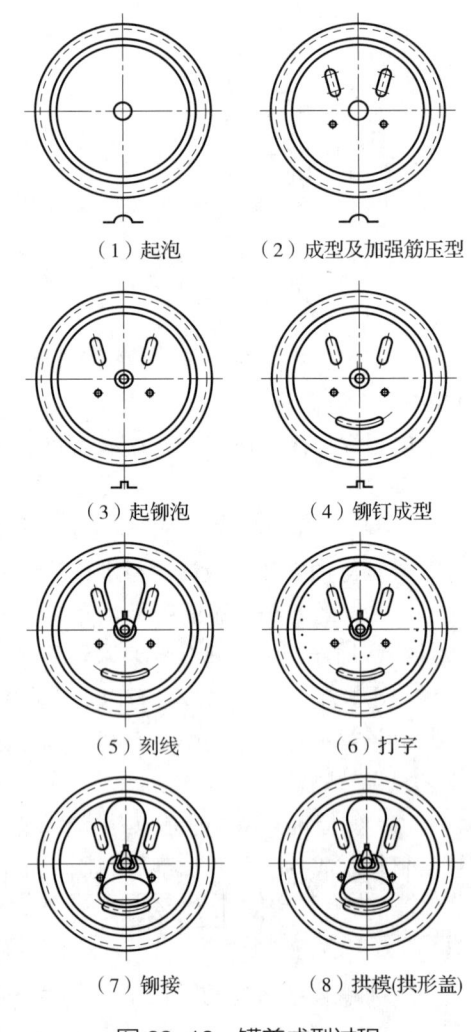

图22-16　罐盖成型过程
（1）起泡　（2）成型及加强筋压型　（3）起铆泡　（4）铆钉成型　（5）刻线　（6）打字　（7）铆接　（8）拱模(拱形盖)

但对材料性能、制罐水平、设备能力等要求更高。两片罐由于罐体薄、强度差，主要应用于啤酒、碳酸饮料以及其他含气饮料的包装，通过内容物充气，提升内压弥补其薄壁的刚性，从而提高产品整体的强度。

两片罐是利用冲床的拉伸成型模具，使金属薄板经拉伸压延变形成为带底罐身的一种包装容器。根据制罐材料的不同，两片罐可分为铝质罐和钢质罐；根据带底罐身成型方法的不同，两片罐可分为变薄拉伸罐、浅拉伸罐和深拉伸罐。市面上应用最广的两片罐是铝质变薄拉伸两片罐。

两片罐的罐盖制造工艺、原理等均与三片罐一致，而两片罐的罐底与罐身是有机的统一体，制造时罐底与罐身同时完成，可以统称为罐身。以下只介绍两片罐的罐身制造工艺。

1. 变薄拉伸罐

变薄拉伸罐成型工艺流程为：

板料（卷料展开）→ 涂润滑油 → 冲杯（即下料和预拉伸）→ 多次变薄拉伸 → 修切 → 清洗 → 烘干 → 罐外印刷 → 涂内壁 → 缩颈翻边。

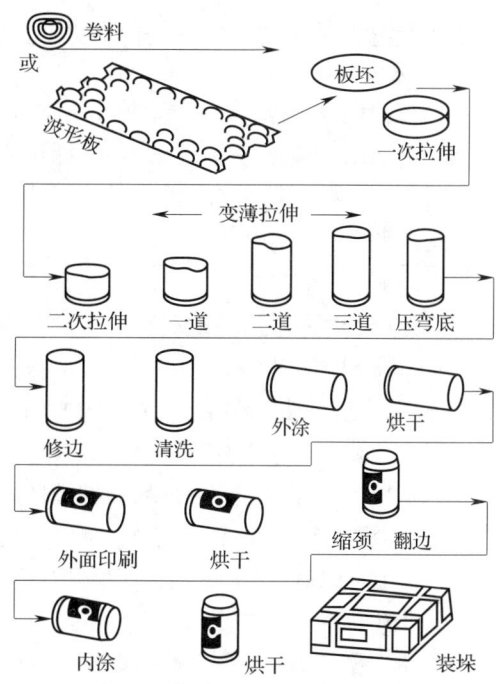

图22-17 变薄拉伸罐成型工艺流程

工艺流程如图22-17所示。

变薄拉伸罐主要是依靠铝材良好的延展和拉伸性能，实现罐体成型，该工艺使用冲床和模具完成铝板坯料拉薄成型，加工前板料厚度在0.3~0.4mm，加工后罐身被拉薄至0.10~0.14mm，而罐底在整个过程中变化不大，保持原有的厚度。

（1）冲杯　板料被冲切拉伸成较矮的杯坯，此时杯身相比原板料略有变厚。

（2）变薄拉伸　经过冲杯形成的杯坯，连续经过数次变薄拉伸后形成规定的高度和厚度。

（3）修切　由于经过变薄拉伸的罐身端部一般都不均匀，所以必须经过修切等工序从而使罐身端部均匀一致。

（4）清洗　由于罐身成型工艺中使用了大量的润滑油，必须经过清洗以达到除去这些润滑油的目的。然后才可以进行后续的印刷、喷涂工序。

（5）罐外印刷　为了美观需要，可以在罐身外表面完成各种色彩的印刷，最后涂印上光漆，并进行烘干处理。

（6）涂内壁　根据罐体内容物的性质，选择合适的内涂料，喷涂于罐内壁，并进行烘干处理。

（7）缩颈翻边　缩颈翻边是把罐身开口端的直径缩小并进行翻边处理。缩颈既美观又节省罐盖材料，翻边是为了更好地与罐盖的圆边结构进行卷边密封。

2. 浅拉伸罐

与变薄拉伸罐不同，浅拉伸罐不采用变薄拉伸工艺，其罐底与罐身壁厚度基本一致。由于浅拉伸罐的罐身只经过一次拉伸，其罐高与罐径之比一般小于1。浅拉伸罐罐身制造工艺流程为：

板料预先涂料或印刷 → 落料 → 拉伸 → 罐底成型 → 翻边 → 修边。

3. 深拉伸罐

与浅拉伸罐一样，深拉伸罐的罐底与罐身壁厚度基本一致，都保持原薄板厚度，具有壁厚均匀、强度大、刚性好等优点。由于深拉伸罐经过连续几次拉伸，罐身直径越来越小，罐身高度越来越高，故其罐高与罐径之比大于浅拉伸罐，一般都可以达到1.5：1。深拉伸罐的罐身制造工艺流程为：

落料 → 一次拉伸 → 再拉伸（可多次）→ 冲底成型 → 翻边 → 修边。

（三）两片罐与三片罐对比

两片罐和三片罐各具优缺点，在市场上相辅相成，各自占据半壁江山。由于两片罐与三片罐的制造工艺不同，必然会产生各种使用性能等方面的差异。

与三片罐相比，两片罐有以下优点：

（1）密封性能更好　两片罐的罐身是由铝合金薄板经拉伸冲拔等工艺直接成型，罐身无纵向接缝，罐身与罐底是有机整体，无需卷边封接，因此其密封性能较三片罐更好。

（2）节省原材料　由于变薄拉伸两片罐在罐身制造时受到拉伸，罐壁变薄，壁厚度比三片罐薄；而且两片罐是整体成型，没有罐身接缝，也没有罐身与罐底的卷边接缝，因此可节省原材料。

（3）造型美观　由于两片罐罐身无纵向接缝，因此罐身可以连续进行喷涂印刷，比三片罐更具美观性。

（4）生产效率高　由于两片罐只有两片部件，并且其罐身制造工艺简单，因此其生产效率比三片罐高。

与三片罐相比，两片罐也有不足之处：

（1）制罐材料性能要求高　两片罐罐身成型时需经过拉伸冲拔等高强度工艺，若罐身材料性能不佳，容易造成罐身缺口破裂等后果。而三片罐制造时无此高强度工序，因此两片罐的制罐材料性能要求较高。

（2）制罐技术、设备等要求高　正因为两片罐制造时需经拉伸冲拔等工艺，因此其对制罐技术、制罐设备和模具精度等均要求较高，从而造成生产成本升高。

二、金属罐成型设备

（一）三片罐成型设备

1. 罐身成型设备

电阻焊罐在饮料工业中应用最为广泛。电阻焊罐的罐身成型设备主要包括电阻焊缝机、剪板机、成圆机及翻边机等。

（1）电阻焊缝机　电阻焊缝机主要用于将罐身两端的薄钢板焊接并压成一体，其结构如图22-18（1）所示。

（2）剪板机　主要用于罐身薄钢板的裁切，可分为闸刀式和圆刀式两种，其中闸刀式有平口剪板机和斜刃剪板机两种；圆刀式剪板机如图22-18（2）所示。

（3）成圆机　成圆机是将折好并踏平的罐身坯料卷成圆筒形的设备，制作三片罐通常采用辊式成圆机，按三辊成圆法使罐身板坯卷曲成理想圆筒状，其工作原理如图22-18（3）所示。

（4）翻边机　为使罐身与罐盖、罐底密封，必须采用翻边机对圆筒形罐身的上下边缘进行翻边处理。翻边机设备结构如图22-19所示。

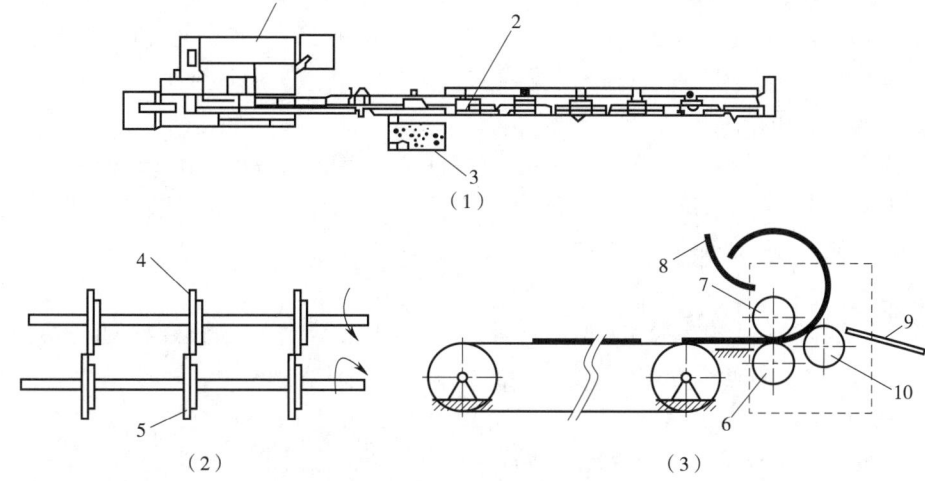

（1）电阻焊缝机 （2）剪板机 （3）成圆机

图 22-18　电阻焊缝机、剪切板及成圆机设备结构示意图

1—焊接；2—焊缝补涂烘干；3—控制台；4—上刀；5—下刀；6、7—上、下辊子；8—挡架；9—斜板；10—后辊。

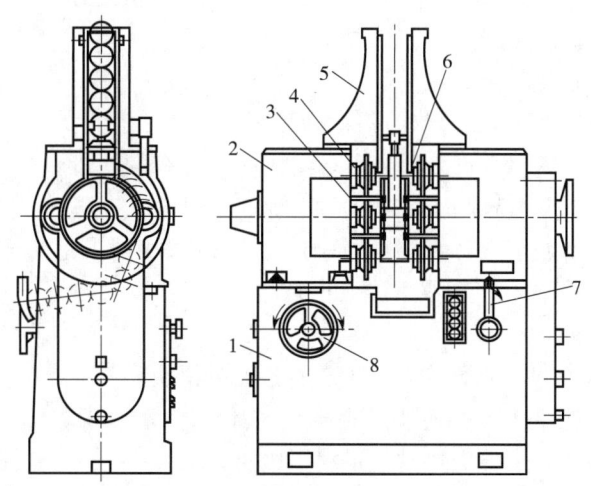

图 22-19　翻边机设备结构示意图

1—机座；2—驱动装置；3—翻边模；4—滑筒；5—进罐轨道；6—星形托罐轮；7—操纵手柄；8—传动装置。

2. 罐盖成型设备

（1）波形压力切板机　是将板材边缘冲成波形，使底盖形成交错排列（图 22-20），从而提高材料的利用率。

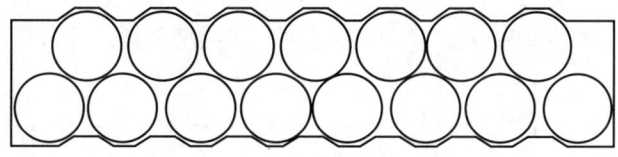

图 22-20　交错排列底盖示意图

（2）自动冲盖机和圆盖罐盖滚边机　自动冲盖机一般采用双冲头的模具，通过料盘和自动进给装置，送料至冲床完成冲盖，冲好的盖被盖抛掷装置送至下一步，废料通过废料排出辊排走。冲好的罐盖的边和面呈90°，为利于罐身封口，一般通过圆盖机进行滚边，即将盖边向盖面中心弯曲50°左右的角度。

（3）罐盖注胶机和烘干机　主要作用是向罐盖钩边位置注入液体密封胶，通过烘干和冷却固化，使其成为具有一定硬度和弹性的密封填充物存于卷边位置，与罐身卷边封口后，起到密封作用。罐盖注胶机一般有单头注胶机和四头注胶机两种。

3. 封罐机

封罐机主要作用是实现罐身和底盖的密封，一般采用二重卷边，将罐身翻边与涂有密封填料的罐盖（或罐底）内侧周边互相钩合，卷曲并压紧，实现容器密封，同时，罐盖（或罐底）内缘充填弹韧性密封胶，用于增强卷边封口气密性。

二重卷边封罐工作部件如图22-21所示。首先，托底板上升，将罐身与罐盖紧压在上压头下；然后头道滚轮和二道滚轮按先后顺序向罐身作径向运动，同时沿罐身和罐盖接合边缘作相对滚动，利用滚轮的沟槽轮廓形状使两者边缘弯曲变形，互相紧密地钩合。由于在罐盖的沟槽内预先涂有橡胶层，因此，当罐盖与罐身卷合时，涂层受挤压填充于盖钩与身钩之间形成密封层。

（二）两片罐成型设备

以饮料行业应用最广泛的变薄拉伸两片罐为例，一套完整的变薄拉深两片罐生产线由多台不同类型的设备组成，主要有翻卷机、润滑机、冲杯机、拉伸机、洗罐机、烘炉、底涂机、彩印机、底边涂机、内涂机、缩颈翻边机等。大部分设备与焊接三片罐相同，完成变薄拉深的关键设备是冲杯机和成型加工的配套模具。

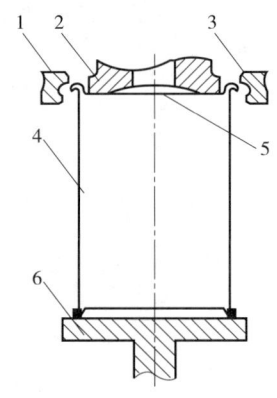

图22-21　二重卷边封罐工作部件示意图

1—头道卷边滚轮；2—压头；
3—二道卷边滚轮；4—罐身；
5—罐盖；6—托底板

1. 冲杯机及拉伸机

冲杯机是一个双滑块冲床，内滑块和冲杆相连，外滑块和落料、压边上模相连，外滑块相位角比内滑块提前60°。工作时由一个辊式喂料器把铝卷材准确进给到位，外滑块向下时压边模先压紧铝材，落料模向下实现落料，然后冲杆向下进行冲杯，冲杯完成后，冲杆中吹出压缩空气将杯脱模，吹向模具下的气流输送线，内外滑块向上完成整个循环。拉伸机又称罐体成型机，是一种双动作的卧式冲床，和主轴相连的凸轮推动顶杆，带动杯压紧系统运动。曲轴带动菱形机构，再带动冲杆向前实现拉伸、打底过程，并通过冲杆中吹出的压缩空气实现脱模。冲杯机和拉伸机设备结构如图22-22所示。

能否实现变薄拉深，模具是关键，不同成型加工的模具是不同的。现代制罐机多采用复合式制罐模具。该模具设计与制造要求较高，以便承受成型加工的冲击力和压应力，并保证加工质量和模具寿命。图22-23所示为冲切-冲压预拉深-再拉深复合模具的结构。该模具一次冲压加工能完成冲切、预拉深和再拉深。图22-24所示为变薄拉深-成型复合模具的结构。

2. 洗罐机

由于铝材在冲杯前进行了涂油润滑，所以变薄拉伸成型后必须在洗罐机中进行清洗。洗罐一般分为7个工艺过程：

预冲洗 → 预洗 → 酸洗 → 漂洗 → 表面成膜 → 漂洗 → 去离子水洗。

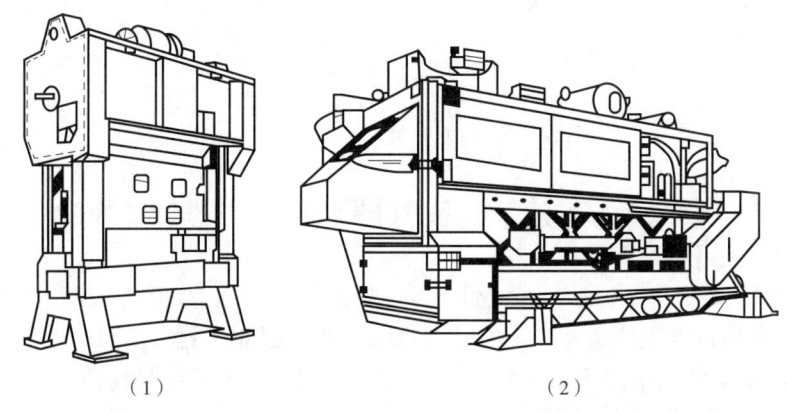

图 22-22 冲杯机（1）和拉伸机（2）设备结构示意图

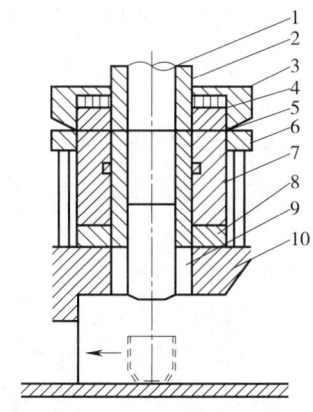

图 22-23 冲切－冲压预拉深－再拉深
复合模具结构示意图

1—再拉深凸模；2—预拉深凸模；3—冲切模；
4—压料环；5—板坯料；6—预拉深环；
7—预拉深模；8—再拉深模；
9—再拉深环；10—模座。

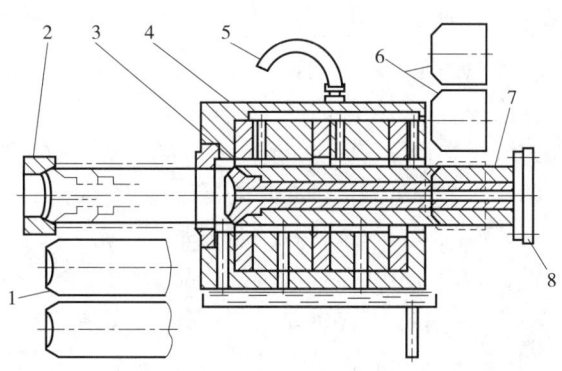

图 22-24 变薄拉深－成型复合模具结构示意图

1—成品；2—罐底成型模；3—变薄拉深环；4—模具壳体；
5—胶管；6—再拉深所得杯筒；7—冲头模；8—滑块。

3. 烘炉

烘炉主要用于洗罐后的烘干，一般采用旋风的涡流式设计，可以做到低温快速烘干，电机采用变频调速驱动，可以明显降低能源消耗。此外，罐彩印后和内涂后都需要用到烘炉进行烘干。

4. 缩颈翻边机

缩颈翻边机是用来对罐进行缩颈和翻边的设备。206 罐口缩颈需要经过 8 次，完成缩颈，202 罐口缩颈需要经过 13 次完成，每次缩颈罐口的变形量都不太大，这样可降低对罐的轴向抗压要求；翻边过程由一组圆弧形的辊子辊压罐口，形成翻边圆弧。

此外，两片罐的成型设备还包括底涂机、彩印机、底边涂机及内喷涂机等，其中底涂机的目的是在罐表面涂上一层白可丁涂料，使印刷到罐上的图案更加清晰；彩印机用于底涂后，在罐上印刷图案；底边涂机的作用是在罐底边涂上一层上光漆，在罐底部形成一层保护层，同时减小罐底的摩擦系数使其不容易倒罐；内喷涂机则用于在罐内表面涂上涂料，使灌装的内容物与罐内表面完全隔离。

第三节　复合包装容器成型工艺与设备

复合包装是指以两种或两种以上的材料，经过一次或多次干式复合工艺而组合在一起，形成具有一定功能性的包装。复合包装一般由基层、功能层和热封层组成。基层一般在外层，起到强度支撑和印刷装饰的作用，常用材料有纸基、双向拉伸聚丙烯薄膜（BOPP）、双向拉伸聚酯薄膜（BOPET）等，一般会根据产品的设计需求，在其表面进行某种工艺处理，如覆膜、上光、涂油等，以提高对基层图案的保护作用。功能层一般根据内容物的特性，提供防潮、阻氧、防紫外线等特殊需求，常用材料有铝箔、真空镀铝（VMPET）、乙烯 – 乙烯醇共聚物（EVOH）等。热封层会直接接触内容物，因而需要本身无毒、成分不易迁移，同时具备良好的热封性能，用于包装封口，如 PE、未拉伸聚丙烯薄膜（CPP）等。

饮料工业中常用的复合包装主要有利乐包、康美盒、屋顶包等。这些包装形式，和传统单层包装相比，可以提供更长的保质期，对于敏感饮料可以提供针对性的保护性能，同时配合不同灌装工艺，可以提供冷链包装和无菌包装形式。

无菌包装对包装材料的要求非常严格，需要考虑包材是否容易杀菌（是否会遗留死角）、杀菌液残留、封口的密封性、产品的保质期（产品经 UHT 杀菌后灌装）等因素。如利乐包和康美盒，一般需要经过 6 层纸、塑、铝及黏合剂的复合，应用于超高温瞬时杀菌的中性或酸性饮料中，确保最终产品常温下仓储、销售和一年的保质期。由于其可常温储存及具有超长保质期等优点，无菌包装一经引入，就在我国获得了迅猛的发展，广泛应用于饮料工业。

由于无菌包装灌装前需要对内容物进行超高温杀菌，对产品的风味颇有影响，屋顶盒采用纸、塑及黏合剂 4 层结构，去除了铝箔层，包装的阻隔性没有 6 层强，但内容物经过巴氏杀菌灌装，并在冷链的环境中仓储、物流、销售，口感和新鲜度有明显的提升。这种包装形式目前在冷链发达的一线、二线城市非常受消费者欢迎，同时结合国际趋势，"保鲜"这一概念也是未来饮料发展的趋势。此外，也有添加铝箔层的屋顶盒，可用于热灌装的果汁、果汁饮料和乳饮料等，常温条件下可实现 3~12 个月的保质期。

一、复合包装材料复合技术

复合包装材料的复合是指将各类包装基材复合在一起形成一个有机统一的复合结构，常用的复合技术有层合法、挤出涂布法和共挤出法。

（一）层合法

层合法是用黏合剂把两层及两层以上的基材黏合在一起从而形成复合材料。根据所用黏合剂不同，可将层合法分为湿法层合、干法层合和热熔层合，三种层合法的比较见表 22-1。湿法层合是指将液体状黏合剂添加到基材上与第二层基材黏结在一起，从而制得层合材料。湿法层合的黏合剂既可以是有机溶剂的，也可以是水基的。如果黏合剂是水基的，则必须有一种基材是吸水材料；如果黏合剂是有机溶剂的，则必须有一种基材的渗透性较强，以利于有机溶剂快速蒸发。干法层合是指将黏合剂添加到基材上后，先蒸发掉黏合剂有机溶剂，然后再将该层基材与另一层基材在加热的压辊间进行复合。干法层合的黏合剂通常是有机溶剂，如乙酸乙烯、丙烯酸酯等。热熔层合是指在加热加压条件下利用热熔黏合剂将两层或多层基材黏结形成层合材料的工艺。热熔黏合剂需要较高的温度和压力，使其以熔融状态使用，冷却固化后即黏合完成，蜡是常用的热熔黏合剂。

表 22-1　　三种层合法的比较

方法	黏合剂	溶剂	主要优缺点	基材（常用）	工艺特点与应用
湿法层合	乙酸乙烯乳液	水	便宜、不耐水和热	纸/纸（铝箔）	黏合牢度一般，无残留溶剂问题，所用基材受限制（主要是纸基，如纸、玻璃纸或PVA），用于一般包装
	丙烯酸酯乳液	水	可挠、有异味	纸/PET（PVC）	
	醋酸乙烯-乙烯共聚乳液（EVA乳液）	水	可挠、无味	纸/PVC［PET、聚苯乙烯（PS）］	
干法层合	乙酸乙烯溶液	乙酸乙烯	耐油，不耐水和热	铝箔	黏力大，耐高、低温，选材广且灵活。但生产率低，且有残留溶剂的污染问题，黏合剂易固化，常需随时调配。应用于高档包装
	氯乙烯溶液	乙酸乙烯 甲乙酮	耐油、水，不耐热	铝箔、PVC	
	聚氨酯溶液	乙酸乙烯 二氯甲烷	价格高、耐沸水	铝箔、PE、PP、PET	
热熔层合	蜡		卫生、不耐热	铝箔、纸	无残留溶剂及迁移问题，但不耐高温
	EVA		卫生、不耐热	铝箔、纸塑薄膜	

（二）挤出涂布法

挤出涂布法是指将熔融的涂布剂（热塑性塑料）从挤出机挤出，并涂布到移动的基材上的工艺方法。所用基材主要有纸、铝箔和塑料薄膜等，用于提供复合结构的机械强度；所用涂布剂主要有聚乙烯、聚丙烯和尼龙等，用于提供对气体、水汽和油脂的阻隔性。

（三）共挤出法

共挤出法是指用多台挤出机将两种或两种以上不同性能的塑料树脂同时挤进模具，然后吹胀或拉伸制成复合材料。由于共挤出法可以把不同包装功能的塑料树脂一步复合成型，从而显著降低包装材料的复合成本，因此共挤出法具有非常广阔的发展前景。

二、复合包装成型工艺及设备

（一）利乐包

辊式无菌包装即"卷式无菌包装"，因行业主导公司为利乐公司，又称"利乐包"，其复合材料结构为 PE 层/纸基层/PE 黏合层/铝箔/PE 黏合层/PE 层。利乐包的包材通常是以复合卷材形式为原料，提供给饮料生产厂家，在饮料生产灌装前进行杀菌，并在无菌条件下进行灌装、封合和成型，整个操作在利乐的无菌灌装设备上一次完成，然后进入喷码、装箱、堆垛等工序。

与其他包装形式相比，利乐包结构具有以下优越性：①卷材容易上卷，减轻作业人员工作强度；②卷材表面平整，有利于杀菌；③成型设备集杀菌、成型、灌装和封口为一体，自动化程度高，效率高；④卷材有利于节约仓储空间。

1. 利乐包成型原理

利乐包成型原理如图22-25所示，包材卷经过一系列的装置完成预折痕、贴内封条，送到无菌区进行表面双氧水杀菌、挤压、表面烘干后，再进行纵封加热、纵封封合，最后进入灌装区，灌装、预成型、横封、底角和顶角封合，完成包装的成型以及饮料的灌装。

2. 利乐包封合工艺

利乐包的结构如图22-26所示，封合先将复合包装材料封合为圆筒状，再进行横封及切合成型。

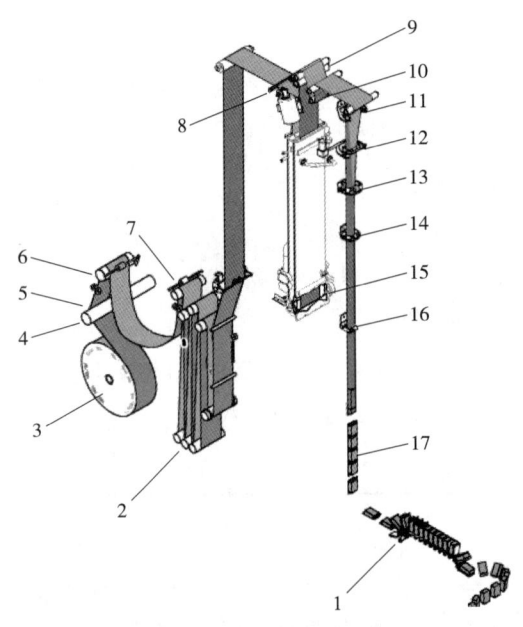

图22-25 利乐包成型原理

1—站链终端成型器；2—纸仓；3—包材卷；4—包材支架；5—活动接驳装置；6—后驱动装置；7—前驱动装置；8—无菌仓，橡皮密封包材入口；9—挤压滚轮；10—摆动滚轮；11—上部成型环；12—活动成型环；13—分开成型环；14—下部成型环；15—双氧水槽滚轮；16—纸管支撑环；17—夹爪内包装。

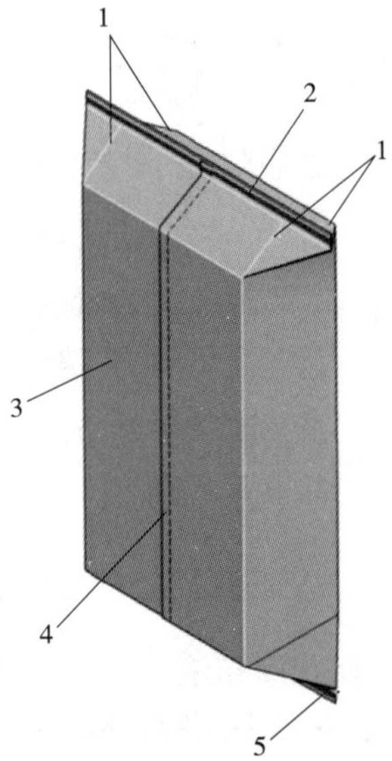

图22-26 利乐包结构示意图

1—顶部折痕线；2—顶部横封；3—包装背面；4—纵封；5—底部横封。

利乐包的纵封是通过在包材边缘黏附纵封贴条，并将包材的两边缘重叠，在加热和压力滚轮的作用下，使其边缘固定，如图22-27所示。横封则是通过电磁感应，使包装材料中的铝箔层加热，从而使内层的聚乙烯材料被加热黏合，其原理如图22-28所示。

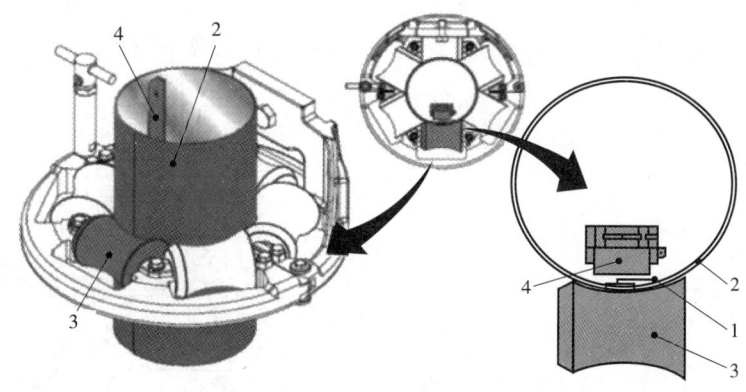

图 22-27 利乐包的纵封示意图

1—纵封贴条；2—包材；3—对压滚轮；4—压力滚轮。

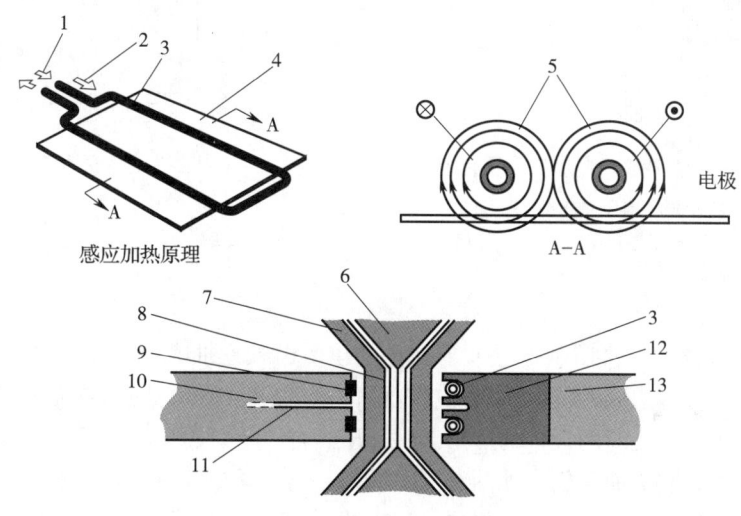

图 22-28 利乐包的横封示意图

1—冷却水；2—高频电流；3—感应线圈（铜管）；4—金属材料（铝箔）；
5—磁场；6—灌装物料；7—包装盒；8—包装盒（铝箔）；9—胶条；
10—切割爪；11—切刀；12—磁铁；13—压力爪。

3. 利乐的其他包装形式

除了传统的利乐砖包装外，利乐还有其他形式的包装，如利乐佳、利乐冠、利乐晶、利乐皇、利乐枕、利乐钻等，主要差别在于其包装独特的外形结构。

4. 利乐包成型设备

利乐包的成型与饮料的无菌灌装为一体式装备，即利乐包无菌灌装机，复合包装卷材在无菌灌装机上完成杀菌、封合及饮料无菌灌装。

（二）康美盒

坯式无菌包装即"片式无菌包装"，因行业主导公司为 SIG 康美，又称"康美盒"，其包材通常以预成型纸盒为原料，该纸盒在材料供应商处已完成表面印刷和在纸盒成型，即完成中缝黏接制成折叠式筒状纸盒，并以这种形式提供给饮料工厂，如图 22-29 所示，其中缝结构如图 22-30 所示。该包装主要由纸板、PE 层和铝箔层复合组成，以 1L 28g 康美盒为例，纸基占总重的75%，PE层占20%，铝箔层占5%。与其他复合包装相比，康美盒具有印刷精美，挺度好，展示效果优良等优点，与利乐包"反折角"不同，康美盒采用"平底内折角"的结构底部成型，外形更加美观。

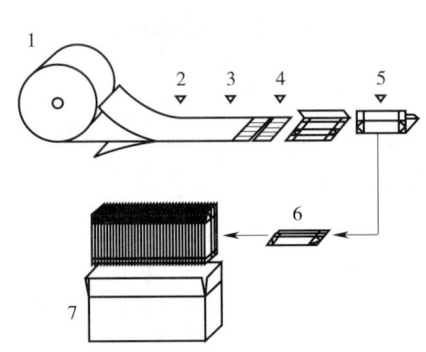

图22-29 康美预制纸盒生产工艺流程

1—纸板辊；2—涂层；3—印刷；4—按样板痕迹/折叠、切断；
5—纵封；6—成品纸盒；7—包装箱。

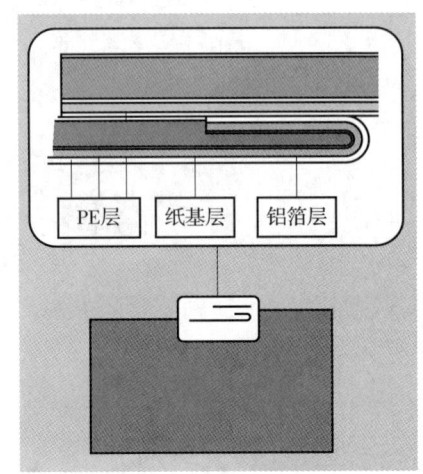

图22-30 康美盒中缝结构图

1. 康美盒成型过程

康美盒成型过程为：将预制纸盒放入纸盒仓里，由纸盒抽吸器逐个地抽出，打开形成无底、无盖的矩形，并推入成型杆上，用热空气活化密封基底地区，底部被旋转交叉折叠器和一个纵向折叠器所折叠，用专门设计的压力部件加压封合，封口后盒底部呈微凹状，这样可以使纸盒装满产品后平稳直立而不倒，如图22-31所示。与利乐包的封口方式不同，康美盒灌装完成后，顶部采用超声波焊接装置进行封口，超声波焊接装置可以使纸盒的顶部正确折叠，同时在高频、高压作用下纸盒的PE熔化后被压紧，与纸板牢固地焊接在一起，使产品与外界空气隔绝。在焊接的同时机器会向纸盒内喷入蒸汽，以减少纸盒内的顶部空间。

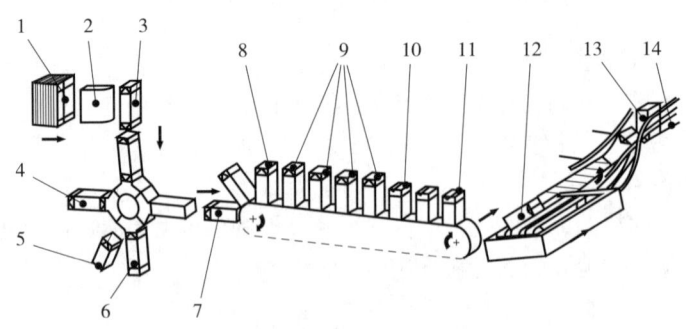

图22-31 康美盒成型过程

1—纸盒的推进；2—纸盒筒打开并送进；3—推纸盒入成型杆；4—底部活化；5—底部折叠；
6—底部加压密封；7—传输区；8—顶部预折叠；9—灭菌、干燥、灌装；10—顶部密封；
11—顶部成型；12—排包；13—传送到输出传送带，纸盒竖立；14—输出传送带。

2. 康美盒成型设备

康美盒的成型与饮料的无菌罐装为一体式设备，即康美盒无菌灌装设备，其成型及灌装过程如图 22-32 所示，关于灌装设备的详细介绍见本书第十九章。

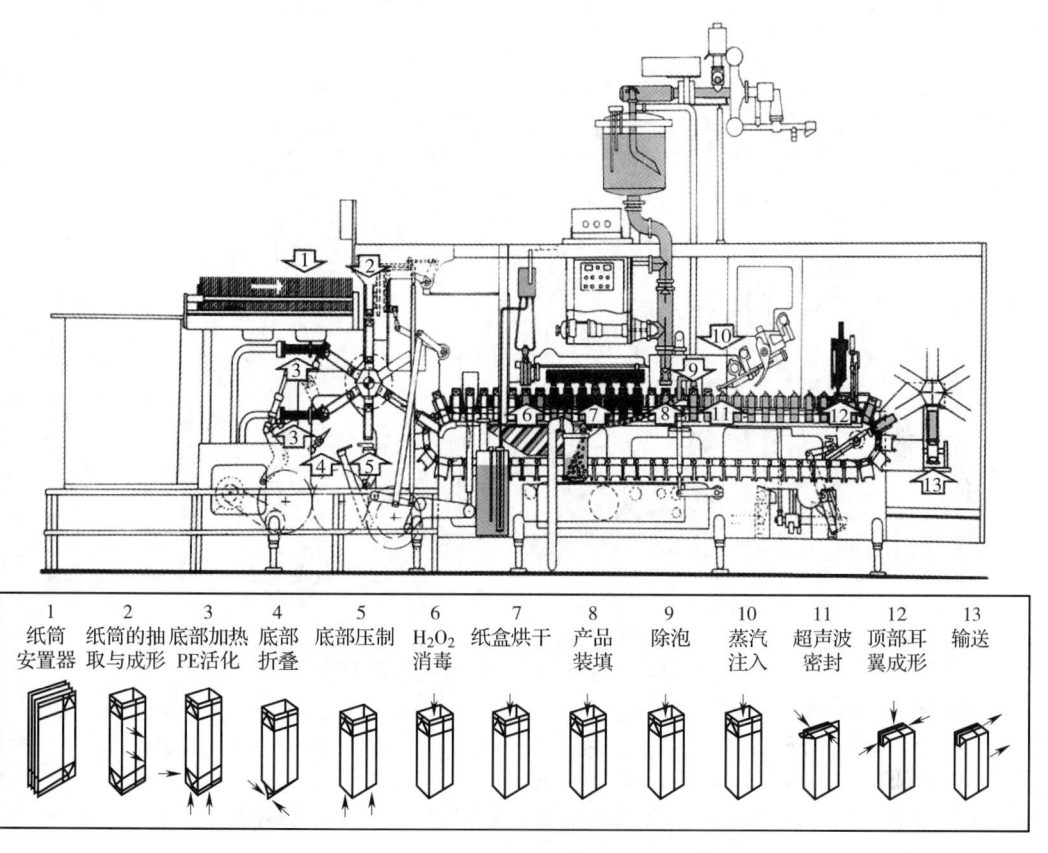

图 22-32　康美盒成型及灌装设备结构示意图

（三）屋顶包

屋顶包是纸塑复合纸盒包装的一种，与康美盒相似，一般由包材供应商完成表面印刷、折叠及纵封等工序，以折叠式筒状预成型纸盒的形式提供给饮料生产企业。这种纸塑复合材料一般有 4 层：印刷层 /PE/ 纸 /PE，各层主要是通过挤出涂布的方式复合。由于特殊的结构和材质设计，其具有阻氧、防止水分渗入和阻隔紫外线等特点，主要应用在牛乳、酸乳和高浓度果汁类产品，需要在冷链条件下运输和销售。

屋顶包主要以"新鲜"为卖点，内容物多采用巴氏杀菌工艺，在线完成纸盒的成型、饮料的灌装以及封合和包装，该包装具有外形突出、货架展示效果好、便于回收等特点。

与利乐包、康美盒相同，屋顶包的成型与灌装为一体机，其灌装工艺流程如图 22-33 所示，成型设备结构如图 22-34 所示。预成型纸盒从灌装设备的供盒筐架处填入，经过一系列的装置完成底部封合，通过卸盒器把纸盒从芯轴上卸到纸盒输送导轨上，并用三角形叶片对纸盒顶部进行预折，之后对表面双氧水杀菌、挤压、表面烘干后，通过灌装头将饮料灌装到纸盒，然后进行二次顶部预折后，进行顶部加热、顶封封合，从而完成屋顶包的成型。

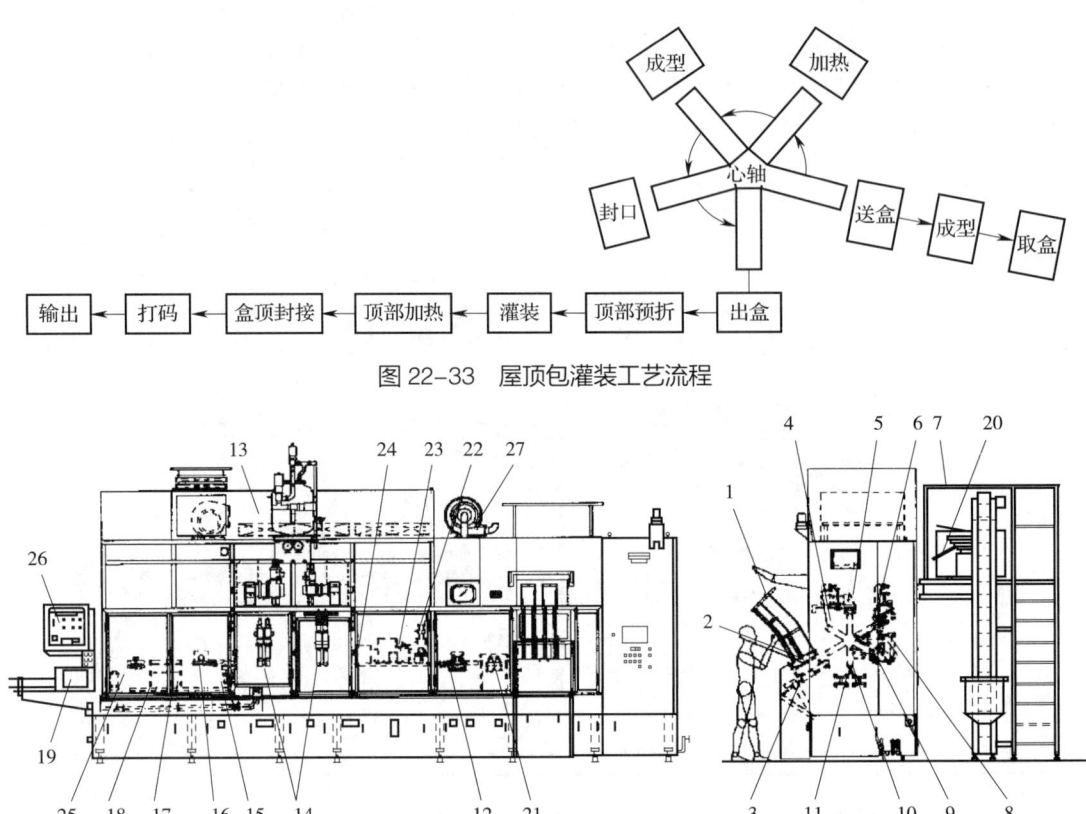

图 22-33 屋顶包灌装工艺流程

图 22-34 屋顶包成型设备结构示意图

1—供盒筐架；2—采盒器；3—推盒器；4—芯轴；5—底部加热器；6—底部打褶器；7—固定装置；8—打褶导轨；9—底部密封器；10—卸盒器；11—（纸盒）输送链；12—一次顶部打褶；13—高效过滤器（ULPA 装置）；14—灌装头；15—二次顶部打褶器；16—顶部加热器；17—一次顶部密封部；18—二次顶部密封部；19—排出部；20—口栓滑道；21—口栓密封装置；22~24—双氧水杀菌系统；25—日期烙印器；26—启停控制器；27—底部加热风机。

第四节 玻璃容器成型工艺及设备

玻璃容器具有透明、稳定性好、可以加热和回收等性能，一直以来是包装容器的重要组成部分，但随着近几年塑料容器在饮料行业的广泛应用，玻璃容器的消耗量明显下降，同时易碎、质量大、运输受限、容器形状单一等也是制约其发展的重要因素。但设备的更新换代及瓶罐轻量化的发展，也推动着玻璃容器科技进步，目前，市场上的啤酒、冷链乳、高浓度果汁或浓缩果汁等仍然采用玻璃容器包装。

一、玻璃瓶成型工艺

（一）工艺流程

玻璃瓶生产工艺主要包括原料预加工、配料、熔制、成型、热处理、二次加工等工艺（图 22-35）。

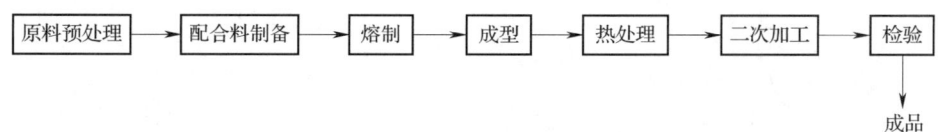

图 22-35 玻璃瓶生产工艺流程

（二）工艺要点

1. 原料预处理

将块状原料（石英砂、纯碱、石灰石等）粉碎，潮湿的原料进行干燥，含铁的原料进行除铁处理等，以保证玻璃的质量。

2. 配合料制备

将生产玻璃瓶所需的原料，按比例混合成具有一定水分、气体含量和均匀度的能高温熔制的配合料，该过程需要称量准确和严格控制，才能保证玻璃的质量。

3. 玻璃熔制

将配好的配合料放入池窑或坩埚窑内，进行高温加热，使配合料形成无气泡、无条纹且符合标准要求的均匀液态玻璃。一般玻璃的熔制温度为 1550～1600℃。

4. 成型

成型是将液态玻璃加工制成各种形状的玻璃瓶，其原理是玻璃在一定温度条件下具有可塑性并且冷却后可硬化。根据成型方式不同，可将其分为吹制法、压制法、吹－吹法和压－吹法等方式，目前常用的方法是吹－吹法和压－吹法。吹－吹法是先将熔融的液态玻璃料滴吹成雏形料泡，再装入成型模中吹制成瓶，由于雏形和瓶子都是吹制的，因此称为吹－吹法，如图 22-36 所示。吹－吹法主要用于生产细口瓶。压－吹法是先将熔融的液态玻璃料滴在雏形模中压制成瓶雏形，然后在成型模中吹制成瓶，由于雏形是压制的，瓶子是吹制成型的，所以称为压－吹法，如图 22-37 所示。压－吹法主要用于大口瓶和罐的生产。

5. 热处理

由于玻璃瓶在成型过程中，温度经过剧烈变化容易产生热应力，会降低玻璃瓶的机械强度和热稳定性。为了消除玻璃内部的热应力，玻璃瓶成型后需要经过退火、淬火等热处理工艺，其中退火工艺一般包括加热、保温、慢冷及快冷等步骤。

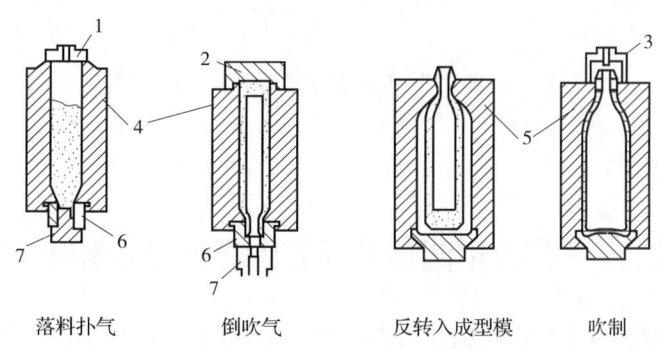

图 22-36 吹－吹法成型示意图

1—扑气头；2—闷头；3—吹气头；4—雏形模；5—成型模；6—口模；7—顶芯子。

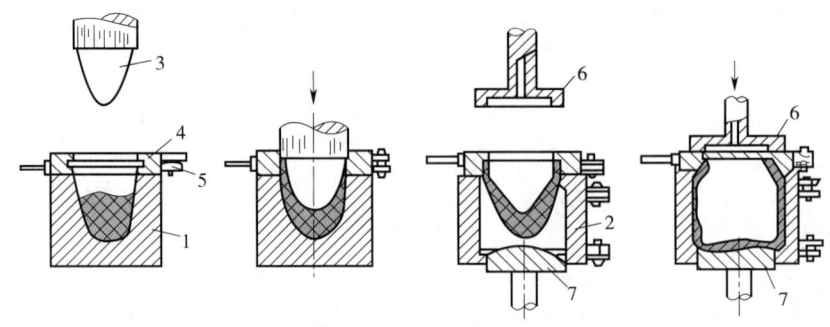

图 22-37　压 – 吹法成型广口瓶示意图

1—雏形模；2—成型模；3—冲头；4—口模；5—口模铰链；6—吹气头；7—模底。

6. 二次加工

大部分玻璃瓶在经过热处理后可直接使用，也有少部分玻璃瓶会根据不同的需要进行二次加工。常见的二次加工工序有瓶口烧光、表面涂层、研磨、抛光和印花等。

二、玻璃瓶成型设备

玻璃瓶成型设备一般包括窑炉、供料通道、制瓶机、在线检测系统，设备流程如图 22-38 所示。玻璃瓶的吹制过程与塑料吹瓶过程类似。

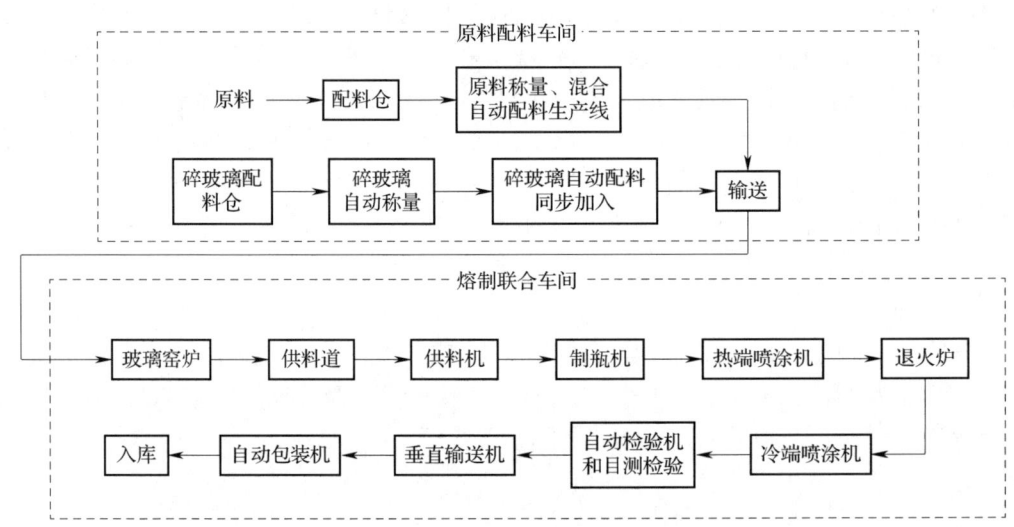

图 22-38　玻璃瓶成型设备流程图

[案例]　一步法和两步法 PET 吹瓶技术和产品分析

PET 吹瓶技术有两种基本成型方法，即一步法和两步法。一步法是在一台设备上，完成瓶坯和成品容器的生产，是连续的全自动操作过程。在一步法吹瓶机中同时含有两种模具 – 瓶坯注塑模具和吹瓶模具，成型过程如图 22-39 所示。两步法是指瓶坯和成品容器分别在两台设备上完成生产，一般由工厂制备成预制瓶坯后，再由饮料企业外购瓶坯，并在灌装线上完成吹制成型及饮料的灌装。一步法和两步法 PET 瓶吹瓶技术优缺点及瓶型对比如表 22-2 及表 22-3 所示。

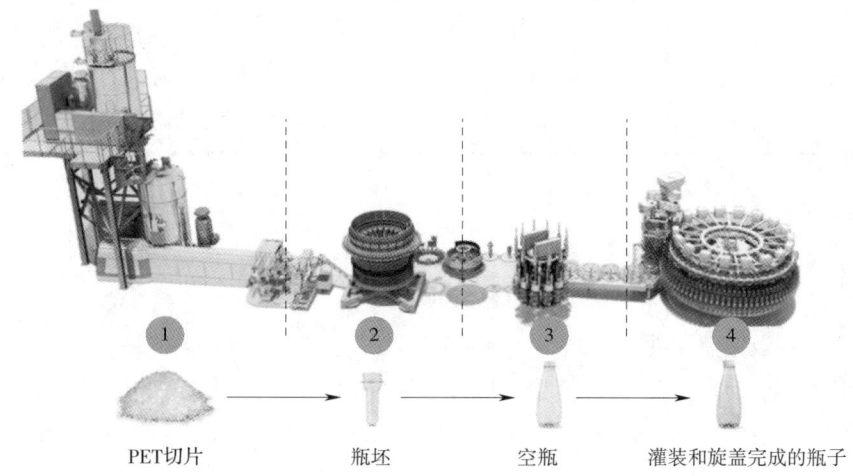

图 22-39　一步法 PET 瓶成型过程

表 22-2　一步法和两步法 PET 吹瓶技术优缺点对比

成型技术	优点	缺点	主要设备供应商
一步法	连续性强，从原材料（塑料颗粒）到完成成品容器生产的整个工艺过程中无任何间断 无需注塑机及相应厂房，无需瓶坯库房储存及冷却，一次性投入小 避免了瓶坯的冷却和再加热，减少热能损失降低能耗 一步完成瓶坯注塑及瓶子成型，降低瓶坯购买、运输及储存成本	生产速率慢，最大速度 30000 瓶/h 瓶子容量受到限制，一般最大到 2.5L 瓶型设计的自由度比较低 由于注塑吹瓶一体，因此不能轻易随时更换瓶型及不同容量（更换瓶型需要停机很长时间更换所需"适配件"）	SIPA（西帕）、ASB（日精）等
两步法	设备结构更紧凑，直接采用瓶坯在灌装线上即可完成吹塑成型及饮料的灌装过程 生产加工灵活性强，适用于多种瓶型及容量 吹瓶模具切换灵活且成本低 吹瓶灌装整线生产速率快，目前旋转吹瓶机速度可达 72000～84000 瓶/h（国际知名品牌）	瓶坯需要外购，需要瓶坯储存库房，增加瓶坯的运输及储存成本	Sidel（西得乐）、Krones（克朗斯）等

表 22-3　　　　　　　　　　　　　一步法和两步法瓶型对比

成型方式	特点
一步法瓶型	轻量化较差，如瓶口轻量化不灵活，瓶颈需要气刀，加热效果差，容易有冷料
两步法瓶型	瓶坯选择性高，瓶口可以联动行业整体优化、瓶底可以通过最先进的吹瓶机，如"瓶底冲压成型系统"等吹瓶设备革新，去挑战更轻量化的需求

思考题

1. 饮料 PET 瓶成型工艺有哪几种？简述其优缺点。
2. 简述饮料包装用金属两片罐和三片罐的成型工艺与主要设备。
3. 简述利乐包与康美盒成型工艺的区别及其优缺点。

参 考 文 献

[1] 成岳.水处理原理技术及应用［M］.北京：化学工业出版社，2021.
[2] 程方，邢国平，刘红斌，等.水处理与膜分离技术问答［M］.北京：化学工业出版社，2012.
[3] 崔波.饮料工艺学［M］.北京：科学出版社，2023.
[4] 方祖成，李冬生，汪超.食品工厂机械装备［M］.北京：中国质检出版社，2017.
[5] 冯敏.现代水处理技术［M］.2版.北京：化学工业出版社，2012.
[6] 高福成.食品工程全书（第一卷）［M］.北京：中国轻工业出版社，2004.
[7] 高彦祥.食品添加剂［M］.北京：中国轻工业出版社.2011.
[8] 黄成彦，等.中国硅藻土及其应用［M］.北京：科学出版社，1993.
[9] 李汴生，阮征.非热杀菌技术与应用［M］.北京：化学工业出版社，2004.
[10] 李汴生，阮征.化学与生物杀菌剂杀菌技术［M］.北京：化学工业出版社，2004.
[11] 李勇，刘冠卉，苏世彦.现代软饮料生产技术［M］.北京：化学工业出版社，2006.
[12] 凌关庭.食品添加剂手册［M］.北京：化学工业出版社.2013.
[13] 蒲彪，胡小松.饮料工艺学［M］.3版.北京：中国农业大学出版社，2016.
[14] 蒲云峰，张锐利，叶林.食品加工新技术与应用［M］.北京：中国原子能出版社，2019.
[15] 阮美娟，徐怀德.饮料工艺学［M］.北京：中国轻工业出版社，2013.
[16] 唐丽丽.食品机械与设备［M］.重庆：重庆大学出版社，2014.
[17] 田呈瑞，徐建国.软饮料工艺学［M］，北京：中国计量出版社，2005.
[18] 王喜忠，于才渊，周才君.喷雾干燥［M］.2版.喷雾干燥（第二版），2003.
[19] 夏文水.食品工艺学［M］.北京：中国轻工业出版社，2011.
[20] 杨红霞.饮料加工技术［M］.2版.重庆：重庆大学出版社，2023.
[21] 张国治.软饮料加工机械［M］.北京：化学工业出版社，2006.
[22] 中国饮料工业协会.饮料制作工［M］.北京：中国轻工业出版社，2010.
[23] 纵伟，张华，张丽华.食品科学概论．［M］.2版.北京：中国纺织出版社，2022.
[24] 艾莉.年产10万吨瓶装纯净水生产线设计［D］.广州：华南理工大学，2016.
[25] 鲍小丹，罗之纲，周泽业.国内外包装饮用水法规标准综述［J］.饮料工业，2019，22（3）：62-67.
[26] 北京协同创新食品科技有限公司.高压射流喷头、高压射流喷头模组及高压射流粉碎装置：CN201822004791.1［P］.2019-09-27.
[27] 北京协同创新食品科技有限公司.一种高压柱塞泵阀座及应用该阀座的高压柱塞泵：CN202023290630.7［P］.2020-12-31.
[28] 毕彩虹，杨坚.茶汤中茶乳酪现象的机理及其解决途径［J］.福建茶叶，2006（4）：22-23.

［29］蔡云龙.饮用水生物稳定性和管网水质污染指数的研究［D］.上海：同济大学，2006.

［30］蔡云升，刘建中.碳酸饮料生产中的碳酸混合机［J］.食品工业，1993（3）：16-18，15.

［31］曹霞敏，毕秀芳，李仁杰，等.超高压和热杀菌对草莓浊汁及清汁品质的影响［J］.高压物理学报，2014，28（5）：631-640.

［32］常慧敏，杨敬东，田少君.超声辅助木瓜蛋白酶改性对米糠蛋白溶解性和乳化性的影响［J］.中国油脂，2019，44（4）：35-40.

［33］常旋，徐春明，陈佳，等.抗氧化剂筛选复配及在咖啡饮料中的应用研究［J］.食品与发酵工业，2024，50（1）：148-154.

［34］车春波.沉淀法处理离子交换树脂再生废水的研究［J］.哈尔滨商业大学学报（自然科学版），2010，26（3）：291-294.

［35］陈彩锐，刘龙女，宋敏，等.瓶储存条件与乳制品感官品质相关性研究［J］.包装与食品机械，2017，35（4）：10-12.

［36］陈超，陶倩，柳琦.食品级过氧化氢在食品工业中的应用［J］.食品研究与开发，2018，39（12）：220-224.

［37］陈春明，周雪婉，方美珊.超声波对果肉汁饮料的均质效果研究［J］.广东化工，2011，（8）：39-40.

［38］陈红，赵美宁.屋顶盒灌装机底部成型机构的设计及仿真［J］.包装工程，2017，38（7）：164-168.

［39］陈红惠，沈清清.玉米须桔梗复合饮料加工工艺研究［J］.文山学院学报，2018，31（3）：28-31，39.

［40］陈洁，刘张虎，杨登想，等.绿茶饮料的低温萃取工艺研究及冷后浑控制［J］.食品科学，2012，33（4）：47-51.

［41］陈金定，高雅馨，高彦祥.超声波辅助提取与电渗析脱盐耦合技术对绿茶茶汤理化性质的影响［J］.食品工业科技，2021，42（12）：103-110.

［42］陈金定，高彦祥.不同茶饮料贮藏过程中品质的变化［J］.食品工业科技，2021，42（11）：281-289.

［43］陈金定，杨舒乔，高彦祥.液体饮料PET无菌灌装工艺与装备研发进展［J］.食品与机械，2021，37（5）：215-220.

［44］陈境钰.异形结构PET瓶坯注塑成型性能研究［D］.广州：华南理工大学，2021

［45］陈俊辉，陈诗妮.固体饮料标签常见问题分析及解决对策.食品安全导刊.2023（5）：148-150.

［46］陈箐清，吕慧侠，周建平.流化床干燥设备进展的研究［J］.机电信息，2009（8）：10-14.

［47］陈瑞瑞，谢婵媛，柴燃等.真空冷冻联合干燥技术在食品工业中的研究进展［J］.保鲜与加工，2023，23（3）：62-69.

［48］陈晓维，余元善，邹波，等.浓缩技术在茶叶中的应用及研究进展［J］.中国果菜，2022，42（2）：60-64.

［49］陈雪，李古阳，高超，等.不同干燥方式对海棠果果片品质的影响［J］.粮食与油脂，2022，35（6）：96-100.

［50］陈瑜杰，曹硕，乔青青.对于固体饮料、压片糖果及代用茶等食品生产的风险防控要点反思［J］.食品安全导刊，2023（25）：4-6.

［51］楚莉沙，黄莉莉，汪良峰，等.汽化过氧化氢灭菌研究现状与展望［J］.包装工程，2016，37（21）：145-151.

［52］丛林，朱静华.浅谈电解质饮料的功效和使用［J］.田径，2021（2）：84，82.

［53］丛懿洁，刘龙女，马蕊，等.HDPE瓶对乳酸菌饮料感官品质的影响研究［J］.食品工业科技，2016，37（10）：329-333，337.

［54］崔涛，宋卫生.基于抗压强度的饮料瓶拉伸吹塑工艺参数优化研究［J］.绿色包装，2024（1）：36-41.

［55］代卫东.碳酸饮料的生产设备研究［J］.技术与市场，2015，22（8）：206.

［56］代旸鑫，徐莹，毕爽，等.核桃粕蛋白提取纯化工艺优化及其功能性质分析［J］.食品工业科技，2023，44（2）：241-252.

［57］代忠波.茶饮料萃取技术研究现状［J］.饮料工业，2013，16（9）：39-45.

［58］邓朝魏.聚对苯二甲酸乙二醇酯（PET）注塑成型技术［J］.橡塑技术与装备，2023，49（12）：41-44.

［59］邓蔚，陈方毅.果啤的碳酸化［J］.广州食品工业科技，2000，（2）：4-5，13.

［60］无锡华工大光智能科技有限公司.一种胶囊咖啡填充封装机：CN20201003064.2［P］.2020-01-02.

［61］丁昱婵，秦令祥，赵俊芳，等.香菇木耳复合饮料配方优化及其品质分析研究［J］.保鲜与加工，2023，23（6）：27-33.

［62］董晶寅，易军鹏，李欣，等.微波真空冷冻干燥对酸菜风味的影响［J］.食品与发酵工业，2023，49（20）：51-58.

［63］董盼豪.桑葚酚类物质研究及全组分果汁研发［D］.南昌：南昌大学，2021.

［64］董世荣.浅谈果粒杀菌机［J］.中国高新技术企业，2011（3）：25-26.

［65］窦宏亮，李春美，郝菊芳，等.绿茶饮料贮藏期间主要生化成分和典型香气成分的变化及相关性研究［J］.茶叶科学，2008（3）：181-188.

［66］杜慧敏.浓缩乳清蛋白发酵乳制品的制备研究［D］.长沙：中南林业科技大学，2021.

［67］杜静，刘艺璇，王康.蛋白复合营养素固体饮料及其质量指标、保质期研究［J］.饮料工业，2023，26（5）：73-76.

［68］德清县家乐舒生物科技有限公司.一种双辊筒干燥机：CN202211485339.6［P］.2023-11-24.

［69］杜月皎，塔娜，杨晨辉，等.新兴饮用水消毒技术研究进展［J］.给水排水，2022，58（S1）：1083-1089.

［70］段颖颖，乜辉，陈禄文，等.UVC-LED过流式饮用水消毒装置的理论分析及光学模拟［J］.家电科技，2022（5）：58-60，75.

［71］樊莹润，孙宇，李榕川，等.响应面设计优化燕麦咖啡饮料工艺配方［J］.食品研究

与开发，2021，42（22）：131-136.

[72] 范学辉，张清安，刘梅，等.苦杏仁脱苦方法研究进展[J].食品工业科技，2014，35（7）：396-399.

[73] 范长军.一种新型气水混合技术在碳酸饮料生产中的应用研究[D].大连：大连工业大学，2013.

[74] 封雪，惠香，吕晓超.膜分离技术在食品发酵工业中的应用研究[J].食品安全导刊，2022（5）：150-152.

[75] 扶晓菲，邢倩倩，陈勇，等.蒸汽浸入式杀菌及保存条件对液态乳中糠醛类化合物含量的影响[J].食品安全质量检测学报，2023，12：242-249.

[76] 高亚峰，天然矿泉水与其他水的区别及其保健作用[J]，北京地质，2001，13（3）：44-45.

[77] 高郁林.液体灌装新技术——多功能无菌生产线[J].饮料工业，2021，24（5）：77-80.

[78] 弓志青，王文亮.固体饮料加工方法及性质研究进展[J].中国食物与营养，2011，17（12）：36-39.

[79] 谷怡静.海带生物脱腥及多糖提取、抗氧化应用[D].无锡：江南大学，2022.

[80] 顾晋禾，黄旭彬，王鹏，等.金属制罐工艺与机械设备发展现状[J].机电工程技术，2022，51（3）：10-16.

[81] 郭洁丽，陆胜民，邢建荣，等.大米饮料的稳定性研究[J].食品与机械，2015，31（1）：212-216.

[82] 韩在祺，昌盛，冯波，等.苦瓜咖啡饮料的研制及其减肥功能的研究[J].吉林医药学院学报，2019，40（1）：9-12.

[83] 何易雯，王志勇，吴泽宇，等.超高压处理对猕猴桃汁叶绿素保留率的影响[J].包装与食品机械，2018，36（6）：7-9，49.

[84] 何玉兰，王斌，潘力.黑曲霉酸性果胶裂解酶的高效表达及其在果汁澄清中的应用[J].食品科学，2019，40（18）：83-88.

[85] 贺雅飞，潘玉昆.玻璃瓶成型过程热工控制技术的发展[J].玻璃与搪瓷，2003（4）：51-53.

[86] 呼春雪，冯志华，刘良先，等.PET瓶吹塑成型研究进展[J].现代塑料加工应用，2020，32（1）：61-63.

[87] 胡春梅，吕琪，王蕾，等.大学生能量饮料饮用与感觉寻求关系[J].中国公共卫生，2019，35（11）：1575-1578.

[88] 胡春梅，漆沫沙，肖前国.大学生能量饮料饮用现状及影响因素分析[J].中国学校卫生，2019，40（4）：519-522.

[89] 胡斐.PET瓶双轴向拉伸吹塑成型技术[D].广州：华南理工大学，2020.

[90] 胡青春，胡斐，姜晓平，等.双轴向拉伸吹塑成型技术原理和实验研究[J].塑料工业，2020，48（2）：82-87，91.

[91] 胡瑞云，沈石妍，李艳芳，等.离子交换树脂再生方法的优化[J].中国糖料，2017，39（5）：20-22，29.

［92］胡少芳.饮料包装材料及其发展新趋势［J］.中国食品工业，2005（5）：32-33.

［93］胡雄飞.绿茶浓缩汁沉淀调控技术研究［D］.杭州：浙江工商大学，2015.

［94］黄磊，候吉超，朴春红，等.响应面法优化酶法制备全豆豆浆工艺［J］.食品研究与开发，2019，40（23）：122-126.

［95］黄丽，黄素君，黄澳，等.高压射流磨制备全谷物浓浆饮品的研究［J］.粮食与食品工业，2022，29（1）：15-21.

［96］黄倩.饮用天然矿泉水与人体健康［J］.四川地质学报，2023，43（2）：382-384.

［97］黄素君，王月茹，邓莉萍，等.高压射流磨处理对燕麦浆稳定性的影响［J］.食品与机械，2021，37（7）：1-6，240.

［98］黄素君.全谷物饮品的稳定性研究及产品开发［D］.南昌：南昌大学，2021

［99］江地.洁净和超洁净无菌灌装工艺设备和灌装流程应用HACCP方法的浅析［J］.饮料工业，2008（7）：35-38.

［100］姜红，张坤生，任云霞.番茄各部位和番茄酱中番茄红素提取效果比较［J］.食品研究与开发，2009，30（5）：63-66.

［101］姜冶.真空冷冻干燥绿豆全粉固体饮料加工工艺研究［D］.长春：吉林农业大学，2017.

［102］金伟，平雪良，吉祥，等.高压脉冲电场杀菌系统的研究进展［J］.食品与机械.2012，28（1）：247-249，258.

［103］金小华.饮料包装发展现状及存在问题［J］.包装世界，2007（3）：30-31.

［104］金玥，万千慧，梁天辉，等.我国饮料包装行业的现状及发展趋势［J］.轻工科技，2019，35（2）：29-30.

［105］金哲雄.高压脉冲电场常温快速提取动植物成分工艺及机理研究［D］.长春：吉林大学，2007.

［106］靳春秋.不同稳定剂对椰子饮料稳定性及耐酸性影响［J］.食品工业，2023，44（4）：78-82.

［107］巨浩羽，赵海燕，张卫鹏，等.相对湿度对胡萝卜热风干燥过程中热质传递特性的影响［J］.农业工程学报，2021，37（5）：295-302.

［108］赖芳华.固体饮料、压片糖果及代用茶等食品的生产风险防控要点［J］.中国标准化，2021（8）：77-81.

［109］赖婷，叶淑贞.饮料标签的常见不合格问题解析［J］.食品安全导刊，2023（22）：140-142

［110］郎双梅，许志颖，崔晓，等.喷雾干燥法制备芒果风味固体饮料的工艺研究［J］.饮料工业，2022，25（5）：30-34.

［111］李德灵，林锦铭，陈海平，等.连续动态逆流提取对香菇多糖抗氧化活性的影响［J］.包装与食品机械，2021，39（3）：35-40.

［112］李国.热灌装瓶用聚丙烯树脂的研制开发［D］.北京：北京化工大学，2012.

［113］李建辉，苗苗.低氧运动及电解质饮料补充对血浆容量和体温的影响［J］.体育科技，2019，40（4）：20-21.

［114］李建辉.低氧训练中糖——电解质饮料补充对血清CK活性的影响［J］.体育科技，

2018, 39 (1): 13-14.

[115] 李洁, 董昕阳, 冯瑛, 等.液体茶饮料品质研究进展及发展展望 [J].中国茶叶加工, 2018 (2): 23-27, 30.

[116] 李锦利.花生乳饮料干法生产工艺研究 [J].中国乳品工业, 2016, 44 (7): 60-64.

[117] 李荆礼, 张丽梅, 吴丹, 等.有裂纹立式杀菌锅的力学特性与可靠性研究 [J].食品与机械, 2021, 6: 109-113, 116.

[118] 李娜, 何爱民, 吉洋洋, 等.核桃咖啡饮料的加工工艺研究 [J].饮料工业, 2019, 22 (6): 38-40.

[119] 李瑞, 吴伟都, 王雅琼, 等.储存对罐装碳酸饮料中空气含量等质量特性的影响研究 [J].饮料工业, 2022, 25 (6): 15-19.

[120] 李仕成.刮板式换热器研究现状及展望 [J].食品与机械, 2020, 5: 99-110.

[121] 李帅, 鹿长青, 林惠荣, 等.深度处理对饮用水生物稳定性的影响 [J].净水技术.2015, 34 (4): 31-35.

[122] 李苏红, 王丽娟, 王俊伟.浸泡、浸提对花生乳饮料中蛋白质溶出率的影响 [J].食品科技, 2012, 37 (2): 73-76.

[123] 李伟雪, 顾丽莉, 杨发容, 等.超临界萃取-溶剂浸提万寿菊中的叶黄素 [J].化学工程, 2023, 51 (8): 27-32.

[124] 李晓兰, 叶京生, 罗乔军.流化床干燥技术的研究与进展 [J].通用机械, 2007 (8): 61-64.

[125] 李晓宁, 郭咪咪, 段章群.酸法制取大豆皮可溶性膳食纤维 [J].中国油脂, 2020, 45 (11): 32-35, 51.

[126] 李学莉, 胡海娥, 梁洪源, 等.国内外新品类能量饮料发展趋势 [J].饮料工业, 2018, 21 (6): 71-75.

[127] 李亚男.食品包装材料安全问题探究 [J].绿色包装, 2022 (9): 36-39.

[128] 李寅萱.PET包装材料未来发展趋势分析研究 [J].绿色包装, 2023 (4): 26-30.

[129] 李泽林, 赵春燕, 张楠等.响应面优化咖啡山荆子复合饮料的制备工艺 [J].热带农业科学, 2022, 42 (4): 97-103.

[130] 李长见.米汁饮料的研制 [D].泰安: 山东农业大学, 2018.

[131] 梁斌斌.饮用天然矿泉水的生产和深加工的分析 [J], 现代食品.2018 (23): 177-178.

[132] 梁健华.胶原蛋白的提取、性质及其应用的研究进展 [J].现代食品, 2021 (16): 44-49.

[133] 梁亚桢.全豆豆浆及速溶全豆粉产品研发 [D].南昌: 南昌大学, 2020.

[134] 廖振宇, 曹东丽, 张华, 等.我国包装饮用水行业发展现状及存在的问题 [J].食品安全质量检测学报, 2017, 8 (3): 737-741.

[135] 林凤岩, 黄永娜, 褚洪俊, 等.我国大豆蛋白加工产业现状及发展趋势 [J].中国油脂, 2023, 48 (11): 33-37, 56.

[136] 刘辰凤, 潘妍, 贾红亮, 等.苦杏仁脱苦工艺优化及其风味成分的变化 [J].农业

技术与装备，2022，23（8）：100-103.

［137］刘铖珺，黄晓燕，刘丽敏等.咖啡产品的加工技术研究进展［J］.食品工业科技，2021，42（4）：349-355.

［138］刘殿宇.管式杀菌器的设计及杀菌自动控制研究［J］.中国奶牛，2013，3：52-54.

［139］内蒙古伊利实业集团股份有限公司.一种含气型乳酸菌饮品及其制备方法：CN202011154832.0［P］.2020-10-26.

［140］刘光成.板框式硅藻土过滤机过滤效果的优化［J］.啤酒科技，2009（6）：52.

［141］刘海燕，郑有德，莫太刚，等.人参植物饮品的制备工艺与品质［J］.食品工业，2019，40（12）：13-15.

［142］刘佳欣，赵晓颖，翁云宣.生物基可降解聚合物食品包装材料发展及应用综述［J］.包装工程，2023，44（13）：19-26.

［143］刘江，雷激，张俊，等.稳定剂对调配型酸性乳饮料的稳定性作用［J］.食品与发酵工业，2019，45（17）：151-157，165.

［144］刘璐，廖李，汪兰，等.玉米须无糖饮料加工工艺优化及成分分析［J］.湖北农业科学，2014，53（16）：3870-3873.

［145］刘平，尹军峰，许勇泉，等.水质对绿茶饮料品质影响的研究进展［J］.中国农学通报，2014，30（3）：250-253.

［146］刘珊珊，刘亚琼.蒲公英根类咖啡产品工艺优化及特性分析［J］.食品科技，2018，43（9）：134-141.

［147］刘伟，宋弋，张洁，等.高压均质在食品加工中的研究进展［J］.食品研究与开发，2017，38（24）：213-219.

［148］刘伟.动态高压微射流技术对酶的活性与构象变化的影响［D］.南昌：南昌大学，2009.

［149］刘霞，马泽刚，马林.玉米须绞股蓝复合饮料的制备工艺及生物活性研究［J］.湖北农业科学，2022，61（14）：131-135.

［150］刘兴辰，张焱，李仁杰，等.超高压和高温短时处理对胡萝卜汁品质的影响［J］.中国食品学报，2015，15（1）：108-114.

［151］刘艳，商飞飞，李定金，等.山药固体饮料喷雾干燥工艺优化［J］.食品研究与开发，2019，40（22）：107-112.

［152］刘知辰.纯净水生产过程中的工艺与安全控制措施［J］.技术与市场，2015，22（12）：213.

［153］楼盛明.不同乳化剂对咖啡乳饮料稳定性的影响［J］.食品工业，2020，41（4）：151-153.

［154］陆伟宏，卢惠萍，方琦.臭氧消毒的研究进展［J］.科技资讯，2021，19（8）：72-76.

［155］罗龙新.国内外茶饮料发展现状和趋势［J］.中国茶叶，2019，41（1）：14-18.

［156］罗龙新.速溶茶和茶饮料生产中香气的损失及改善技术［J］.中国茶叶，2006（6）：12-14.

［157］罗世龙，张中，韩坤坤，等.膜分离技术在食品工业中的应用研究进展［J］.安徽

农业科学，2021，49（6）：43-45.

[158] 罗晓莉，高彦祥. 茶饮料色泽劣变及护色技术研究进展[J]. 中国食品添加剂，2022，33（2）：218-229.

[159] 雒亚洲，管建慧，任树棠，等. 利乐（Tetra Pak）与康美（Combibloc）无菌包装设备的比较[J]. 机电产品开发与创新，2009，22（1）：55-57.

[160] 吕桂善，陶锦华，陶潇杭，等. 吹灌封一体超洁净热灌装生产线的微生物评估[J]. 饮料工业，2021，24（3）：67-70.

[161] 马梦君，罗理勇，李双，等. 茶多酚和咖啡碱对茶乳酪形成的影响[J]. 食品科学，2014，35（13）：15-19.

[162] 马寅斐，赵岩，初乐，等. 果蔬汁浓缩新技术研究概述[J]. 农产品加工，2015（22）：58-60，63.

[163] 马正杰. 自来水厂深度处理工艺对水中有机微污染物的去除效果研究[D]. 杭州：浙江工业大学. 2015.

[164] 牛超，王莹. 新型复合电解质等渗高温饮料的组成及配制优化[C]//中国营养学会特殊营养第十一次学术会议论文汇编，2018：202.

[165] 牛晓琴. 高压射流磨系统制备全果番茄饮料研究[D]. 南昌：南昌大学，2021.

[166] 牛新惠，宁克法，王晓强，等. 玻璃瓶成型模具变形原因分析[J]. 铸造设备与工艺，2022（2）：32-34，70.

[167] 潘见，张文成，陈丛贵，等. 饮料超高压杀菌实用性工艺及设备探讨[J]. 农业工程学报，2000，16（1）：125-128.

[168] 清风. 我国功能性饮料现状[J]. 福建轻纺，2012，（12）：11-13.

[169] 饶建平. 市售即饮咖啡产品及发展趋势分析[J]. 饮料工业，2018，21（2）：63-66.

[170] 申双贵. 实验用碳酸饮料配比混合灌装机的设计[J]. 广西轻工业，2007，（12）：30，12.

[171] 沈力飞，刘更生，张聪，等. 茶叶香气的形成及检测研究进展[J]. 农产品加工（学刊），2014，（21）：58-61.

[172] 沈锡伟. 饮料主剂生产中的质量控制[J]. 饮料工业，2004，6：45-48.

[173] 施加林，蔡东宁. 浅谈碳酸饮料混比机的工控系统[J]. 江苏科技信息，2013，（16）：58-59.

[174] 施建强. 连续式溶糖系统在饮料生产线中的应用[J]. 中国新技术新产品，2012，4：19-19+2.

[175] 石丹，李洲. 我国饮料产业发展现状与趋势[J]. 食品与发酵科技，2020，56（4）：69-74.

[176] 石太渊，叶春苗，于淼，等. 低温压榨花生饼粕中蛋白质提取功能性质研究[J]. 食品工业，2017，38（12）：111-114.

[177] 石亚. 城镇自来水厂两种处理工艺各工艺段水质调研[D]. 上海：复旦大学，2014.

[178] 史小才. 特殊用途饮料中的功效物质及创新应用[J]. 饮料工业，2015，18（6）：48-49.

[179] 舒心, 高彦祥. 茶叶挥发性成分提取及其香气特征分析研究进展 [J]. 食品工业科技, 2022, 43 (15): 469–480.

[180] 宋莹. 基于微生物组荟萃分析构建 OSCC 诊断模型及口腔益生固体饮料的开发. 南昌: 南昌大学, 2023.

[181] 宋自娟, 徐怀德, 高锦明, 等. 冷打浆法沙棘浓缩浊汁加工过程中挥发性成分的变化 [J]. 中国食品学报, 2015, 15 (10): 263–274.

[182] 苏星瑞, 白时兵, 杨双桥. 聚氯乙烯热稳定剂的行业现状与发展趋势 [J]. 塑料工业, 2023, 51 (4): 8–12, 65.

[183] 孙家琪, 刘晨, 关莹, 等. 坚果类植物基乳饮料研究进展 [J]. 农业科技与装备, 2022, 21 (6): 53–57.

[184] 孙嘉文, 卜永士, 贺玉香, 等. 皮肤老化及胶原蛋白肽在皮肤抗老化中的研究进展 [J]. 食品工业, 2023, (11): 175–181.

[185] 孙其富, 梁月荣. 茶饮料香气研究进展和增香技术探讨 [J]. 茶叶, 2003 (4): 198–201.

[186] 孙庆磊, 梁月荣, 陆建良, 等. 不同浸提方法对茶汤品质的影响 [J]. 茶叶, 2005 (2): 91–94.

[187] 孙杨. 超声波辅助提取对绿茶提取液品质的影响 [D]. 合肥: 安徽农业大学, 2015.

[188] 谭博文. 核桃油提取及蛋白乳饮料工艺的研究 [D]. 武汉: 武汉轻工大学, 2018.

[189] 谭冬梅. 农产品辐照杀菌技术与设备 [J]. 南方农机, 2010, 2: 15–16.

[190] 汤慧丽. 不同产地西洋参的品质评价及其与土壤因子的相关性研究 [D]. 济南: 山东中医药大学, 2023.

[191] 唐克旺, 朱党生, 唐蕴, 等. 中国城市地下水饮用水源地水质状况评价 [J]. 水资源保护, 2009, 25 (1): 1–4.

[192] 陶欣然. 燕麦奶的开发、功能性及货架期研究 [D]. 武汉: 华中农业大学, 2022.

[193] 佟榛, 高彦祥. 液体饮料无菌灌装技术发展趋势 [J]. 食品工业科技, 2022, 43 (5): 464–472.

[194] 涂宗财, 汪菁琴, 阮榕生, 等. 动态超高压微射流均质对大豆分离蛋白起泡性、凝胶性的影响 [J]. 食品科学, 2006, 27 (10): 168–170.

[195] 王博. 玻璃瓶模具温度场分析及冷却系统研究 [D]. 哈尔滨: 哈尔滨工程大学, 2015.

[196] 王飞, 罗述博, 王伟, 等. 不同浓缩乳清蛋白 80 粉的特性分析及其对酸奶品质的影响 [J]. 中国乳品工业, 2015, 43 (1): 16–20.

[197] 王红丽. 特种藻类复合植物饮料的研究 [D]. 福州: 福州大学, 2018.

[198] 王佳俐. 高压射流磨系统制备全组分芝麻乳、花生乳的研究 [D]. 南昌: 南昌大学, 2021.

[199] 王姣. 冻干发酵燕麦固体饮料加工技术研究 [D]. 西安: 西北农林科技大学. 2019.

[200] 王景彬, 盛国英. 回转式汽水混合机结构设计的探讨 [J]. 食品与发酵工业, 1992, (2): 68–71, 30.

[201] 王俊. 活性乳酸菌饮料加工工艺及后酸化研究 [D]. 长沙: 中南林业科技大学,

2009.

［202］王乐，闫宇壮，方天驰，等.新型食品包装材料研究进展［J］.食品工业，2021，42（9）：259-263.

［203］王丽雯，付婷婷，屈兵练，等.不同压榨工艺对苹果汁典型香气物质含量的影响［J］.农产品加工，2020（9）：40-44.

［204］王鹏.PET瓶饮料无菌冷灌装的技术进展［J］.酒·饮料技术装备，2021（3）：56-59.

［205］王瑞元.我国花生生产、加工及发展情况［J］.中国油脂，2020，45（4）：1-3.

［206］王亭.用离子交换树脂去除三甘醇中氯离子工艺研究［D］.北京：北京化工大学，2009.

［207］王婉莹，瞿海斌，龚行楚.中药渗漉提取工艺研究进展［J］.中国中药杂志，2020，45（5）：1039-1046.

［208］王薇.高压射流磨系统及应用技术实现"领跑"［N］.中国食品报，2022-05-17（005）.

［209］王宪东.食品包装材料对食品安全的影响及预防措施［J］.食品安全导刊，2023（19）：164-166.

［210］王晓雨，蒋淑红，丁学海，等.HDPE瓶包装常温液态奶产品自动化生产线的开发和应用［J］.中国食品工业，2019，（4）：66-69.

［211］王亚敏，谢梦洲，张超文，等.药食同源药膳产品参山固体饮料中药复方的提取工艺研究［J］.农产品加工，2019（4）：29-33，36.

［212］王玉琨，陈长武.HACCP在碳酸饮料生产中的应用［J］.吉林工程技术师范学院学报，2018，34（1）：81-82.

［213］韦继韬.铝制两片罐生产工艺简介［J］.轻工科技，2016，32（12）：46-47，51.

［214］魏飞，罗舒，宋怡，等.药食同源中药固体饮料的研究进展［J］.四川农业科技.2022（12）：83-85.

［215］魏丽娜，吴玉茜，张艳，等.表面不规则的难清洗果蔬清洗技术研究进展［J］.食品安全质量检测学报，2023，14（14）：175-183.

［216］魏奇，吴艳钦，张锶莹，等.食用菌饮料的研究开发现状及展望［J］.食品工业，2022，43（3）：206-210.

［217］内蒙古伊利实业集团股份有限公司.一种含气乳饮料及其制备方法：CN202011626562.9［P］.2022-07-01.

［218］翁凯江.二氧化碳在食品工业上的应用［J］.福建轻纺，2005（7）：1-4.

［219］吴函殷，刘晓辉，罗龙新.蒸青绿茶浓缩液加工过程中香气成分变化研究［J］.食品安全质量检测学报，2019，10（13）：4227-4233.

［220］吴继军，徐玉娟，余元善，等.果汁冷冻浓缩加工技术和设备研究进展［J］.现代农业装备，2020，41（3）：78-81.

［221］吴禹践.桑叶天然产物提取工艺优化及生物活性研究［D］.哈尔滨：东北林业大学，2022.

［222］夏君霞，齐兵，赵慧博，等.牛奶咖啡饮料的稳定性研究［J］.中国食品添加剂，

2020, 31（3）：92-100.

［223］肖军.液体饮料包装的塑料瓶及其市场观察［J］.塑料包装，2017，27（6）：34-37，28.

［224］肖文军.茶叶深加工中高效膜分离理论与应用技术研究［D］.长沙：湖南农业大学，2004

［225］谢小花，戴缘缘，陈静，等.微波法从绿茶中提取茶多酚的工艺研究［J］.佳木斯大学学报（自然科学版），2019，37（3）：443-446.

［226］辛红香，王耀龙，梁霍燕.超滤技术在市政给水领域的设计和应用［J］.供水技术，2023，17（4）：1-5.

［227］徐雯，印雄飞，郭太松.阻隔技术在塑料饮料包装上的应用［J］.包装工程，2020，41（3）：92-97.

［228］徐夏旸，张甫生，陈芳，等.超高压杀菌白萝卜汁的关键工艺研究［J］.食品科学.2012，33（4）：8-12.

［229］徐勇，陈青柏，王建友.离子交换水软化技术研究与应用进展［J］.化工进展，2020，39（S2）：319-328.

［230］薛恩玉，范慧明，马涵珂，等.无腥味大豆新品种东富豆5号的培育及栽培技术［J］.大豆科技，2021，11（3）：38-41.

［231］薛少，薛佳宜，任彩霞，等.石榴果粉复合固体饮料的制备工艺及配方研究［J］.食品科学技术学报，2016，34（5）：78-83，88.

［232］闫宏，薛剑锋，李俐.枸杞生产加工废弃物中活性成分含量及免疫性能的测定［J］.饲料工业，2012，33（11）：57-59.

［233］杨豪，徐秋玲，龚加顺，等.牛奶咖啡饮料的研制［J］.热带农业科学，2021，41（1）：123-129.

［234］杨欢欢，赵明慧，虎涛，等.沙棘果渣黄酮微波提取工艺优化及其纯化研究［J］.食品工业，2023，44（12）：85-90.

［235］杨军.酶解技术改善绿茶浓缩液品质的研究［D］.厦门：集美大学，2018.

［236］杨吕清，胡慧慧，田康永，等.苦丁茶牛奶咖啡复合饮料的研制［J］.食品研究与开发，2020，41（20）：151-155.

［237］杨文杰，黄惠华，张晨，等.茶饮料浸提工艺的微波辅助萃取（MAE）应用研究［J］.食品研究与开发，2005（5）：55-59.

［238］杨炀，罗金萍，莫宗成.电解质固体饮料对小鼠功能性腹泻的影响［C］//第九届药物毒理学年会——新时代·新技术·新策略·新健康论文集，2019：492-493.

［239］杨再荣.饮用水源水及自来水厂微囊藻毒素的变化和去除方法的研究［D］.贵阳：贵州师范大学，2009.

［240］姚宇晨，徐光辉，杨钊，等.淀粉糖行业发展趋势分析及展望［J］.农产品加工，2021.

［241］叶孟韬，王三保，冯卫华，等.碳酸饮料生产线二次灌装改一次灌装的实践［J］.软饮料工业，1996（2）：40-42.

［242］弋才刚.南充第四自来水厂工程可行性研究［D］.成都：西华大学，2014.

[243] 张良荣, 倪欣. 自来水厂深度处理工艺 [J]. 辽宁化工, 2015, 44 (12): 1525-1527.

[244] 易建华, 仇农学, 朱振宝, 等. 树脂法生产无色浓缩苹果汁的初步研究 [J]. 饮料工业, 2001, 4 (4): 6-7.

[245] 易俊洁, 周林燕, 蔡圣宝, 等. 非浓缩还原苹果汁加工技术研究进展 [J]. 食品工业科技, 2019, 40 (16): 336-342, 348.

[246] 殷露琴. 可可饮料及其稳定性研究 [D]. 无锡: 江南大学, 2006.

[247] 尹军峰, 袁海波, 许勇泉, 等. 膜除菌技术在茶饮料工业化生产中的应用 [J]. 饮料工业, 2007 (1): 12-14.

[248] 尹志坚. 茶饮料无菌生产线的无菌控制及验证 [D]. 长沙: 中南大学, 2014.

[249] 尹子迎, 关军锋, 刘金龙. 浓缩果汁及其发酵酒的研究进展 [J]. 食品与机械, 2023, 39 (4): 225-231.

[250] 尹宗美, 刘然然, 王春霞, 等. 海藻脱腥工艺技术研究 [J]. 现代食品, 2019 (15): 49-52, 59.

[251] 于世伟. 新型食品塑料包装材料的应用分析 [J]. 粮食与油脂, 2023, 36 (2): 163-164.

[252] 俞灿杰, 戴涛涛, 吕成良, 等. 高压射流磨系统处理对全果肉赣南脐橙浆物理性质和营养品质的影响 [C]. 中国食品科学技术学会第二十届年会论文摘要集, 2023.

[253] 俞孟辰, 魏冰, 瞿超艺, 等. 不同种类补糖饮料对人体耐力运动中运动能力及相应代谢参数的时序性影响 [C] // 第十一届全国体育科学大会论文摘要汇编, 2019: 7647-7649.

[254] 虞建中, 印雄飞, 徐雯, 等. PET瓶装碳酸饮料货架期影响因素研究 [J]. 包装工程, 2016, 37 (11): 78-82.

[255] 袁晓宝, 刘雅婷, 陈妮, 等. 绿色包装材料研究进展 [J]. 包装工程, 2022, 43 (7): 87-94.

[256] 苑会平, 付兴周, 杨倩雯等. 咖啡豆乳饮料的研制 [J]. 饮料工业, 2021, 24 (6): 55-59.

[257] 张海文. 我国饮料包装自动化的现状及发展趋势 [J]. 科技与企业, 2015 (2): 236.

[258] 张宏康, 刘芯如. 果汁加工研究进展 [J]. 农产品加工, 2023 (3): 72-79.

[259] 张健康, 冯志华, 陈岩松, 等. PET瓶吹塑成型再加热阶段的研究进展 [J]. 现代塑料加工应用, 2020, 32 (5): 60-63.

[260] 张丽丽, 周慎杰, 陈举华. 气流式喷嘴流体雾化干燥过程的CFD分析 [J]. 计算机仿真, 2008, 4: 329-331.

[261] 张娜, 马冠生. 包装饮用水, 饮料类型与健康 [J]. 中国食物与营养, 2020, 26 (4): 5-8.

[262] 张琦, 朱绚绚, 熊佳丽, 等. 枸杞营养功能特性及其产品开发现状 [J/OL]. 食品与发酵工业, 2023 (12): 1-13.

[263] 张啟, 罗龙新, 程其春, 等. 茶香气成分研究进展及护香的探讨 [J]. 农产品加工 (学刊), 2014 (2): 45-47, 50.

［264］张钦.电解质饮料对人体运动能力的作用［J］.食品工业，2018，39（8）：174-176.

［265］张瑞，刘敬科，常世敏，等.谷物饮料的研究进展［J］.食品科技，2023，48（8）：152-158.

［266］张瑞宇.二氧化碳在现代食品领域中的技术应用与进展［J］.低温与特气，2003（3）：4-8.

［267］张淑红，赵梦君，蒋亚丽，等.苦荞姜汁咖啡饮料的研制［J］.食品工业，2022，43（4）：1-4.

［268］张晓雨，魏星，赵靓，等.高阻隔HDPE包装对NFC橙汁品质和货架期的影响［J］.包装工程，2021，42（15）：72-84.

［269］张雪，张红杰，程芸，等.纸基包装材料的研究进展、应用现状及展望［J］.中国造纸，2020，39（11）：53-69.

［270］张亚宁.大豆浸泡产豆乳工艺条件的优化［J］.安徽农业科学，2011，39（12）：7088-7090.

［271］张延明，雒亚洲，王菲菲.无菌包装在康美包无菌灌装机中的应用［J］.机电产品开发与创新，2010，23（1）：66-67，65.

［272］张艳杰，王金慧，申佳晋，等.红枣咖啡复合固体饮料加工工艺研究［J］.农产品加工，2022，（13）：56-61.

［273］张友根.我国PET瓶坯注塑设备的现状及发展方向［J］.塑料包装，2007（2）：45-49.

［274］张钊.回收硅藻土过滤性能及应用研究［D］.长春：吉林大学，2008.

［275］张正竹，舒爱民，江光辉，等.电渗析对红茶提取液稳定性的影响［J］.茶叶科学，1997，17（1）：6.

［276］章晨林，陈子扬，魏玉梅，等.新型电渗析工艺研究进展［J］.现代化工，2023，43（10）：89-93.

［277］赵斌，潘见，张恩广，等.超高压番茄汁体外消化中活性成分溶出研究［J］.食品工业，2015，36（11）：143-147.

［278］赵艳，蒋和体.充CO_2贮藏果汁的研究进展［J］.中国食品添加剂，2009（2）：82-85，107.

［279］郑灿芬.一款市售能量饮料的香气成分分析［J］.饮料工业，2019，22（1）：12-16.

［280］郑佳俐，黄艺宁.新型白茶牛奶咖啡复合饮料加工工艺研究［J］.粮食与油脂，2023，36（1）：97-100.

［281］郑剑光.汽水生产中灌装起泡原因的探讨［J］.软饮料工业，1994（1）：38-40.

［282］郑自健，范耀辉，杨菁，等.新型乳化剂在咖啡乳饮料中的应用研究［J］.中国食品添加剂，2018（7）：150-154.

［283］钟旭美，胡洪森，陈铭中.PET瓶热灌装饮料产品质量控制及影响产品稳定性因素［J］.饮料工业，2011，14（11）：37-40.

［284］钟映萍，谭文兴，吴兆鹏，等.浅析原糖糖浆中葡聚糖与淀粉含量对过滤速度的影

响［J］．广西糖业，2016，6：14-19．

［285］钟岳峰．速溶咖啡饮料混合工艺优化及均匀度研究［D］．广州：华南农业大学，2018．

［286］周恩玉，霍冉，杨博宇．果汁类饮料包装设计综述［J］．饮料工业，2020，23（1）：5-7．

［287］周鸿立，张扬，孙佳佳，等．玉米须饮料的研制及其抗氧化活性研究［J］．河南工业大学学报（自然科学版），2016，37（3）：61-64．

［288］周彦兵．纯净水生产过程中的工艺与安全控制措施［J］，应用科技，2012（24）：75，77．

［289］朱丹倩，翁飞飞．碳酸饮料包装材料概述［J］．现代食品，2016（10）：56-57．

［290］朱芙蓉，徐宝才，周辉．大豆制品中腥味形成机理及去腥工艺研究进展［J］．中国粮油学报，2023，38（4）：150-158．

［291］南京来一口食品有限公司．多工位转盘式填充机：CN201610617804.5［P］．2016-11-09．

［292］邹东恢，梁敏．生物工业过滤设备选用原则、设备选型与新发展［J］．食品工业，2016，37（9）：203-207．

［293］Ag Krones. Apparatus for the sterilization of plastics material containers by means of medium-controlled electron beams：US8961871B2［P］．2015-12-24．

［294］Alaei B, Chayjan R A, Zolfigol M A. Improving tomato juice concentration process through a novel ultrasound-thermal concentrator under vacuum condition：A bioactive compound investigation and optimization［J］．Innovative Food Science & Emerging Technologies，2022，77：102983．

［295］Ananingsih V K, Sharma A, Zhou W. Green tea catechins during food processing and storage：A review on stability and detection［J］．Food Research International，2013，50：469-479．

［296］Abore, M A, Feyisa, J D, Tafa, K D, et al. Optimization of spray-drying parameter for production of better quality orange fleshed sweet potato (*Ipomoea batatas* L.) powder：Selected physiochemical, morphological, and structural properties［J］．Heliyon，2023，9（1）：13078．

［297］Ax K, Mayer E, Link B, Schuchmann H. Stability of lycopene in oil in water emulsion［J］．Engineering in Life Science，2003，3（4）：199-201．

［298］Bakharev A A, V Yu Lantsev, Abrosimov A G. Research results of juicing process using the developed design of the working elements of the roll-belt press［J］．International Conference on Agricultural Science and Engineering，2021，845（1）：012078-012078．

［299］Beaulieu J C, Lloyd S W, Obando-Ulloa J M. Not-from-concentrate pilot plant "Wonderful" cultivar pomegranate juice changes：Quality［J］．Food Chemistry，2020，318：126453．

［300］Bei W, Qiang Z, Na Z, et al. Insights into formation, detection and removal of the beany flavor in soybean protein［J］．Trends in Food Science & Technology，2021，11（2）：336-347．

［301］Beveridge T, Harrison J E, McKenzie D-L. Juice Extraction with the Decanter Centrifuge—A Review［J］．Canadian Institute of Food Science and Technology Journal，1988，21（1）：43-49．

［302］Beveridge T, Harrison J E. Juice extraction with the decanter centrifuge：sweet and sour cherries, peaches and apricots［J］．Food Research International，1995，28（2）：173-177．

[303] Bhandari B R, Patel K C, Chen X D. Spray drying of food materials – process and product characteristics [J]. Drying Technologies in Food Processing, 2008 (4): 113-159.

[304] Bhardwaj V, Mirliss M J. Diatomaceous earth filtration for drinking water [M]. Hoboken: John Wiley & Sons Inc, 2005.

[305] Burmester, K, Eggers, R. Heat and Mass Transfer during Drying of Liquid Pasty Plant Extract by Vacuum Belt Drying [J]. Drying Technology, 2012, 30 (1): 29-36.

[306] Caglar N, Ermis E, Durak M Z Spray-dried and freeze-dried sourdough powders: Properties and evaluation of their use in breadmaking [J]. Journal of Food Engineering, 2021, 292: 110355.

[307] Campbell H, Long C A. Emulsification by ultrasonics [J]. The Pharmaceutical Journal, 1949, 163(8): 127-128

[308] Chavan R S, Ansari M I A, Bhatt S. Packaging: Aseptic filling [M] // Caballero B, Finglas P M, Toldrá F. Encyclopedia of food and health. Oxford: Academic Press, 2016: 191-198.

[309] Chen X, Du Y, Wu L, et al. Effects of tea-polysaccharide conjugates and metal ions on precipitate formation by epigallocatechin gallate and caffeine, the key components of green tea infusion [J]. Journal of Agricultural and Food Chemistry, 2019, 67: 3744-3751.

[310] Chhabra N, Arora M, Garg D, et al. Spray freeze drying – A synergistic drying technology and its applications in the food industry to preserve bioactive compounds [J]. Food Control, 2024, 155: 110099.

[311] Chris J S, Christophe M C, Koen V, et al. Health benefits of whole grain: effects on dietary carbohydrate quality, the gut microbiome, and consequences of processing [J]. Comprehensive Reviews in Food Science and Food Safety, 2021, 20: 2742-2768.

[312] Cong W, Qing S W, Dun H. Development of compound health drink of Chinese wolfberry juice and peanut milk[J]. Storage and Process, 2020, 20 (6): 126-130.

[313] Darias M J, Rodríguez O, Díaze. Effect of skin contact on the antioxidant phenolics in white wine [J]. Food Chemistry, 2000, 71 (4): 483-487.

[314] Datta N, Deeth H C. UHT and Aseptic Processing of Milk and Milk Products [M]. Hoboken: John Wiley & Sons Ltd, 2007.

[315] De D F P, Mesquita M, Ramirez J C S, et al. Hydraulic characterisation of the backwash process in sand filters used in micro irrigation [J]. Biosystems Engineering, 2020, 192: 188-198.

[316] Deng Z T, Fu Z T, Yan W, et al. The different effects of Chinese Herb Solid Drink and lactulose on gut microbiota in rats with slow transit constipation induced by compound diphenoxylate [J]. Food Research International, 2021, 143: 110273.

[317] Dickison E, Pawlowsky K. Effect of influence of high pressure treatment on the rheology of flocculated emulsions containing protein and polysaccharide [J]. Journal of Agricultural and Food Chemistry, 1996, 44(10): 2992-3000

[318] Ebiharra K, Yamashita Y, Yamashita T, et al. Ozone-Mist Sterilisation and Web-Based Management for Greenhouse Agriculture [C]. 2017 International Conference on Electromagnetic Devices and Processes in Environment Protection with Seminar Applications of Superconductors (Elmeco & Aos), 2017.

［319］Enault J，Loret J F，Neala P，et al. How effective are water treatment processes in removing toxic effects of micropollutants A literature review of effect-based monitoring data［J］. Journal of Water and Health，2023，21（2）：235-250.

［320］Entezari M H，Tahmasbi M. Water softening by combination of ultrasound and ion exchange［J］. Ultrasonics Sonochemistry，2009，16（3）：356-360.

［321］Esha B，Sanjukta P，Siddhartha S. Development of Centella asiatica beverages with potential antioxidant and prebiotic activity for maintaining intestinal health［J］. Food Bioscience，2023，53：102751.

［322］Eslamian，M，Ashgriz N. Spray Drying，Spray Pyrolysis and Spray Freeze Drying［M］// Handbook of Atomization and Sprays：Theory and Application. Boston MA：Springer US，2010：849-860.

［323］FAO. Principles and practices of small- and medium-scale fruit juice processing［Z］. Rome，2001.

［324］Feijoo S C，Hayes W W，Watson C E，et al. Effect of microfluidizer technology on *Bacillus licheniformis* spores in ice cream mix［J］. Journal of Dairy Science，1997，80（9）：2184-2187

［325］Friberg S E，Larsson K，SjÊblom J. Food Emulsion［M］. 4th ed. New York：Marcel Dekker Inc，2004，485-524

［326］Fu Y，Wang J，Chen J，et al. Effect of baking on the flavor stability of green tea beverages［J］. Food Chemistry，2020，331：127258.

［327］Fujima Y，Tagashira K，Takatsuka H，et al. Mechanism of fast fluidization and vertical profile of solid concentration in fast fluidized beds –（Regime of fast fluidization）［J］. Jsme International Journal Series B-fluids and Thermal Engineering，1996，39（2）：387-394.

［328］Gil N，Quinteros G，Blanco M，et al. Vacuum-Assisted Block Freeze Concentration Studies in Cheese Whey and Its Potential in Lactose Recovery［J］. Foods，2023，12（4）：836.

［329］Guisella T B，Nidia C F，Patricio O P，et al. Blueberry juice：Bioactive compounds，health impact，and concentration technologies-A review［J］. Journal of Food Science，2021，86（12）：5062-5077.

［330］Heinzelmann K，Franke K. Using freezing and drying techniques of emulsions for the microencapsulation of fish oil to improve oxidation stability［J］. Colloids and Surface B：Biointerfaces，1999，12（3-6）：223-229.

［331］Huai X T，Xiao-W H，Li L，et al. Research progress about the affecting factors and eliminating methods of beany flavor in soymilk［J］. Modern Food Science and Technology，2021，37（10）：340-347.

［332］Huang L. Reconciliation of the D/Z model and the Arrhenius model：The effect of temperature on inactivation rates of chemical compounds and microorganisms［J］. Food Chemistry，2019，295：499-504.

［333］Jia C，Lu X，Gao J H，et al. TMT-labeled quantitative proteomic analysis to identify proteins associated with the stability of peanut milk［J］. Journal of the Science of Food and Agriculture，2021，101（15）：6424-6433.

[334] Jildeh Z B, Kirchner P, Oberlander J, et al. Development of a package-sterilization process for aseptic filling machines: A numerical approach and validation for surface treatment with hydrogen peroxide[J]. Sensors and Actuators A: Physical, 2020, 303: 111691.

[335] Jo Y, Benoist, D M, Barbano, et al. Flavor and flavor chemistry differences among milks processed by high-temperature, short-time pasteurization or ultra-pasteurization[J]. ournal of Dairy Science, 2018, 101(5): 3812-3828.

[336] Juan W, Yuanzhi, Gongming Y, et al. Study on Process of Banana Powder with Using Continuous Vacuum Belt Dryer[J]. Food Science, 2006, 27(9): 163-167.

[337] Kalompatsios D, Athanasiadis V, Palaiogiannis D. Valorization of waste orange peels: aqueous antioxidant polyphenol extraction as affected by organic acid addition[J]. Beverages, 2022, 8(4): 71-82.

[338] Kesler M K, Gonzalez O D, Barringer S A, et al. Mitigation of undesirable volatile aroma compounds in kefir by freeze drying and vacuum evaporation[J]. Journal of Food Science, 2023, 88(8): 3216-27.

[339] Kielczewska K, Kruk A, Czerniewicz M. The effect of high pressure homogenization on changes in milk colloidal and emulsifying systems[J]. Polish Journal of Food and Nutrition Science, 2003, 12(1): 43-46

[340] Kirchenr P, Li B, Spelthahn H, et al. Thin-film calorimetric H_2O_2 gas sensor for the validation of germicidal effectivity in aseptic filling processes[J]. Sensors and Actuators B: Chemical, 2011, 154(2): 257-263.

[341] Kordova T, Scholtz V, Khun J, et al. Inactivation of microbial food contamination of plastic cups using nonthermal plasma and hydrogen peroxide[J]. Journal of Food Quality, 2018, 17(3): 149-156.

[342] Lambrich U, Schiubert H. Emulsification using microporous systems.[J]. Journal of Membrane Science, 2005(257): 76-84.

[343] Latif S, Romuli S, Barati Z. CFD assisted investigation of mechanical juice extraction from cassava leaves and characterization of the products[J]. Food Science & Nutrition, 2020, 8(7): 3089-3098.

[344] Li Y T, Chen M S, Deng L Z, et al. Whole soybean milk produced by a novel industry-scale micofluidizer system without soaking and filtering[J]. Journal of Food Engineering, 2021, 291(4): 110-228.

[345] Liao J, Xue H, Li J. Effects of ultrasound frequency and process variables of modified ultrasound-assisted extraction on the extraction of anthocyanin from strawberry fruit[J]. Food Science and Technology, 2022, 42: 1-8.

[346] Li D U, Chen X, Wen L I, et al. A Study on enhancement of filtration process with filter aids diatomaceous earth and wood pulp cellulose[J]. Chinese Journal of Chemical Engineering, 2011, 19(5): 792-798.

[347] Linsen C A I, Yuantao C, Lipeng Z, et al. Study on spray drying processing of highland barley green[J]. Science & Technology of Food Industry, 2011, 32(8): 277-279.

[348] Liu W, Liu J H, Liu C, et al. Activation and confromational changes of mushroom polyphenoloxidase by high pressure microfluidization treatment[J]. Innovative Food Science and Emerging Tehcnologies, 2009, 10(2): 142-147

[349] Losso J N, Khachartyan A, Ogawa M. Random centroid op timization of phosphatidylglycerol stabilized lutein enriched oil in water emulsions at acidic pH[J]. Food Chemistry, 2005, 92(4): 737-744

[350] Shaik M I, Hamdi I H, Sarbon N M. A comprehensive review on traditional herbal drinks: Physicochemical, phytochemicals and pharmacology properties[J]. Food Chemistry Advances, 2023(3): 100460-100471.

[351] Mao L, Yang J, Xu D, et al. Effects of homogenization models and emulsifiers on the physicochemical properties of –carotene nanoemulsions[J]. Journal of Dispersion Science and Technology, 2010, 31(7): 986-993

[352] Mares M, Isopencu G, Jinescu C, et al. Aspects concerning the drying of grained biomaterials through intensive processes – II. Malt grain drying in fluidized bed formed by inert particles[J]. REVISTA DE CHIMIE, 2008, 59(3): 283-291.

[353] Mencarelli F, Pietro Tonutti. Sweet, Reinforced and Fortified Wines[M]. Hoboken: John Wiley & Sons, 2013.

[354] Mintel. The fruit juice market: an appealing squeeze[M]// Gaurav R. Fruit juices: Extraction, composition, quality and analysis. London: Andre G W, 2018: 3.

[355] Muhoza B, Yuyang H, Uriho A, et al. Spray-and freeze-drying of microcapsules prepared by complex coacervation method: A review[J]. Food Hydrocolloids, 2023, 140: 108650.

[356] Nagarajan J, Krishnamurthy N P, Nagasundara Ramanan R. A facile water-induced complexation of lycopene and pectin from pink guava byproduct: Extraction, characterization and kinetic studies[J]. Food Chemistry, 2019, 296: 47-55.

[357] Nanvakenari S, Movagharnejad K, Latifi A. Modelling and experimental analysis of rice drying in new fluidized bed assisted hybrid infrared-microwave dryer[J]. Food Research International, 2022, 159: 111617.

[358] Ni Z, Xiao L F, Jiang F, et al. Determination of six soybean isoflavones in vegetable protein drinks by UPLC-MS/MS[J]. Food Science and Technology, 2018, 43(8): 303-307.

[359] Ninga K A, Desobgo S C Z, Nso E J. White-flesh guava juice clarification by a fixed-angle conical rotor centrifuge laboratory and characterization of continuous disk stack centrifuges[J]. Heliyon, 2022, 8(11): e11606.

[360] Nwankwo C S, Okpomor E O, Dibagar N, et al. Recent developments in the hybridization of the freeze-drying technique in food dehydration: a review on chemical and sensory qualities[J]. Foods, 2023, 12(18): 3437.

[361] Okereke C J, Lasode O A, Ohijeagbon I O. Exergoeconomic analysis of an industrial beverage mixer system: process Data[J]. Data in Brief, 2020: 106125.

[362] Olson D W, White C H, Richter R L. Effect of pressure and fat content on particle size in microfluidized milk[J]. Journal of Dairy Science, 2004(87): 3217-3223

［363］Orellana P P, Petzold G, Pierre L, et al. Protection of polyphenols in blueberry juice by vacuum-assisted block freeze concentration［J］. Food and Chemical Toxicology, 2017, 109: 1093-1102.

［364］O'Sullivan J, Norwood A, O'Mahony A, et al. Atomisation technologies used in spray drying in the dairy industry: A review［J］. Journal of Food Engineering, 2019, 243: 57-69.

［365］Padonou S W, Olou D, Houssou P. Comparing juice extraction techniques that improve yield and quality of cashew apple juice.［J］. Journal of Applied Biosciences, Elewa Biosciences, 2016, 96(1): 9063-9063.

［366］Pappas V M, Athanasiadis V, Dimitrios Palaiogiannis. Pressurized liquid extraction of polyphenols and anthocyanins from saffron processing waste with aqueous organic acid solutions: comparison with stirred-tank and ultrasound-assisted techniques［J］. Sustainability, Multidisciplinary Digital Publishing Institute, 2021, 13(22): 12578-12578.

［367］Paucar L M, Berhow M A, Gontijo J M. Effect of time and temperature on bioactive compounds in germinated Brazilian soybean cultivar BRS 258［J］. Food research international, 2010, 43(7): 1856-1865.

［368］Tripetch P, Borompichaichartkul C. Effect of packaging materials and storage time on changes of colour, phenolic content, chlorogenic acid and antioxidant activity in arabica green coffee beans(*Coffea arabica* L. cv. *catimor*)［J］. Journal of Stored Products Research, 2019, 84: 101510.

［369］Porto K, Napoitano C M, Borrelr S I. Gamma radiation effects in packaging for sterilization of health products and their constituents paper and plastic film［J］. Radiation Physics and Chemistry, 2018, 142: 23-28.

［370］Prestes A A, Helm C V, Esmerino E A, et al. Freeze concentration techniques as alternative methods to thermal processing in dairy manufacturing: A review［J］. Journal of Food Science, 2022, 87(2): 488-502.

［371］Qlongya W, Jun X, Zhen J W, et al. Application of near infrared spectroscopy in quantitative analysis of vegetable protein drink［J］. China Brewing, 2017, 36(11): 143-180.

［372］Rampon V, Riaublanc A, Anton M. Evidence that homogenization of BSA stabilized hexadecane in water emulsions induces structure modification of the non-adsorbed protein［J］. Journal of Agricultural and Food Chemistry, 2003, 51(20): 5900-5905

［373］Ray S, Raychaudhuri U, Chakraborty R. An overview of encapsulation of active compounds used in food products by drying technology［J］. Food Bioscience, 2016, 13: 76-83.

［374］Ribeiro H S, Ax K, Schubert H. Stability of lycopene emulsion in food system［J］. Journal of Food Science, 2003, 68(9): 2730-2734

［375］Ringus D L, Moraru C I. Pulsed light inactivation of Listeria innocua on food packaging materials of different surface roughness and reflectivity［J］. Journal of Food Engineering, 2013, 114(3): 331-337.

［376］Robertson A. The chemistry and biochemistry of black tea production — the non-volatiles［M］// Willson K C, Clifford M N. Tea, Cultivation to Consumption, London: Chapman and Hall, 1992: 555-601.

[377] Roy I, Gupta M N. Freeze-drying of proteins: some emerging concerns [J]. Biotechnology and Applied Biochemistry, 2004, 39: 165-177.

[378] Saha B C, Hayashi K. Debittering of protein hydrolyzates [J]. Biotechnology advances, 2001, 19 (5): 355-370.

[379] Samaei S M, Gato T S, Altaee A. The application of pressure-driven ceramic membrane technology for the treatment of industrial wastewaters – A review [J]. Separation and Purification Technology, 2018, 200: 198-220.

[380] Schultz S, Wagner G, Urban K, et al. High pressure homogenization as a process for emulsion formation [J]. Chemical Engineering and Technology, 2004, 27(4): 361-368

[381] Shaik M I, Hamdi I H, Sarbon N M. A comprehensive review on traditional herbal drinks: Physicochemical, phytochemicals and pharmacology properties[J]. Food Chemistry Advances, 2023, 3: 100460.

[382] Shishir M R I, Chen W. Trends of spray drying: A critical review on drying of fruit and vegetable juices [J]. Trends in Food Science & Technology, 2017, 65: 49-67.

[383] Solodovnik V D. New trends in microencapsulation of physiologicallyactive substances homogenization of liquid diphase systems. Theory and applications [J]. Medical Progress Through Technology, 1991, 17(1): 49-54

[384] Souza R C D, Osvaldo Valarini Júnior, Pinheiro K H, et al. Prebiotic green tea beverage added inclusion complexes of catechin and β-cyclodextrin: Physicochemical characteristics during storage [J]. LWT – Food Science and Technology, 2017, 85: 212-217.

[385] Takenaka M, Nanayama K, Isobe S. Effect of Extraction Method on Yield and Quality of Citrus depressa Juice [J]. Food Science and Technology Research, Karger Publishers, 2007, 13 (4): 281-285.

[386] Tan C P, Nakajima M. β-carotene nanodispersions: preparation, characterization and stability evaluation[J]. Food Chemistry, 2005, 92(4): 661-671

[387] Tangsuphoom N, Coupland J N. Effect of heating and homogenization on the stability of coconutmilk emulsions[J]. Journal of Food Science, 2005, 70(8): 466-470

[388] Toler J, Gleason D, Clare L, et al. Disposable plastic rodent feeders for use in an automated filling system [J]. Lab Animal, 2008, 37 (9): 415-419.

[389] Walstra P. Encyclopedia of emulsion technology[M]. New York: Marcel Dekker, 1983.

[390] Wang Y, Chen J, Zhang L, et al. Electron beam irradiation inactivation of *bacillus atrophaeus* on the PET bottle preform and HDPE bottle caps with different original colonies [J]. Radiation Physics and Chemistry, 2021, 189: 10973.

[391] Wang C, Hu Q. Progress of Study on the Production Process of Spray-Dried Plasma Protein [J]. Journal of the Chinese Cereals and Oils Association, 2006, 21 (3): 396-399.

[392] Wang J, Enayati M, Madarshahian S, et al. Encapsulation of N-acetylcysteine (NAC) using protein-polysaccharide combinations through spray drying and air drying [J]. LWT, 2023, 187: 115268.

[393] Wardhani D H, Ulya H N, Rahmawati A, et al. Preparation of degraded alginate as a

pH-dependent release matrix for spray-dried iron and its encapsulation performances [J]. Food Bioscience, 2021, 41: 101002.

[394] Wei S, Chen T, Hou H. Recent advances in electrochemical sterilization [J]. Journal of Electroanalytical Chemistry, 2023 (4): 117419.

[395] Wen S L, Huang J, Zhou R Q, et al. Molecular mechanism of casein-chitosan fouling during microfiltration [J]. Separation and Purification Technology, 2023, 325: 124659.

[396] Freger V, Arnot T C, Howell J A. Separation of concentrated organic/inorganic salt mixtures by nanofiltration [J]. Journal of Membrane Science, 2000, 178 (1-2): 185-193.

[397] Wenren I G, Khoiruddin K, Reynard R, et al. Advancement of forward osmosis (FO) membrane for fruit juice concentration [J]. Journal of Food Engineering, 2021, 290: 110216.

[398] Wilczyński K, Kobus Z, Dziki D. Effect of Press Construction on Yield and Quality of Apple Juice [J]. Sustainability, 2019, 11 (13): 3630.

[399] Xu H, Hao Q, Yuan F. Nonenzymatic browning criteria to sea buckthorn juice during thermal processing [J]. Journal of Food Process Engineering, 2015, 38 (1): 67-75.

[400] Xu Y Q, Chen G S, Du Q Z, et al. Sediments in concentrated green tea during low-temperature storage [J]. Food Chemistry, 2014, 149: 137-143.

[401] Xu Y Q, Hu X F, Tang P, et al. The major factors influencing the formation of sediments in reconstituted green tea infusion [J]. Food Chemistry, 2015, 172: 831-835.

[402] Xu Y, Shu D H, Shi Y Z, et al. Vegetable protein drink using black rice, black bean and sesame [J]. China Food Additives, 2021, 32 (9): 51-57.

[403] Yang H, Xue L, Fan D, et al. Effects of enzymolysis, ultrafiltration and diatomaceous earth filtration on clarification of red dates (*Ziziphus jujuba* Mill.) juice [J]. Asia Lifeences, 2015, 24 (1): 427-434.

[404] Yapsakli K, Mertoglu B, Çen F. Identification of nitrifiers and nitrification performance in drinking water biological activated carbon (BAC) filtration [J]. Process Biochemistry, 2010, 45 (9): 1543-1549.

[405] Zazouli M A, Kalankesh L R. Removal of precursors and disinfection by-products (DBPs) by membrane filtration from water: a review [J]. Journal of Environmental Health Science and Engineering, 2017, 15: 1-10.

[406] Zemanek P, Vladimir M, Burg P. Evaluation of selected parameters of mechanical and pneumatic press during grape pressing [J]. Engineering for Rural Development, 2019, 22: 570-575.

[407] Zhang X, Chen L, Zhang L, et al. Production of Cyanuric Acid in Vibration Fluidized Bed [J]. Petrochemical Technology, 2003, 32 (1): 56-59.

[408] Zhang Q A, Zhang X L, Yan Y Y, et al. Antioxidant evaluation and composition analysis of extracts from Fuzhuan brick tea and its comparison with two instant tea products. Journal of AOAC International, 2017, 100 (3): 653-660.

[409] Zhang Y, Xiao W, Cao Y, et al. The effect of ultrafine and coarse grinding on the suspending and precipitating properties of black tea powder particles. Journal of Food Engineering, 2018, 223: 124-131.

［410］Zhu F, Xu B, Zhou H. Review on formation mechanism and deodorization technology of beany flavor in soybean and soybean products［J］. Journal of the Chinese Cereals and Oils Association, 2023, 38（4）: 150-158.

［411］Zhu J P, Liang Y, Wu C E, et al. Process optimization for development of a novel solid beverage with high antioxidant activity and acceptability from fermented *Ginkgo biloba* seeds［J］. Journal of Food Measurement and Characterization, 2022, 16: 4630-4640.